为中国而设计

DESIGN FOR CHINA 2014

第六届全国环境艺术设计大展优秀论文集

中国美术家协会　中国美术家协会环境设计艺术委员会　上海大学美术学院　编

中国建筑工业出版社

图书在版编目（CIP）数据

为中国而设计 第六届全国环境艺术设计大展优秀论文集/中国美术家协会，中国美术家协会环境设计艺术委员会，上海大学美术学院编.--北京：中国建筑工业出版社，2014.6

ISBN 978-7-112-16928-3

Ⅰ.①为… Ⅱ.①中… ②中… ③上… Ⅲ.①环境设计-中国-学术会议-文集 Ⅳ.①TU－856

中国版本图书馆CIP数据核字（2014）第107870号

责任编辑：李东禧 唐 旭 张 华
责任校对：姜小莲 关 健 陈晶晶

为中国而设计
第六届全国环境艺术设计大展优秀论文集
中国美术家协会
中国美术家协会环境设计艺术委员会 上海大学美术学院 编

*
中国建筑工业出版社出版、发行（北京西郊百万庄）
各地新华书店、建筑书店经销
上海盛通时代印刷有限公司制版
上海盛通时代印刷有限公司印刷
*

开本：880×1230毫米 1/16 印张：24 字数：970千字
2014年6月第一版 2014年6月第一次印刷
定价：88.00元

ISBN 978－7－112－16928－3
(25689)

写在前面

“为中国而设计”这一学术口号自环境设计艺委会提出十年之际，正值进入中国文化大发展、“建设文化强国”的良好时期。2014 年 6 月由上海大学美术学院承办的“为中国而设计第六届全国环境艺术设计大展暨论坛“活动即将如期在上海大学美术学院举行。

十年以来，中国美协环境设计艺委会在中国美术家协会领导下，环艺委委员们共同努力积极工作，开展了各项学术活动，得到全国环境设计工作者和在校师生的积极支持，已经成功举办了五次全国大展及论坛活动，以及多次专题考察研讨活动。配合这些大型活动，得到中国建筑工业出版社、华中科技大学出版社、设计之都（香港）杂志社等媒体单位的大力支持，得以配合活动同时编辑出版了”优秀设计作品集“、”优秀论文集“、”环境设计年鉴“等专业书籍二十余本，加上我会会刊《设计之都》十期共计三十余本正式出版物，作为学术交流的成果，对中国环境设计业界的学术交流和发展产生积极推动作用。

此次《第六届全国环境艺术设计大展获奖作品集》和《第六届全国环境艺术设计大展优秀论文集》的出版是从全国征集到的千件作品中严格认真评选出来的优秀作品和论文，分两册出版，交大会首发，供大家交流参考。

本次大展及论坛主题：

美丽中国——设计关注生态、关注民生。

大展四大专题：

(1) 环境空间原创设计；

(2)“东鹏杯”卫浴产品原创设计；

(3) 实验性原创家具设计（圣象集团等厂家制作样品）；

(4) 上海城市轨道交通公共空间设计。

本次活动征集入选作品，评委会一致认为学生组的作品设计水平有很大提高，反映了中国环境设计教育水平的快速提升，以及作品中不乏关注生态、关注民生、低碳、创新、传承中国文化的好作品。我们欢迎更多的业界同仁们能积极参与我们的学术交流活动，共同打造中国环境设计第一学术平台，为中国建设贡献力量。

环境设计艺委会十年来的出版工作，长期得到中国建筑工业出版社的大力支持和友情协助，我们特别对中国建筑工业出版社领导、深入现场工作的李东禧主任、唐旭副主任的忘我工作致以衷心的谢意和敬意！

張绮曼

2014 年 6 月

目 录

写在前面

低碳设计与本土化建筑

生态城市与环境景观设计

生态设计与室内空间

设计教学与教育研究

传统文化与艺术研究

原创家具设计

为中国而设计

DESIGN FOR CHINA 2014

低碳设计与本土化建筑

圣象的绿色品质

陈治华　圣象地板企划部总经理

摘　要：从原木到成品，将绿色健康的生活态度和品质观念，通过每一环节传递给消费者。以精密严谨的态度和追求卓越的信念实现对每一道环节的把控。圣象的全面自控好品质，是对全社会的绿色承诺，从源头开始，圣象正坚定实践着"可持续发展"战略。

关键词：环保　可持续发展　地板　圣象

1　品质设计 绿色理念

为实现梦想中的家，你或许会因为家具的风格而苦恼许久，或许会为了挑选合适的灯饰而穿越整座城市，甚至为了称心的窗帘而寻寻觅觅。但是，你有没有考虑过，看似不起眼的地板，其背后却蕴藏着精心的设计？

一直以来，地板是无名英雄，扮演着家装配角的角色，木纹和色彩的选择非常局限。设计人员正不断打破这个固有的观念，通过各种工艺手法融合艺术灵感，将地板表面处理得栩栩如生、美丽生动，令人身心愉悦、情趣盎然。

圣象的设计人员坚持"好创意让生活更美好"，多年来圣象联合国际顶尖的设计师团队，将艺术感和实用性完美融合，为消费者带来更优质的生活体验。

2　品质制造 绿色生产

再完美的材质、结构和表面设计，如果没有精良的制作也只能成为空谈，是制造让无数美丽的梦想变成千万寻常家庭的现实，制造实力决定品质的实现。

圣象地板生产工厂年产量 5200 万平方米，每年生产的产品数量相当于 7000 个足球场大小。但是我们注意到，偌大地板车间只有甚少的工人进行操作，而生产井然有序，产品在生产线上快乐地行进，经过一道道工序的打磨和检验。

品质是从容的，品质的锻造也可以是从容的，就像一场精彩的芭蕾舞，优雅完美，背后却有着很多秘密和执着。

一块地板的制造到底要经过多少环节？ 10 个？ 20 个？答案是 50 个！ 一块地板历经 50 个环节被精确无误地制造出来，可以做到一气呵成。品质过硬绝对不只是说的那么简单。连续 50 个环节没有破绽和错误，圣象的生产线可以做到！

高科技的生产设备、先进合理的流程设计、科学高效的现场管理、技术娴熟的技术人员，这些因素对最终的品质构成，产生了神奇效果。只不过，这些隐性的因素我们平日在商场里或家里是看不到的。

优秀品质是历经岁月用心坚持的结晶，优秀品质的背后一定会有一群不一样的人。这群人在用心缔造着品质，让品质成为信仰的产物，让品质成为品牌的灵魂。

他们来自四面八方，说着五湖四海的语言，却向着同一个方向；

他们才识丰富、技术精湛，踏踏实实只想着把一件事情做到最好；

他们努力学习、执着钻研，提升自己。

机器设备、硬件设施为品质创造提供基础，而优秀的人才创造真正的不同。

在圣象工厂里，当一切要素结合得如此完美时，好品质的木质产品就成为了一种必然。

3　品质控制 坚守承诺

历史和现实的经验一次一次告诫我们，对于品质的苛求是成就卓越的必经之路。将品质管控引入到产品制造的每个环节；

为每一件产品出厂严格把关。正是这种偏执，让圣象有着近乎完美的品质苛求。

通过全球甄选优质木料，经过专业化原料数据分析，更采用高于国标的原料品控标准，确保了原材料的高品质，使其成为了品质链的开端。

圣象工厂拥有 200 米 / 分钟的成品生产线速度。这种惊人的速度，意味着用肉眼完全看不到产品表面的任何问题。但全球领先的在线实时监控系统却无时无刻不在高效地工作，在自动检测、自动包装等环节的共同控制下，品质保障尽在掌握之中。

硬件设备的强大构成了品质控制的一部分，而员工的努力，决定了品质控制的另一部分。自主制定领先行业的质量监控和服务标准，提倡对每一项产品和服务实施严格的时间节点和人员责任制，对每一项产品和服务进行考核规范，硬件设备和员工努力的两重效力，使得地板合格率达到 100%。

成品检测是品质把控的最后一道环节，也是至关重要的一道关口。在这个环节工作的人，是企业专业品质的守门员；一次次有力的合格印章，是对品质最郑重的承诺。

2011 年 10 月，一批出口台湾的地板，在检验过程中，发现因板面灰尘引起非常细微的小鼓泡。由于数量巨大、鼓泡过于细小，翻包困难重重，为了确保产品品质，制程组毫不犹豫决定全部排查翻包。经过 20 个小时的仔细核查，终于排查完毕，给了客户一个满意的答复。在圣象，品质没有 99.9%，只有 100% ！

4 品质保证　苛求卓越

在很多时候，一个优秀企业对自己产品的执着会体现在不断地破坏性测试中。在极端使用环境里的表现，体现产品的功能表现、耐用性和其他指标表现。而这种测试，在圣象领先业界的国家级实验室里每天都在进行。

为了确保人们享用产品和服务的最高品质，圣象的实验人员总是扮演着冷酷无情的教练角色。产品经受这各种各样的体能和表现测试，优秀的产品和未来的销售冠军不断地从这里诞生。

在圣象国家级实验室我们还看到 20 个项目的检测指标均高于国家标准，这样苛刻的要求，让专业品质真正成为现实。

圣象国家级实验室更先后参与了“浸渍纸层压木质地板”标准、“实木复合地板”标准、中国“木门窗”标准和“室内木质门”行业标准等 20 多项国家标准的制定，成为业内参与制定国家标准最多的企业。

5 品质物流 绿色到家

物流，也是品质环节的一部分，如何保障产品的完好无缺、如何保障产品在承诺的时间内到达，圣象也有自己最优化、低碳环保的物流解决方案。

圣象在全国拥有 40 多家分公司，作为行业的领导企业，圣象建立了行业内首个覆盖全国、面积超过 25000 平方米的物流配送中心，并采用了国际先进的综合物流管理系统（LCMS），通过互联网全面实现物流管理电子化、智能化。“一站式”高效、快捷的物流保证了品质快速高效的传递，保证了高品质产品在第一时间到达购买者的身边。正是这样一个先进优秀的物流体系，让圣象的绿色品质一路走来，从工厂走到千家万户。

6 环球品质　绿色典范

地球呼唤绿色，将绿色还给地球。

圣象工厂的能源循环系统，让烟囱里每天排放出来的几乎只有水蒸气！真正实现了“废料零排放”。 这就是圣象绿色产业链的奇特处之一。圣象国际领先的自动化平台技术把资源利用率提升到了一个全新的高度，最大限度地避免资源在加工制造过程中的浪费，更是提高了原材料的利用效率。圣象倡导的绿色产业链，包括七大环节：林业资源、基材、工厂、设计、研发、营销、服务。绿色产业链不仅是圣象业务模式的独特总结，更是基于绿色品质的价值链。

圣象的绿色品质更是国际化战略的体现。其引进国际先进技术、人才、设计，把优秀的高品质产品销售到世界各地，得到越来越多国际市场的高度认可。时至今日，圣象从产品研发、技术检测、市场营销、售后服务等方面均与国际化接轨，其足迹已行至五大洲的 33 个国家和地区，国际商务合作伙伴达到 55 家之多。

圣象——一家生命力旺盛、充满实力和承诺的企业，始终坚持着对品质的苛求和承诺，始终承载每一个家庭的美好梦想。正如圣象执行总裁所讲的那样：“消费者对于品质的呼唤，我们一直都在用心聆听。在圣象的工厂，我们制造的不仅是地板，更是制造品质，制造信赖。”

这就是圣象的全面自控好品质！

品质，本应如此；品质，原来如此！

土居新农：竹构建筑实验性设计初探

卫东风　南京艺术学院设计学院　教授

摘　要： 本文从乡村建造现象与问题出发，对南京六合区八卦洲乡村建筑进行一次较深入的调查，通过实地走访、测量、提取建筑原型，并对乡土建筑材料、乡村营建低技术建造进行研究。课题设计以最容易得到的竹材，结合院落类型设计，以低投入和低技术为宗旨，设计一座乡村旅游服务竹构建筑，探讨乡村建造中的观念与方法，探究竹材料、竹构设计的生态意义。

关键词： 乡村　建筑　类型　竹构　设计

1　问题缘起

当下的一些城郊农村，既不像“村”，又不像“城”，正经历身份的模糊与尴尬。人们对“乡村风貌”记忆犹新，对农村新建筑的质疑从未间断。建设中存在的问题包括：建设呈现盲目性和从众性；乡土营建体系的缺失，村落布局和空间形态上呈现一种无根的状态；新建筑材料与乡村营建风格的矛盾；乡村营建技术失传与技术提升的矛盾；乡土生活模式与新农居适应性的矛盾；标准化设计与乡村风情的矛盾；大量的现实需求和较少的专业投入的矛盾；缺乏基础设施和公共服务设施的科学配置等，传统村落的活力面临消失。

对诸多问题的思考，促成我们的一项实验性设计，以南京六合区八卦洲乡村建筑为调研案例，在原有地块上建造竹构设计的乡村旅服务空间，竹构建筑作品忠实于竹材的自然属性，重视自然赋予它的构造关系，强调创新，但不突兀自立，表现的是材料的真实和对构筑的忠实。

2　乡村建筑原型提取

传统的乡村营建源于真实的乡村生活与场地关系，体现了空间形式与生活模式的关联。通过对八卦洲乡村建筑调研，我们对乡村居住建筑类型有了更深认识，为更新设计提供了依据。

2.1　原型——建筑和院落类型提取

南京八卦洲民居建筑特点有：场地以平缓、滨水、小坡地为主，高低差变化不多；建筑单元型多为一字形，方形、长方形，以单元型为基本原型，有局部二楼、三楼。沿主要街道、交通道路设门面房，联排设置。庭院，非交通道路的院落，庭院封闭，呈方形、长方形，以单元型为基本原型，局部有二楼。由前屋、主屋、侧屋、楼房。院落线性组合，与田地和竹林共生关系；建筑表皮多为红砖、轻质砖砌筑，建筑涂料、外墙砖饰面；院落背后有大片竹林、杨树林、杂树。建筑和院落类型图示如图 1。

L 形院落，功能性很强，主屋坐北朝南，右侧或左侧为厨房，没有院墙。U 形、H 形、回字形院落，是一个二层加院落的复合空间，这是由村民自主建筑演化而来。主屋门窗开洞方向是南北向，两侧辅助房东西朝向和开门窗，主屋中间是一个活动的区域，空地会是晒太阳的好地方。夏天可以形成穿堂风，冬天的时候可以阻挡寒风。主屋室内两边，一个是卧室，另外则是一个通向二楼的交通空间。卧室在二楼，通风及视线好。前屋为厨房和主入口处。

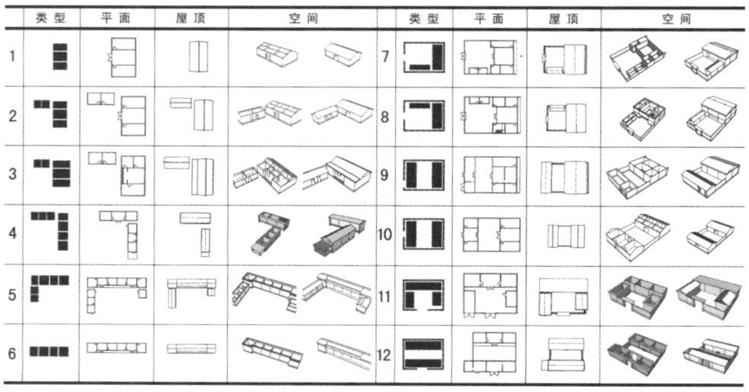

类型	平面	屋顶	空间	类型	平面	屋顶	空间
1				7			
2				8			
3				9			
4				10			
5				11			
6				12			

图 1　建筑和院落类型提取

2.2 模数——乡村建筑类型设计

在设计操作中，我们将建筑和院落原型切分为一个5m×5m方形模块。沿线性方向和网格布局，不断尝试向左右、前后延展，添加、减法，局部打散组合，生成既源于院落原型又有新变化的空间布局。在中心区域、主要节点向空间中叠加，生成共享空间和视觉中心。在完成了建筑原型提取和模数化空间组织设计后，研究重点转向建筑主材料——竹材和竹构（图2、图3）。

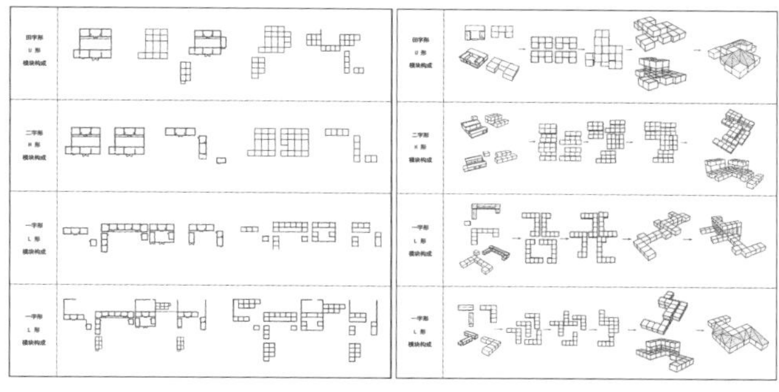

图2 空间模数组合

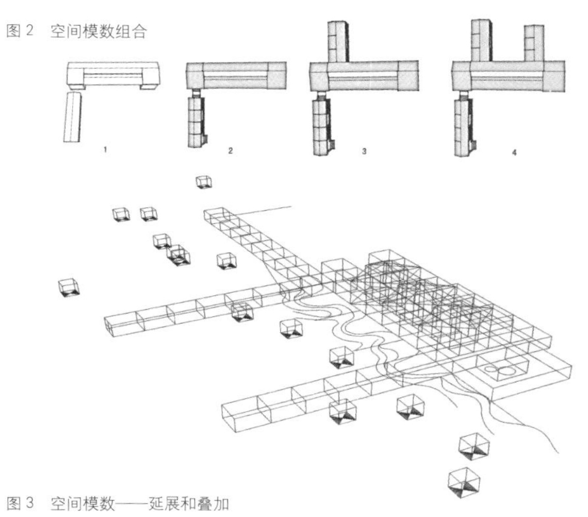

图3 空间模数——延展和叠加

3 竹构建筑形态生成

在调查和测绘区域，村民家前屋后大片的毛竹林给我们留下深刻印象。我们认真比较了三种主要建筑材料：木、砖、竹之后，决定使用竹材。在调研的基础上，我们选取了一个进深20m，面宽25m宅基地，规划设计一个建筑面积有320m^{2}的竹构建筑。

竹子是一种生态友好型环保材料，竹子生长周期短，三至四年即可成材，竹材产量高，价格低廉，在古代就是人们的主要建筑材料。竹构建筑也称竹建筑、竹结构建筑，以竹材料为建筑主材料，不同规格竹竿、竹片经过捆扎、编织、锚固、拼接生成杠梁结构和板片，用于建筑立柱、墙体、屋顶、设施、地板等。建筑材料是设计的一个基本要素，就原材料而言，有自己的肌理、质感、形状等原始属性，材料本身并没有精神性，当材料被组织到建筑中，材料属性就发生了变化，被赋予了建造意义。每一种材料都有自己的结构规律，竹材料形状和结构规律特殊，对于建筑材料使用来说，是限制也是特色。

3.1 实验——竹材加工和竹构技术研究

实验性设计中，我们首先进行了竹材料的弯曲和塑性加工实验，按照一个特定比例，对毛竹粗加工后沿空间设计草图结构形态制作草模。通过草模了解竹材料一系列相关参数，为后续深入结构组织设计做准备。竹材料分析发现一系列问题：

①弯曲时易折断，由于竹子的中空性，竹子在弯曲过程中出现分裂情况且比率较大；

②细竹竿柔性好，而粗竹竿一般不能多角度任意弯曲，转向折弯时竹竿发生开裂；

③竹子不易固定，因为竹子本身具有弯曲、不规则和弹性等特征，所以较难固定；

④由于竹子、竹节和有大小头的缘故，使受力不均匀。末梢处出现了断裂的现象较普遍；

⑤竹子本身弯曲变形以及多竹竿缠绕捆绑产生了一定的扭曲与摩擦，变形程度增加。

当然，竹子在弯曲强度方面的不足在一定程度上也是一种优点。由于竹子纤维的强度较高，如果超过弯曲强度，第一次开裂时并不会像木材一样彻底折断。这种特性为维修或更换竹建筑的损坏部分提供了可能性。而且相对于木材，竹子的弹性能够在抗震建筑中得以更好地体现（图4）。

实验中，归纳梳理了几种主要的竹材料结构成形方法：竹节点的绑扎平行连接法，两竹竿、三竹竿、多个竹竿平行绑扎连接，成形结果有加长杆件、加粗成柱体、梁体；竹节点的交叉绑扎连接法，两竹竿十字交叉、多竹竿交叉生成竹网格、竹面材；竹节点的钢结构套管连接；竹节点的销钉连接法，两竹竿、三竹竿、多个竹竿有插杆、插片组合，销钉连接构件负责传递拉力与压力。在木构件中，这种连接由榫卯来完成。金属螺钉是穿孔材料，如果竹材不够新鲜，竹子就很容易被楔形的螺钉劈裂，因此要选用砍伐后不久的竹材穿孔，另外穿孔不能太靠近竹节部，否则竹子会很容易裂开。此外，用竹竿开片编结、拼接也很普遍，制作板片材料等（图4）。

图4 竹材草模实验

3.2 关联——建构理念与古老智慧结合

竹构设计切入点有两个方面，即竹材作为结构柱、结构梁建造和竹材墙体和门窗建造。通过竹材的平行绑扎连接、交叉绑扎连接、竹节点的销钉连接、钢结构套管连接方式来完成结构柱建造，有几种主要规格，断面为 200mm×120mm，基本长度为 3m、2.4m、2m，结构梁可以达到 5m。梁柱之间采用钢结构套管连接。其中，增加了曲弯性装饰梁材，使顶墙形态连续生成一个整体曲线关系。

竹材墙体和门窗建造，采用较细长毛竹的编排捆扎、编织加框成形，生成较为密实的竹材集成板，有的根据需要，在双层竹材编织中间夹入草席。通过对竹材粗细和一定的渐变控制，形成丰富的编织肌理。同时，以模数编排设计控制柱梁结构比例和墙体、门窗开孔。由于竹材本身的特性，圆竹在构造节点时，竹节处不齐整，容易变形，使作品细部比例失调，而竹节极易受损，要避免在竹节处进行节点构造。实践中始终坚持尊重自然材料和材料规律的原则，结合建筑新建构理念，反复推敲柱梁形态、立面形态和细部结构的合理性，使竹构设计得到升华，追求表现竹构建筑自然、纯朴、亲和的特性（图 5、图 6）。

图 5　竹节点连接

图 6　竹材结构柱、梁建造

3.3 生成——表达乡村建筑类型学特征

竹构建筑的基本构成包括一字型主屋，前后伸出三个廊屋。主屋空间结构很简单，屋顶形态参考了本地乡村建筑形式，设有局部重顶，上部开侧窗采光。有较为封闭的墙体。主屋主要功能包括接待、仓储和厨房，主屋空间的设计运用了农村建筑

图 7　竹材墙体和门窗建造

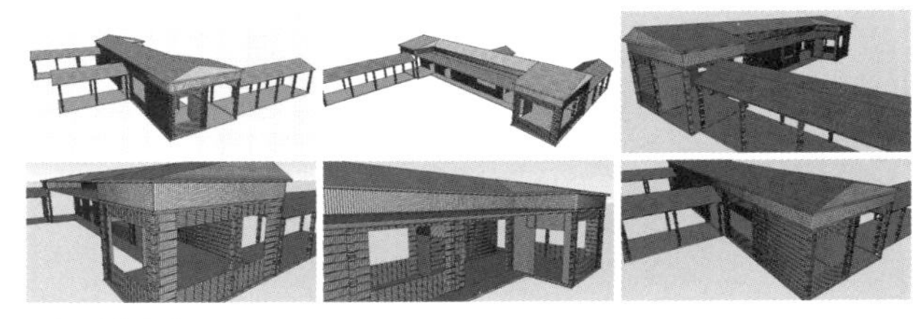

图 8　建筑生成

的廊檐，作为院内与主屋的缓冲区。其顶部造型也是通过发射状的"触角"将顶部空间支撑起来。在顶部的铺设上通过木头的垂直交叉，形成一个密室的空间。而建筑墙面则是通过一块板一块板有空隙地拼接起来。在门窗的处理上和前屋一致，采用竹编的效果进行点缀。而在室内空间，隔断的处理上，主要是要一块块方形，有意识的编织效果。丰富了空间的设计语言形式。三个廊屋是灰空间，功能是接待区，有局部立面隔断。主屋与廊屋形成主次分明、疏密有致、错落有序的有机体。在廊屋细部处理上，采用了比较轻松的手法，通过小竹竿连接，形成高低错落的感觉，增加一种节奏感。而墙体木板之间拼接处的缝隙，又为连廊内增添了一些趣味感。支柱的设计，则是采用了三角的结构，将其固定，形成一个支柱架。整体建筑保持了当地院落原型，表达了乡村建筑类型学特征。

3.4 细节——表现竹材文化特色

竹材料作为主导元素影响着对空间关系的组织，空间与材质呈现要素式的匹配，用以建造的实体材料介入了构图，参与对空间的塑造。空间氛围的塑造主要依赖空间几何秩序及形状，人们对空间的感知也主要依赖视觉。而当材质摆脱了抽象构件身份时，材质就不再仅仅是一种视觉图像，它们获得重量、温度、光泽、粗糙或者细腻的表面，甚至是气味。

在廊屋细部设计中，将竹材处理中遗留下来大量非标准材料和毛头、断材经过简单收拾，用于立面隔断填充和装饰材料，作为次级结构的隔断立面龙骨由精心设置的宽窄错落的网格组成。长而细的毛竹由绳索编结成为竹百叶，短小毛竹编织竹帘，粗短竹竿拴接成为护栏。短粗竹筒被用于栽植花草吊兰，统一吊挂与主要装饰立面和外墙，形成丰富的表皮肌理。

家具设施配套设计中，也统一使用竹材原创家具设计，竹椅：规则化、模数化连续拼接，方便组装成不同效果的空间构件；竹凳：将经过打磨处理粗细不一的竹竿紧紧捆扎在一起，具有粗犷狂放特点；竹桌：从纵向切割打磨竹节，组合拼接，肌理、色泽丰富，形态生动。线式排布就餐区，简约纯净，竹筒温润和谐，竹材饰面做凹凸处理，在光照下呈现丰富的表皮空间形态。

图 9 竹构细部设计

4 竹构设计与环境共生

每一个建筑作品都有着它自己的“环境”和“地域”，从设计的初始阶段开始，建筑就与其基地地域之间建立了一种相互依赖的关系。一个构筑有一个场所，当构筑与场所相互依赖不可分时建筑才真正成型。好的建筑设计应该是在一个能够将建筑与场所完美地结合起来的作品，人们可以体会到场所的意义，自然环境的意味，生活的真实情景和感受，以及人造物、自然与人类生活的和谐。

4.1 系统——乡村营建的“生命”关系认知

竹构实验性设计的目的之一是向乡土营建学习，包括对聚落演化“生命”系统关系认知，对自生自灭循环往复的材料生产、加工、结构、建造技术的学习。传统的乡村营建是一个自发，自主的过程，在漫长的时间作用下，这些聚落演化成一个个极其复杂的“生命”系统，在外表“随意，无序”的意象下，内部却隐藏着高度的秩序与关联，特别是人与人之间通过血缘、地缘、族群等各种纽带被紧密地联系在一起，构成一幅具有活力的生活场景。传统的建筑空间是“伏在地面上”展开的，重在水平方向上的层次转换，乡土建筑的单体造型虽有特色但并不丰富，宅院、街巷建筑模式相差不多。然而，当其群体组合在一起时却韵味十足。乡土建筑景观形成于人们在其中走动所看到、感受到的东西，人们于其中穿行、运动时的全面体验与感觉。对乡土建筑环境中的许多细部体验与感觉，是需要身临其境，一边走，一边看，一边想。

4.2 生态——竹构设计与环境共生

竹材是生态建材，项目建设中所使用的竹材来自家前屋后的毛竹林。这是典型的来自于生态环境、可持续的材料资源。竹林规划、种植、开采、加工是可持续、循环的材料资源管理系统。竹材加工环节少经过简单集合、开片。竹材质丰富、保温、隔音、抗击、可拆装、可挑选余地大。高隔断系统既拥有传统墙体的围合隔断功能，设计中充分利用墙体空间提高空间的使用率，竹构框架开启方便，可存放物品，与周围墙体浑然一体。机动、简便、可再利用的模块化结构，保证了其拆装的方便性及再次组合的灵活性。同时，依据数字化、柔性设计理念，对竹材面板和构件进行创新，加入新的编辑编排，把握成品不同效果的肌理。

在自然环境下，建筑与基地环境之间，以及生物种群相互之间密切联系、相互作用，通过物质交换、能量转换和信息传递，成为占据一定空间、具有一定结构、执行一定功能的动态平衡整体和较完善的生态系统。在竹构设计与场地环境的乡土文脉

图 10 竹构设计与环境共生

关系上，保留原有的坡地植被、路径街巷、自然朝向、新建筑的院墙围合、坡状起伏、高低错落构成关系，以及外墙表皮肌理、开孔开窗、屋顶设计等方面，体现对环境的尊重和文脉延续。

5 结语

作为一个尝试，竹构建筑实验性设计首先从研究当地乡村院落原型切入，以竹构建筑为实验对象，在建筑规模、建筑高度、基本空间格局、竹构建筑柱梁结构、竹构表皮、设施等方面展开设计工作，从多个角度和层次与环境对话，思考建筑如何保持与周边环境的动态平衡，力求使乡土环境不因建筑而发生显著的变动。竹构建筑强调创新，但不突兀自立。设计作品忠实于竹材的自然属性，重视自然赋予它的构造关系，表现的是材料的真实和对构筑的忠实。

参考文献

[1] 汪丽君．建筑类型学 .[M] 天津：天津大学出版社，2005：11．
[2] 沈克宁．建筑现象学 .[M] 北京：中国建筑工业出版社，2002．
[3] 贺勇、孙炜玮、马灵燕．乡村建造——作为一种观念与方法 [J]．建筑学报，2011.4．

非常规设计：变废为美

——建筑空间“垃圾美学”初探

颜 隽 同济大学建筑与城市规划学院 讲师

摘 要：本文探讨的“垃圾美学”是将垃圾作为设计元素进行建构形成特殊空间氛围的设计美学。它体现着多维度的生态美学，表达着丰富的空间语汇，承载着历史文化信息。对其的探索不仅在于推行绿色环保，更是在进行设计元素选用、建构方式、空间语汇以及环境氛围的创造性探索。它将为建筑环境设计增添新的语汇、注入新的活力。更深远而言，这种探索最终会使我们与自然更和谐相处，使我们的生活更美好。

关键词：垃圾 美学 建筑空间 非常规设计

随着经济的发展和生活水平的提高，我国垃圾产量逐年增加，2011~2012年城市垃圾总量就增加了4.1%，达到近1.7亿吨。①我国正超过美国，成为世界上产生城市垃圾最多的国家。

《2013-2017年中国生活垃圾处理行业发展前景与投资预测分析报告》显示：垃圾大量增加，而现阶段垃圾清运及处理能力却无法满足需求。仅生活垃圾一项，就有将近一半处于未处理或者简单处理状态。随着城市化进程，建设需求增加，难以回收的建筑垃圾也在激增。仅上海，2011年的建筑垃圾和工程渣土总量已约8600万吨，是生活垃圾的10多倍。②

在这样的背景下，作为以“为中国设计”为使命的我们，在抓住激增的设计需求所带来的巨大机遇，享受社会进步成果的同时，应该意识到垃圾问题及其对环境的影响，并尽己所能从设计源头开始，带着绿色、环保理念，奉行可持续发展的原则。而将垃圾作为设计元素，并尽可能就地（近）回收，尽可能少地改变垃圾性状进行设计建构，以减少再利用过程中能源消耗和二次污染，创造性地利用垃圾创造“垃圾美学”无疑是解决这个问题的方法之一，也是值得我们深入研究、探索的时代议题之一。

1 诠释“垃圾美学”

垃圾处理方式有填埋、堆肥、焚烧、回收等。填埋效果慢，占地大，容易对环境（地下水、土壤等）产生二次污染。而相对二次污染少的堆肥处理则要求垃圾有机含量较高，焚烧处理投资高，运用有局限。较为经济环保的方式是细分垃圾后，按垃圾特性分别进行回收再利用。

本文探讨的变废为美的“垃圾美学”即是基于垃圾细分，在对其特性进行研究后，尽量少地改变其原有形态、材料性能等，将其作为设计元素，以特定方式进行建构，形成特殊的空间氛围的设计美学。这样的“垃圾美学”，体现着多维度的生态美学，表达着丰富的空间语汇，沉淀着历史文化信息。

1.1 多维度生态美学

运用垃圾创造美，减少环境负担。“垃圾美学”正是这样的生态美学，从设计到建造，再到使用，甚至到消解，都体现并传递着可持续发展的绿色生态理念，表达着人与自然和谐相处的美好愿望。

---

① www.reportlinker.com

② http://news.xinhuanet.com/energy/2012-06/18/c_123300288.htm

2013年夏，KCA工作室（Studio KCA）设计的“在云端”（Head in the Clouds）在纽约总督岛（Governors Island，NY）正式展出。这是一座长40英尺（约12米）、宽18英尺（约5.5米），高15英尺（约4.5米），由铝框架支撑，水和沙固定，以53780个回收塑料瓶（相当于纽约一小时废弃的塑料瓶数量）构成的小型展馆。设计伊始，设计师就将设计理念公布在网上，募集塑料瓶及建造费用，同时传播这样的理念：绿色环保，创造城市梦境。材料取得、建造过程更是贯穿着生态理念，并且在募集过程中定时公布进程。整个设计及建造过程成为一个传播生态理念的行为艺术。而结果也是美好的，观众穿梭在这样的蓝白相间的光影迷离的入梦空间中，惊叹垃圾也能创造如此梦幻空间（图1、图2）。

图1　建造完成的展馆“在云端”

图2　“在云端”公布在网上的收集、试验、建造过程

而巧妙运用丢弃的建筑材料，建筑空间又会体现另一种与自然共呼吸、同生长的，天然有机的生态美学。如王澍在其象山校区项目中，运用过一种19世纪末的上海工匠发明的瓦片。这种瓦片表面以水泥砂浆拉毛，加上岁月磨损，特别适合植物的攀爬。建筑被旧砖瓦覆盖，日晒风吹雨淋，上面长出苔藓、杂草，随时间变化，似乎建筑空间有了生命。

1.2　丰富空间语汇

在当今中国，城市快速发展，带来巨大的设计需求。这样的需求往往要求设计及建造在短期内完成。很多设计师在这样的要求下，习惯于运用常规标准化材料及相应的建构手段。当然，这样的方式容易在尽可能短的时间内、较好完成设计任务。但这样的负面影响是伴随的设计建构语言被局限在常规范畴内，缺少创意。丹·菲利普斯（Dan philips）在谈论美国设计所遇到的类似问题时也提出过类似观点，他认为：“几乎每个建造者都被运用市场上的常规材料及方式所局限”，而这样的局限最终带来的是设计的局限。[①]

打破常规，以废弃物这样的非常规材料设计，将迫使设计师抛开常规方式，而将关注点回到设计源头：设计元素及建构本身。在对特定的非常规材料深入了解后，结合特定空间、特定界面进行创造性建构，从而产生与特定环境相契合的特殊空间语汇和环境氛围。这样的探索会丰富设计语言。

图3　软木地板

挖掘废弃物的潜在特性，重构其自身美感，形成丰富的材料语汇，是“垃圾美学”的重要组成部分。如丹·菲利普斯(Dan Phillips)在其骨屋(Bone House)中运用软木塞这个不起眼，也看似与建筑毫无关系的材料铺贴成地板。软木塞自身物理化学特性：富有弹性，防滑耐磨，隔热保温，消音减震等很好地被利用起来。而上万个软木塞形成纹理图案，与其轻软而富有弹性的触感、温暖色感结合起来，形成富有独特美感的地面（图3）。

进一步，“垃圾美学”依托于废弃物特性，创造性地进行建构，产生丰富的界面及空间语汇。同样的，在丹·菲利普斯的作品中，瓶盖、画框边角拼贴铺于地面、墙面、顶面等界面；枝丫、废弃绳索悬挂、编织固定；废插销乃至核桃壳点缀空间，形成斑驳的界面肌理和丰富空间的感受。这样的感受与用常规涂料、线角建构的空间迥异，散发着它独特的空间气息（图4）。

1.3　沉淀历史文化

很多废弃物曾经在人的生活乃至生存繁衍中扮演着重要角

① www.houseandhomeonline.com

色。它们伴随人的生活，记录了当时的时代特征，化作时代烙印留在当时人们的记忆中，成为人类历史密不可分的一部分。将这些废弃物以新的方式利用起来，从某种程度上将它们所附带的历史痕迹及生活记忆碎片也延续留存，在历史文化层面赋予这些废弃物的空间以记忆的温情和历史的厚重。

图 4　树屋（Tree House）中的画框顶面及骨屋中瓶盖地面

如王澍觉得旧砖瓦是有传统和历史的。旧砖瓦与现在常用的新瓦不一样，会有不同的细节和规格。将上万块回收来的，规格、形制、色泽不一的旧砖瓦堆叠在一起述说着它们所经历的历史信息，它们构成空间界面，温润而古旧，由此空间与周边环境相掩映，似乎“从诞生那一天开始，就有了 50 年甚至 100 年历史”（图 5）。

类似的探索在古老的中原大地也在进行。由余平设计，运用大量废砖瓦建构的瓦库，更将原本为垃圾的旧瓦作为整个空间的主题。瓦库来自于民间生活，运用匠人工艺建构室内环境，如手工艺品一样，传承着古老中原文化（图 6）。

图 5　王澍设计的中国美院象山校区

2　建构“垃圾美学”

从废弃物中发掘、建构“垃圾美学”，形、器、用都无常规。需要设计师带着创造性的眼睛发掘，慧眼识宝，并根据废弃物自身特性，取其美、改（除）其废（害），创造性进行建构，使其有机地成为空间的一部分，并为空间增色。

2.1　发掘采用

废弃物一般可以分为：可回收垃圾，主要指废纸、塑料、玻璃、金属和布料等几类可回收再利用的废弃物；有害垃圾，主要包括电池、油漆桶、过期药品等存有对人体健康有害的重金属、有毒的物质或者对环境造成现实危害及潜在危害的废弃物；有机垃圾，主要包括厨余垃圾等可经生物技术处理为有机肥料的废弃物；其他垃圾，主要包括除上述几类垃圾之外的砖瓦陶瓷、渣土、卫生间废纸、纸巾等难以回收的废弃物。[①]

选择废弃物作为设计元素，废弃物性状是否适合当然重要，更重要的是用心去发掘，根据各自特点发挥使其为设计所用。常用来利用的，除纸、玻璃、塑料、金属、布料、木、竹等可回收垃圾外，砖、瓦、陶瓷等难以回收的建筑废弃物也可经设计变废为美。甚至部分不易腐烂（或者经简单处理后不易腐烂）的厨余垃圾，如核桃壳、贝壳等，也可以在清洗及简单处理后成为设计的一部分。

如位于无锡市长广溪湿地公园内的蜗牛坊中点缀了大大小小百余个铜锣。这些铜锣从民间回收，依据大小、花饰等做成为门把手、墙面装饰等，它们从乐器变为设计视觉元素，使此空间染上独特韵味（图 7）。

再如，泰国西萨菊省 Wat Pa Maha Chedi Kaew 寺庙的僧侣，发现了啤酒瓶透光、有一定强度等特性。 他们回收利用了百万个啤酒瓶，建造了他们的寺庙。在寺庙的水塔、游客的洗手间……到处可以感受到啤酒瓶建构的特殊空间氛围（图 8）。

2.2　改变适用

废弃物毕竟不是常规建筑装饰材料，它们有自身特点，发掘利用它们的同时也需要注意建筑空间特点和需求。比如防火，一定的结构强度，防潮、防蛀的要求等。必要时，需要对废弃物进行一定改造以适合建筑需求。

如以废纸筒进行设计，就要对其进行防水、防火、覆膜等处理。如日本设计师坂茂 (Shigeru Ban)，常利用传真纸纸芯

图 6　余平的瓦库

图 7　蜗牛坊中的铜锣

① http://baike.baidu.com/view/160814.htm

图 8　用啤酒瓶建造的寺庙

进行设计。这种纸芯经过这样的处理，并进行严格的强度测试，以适合建造小体量临时建筑。

2.3 建构创造

废弃物被发掘、改造，最终要以建筑语言统一于整个空间。这需要创造适应性的建构手法。这种建构，一方面要适应空间需要，营造特殊的整体空间氛围；另一方面要适应废弃物特点，“取其精华，弃（避）其糟粕”，使其适应空间。

比如，塑料瓶自身强度有限是不利于建造的。但依靠支撑网架或界面，大批量经过处理的塑料瓶依靠悬挂、堆叠、铺贴等方式，重复出现，可以形成特殊的肌理或图案。再利用其一定的透光性，附以灯光，常能形成特殊的界面和空间效果。去年 10 月中秋期间，香港维多利亚公园就出现了这样一个半月球形展馆——“升起的月亮”(Rising Moon)。这个纯粹的“月亮”的外表面由 4800 个 5 加仑（约 19 升）水桶覆盖，内表面由 2300 个塑料瓶构成，这些瓶 / 桶悬挂在预制钢架上，中间还安装了 LED 灯。入夜，展厅似一轮明月从湖中升起（图 9）。

图 9　香港“升起的月亮”展馆

3 结语

从废弃物中选择设计元素，创造特殊的“垃圾美学”，是从建设源头建立绿色环保、可持续发展的理念，选用可回收材料，创造性地运用适应性建构方式进行设计和建造的。

这样的观念及探索并不单单局限在设计领域，它将以建筑空间呈现，并反过来影响生活。喜力啤酒就因这样的理念，曾经推出过除了装酒外还可以用来做砖的矩形“WORLD”啤酒瓶（World Bottle，简称 WOBO）。这种瓶子瓶颈显得短而粗，瓶底有能与瓶颈匹配的酒窝。这样，上面的酒瓶就可以和下面酒瓶的瓶底咬合；瓶身有小槽点，容易打上水泥。喜力生产了十万瓶试卖，并用这些酒瓶在 CEO Freddy Heineken 的别墅区建了一个完整的房子（图 10）。

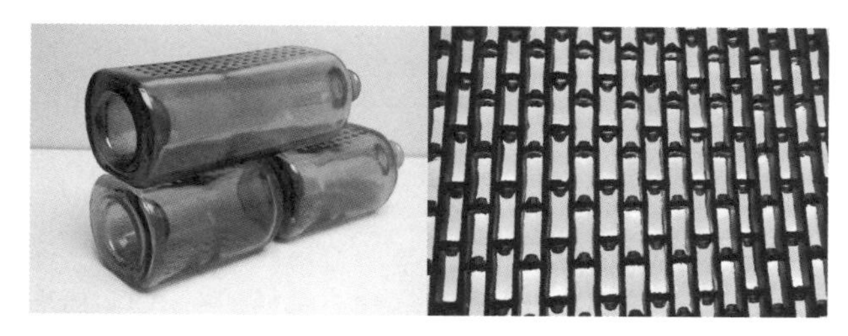

图 10　喜力啤酒“WORLD”啤酒瓶和用其建造的墙面

所以，探索“垃圾美学”，不仅是推行绿色环保的设计和建造，更是在进行设计元素选用、建构方式以及空间语汇、环境氛围的创造性探索，它将为建筑环境设计增添新的语汇、注入新的活力。更深远而言，这种探索最终会使我们与自然更和谐相处，使生活更美好。

参考文献

[1] 万书元．当代西方建筑美学 [M]. 南京：东南大学出版社，2001.7

[2] http://www.designboom.com/

[3] http://baike.baidu.com/

[4] https://www.kickstarter.com/

[5] http://www.phoenixcommotion.com/

注： 本文获得国家自然科学基金青年基金资助（项目号 51108319）。

建成环境中“自然”的观念与形态解析

管沄嘉　清华大学美术学院　讲师

引言

本文将要探讨的不是“自然”本身的形态，而是基于人们看待自然的不同态度和方式，在人工构筑的环境中所呈现出的“自然”的形态。在这里，我们将看待自然的方式大致分为三种：第一种，是将自然看作是为人类生存、生产和生活提供各种资源的物质基础和环境背景，是为了生存而需要依附或者抗争的对象，是一种现实而客观的存在。与之相应的，人们给予自然的也主要是基于现实需求的功能性和技术性的回应。第二种，是在人类史前神话、原始巫术和长年累积的建造经验的基础上，以抽象的观念和先验的文化空间图示去指导实际的建造活动。人们通过超越自然表象的观念图示去建立人与宇宙空间的关联，并借此呈现生命“存在”的意义。从某种意义而言，这一方式有着忽略微观场地和现实环境的趋向。第三种，是基于“在场”和“体验”的原则，通过时间、地点、事件、场景和人的身体参与之间的关联，来呈现场所的意义并激发人们对“自然”的感知。这一方式趋向于将自然、人工环境以及人在其中的活动作为一个互动的整体而进行艺术化的呈现。由于篇幅所限，本文对以上三种方式分别加以简单地讨论，以期能够为这一主题勾画出一个粗略的轮廓。

1　客观与物质的“自然”

自然环境作为人类生存的背景和舞台，既为人类社会提供了生存的各种潜力与物质条件，又约束着人类的行为方式与活动能力。在人类社会发展的早期，从寻穴而居和传说中“有巢氏”的筑巢而居，到原始聚落以至最初城市的形成，人类聚居群落的分布与规模明显地受到自然条件的影响。那些自然生态条件良好的大河流域等土地肥沃、水源丰沛、食物充足的地区往往成为养育文明的摇篮。

在这一时期，人类的聚居环境与自然之间是一种直接的、天然的联系。人类聚居环境的形态往往是对于自然环境直接适应的结果，不同族群所处的不同的自然环境禀赋决定着不同的生产关系和人类聚居的形态与模式。这些传统的人工构筑方式很好地适应了当地的气候和环境，因而很多沿用至今，并形成了具有鲜明地域性特征的聚居环境。比如，中国西北地区的被动节能型的地坑式住宅和庭院，西南地区的山地建筑，以及南方湿热地区为防潮湿和水患而架起的干栏式住宅。在中东地区沙漠周边的小城镇中林立的“捕风塔”，则是为了改善住宅内空气的温度与气流而建造的颇具景观特色的技术装置。

在持续建造实践的基础上，东西方都出现了各自关于城市和环境建设方面的理论阐述。在中国，春秋时期齐国的管仲在其《管子·八观篇》中就提出城市的规模与分布密度与当地郊野土地的现实情况应当相适应。土地肥沃，耕地产量高，可供养的城市人口就多，城市规模也就应该越大。反之，则相应减少。在《管子·乘马篇》中，他还指出，“凡立国都，非于大山之下必于广川之上，高毋近旱，而水用足，下毋近水，而沟防省。因天材，就地利，故城郭不必中规矩，道路不必中准绳。”说明了城市的建设应该充分结合周边的山川、地势等自然条件，趋利避害，因地制宜。在古罗马，建筑师维特鲁威（Vitruve）在其著名的《建筑十书》中更是系统地阐述了如何依据地理位置、气候、方位和周边的自然环境因素来合理地考虑人类聚居地的选址、形态、布局问题。例如，他在古希腊人对自然风向研究的基础上，阐明了城市内部街巷的布置应以对不同季节的自然风进行遮蔽和利用为原则。此外，该书内容还包括了单体建筑与地形、朝向、阳光等因素的密切关系，以及如何将土、砂、石、灰等天然材料加工处理成可资利用的建造材料的基本方法。

就这一意义而言，人们把自然看作是提供空气、阳光以及各种物质资源的基础和背景，是为了生存而需要依附或者抗争的对象，是一种真实而客观的存在。而与此同时，人们给予自然的也主要是基于现实需求的功能性和技术性的回应。对于自然的这一认知，是近现代自然科学和应用技术得以持续发展的前提。当然在这一过程中，审美等意识形态因素也时刻对人类的建造活动产生着潜在而深刻的影响。但是总体而言，由于技术体系直接关乎人类的生存本身，因而其作用是更为首要和基础性的。[①]当代对自然环境所持的生态学立场，尽管广泛涉及伦理、审美等深层的价值观范畴，但也是以此认识为基础而引发的，是把自然作为环境系统运行的功能性载体和物质性存在而试图加以维护、调节和改变，以期维持人工构筑和自然演进过程之间的微妙平衡。

2 观念与图示的“自然”

人类聚居的环境是在自然环境的基础上，按人的意志加工建造而形成的。严格地讲，它既不是单纯的自然环境，也不是单纯的人工环境。自然中的一切，一旦同人发生联系，便具有了文化的含义。人们的环境实践，一方面使人非自然化，一方面使自然人化。各个文明普遍存在的原始巫术以及对太阳和生殖的崇拜说明，在对自然环境进行自发的生存适应的过程中，除了在物质方面依赖于技术和日益提高的生产力之外，还从精神上依赖于对神秘的超自然力量的信奉和膜拜。在二者的共同作用下，逐渐形成了对自然的认知、观念以及相应的宇宙空间图示。[②]随着人类生产与活动能力的增长，解决生存与调节生存状况的技术体系不断完善，人的生存从被动的依附于自然向更依赖于自身所建构的社会体系不断转变。人与自然的联系也变得相对间接和疏远。在这种情况下，当其不断建构自己的生存环境之时，经由长期积淀而延续下来的自然观念和空间图示在人们进行建造决策的过程中逐渐承担起更为重要的作用。

自然观念除了会以集体无意识的方式潜移默化地对环境建造活动产生影响之外，不同文明还逐渐形成了各自较为完整的思想和理论体系，从而对现实的建造活动进行直接的指导。尤其是在古代中国，出现了周的“营国制度”模式和“风水”理论等非常成熟的建造体系，两者对中国古代城市、村落及居住环境的建造均产生了重要的影响。

中国古代城市的空间组织模式脱胎于农耕文明早期的土地划分方式，并结合史前神话和原始巫术等内容，逐渐演变为充满了象征意义的文化空间图式。在古代中国，从“井田”制划分土地的空间图示中我们可以看出，依“井”字划分的每一块土地区域均与周易中的爻卦相位有着相互对应的关系。这意味着古代中国人在进行土地划分的过程中，通过对空间方位的观念化处理，将客观物质的自然加以概括和抽象，重新定义了人及其居住环境与天、地自然之间取得关联的方式（图1）。周“营国制度”中的道路布局就是由“井田”制度演变发展而来，除了空间规划布局的相似性之外，“营国制度”同样将中国人对宇宙时空的观念也沿承了过来（图2）。

东南 巽	东南	西南 坤
东震	中	东南
艮 东北	坎北	乾 西北

图1 “井田制”的土地划分方式与爻卦相位对照关系示意图

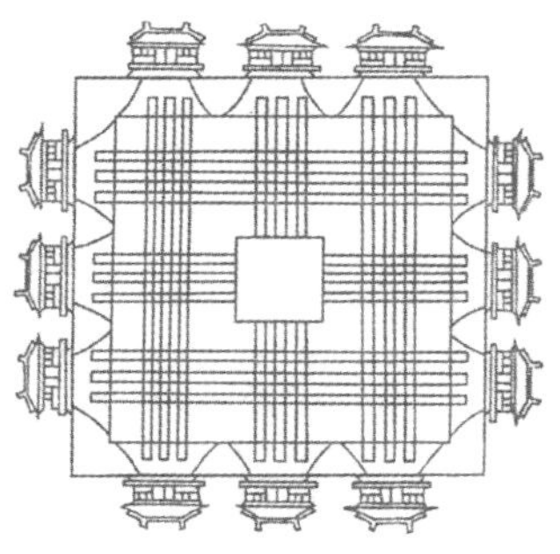

图2 周“营国制度”的空间图示

以唐长安城为例，尽管城市的外形轮廓极为规整，看不出任何自然形态的痕迹，但却反映了古代中国人与自然合一的观念。这听起来有些自相矛盾的解释，却有其内在的逻辑。众所周知，中国古代思想中儒道两家均崇尚“天人合一”的观念。老子所谓“道生一，一生二，二生三，三生万物”以及“人法地，地法天，天法道，道法自然”等都是关于中国古代自然观、宗教观的核心表述。这一观念意味着在中国古代人的意识中，“神”只是处在很次要的位置，是应依附于“自然”之“道”的。“天人合一”对于帝王而言则意味着，只要按照某种方式顺应了“自然”之“道”，则人就具有了“自然”之力，就可以依“自然”之“道”去造物。而这种方式具体而言就是“礼”与“德”。这里的“自然”也就不是物质与现象的“自然”，而转化为中国人观念中的“自然”了。

此外，空间方位作为人类自然观中时空观念的重要组成内容，在古代中国的城市和住居建造活动中被置于极为重要的地位。甚至可以说，对空间方位的确定是一切营造工作开始的基础。中国早在《周礼·考工记》中就已经出现了如何利用日出日落时太阳的投影进行空间方向定位的详细记载。此后，中国人在方位测定方面的技术在不断地发展完善，并最终发明了指南针等精确的定向工具。对技术创新持轻视态度的古代中国人在空间定向技术方面的执着颇为耐人寻味，这显然已经超出了单纯的技术范畴，而包含了更多的观念的内涵。中国古代都城中所表现出的“方位”意识实际上与中国传统的“天下”观念是紧密相连的。皇城作为“王”的居所，既要居于“天下”之“中”，也要居于“天下”方向之“正”，似乎只有这样才可以环视“天下”而无忧。从唐长安城的平面图中我们可以看出，其与南北方位有着较为准确的对位关系（图3）。而在古代希腊和罗马的殖民城市中，尽管我们可以看到相似的方格网式的土地分区，

① 怀特．文化科学——人和文明的研究．曹锦清译．杭州：浙江人民出版社，1988：348-350．

② 关于这一问题，王贵祥先生在其《东西方的建筑空间——文化空间图式及历史建筑空间论》一书中有着较为详尽的论述。

但是却看不到城市网格与南北方向的对应关系（图4）。可以说，古代西方人始终将自然看作是需要不断加以抗争的客观对象。他们所关注的是不断变化中的帝国版图，而不是居于“天下”之“中”之“正”地充满了意义的空间定位。

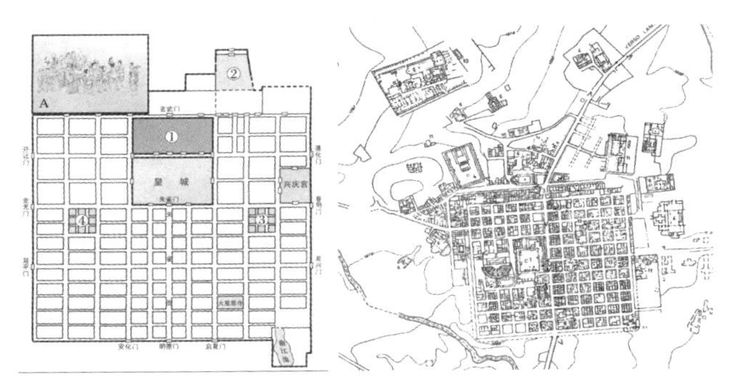

图3 唐长安城平面示意图　　图4 古罗马提姆加德城平面图

中国传统的“风水”理论尽管带有较重的玄学色彩，但也是基于世代大量的营造实践而发展出来的一套选择和处理场地和环境的观念和方法。因为需要与自然环境因素保持着极为密切的联系，所以选址和建造的过程都对场地周边环境及其空间方位有着非常明确的要求，需要人们充分考虑场地与阳光、山系及水体等自然因素之间的关系。所谓“负阴抱阳，背山面水”，即是在大的自然环境系统的框架下总结出的最理想的场地选择和经营的原则（图5）。这一场地与自然环境之间理想的关系逐渐被人们以抽象图示的方式固化了下来，演变成为古代中国人进行环境建造时基本的空间关系模式。明清北京紫禁城的空间布局可以说是对这一理想的场地关系图式加以运用的经典案例（图6）。首先，紫禁城居于明清北京城中轴线的核心，与城市精确的南北方向保持着严谨的一致性。其次，整个宫城外形及内部布局呈规整的几何矩形，中心轴线两侧的空间院落也几近对称，几乎显示不出什么自然的痕迹。但当我们仔细研读，就可以从其平面图中发现，天安门南侧、午门与太和门之间的院落等多处均设置了弧形的水道，水道的圆弧走向也与中国理想的风水图示保持着高度的一致。此外，紫禁城北侧人工堆土而建的“煤山”（现为“景山公园”）则更完善了紫禁城“负阴抱阳，背山面水”的理想空间布局。显然，这是古代中国人依“自然”之“道”，也就是他们自身心目中理想的“自然”，而建造的极为完整的建筑环境群落。古代中国人通过某种观念维系着自身的生存环境与宏大的宇宙空间之间的紧密联系，从而建立起个体、社会与自然之间独特的秩序和范式。这种处理人与自然之间的关系的方式，更偏重于“宏大叙事”的主题和“形而上”观念的呈现。相比之下，微观场地和真实的环境状况往往反被置于相对从属的地位。

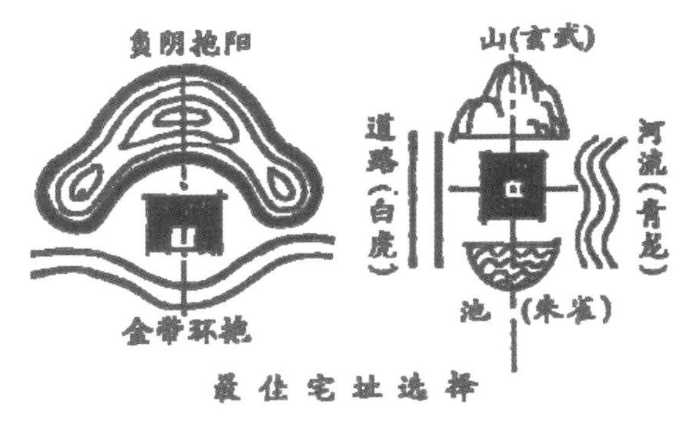

图5 中国传统村落选址的理想“风水”图示

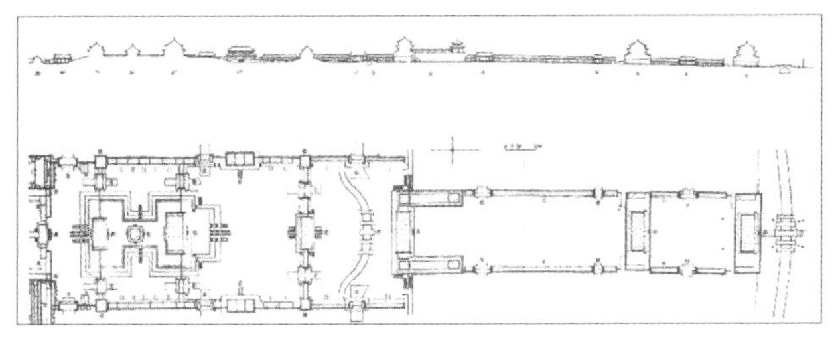

图6 紫禁城中轴线主要建筑平面布局及剖立面对照图

3 体验与现象的“自然”

20世纪中期，“知觉现象学”的出现似乎为我们开启了另一种直接触摸“自然”的可能方式。“现象学”的方法是近当代建筑和环境设计与当代哲学接续而形成的重新发现建筑中场所意义的认识论和设计的方法论。尽管属于当代设计的范畴，但是其以人的“在场”和“体验”为前提的环境认知原则，却并不是前无古人的发明创造，而只是重新开启了人们被遮蔽已久的对环境进行体验和感知的最原初和本能的方式。尽管这一方式与前文提到的以先验的形而上的观念去处理人与自然之间关系的方式都可以显示出对“存在”的精神意义的关注，但两者之间还是有着明显的不同。“知觉现象学”的代表梅洛·庞蒂认为，认识世界需要回归存在本身，并通过人的身体与环境的互动来察觉世界的存在。[①]因而，当代“建筑现象学”强调“在场”与“体验”的方式往往通过时间、地点和事件、场景之间的关联，来呈现场所的意义并激发人们对“自然”的感知。

历史上呈现人、场地与自然之间相契合的人工遗迹往往都与人类先民对太阳的崇拜有着紧密的联系。英格兰史前巨石阵的建造目的虽然还存在诸多猜测，但巨石的排列方式与当地夏至日太阳升起时的方向之间精确的对应关系却是不争的事

① 梅洛·庞蒂．知觉现象学．北京：商务印书馆，2001．

实（图 7）。而位于埃及南部城镇阿布辛贝的拉姆西斯二世太阳神庙，则是另一个与太阳保持密切方位关联的经典的空间案例。作为太阳神的化身，拉姆西斯二世在建造自己的神庙时进行了精妙的构思。即当每年自己的出生日以及加冕日时，阳光会穿过神庙窄小的洞口和 60 米深狭长的通道，一直照射到神庙最深处太阳神雕像的身上（图 8）。不难想象，在这一使“自然”之“象”神奇显现的过程中，伴随着这一美妙时刻的欢呼和惊叹的，是古埃及人对生命的存在与“自然”关联的深切感受。在古代西方的建造历史中还有诸多这样富于启发性的案例，罗马的万神庙（Pantheon）无疑是其中的一个经典。古罗马人通过在巨大穹顶上的一个圆形孔洞把极为封闭的内部空间变成了一个半室外空间，从而将内部空间与外部世界紧密地联系了起来。在晴朗的季节里，阳光每天移动的轨迹会通过屋顶的圆形开孔投射到建筑内部的穹顶和墙壁上；在雨季时，雨水也会从屋顶的圆形开孔处飘落进来。使人们尽管身处内部的“人”的世界，却可以强烈地感受到外在的、超验的“自然”的神性（图 9）。

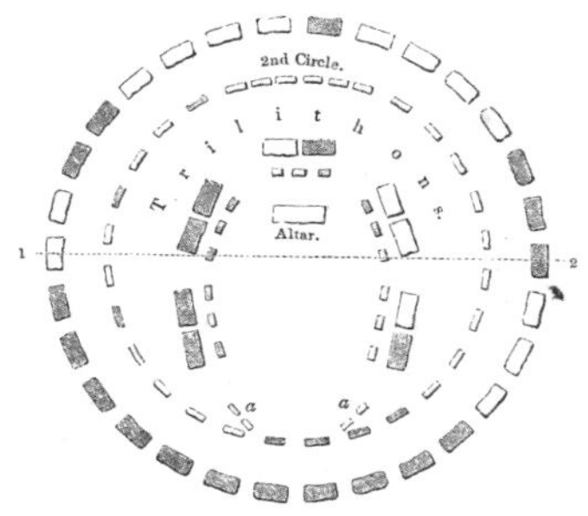

图 7 “巨石阵”平面示意图

图 8 古埃及拉姆西斯二世太阳神庙内景 图 9 罗马万神庙内景

古代中国文人在以人的身体体验为基础进行环境创造方面同样显示出了超凡的智慧，江南古典私家园林就是其中的代表。在古代中国文人的视野中，对自住宅院进行营建的活动是表达人文情怀和品格素养的重要途径，因而它与诗、书、画、乐等其他相关艺术表现形式具有同样的审美趣味。他们所精心营建的私家园林大都不因循对称规整的型制格局，而更强调“虽由人作，宛自天开”的自然之法，强调人游赏其中所经历的不断变换的视线安排和环境体验，并有意识地利用人工构筑与场地自然因素之间偶然的“机缘际遇”，形成二者相互因借、融合共生的场地特征（图 10、图 11）。这一点迥异于前文所述的依据高度抽象的宇宙空间图示而建造的帝王都城的模式。在这里，没有宏大叙事的宇宙空间主题，有的是沉溺纵情于“山水”之间的诗画意境。“自然”不是藏匿于抽象几何图式背后的被指代物，而是“在场的”、真实生动的场景自身。如果从假想的鸟瞰视点俯视整个园林或者用现代设计制图的方法绘制出这些园林的平面图并对其加以审视，我们会发现，这些园林组成的环境构件之间不仅普遍缺乏严谨的几何学关系，有些甚至从某种程度而言还显得颇为凌乱无序，这与人们身在其中所获得的深度的审美体验大异其趣。这恐怕意味着这些园林的建造者们因循着与我们所熟悉的以几何学为基础的尺规制图完全不同的工作方法。或者反过来也可以这样来理解，即如果以文艺复兴式的尺规制图方式进行设计，我们根本无法得到中国古典园林的架构。当时的一些文献记载表明，这些园林的主人和建造园林的工匠们的工作主要是在基地的现场展开的。在有了基本的立意构思之后，他们不是像欧洲的建筑师那样先将其绘制成

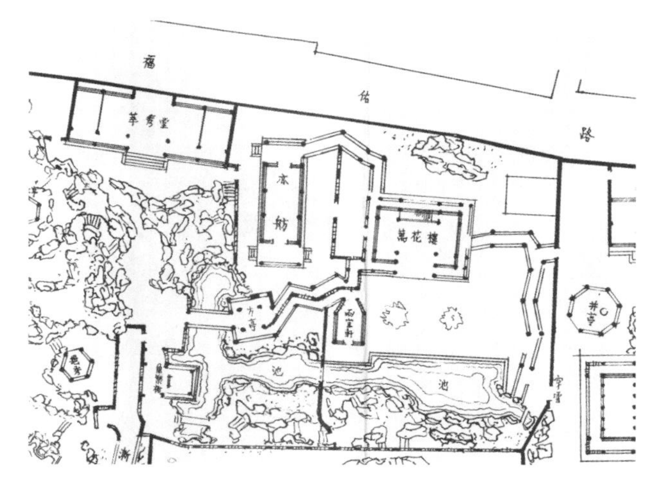

图 10 上海豫园平面图局部

图 11 上海豫园内景

完善的图纸后再严格地按照图纸去施工，而是在现场真实的体验和感觉中对具体的场景组织、路径安排和尺度控制进行不断地推敲后才加以确定，其间不乏由场地因素所偶然引发的各种奇思妙想。造新园如此，改旧园就更是如此。这一直接依赖现场体验和感觉的工作方式最终导致这些园林在建造完成之后的非几何学但层次丰富的形态特征。

图12　美国西雅图大学圣伊格纳提教堂内景

斯蒂文·霍尔无疑是有意识的对“知觉现象学”加以当代设计应用的核心人物。他以职业的敏感对场地中的微地形以及周边环境对建筑的潜在影响加以洞察，并将这些因素以带有偶然性特征的形态呈现出来。因为场地的特质千差万别，所以霍尔创造出的空间也形态各异。其所显现的不是自上而下强加给场地的外在秩序，而是经由体验和知觉引发的自下而上的内在逻辑。据说在罗马期间，罗马的万神庙曾经给霍尔以很大启发，并对他后来的创作产生了深远的影响。在他的众多作品中，都不难发现其对于充满意义且富于变幻的自然光线的精妙运用。在美国西雅图大学圣伊格纳提教堂中，我们可以看到，自然光主要是通过间接的方式反射到室内空间里，间接的反射光线柔和而神秘，弥漫在整个内部空间之中。在反射室外自然光线的过程中，霍尔使用了不同颜色的玻璃对光线进行过滤，使得进入空间中的光线呈现出多样的色彩。其内部的不同仪式区域对应着不同色彩和进入方式的自然光线，给人们以丰富的环境体验。当人们身处其中时，不由得联想起中世纪教堂中彩色玻璃花窗所带给室内空间的斑斓和迷幻（图12）。

图13　“水之教堂”内景

日本著名建筑师安藤忠雄尽管不是以“现象学”作为其设计思考的出发点，但是他精心构筑的一系列教堂空间，无疑是通过有意识的场景和空间安排，建立起行为、场地和可感知“自然”之间关联的极具启发性的尝试。其中，神户六甲山教堂是通过一条长达40米长的刻意设置的廊道，将视觉的纵深、人的行进、地形的起伏以及对“风”的触感合而为一。在人们进入主要的教堂空间之前，以既单纯又令人印象深刻的过程体验，捕捉人与自然之间的微妙情感。而位于北海道群山之中的“水之教堂”，则是因户外大面积的自然水景被幻象般的呈现于室内空间而著称。随着季节的不断变幻，作为该教堂主空间背景的自然景致产生出令人迷醉的舞台般的视觉效果。在这一场景中，时间、地点、“自然”和人的情感之间形成了强烈的共振，同时激发人们达到对“自然”感知能力的极限（图13）。此外，著名的“光之教堂”同样令人叹服。整个教堂从室外到室内通过不断变换的光线对比，形成了或明或暗、抑扬顿挫的空间序列。

图14　“光之教堂”内景

而最令人惊叹的是，透过圣坛背后墙体十字形裂隙而投射进室内的一组光线，在昏暗的教堂主空间中形成了极为戏剧性的场景效果。在这里，光亮与黑暗形成的强烈反差所显现出的“自然之象”，不断刺激着人们的感官和知觉，进而激发出人们对“自然”之力由衷的敬畏和潜藏于心的宗教情感（图14）。

4　结语

本文通过对已建成的人工环境中所呈现出的人们对待“自然”的不同观念类型的辨析，试图初步梳理出人与“自然”因素之间所持关系的差异及其原因和脉络，以及在这些观念的影响下，物质环境所能做出的应对结果。文中所涉及的内容显然远远超出了文章的篇幅和作者的能力所及，因此，只能算做是浮光掠影式的考察，抛砖引玉而已。而作此尝试其目的也不是要进一步强调各种方式之间的差异，并将它们截然地分开。而是希望通过适当的解析，在几种不同方式相互对照的情况下，能够从某种程度上加深对这一问题的认识和理解，并最终达成技术、观念和体验三者完美的合一。

参考文献

[1] 莱斯利·A. 怀特. 文化科学——人和文明的研究. 杭州：浙江人民出版社，1988.

[2] 维特鲁威．建筑十书．北京：知识产权出版社，2001．

[3] 刘易斯·芒福德．城市发展史——起源、演变和前景．北京：中国建筑工业出版社，1989．

[4] C·贝纳沃罗．世界城市史．北京：科学出版社，2000．

[5] 凯文·林奇．城市形态．北京：华夏出版社，2001．

[6] 黎翔凤，梁连华．管子校注．北京：中华书局，2004．

[7] 计成．园冶注释．陈植注释．北京：中国建筑工业出版社，2009．

[8] 童寯．江南园林志．北京：中国建筑工业出版社，1984．

[9] 彭一刚．中国古典园林分析．北京：中国建筑工业出版社，1986．

[10] 刘致平．中国居住建筑简史（城市、住宅、园林）．北京：中国建筑工业出版社，1990．

[11] 贺业钜．中国古代城市规划史．北京：中国建筑工业出版社，1995．

[12] 傅熹年．中国古代城市规划、建筑群布局及建筑设计方法研究．北京：中国建筑工业出版社，2001．

[13] 王其亨．风水理论研究．天津：天津大学出版社，1992．

[14] 藤井明．聚落探访．北京：中国建筑工业出版社，2003．

[15] 王贵祥．东西方的建筑空间——文化空间图式及历史建筑空间论．北京：中国建筑工业出版社，1998．

[16] 李允禾．华夏意匠——中国古典建筑设计原理分析．香港：广角镜出版社，1985．

[17] 罗哲文，王振复．中国建筑文化大观．北京：北京大学出版社，2001．

[18] 南舜薰，南芳．建筑的山水之道．上海：上海古籍出版社，2007．

[19] 梅洛·庞蒂．知觉现象学．北京：商务印书馆，2001．

[20] 诺伯格·舒尔兹．场所精神——迈向建筑现象学．北京：商业出版社，1986．

[21] 沈克宁．建筑现象学．北京：中国建筑工业出版社，2008．

[22] 大师系列丛书编辑部．斯蒂文·霍尔的作品与思想．北京：中国电力出版社，2005．

[23] 安藤忠雄．安藤忠雄论建筑．北京：中国建筑工业出版社，2003．

[24] Steven Holl.New World Architect 05：Steven Holl.1991．

[25] Tadao Ando.New World Architect 02：Tadao Ando．1991．

基于设计类型学的低碳麦秆住宅空间用品设计研究

李洁瑜　广州美术学院

摘　要："设计类型学"可以简要地定义为：按相同的形式结构，对赋予特性化的一组对象所进行描述的一种概念。它是对物体本质的一种识别，以及将这种本质在另一物象中进行再造的可能。基于设计类型学的低碳麦秆住宅空间用品设计研究的意义也就在于：依托特定的生态环境，借助专业的力量，为传统的家居用品设计探索低碳发展的方向。简言之，本文旨在运用设计类型学的方法论探索麦秆住宅空间用品及其内在结构，探索它与低碳设计相融合的转换与生成方式。也可以说，站在类型学的角度上，寻求住宅空间用品的"低碳转型"。

关键词：设计类型学　麦秆住宅空间用品　内核结构　再创造

1　研究概述

麦秆住宅空间用品最初以编织形式出现。旧时每逢清明时节，乡下人将收割起来的麦秆制成篮、笠、扇子等小用品，卖给回乡的人们。后几经完善，逐步形成系统的麦秆系列用品。

设计类型学与历史、文化有着紧密的联系，普遍认为它能够通过提炼设计类型的内核结构，去获得一种合法又合理的内动力，从而带来新的创造力。基于设计类型学的低碳麦秆住宅空间用品设计研究的意义也就在于：依托特定的生态环境，借助专业的力量，为传统的家居用品设计探索低碳发展的方向。

2　概念解释

2.1　设计类型学

设计类型学可以被简要地定义为按相同的形式结构，对赋予特性化的一组对象进行描述的一种概念。它既不是一个空间图解，也非一系列条目的平均，本质上它是内在结构的相似性和对象编组可能性的概念。——R·莫内奥（R·moneo，当代西班牙著名建筑师）

设计类型是对物体本质的一种识别，以及将这种本质在另一物体中再造的可能。将设计类型学仅仅作为一种分类学操作过于狭隘，应将其作为在给定结构和条件的进化中重新发现，以及表达这种典型和决定特征的操作。——沈克宁（我国类型学学者）

2.2　低碳麦秆家居用品

麦秆，即麦子的茎，属于1年生的禾本科植物。曾经，麦秆仅仅是占地方的废物和柴禾；而在天然资源日益减少，自然环境不断恶化的今天，麦秆被人们当作："第二森林资源"。对其进行再利用、再创造的可持续开发就成为当下人们不懈追求的目标。

现代城市的发展不断影响着人们的生活理念，现今的人们不仅要求生活在舒适的住宅空间中，而且对住宅空间的生态环境有了更高的追求。在日常生活中，人们的大部分时间都是在室内度过的，住宅空间用品是否环保低碳与每个人的健康生活息息相关。因而，如何运用低碳环保的材料技艺，如麦秆等去营造一个舒适低碳的住宅空间，就给我们的住宅空间用品设计提出了更高的要求。可以说，在低碳导向下对麦秆住宅空间用品进行多方面的设计研究已成为时代性的重要研究课题。

3　以类型建构低碳的麦秆家居用品设计

"类型"一词的词源来自希腊的"typos"，意为"印记"或"图形”。它起源于人们对世界的经验和从这种经验中获得的某种理性认识。设计类型起源的原因并不复杂，世界各地的人们常常需要面对相同的生存压力与环境的限制，因而产生特定种类的设计类型来适应和满足相应的条件和要求。长期的生活经验促使某种设计类型的形成，同时也由于时间、条件的演变而不断进行类型变通，从而带来该类型的不同变体。它并非一种崭新的设计手段，早在欧洲启蒙时期（17 ~ 19 世纪早期）就已经形成了成熟的体系。它始终追求的是设计对象的内在本质，探索蕴含其中“变”与“不变”之间的关系。在设计类型学中，“不变”的因素被称为：“元”，它是设计类型学的基本概念之一。

最初提出“元”理论的是波兰的学者塔尔斯基。“元”理论所体现的逻辑为：分层次的，在某一层次上来研究另一层次的语言。用于描述的语言被称为“元语言”，而被描述的语言称为“对象语言”。在设计类型学中“元语言”能够引导人们在具体的设计项目中进行核心要素的提炼，从而得到某种结构。当然，这种结构并不是一种可以任由人们复制、重复生产的“模子”。而是某一种内核，人们可以据此进行演绎，产生多样的衍生品。例如，“庭院”是中国传统住宅形式，即类型中的元语言。而“四合院”、“三脚虎”、“一颗印”等则是由庭院引申出来的衍生形式，即对象语言。

提炼出“元语言”之后，只能算是完成了一个基层语素，它最终能够体现出来什么意义与效果还需要放在具体的设计对象中去转换，即生成“对象语言”。这是类型学中最为重要的步骤——类型转换。多位类型学专家如：德·昆西、阿尔甘等都认同设计类型学不仅仅是分类系统，更重要的是再创造的系统。在将“元语言”转换为“对象语言”的过程中就充分地体现出设计类型学侧重再创造的学科特性。“元语言”犹如骨架，而“对象语言”则犹如肌肤，通过转换会带来某种类似已有类型而又与以往类型绝不相同的新对象，这种新对象既保持了人们情感所需要的历史连贯性又带来了必要的时代新颖性。这比建立全新的形式语言更有吸引力，因为它更能够体现新、旧语言之间的传承脉络。

通过以上的分析，我们知道，设计类型学属于类推的学科，即借用已知的元素去建构未知的对象。从低碳麦秆住宅空间用品这一具体的对象来看，我们首先需要对为数众多的麦秆住宅空间用品进行归类和划分层次。

费孝通先生曾经在《文化论》中对马林诺夫斯基（mzlinowski）的文化三因子论做了精辟的引用：生活文化包含三个层次，第一个层次是生产、生活的工具。一个社会用什么样的工具、器皿来生产、生活，如：中国人用筷子，西方人用刀叉、印度人用手抓，所用器物不同，这是器物层。第二是组织层，即这个社会怎样把个人组织起来，在一个社会里共同生活，以及他们是怎样互动的，包含很多方面的内容。最后一个是观念层，在某一社会中，人们是怎么想的；什么是好的，什么是不好的？在好与不好之间，各社会的价值观念、行为选择标准并不相同。此三层次不可分割，是一个有机的整体。

3.1 器物层次的低碳麦秆住宅空间用品设计

我国设计类型学的研究学者沈克宁认为：“近年来，设计类型学特别是建筑设计类型学越来越成为研究的焦点，主要是因为大多数的研究总是在一个层面上讨论，而类型学注重‘元’理论，这是与其他理论不在同一个层面上的方法论。”以设计类型学为方法论来分析器物层次的低碳麦秆住宅空间用品设计，我们不难发现：在“器物层”中，独特的麦秆技艺如：拼贴技艺、抽扎技艺等就属于“元语言”范畴。它是独一无二的，是麦秆家居用品之所以成为麦秆家居用品的内核，是支撑这一产业的核心结构，不可更替，否则整个麦秆家居用品产业就将不复存在。

图 1　麦秆储物柜

器物层面的麦秆家居用品凭借其低碳、温暖、亲切的特性而获得大众的喜爱。近些年，在网购中持续热卖的各式各样的麦秆储物柜（图 1）、麦秆收纳箱等就是一个很有说服力的实例。在器物层中建构、设计低碳的麦秆住宅空间用品我们不仅需要传统的技艺，更需要与现代元素相联系的创新技艺。这样，才有可能为这一产业寻求一条低碳发展的途径，传统技艺本身也才有可能得到进一步延展。

3.2 组织层次的低碳麦秆住宅空间用品设计

设计类型学是一门讲究分门别类的学科，柳冠中先生曾以故宫为例分析隐藏在器物层背后的组织层：故宫的重檐顶、须弥座等元素属于看得见的设计器物层；而前朝后寝、左祖右社等生活方式则组织起帝皇每日的生活，属于可感而不可见但又根深蒂固的组织层。组织层强调生活的概念，注重分析人们当下的生活方式，它涵盖了人们生活的多个层面。人们生活的组织方式会通过其使用的物质特性体现出来；当然，随着时代的变迁，不同的社会有不同的侧重点。

设计，在深层意义上来说就是设计人们的生活方式，这一点与家居用品的本质属性有着高度的统一。自古以来，麦秆住宅空间用品从“平面到立体”、“从欣赏类型到实用类型”不断地以更适合的方式介入到人们的生活方式中。欣赏类是指将麦秆制作为装饰画嵌于镜框内，作为欣赏品，如画屏等（图2）。新中国成立后，欣赏类的麦秆装饰画种类不断丰富，已经从单一的平面拼贴发展到立体剪贴，如立体造型的金鱼、鸳鸯、熊猫等。实用类是指麦秆家居用品，如茶叶盒、镜框、文房四宝等。在民俗中，实用类的麦秆产品还有首饰盒、手袋（图3）等新婚物品。

图2　麦秆装饰画

图3　麦秆手袋

当下的人们，身处一个快节奏和竞争激烈的社会，更乐于接受能够帮助人们放松身心的事物。"放松身心"核心就是——休闲。著名的休闲学学者杰弗瑞·戈比认为："休闲是从文化环境和物质环境的外在压力中解脱出来的一种相对自由的生活，它使个体体会到自己所喜爱的、感到有价值的方式。"休闲理念的兴起，促使人们更关注事物与自然、与社会的生态和谐。组织层的低碳的麦秆家居用品设计，如果能够恰当地引入某种休闲方式，让人们在使用的同时也能够有效地体验到所合进期盼的放松状态。那么，这样的产品毋庸置疑一定能为大众所青睐。因为它深深地融入当下人们的生活中，而不仅仅是作为一种司空见惯的日用品。"游戏"就是一个与休闲相联系的概念。近期，国家知识产权局将游戏装置——"在天花板或墙面上运行的光控游戏装置"认定为国家实用新型专利产品（专利技术号：ZL 2011 2 056266.0）。该装置巧妙地融合现代科技与麦秆技艺，将低碳的麦秆引入到时尚的游戏装置范畴中（图4～图7），切实地打开了低碳麦秆住宅空间用品的新局面，让我们感受到与时俱进的行业发展状态。

3.3 观念层次的低碳麦秆家居用品设计

在整体的设计层次中，观念层是最稳当的，也是不可见的，它在深处指导着生活，反射着生活的方式。再以故宫为例，引用柳冠中先生的理论：故宫的器物层与组织层承载着政治、阶级等意义，折射出封建社会的意识形态。可以说，观念层塑造、限定、制约着器物与组织层。它所关注的是：在当下的社会里，人们是怎么评判事物？什么是可以接受的，什么是不可以接受的？

今天，全球变暖，环境污染严重，气候、生态压力日趋加大。作为世界上最大的发展中国家，我国面临着从工业文明向生态文明转折的关键点，大力倡导低碳经济，建设生态文明，已经成为当下我们社会各界的共识，也已经成为人们引以为荣的时代观念。营造低碳的住宅空间既是一种生活方式，同时也是一种社会责任。重要的是低碳生活同时又是社会协同发展和保护地球的重要途径。

小麦，对我们来说是再普通不过的农作物；但是每年收割完小麦之后所产生的麦秆，却曾经是令农户和政府头痛的大事。以前每到麦收时节，农民就焚烧麦秆，不但造成空气污染，而且弥漫的烟雾还会干扰飞机的航线，因此被明令禁止。随着科技的发展，我国的科技人员和环境保护人员已经在不断拓展麦秆的用途，如将麦秆搭成大棚种植菇菌类，与玉米秆一起压缩成高密度的燃料，或者加工成建筑用的非承重板，做隔墙使用。但这些都属于比较简单的处理，还不能形成一个有效的可操作系统。毕竟，我国是一个农业大国，每年产出的麦秆数量庞大，对于麦秆的处理涉及还田、回收、综合利用等多个环节，是个不折不扣的系统工程。

在材料属性上，麦秆材料属于回收率高、反光性强的低碳材料。可以说，麦秆与生俱来地拥有低碳环保的特质。但遗憾的是，麦秆的这种特性在家居用品产业中还未能得到高度重视。即使在今天国家高度关注"低碳"发展的大背景下，对麦秆的低碳开发也还处于起步阶段。一方面，人们不断地抱怨每况愈

图4　麦秆光控游戏装置a
（设计：李洁瑜）

图5　麦秆光控游戏装置b
（设计：李洁瑜）

图6　麦秆光控游戏装置c
（设计：李洁瑜）

图7　麦秆光控游戏装置d
（设计：李洁瑜）

下的住宅空间的生态环境；另一方面，人们又忽略将当下低碳环保的社会观念与实际的住宅空间用品相联系，形成合力，冲破生态发展的瓶颈。

欣喜的是，纵观整个华人设计圈，我们还是能够找到有意义的实例的。台湾设计师徐景亭和萧永明就创造性地将低碳的麦秆运用到现代的时尚住宅空间中。他们利用支点原理，先为麦秆设计一个主支撑，然后再灌入树脂凝固成形，最终设计制作成牢固的麦秆椅凳，为我们的住宅空间增添一道亮丽的风景线（图8、图9）。

图8　麦秆椅凳 a

图9　麦秆椅凳 b

社会观念如同灵魂，主导着人们对事物的取舍。天然材料作为必要的造物要素，在手工艺年代中被广泛运用。今天，在低碳导向下再一次被重视，成为现代设计的宠儿。美国甚至出现了竹子自行车，这一点是国际性的。麦秆住宅空间用品在观念层次的设计如果能够从麦秆的低碳特性出发，进一步发掘并利用现代科学技艺来强化麦秆的这一特性，真正将其融入现代的设计产业中，那么我们的低碳住宅空间用品就终将迎来喷薄发展的辉煌期。

4 结论

在一般的理解中，类型是指自然、社会大系统中使形态和结构相同的一组样式得以聚合的有机整体，同时又使形态与结构相异的那些样式分离开去的概念。它侧重类型的再创造，因为再创造能够呈现历史的传承脉络。毕竟，时代的发展并不是后一时代彻底取消前一时代的过程，而是继承、共生与创新的过程。本文从器物层、组织层、观念层对低碳的住宅空间用品设计进行分析，分别将这三个层次放在设计类型学的坐标体系中设定其“元语言”，再而生成其“对象语言”，初步形成低碳麦秆住宅空间用品设计的类型框架。从中可以发现，现有的麦秆住宅空间用品设计还需要进一步引入时代感强的现代学科，使得低碳环保的麦秆住宅空间用品设计更加深入人们的生活与观念中，这些都值得进行不断地研究与探索。可以说，从类型内核寻求低碳麦秆住宅空间用品的发展是一条由内而外的途径，虽然不是一时之间就可以产生立竿见影的效果，但却是一条能够带来长远效应的道路，任重而道远。

注： 本论文是2012年度国家社会科学基金艺术学青年项目“节约型社会住宅空间的低碳设计创新与实践”的成果。立项批号：12CG094。

城市文化延伸下的乡村聚落环境更新

李瑞君　北京服装学院艺术设计学院　教授

摘　要：城市是文化与文明的物质容器，如果没有城市化，文化、技术和文明就不可能产生和进步。同样，城市的发展离不开乡村，乡村为我们提供最基本的物质保障。然而在城市化的进程中出现了种种问题，由于农村的土地、空气和水环境急剧恶化和生活环境的低下，因此村镇必须要城市化，彻底改善乡镇居民的生活和工作环境。在城市化的过程中应该遵循以下几个原则：首先要秩序化，推进城市文化的延伸；其次要适性化，提倡因地制宜的发展；再次要适宜化，实现现代技术的介入；最后要特色化，保持乡土文化的延续。

关键词：城市　乡村　环境更新　秩序化　适性化　适宜化　特色化

现在的北京与纽约、巴黎、东京没有明显的区别，但一到农村就会感受到巨大的差异，在美国、欧洲、日本的乡村你能体会到什么是锦绣山河和风景如画，而中国的农村则被垃圾包围，有的甚至是垃圾遍地、臭气熏天，让人不忍直视。这绝不是危言耸听，前段时间到广东汕头地区和东北地区的实地考察证实了这一点。尽管南方地区的村镇相对比较发达，但村镇的环境仍不乐观，而北方村镇的环境绝对可以用触目惊心来加以形容（图1）。

2010年上海世博会的主题是：城市，让生活更美好（Better City，Better Life）。此外，城市有很多其他方面的优势。美国学者爱德华•格莱泽（Edward Glaeser）认为，高密度的城市生活，不仅有利于保护自然生态，而且还能刺激创新。高密度都市中面对面的人际交流、多元文化的碰撞，自古以来就是人类进步的引擎。在某种程度上来说，城市已经取得了胜利，城市文化已经取得了胜利。尤其在当下的发展极不平衡的中国，城市就像一个无底的黑洞，具有强大的吸引力，吸引越来越多的人。

图1　东北地区农村环境现状

城市是文化与文明的物质容器，如果没有城市化，文化、技术和文明就不可能产生和进步。同样，城市的发展离不开乡村，乡村为我们提供最基本的物质保障。简雅各布斯（Jane Jacbos）在《城市和国家财富》一书中指出，只有那些与其所属的腹地成功地实现一体化的城市，才是社会繁荣的真正动力，也是文化多元化社会的基本经济单元。

然而在城市化的进程中出现了种种问题，由于农村的土地、空气和水环境急剧恶化和生活环境的低下，乡村已经丧失了吸引力。年轻人大都离开了自己的家园，到城市里工作和生活。农村的土地出现了被抛荒的现象，新一代农村人无人愿意种地，慢慢也无人会种地。长此以往后果不堪想象。因此城市与乡村必须互动发展，这样才能改善乡村的生活和劳作环境，产生新的吸引力，同时使一些已经被当地农民过度开发的自然地域和条件得到恢复，也为那些农民带来新的机遇和前景。因此村镇必须要城市化，彻底改善乡镇居民的生活和工作环境。

1 秩序化——城市文化的延伸

与城市环境相比，乡村和田园是一个处在比较自然状态的场所，尤其是中国的农村环境，大多还处在农耕文明的状态下。尽管生机勃勃，但也充满了混乱和无序。自然状态的环境必须经过一定的秩序化，才会充满美感。音乐家斯特拉文斯基说过，自然界的声音，如鸟鸣，虽然可以取悦我们，但也只能是音乐的素材，而非音乐本身。因此，自然要素只有经过一定的秩序化，才能形成景观。

最近几年，随着新农村建设的步伐，乡村大都铺设了自来水管道，解决了居民的生活用水问题，有的农户还建起了沼气池和太阳能系统，使自身的生活条件有了较大的改善。然而，随着时代的发展，村民的家庭模式、劳作方法、文化习俗、经营观念等发生了巨大的变化，他们的家庭观念、生活方式、审美取向等也发生了巨大的变化。这些使人们对居住环境有了更高的要求，希望过上和城里人一样的生活，期望对整个村落和民宅进行更新和改造。

然而，我们面临的现状是如何在有限的土地资源上养育占世界近五分之一的人口。对环境危害最大的是工业、矿业和过度的农牧渔业，它们造成了对自然资源的过度攫取、生态失衡、环境污染和水土流失。尽管中国的农业文明曾经是伟大的，也曾有过历史上的辉煌，农业文明产生的城市一样符合城市设计的原则，丝毫不比西方商业文明和工业文明产生的城市逊色。然而，与工业文明相比，农业文明的衰退带来了社会和文化的衰退，但我们为了基本的生存，还在无可奈何地干着破坏性的事情，建造了许多丑陋不堪的东西，破坏了原来乡村的美丽。

中国的新农村，应该是一个健康的小城镇。在满足当地人们日常生活和劳作需要的基础上，聚居点布局应该紧凑、富有活力，节约土地和能源，利用可再生能源。小村镇应该是适度的、非破坏性的，甚至对区域生态环境的构建起到良性的促进作用（图 2）。建设健康村镇的途径有两个：一是改造现有村镇，对那些有特色的、基础条件比较好的村镇宜采用这种方式，但成本会比较高。二是建设新村镇，对那些已经没有发展空间的村镇进行彻底的拆除、合并和重建。

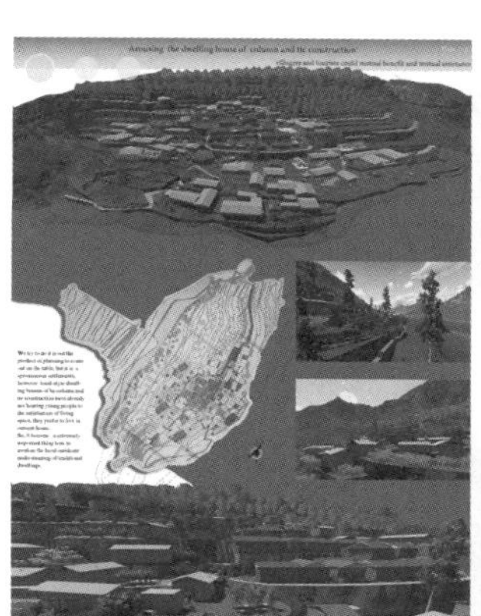

图 2 四川雪山村规划

图 3 湖南绥宁县水口乡民宅设计

图 4 地坑式窑洞的窑脸

在村镇聚落的规划中，在延续村落原有的历史文脉与尊重当地地方特色的同时，为当地的建筑注入新的技术和艺术形式，提升民宅的活力（图 3）。在建设村镇的过程中具体遵循的原则如下：

（1）文化价值优先，兼具历史形态，尊重地方特色，保护历史遗迹。

（2）保护乡村肌理，探寻旧村聚落的空间规律。

（3）注重整体地域艺术特色，建筑与环境融为一体。

（4）保护与发展有机平衡，激发民宅的活力。

在具体的规划设计中，应力图营造和谐宜人的景观氛围，使景观与民宅建筑相呼应，充分发挥民宅的地域特性，使人、地、景和谐共生，融为一体，与自然一同呼吸。构造完整的生态系统，形成自我调节和更新的永续利用环境，把各种设计元素都看作有机系统中的活的细胞，具有生命体特征，与大地一同呼吸。在整体设计理念的统筹之下，形成“一宅一景”的特有视觉效果，通过景观设计使民宅更加具有可识别性，进而突出每个民宅的个性特征（图 4）。

2 适性化——因地制宜的发展

“人性化”一词对我们来讲，可以说耳熟能详。这个词经常在各种场合、各种行业中以各种形式出现。人性的觉醒和回归固然是社会进步和发展的动因之一，然而对人性化的过分强调或片面理解往往带来人凌驾于我们的生存环境之上的错觉。德国著名文学家吕迪格尔·萨佛朗斯基曾经说过：“人能以自己为标准吗？古代的自我信任，传统的力量，苏格拉底寻找新的道路，柏拉图成功生活的哲学，灵魂的秩序和城市的秩序可以脱离世界吗？”

最新报道，中国地质调查局相关专家表示，根据对全国 118 个城市 2~7 年的连续监测，约有 64% 的城市地下水遭到严重污染，33% 的城市地下水受到轻度污染，基本洁净的只有 3%。地表环境污染加剧引发地下水污染，构成对人体健康和生命财产安全的严重威胁。我国地下水污染呈现由点到面、由浅到深、由城市到农村的发展趋势，污染程度日益严重。这就是过分追逐经济效益和满足人类自己的私欲而带来的严重后果。

因此，我们在针对新农村规划设计的研究过程中提出了“适性化”的概念。适性化中的“性”是指世界上一切生命体的本性。

既要满足居住在民宅的人们对物质功能的需要，也要优化当地现有的自然环境，达到真正的可持续发展。新加坡建筑师林少伟认为，现代乡土建筑是“一种自觉的追求，用以表现某一传统对场所和气候条件所做出的独特解答，并将这些合乎习俗和象征性特征化为创造性的新形式，这些新形式能反映当今现实的价值观、文化和生活方式”。可见乡土建筑在融入现代生态思想后，将原有的生态合理性加以发展和提高，在适应环境要求的同时能够表现出特定的建筑生态文化，这使其具有更大的、新的生命力。

首先，民宅的改造设计在保留民宅传统特色的基础上，加入现代的元素，运用现代的手法，使其更适合现代农村人的居住、生活和劳作需求，能满足游客短期居停期间的住、食等功能需要。

其次，在设计细节上，贯彻低碳、环保的理念。尽可能利用可再生能源，用于室内的土炕取暖以及卫浴用热水、民宅用电等耗能，使民宅更加节能环保。宅院的绿化保留传统的种植方式，利用当地特有的果树，如苹果、无花果、柿子树等地方树种，同时增加其他植物的种类，增加绿化层次和绿化率。

至于民宅室内本身，大部分民宅继续为村民居住使用，而有些民宅可以改造成为接待游客的客栈或村子的公共设施，民宅传统的功能有了很大的延展。不论哪一类功能的民宅，在室内设计中，我们所遵循的原则是尽可能与室外交相呼应，根据改造后功能的需要，设计尽量保留传统的空间格局和方式，引入具有地方特色的装饰元素。针对具体功能空间的使用人群和对象，以及使用的方式采用不同形式要素，突出每个功能空间的特点。因此，民宅室内环境的塑造既具有民宅的原来空间特征，又具有现代生活的特点，满足现代人对民宅在生理和心理上的需求。

3 适宜化——现代技术的介入

“传统技术”在很大程度上含有“乡土”的意味，是对特定环境文化的认同，因此传统技术在传统建筑更新改造中表现为乡土建造技术的再发展，而不仅仅是简单地利用。乡土建筑在当代的发展应该以生态文化为基本命题，融入现代技术和观念，强调以传统的、低技术的方式因地制宜地技术化和生态化，其更多体现的是满足当下人的使用和审美需要的、生态的文化内涵。印度的柯里亚和埃及的法赛都是当代乡土建筑的代表人物，他们积极利用传统营造技术，将发扬地域文化与生态的关注结合起来，赋予了传统建筑以时代的特征。利用传统技术的生态化设计主要是通过研究当地乡土建筑的构成方式、特征和具有环境意义的建筑材料，与现代的设计思想和观念相结合，使设计根植于当地的地理和气候条件，以达到自然环境与人文环境的一种和谐。

我们针对乡村这一特定地区的地理气候条件和经济发展状况，尽量以能够降解回归到大自然中去的可再生建筑材料作为主体材料进行房屋建造，减少能源消耗，保护自然生态环境，使之寓于自然之中，与周围环境融为一体，此外还可以利用地方材料的独特质感使其形式表现力得到充分发挥。同时，我们在其中也融入了现代的材料和技术，以“现代”的手段借鉴“传统”的样式。这样处理的目的不只停留在借鉴上，更为重要的是消化、提高与发展，使“传统”焕发新的生命力。在民宅更新改造设计的过程中，尤其要关注技术方面的提升。当今时代的发展，各种科技的手段远非过去所能比拟，这为提升和发展建筑传统技术相对的“生态合理性”提供了技术上的可能性。我们充分利用两方面的优势，挖掘出民宅的生态本质，使传统与现代相结合，为其注入新的血液，对传统民宅的建筑技术进行充实与提高，使其产生新的生命力（图 5）。

图 5　设计中采用新技术来加固原有结构和构造，使用新材料满足功能和形式的需要

总之，我们综合地、全面地看待技术在民宅居住环境更新和改造中的作用，既不能因为保护地方特色而忽视现代技术，也不能急于改善居住环境而过分依赖技术，走“技术万能”、“技术至上”的极端。我们把技术与人文、技术与经济、技术与社会、技术与环境等各种矛盾综合分析，因地制宜地确立技术和生态在民宅更新改造设计中的地位，并适性地调整它们之间的关系，探索其发展趋势，积极、有效地推进技术的发展，以求得最大的经济效益、社会效益和环境效益。美国建筑师巴克明斯特·富勒“少费多用”的思想对今天的我们仍具有现实的意义，即用较少的物质和能量，追求更加出色的表现。

因此，民宅改造中技术的适宜化是我们必然的追求。技术的适宜化能够尽量减少技术带来的环境破坏，保持与自然的平衡。设计中我们采用技术包括两种情况：一是在传统营造技术基础上经过重新组合优化得以改进提高的传统技术；二是将其他领域的高新技术结合民宅功能技术需要而移植到其中的新技术。因此，我们在技术的选择上遵循两个原则：一、经济与环境之间的平衡；二、充分结合地域的物质条件。譬如，结合现代技术，使民宅中的自然空调技术与手法更加发扬光大；充分利用地下土壤热容量大而恒温的性能，我们可以在此基础上研究土壤蓄能（地冷、地热能）的利用技术（埋管技术、地道风利用技术），等等。

4 特色化——乡土文化的延续

在都市化与工业化的冲击下，农耕社会的生活日益萎缩，传统生活方式和手工艺渐趋凋零。于是自民间艺术和乡土生活中寻根，发现独特的文化，成为维护本地传统、对抗同质化的现代生活的有效途径。

乡土文化是一个地方文化得以繁衍发展的精神寄托和智慧结晶，是区别于任何其他文化的唯一特征，是民族凝聚力和进取心的真正动因。乡土文化无论是物质的、非物质的都是不可替代的无价之宝。对乡土文化的保护和沿承也必须覆盖物质的、非物质的各个领域，而且保护始终是第一位的，即使要利用它发展旅游等产业，也要突出“保护第一”的原则。对乡土文化最有效的保护是积极的、全方位的沿承。所谓“积极的沿承”指的是：既要继承乡土文化传统的东西，也要适应现代生活需求创造新的东西；既要保护好原生态乡土文化，又要创造新生态乡土文化。所谓“全方位的沿承”指的是：既要沿承乡土文化的“文脉”，也要有选择地沿承作为乡土文化载体的“人脉”；既要沿承乡土文化的物质表象（即“形似”），也要注意沿承乡土文化的精神内涵（即“神似”）。特别不要忽视某些宗教及家族文化因素在乡土文化中的重要作用，其旺盛的生命力、感召力成为维系人们世代延续、和谐共生、善待苍生的重要精神支柱和心灵托付，这一点在时下的中国广大农村是要特别关注并给予妥善的保护政策。

随着经济的发展，人类生存的环境日益恶化，城市环境在一定程度上变得不再适合人生活，交通堵塞，空气污染，人口拥挤。城市作为文明象征的高雅形象已经不在，成为丑陋和恐怖的场所，而乡村和田园成为人们逃避的所在。城市促进了经济的繁荣，但它们还是会让城市人群感到痛苦。《北京人在纽约》里有一句经典的台词，“如果你爱他，就把他送到纽约，因为那里是天堂；如果你恨他，就把他送到纽约，因为那里是地狱。”我相信这应该是我们今天很多人对大城市的一种爱恨交杂的情感。今天生活在雾霾中的我们恨不能马上逃离城市，回到山清水秀的乡村。我们一方面享受着城市生活的舒适、便利和高效，另一方面由于城市的快节奏、高强度和大压力而向往着乡村的生活。城市里淡漠的人际关系和日益恶化的环境使我们时常怀念起久违的农村和小村镇的悠闲自得、有情感归属和亲切感的田园生活。而有乡土文化特色的村镇成为人们旅游和迁居的首选地，这增加了村镇的就业机会，使村镇的发展具有可持续性（图6）。

图6 湖南绥宁县水口乡村镇设计

过去我们过于追求经济发展的效果和“现代化”而使自己失去了与自然和土地共生并存的机会，以及自己的特色。通过一段时间地设计研究，我们认识到确实应该向埃及建筑师H·法塞（H· Fathy）学习，“在东方与西方、高技术与低技术、贫与富、质朴与精巧、城市与乡村、过去与现在之间架起了非凡的桥梁”。

中国建筑艺术的胜利
——王澍与普利兹克建筑奖解析

杨叶秋　南京财经大学艺术设计学院

摘　要：本文解析了王澍在建筑中的哲学理念，结合分析当今中国城市化推进下的建筑物，重新发起铸造本土建筑，弘扬民族文化的思考，呈现了王澍作品对建筑艺术发展的非凡意义与价值。

关键词：普利兹克建筑奖　中国元素　王澍　民族文化　本土建筑

他用艺术的方式重生中国传统老建筑；他用孤寂十年岁月探索中国本土建筑之路；他用批判性思维传道授业与解惑——他就是王澍。

——　**题记**

中国建筑师王澍获得2012年度“普利兹克建筑奖”，是中国首位本土建筑师获得世界认可的殊荣，是中国民族文化的浸染与熏陶下的成功。他以“收集历史”、“唤起回忆”般的建筑语言深深震撼了世界建筑界，其国际化视野、本土化创新型思维打磨，终于赢得世界建筑界的认可。

当今多少建筑师，为何是王澍？他具有怎样的建筑思想、艺术，这便成为我们追寻的问题。

1　王澍引起的冲击波

王澍在2012年获得普利兹克奖，是对世界、中国建筑界最大的冲击波，第一次表明：中国元素已经得到世界建筑界的认同！

普利兹克奖是每年一次颁给建筑师个人的奖项，有“建筑界的诺贝尔奖”之称，这是1979年由普利兹克家族的杰伊·普利兹克和他的妻子辛蒂发起、凯悦基金会所赞助的针对建筑师个人颁布的奖项（图1）。王澍是首位获得该奖项的中国建筑师，也是年龄倒数第四的最年轻获奖者。2012年普利兹克奖颁奖典礼于5月25日在人民大会堂举行，王澍在发表获奖感言时谈到，当今时代下中国巨大的发展和史无前例的开放，让建筑师拥有大量机会可进行建筑实验是他成功的关键要素。他的建筑作品兼容并蓄了东西方两种建筑观念，坚守“回归古典、重返自然”的建筑理念，向世界展现了中国传统的建筑之美。

然而，长期以来，王澍的作品在国内建筑界一直有不小的争议，或纠结于房子的“怪”和“偏”，或云其“背离常规”等。王澍均能泰然处之，在不断实践中修正自己的缺点，坚守自己的信念，坚定地朝着既定目标迈进。

王澍在构建中国美院象山校区时，就秉承其“回归古典、重返自然”的建筑理念，在其中融入自然（青山、绿水间）元素，溯源中国文化所崇尚的“道法自然”之境界，回归中国传统古典建筑之美。

如果说，张艺谋在奥运会上通过巨大的历史画卷在厚重的

图1　普利兹克建筑奖铜质奖章

古琴声中神奇出现并打开“太古遗音”、“四大发明”、汉字和戏曲、“丝绸之路”，山川、大地、太阳和孩子画的笑脸，以绘画过程和运动员的足迹最终完成这幅画作的全程，直观形象地表现“同一个世界，同一个梦想”的主题。王澍则以富有历史厚重感的砖块、青瓦、茅草、竹子、白墙等元素，超越钢筋水泥的程式化、雷同化、呆板化，表现对于现代建筑的构思与畅想。

从 2008 年开始，王澍就获得德国全球高层建筑奖提名、第十二届威尼斯双年展特别奖、2011 年法国建筑学院金奖，并被聘为哈佛大学建筑学院最高讲席教授。各种国际性大奖一次又一次地对他的作品给予了肯定。这一次，作为人类建筑界的最高奖项的普利兹克奖，以其堪比诺贝尔奖的地位声望，又一次让中国矗立在世界建筑界之巅。这不仅是对王澍本人极高的肯定，也是中国建筑领域的一次里程碑式的突破，更是世界建筑界的一场无与伦比的冲击波。

2 王澍的建筑理念与实践

2.1 文人、建筑师的合一

王澍的获奖背后，有着怎样的故事？

王澍毕业于南京工学院（现东南大学）建筑系，2000 年获得同济大学建筑城规学院建筑设计与理论专业城市设计方向博士学位。从他的求学背景中可以看出，他被深深烙上了中国大学教育的印记，是一位不折不扣在中国本土培养起来的建筑师。他在多次演讲与文章中提到，“每年春，我都会带学生去苏州看园子，在这个浮躁喧嚣的年代，有些安静的事得有人去做，何况园林这种东西。造园，一向是非常传统的文人的事。”[①]后来，他担任中国美院建筑设计学院院长，在教育教学方面实施别具一格的举措，经常对弟子说的一句话是，“在作为一个建筑师之前，我首先是一个文人。”[②]他的成功得益于中国传统文化的熏陶与现代东西方文化的浸染。

在王澍的建筑作品中，我们可以潜移默化地感受到传统江南水乡的情趣和映象。小青瓦、青砖、茅草、竹子、白墙等元素不断在他的作品中出现，如苏州大学文正图书馆中的竹子林和青砖墙面、杭州太子湾工艺夯土“墙门”由3000块青瓦搭成、宁波博物馆每平方米用 100 块旧砖瓦造成带有手工印记和时间信息的外墙，在此能听到江南水乡的高墙、深院、小窗、坡顶、水街的回响，这与博物馆本身“收集历史”、“唤起回忆”的理念相吻合。

2.2 王澍与象山校区

中国美院的象山校区是王澍获得普利兹克奖的重要作品之一（图 2）。他在象山新校园的建造中体现了自己的思考与主张：建筑物与环境和谐共存并不打破这一平衡，让带有江南特色建筑在空间上与自然融合，在逐渐丧失地域文化的城市里还原它固有的个性，把中国传统与山水共存的建筑范式呈现于今，凭借建造大学校园来探求一种当代中国本土新的城市营造模式，所以它是当代建筑对园林尺度的成功转化，是当代建筑的一次里程碑。纵观历史，几千年来，中国古代建筑的发展始终是以尊重自然为前提的，这一思想给中国文化带来了深深的影响。王澍说：“中国人内心都有园林情节。这种建筑叫城市山林，那些文人在城市里划出一个园子，造出山野的感觉，以便人与自然随时对话。”[③]中国美院象山校区最初选址时就决定不去大学城，气势恢宏的大学城固然是所谓现代主义建筑风格的代表，但是远离人文，远离灵动的自然。最后，中国美院选中转塘象山，因为那里学子们可以寄情山水、沉醉自然、体会人文、感受传统、浸染于中国文化中，王澍的建筑理念是建立在对中国文化深刻领悟与创新之上。

中国传统文化为王澍的成功奠定了基础，他高举着“重建当代中国本土建筑艺术学”的学术理念，在建筑界的历史上留下浓墨重彩的一笔。

图 2 中国美术学院象山校区

3 王澍获得普利兹克奖的价值与影响

2004 年普利兹克建筑奖得主扎哈·哈迪德说：“王澍的作品非常杰出，他的设计综合了雕塑性的力量以及当地文化的底蕴。他创新的使用了原始的材料和古老的符号，展现了极致的原创性和感染力。”“根植于当地文化的底蕴，又能与传统元

① 王澍．造园与造人 [J]. 建筑师，2007，(2)：82—83.

② 王澍．造园与造人 [J]. 建筑师，2007，(2)：82—83.

③ 陈龙．大学的望境本土的营造 [N]. 文汇报，(2012—7—27)[2013—10—25]. http://whb.news365.com.cn/whjt/201207/t20120727_556293.html.

素相结合”，这几乎是所有评委对王澍的评价。如今全世界建筑师都很关注保护传统，然而继承传统并不是盲目地、简单地效法前人的作品，王澍的成功在于让传统在现代的建筑物中继续有生机地活着。比如他设计的 2010 年上海世博会的“宁波滕头馆”，三面墙体用“瓦爿墙”来装饰，“瓦爿墙”是用回收的50多万块旧砖瓦建造而成。这些旧砖瓦都是从宁波的象山、鄞州、奉化等地的大小村落收集来的，其中不乏元宝砖、龙骨砖、屋脊砖，有着跨越百年的历史，布满了岁月的沧桑。中国民间古时就有对材料循环利用的可持续建造的传统，王澍使用旧材料让建筑回归自然，回归古代的远山绿水之间，重新发现中国传统文化的艺术价值。

从某种意义上说，建筑就是一种语言，一种精神的语言。建筑师用一砖一瓦、一草一木，表现的却是一种思想、情绪和状态。王澍的建筑似乎在不经意之间传达出一种意味深长的意蕴：源于自然、还于自然，让传统与现代、建筑与自然、人文与科技刚柔并蓄、和谐共生，其大胆与创新，体现出少有的匠心独运。难怪有西方人将其作品誉为“建筑手工艺品”。

普利兹克建筑奖评委、中国著名建筑师和教育家张永和也指出，王澍的作品扎根本土并展现出深厚的文化底蕴，证明了中国的建筑并不全是平庸的批量生产，或者张扬设计的复制。

4 重返自然的本土建筑之路

4.1 本土建筑的“式微”

随着城市化不断推进，新城市面貌丰富多彩，但丧失了地域文化的多元性。在老城区改造中，老房子、旧城区和商品房、开发区的取舍扬弃难以协调，历史文化遗产遭到肆意破坏，人与自然的和谐、安宁也无影无踪，制造了大量无时间感的建筑。多数城市的建筑陷入了雷同化、简单化、重复化——“千城一面”的局面，没有思想，没有灵魂，没有品位。比如中国最具现代化的城市——上海，高楼大厦林立，各式各样的商用招牌，水泥、钢筋、混凝土随处可见，而古文化载体越来越少。西方人评价，上海是一座找不到回忆的城市。固然，在历史与未来、传统与潮流、继承与发展的交叉路口，传统建筑的保护与城市化进程之间的矛盾仍难以调解，我们在喧嚣的城市里很难再找回她原来的“印象”。

在现代化、城市化进程中，作为一名建筑师，如何用自己独特的作品改变日益喧嚣化的后现代建筑之风，重新回归自然、绿色、环保的中国建筑本原与真谛？王澍的作品不断超越于城市和乡村、传统与现代之外，重新把大家遗忘的东西用有价值的方式表现出来。

4.2 和谐意境，效法自然

崇尚天地、尊重自然、以人为本、合理利用自然资源一直是中国传统建筑思想的特征，《老子》提出了“人法地、地法天、天法道、道法自然”的准则，从根本上体现了中国传统的文化精神。王澍在获奖感言中说道：“我经常说，每次设计一个建筑，我都不只是设计一个建筑，而是在设计一个饱有多样性和差异性的世界，走向一条重返自然的道路。”他的设计就是其理念的完美体现。在象山校园里，建筑和建筑之间彼此能够嘘寒问暖，如同邻里朋友一般，“实”与“虚”是校园里的两种建筑语言。“实”是人们津津乐道的建筑实体外观，而“虚”则是建筑和青山之间的关系。王澍在象山建造了许多独特的小景—— 门、窗和走廊，它们是在不同界面下远望青山的元素，这些界面各具其独特的框架，以一种矛盾的方式在暗示着我们的观看。这些门、柱、长廊、风景都给我们用不同的角度和方式来阐释“实”与“虚”对立与统一的关系，正如“不破不立，不塞不流，不止不行”。象山三号楼的大山门照片—— 一个黑底的门框，在门框之外是一座青山。建筑师师法自然，以石、木、池象征自然中的山、林、湖、海，把自然融入建筑中，诚如李渔《居室部》集中提出“不拘成见”、“出自己裁”，体现了造园的艺术意境和独特的韵律，虚实结合、浑然一体。显然，王澍的象山校区构建亦得益于此美妙的意境。

4.3 传承优秀文化，彰显中国元素

传统文化和现代文明的完美融合铸就民族灵魂，越是民族的东西，越容易走向世界，也越容易被世界所接受。王澍设计的浙江宁波滕头馆是全球唯一入选上海世博会的乡村实践案例，成为“城市与乡村互动”的典型代表。建筑外观古朴雅致，门、窗、楼梯、围栏、屋顶等运用了体现江南民居特色的建筑元素，展现空间、园林在城市现代化下的有机结合。馆内从“天籁地籁”、“天动地动”、“天和人和”三个主题，多角度展现了浙江宁波城乡和谐发展的生动实践。在穿越四季的岁月走廊里参观者可以听到二十四节气的不同声音，如同身临在宁波滕头村的生态环境中，感受到浓郁的乡土气息。“天动地动”是整个馆中的重头戏，先进的设备系统可以让人在 900 多立方米的空间里从不同的角度来观看和谐城乡的多维视屏，宁波科技的神奇魅力在这里梦幻般地展现出来。王澍的作品设计体现出自己独特的建筑语言和对中国文化的传承发扬，以执着的追求与信念赢得世界建筑界的尊重与肯定！

王澍用 10 年的建筑实践，孜孜不倦地践行中国本土建筑理念，将中国传统文化的因素，诸如江南小乡村、书画艺术等诸多特征，巧妙地糅入其内，体现尊重传统、善用民族传统特色。更妙的是，他把民族风格与当今的世界潮流有机地融合在一起，

使其建筑拥有永恒的审美意义、强劲的艺术张力和旺盛的生命力！宁波博物馆、中国美院象山校区、苏州大学文正图书馆等，均是其建筑理念的形象化展示！

王澍获得普利兹克建筑奖，验证了一个朴素的真理——如果一个建筑师能坚持他的思想、理念与行为，重拾历史所赋予我们的民族文化独特性，将艺术与技术有机地融合在一起，在一个拥有悠久城建史并蕴涵无限机会可能的国度，他不仅能突破固有传统文化的底蕴，还将找寻到一条本土建筑之路。王澍的获奖，不啻是对王澍的肯定，更是当今世界建筑界对以王澍为代表的中国元素的认同！

参考文献

[1] 王澍．保卫城市建筑文化"闪光点"[J]．科学决策，2007，(6)：23–24．

[2] 王澍．保卫我们城市的传统 [J]．瞭望，2007，(20)：64–64．

[3] 周亮，戴月．阅读王澍 [J]．中外建筑，2008，(3)：74–76．

[4] 支文军，吴小康．国际视野中的中国特色德国法兰克福"M8 in China：中国当代建筑师"展的思考 [J]．时代建筑，2009，(5)：146–157．

注：本文曾发表于《四川戏剧》（中文核心期刊），2013年第8期。

建筑环境的文脉语言
——国家大剧院设计语言的研读

王晓华　西安美术学院建筑环境艺术系

摘　要：国家大剧院是向世人开放的文化性建筑，因国人对其有着半个多世纪的圆梦情结，故而倾注了太多的人文内涵。其中，建筑的设计语言对自身文化身份的表述，与城市文脉关系成为专家和公众关注的重点，甚至成为一种纷争。

关键词：空间语言　生命语言　境界语言　文脉语言

1　空间语言对黄土文化的溯源

空间是建筑的本体，建筑空间的概念源于人类呵护生命方式的探寻过程。人类通过生理和精神的双重体验，采用一系列的技术和物质手段，对建筑的空间形态进行无止境地探索和创造，形成了丰富的空间文化、多样的空间图式，进而上升为民族或地域性的语言体系。特别作为国家大剧院如此具有文化性的建筑，必然成为民族文化品质和精神特征的载体。

国家大剧院有着特殊的地理性和形象性，是国人文化品质和精神面貌的一大表征。中国具有五千年黄土文明的辉煌史，在现代性和国际化的双重语境下又呈现出日益走向世界舞台中心的大国风范。故此，大剧院的设计本身蕴含着一种历时性与共时性的张力，是民族性与国际化的复合体。再者，剧院建筑作为陶冶情操、交流情感的精神空间，自身应该具备给人以联想，易于产生情感氛围的属性，甚至本身属于一种善于打动观者心灵的艺术品，应超越一般性公共建筑。

法国建筑师安德鲁将大剧院的外观设计为一顶半椭圆形球体，其正投影的东西方轴线长 212.20 米，南北方轴线长 143.64 米，所有功能均被含苞于这样一种穹隆形的大罩内。巨大的壳体结构大气而不张扬、简洁而不乏含蓄，建筑形态的整体意象蕴藏着一股博大的内在动力，彰显一种大国气度。建筑总高 46.28 米，地表以下 32.5 米，三分之一还多的体量隐于地下。出入口均采用下潜式的坡道，形态上呈现出一种极原始的半竖穴空间，会让人瞬间回到西安半坡仰韶时的大圆屋、甘肃镇原县的半穴居时代（图 1）。黄土高原孕育了华夏文明，半竖穴是我们祖先在创造建筑空间历程中真正意义上的开始。因为，搭建遮风挡雨的屋顶是建筑形成的第一要素。

圆是人类最早发现，自然界中最为完美的图形。当人类的空间意识不足以辨别东、西、南、北这些最基本的空间向度时，是太阳、月亮、果实等给幼年时期的人类以“天启”性的影响。于是，圆形的洞室平面、圆形的竖穴顶盖成为最初的建筑语言。即使科技发达的今天，建筑师为获得最大限度的空间所采用的壳体结构，也得益于蛋壳力学原理的启示。所以，国家大剧院的球形外观既体现了最原始的质朴之美和永恒之美。其深层意义在于半竖穴式的空间既展示了悠久的华夏文明，又体现了以黄土文化为主体的文化属性。文明之初，华夏民族的穴居年代正处于一种欢快于“桑林之舞”，过着一种“击石拊石，百兽率舞”（《尚书·尧典》），万物有灵的精神生活，正是华夏民族表演艺术的原型期。

图 1　甘肃省镇原县常山半穴居
（图片来源：《中国古代居住图典》）

图 2　国家大剧院鸟瞰效果图
（图片来源：网载）

2 生命语言——跨越民族文化的超媒介

半球体的大剧院静卧于一片近乎方形的水面中央，与倒影浑然一体，嫣然为一颗完美的巨卵形象，实现了中国传统风水所讲的“藏风得水”、“得水为上”的环境理念。该设计以富有动感和多义性的弧线为母语，与外部清澈宁静的水域相对比，动静相宜，虚实相生，生成一片生机、生命萌动的博大气场。故此，安德鲁将自己的设计理念概括为“外壳、生命和开放”，将建筑造型隐喻为延续生命的种子，这与中国传统的“天地混沌如鸡子”的宇宙观相吻合（图3）。

图3 国家大剧院建筑的“卵体”意象（图片来源：网载）

中国的传统文化以黄土地农耕文明为主体，是以生命为最高原则，审视一切存有关系的哲学体系，认为宇宙为至大无外，至小无内的生命机体，生命充溢于空间与时间。纵观人类文明史，各种文化的缘起似乎都源自于人类对自身生命来龙去脉的反观和冥想，热爱生命和生命崇拜是各种传统文化的主要内涵。据说，安德鲁在他最后一次来中国参与竞标的飞机上，手里一直紧握着一颗来自非洲的一种巨树的椭圆形种子，是他建筑方案的灵感来源。种子是生命的符号，安德鲁从种子的天然形状和属性所顿悟的灵感说明，生命语言是贯通世界文明的超媒介。

建筑是人类文明意识的载体，自创造之始就反映了人与天地万物间的关系，从空间的文化图式到建筑形态都在阐释着生命存在与神秘宇宙间的内在逻辑。比如，《旧约·出埃及纪》第五章所讲的“耶和华晓谕摩西造圣所”、中国关于黄帝建造象征宇宙生命内涵的“合宫”、曼陀罗空间图式的印度教神庙是孕育生命的圣殿等。甚至，英国建筑师托马斯赫斯维克设计的“种子圣殿”成为2010年上海世博会上最能体现人类当代文明意识的作品。种子是生命的记忆，它承载了人类太多的美好愿望，是宇宙生机和活力的基本保障。

安德鲁以种子为母题所设计的国家大剧院，从建筑造型、空间形态、墙壁、门板装饰到陈设艺术品等都在一丝不苟地传达着一种以种子为载体的生命信息。比如，建筑意象是一片生命气场中的一颗巨卵，窗台造型好似生命破荚之后种子脱落的一瓣外壳，橄榄大厅两端的电梯口生命绽开的花朵，一对扶梯口好似剖开种子后的生命胚胎，使观者上上下下出入于如老子所云的“玄牝之门”，即“生命之门”。甚至在一些不经意的角落，也不忘记摆放一两瓶种子标本，传达出生命无处不在的环境理念（图4~图7）。

图4 种子意象的电梯口（图片来源：作者自拍）

图5 种子意象的窗台造型（图片来源：作者自拍）

图6 “生命绽放”的装置艺术（图片来源：作者自拍）

图7 角落里种子标本（图片来源：作者自拍）

3 环境设计的境界语言

安德鲁所憧憬的景观环境是一种梦想之地，形容为“湖上仙阁”。人类理想的主观世界通常有两种去处，一是内向型的追溯远古，二是外向型的超越现实，而安德鲁所谓的“湖上仙阁”正如道家所形容的那种能够实现神游的水上仙境，或者为别有天地的洞府仙居。所以，安德鲁大胆采用了35500平方米的湖面来衬托大剧院的球体造型，使其在水一方；主入口是80米长的顶部透明的水下长廊（图8），以实现别有天地的禅意。水是生命之源，水的本质、水的存在方式在中国传统文化中蕴含着深邃的哲理，在老子看来它已接近“道”的真谛。在我国最早的民间情歌“关关雎鸠，在河之洲”（《诗经·关雎》）里，水中的沙洲承载着几千年来中国年轻人的美好愿望。然而，安德鲁的“湖上仙阁”并没有出现中国传统的楼台亭榭之类的景观模式，而是别出心裁的“天似穹隆，笼盖四野”式的草原文化诗意。

中国古代将北方游牧民居住的毡帐称为“穹庐”，蒙古语为“嘎勒”、满语称“蒙古包”或“蒙古博”（图9）。从结构讲，蒙古包采用了与国家大剧院相类似的受力分解的壳体原理。蒙古包主要由陶脑、哈那和乌尼三大部分构成，三者在传力作用下浑然成为一个有机整体，具有承重和维护的双重意义。古时蒙古可汗和贵族因使用的蒙古包因体量庞大，室内陈设和装饰规格高而被称为“斡耳朵”（图10）。蒙古包即拆即装，便于运输和迁徙，适合游牧民逐水草而居的生活方式，在世界建筑史上具有它精彩的一页。

图8　80米长的水下长廊（图片来源：作者自拍）

图9　蒙古包外观（图片来源：网载）

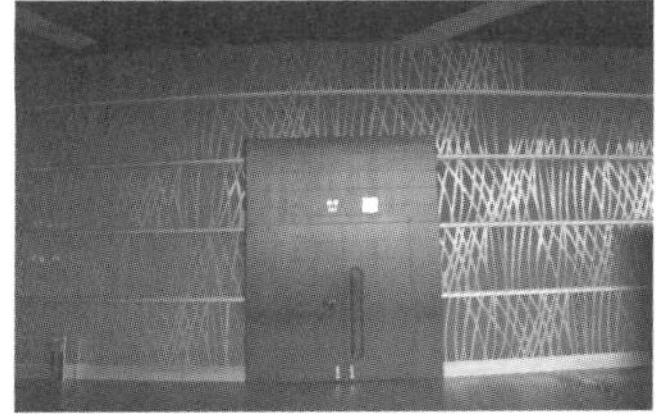

图10　墙面装饰与蒙古包哈那相类似（图片来源：作者自拍）

图11　蒙古包室内哈那（墙壁）（图片来源：网载）

哈那通常选用材质轻，韧性良好，不易受气候影响开裂和变形，粗细均匀的红柳木条，用皮绳缝编而成菱形网眼的网片，数片网片捆扎连接在一起便会围合成圆形的蒙古包墙体（图11）。哈那受到乌尼传来的重力后通过网眼分散而均摊到一个个手指粗细的柳条端头，这种墙体可以承受两三千公斤的压力，从而成为一种极具弹性和动感的结构形式，可以随外部风力变化而自行伸缩调整网孔形状，使蒙古包的整体结构一直保持相对稳定的状态。于是，这种菱形结构经过安德鲁的设计和变形，被柔化为一种类似兰草叶纹样的编织图形，成为贯穿于大剧院室内外装饰的一种连续性符号，从坡道入口的墙面、歌剧院墙壁、服务台，以及所有护栏的造型，甚至于墙面干挂石材的间隙，释放出一股清新的草原文化气息（图12~图14）。

国家大剧院主要有三个剧场，歌剧院居中，体量最大，正对橄榄厅。左侧为音乐厅，右侧为剧场。三个剧场均延续了椭圆形的语言体系。蒙古包的外部用毡制品包裹，用鬃毛绳或皮绳呈网状捆绑加以固定，这一系列过程皆成为歌剧院外墙壁装饰的细节语言，区别仅仅在于这里采用的数道横向金属带和竖向金属网片之下压着暗红色壁纸。蒙古包是我国草原文化的主要载体，它对安德鲁的影响不仅深深体现在中国国家大剧院的设计语言当中，甚至影响到他所设计的另一处“水上仙境”——大阪海洋博物馆（图15、图16）。

图12　干挂石材间隙处理

图13　接待台纹样设计

图14　金属护栏纹样（图片来源：作者自拍）

图15　蒙古包陶脑（图片来源：网载）

图16　大阪海洋博物馆玻璃穹顶与陶脑类似的结构（图片来源：网载）

绿波荡漾的大草原茫茫如海，环顾四野，天际线与地平线相接，宇宙如穹隆，呵护着生生不息的生命万物。蒙古包在我国北方游牧民早期的萨满教里象征着生生不息的宇宙，并被他们认为是宇宙的结构模型。穹隆形的大剧院的壳体外观采用了与水天一色的钛合金板，安装有506盏“蘑菇灯”，每当夜幕降临，繁星点点的光芒与外部浩瀚的苍穹混沌一体。此时此景，水与均质性的茫茫草原意境相通，安德鲁意念中的“湖上仙岛”犹如草原上一顶神秘的“穹庐”（图17）。

图17　恰似宇宙苍穹的夜景（图片来源：网载）

4　文脉语言

中国传统文化虽以中原的农耕文明为正统，但也是几千年来与北方草原文化相争又相融的过程，这一特征尤其体现在北京城的形成历史上。北京城的大体格局脱胎于元大都，元大都的最大亮点在于以琼华岛水景为中心而展开的城市景观格局，体现了游牧民族逐水草而居的理念，也是对中国古代传统城市规划的一大突破。并且，在众多土木结构的宫殿之间常常加杂着“穹隆”形的毡帐。即《元史新编》所讲：“元代宫殿之外，别有毡殿，名斡耳朵。”正如今天，在世界上最大的古建筑群、西洋式的人民大会堂、人民英雄纪念碑之间又突兀地出现了金属玻璃材质的大穹隆——国家大剧院。这些都是中国传统文化不断继承和吸收异质文化的历史见证。不难理解，安德鲁设计的国家大剧院应是对老北京“琼华岛水上仙境”的重读和再叙。

大剧院的开放性体现在设计师从街景式的生活场景出发，营造出休闲、购物、餐饮、游览等内容的亲切氛围，追溯一种老北京印象。安德鲁从老舍的书中了解到不少有关北京人生活的画面：悠闲的茶馆、热闹的戏园子、川流不息的人群，过节时的喜庆等，这些则以各种形式的弧线语言编织成一种动感强烈的时空网络。三座体量不等的椭圆形塔体为实体空间，产生了若即若离的亲昵空间，椭圆形下沉式的共享大厅和多处电梯口的上下贯通，形成了多层次、流线型、不规则、圆润流畅、无死角、自由奔放的连续性虚体空间，而它的灰空间则采用盘旋、悬挑、架空等手法，处处总能给人以意外。这种空间构成形成了共时性的多点透视，使空间印象随观者的主体意识不断流转、消解和重构，使象征老北京生活的茶馆、店铺、戏园子等文化元素成为一闪而过的时空片段，最终使实体以外的空间关系成为一种内容饱满的立体街景，而每位观者自身自然成为创造这一场景的活性元素，实现了安德鲁“穹庐”下的城市广场意象，由公众参与“演出”的又一种剧场（图 18）。

图 18　街景意象的内部空间（图片来源：作者自拍）

大剧院抽象、含蓄的球体造型，以及随天气环境变换色调的钛金板和超白色玻璃外壳，首先表现出极易被周边风格各异的建筑群所接纳的内敛性姿态。然后，通过色调、材质、装饰部件等因素营造出老北京的文化品位。比如，红墙是古都北京的特质身份，主入口的墙面、过厅顶部等延续了紫禁城的主体色系，但其微妙地以“里衬”方式予以体现（图 19、图 20）。同时，红色在中国是喜庆和吉祥的象征，大剧院室内墙壁装饰的各种材质因而以红色为基调。又如，“竹帘”在中国传统的室内装饰中有着悠久的历史，并成为一种代表东方情调的装饰文化。安德鲁大量采用了通体悬挂的金属垂帘，延伸了紫禁城皇宫大内的文化品质（图 21）。在橄榄厅一对锻铜门扇上，安德鲁夸张性地布满了种子颗粒，与紫禁城门上的大泡钉有着共通的视觉语言（图 22）。然而，在此的门板装饰不再是对传统礼制的表述，而成为一种“生命之门”。

图 19　天安门城楼的红墙
（图片来源：网载）

图 20　大剧院入口的红色墙面
（图片来源：作者自拍）

图 21　歌剧院通体悬挂的金属垂帘
（图片来源：作者自拍）

图 22　橄榄大厅布满种子符号的门板装饰
（图片来源：作者自拍）

5　结论

国家大剧院设计是在国际化语境下对中国民族文化的理解和阐述，设计师以生命文化为契入点，挖掘中国传统建筑本源文化，采用原始的弧线和圆形造型语言，塑造谦逊含蓄、易与环境相融之建筑形态；领会中国传统境界文化之精髓，营造中国式的风水仙境；采用质朴的地域建筑语言，延续了老北京的历史文脉；运用色调、材质、装置艺术、文化符号等因素构成阐述主题之细节。然而，国人对于建筑文化的民族性认知多习惯于程式化的表达、固定的元素搭配和具象的符号体系，从而对此产生了不少的非议和纷争。

如何解决住房危机下的居住形态思考
——个体还是合作

吉晨晖　南京艺术学院

摘　要：在社会不断发展与变革的背景下，人们对居住的诉求发生了翻天覆地的变化，但家始终是唯一目标。本文主要分析不同居住形态下的住宅建筑与人居模式之间的变化，探究人与房的不同存关系如何影响设计的角度。

关键词：住房　家　个体单元　合作居住　设计

引言

在许多大城市，住房问题无疑成为人们日常生活讨论的重心，为了寻找可负担的房源，许多人只能在距离工作场所很远的地方才能找到适合自己的房子，他们不断攒钱买新房甚至二手房。于是很多人把房子看作是一种交易的手段或者是可增值的财产，但房子对于人来说更重要的是关于家的定义。家是我们的庇护所，是我们心灵的港湾。因此在解决住房危机的同时，作为设计者需要去思考什么才是真正的家？家又是如何与社会融为一体的？而答案很简单，它只需要我们对"房"本身再思考，因为在设计的过程中，我们需要创造的是"家"，而不简简单单是"房"。

1　以个体为出发点的单元房居住形态

尽管时代和社会在不断改变，人们对于住房的要求似乎还是没变。当然不是指房屋的样式和风格，也不是一个公寓套房或是一栋别墅。在普罗大众眼里，似乎都在追求大一点的房子，从两居室到三居室、四居室，甚至更大。大批量的建筑生产下，谁也无法想象我们今后的生活会是什么样，人们对房子大小的这种无止境的追求，往往会让整个产业反其道而行之。我们一方面抱怨买不起房，另一方面又想买大房子。

1.1　口袋住宅

住宅建筑要如何满足这样大批量房源的需求呢？伦敦的一个开发商想出以低于市场 20% 的价格出售一批口袋住宅。口袋住宅是通过压缩空间，解决基本住房需求，为在伦敦工作的人提供一个可以生活的地方（表 1）。

"口袋"住宅的特点　　　　**表 1**

适合人群	低收入、努力存钱买房的单身人士或者夫妻
主要设计特点	包含：距离车站 15 分钟、开敞的大窗、大空间储藏、地热、较低的物业管理费、自行车停放点。 不包含：停车库、浴缸（只有冲凉）、暖气片、华丽的装修、通风系统
价格	低于普遍伦敦公寓价格 20%
可持续性	公用热水炉、太阳能板、节能照明、垃圾回收、压缩空间设计
设计	W9 户型：37.6m^2 / 户　单人床、包含阳台和自行车停放空间

1.2 中银胶囊大楼

口袋住宅在某些程度上解决了一部分住房危机，但它的居住长远性以及对家的表达值得人深思，因为早在 1972 年，日本就曾出现了这样的微型住宅集合体实例—— 中银胶囊大楼。

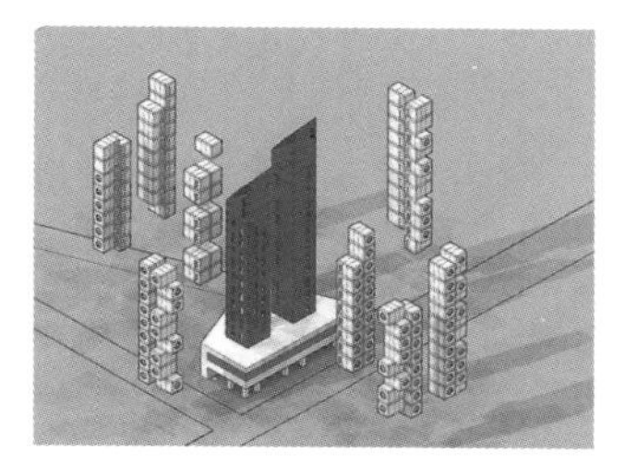

图 1 中银胶囊大楼

中银胶囊大楼（图 1），是将胶囊建筑实用化的世界首例，144 个 $8m^2$大的胶囊个体统一在运输集装箱工厂预制出来，然后运输到场地用起重机搭建。中间两栋深色塔形建筑是整个胶囊屋的交通动线核心，包含楼梯、电梯和管道。白色的胶囊像磁铁一样吸附在双塔周围，每个胶囊之间的排列没有规律，只用 4 个高强度螺丝与主体连接。每一个胶囊内部都包含洗手间、冰箱、衣柜、床、可伸缩的桌子以及一扇大圆窗，但省略了最需要的厨房空间。中银胶囊大楼的出现，对当时的日本社会产生了很大冲击。在 20 世纪 60 年代，日本完成战后修复，全面向经济发展，大量的人涌入东京寻找就业机会。这一期间对建筑绝对高度限制也变得宽松，因此这座占地小又可以极大地提供居住空间的高层建筑很好地解决了住房问题。黑川纪章希望通过设计一种像汽车一样的微小空间形态，给在都市奔波工作的人创造一个家。

40 年过去了，如今的胶囊大楼却没有了当年的风光，140 多个胶囊体几乎全部废弃，仅存的几个质量也令人堪忧。美国摄影师 Noritaka Minami 用镜头记录下了现在胶囊屋里的景象（图 2）。可想而知，这栋大楼未来的命运会是如何。这样的结果和胶囊屋在建造时的技术缺陷和设计观念是分不开的，同样也揭示了这些微型住宅的暂时性。它给建筑师带来了新的思考，我们设计时要考虑的到底是一个长远的家庭住宅空间，还是一个具有时效性的住房。

图 2 如今胶囊屋内部

尽管黑川纪章强调道：“胶囊屋目的是为了建立一种以个体为中心的全新的家庭体制。每一个单元屋更倾向于那些正处于婚姻关系紧张的夫妻。”试想一下如果按照他的设定，核心家庭数量逐渐减少，个体住户数量逐渐增加，那么胶囊屋势在必行。可是他的计划过度单纯化了这个社会议题，仅用住户的多寡来决定建筑的形式肯定是行不通的。虽然当时的家庭格局确实发生了改变，结婚率变低，离婚率增大。但是他们真正想要怎么样的生活？选择什么样的居住形态可以改善他们的身理状况甚至是心理状况？

2 合作居住打破个体单元形态

2.1 概念阐释

由于开发商、建筑师们大多保守，他们不断地改变住宅风格和价格却始终没有考虑到经过几十年的生活演变，人对住房的需求已经有了相当大的改变。可他们依旧设计着冷漠的房子，卖给那些拼命想挤进一个标准化但实际上根本不适合他们的房子里。

有别于传统的居住方式，合作居住是强调公共空间的一种居住方式，人们通过自己甄选邻居、选址、设计、建造等一系列亲力亲为的方式打造公私并存的居住形态。而由于合作居住的社会性和经济性的制约，需要住户和开发商、建筑师不断冒险，探索家与邻里之间、家庭和城市之间的那条线，也就是如何确定合作居住的用地范围，如何真正把家的概念渗透到社区生活中。

2.2 发展背景

1962 年，丹麦建筑师延·古迪曼·霍耶（Jan Gudmand H yer）与五个朋友讨论新的生活方式时，他认为搞清住房问题才是病态工业时代的解药。通过研究发现，不管是在郊区的独栋住宅还是市区的多层公寓楼都缺少公共设施，缺少一种社区感。所以古迪曼·霍耶决定设计一个足够小的社区，小到让住户们都可以了解彼此，即使合用一个客厅也不会觉得奇怪。而这个旨在鼓励人与邻居多交流的工程不仅仅要为人而设计，更要人们自己参与设计。1966 年古迪曼·霍耶和他的团队在哥本哈根的郊区 Hareskov 买了一块地，想要开始建立一个这样的社区，但实际操作却因为诸多问题最终计划付诸东流。

几年后，古迪曼·霍耶、波蒂尔·葛拉雷（Bodil Graae）和一些 Hareskov 项目的遗留居民通过不懈努力终于在 1970 年和 1973 年分别建成了 Sættedammen（图 3）和 Skråplanet 两个合作居住社区，直到现在社区还保持着很好的状态。

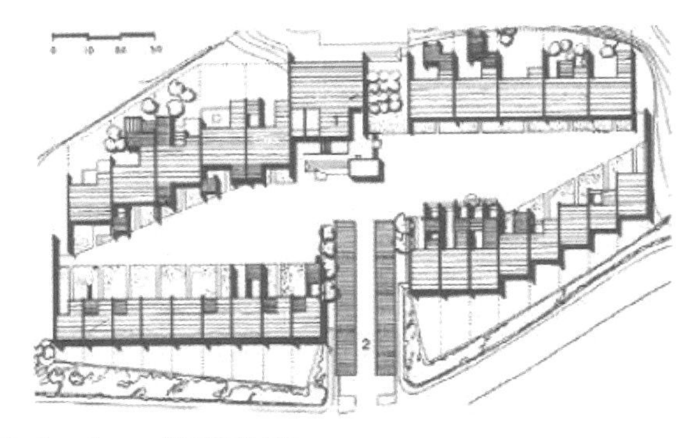

图 3　Sættedammen 社区平面规划图

1976 年一些家庭在参观过这两个社区之后，又建立了第三个合作居住社区 Nonbo Hede，人们对居住形态的新追求似乎预示着合作居住时代的到来。到目前为止，在丹麦、瑞典、荷兰、美国、加拿大、新西兰、澳大利亚、日本和韩国，越来越多的人享受着合作居住带来的快乐。

2.3 合作居住的主要特点

1）合作性参与过程

合作居住的核心优势就是居民的参与性，从最初的规划开发阶段到实施建立，居民都要主动参与。根据工程的大小不同，参与的居民数量也有相应的变化。一般由 6 ~ 12 个家庭组成核心单位雇佣开发商、建筑师讨论开发计划，同时去寻找有意向的人一起合住。基本上所有的住宅都在工程完成前被购买或者出租。

2）设计优化社区

好的公共社区环境可以促进邻里间良好氛围的培养，住户们强调希望通过设计增强社交的可能性，加强不同年龄层的交流。

3）扩大公共设施

公共用房是整个合作居住项目的心脏。它提供用餐、下午茶、配备健身锻炼、交谈、娱乐空间等。在设计的时候，公共设施会因为居民的兴趣而产生不同的设计，确定设施位置关系也很重要。

随着社区规模的扩大，公共需求也在增大，大量经验证实很多家庭选择缩小自己的房间尺寸，用这些空间去建立更多的公共用房来容纳这些设施。

4）完备的社区管理

居民要为合作居住社区的管理负责，一个月就要举行一次例会进行重大决策讨论，平时召开一些小型会议。会议提供了大家一起讨论问题和解决问题的空间。社区内还有明确的小组分工负责不同的社区管理。

5）无等级制度

很多人生活在一种等级制度下很久，他们习惯了听从上司的建议或者习惯发号施令。但在社区内，每一个问题都需要经过商讨，社区不会听从任何单独一个人的指挥。

6）收支公私分明

合作居住社区里的居民在经济方面和普通的城镇居民一样，人们不会共同创造收入。收入彼此独立，只需按时缴纳社区管理费即可。

2.4 合作居住社区的设计程序

设计过程主要分成三个部分：场地设计、公共用房设计、私人住宅设计。

1）场地设计

场地设计包括选址、私人住宅位置、公共活动区域、公共设施区域、停车场、走道等。

合作居住的选址特点：主要核心家庭联系宣传任何想要合作居住的人，商讨之后去选择合适的地块，地块可以是城市周围未开发的场地、城市中的旧建筑改造或者住宅体的新装修。选址过程需要自己联系开发商和相关土地部门，是整个项目实施的关键。

（1）合作居住社区交通布局特点：①人行道、②围合庭院、③道路与庭院的组合。

根据选定地形的不同可以设计不同的交通流线（图 4）。a 在社区内规划一条人行主路，将房屋排列在两侧。b 用房屋围合成一个庭院，以它为中心排列房屋。c 将道路与庭院组合，打破了主干路两侧规整的排列方式，改变了房屋之间的距离，增加公共交流；围合庭院不再完全围合，私密性增大、可达性增加，这样的交通布局把每家每户联系在一起，使得公共生活地方变得更大，但个体的私密性也有所保持。

图 4　交通布局

（2）合作居住社区规划：聚集、公私用房、停车场、公共花园、广场。

聚集的房屋是合作居住社区规划的主要特点，在聚集的模式下可以创造一种灵活的社区空间，人们在享有私人空间的基础上可以更大程度上去享受公共空间。社区内的住户单元从两户到几十户不等，因此随着住户的增加，房屋的排列方式会有所变化。主要以公共用房为核心呈现包围或“L”形分散，目的是为了让公共用房成为每家每户的视觉中心，让身处社区内的人不由自主地参与公共生活（图5）。房屋互相聚集的方式还围合出了不同空间，适合规划成广场或者花园，当作公共集会、交流的场所。整个社区以步行方式为主，停车场都被规划在社区外或者路的尽头，目的是为了保持社区内的安全性，尤其对于孩子。停车格的多少取决于住户的需求，理想状态下人们可以合作使用交通工具，减少车辆的使用，或者用自行车代替以减少噪音和污染。

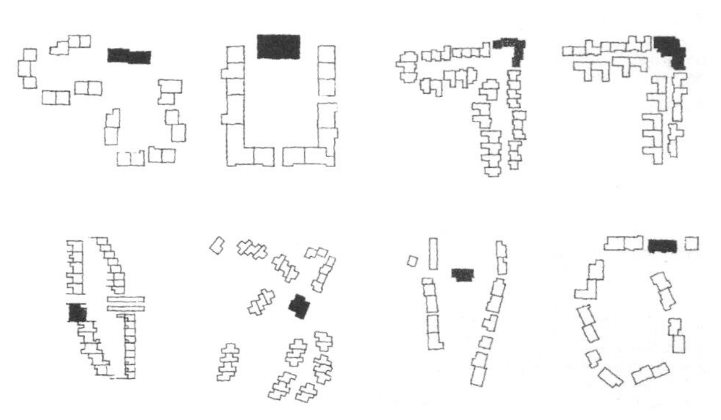

图5 合作居住社区规划方式

（3）公私区域的软性分隔：花园、绿植、门廊。

隐私仍然是合作居住中最重要的一部分，通过绿植的遮挡以及利用门廊的高度差，在公共与私密之间起到了很好的过渡（图6）。

2）公共用房设计

公共用房设计包括：公共厨房与餐厅、儿童公共游乐室、青少年公共活动室、公共洗衣房、公共作坊等。

公共用房是整个社区的核心，设计的好坏会直接影响社区内的沟通和合作，因为它是承载家和邻居的关键。设计时需要考虑功能不互相干扰，空间尺度要尽量合理舒适，避免过大，同时还要兼顾白天和晚上、安静和噪声区域的分隔（图7）。

公共厨房与餐厅是人们使用频率最高的两个地方，在这里不同的居民轮流做饭，节省了很多家庭花在厨房的时间（图8）。

图6 绿植、门廊

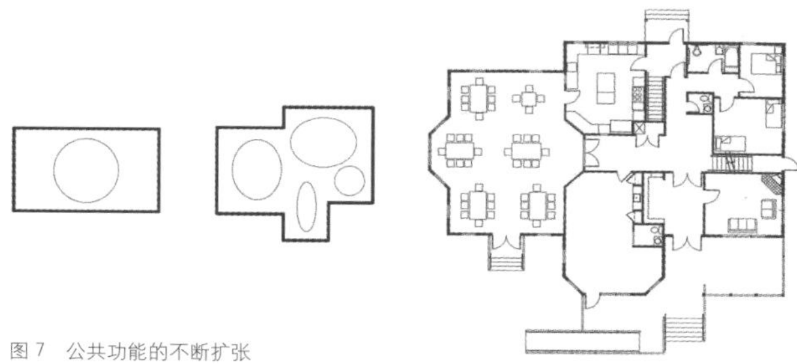

图7 公共功能的不断扩张

图8 公共厨房与餐厅

图9 儿童公共游乐室

儿童公共游乐室的基本功能是给孩子创造共同的游乐空间，同时给父母放松的机会。在设计方面应当把游乐室和餐厅分开，当孩子们在欢乐地玩耍时，父母可以在用餐后休息片刻，和邻居聊聊天，但要控制在可听到孩子们吵闹声音的范围内（图9）。

青少年公共活动室需要很多活力的设施，如电视、电脑、桌子、音箱等。因为青少年处于幼稚和成熟之间，他们需要一个自由的空间去做自己。通过青少年活动室的设计，少年们有可以沟通的空间并可以互相辅导作业。

公共洗衣房是人们使用频率第三的公共空间，并且节省了每家每户购置洗衣机的开支。人们聚集于此聊聊自己的小孩和家事，因此洗衣房可以和儿童游乐室设置在一起，大人们洗衣服的同时还可以时刻知道孩子的动向（图10）。

公共作坊是放置日常使用的工具、纺织针线等。每个住户都可以轻松使用，如果自己买了新的工具也可以放到这里供大家分享，另外这里还有桌子、椅子让居民坐下交流、交换自己的修理心得（图11）。

3）私人用房设计

私人用房也就是每户居民的独立住宅，相较于传统的住宅，它的空间比较小。但它仍是一个温暖、舒适的家，尽管合作居

图 10 公共洗衣房

图 11 公共作坊

住强调加大公共空间时，私人空间就会减小一些，可是这样的空间变得更合理，更具有高度功能性。另外有别于高层住宅楼，这里的独立住宅以一层到三层之间最为合适，当然根据地形和住户需求，可也设计高层的住宅楼。

每个独立住宅除客厅、卧室、餐厅、厨房等这些基本功能外，也强调内在的私密性与公共性，对于核心家庭成员，要设计大人的空间、孩子的空间和整个家庭的共享空间。整个建筑在保持内在空间的同时，也强调对外空间的渗透，所以门廊、阳台空间显得格外不同。

门前全包围的设计让住户没有参与感，全开放的设计又让住户没有私密感，因此通过门廊的连接，在道路与私人住宅之间形成一个高度上的过渡（图 12）。一般门廊空间可以容纳下一张桌椅和基本的储物空间，这样一来，住户的公共参与感就增加了，又很好地保证了自己内部空间的私密性。

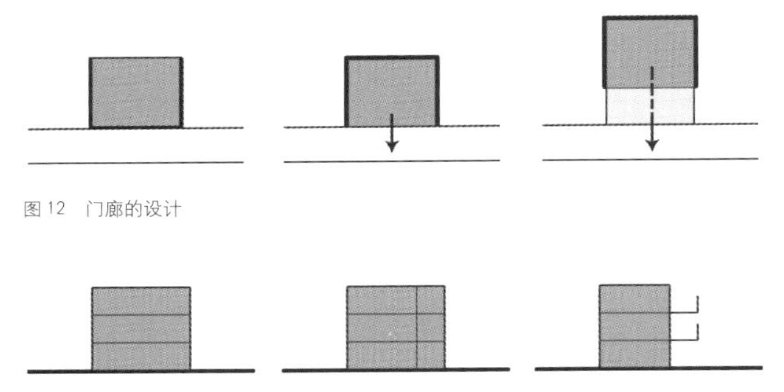
图 12 门廊的设计

图 13 阳台空间的设计

有些三层以上的住户不能设置门廊空间，那么阳台同样起到了对外交流的作用（图 13）。

合作居住是一个可以提供孩子们玩伴，好友邻里围绕在附近，充满不同年龄层的新的居住形态，社区里的人互相熟识并且相互关爱，帮助彼此。这种以家和合作的居住模式更在乎群组的概念，希望人们在拥有自己房子的同时可以共享设施和行为活动。在这样的合作居住下，空间可以完全共享，那么多余的空间就可以删减，使房子变得更小、更便宜，也更精致。

3 结语

设计者满足使用者的需求是设计的关键，那么现代人对家的需求变化难道不值得我们重视吗？不管是个体还是合作的居住形态，都要我们关注人的心理变化，美好的家园环境对人的生活和发展有着无限的疗愈作用。封闭的高层公寓和单元住宅模式的禁锢下，人们要紧盯自己的小孩、照顾老人甚至失去了很多自我放松的时间，更无暇顾及公共生活。因此，作为设计者需要对传统住宅形态设计进行再思考，去思考家以及社区对人性需求的重要性，为人们的身心灵找到一个归宿。

参考文献

[1] 财团法人忠泰建筑文化艺术基金会．代谢派未来都市．台湾：田园城市出版社，2013.

[2] 张睿，张玉坤．国外 "合作居住"（Co—Housing）社区开发过程解析 [J]. 天津大学学报（社会科学版），2011，13(4)：327—333.

[3] McCamant K，Durrett C．Cohousing[J]．A Contemporary Approach to Housing Ourselves，1994，2.

[4] Holtzman G．Cohousing in Australia[J]，2011.

激活建筑

——从感应式建筑到智能城市的展望

魏　秦　上海大学美术学院　副教授

李嘉漪　上海大学美术学院　研究生

摘　要：随着信息技术集成到从物品、建筑材料、建筑界面到整个城市中，建筑与城市的建成环境也产生根本性的空间变革。本文从物联网对人们生活与建筑空间的变革，国际上感应式建筑的研究动态两个方面阐述了物联网核心技术植入建筑及其构件中，使建筑具有可感知、思考、交流与自适应能力的生命特征，并实现对城市交通、家居服务、社会娱乐等整个城市的智能化控制，旨在实现人、生态与技术的和谐共生。

关键词：物联网　感应式建筑　智能城市　和谐

自工业革命以来，信息革命与数字技术的发展，使得地球上的距离在逐渐缩小，时间与维度的概念也和从前大为不同，扩散到人类的生活方式，虚拟与现实、人与机器、艺术与科学之间的界限也越来越模糊，智能与互动成为未来生活日趋显现的发展趋势。随着网络与信息技术的普及，海量数据成为新的生产要素，云计算应运而生，越来越多样化的"端"生活已渗透、影响到人们生活最日常和触手可及的生活层面，用户端也呈现多元化：从手机、传感器、电子阅读器、智能卡到数字轿车、智能家居……数字化的信息交换对人的行为、建筑环境与城市生活产生了根本性的变革。

1 物联网时代下的空间变革

物联网[1]：英译为："The Internet of things"，是在互联网基础上的延伸和扩展的网络，是物物相连的互联网。物联网是通过智能感知、识别技术与普适计算，广泛应用于网络的融合中，也因此被称为继计算机、互联网之后世界信息产业发展的第三次浪潮。其用户端延伸和扩展到了任何物品与物品之间，进行信息交换和通信（图1），改变了物与物之间、人与物之间的联系方式，这必将深刻影响和改变人们在城市生活中的一切行为方式与运行模式，同时也对建筑与城市空间的塑造提出新的要求。不断增长的计算机设备的微型化与普及化使我们周围的物体变得非同寻常：从自主机器人在主人不在家时清洁房间，到咖啡店通过移动电话中植入GPS，追踪客人在城市中的定位。这些可实现的新技术，赋予物质对输入的信息进行感知、处理与反应的能力。

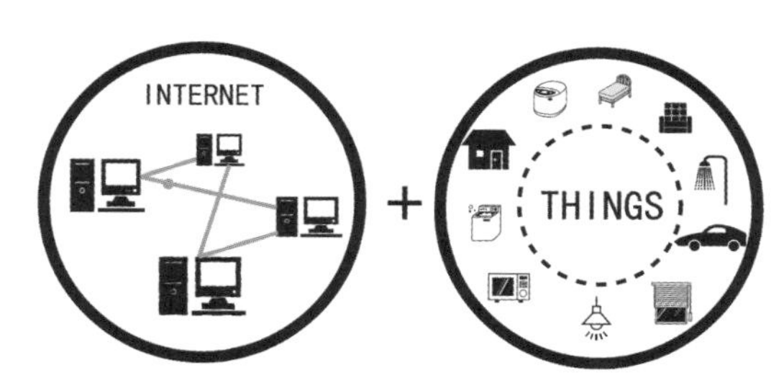

图1　物联网与互联网（卢紫荷绘制）

物联网的核心三大技术是：传感器技术、射频识别（RFID）标签①、嵌入式系统技术②。通过以上技术射频识别（RFID+互联网）、红外感应器、全球定位系统（GPS）、激光扫描器、气体感应器等信息传感设备，按约定的协议，把任何物品与互联网连接起来，进行信息交换和通讯，以实现智能化识别、定

① RFID 标签：也是一种传感器技术，RFID 技术是融合了无线射频技术和嵌入式技术为一体的综合技术，RFID 在自动识别、物品物流管理有着广阔的应用前景。

② 嵌入式系统技术：综合计算机软硬件、传感器技术、集成电路技术、电子应用技术为一体的复杂技术，通过传感器感知与获得信息，并汇集到智能终端进行分类处理。

位、跟踪、监控和管理。经过几十年的技术更新，以嵌入式系统为特征的智能终端产品随处可见；小到人们身边的MP3，大到航天航空的卫星系统。但是如果将之融入到建筑的围护结构、家具、生活用品等种种物件中，将可以提供人们智能化的家居生活、保健服务、居家购物等，这势必将打破我们对建筑空间功能与空间尺度的传统思维，使人与建筑之间的交互过程呈现一种新的激活状态：建筑成为一个会感知、沟通、提供居住者需求满足的生命体。

2 物联网时代下的感应式建筑

2.1 关于建筑持久性的反思

纵观建筑的发展演变，建筑物总是被认为应该建造为持久与不可变的构件，而维特鲁威在《建筑十书》中也明确了建筑的三要素——实用、坚固、美观。尽管对建筑永久性的追求很大程度上来自于对建筑所包含的文脉延续性的期望，但是事实上，大部分建筑的生命周期却难以持续较长的时间。因而，控制论专家戈登帕斯克提出，“建筑不需要是一成不变的，它的目标并不仅仅是持久与耐用，相反，建筑应该是一个感应性的环境。在这样的环境中，居住者能够与建筑、环境、计算机技术不断对话。”从微观角度上讲，任何建筑材料都在经历连续缓慢而且难以察觉的物理与化学变化。 以此种方式来理解，建筑本身很难维持设施的长久性，在建筑领域的根本性变革是无法回避的事实，建筑的感应式特性将呈现出一种非常规的建筑特征，将建筑设计引入到即将带来的智能化与互动性的环境中。

2.2 嵌入式技术系统植入建筑

随着信息技术集成到物体、建筑材料、建筑界面、甚至是建筑与城市中，建筑与城市的建成环境也产生了根本性的空间变革。计算机技术从专有设备到植入实体环境，归因于迅猛发展的芯片技术与不断扩大的信息网络技术，也直接赋予了建筑成为一个可变的实体。事实上，在嵌入式技术的帮助下，建筑及其内部的物体能够感知、思考、行动与交流，这开启了建筑与生活系统的网络动态化——感应式建筑的潜力。技术革新推动了一种从机械化范式走向生物学模型的转变，这种转变体现在两个层级：微观上，新的复合智能材料构成的形式能够回应环境的刺激；宏观上，由人、物体、空间与环境景观构成的巨大网络可以通过信息技术手段来实现虚拟自然，使建成环境成为一个具有复杂功能的互动性网络，这种特性类似于生命系统的自我恢复力。而这种新兴的技术手段不仅能够解决涉及个人身体保健与治疗的具体个案，也可以解决涉及全球气候问题与能源危机的更宏观的矛盾与问题。

2.3 感应式建筑

感应式建筑是借助一系列材料与信息技术，依赖互联网与信号处理系统，通过这一系统在建筑、环境与居住者之间形成反馈机制，创造一种人与空间互动的新范式。主要表现在：运用环境智能、感应式、互动性系统、增强现实、嵌入式技术、移动技术与定位等技术手段使建筑具有较强的可变性与感知能力，能够通过人与空间界面间的交互与反馈机制，适应居住者对环境不断变化的需求，进而将建筑空间引入到智能化与互动性的建筑与城市环境中。该领域研究是当前国际领域建筑学研究的前沿，如建筑智能化的空间界面、感应式的建筑表皮等体现建筑设计与信息技术融合的研究，如：人工自然、身临其境的空间、能动构件、可变覆盖面、界面表皮等方面，从整体到局部的设计研究，以一种全新的模式提出了建筑所具有的生命特征与自适应能力，并进而实现信息化时代对城市的智能化控制与可持续发展。加拿大多伦多大学建筑学院的鲁道夫·库里教授在该领域的研究取得了国际领先的实践成果。下面就以他的作品案例详细解释感应式建筑的特征。

2.4 建筑案例[2]

1) 人工自然

人工自然的过程是将生物化学过程纳入到环境控制中，通过建筑模块化的构件设计集合成为一个人工合成物质，由此形成：电子植物——植物与技术相结合的技术支撑——通过化学反应在环境输入、环境输出与居住者之间建立共生的关系。如光合作用立面的实践案例就是通过将自然纳入到建筑运营中，使建筑具有生产、净化空气、吸收二氧化碳和修复生态景观的功效。

光合作用立面：是一个能够应对温度波动的具有高舒适度要求的围护结构系统，它采用嵌入式的藻类植物生产器，创造一个具有最小净失热与得热的高效能围护结构系统。该案例的重点在于发现了蕴藏在建筑表皮与其独特的能效标准下的潜力，建筑的围护结构系统能够根据居住者的体验与外部环境因素调节自身。

通过增加建筑表皮的厚度与植入藻类生产器，建筑围护结构成为一个调节系统得热与失热的能量生产器。一个柔性的氟塑料（ETFE）制成的管状网络被放入藻类植物，悬浮于水中，并放置进一个双层表皮的立面系统中。室内的空气自然分层，在每层顶棚上将气体排放进双层皮的空腔中，CO_2气体包裹着回风形成许多气泡，并充满了藻类的管状系统，伴随着气泡在阳光照射下，藻类植物吸收了CO_2并随之生长，管内的水溶液也起到吸收与存储阳光热量的作用，并释放空气。同时，热能又随着空气流动进入双层皮的空腔，而被带入到建筑的其他部分（图 2）。随着时间变化，藻类溶液随着它的生长其颜色也会加深，直到它通过主要的排泄系统排放才算结束，一旦管内重新被小而新鲜的藻类溶液充满，循环周期就结束了。针对居住者的使用、活动与外在表现，管状系统通过类似肌肉样的丝线所操控，肌丝能够通过它的伸长与收缩响应它的控制，由此产生的网状物质就是在建筑表皮围合而成的管状帷幕（图 3）。

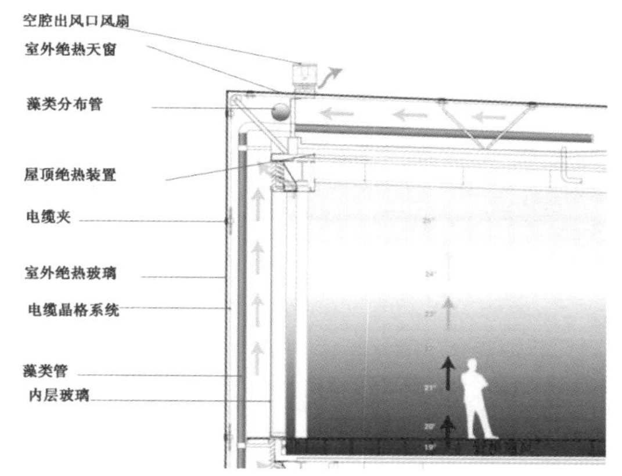

图 2　光合作用立面 1 （图片引自《The living breathing thinking building of the future》）

图 3　光合作用立面 2 （图片引自《The living breathing thinking building of the future》）

可持续发展的目标就是减少能量使用与能量消耗，从而高效能的建筑围护结构能满足更高的需求，并在尽可能经济的条件下，实现室内空间自我调节舒适度，并获得最开阔的室外景观。

2）身临其境的空间

传统意义上建筑的形态与情境空间是通过从技术上提升物理构成而实现的，空间的创造不仅是用材料构成，如墙与屋顶，还利用非物质效能来实现，以技术手段对气候、大气与周围环境的控制可以创造感觉上的全封闭环境。身临其境的空间是以空间体验调节来满足使用者的需要，并与环境的动态变化相协调，这些为从社会学与生态学角度研究建筑学做出了有益的探索。

“看不见的住宅”作为香港市中心三星首席执行官的示范住宅。居住者身在拥挤的人群中但是却不被看见，住宅卧室是用模拟镜面光学系统来进行视觉隐蔽，而住宅的其他部分则隐蔽在环境中。隐藏空间的概念也是由对应的数字技术来实现的，这种技术能够展示另一面鲜活的景象。这些显示器被放置于卧室内部与一些建筑的立面上，这些图像被相应的程序所处理以重构现实的理想环境（图 4）。

日本庆应义塾大学发明的光学隐蔽技术挑战了透明度的概念，研究通过提取、叠加、转变、视觉与听觉数据操控的方式，将模拟与数字手段结合来深入研究重构现实的时空演变空间。例如，为了看到你的背面，可以采用一套镜面或监视器来实现空间半年的时间延迟；另一个数字技术能够制造的时间延迟，就是为旅行者与夜晚时间转换的人缓解飞行时差反应约 1 ~ 12 个小时的延迟。由此而探索处理现有应用程序的数字化对应模型，来探索隐藏空间的不可见概念（图 5）。

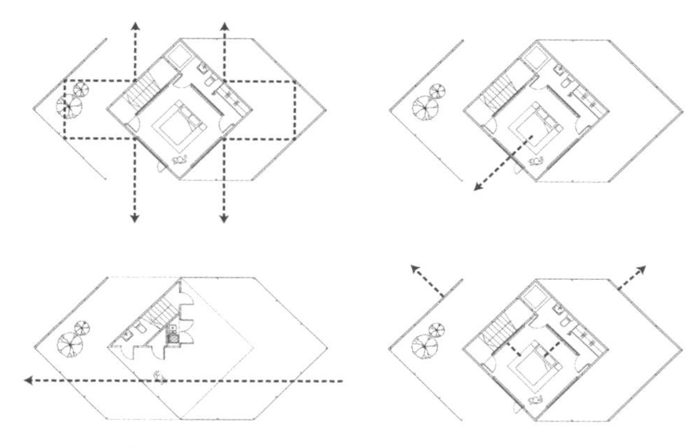

图 4　看不见的住宅 1 （图片引自《The living breathing thinking building of the future》）

图 5　看不见的住宅 2 （图片引自《The living breathing thinking building of the future》）

以上两个项目建立了一个与艺术家、设计师、科学家与工程师相协同的跨学科平台，提出了与动态生命系统有关的问题，其主旨是开发一种数字增强建筑，从协同实验到更好地迎接新兴的挑战。

3 物联网时代下的智能城市

智慧城市是通过以移动技术为代表的物联网、云计算等新一代信息技术应用实现全面感知、泛在互联、普适计算与融合应用，如采用视觉采集和识别、各类传感器、无线定位系统、RFID、条码识别、视觉标签等顶尖技术，对建筑与城市空间的要素进行智能感知、自动数据采集，最终实现智能交通、智能管理、智能公共安全、智能旅游、建筑节能等系统的综合集成，从整体上实现城市的可持续发展目标[3]。智能城市表现了一种建筑与城市所具有的综合感知能力，并提供了未来建筑与城市发展的新思维与新方向。

随着近年来的我国城镇化速度的突进以及随之而产生的复杂城市问题与矛盾，借助信息通信技术的新进展，诸如物联网、云计算、自组织网络等一系列新技术，建立以智能城市的智能平台为基础，运用人的智慧与创新能力优化配置好城市各种核心资源，解决水源、土地、人口、就业、生态、交通等可持续发展的难题，以实现城市发展向真正的智慧城市迈进。

3.1 智能交通

智能交通是在车与车之间、车与建筑物之间，以及车与基础设施之间建立信息交换，实现车与行人、车与非机动车之间的沟通对话。智能交通系统是利用交通信息系统、通讯网络、定位系统和智能化分析与选线的交通系统的总称[4]。交通信息采集可以从地下、路面和空间二位体的方式来实现。地下采集是在主要道路和交通要道口的地下埋设感应器，自动记录车辆经过的情况，包括车辆流量、流通间隔、堵塞等候情况等；路上交通信息采集可以通过交通路口的指示灯系统来完成，交通指示灯系统可以被用来安装监控器材，实时拍摄记录交通情况，同时也可以用来发布交通信息，向驾驶员提示附近地区的交通情况，并建议行车路线；车辆定位和跟踪。利用 GPS 和电子地图实时显示出车辆的实际位置，以实现紧急救援、事故排除等。未来在物联网的帮助下，可以使汽车与城市交通信息网络、智能电网以及社区信息网络全部连接，它将引领交通走向一个更安全、环保、高效与舒适的城市交通体系。

3.2 智能保健

2011 年在上海大学美术学院举行的《为物联网而设计》的国际数字空间工作营，就是围绕物联网技术而展开的设计实践活动。学生们利用物联网的核心技术，对未来的家居、交通、保健、物流、购物等几大主题进行了丰富的想象与空间设计，如李嘉漪团队的作品《土豆先生的一天》，以土豆先生的家庭生活作为主线，利用智能家居与智能医疗系统，改变其亚健康生活状态，将传感技术植入各种家庭设备，如寝具餐具，洗浴设备，照明系统等，通过对土豆先生的衣、食、住、运动等行为进行心率测试、睡眠质量检测、膳食营养搭配、温度监测等，为土豆先生的生活提供健康指导，使他从没有规律生活习惯的亚健康人变成为一个具有健康生活习惯的健壮人，设计构想出一幅智慧城市下的家庭保健生活的新图景（图 6~ 图 9）。

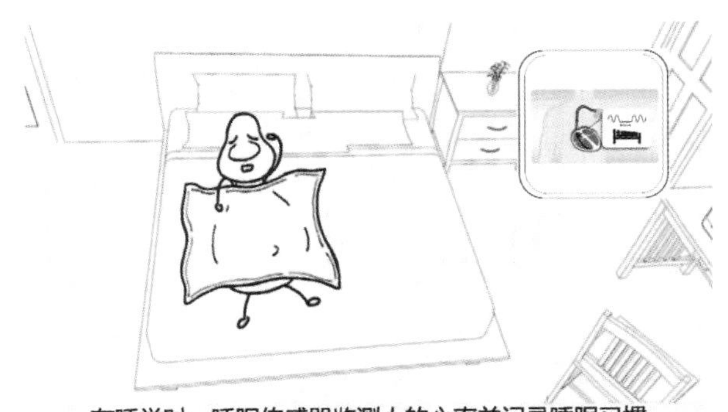

图 6 在睡觉时，睡眠传感器监测人的心率并记录睡眠习惯

图 7

图 8 浴室温度传感器可维持身体舒适体温

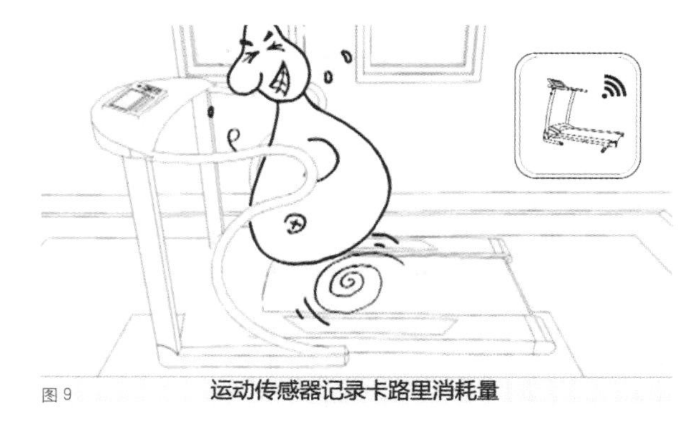

图 9 运动传感器记录卡路里消耗量

图 6~ 图 9 智能家居保健

3.3 智能社交

卢紫荷团队的设计作品《一个杯子：使你成为明星》，是设想将嵌入式的信息载体如智能芯片，植入周边物体，如酒杯、建筑界面、吧台、桌子等家具中。作品以酷先生一天的娱乐生活为主线，选取酒杯作为嵌入式实体，在透明芯片、柔性玻璃与云技术的支撑下，呈现给人们一种未来城市中的社交生活：人们能够通过手机、碰杯，与桌子接触等方式完成信息的收发、资源共享、反馈与互动，结识新朋友，扩大朋友圈，甚至使一个普通人在社交娱乐活动中的行为表现，借助信息交换有机会成为社交生活中的明星人物，实现人与人、人与物、人与空间的信息交互，呈现了智慧城市下丰富的社交生活愿景（图10）。

图 10 智能社交

4 结语：生态、人与技术的和谐共生

物联网时代下的建筑与城市体现了技术发展对人们生活与行为的巨大影响与变革。一直以来，“技术的双刃剑效应”是人们对技术进行理性批判所意识到的关键问题。技术对生态环境的种种危机并非归咎于科学技术的进步，关键在于我们对于技术选择的态度。

美国《连线》杂志创始人凯文·凯利在《失控》一书中指出了未来技术发展所遵循的“蜂群效应”，即像生命系统那样的自组织性，无论是生物系统还是技术系统，技术逻辑不能管理复杂的生命系统，实际上是由人的生命系统参与完成的，技术将参与到人类的进化与选择中，并产生自身进化的发展轨迹，未来科技系统将逐渐以模仿自然系统的方式而发展。人类可以驾驭技术并成为技术的主导者，也应该在技术的支持下从容而诗意地生活，我们相信未来将是人、生态与技术的和谐共生。

参考文献

[1] 百度百科：http://baike.baidu.com.

[2] Rodolphe el-Khoury, The living breathing thinking building of the future, Thames & Hudsons, 2012.

[3] 傅予等．基于物联网和云计算的智能城市体研究．微计算机信息，2011（12）．

[4] 陈如明．智能城市及智慧城市的概念、内涵与务实发展策略．数字通讯，2012（10）．

基于地域交叉视角的生土民居景观传统适应性研究
——以冀蒙交汇区域为例

吕跃东　河北北方学院　教授
胡青宇　河北北方学院　讲师

摘　要：通过对冀蒙交汇地区生土民居及景观的研究，立足于一种“地域交叉性”角度的研究方法对主导影响因素进行归类分析。然后在此基础上，重点从回应地方自然环境、发展地方文化、利用地方技术、促进地方经济方面分别探讨生土民居景观在具体实践中的传统适应性。

关键词：冀蒙交汇　生土民居景观　交叉性　传统适应

冀蒙交汇区域地处内蒙古高原南缘，西起今内蒙古商都——兴和县，中挟河北省坝上6县和锡林郭勒盟南部5旗县，东至内蒙古喀喇沁、克什克腾旗一线。历史上一直是逐水草而居的北方游牧民族的栖息之地，清代至民国初该地区属内蒙古察哈尔左右翼八旗四牧群和卓索图盟。然而随着塞外移民运动的展开，作为重要移入地之一的冀蒙交汇区域内的民族结构发生了重要变化，逐渐形成了蒙汉交错杂居的格局。一种杂糅了蒙汉两种聚落方式、文化特征的定居村落和民居形式逐渐形成，并发展成为富有地域个性的生土民居景观。

1　冀蒙交汇区域塞外移民与生土民居文化

冀蒙交汇区域生土民居起源于塞外移民文化区的形成，塞外移民文化区依赖塞外移民运动的开展。清朝肇始，由于关内人口激增、贵族圈地、灾害战乱等因素，迫于生计的大批中原汉族移民开始迁入塞外，冀蒙交汇区域与中原毗邻的地理位置，可耕可牧的自然条件使其成为重要的移民迁入地。大量汉族移民在塞外迁入地繁衍生息，不仅改变了草原地区的自然景观，同时带来了移出地的汉族社会文化传统与习俗，使当地由单一的游牧演变为农牧并举的多元化社会。与此同时，原有适于游牧生活的民居蒙古包已经不适应半农半牧经济成为主导生产方式的定居生活。经过民众长期对客观自然环境的适应和主观社会实践，冀蒙交汇区域逐渐完成了适应地域环境、符合生产生活需要的生土民居建筑形式的建构。其建筑风格是一种超越单一文化背景的，既有别于客居地游牧文化也不同于其祖籍地农耕文化的“创生文化”体现。

2　冀蒙交汇区域生土民居景观“地域交叉性”的主导因素

“村落的创作主体——人类，是诸多关系的集合，人与人之间有自然的血缘关系、地缘关系，也有社会性的业缘关系、经济关系……空间由于人的活动的存在，有了复杂多重的含义”。[3]冀蒙交汇区域聚落民居的发展，受着移民主体与迁入地客体环境多种因素的交叉影响。

2.1　环境的地域环境交叉

冀蒙交汇区域“田土高，而且腴，雨雪常调，无荒歉之年，更兼土洁泉甘，诚佳壤”，[4]肥沃的土壤条件对汉族人来说无疑具有强大的吸引力。然而由于所处纬度较高，海拔高度平均在1200～1400m之间，气候以寒温带大陆性季风气候为主，平均气温为0～3℃，极端最低气温达到40℃以下，冬季严寒而漫长达7个月之久。可以看出虽然与同属北方的晋冀鲁移出地交叉毗邻，但地理属于不同单元，自然生存环境较内地则更加严酷。环境的地域性差异，影响制约着民居景观的区域差异。在此，汉地移民在迁徙至冀蒙交汇区域后，空间环境位置从迁出地到迁入地发生转移和突变，客观条件要求民居的创造主体—— 移民在建筑营造中必须积极适应地域环境。记忆中虚拟的祖籍地环境和现实迁入地域环境，在民居创造意识中发生了交叉与重叠，直接影响民居的选址、布局、形制和建造材料的选择。

2.2 民居营造的技术资源交叉

特定环境下可能应用的材料和相应的营建技艺对建筑形式的构成有很大的影响，因此不同地方建造民居都要根据当地材料资源环境进行合适的选择、加工和创造。冀蒙交汇区域聚落民居在形成之初很大程度上延续移出地祖籍民居的许多特征和印记，借鉴了内地民居的许多建造技艺，形成多元文化交叉的特征。随着大规模移民到来，移民中“多有泥瓦木铁工匠之流”，而且不少工匠自带工具及原材料，蒙旗“资而用之”，[5]仿照汉族所建的土房子开始修建固定房屋。冀蒙交汇区域树木虽然紧缺，但“生土”资源丰富，是当地作为建房最适宜的材料，而且盛产作为和泥、加筋、增加拉结力的优质原料针茅属植物。所以当地居民就地取材，建造出一种“以土坯为墙垣，以秫秸为席椽，上覆泥涂，以蔽风雨”[6]的生土民居形式。

2.3 农牧同体的经济效益交叉

在草原与农耕经济交叉影响下，汉族移民和蒙古族农牧并举。农耕、畜牧生产方式决定的经济状况给民居的建设发展提供了基本的物质基础，是影响当地建筑形态的因素之一。这样就从单一的非定居游牧营造外化出以定居的农耕畜牧交叉为标志的民居体系。民居作为经济发展的典型载体，之初由于冀蒙交汇区域移民经济实力薄弱，大量建造成本低、结构形式简洁的生土民居以一种实用性的原则稼接在蒙地的土壤上。大多时候人们暂时没有太多的经济能力一次完成民居建造的全部，则以渐建的方式逐渐完成，屋顶样式的单坡和长短坡也常常自由组合，最终演变成为灵活的平面布局、开敞错落的空间组织、多变的体型轮廓及丰富的材料装饰。此外，生活方式、经济结构的变化共同作用也引起了民居院落功能的部分置换，很快便从汉地窄长形的传统紧凑院落发展为宽阔深远的方形院落，以适应农耕生产和牲畜饲养。

2.4 牧文明交融的地域文化交叉

文化是人居环境的基本要义，对聚居的动机、行为有着持久的影响，聚落文化发展既有横向的变异，又有纵向的生长。在横向变异阶段，民居以实用性为主；而在纵向生长阶段，民居则是以适应性为主进行发展。横向和纵向的共同作用促进了民居及景观的演变定型，成为交叉文化的物质表现形式。冀蒙交汇区域受到来自祖籍地民居记忆变异外力和内蒙古特殊地域生长内力的共同作用，同时也导致物质载体生土民居景观受到多层次的交叉影响。首先表现为生土民居材料、建筑技艺及围合空间等基本元素对表层器物文化交叉的诠释。其次表现为对生产方式、活动组织等的中层制度文化交叉对外化形式如院落、街巷结构的影响。精神文化属于深层结构，在文化结构中起决定作用，蒙汉相互融合形成的创生文化是影响聚落民居共性景观营造最为活跃的因素。

3 冀蒙交汇区域传统生土民居景观的地域适应性分析

冀蒙交汇区域生土民居作为一种具有明显地域性特征的乡村景观，是当地人与地域自然、社会和文化相融合相适应的产物，反映出顺应地域特征并对当地环境做出积极适应的姿态。具体表现在对自然环境、社会文化、资源技术和生活生产方式适应等几个方面。

3.1 生态环境适应性的民居景观营造模式

任何文化景观无不打上环境的烙印，均与所在的自然环境密切相关。正如 G·勃罗德彭特所说：“建屋的基本理由是改变大自然所给的气候，方便舒适地进行一些人类活动。所有建筑终须完成此项目的—— 在人的需要与特定地理气候之间达成协调。”

1）适应气候环境的民居选址

冀蒙交汇区域多低山丘陵区、缓坡丘陵，气候寒冷干燥且风力强劲，村落大都选址在南低北高的向阳坡地上，不但屏挡西北寒风并争取良好的日照，而且南面开阔的农田和牧场也形成良好的视觉空间，形成依山傍水、土肥草美的格局。同时由于坡地周围地势平坦，所以远处的低山丘陵阴山成为村落的对景景观。背坡向阳的选址原则为民居建筑景观的建立和发展提供了基础条件，是构成民居景观的自然基质。

2）适应气候环境的空间布局

由于冀蒙交汇区域地广人稀，土地资源相对丰富，总体布局采用疏松行列式布置形式，聚落的主要道路大多沿东西向，成带形分布，正房坐北朝南稍偏东，院落、街道的间距较大。这种布局的特点是绝大部分建筑物之间避免相互遮挡，从而有利于争取良好的太阳辐射和采光条件。为了弥补建筑景观群体组合的单调，民居利用天然坡度建成生土民居，高低错落，布局灵活。造成了其村落景观空间自由随意，反倒似有步移景异的效果。聚落的空间布局、整体轮廓有机展开，强化了聚落民居的景观空间肌理。

3）适应气候环境的民居形态

在漫长而严寒的冬季，保温和采暖成为冀蒙交汇地区生土民居最为关键的问题。墙体除了起到维护、分割空间的作用，同时也是防寒保暖的重要环节。墙体材料通常以当地的石材、土墼为主，外侧涂抹夹草泥作为保护层。外墙厚度一般都在600mm以上，内墙达到400mm。民居只在南向开窗，以减少室内热量向外散失。由于本地少雨水，当地民居建筑屋顶多设置为平顶或囤顶，在减少资源的同时有效增强对风的抵抗能力。封闭厚重、质朴苍茫的刚性生土外形与晾晒的农作物或柴草的屋顶柔性景观组合在一起具有别样的审美特征。

4）民居形制与院落组织

建筑形制在应对寒冷气候时，体型系数相同基础上南向面积越大得到的太阳辐射热量越多，因此民居的平面布局在维持一定进深的基础上，沿面阔方向增加南向开间数量。形成了现有的这种矩形平面形式，其中每间架进深约在4.8 ~ 5.8m、开间2.6 ~ 3.2m之间。院落占地面积普遍较大，房屋布置得比较松散，有利于满足冬季对日照辐射的需求。民居平面形状取圆形和近似于正方形，不仅使一定建筑空间下的外围护面积最小，耗热量最小，并且在提高整体抗风能力上也是尚佳的选择。

3.2 技术资源适应性的民居景观营造模式

建筑的营造技艺和取材的差异是构成民居景观特质的主要手段，任何建筑都是凭借一定的物质材料和建造方法构建而成的。冀蒙交汇区域木材资源匮乏，这不但影响到木材在这一地区民居建筑用料中的比重，更直接导致以生土为代表的建筑材料的广泛采用。土作为造价最为低廉的建筑材料和蓄热性能良好的材料，加上韧性极强的植物纤维材料与少量木材一道构建起独具一格的民居材料体系。在民居营建中，稍加修饰的泥土墙和外形使整个建筑群风貌呈现黄土的自然质朴本色，使聚落和自然环境能够成为有机统一体，民居以原生态存在成了自然生态景观的一部分。

发源于中原的土墼营建技术随着汉民传播到冀蒙交汇区域并得到了发展。制墼过程为先将黏土用水拌和成泥，然后放入一定尺寸生铁打造的做模具中，再用泥刮刀将泥面与坯模抹平成型，最后利用太阳的光热干燥制成。土墼尺寸多为384mm×256mm×70mm，是建造生土民居的基本模数。在民居的建造过程中，为了防潮、防水、防冻，地基挖到冻层（1.2m），以毛石加上草泥建造。民居采用木构框架与土墼墙体结合的做法，土墼墙的砌筑方式多为顺砖与丁砖交替式，木构框架的梁檩椽结构一般建在立柱或承重墙上，置檩木再挂椽子，椽子以上铺取自草原地区特有的红柳条，再覆以厚重的夹草泥，厚度约150 mm，外表面全部用100mm厚草泥浆抹平。此外，利用当地草甸湿地的生土体，将其削切成大小适中的夹杂草根的块状体，主要用作围墙的砌筑。土墼墙体、草皮院墙、石材根基通过不同的砌筑方式，增加生土的空间语言表达，强调出丰富肌理组合的效果。

3.3 农牧经济共同体适应性的民居景观营造模式

居民的生活方式是使民居景观充满生机与活力的关键，是给人以场所感染力的根本原因。本地生活秩序兼具饲养牲畜和耕种农作物，配套的生土杂屋、畜棚设置和菜园布置在庭院内形成一种庭院经济。这些空间构成没有固定的格局和定式，可以随时根据具体的生产方式进行重新划分。侧重农耕则仓储、种植辅助面积所占比例较大，侧重畜牧则饲养需求尺度大一些。而且在原型基础上加建的情况有效地避免了景观要素的单调和呆板，创造出多义性、随意性的空间景观格局。块状草皮围隔出低矮囫囵小院有助于彼此亲近消除隔阂，形成了特殊的社会交往功能，使民族迁徙型聚落互助合作、和谐融洽的人居行为在场所中得以实现。

农牧生产是聚落空间的功能核心，由此产生的农牧组织模式对村落空间结构的形成有重要的影响。通常情况下，农田的空间框架划分的横平竖直规则格网和草场模糊性多路径自由网格共同存在向村落内部空间线性延续的力量，对村落景观的形成产生重要影响。空间纹理的自由和规则在这种村庄空间模式中得到很好融合，使街道空间景观结构组织同时具备统一性和突变异质性，形成了充实饱满、丰富多样的有机统一的景观意象。

3.4 生土民居对蒙文化与汉文化的适应性

由于文化的跨区域传播，作为民族文化载体的民居景观不得不适应迁入地的环境而发生一定的整合，逐渐形成了与该地域自然环境相契合的文化，造成了独特的固有风格和显著特征。

物质文化的渐次适应：塞外移民与蒙古族族群在长期杂居共处的动态交往中，首先是物质文化的相互接纳和认同融合，内容变化上表现出一种渐次性。如蒙古族不是由移动蒙古包赢接住进平顶屋的，而是经过了若干中间形态。先由移动的蒙古包到固定的蒙古包再到圆形屋，然后才是近似于汉族的平顶屋。[8]而汉族工匠首先是将认为最喜欢的、吉祥的、便利的或与自己习惯最为接近的内容糅合进来，结合蒙古族厚重、粗犷的民族特征，日久天长最终形成了兼采双方优长的复合型文化形态。

制度文化的转化适应：汉地移民远离传统意义上的中原地区，原先的家族瓦解、宗族关系断裂，不仅没有完全延续有利于宗法思想维护的汉式合院模式，而且民居外形也不再像以前讲究和刻板，变得更加贴近自然。在陌生环境下，中国乡土社会中的族长统治在移民入地转化为能者居之。一种既由能者牵头，统一集资并建造的民居建造模式成熟起来，以一种特有的文化表达向自然的力量，宣示人类的集体抵抗意识，是对人类自我价值的充分肯定。

精神文化的融合适应：蒙汉民众利用乡土资源，与土地融为一体，创造了传统建筑中的土性文化。就其建造本质来讲，强调突显出因地制宜，力求与自然相融合的理性环境意识和返璞归真的居住文化。这里反映的不仅仅是一般意义上的审美情趣，也表达出在恶劣地理环境中的生存激情，表现了包括蒙汉两族在内的中华先民对理想人居环境的共同向往和追求，从而获得超自然的精神启迪。

4 结语

综上所述，虽然冀蒙交汇区域生土民居景观的自然属性处于低层次，但是他的产生和发展都是根植于当地特定的多元交叉性地域环境，使用地方材料、适应生产生活习惯及符合地方文化传统等，以有机协调的姿态从人与自然融合的角度展示了生土建筑的特有优势，是真正的“没有建筑师的建筑”。在全球化的今天，作为中华民居宝库的重要组成部分，笔者尽量做到深入地梳理与分析，在学习研究生土民居景观原有适应性经验的基础上，为实现聚落民居保护改建和复兴再生奠定理论基础。

参考文献

[1]《清圣祖实录》卷二五零，康熙五十一年五月壬寅．

[2] 金志章纂，黄可润增校．口北三厅志卷五风俗物产，乾隆三十年刻本 .92.

[3] 段进等．世界文化遗产西递古村落空间解析 [M]．南京：东南大学出版社，2006,23.

[4]《清圣祖实录》卷二二四，康熙四十五年三月乙未。

[5] S.C 君．热河卓昭两盟垦殖演进之研究 [J]. 蒙藏周报，1931．1(65)．

[6] 赵允元．赤峰州调查记 [J]. 地学杂志 ,1913．1(1)．

[7]（英）G．勃罗德彭特．建筑设计与人文科学 [M]. 张韦译．北京：中国建筑工业出版社 ,1990.

[8] 闫天灵．塞外蒙汉杂居格局的形成与蒙汉双向文化吸收 [J]. 中南民族大学学报（人文社会科学版）,2004,1.

基金项目：教育部人文社会科学研究青年基金项目“冀蒙交汇区域生土民居景观再生策略研究”（项目批准号 11YJC760025）成果。

注：本文发表于《艺术百家》2013 年 6 期，录入本文稍作修改。

基于地形学理论的建筑设计方法研究

闫子卿　南京艺术学院设计学院　研究生

摘　要：本文试图通过探讨地形学理论的概念、发展及应用，阐述地形学理论在建筑设计中的可行性的条件，并期望能对以地形学为切入点进行建筑设计有所帮助，创建建筑设计的可行性操作方式。

关键词：地形学　地形建筑　路径渗透

引言

当今建筑、景观和城市领域处于一种交叉融合的阶段，地形学理论成为各学科广泛关注的对象，其研究的范畴不仅包含着地形的抽象轮廓和数据，而且还有人类对地形的情感和记忆体验，从而建立了新的研究思路和方法，地形学理论关注着人、地形与建筑的关系，成为一种运用于建筑设计研究的新的理论支撑，其探索建筑设计实践中的可行性条件，对建筑设计实践的发展方向起到指引的作用。

韦伯词典（Webster’s Dictionary）和WordNet Dictionary对地形学的解释为：（1）对特定地点、城镇、领地、教区或广阔的土地的描述，尤其是对任何地点和区域在微小详尽的细节上准确科学的描绘和记述。（2）表面的构形以及它的人造特征与自然特征之间的关系。（3）对某一地点表面特征的详尽而精确的研究。①

1　地形学的概念

1.1　地形学的概念认知

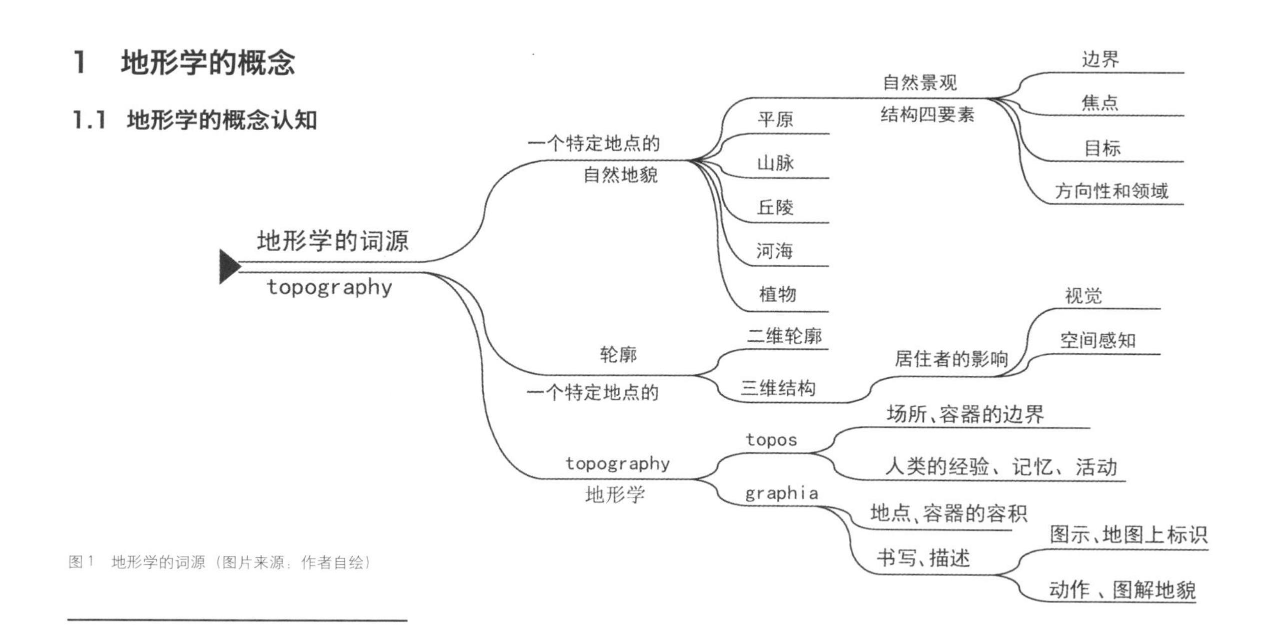

图1　地形学的词源（图片来源：作者自绘）

① http://www.webster-dictionary.org/definition/topography

如图 1 所示，作者认为地形学一是对一个特定地点的自然地貌进行分析；二是对一个特定地点的轮廓进行分析，将地形的二维轮廓上升到空间的三维结构体系当中；三是从地形学的词源 topo 和 graphy 的解析中表明地形学承载着人类经验、记忆和活动。地形学的概念和研究范围不再只是客观的对地形进行描述和记录，还表现为主观上对地形进行书写创造的行为，蕴涵着“抽象”和“再现”原有地形的过程。

1.2 地形学理论的应用

地形学理论呈现出一种跨学科的研究方向，其容纳着来自于人类生活实践的印记，给予设计实践可操作性的方法和策略。尤其是在建筑与景观设计实践以及理论中 ,有着重要的研究价值。

例如肯尼斯 • 弗兰姆普顿认为超出建筑基座范围之外的土地呈现出原始的地形特点，强调地形学的文化意义。查尔斯·詹克斯 ①（Charles Jencks) 对地形建筑形态的复杂化进行解读，提出主客观因素对地形建筑的影响，让建筑变得复杂化和地景化。建筑实验室（Archilab）②在 2002 年的工作是以“土地建筑”为专题，从各种角度去探讨自然、建筑、景观和城市之间的关系。2004 年 K.W. 福斯特（Kurt W.Forst）主持的第九届威尼斯建筑双年展专设了“地形学”这一主题，介绍了采取特殊策略和地形学紧密结合的当代建筑与城市设计作品。戴维 • 莱瑟巴罗注重“topography”一词呈现出的社会和文化意义，指引着各学科跨界的发展。

2 基于地形学理论的建筑设计类型

2.1 基于地形学理论的建筑设计类型

地形学理论关注着人、地形和建筑之间的关系，促使建筑设计呈现出多样化的形态。地形学将地形视为地形建筑的基础，它还揭示了地形与建筑之间的隐匿关系，打破传统的图底关系，形成一种具有空间限定和范式的建筑设计形式。地形学对建筑设计的类型和形态的影响呈现出多样化的特征，大致可归纳为拟态的地形建筑、套叠的地形建筑、图底复合的地形建筑、路径渗透的地形建筑和彼得 • 埃森曼的编码地形。

如表 1 所示，拟态的地形建筑是一种模拟自然环境的外在形态和内在规律的建筑类型，可以将其看成重构特定环境的建筑。套叠的地形建筑是几个或成一组的拥有相似形制的单体空间，通过叠加、穿插、组合等方式连接成为一体的空间结构。图底复合的地形建筑通过对空间结构进行持续的反转，将建筑空间或公共空间的图底关系进行复合，使建筑的形态和功能融入周边环境中。路径渗透的地形建筑通过路径渗透到空间环境中的方法来与周边环境相融合，而空间中不同的路径流线成为空间体验和形成建筑形态的媒介。彼得·埃森曼的编码地形是一种编码的符号功能体，它表现出编码地形在建筑设计的影响，以及文本的象征意义。

2.2 路径渗透的地形建筑

基于地形学理论的建筑设计可能还有其他类型表现，作者在此不一一归纳。以路径渗透的地形建筑的研究来说明地形学理论对当代建筑设计的影响。期望对以后的地形学理论学习有所帮助。

1）概念

路径渗透的地形建筑在外部形态或组织结构上是很难判断的建筑，这类建筑是通过路径渗透到空间环境中的方法来与周边环境相融合。而空间中不同的路径流线成为空间体验和形成建筑形态的媒介也是人、地形和建筑互动关系的媒介。

在这类建筑中，路径流线成为建筑设计的焦点，例如斯蒂芬·霍尔设计的洛杉矶自然历史博物馆的方案，设计师在空间设计中运用了灵活多变的流线，成为可自由进入空间的路径连接系统，而这种路径被斯蒂芬·霍尔命名为“根茎”式的路径。这种路径渗透的地形建筑类型模糊了传统的对空间功能的划分原则，例如对真实与虚幻、人工与自然、文化与商业等的功能空间的划分，让路径渗透到空间的各个角落，引导人们进行体验。

2）路径渗透的地形建筑设计策略

人的移动轨迹构成了路径，而建筑中的路径又取决于设计师对路径流线的设计。这两者之间存在着辩证的关系。路径在设计过程中，路径呈现出被动的关系，而设计师是设计路径的决定者，因此是主动的，而在使用过程中，使用者当然也包括设计师本人，在使用中是被动的，而路径成为主动的关系。因此设计在路径的形成与发展中具有至关重要的作用，设计路径的目的有以下几点：（1）提供最直接便利的交通流线；（2）引导使用者到达特定的场所；（3）最基本的目的，满足功能、

① 查尔斯·詹克斯 (Charles Jencks)，当代重要的艺术理论家、作家和园林设计师，是第一个将后现代主义引入设计领域的美国建筑评论家，著有《后现代主义》等书。

② 建筑实验室（Archilab），创始于 1999 年在法国奥尔良举办的一次展览，是活动于法国的一个独特的建筑组织。主要批判传统将建筑学边界划分的一清二楚的观点。

环境和经济等的需求。路径空间设计的合理能使人们在空间中获得舒适而愉悦的空间体验，给人们留下美好的情感记忆。

3）案例分析——斯蒂芬•霍尔《海洋博物馆》

海洋博物馆是斯蒂芬·霍尔(Steven Holl)建筑事务所和巴西艺术家及建筑师（Solange Fabito）共同设计完成的项目。项目坐落于法国的比亚里茨。霍尔期望创作一个从汇聚的中心空间向周边环境扩散的建筑，体现其设计的“天空之下，大海之下”能反映出周边环境的设计概念。这座博物馆的主体建筑形态像是定格在激起的巨大浪尖上，部分由精致的玻璃结构组成的博物馆建筑被大胆地固定和插入在巨大浪尖基地当中，并让建筑从地形中慢慢升起。如图2，简单的形态，却孕育着独特的建筑模式。

如图3所示，建筑融于自然环境中。设计师选择一种路径渗透的方式来设计海洋博物馆，根据原始地形的肌理、坡度等自然地貌形态进行空间的创作，并没有改变具有坡度的地表平面，反而是利用路径的轨迹，隐藏了这种自然肌理的存在，让建筑起伏于大地之上。在建筑之上是路径的延展，在建筑之下，依然有着路径的蔓延，路径在建筑地形中开始扎根成长。

从图4海洋博物馆的不同立面图中我们很容易得到建筑与地形的关系。地形是不变的，建筑随着地形的起伏而发生变化，运用双重路径使得建筑隐藏在地形当中。

路径渗透的地形建筑是一种根茎式散发的建筑，具有一定的组织结构，建筑多种功能空间路径相互穿插、相连、融合，形成一个组织庞大的建筑形态。路径渗透的地形建筑与环境相融合，并逐渐渗透到大地当中，地形与建筑融为一体，形成独特的建筑路径模式。路径渗透的地形建筑呈现出地形学理论影响下的一种建筑模式，同时也为地形学理论的发展创造了实践依据。

3 基于地形学理论的建筑设计方法研究的意义

地形记录着人类生活的足迹，具有记忆性和重塑性，地形学便反映了地形的这一具有书写功能的特点，不仅能够表达发

基于地形学理论的建筑设计类型　　表1

序号	名称	概念	案例	参照图
1	拟态的地形建筑	是一种模拟自然环境的外在形态和内在规律的建筑类型，可以将其看成重构特定环境的建筑	保罗·克利美术馆	
2	套叠的地形建筑	是几个或成一组的拥有相似形制的单体空间，通过叠加、穿插、组合等方式连接成为一体的空间结构	纽约当代艺术博物馆	
3	图底复合的地形建筑	通过对空间结构进行持续的反转，将建筑空间或公共空间的图底关系进行复合，使建筑的形态和功能融入周边环境中	佩罗自然科学博物馆	
4	路径渗透的地形建筑	通过路径渗透到空间环境中的方法来与周边环境相融合，而空间中不同的路径流线成为空间体验和形成建筑形态的媒介	海洋博物馆	
5	彼得·埃森曼的编码地形	是一种编码的符号功能体，它表现出编码地形在建筑设计的影响以及文本的象征意义	加利西亚文化城	

图 2　斯蒂芬・霍尔设计的海洋博物馆概念图（图片来源：互联网资源）

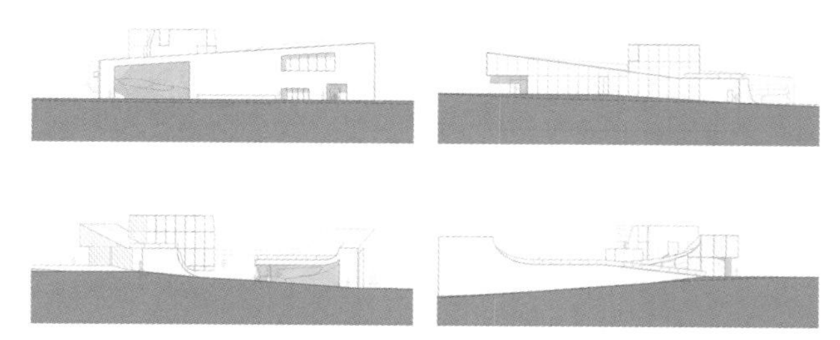

图 3　斯蒂芬・霍尔设计的海洋博物馆平面图（图片来源：互联网资源）

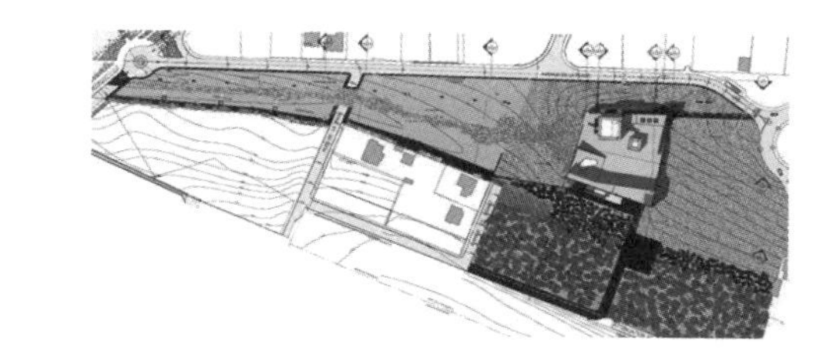

图 4　斯蒂芬・霍尔设计的海洋博物馆立面图（图片来源：互联网资源）

生的过往，也可展现将要发生的未来，因此，地形学的印记是一种具有张力的人类行为，是对人类所生活的环境的再现和适应，基于地形学理论的建筑设计方法研究具有体验性、连续性与实践性的意义。

3.1 体验性意义

地形作为建筑建造的基础，也是地形学理论研究的基础。如图 5 所示，将大地、建筑和天空建立中轴线，建筑成为连接天空和大地的媒介，天空和大地得以对话。作为场所，地形为人的身体提供了一个避难所，一个庇护所。当大地被作品显现时，大地就被赋予了人性，人们就开始在大地上栖息。

人会对周边环境产生独特的感知体验。周边环境的刺激信息，经感知系统接收和分析，最终又反馈到环境本身，从而使周边环境产生变化。因此地形成为一种情感的空间，是被人感知后反馈出具有人自身体验的情感表达（图 6）。

自然的地形是物质外在的地形，通过人类的经验和记忆的图像将地形刻入到记忆当中，并处于自我改变的过程。这就促使地形和人的关系在物质和文化历史的三维结构中呈现多层次的发展，最终生成具有场所精神的地形环境（图 7）。这也表达了基于地形学理论的建筑设计方法研究的体验性意义。

3.2 空间的连续性意义

建筑形态跟随地形的节奏和韵律而起伏，增强了建筑对周围环境的适应性。建筑通过整体、连续顶面形态延伸到地面形

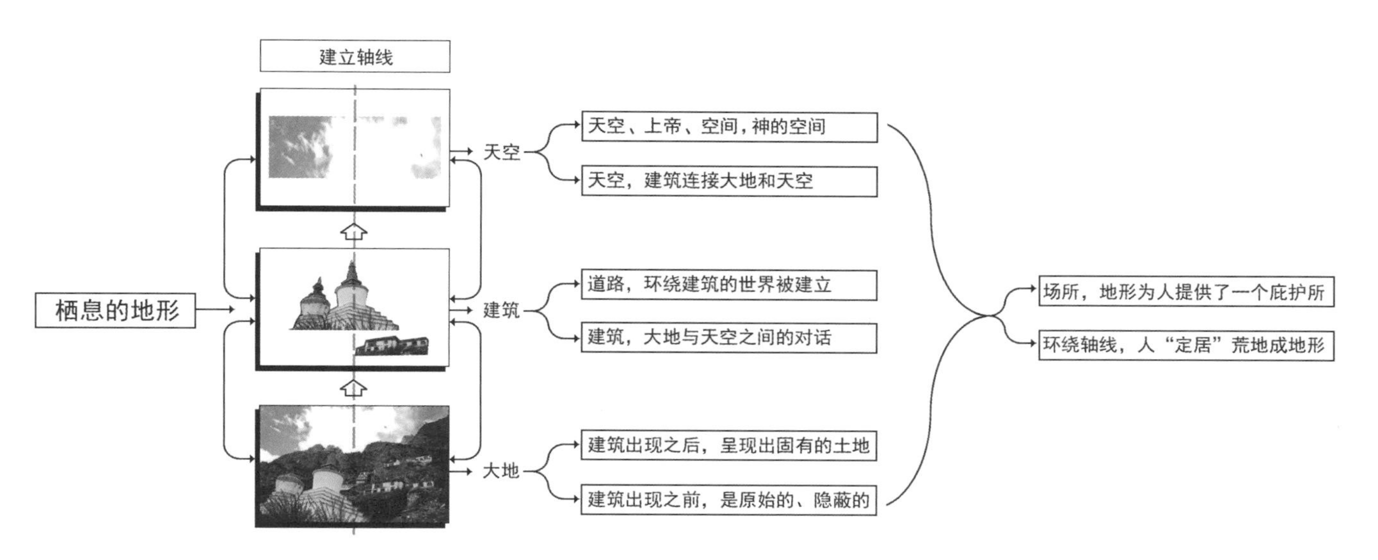

图 5　栖息的地形分析（图片来源：作者自绘）

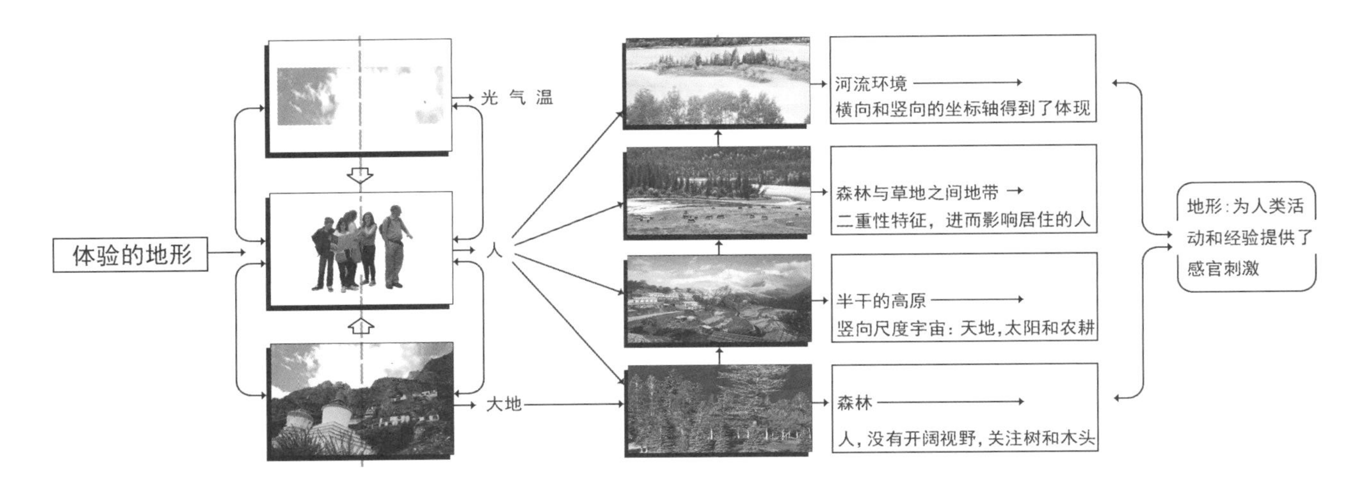

图 6　体验的地形分析（图片来源：作者自绘）

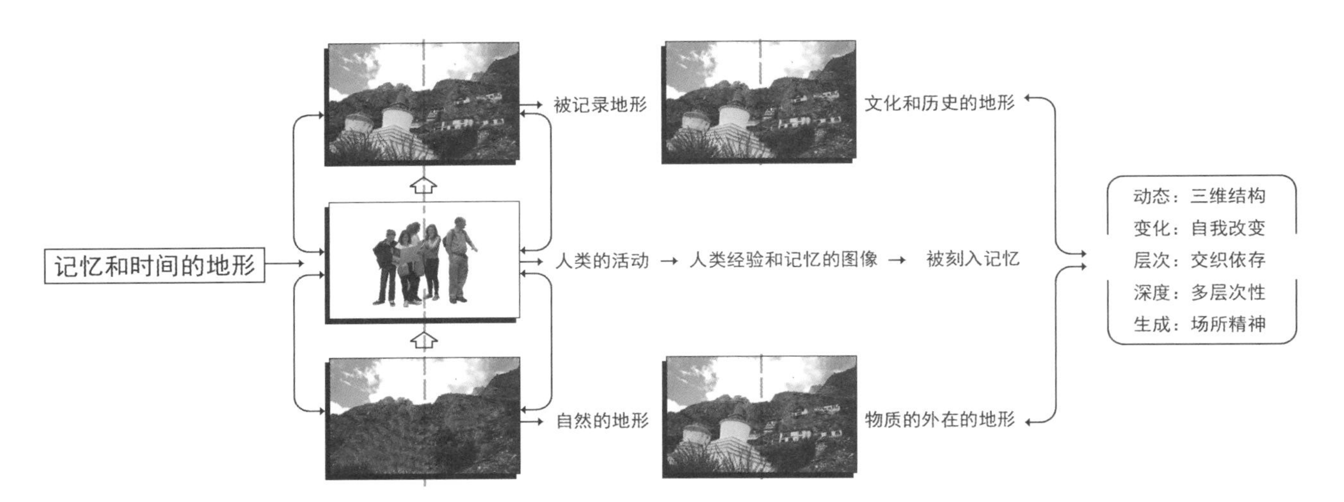

图 7　记忆和时间的地形分析（图片来源：作者自绘）

态，使建筑和地形之间的边界模糊化，形成连续的整体，这种连续的流动呈现了基于地形学理论的建筑设计方法研究的连续性意义。

例如 FOA 事务所完成的日本横滨国际客运码头，是城市设施与交通空间相结合的枢纽。设计师通过围绕一个循环系统组织建筑形式，并运用一系列的程式得到特殊的循环回路，以产生一种不间断、多方向性的连续空间，最终形成建筑结构和地形互动的效果（图 8）。

设计师将建筑设计成为客运码头地表的延伸，让其成为交通和功能并用的。其建筑的顶面通过扭转、折叠、褶皱等手段，形成一个与原始地形相融合的连续的表皮，并自然地形成一个可供人们漫步和观赏的功能平台。建筑模仿着真实的大地，连续的界面给建筑创造了不同的路径，并包含着一定的序列感，给人以意想不到的空间感受（图 9）。

3.3 空间的实践性意义

地形学理论在实践中使得设计不可忽视地形的空间性意义。关注场地空间的围护性、连续性以及延展性，将地形的潜力转化为人们居住和使用的目的，这不是图像性的，而是实践性的空间体验。

地形学理论使得建筑设计朝着多样化发展，引发人、地形和建筑的互动关系，在实践中找寻基于地形学理论建筑设计的可能性。在满足功能需求、生态需求和技术需求的情况下，地形学理论使得建筑空间愈加丰富，具有创造力，呈现出基于地形学理论的建筑设计方法的实践性意义。

图 8　日本横滨国际客运码头鸟瞰图（图片来源：http：//www.landscape.cn）

图 9　日本横滨国际客运码头空间图（图片来源：http：//www.landscape.cn）

4　结语

本文通过对地形学概念、应用与意义的梳理，来认知地形学理论，以及其在建筑设计中的重要性，表达了人、地形与建筑之间不可分割的关系。基于地形学理论的建筑设计方法研究，给予目前建筑设计研究实践性和可操作性的意义，并为建筑、景观和城市设计等领域提供了新的研究方向，促进了各学科的和谐发展。因此，基于地形学理论的建筑设计方法研究具有很高的实践价值与意义，需要被广泛关注与发展。

参考文献

[1] 马克·卡森斯．建筑研究 02——地形学和心理空间 [M]．北京：中国建筑工业出版社，2012．

[2] 陈洁萍．场地书写——当代建筑、城市、景观设计中扩展领域的地形学研究 [M]．南京：东南大学出版社，2011．

[3] 陈洁萍．地形学议题——第九届威尼斯建筑双年展回顾 [J]．新建筑，2007,4．

[4] 华晓宁．地形建筑 [J]．现代城市研究，2005,8．

伊犁喀赞其老城传统民居空间特征探究

侯科远　新疆师范大学美术学院

摘　要：喀赞其传统民居空间特征由于受到当地的地理环境因素、历史背景以及民族文化等因素的影响，形成了极其具有民俗特征的传统民居空间特征。本文针对喀赞其传统民居空间的特点，从老城整体空间、建筑外部空间以及内部空间进行分析，体现喀赞其传统民居空间的独特性以及在建筑空间内部所体现出的空间文化、空间秩序和人们的精神文化面貌，对于喀赞其传统民居空间的分析、探索、传承和保护提供很好的理论依据。

关键词：喀赞其　传统民居　空间　建筑形制　文化形态

1　喀赞其民居外部空间特征

将喀赞其传统民居的外部空间特征作为研究和探讨建筑物的重要组成部分之一，对于喀赞其民居外部空间的主要特征进行分析探讨则能够更好地对喀赞其民居的内部空间进行研究的延续和拓展，方便辅助人们更简洁明了地理解建筑物的道器文化特征以及建筑的空间特征和对自然的看法。

1.1　老城街巷的空间

美国著名学者西奥多·舒尔茨认为“建筑现象是环境现象的反映，而环境现象应该包括自然环境、人造环境、场所三个方面。”[①]在喀赞其老城中共有 26 条主干道，其中小巷道有 97个，在街道的周围可随处看到高大的白杨树，使得喀赞其民居外部给人透露出一种安静、幽静的感觉。小巷曲折有致，地面采用老砖铺设的硬化路面，街巷两旁分布着各式的建筑，有具有欧洲特色的建筑、具有中西方风格相结合的建筑、百年历史传统的民居建筑以及极具地方特色的民居建筑等，同样在这些建筑中保留着最原始的市场经营模式特征，铁器店、马具店以及百货店随处可见，其中日常用品及其比较小的用品则采用摆地摊售卖的方式（图 1、图 2）。

1.2　无序的建筑空间外观

从外部来看民居的住宅，大多为一到三层的楼房，外部的临街门楼在其造型上都具有不同的特征——大异其趣，充分表现出维、塔、哈、中亚及西亚、欧洲不同的建筑风格。墙面则采用白色、黄色以及蓝色这三种涂料进行粉刷，房屋的大小、走向以及外观也各自具有其不同的特征（图 3）。建筑与建筑之间同样保持着具有相对完整的传统民居建筑的风貌与格局，被人们形象地称为“民居博物馆”。这种外部空间边线形态似乎缺少统一的规划特征，完全是以当地人民对于居住场所的不同观念以及不同宗教文化，依据自然需要的空间拓展为一种建筑模式，但是却符合人们所需要的生活环境以及人群互相往来的生存模式，错落有致，形成了不同的独特的立体空间，形式各异却又满足人们所需要的基本生存发展规范，具有很高的审美价值。

图 1　喀赞其老城街景

图 2　街巷空间局部空间

图 3　建筑空间外观

① 刘先觉．现代建筑理论 [M]．北京：中国建筑工业出版社，1999:109—111．

2 喀赞其民居建筑的空间特征

《道德经》中记载："埏埴以为器，当其无，有器之用。凿户牖以为室，当其无，有室之用。故有之以为利，无之以为用。"这句话的意思就是人们因为生活的需要建造房屋、盖屋顶、立围墙，而真正能够用到的地方却是中间空的部分，利用"有"的手段，搭建"无"的空间，实现"无"的价值和目的。

2.1 院落空间

克里斯·亚伯在《建筑与个性》中指出："伊斯兰教在梁歪一个方面的倾向是内向型，它是一种由内院和封闭空间构成的建筑。"①伊犁居住人口77%为维吾尔族，因此在民居内部空间同样具有这一特点。

从大门进入院子内部至大概4m左右的范围，建筑则是在这中间设置隔断、屏障以营造院内的封闭感，在民居的周围则围绕着高大的杨树用以遮挡强烈的太阳辐射，在炎热的夏天，成为一处乘凉、遮阳的第一道屏障，同时也能够很好地遮挡沙尘暴对于民居的破坏，减轻自然灾害对于人们的危害。在庭院的内部大多搭建棚架，庭院里种植植物，形成独具特色的绿色空间，这样便很好地构建出能够将外部空间和内部空间很好地进行隔离的一处绿色屏障，院落内部的住宅建筑大多呈朝阳式建造，居住空间前面则种植绿色植物，形成一道美丽的风景（图4）。

图4　喀赞其民居院落空间

2.2 室内空间

喀赞其民居室内空间则同样为比较封闭的空间，其在这方面所表现的形式主要是对外绝对封闭、对内相对开场的形式。所谓的对外相对封闭则是因为伊斯兰教的文化住宅的私密性是特别重视的，因此这必然影响着喀赞其民居的院落及其室内空间的构成。在这里，住宅对于外面基本上是关闭窗户的，室内的房间之间仅以门来作为开敞内外联系的构建。对内部房间相对表现开敞方式则是门窗都会面向内院而开启，而面向外院的则都是关闭的状态。各居室形成一字形链接，主要空间功能分布为主卧、次卧、会客厅、储藏室等，室内还有炕，上铺则放置毯、毡子之类的物品，过厅右边是子女以及老人居住的次卧，家具之类的物品则存放在主卧之中，室内与室外合理被分开而又不直接被隔断开来（图5）。

图5　室内空间

2.3 过渡空间

"过道"则是喀赞其民居空间中比较活跃的空间因子，它能够将空间的功能与形式很好地衔接在一起，同时也能够将开敞的空间与封闭的空间进行很好的过渡。在喀赞其建筑外廊空间中，与其他民居的外廊空间有所不同，整个外廊空间使得喀赞其民居的外部空间和内部空间形成了一种过渡的形式，是居住者进出室内与院落的必经之路，能够很好地保证室内的隐私性与室外的开场性。

由此可见，喀赞其民居院落空间主要构建形态在遵循着功能性的原则，其主要是方便居住的使用（图6）。

图6　过道——过渡空间的表现形式

---

① （美）克里斯·亚伯．建筑与个性——对文化和技术变化的回应[M]．张磊译．北京：中国建筑工业出版社，2003：178．

3 喀赞其民居的空间秩序

皮埃尔·布迪厄 (Pierre Bourdieu) 认为：人类社会的空间是由人的行动空间场域所构成的，所谓的场域既可以理解为，我们生活的整个社会就相当于是一个很大的社会空间，而在这一社会空间中，我们可以发现它包含着许许多多小的生活空间，这种小的空间模式即称为场域。而这些场域本身也是一个空间，是具有相对独立性的社会空间，相对独立性既是不同场域相互区别的标志，也是不同场域得以存在的依据。"①

伊犁喀赞其老城同时也随着人类生活空间的不同产生了许多不同的独立生活场域，沙俄对于伊犁进行殖民统治之后，由于所接触的环境与文化的不同，回国的居民建筑逐渐形成了带有中亚风格特征的建筑特点，此时场域变化逐渐倾向于带有中亚风格的空间模式。随着改革开放的不断深化，出国做生意的伊犁人越来越多，后来便又重回伊犁居住，此时伊犁民居的空间结构随着文化的复杂性逐渐产生不同的场域空间，定居的居民根据自己所接触的文化不同开始建造适合自己生存的空间住所，此时的伊犁空间场域逐渐复杂而多样。之后随着定居在这里的维吾尔族人口的增加，信仰伊斯兰教的维吾尔族居民根据自己的生活模式，逐渐开始建造带有伊斯兰教风格的庭院式居住空间，并逐渐"侵占"其他民居建筑的空间模式，但是由于各民族所需生活空间的不同，仍保存着自己所需要的独立空间场域，于是便形成了现今的喀赞其多民族汇聚且又相对独立的新民居空间秩序。

4 喀赞其民居的空间文化表达

4.1 民居空间对于历史文化的表达

罗西曾说过："城市中存在的现实形态凝聚了人类生存所具有的含义和特性，城市是它的聚合体、融合着意义和实体。城市是在时间、场所中与人类特定生活紧密相关的形态。其中包含着历史，它是人类文化观念在形式上的表现。"②

喀赞其民居风格多样，充分体现了中亚国家建筑的不同风格，在18世纪末的沙俄时期，由于俄军对于中亚地区的节节推进，企图在华谋求更大的利益，1871年沙俄侵占伊犁，开始了长达十年的殖民统治，直到1881年左宗棠出兵踏上收复伊犁的步伐，面对着大兵压境，面临极具困境的条件，清政府被迫与沙俄签订了《中俄伊犁条约》，根据沙俄中的规定，曾经被掠夺的我国边民居民通过各种渠道开始重回国土，由于所接触的环境与文化的不同，回国的居民建筑逐渐形成了带有中亚风格特征的建筑特点。之后从俄国边界辗转回来的闯关东的山东人也有一部分开始定居在山东，随着改革开放的不断深化，在外国做生意的伊犁人逐渐重回故土，因此伊犁喀赞其民居也形成了许多不同特征的民居形式，表现出喀赞其民居空间在不同时期的历史文化特点。

4.2 民居空间对于宗教文化的表现

"文化的概念本质上是一个符号学的概念，如韦伯所言，人是悬浮在他自己编织的意义之网中的动物，因而，对文化的分析就不是探讨规律的实证科学，而是一门探讨意义的解释性的科学。"③节日期间，穿着民族服饰，唱着民族歌谣、跳着欢快的民族舞蹈，形成了一处浓郁的民族文化景观，这种对于人的身体非常关注的宗教文化，则通过人的这些行为方式、姿势、手势、舞蹈等身体图式，在一定的空间模式下进行模拟事物、沟通神圣世界以及世俗世界，充分体现人在宗教文化之中对于未知空间的建造以及物质形式的建构，并分别在喀赞其民居空间中展现出来，中西亚的民居特点以及与塔兰其民居文化的结合，充分体现了当地宗教文化的交错以及各民族之间互敬互爱、相融相洽的和谐景象（图7）。

图7 喀赞其民间歌舞

4.3 民居空间对于自我精神文化的体现

在远离海洋、干燥高温的自然条件下，人们的生存意志由喀赞其人民的一种特殊的建筑曲折地体现为一种群体的相互接纳、和平相处的生存模式。在当地，居民依据当地的地理气候特征以及生存需要，就地取材，大量利用木材和生土、石灰、麦草、砖块等土产材料，构建遮光、采光、干燥保湿、通风和挡风、保暖和散热等矛盾元素的和谐统一，进而探讨寻求恰当的表达方式，形成适应当地自然环境文化的生存空间，同时喀

① Foulcault. The History of sexuality: An Introduction[M]. trans. RHurley Harmondsworth. Penguin, 1978.

② 郑景文．罗西的建筑类型学及其批判[J]．四川建筑，2005,(10):37-40.

③ Clifford Geertz. Interpretation of culture[M]. New York: Basic Books, 1973:5.

赞其居民以一种不同民居形式的特殊文化，表达了当地人们对待自然的力量，体现自己对于恶劣环境的抵抗意识，充分表现出人类对于自我价值的肯定，表现出超自然的精神启迪。

5 结语

总之，伊犁喀赞其传统民居具有独特的空间表现形态，能够很好地适应地形的变化以及气候的特征去构建立体的空间文化，充分体现出多文化、多民族平等、和谐、自由的生活方式，表现了当地古朴、原始的生存方式以及被时代精神不断重构改造和建构的空间形式，同时也体现出当地各民族性格的宗教内涵。深入地研究喀赞其民居空间形制特征，对以后传承和保护传统民居建筑具有重要的意义。

参考文献

[1] 郑景文．罗西的建筑类型学及其批判[J]．四川建筑，2005，(10)：37–40．

[2] 童强．空间哲学[M]．北京：北京大学出版社，2011：150–152．

[3] Clifford Geertz．Interpretation of culture[M]．New York：Basic Books，1973：5．

基金项目： 2013 年国家社会科学基金"新疆维吾尔族传统聚落文化形态研究"（13CMZ036）项目资助。

论社会文化与乡土建筑兴衰

——以雷州半岛西南部珊瑚石乡土建筑的兴衰为例

陈小斗　华南理工大学现代服务业研究院文化艺术与创意产业研究中心　理事

1　绪论

珊瑚石乡土材料是一定自然条件和社会历史背景下的产物，它聚落于乡间原野，千姿百态，畅朗轻盈，显示了“源于海洋，归于自然，不污染大地”的巨大优势。珊瑚石同属于天然石材，在很多方面同一般石材有相同的特点，而且具有浓厚的沿海乡土特色。珊瑚石作为材料建构建筑物，一般分布在沿海盛产珊瑚礁且经济发达的区域，在广东沿海和福建沿海地区仍有遗存以珊瑚石砌筑的房屋。在雷州半岛西南部沿海岸聚居着几个珊瑚石古村落，但也逐渐被当地居民遗弃、淘汰，其独具特色的乡土文化和研究价值尚未引起学术界的广泛关注。

珊瑚石乡土建筑的发展历程是一个自然而漫长的过程，是人们集体智慧长期积累的结晶，包含了对既往和现实生活、功能以及环境问题的应付方式，而且与当时的经济、人文、历史条件密切相关。珊瑚石材料造就了珊瑚石乡土建筑，乡村社会文化促进了珊瑚石建筑发展的同时，又导致其衰落。严格说，材料—建筑—文化，这三者是一个相辅相成、共同促进、相互制约的关系，而归根结底是乡土社会文化问题。

2　社会文化与珊瑚石乡土建筑的发展

早在原始社会时期，人类就利用天然石材砌巢居、洞穴，石建筑经历了悠久的历史过程，已经发展为一个非常成熟的体系。珊瑚石同属于天然石材，珊瑚石建筑的发展历程，也是我国石建筑历史的一部分。但珊瑚石建筑与它所属的社会文化的特殊性有着紧密联系，主要因素归纳为以下方面：

2.1　岭南海洋性

雷州半岛地区古时候为百越之地，远在新石器时代中后期，雷州半岛就有先民活动。[①]百越人陆续离开洞穴，在山冈缓坡地、台地和河坝上建造草木结构的茅屋，在沙谷、海岸和沼泽则建造干栏式巢居。雷州半岛西南部土著居民主要是“南越”族，也有入迁的最富有海洋文化特性的闽潮人，主要分布在沿海、沙流附近，过着渔猎和刀耕火种的生活。贝丘遗址是岭南早期人类居住或活动的遗址，遗址中有动物残骨，还有可食用的蚝、蚶、蚌、螺、蚬等贝壳，反映了当时渔、猎活动以及食物状况遗存。[②]李公明所著《广州人》中描绘古岭南越族人“……他们有些在生吃着鲜蚌、蛤、虾等”。在雷州半岛文化遗址中，有多处海洋性生活遗址，其文物中有大量的石锛和陶制网坠等捕鱼工具，还有大量的蚬、螺、鱼骨等，显于当地居民的远古时代起就与海洋结下不解之缘。[③]这些都反映了岭南先民长期与大海打交道，利用海洋资源，发展海洋经济，形成以亲海冒险为特色的海洋文化。

雷州半岛西南部先民为了索取能够抵御海风腐蚀的建筑材料，使用最广泛的有牡蛎（蚝）壳、珊瑚石、海带等，这些海洋资源材料有量大、易取、经济、可循环再利用等特点，选取该建材主要是因为沿海地区雨水多，不宜搞夯土技术，而且常年受海风吹、强度大、盐分高，对建筑物腐蚀强，所采用的建材必须适应这种海洋自然环境。以蛎壳砌筑的房屋在今天的广东沿海尚有遗存，当地称为“蚝壳屋”（图 1），在广东徐闻西南部也尚存几处珊瑚石屋古村落（图 2）。

先民们同时还注重捕捞业、养殖水产、耕海晒盐、发展海上运输和贸易，形成了海洋农业文化和海洋商业文化，大海铸造了当地居民敢于向外开拓、刻苦耐劳、重商的精神，成为福佬系和广府系共有的海洋文化特色。

2.2 外来迁徙性

迁徙是一种文化迁徙，甚至是新的文化进一步形成的过程。有文献证实，岭南在古代就有五次大的迁移潮，其中自唐迄宋，不断有闽人迁至雷州半岛，到两宋时期，雷州半岛已出现很多福建莆田移民聚居的村落。元以后仍有北方人，特别是闽南人相断迁徙雷州，落籍于斯。位于雷州半岛西南部的徐闻县西连镇水尾村附近浅海捞起的一件战国乐器铜甬钟，表明春秋战国以来该地区是南海北部沿岸商旅航线的一部分，受中原和楚文

①湛江市地方志编纂委员会．湛江市志．北京：北京中华书局，2004：25–173．
②陆元鼎．岭南人文、性格、建筑 [M]．北京：中国建筑工业出版社，2005：32．
③李巧玲．雷州半岛海洋文化与海洋经济发展关系研究 [J]．热带地理，2003，23(2)．

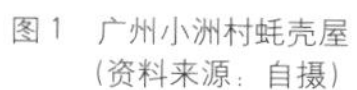

图 1　广州小洲村蚝壳屋
（资料来源：自摄）

图 2　雷州半岛西南部传统珊瑚石屋
（资料来源：朱法提供）

化的影响。道光年间兴筑台湾凤山县城就采用珊瑚石，是年代可考的用于建筑中的最早实例，① 而在广东徐闻角尾乡南岭村，1988 年出土发掘汉墓，墓室全部用珊瑚石构砌 ②（图3、图4）。这些表明闽南文化通过迁徙和岭南文化有着千丝万缕的联系。迁徙带来的中原文化、荆楚文化、巴蜀文化、吴越文化等地域文化，这些外来的地域文化与雷州半岛西南部土著文化交流融合，发展成为具有特质的岭南文化。

2.3 经济落后性

雷州半岛西南部地处僻远，远离中原政治中心，历史上战乱较少，社会环境较为稳定，政治得以保持相对的独立和稳定，客观上有利于经济发展。但自隋以后，南方“海上丝绸之路”不再经过琼州海峡，逐渐减少了海外贸易。长期维持传统的农业型和社会自给型的农渔生产与民间集市贸易，这种自给自足的生产生活形态导致乡土文化的封闭性和经济落后性。

雷州半岛西南部的村落是相当典型的传统农渔村，当地的生活水平还是比较低，收入也不稳定，这里的住房一般面积小，用材也有限，也买不起红砖，于是人们使用“牛车”这种廉价交通工具，到岸边礁坪挖取并运回珊瑚礁石，建造房屋和烧制石灰。以珊瑚石构成屋墙、围成院落，用芒草（石珍芒、类芦）盖顶的房子，经济又耐用。当地村民说这是贫穷的见证（图 5、图 6）。

2.4 匠作制度传承性

匠作制度是建筑匠师们长期实践中形成的营建规则，是工匠营建技艺和经验的结晶。③ 古代官方对营造法式的总结有宋《营造法式》、清《工部工程做法》，民间匠师总结的《鲁班经》、《营造法原》是极其难得的民间营造术著作。乡村社会中匠作制度多以师徒传授的方式和“口诀”密授建造技艺，再根据现

图 3　花岗石棺盖构件
（资料来源：自摄）

图 4　珊瑚石棺盖构件残部
（资料来源：自摄）

图 5　珊瑚石茅草屋
（资料来源：自摄）

图 6　遗弃的珊瑚石茅草屋
（资料来源：自摄）

场的实际情况，进行适当的改造加工，甚至有些村民采取“仿造”的形式自营建造。

雷州半岛西南部各个渔村先前就有一批专门从事珊瑚石建构的民间工匠师，长期的实践使他们积累了精湛的技艺和经验，对于兴建的规模、标准、形式结构、珊瑚石料选择等方面有一套“通行法则”（图 7 ~ 图 11）。这套民间营造的“通行法则”世世代代相传下去，使得珊瑚石建筑形成一定规模且风格统一，这是民间匠作制度传承的“效应”所在。

3 社会文化与珊瑚石乡土建筑的衰落

随着时代发展，传统乡土建筑受到前所未有的冲击和侵蚀，乡土居民普遍认为乡土的就是土的、旧的、过时的、落后的。古村落古镇陆续有人迁出或者干脆拆掉另新建砖石建筑，导致原乡土建筑功能和形式基本消失，自发新建的砖建筑完全抛弃了乡土的历史传统，取而代之的是标准的“小洋楼”。目前，珊瑚石乡土建筑正处于衰落状态，逐渐被拆除，传统珊瑚石建构术也被遗弃、淘汰，珊瑚石乡土建筑成为尚未消失的“古迹”。珊瑚石乡土建筑衰弱的主要因素体现在以下方面：

3.1 聚居观念的更新

雷州半岛西南部古村落是以一个血缘宗族为单位聚居成为一个聚落的，往往表现为以一个姓氏为一个聚落，这种聚族而居的形式使珊瑚石乡土建筑取得“整体性”和“稳定性”。而

①曹春平．闽南传统建筑 [M]．厦门：厦门大学出版社，2006：111．
②赵焕庭等．广东徐闻西岸珊瑚礁 [M]．广州：广东科技出版社，2009：53．
③李晓峰．乡土建筑——跨学科研究理论与方法 [M]．北京：中国建筑工业出版社，2005：48．

在当代文化信息日趋多元化，冲击着乡村居民生活圈，乡村生活方式逐渐开放化。传统的聚居观念产生巨大的变化，使人们不得不接受现代的、多元的聚居方式，原有的珊瑚石建筑聚居群体被逐步瓦解（图 12、图 13）。

3.2 经济条件的改善

随着农村产业结构的调整改革，带来了建设社会主义新农村的浪潮，村村相通硬质水泥路，种植业、捕捞业、养殖业也蒸蒸日上，使农民整体经济水平得到极大改善。村民普遍以为落后和贫困的珊瑚石老建筑已不适应现代的生活需求，甚至有些村民产生“炫富”心理，只要经济许可，他们宁可建造奢华的小洋楼，也不愿意再按照传统的样式建造新型的珊瑚石房屋。于是各村落迎来了“建房热”，珊瑚石乡土建筑逐渐被拆除（图 14、图 15）。

图 7　珊瑚虎皮石墙
（资料来源：自摄）

图 8　珊瑚石转角处理局部
（资料来源：自摄）

图 9　珊瑚石墙交互式砌筑
（资料来源：自摄）

图 10　珊瑚石乡土建筑窗框体系
（资料来源：自摄）

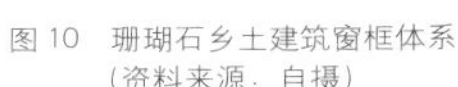

图 11　珊瑚石灰缝处理局部
（资料来源：自摄）

3.3 生活方式改变和人口变迁

当代多元文化日益冲击着居民生活圈，当代乡村居民职业构成已逐渐多样化，不单单只是从事捕捞业和养殖业，还有从事个体经营，做工或服务性行业，这些工作方式的变化必然带来生活模式的改变。与之相应的聚居形态必然产生变异，当代各村落中形成了许多家庭加工或家庭服务性行业，家居生活形态呈现“上宅下厂”的格局。另外，村落中“准专业的”乡村施工队建造的文体活动中心、体育馆、敬老院等缺乏乡土文化的建筑物也掺杂在乡土环境中。笔者在调研过程中还发现由于大多数年轻人长期在外打工，有些半定居于城镇，甚至有些致富者将全家迁往工作地。人口的变迁导致久无居住的珊瑚石乡土建筑变得破败不堪，久而久之，往日珊瑚石乡土建筑的规模性和统一性越来越模糊，甚至完全消失（图 16、图 17）。

图 12　被瓦解的聚居群体
（资料来源：自摄）

图 13　乡村新型小洋楼
（资料来源：自摄）

3.4 技术进步和材料更新

科学技术是“第一生产力”给乡村人们的价值观和生活方式的改变产生日益广泛的影响，也带来了建造技术的进步和建筑材料的更新。钢材、混凝土、铝合金、玻璃、PVC 及各类面砖等一系列的现代建材层出不穷，随着乡村交通条件改善和商品经济的发展已逐渐延伸至各个村落。新技术、新材料及设施的普及，对于传统聚落的珊瑚石乡土建筑面貌的影响更是显而易见的，“准专业的”施工队因掌握新技术和先进设施，在乡村建造队伍中占有主导地位，而传统民间工匠师受到的重视程度都大大下降。珊瑚石乡土建筑技术逐渐被世人遗弃、淘汰。

3.5 资源短缺和保护

珊瑚石的开采源于珊瑚礁，而珊瑚礁为鱼类及其他海洋动植物的生存提供了一个良好的栖息环境，对保护海洋生物资源和生态环境起着极大的作用，同时珊瑚礁还被各海洋科研院校广泛应用于古地质地貌和古生物物种的研究。近年来，当地居民粗放的生活方式给珊瑚礁带来很大的负面影响，如炸鱼、翻挖礁石、养殖珍珠、养殖虾贝等严重破坏珊瑚生长环境的活动，

图 14　被拆除的珊瑚石乡土建筑
（资料来源：自摄）

图 15　新旧建筑对比
（资料来源：自摄）

图 16　被遗弃的珊瑚石乡土建筑
（资料来源：自摄）

图 17　破败不堪的珊瑚石乡土建筑
（资料来源：自摄）

造成珊瑚种类减少、珊瑚礁资源退化。因此，国家颁布法律法规全面禁止违法挖掘破坏珊瑚礁行为，至此珊瑚石材料短缺。

从文化功能论的角度，文化的存在必然有功能在起作用，即有其存在的必要性。根据出土的汉代珊瑚石墓，可判断人们利用珊瑚石可以追溯到三千年前。千百年以来，珊瑚石乡土建筑聚落居住环境非常适宜，珊瑚石建构方式经过百年传承积淀下来，采用珊瑚石建造房屋，围成院落，这是当地乡土文化的底色之一。珊瑚石乡土材料的发展历程证明它存在的价值性和必要性，是一定自然条件和社会条件双管齐下的产物。

因此，珊瑚石乡土材料不能一概否定和抛弃，笔者在本文中并不是提倡人们肆无忌惮地开发珊瑚礁资源，但已经被拆除的珊瑚石建筑物所遗留下的珊瑚石以及遗弃在乡间原野上的珊瑚石应该重新循环利用，而且对尚存的珊瑚石乡土建筑实体形态应加以保护。如果做到开发和保护相结合，就能使珊瑚礁成为可持续发展利用的资源，造福于人类。

4 小结

不可否认全球化下工业化建造方式在我们这个特殊历史时期的重要作用，然而传统乡土建筑体现着与之相应的地方传统和民族特色，饱含着乡土社会的历史文化信息，具有历史、艺术和科学价值。因此，珊瑚石乡土材料不应该被现代人所遗弃。我们在保护珊瑚石乡土建筑实体形态及相关思想文化的同时，也必须对珊瑚石传统工艺加以保护和传承，研究和保护它们是保护建筑文化遗产科学价值的需要。雷州半岛西南部有着丰富的海洋文化资源，它既有中国海洋文化共有的气质，也有着特定区域的海洋文化特质，其区域珊瑚石乡土建筑是在特定的地域社会文化氛围中形成和发展起来的，是真正融为岭南海洋文化特点的有机构成。在保护和发展的同时，更加努力探索海洋环境下乡土建筑的本质，从而建立真正意义上的建筑民族特色。在针对国际化、信息化的社会，文化领域的趋同现象给人们带来了种种困惑，为更好地保护地方特色和延续乡土文化，宣扬生态文明的绿色观念，在“新农村建设”中，应推广以乡土为题材的“生态型村落”。

南浔百间楼民居建筑的形式美

杨子奇　湖州师范学院艺术学院　讲师

摘　要：百间楼集江南民居建筑形式美于一身，既传承了我国传统建筑艺术的精髓，又具有自己独特的地域特征与时代特色。它具有江南传统民居建筑美学的共性，而它鲜明的群体性特征是独一无二的。本文对其环境空间、建筑空间、材料运用、结构形式、构造处理等构成形式美的要素进行了分析。

关键词：南浔　百间楼　民居　形式美

形式是任何事物都有的，任何产品的设计、纹样的描绘都离不开形式，但形式美却要经过“洗炼”才能达到美感的高度[1]。因此，从形式到形式美必须要有一个过程。民居建筑作为技术和艺术的混合体，它不仅紧紧地与自然环境及生活方式相辅相配，有着明显的地域性、民族性，而且还随着时间的推移、生活的改进及技术的进步而变化、提高、发展，有着鲜明的时代特色，其造型是在不断演进中形成的。民居的形式美主要表现在空间造型上，也就是通过构成美的形式法则将对象的尺度、色彩与质地三要素进行有目的的“组合”。南浔百间楼民居建筑所追求的形式美也正是在这三个方面得以体现。

百间楼民居因受人文因素和自然环境因素的影响，其独特的建筑形式在江南民居中脱颖而出，独树一帜，具有“诗情画意般的民居”之美誉（图1）。其造型灵秀内敛，轻巧简洁，虚实有致，色彩淡雅，因地制宜，临河贴水，高低起伏，空间轮廓柔和而富有美感。因此，若按民居建筑形式构成的要素来分析其美学特征，可从环境空间、建筑空间、材料运用、结构形式、构造处理等环节入手，由大到小，由粗及细地将其形式美进一步挖掘。

图1　百间楼民居

1　环境空间

南浔地处湖州之东，太湖之南，自古为出入江浙之孔道。这里地势平坦、湖泊众多、气候温和、土地肥沃，是江南最富庶的古镇，也是明末清初资本主义萌发的发源地。南浔建镇已有七百余年的历史，文化昌盛，人才辈出。明代时就有“九里三阁老，十里两尚书”之谚[2]。水是滋养南浔的命脉，天然河道与人工开凿的运河大大小小交叉错落，将整个南浔连成一片，舟楫四通八达。古人云：“小镇千家抱水园”，“南浔贾客舟市中，西塞人家水上耕”，小城特点由此可见。重要的地理位置、便捷的交通使南浔人很容易和外面的世界打成了一片，因此南浔百姓性格开放，视野开阔，民居建筑的形式也就随之受外来文化的影响。

位于南浔镇东，沿运河东西两岸，有一处长400米，面阔约150间的沿水民居楼群，距今已有400多年的历史。相传是明代礼部尚书董份为他家的奴婢仆从居家而建成的，始建时有楼屋百间，故名“百间楼”。古人云：“双凤堂中夜夜笙歌缭绕，百间楼上朝朝妆镜星移。”这正是当年的写照[2]。百间楼是南浔古镇最具魅力的明清建筑群。其建筑贴河而建，傍水而居，以河为路，以廊为市。整条街房舍连排，侧墙相接，高低错落，整齐有致，沿着河道蜿蜒逶迤，与河流并行，并用石桥相连。粉墙、黛瓦、檐廊、河埠、花墙、券门、廊柱倒映水中，船只来往，桨声渔歌，处处洋溢着江南民居的亲水灵气与形式美。

2 建筑空间

有序的环境可以造成完整、协调、安定的美感，这也是民居生活中所需要的美感。百间楼民居依河筑屋，依水成街，具有自由灵活的造型和自然纯朴的风格。由于营建于封建社会，封建伦理、儒学传统、风水习俗都直接影响着这些民居的经营布局、房舍安排等，这也是人文因素在意识形态上的反映。百间楼民居空间层次鲜明，为建筑、河道、建筑，一河两街的布局方式。沿河住宅、商铺与作坊则形成下店上宅、前店后宅、前店后坊的不同格局。单体建筑的基本单元为“间”，但开间相对较小。横向上，多以一至三间并排连成“落”，“落”与正面的庭院组成“进”，多“进”的纵深串联再以高围墙封闭组成住宅，但是院落都不大，多为穿堂合院的形式。这也体现出了百间楼民居在统一形式规律下所呈现出空间序列的节奏美。

以适应江南的气候潮湿与百间楼人口密度较高的特点，建筑大多是较高的二层楼房，外围的墙壁高大、粗犷，前后门贯通，便于通风换气。单体建筑平面布局一般为檐廊—入口—小客厅（店铺）—天井—室。规模较大的民居中，天井与室之间有堂屋，多“进”的民居甚至有多处堂屋，并有主次之分。卧室和厨房设在室内，有些也做书房用。相对于小客厅或堂屋来说，室显得较为隐秘，其空间形式也略有不同。因此，房间与房间联系紧密，主次分明，前后有别，其序列既讲究效能，又符合逻辑，功能安排极为合理，在理性的和谐中孕育出东方特有的空间美。

直接对观感起作用的是建筑的外立面，其构图规律尤为重要。百间楼民居房间组合较自由，其主立面多为不对称式的平衡布局，其构图除了体量的均衡外，也利用到了质感、色彩来补充构图的需要[3]，这种立面构图形式既均衡又富有变化。屋面是建筑外观造型的重要因素。百间楼民居屋面（图 2）均为硬山坡屋面，临河多有檐廊，且各幢房屋相连互建、开间不一，因此屋面形成高低错落、相连回转、大小不等或者高低屋面穿插相叠的外观。它不仅起到了防雨排水的功能，而且在其组合形式的选定中，也不乏人为的美学设计意图，灵活多变的屋面组合给民居的外貌带来纯净、活泼、生气的美感。

图 2　百间楼民居屋面

3 材料与结构

百间楼民居的室内为起到防潮的作用，底楼地面铺砖，楼上铺设木地板。山墙可分砖实砌和空斗两种，或下为实上为空的混合式。墙基常用条石，墙面多粉刷白色。临河正立面材料分两种形式：其一，上下层均为木材并刷清漆；其二为上层为木材刷清漆，下层为砖结构并刷石灰。前者在统一中求变化，后者在对比中求均衡，各具美感。栗色的木材、屋面的黛瓦、白色的砖墙和廊柱上整齐有序的红灯笼组成了百间楼民居群的整体色调，形成强烈的材质与色彩对比，色调雅素明净，与周围自然环境结合起来，显得典雅、纯朴而又明快、大方，形成景色如画的水乡风貌。

百间楼民居的结构多为穿斗式木构架。木构梁柱与砖山墙相咬结，保证了高大砖墙的稳定。穿斗式木构架的特点是不用梁，而以柱直接承檩，沿房屋的进深方向按檩数立一排柱，每柱上架一檩，檩上布椽，屋面荷载直接由檩传至柱。每排柱子靠穿透柱身的穿枋横向贯穿起来，成一榀构架，每两榀构架之间使用斗枋和纤子连接起来，形成一间房间的空间构架，这就使民居的墙体只起围护和分隔空间的作用，因此平面的空间划分具有很大的自由性。百间楼民居各檩之连线基本等坡，所以各檩之间的垂直距离基本相等，这样无论房屋进深多少，都是以一步架的水平距离为模数来增减，故结构形式呈有序状，有极强的统一感。穿斗架用料细小，构件本身不容再进行雕饰加工[3]，因此，每榀穿斗架的柱枋穿木的组织联络之美，是其美学最大特色。

4 墙体

百间楼民居以木结构为主，所以山墙顶部筑有高出屋面的“封火墙”，由于形似马头，所以也称之为马头墙。它具有防止失火延烧成片的功能，同时也起到了一种很好的装饰效果。由防火的功能决定马头墙必须高出屋面，它的造型不受任何限制，这样，使得马头墙对整座建筑形式美的作用大为提高。因此，不同地区的马头墙有各自的特点，它最能反映同一地区建筑的特色和风貌。

百间楼的马头墙变化多样而没有定规，体现出了包容与开放的地域人文思想观念。其构造随屋面坡度层层跌落，并向河边挑出，同檐廊与骑楼组合成一个整体。墙顶做成了各种阶梯状或曲线状（图3、图4），如三山屏风墙、五山屏风墙、观音兜、如意头、弓形墙顶等形式。这不仅掩盖了传统瓦屋面的造型，丰富了单体建筑的外轮廓变化。同时，充满起伏变化的马头墙打破了整个建筑群单调平淡的格局，一眼望去，道道山墙，形式各异，鳞次栉比，错落有致，轻盈秀美，饶有风情，在空中形成一道道美丽的风景线。因此，墙体外观形式美方面的作用也要大得多。

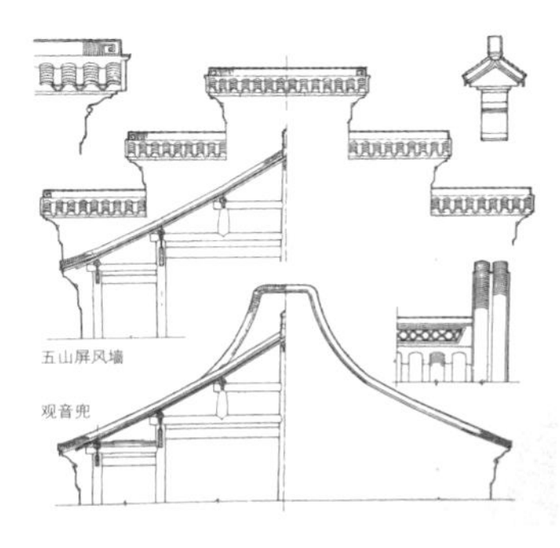

图3　五山屏风墙剖面图

图4　马头墙形态

5　檐廊与骑楼

檐廊与骑楼是百间楼民居形式美的又一特色（图5）。它们与楼屋紧紧相连，浑然一体，凌空跨过街面，直伸河边，以覆盖建筑边缘上的人行道，既是建筑的内部空间，也是外部空间，成为民居与街道之间的生动连接。

图5　檐廊骑楼与建筑的完美结合

宽敞的檐廊如同飞燕般地轻巧，稳稳地落在河边的廊柱上。这些骑楼，结构灵巧，风格各异，有全骑、半骑之别，沿着河道逶迤延伸，犹如一组通透空灵的艺术品。它既扩展了二楼的室内空间，也顾及到了街道行人方便。檐廊与骑楼的造型呈面与块、虚与实的对比，交接处由挑出的墙体连接，整体富有变化而又统一。檐廊一般不设吊顶，抬头即可看见朴素简单的梁与椽，最能体现其结构美；骑楼一般也不吊顶，直接以二楼木地板呈现，整体感强。

在户户相连的地方，墙体开拱形过街门洞，以此形成连续的拱廊（图6），拱门弧形边缘有向内的凹槽（图7），使远观感觉朴实敦厚的轮廓在近距离又显纤秀而精致。环环相扣的拱门具有强烈进深感与韵律美，形式上与弧形的马头墙相呼应，又与建筑轮廓产生对比。檐廊与骑楼由实木圆柱作支撑，柱子下设石鼓墩，其造型简洁、洗练。大多柱子之间上方悬挂红灯笼，下方以形式多样的栏杆或美人靠（图8）连接。没有栏杆的地方设置条形石凳，并附以花草盆景，这些配件不仅充实了人行道的功能，而且也增添了百间楼民居的生活情趣与观赏性。街道上，地面用灰砖与青石板有规律的铺装（图9），显得古拙淳朴且具有肌理的构成美。在没有檐廊与骑楼的地方，往往种植几棵树木或筑有花台，既可乘凉，又可软化建筑轮廓，使街道的色彩和景观更为多样，富有层次。

图6　连续拱廊

图7　拱门

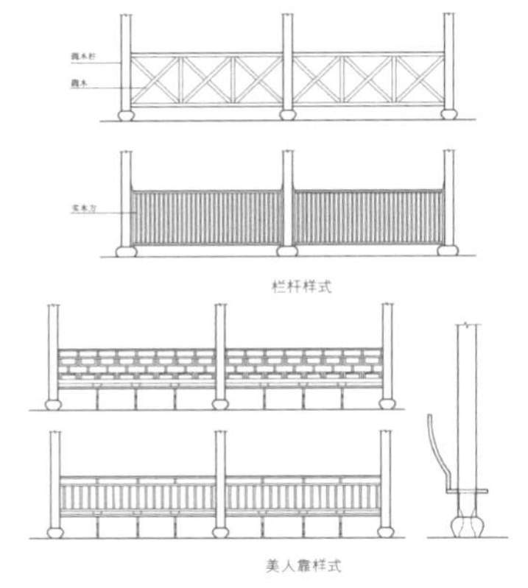

图8　柱子与栏杆样式

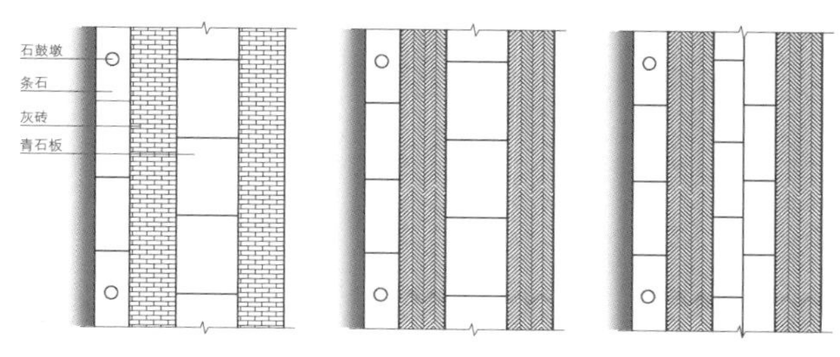

图 9　街道地面铺装

由上可以看出，檐廊与骑楼曲折相向，起承转合，抑扬顿挫，虚实相间，节奏感强。同拱门、柱子、栏杆、美人靠、休息凳、灯笼、盆景融为一体，真是美不胜收。在白色的墙体与波光粼粼的河面映衬之下，仿佛可以品味到音乐的节奏和律动。

6 驳岸小品

河道上的驳岸小品如同彩带上的点缀，别具匠心。这种小品可分为河埠头（图 5）、船鼻子、污水处理口三类。为适应航运和商业贸易的往来，沿岸均筑起整齐的条石驳岸，在相距四百多米的河道旁，家家临水，户户通舟，河埠头比比皆是，直达河面。它既方便居民洗涤用水的需要，又利于船只装卸货物的便捷，充分体现出商住合一的综合功能。这一方方密集排列的河埠头，均为室外埠头，其踏步的形式很多，有的垂直于驳岸，有的平行于驳岸，有的是单向的，有的是双向的，有的还有转弯。船鼻子是用来系住小船、固定船绳专设的绳眼。其雕刻工艺十分精湛，且形式多样。有“仙鹤”、“如意”、“葫芦”、“和合”等吉祥物的雕刻。在驳岸边上，还有被处理成各种不同形式的住宅污水处理口。这些小品构成了百间楼前一道引人注目的风景线。

7 装饰与构造

百间楼民居对木作装饰的处理非常实用和朴实。无论室内外的梁柱、门窗、椽檩、楼板等木作所有部位的油漆都只采用单一的颜色，大都也是栗、棕、赭或黑等色，而且没有任何彩画，正好与粉墙黛瓦的建筑外观表里一致、浑然一体，表现出文人崇尚简约、含蓄的审美情趣。为了充分利用空间和通风考虑，室内不另作天花，屋面以下的构造在室内可以一览无遗，构成朴实无华的本色天花，大面积本色部分与少量精雕细刻部分的对比，相映成趣、相得益彰，取得很好的视觉效果。

沿街住户大多在排门前面另加小矮门，门上一般不作装饰。前厅与后厅之间常用屏门来分隔，实际是一种灵活隔断，必要时可以卸下，有的做成上窗下门的组合。屏门与窗户的棂心是装饰的重点部位，多精雕细刻。屏门上的裙板常刻花饰或几何纹样，一般窗棂是直棂，正交或斜交方格，或者灯笼框、步步锦、冰裂纹及曲棂等形式。挂落、栏杆等部位重点在花格图案的构成和变化上作推敲，较少采用外加的雕刻，但做工非常精致，在雕刻以后仍保持原来的单一色彩。砖雕部分主要用在极少的几间门楼上，但也很注意保持适度，避免繁琐，总的造型仍不失优美与简洁。

8 结语

综上所述，百间楼民居建筑群集江南民居形式美于一身，马头墙高耸入云，过街楼错落有致，券门林立，河埠头邻里话近，与水乡环境非常和谐。前人在建筑百间楼群的独特创意，是在长期适应南浔自然环境与人文环境的条件下逐渐形成的，至今仍令人称赞不已。它的形式美既传承了我国传统建筑艺术的精髓，又具有自己独特的地域特征与时代特色，质朴、大气、美观，使形式美与实用功能结合得非常完美而和谐。它汇集了多种形式美的规律，蕴涵了中国传统文化精神，显露出中国哲学思想的内涵，表达了南浔人民对美好生活的向往与追求，体现了江南文化中的审美观念和思想情感。这些形式构成因素的美学表现，也对今天的建筑创作具有更大的启发与借鉴。

参考文献

[1] 诸葛铠．设计艺术学十讲 [M]．济南：山东画报出版社，2006．

[2] 刘小华．浙北三镇 [M]．北京：中国旅游出版社，2005．

[3] 孙大章．中国民居研究 [M]．北京：中国建筑工业出版社，2004．

刍议新疆乡土民居建筑之“灰空间”

焦 静　新疆师范大学　研究生

摘　要： 乡土民居是人类活动的最基本单元，而“灰空间”则是民居中最具有活力的部分，把各分处融为一体，调节并活跃了空间形式气氛，是内外空间结合得最完美的异质空间。通过对于灰空间的调查分析，把乡土民居中空间形式作为出发点，强调人的行为与空间之间的相互关系，依靠美学特征和营造技术来创造多层次空间；从新疆乡土民居建筑形制中的灰空间的营造手法来阐述。分析新疆乡土民居建筑艺术形式中如何处理灰空间的艺术手法，来说明新疆乡土民居形式中处理过渡空间的应用手段的特征。通过实例分析“灰空间”在新疆乡土民居中的应用处理方法，主要对体现灰空间独特形式的檐廊、廊下区、端厨、廊厨、高架棚、露台等建筑结构部位来进行具体说明，深入了解灰空间并剖析与其在新疆土生民居中的空间形态，成因，将民居空间环境与人的心理内涵相结合，说明灰空间形态与人的心理、行为关系。

关键词： 灰空间　生土民居　建筑　入口　廊

土是一切生命之根，天然的生土是土体民居的主体材料，土坯制作或夯土技术，采用变通的方法建立适应当地土体气候实际情况的民住空间。新疆除沙漠地区，大多都利用生土来建造居住空间。当地的土质大部分为潮湿时强度低、干燥时相对坚硬的大孔黏性土质，新疆地区智慧的人民利用生土干燥后强度增加的特性，在黏性土里加上水搅拌做成的土坯砖块来建造房屋，承重性好且御寒性能强。生态材料是人类生存不可或缺的，这种对原生材料的再加工、就地取材、因材施工的建筑用材方法是最为大宗，最为方便，节约和接近自然生态的。凝聚着人力技术对材料的性能改变和调节，以求得新生材料更有效的强度和力学性能。新疆地区的人民在适应当地气候、地理环境等自然条件的过程中，选用当时当地能得到的建筑材料，来营造出适应生活需要的居住场所；在材料组织、结构的选择和民居的布置等方面也呈现出多姿多彩的姿态。

1　“灰空间”的序列与渐进

“灰空间”在建筑中的概念最早是由日本建筑师黑川纪章提出来的：“灰空间”一方面指色彩，另一方面指介乎于室内外的过渡空间，可以达到室内外空间融合的目的。[①]也称“泛空间”、“缘侧空间（室内外结合区域）”，这种过渡式空间是通过利用建筑部位，如入口的廊、柱、檐下、庭院等半封闭、半开敞、半公共、半室内空间进行处理的中介空间。用来减轻空间分割成私密空间和公共空间而造成的难以协调的空间格局。“灰空间”是位于封闭空间和开放空间之间，或是不同空间的内容和功能之间的过渡。它的存在最重要的作用，是在空间形态塑造中，创造出多层次的复合空间。通过打破限制的、封闭的空间与室外空间有一个相对广泛的接触，使主体与客体更加统一和谐。

1.1　公与私

新疆乡土民居的院落布局按其使用的程度，呈现出一个有层次的使用规范，按居住成员的活动场所的层次性安排，民居中这种由公共性空间慢慢逐渐过渡到私密性空间的渐进层次布局是不可缺少的。

① 郑时龄．黑川纪章[M]．北京：中国建筑工业出版社，2002：25．

新疆维吾尔族民居布局中的基本生活单元“沙拉依”，是比较私密的空间形式；由一明两暗三间房间组成的中间小、两侧大一组房间组成：进门一间为明室“代立兹”，是“沙拉依”中的过渡性空间；左边的暗室为主卧室“米玛哈那”，用来接待客人，承担着客厅、客房的功能；右边的暗室为次卧“阿西哈那”，大多供老人和孩子使用，有时在房内一角会设置炉灶等炊事用品；还有在“沙拉依”之外建贮藏室和厨廊；也有的民居房间较多，各室分布于前后两列，并安排挡风的门厅与内部各室或互相套门相连，或以内廊相连（图1）。虽有外廊但整个平面显示了较强的封闭性。而储藏室、凉房（夏天可做卧室）作为辅助用房则是渐次的，相比“沙拉依”来说私密性较弱；连廊、厨房则具有一定的公共性；院落入口、阳台花园区更是最具有公共性的空间形式。根据渐进层次关系来进行房间位置布置，从私密性空间引入至半公共性、半私密性的灰空间，最后达到入口公共空间。“民居建筑内部的空间组合体现了当地居民的生活方式和社会结构，内部庭院的基本生活单元组合方式，也因地域而不同。”[①]

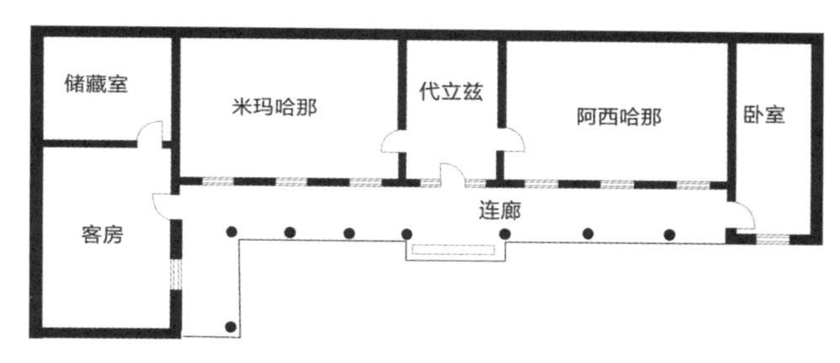

图1 新疆维吾尔族居民基本单元平面图（图片来源：自绘）

1.2 围与透

在乡土民居空间中，围与透是相辅相成的。只围而不透的空间，只会使人产生封闭、阻滞、沉闷的感觉。只透而不围的空间尽管明快、开敞，但处在这样的空间中犹如置身室外。灰空间不能被明确定义为是室内或室外，为了使空间相干性和设计的创建统一性一致，灰空间消除了空间的内部和外部的差距，给人以整体感，创造了建筑矛盾空间的完美结合。

根据新疆当地的自然环境气候、生存需要。不断发展出了一种奇特的、多层错落的立体建筑格局。其中喀什高台民居的建筑大多都是比较密集而封闭的土坯墙，街巷迂回折转，院落布局多为封闭式向内性的空间模式，具有相对的独立性，形成了具有的围而不死、封而不闭的建筑空间布局独特，对光线的引入、通风的良好、较好的隐私性等都起着重要的作用。既满足居民的家庭生活的要求又适应当地的自然环境，给人以强大的亲密感和归属感，是人与自然之间的分化。聚落中所有的建筑不一定都有向外的开窗，封闭的实墙有着极强的内向聚心力，但可以肯定的是每一组建筑都有一个院落对天空开敞。使空间的连贯性与设计统一创造出围与透相结合的居住空间。

2 新疆乡土民居“灰空间”的营造模式

新疆乡土民居是古老的建筑技术延续，并已成为当地传统建筑文化的重要载体。“由于当地的自然地理条件、风俗习惯、施工特点等限制，空间处理技术、建筑结构等表现在当地民居中的平顶和有外廊的内院、室内密梁彩绘等特点上。”[②]建筑的灰空间形式有很多种，最常见的是有顶而四面没有实体的围合，这在最初接触到建筑时理解为柱廊、雨篷或是底层架空。而在新疆乡土民居中灰空间的形式也是多种多样的，由于具体的细部处理手法不同，使灰空间也具有多种功能与形态。以下主要对其中体现灰空间独特过渡形式的檐廊、廊下区、端厨、廊厨、高架棚、露台等建筑结构部位来进行具体说明。

2.1 檐与廊

新疆乡土民居中的廊大多可分为檐廊、明廊、内廊；[③]而大多居民为了取得各个空间之间的联系，在室外加建檐廊，已不至于会被日晒雨淋，使其更具有“灰空间”营造手法。檐很好地将一个院落中所有的居住功能空间联系在一起，加强内部和周围环境之间的联系（图2），既避免了直射阳光的照晒又是个通畅走道。适应了新疆的特殊地理位置气候和日照时间长等特点。廊作为一个交通枢纽空间组织形式系统，把有限空间融合到无限空间，用最微妙的方法，在自然环境与人心理感受

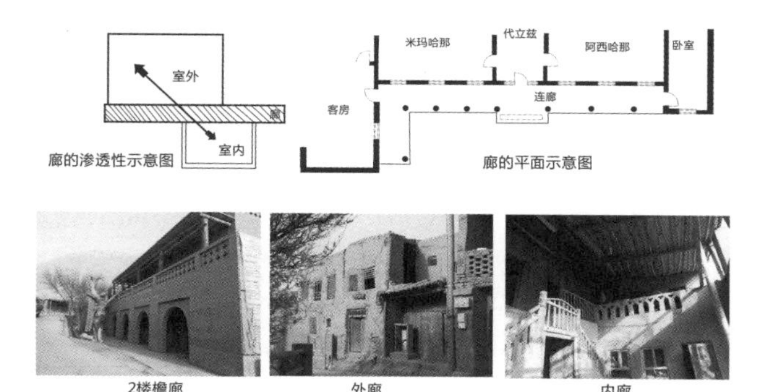

图2 檐廊示意图（图片来源：自取材）

① 荆其敏．中外传统民居[M]．北京：百苑文艺出版社，2003：48．
② 荆其敏．中外传统民居[M]．北京：百苑文艺出版社，2003：38．
③ 陈震东．新疆民居[M]．北京：中国建筑工业出版社，2009：180．

之间起到良好的交流作用。从小空间融入大空间，把有限的空间扩大到无限。创造并丰富了民居中灰空间的营造手法，同时又在光亮度较高的室外空间与室内暗空间之间的视觉效果上，发挥出了特殊效果。其与房间的不同组合形式和新疆民居中廊式独特装饰艺术相结合使其更具美感。

陈设和装饰在新疆乡土民居中都用在构造需要和有隐喻意义的地方。廊下这个区域是居民每天生活起居的主要空间区域，也被称为室外起居室。居民一年中有大部分的时间都在此活动，因此这里也会设置一些如台桌、摇篮、筐等起居用品（图3）。也有些居民将廊扩大，在廊下砌筑坐炕、灶台。这些在“灰空间”形式下的陈设用具既可以使光线柔和，又可以使在有大量陈设家用物品的室内空间到空无一物的外部空间之间起到过渡作用，从有到无之间架起中介的桥梁，使人们在心理上更加适应空间的转移。

图3　乡土民居廊下区陈设（图片来源：自取材）

2.2 端厨与廊厨

“端厨是新疆乡土民居厨房的一种形式，是在主体建筑的尾端加建半封闭的棚舍。”①由于新疆维吾尔族生活习俗气候条件的原因，炊事大部分时间都在室外，在建筑单元的辅助用房内也会设置厨房灶炉，只是为了在冬季严寒时节方便使用。飞厨、端厨、廊厨则是新疆乡土民居中厨房外部空间的表现形式（图4）。飞厨是在室内架设的开放式独立棚架下设置灶台厨事；廊厨则是利用建筑前廊的一侧放大设置灶台，最初原因是为了获得更大更宽敞的炊事空间，廊下区域近而就演化成为餐厅。这种把厨房从室内搬到室外，用空间界线的变化使空间有时开敞，有时封闭。使用“灰空间”的穿插来消除避免人们长时间在封闭或开放的建筑空间中活动产生的疲劳、不适感，最主要的目的则是为了避免增高室内温度和保持室内空气洁净，以及活动就近操作的原则。新疆乡土民居中因人活动的范围扩大从而使一些封闭空间逐渐演变成半封闭或是完全开放空间，是非常具有独特形式的空间转换模式。

2.3 高架棚

新疆地区因地形复杂，气候差异大，日照长，春季多风沙暴，属于干燥火热性气候。乡土民居建筑在结构方面主要是为满足居民自身生活需求的内部与外部空间设置，建筑形制既要防暑，又要防寒。在新疆炎热地区为了争取民居室外有遮阴的凉爽空间，创造出高架棚的结构形式——利用当地大孔黏性土质材料构架的棚架。通常居民在屋顶上架起 2 ~ 3 面的围合棚架，面向院落开口，更多的是为了防止过强的阳光对院落内建筑装饰和植物的损害程度和纳凉而搭建（图5）。有些还在棚架上放置其他不同材质以求得更好的光影组合来处理空间变化，用材质的不同质感来创造空间感受，从而形成灰空间的处理形式。

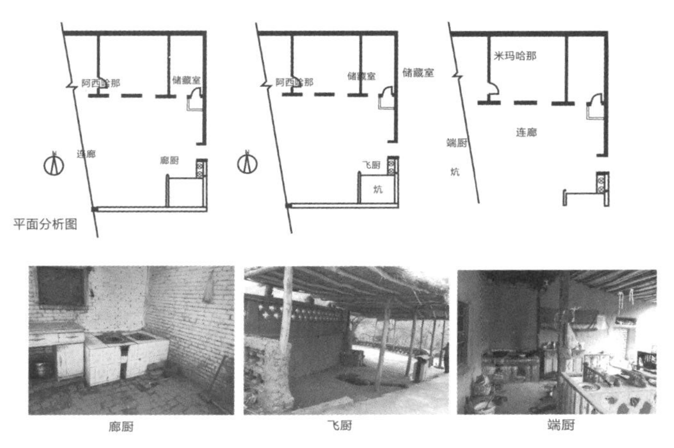

图4　新疆维吾尔族民居厨房示意图（图片来源：自取材）

2.4 露台

“新疆地区干旱少雨，民居屋顶很少考虑因下雨时屋面漏水等情况的发生，民居大多为平坡屋顶。”②平顶上阳光照射充足，多用来晾晒谷物、衣服等。为了更方便提供家务活动场所，有些居民则会在平顶上搭建凉棚，也可减少屋面日照，使房内的辐射热度相应减少，利于居憩。这种对于干燥高温气候地区，通过在结构、方位、平面形式表现的差异性上，来解决微小气候问题的方式，尽量让热度不容易传到室内。用泥土等构建材料来大量吸收日照的热量，同时也表现出当地居民对材料性能的良好掌握。也有些民居中二楼挑出的阳台终年没有阳光照射，被叫作没有阳光的露台（图6、图7），其作为拓展生活的灰空间，美化建筑外形的手法也起到相对的中介作用。

---

① 陈震东．新疆民居[M]．北京：中国建筑工业出版社，2009：182．

② 陈震东．新疆民居[M]．北京：中国建筑工业出版社，2009：178．

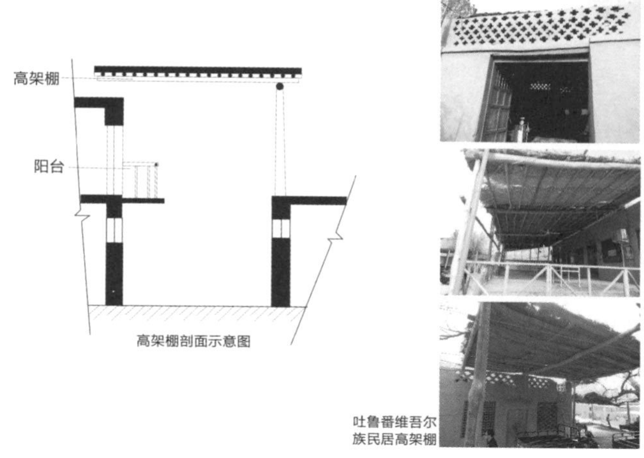

图 5　高架棚示意图（图片来源：自取材）

3　生活秩序与灰空间的关联性

新疆乡土民居的空间结构形式，反映当地居民的文化习俗和生活习惯，融合了地方性的自然环境，表现出民族、文化、传统和社会习俗等诸多要素。它因社会、种族文化、经济及物理环境因素之交互作用而产生各有差异。①

民居中的灰空间是为了满足人们的需要而构建的空间模式，适应人的各种行为习惯和行为需求，人们生活在居住空间环境中，是主要行动对象。空间的建造必须满足主体生活秩序的行为流程，不仅需要考虑人的总体需求，还要在空间中完成相应的行为活动，除了生活必须空间之外，还要便于人们交流沟通（图 8）。根据人的生活行为秩序呈现出来的多样化空间层次，是人们生活领域不容疏忽的。灰空间是一种流动空间形式，也是居民在生活秩序行为因素下呈现的关联空间形势，与人的行为活动习惯有着密切的联系。人们在对灰空间进行设计时把人的行为活动因素考虑进去，并在建筑空间中设置复合生活秩序的空间模式来以求得行为活动的方便性，既满足空间上的过渡性，也满足了人生活秩序的流动性。

行为因素与空间环境之间存在着复杂的双向关系，一方面人在空间中起着主导的作用，能够在空间中设计出不一样的空间形势来满足人的不同的心理需求；但同时环境又在另一方面限定了人的行为需求，因而人应该根据生活秩序来设计出符合行为因素的空间形式。系统性地去思考空间与生活秩序之间的多样化关系，使其更加适宜居住。

4　小结

灰空间体现了人和自然环境的和谐相处。通过“灰空间”的转换形式，使人们在空间开放与封闭中可以保持舒适的心情。既不会在封闭空间中感到的拘谨、紧张，也不会在室外环境中产生无助感。使空间的界定更好地起到的缓冲效果。无论是从内部空间到外部空间，还是从外到内的行为过程都将起到缓冲过渡的区域作用。其处理方法是创建出联系人们心理空间更加丰富贴合的感觉。利用不同材质的不同质感来创造空间感受，这些灰空间的应用给人们带来行动上的便利，使室内与外的建立连接。让人们从绝对空间进入相对空间的转变，享受在“灰

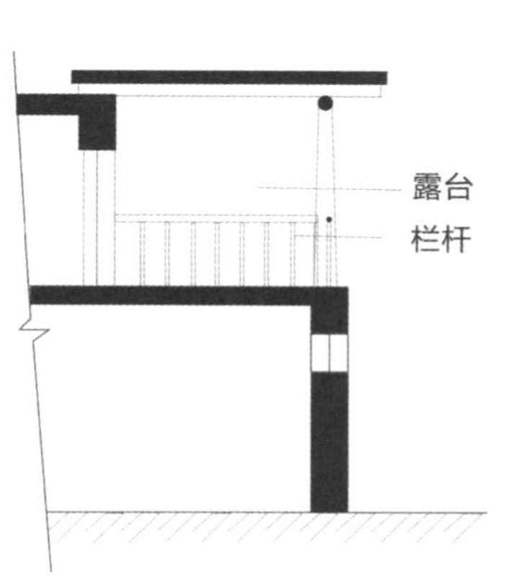

图 6　不露天的露台剖面示意图（图片来源：自取材）

图 7　吐鲁番麻扎村乡土民居露台

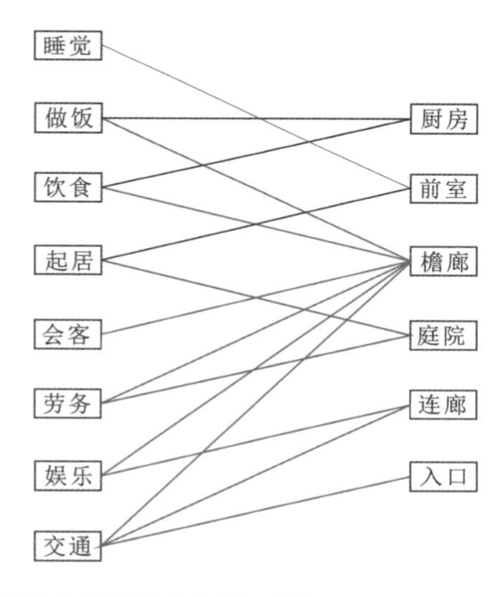

图 8　生活秩序与空间的关联性（图片来源：自绘）

① 荆其敏．中外传统民居 [M]．北京：百苑文艺出版社，2003：40．

空间”中心灵感受与空间的对话。随着居住空间的现代化发展，人们对空间的感受越来越受到重视，乡土民居中灰空间的营造设计也应与时俱进，更注重营造人在空间环境中的感受，承载更多的社会功能。

参考文献

[1] 陈震东．新疆民居 [M]. 北京：中国建筑工业出版社，2009.

[2] 郑时龄．黑川纪章 [M]. 北京：中国建筑工业出版社，2002.

[3]（日）芦原义信．外部空间设计 [M]. 尹培桐译．北京：中国建筑工业出版社，1985.

[4] 单德启．从传统民居到地区建筑 [M]. 北京：中国建筑工业出版社，2004.

[5] 荆其敏．中外传统民居 [M]. 北京：百苑文艺出版社，2003.

论当前农村生土自然设计属性之共生关系

李 晓　江苏大学艺术学院　讲师

摘　要： 文章辩证分析了当前农村发展与生土自然设计属性和传统生活文化艺术的内在联系。通过对新农村生土自然设计属性的时代价值及人类自然审美的基础性讨论。着重强调了当前农村发展和生土自然设计应当与人、社会、自然同步协调、同步发展。并提出了新农村生土自然设计属性应当保持社会传统文化与现代审美意识整体平衡与协调发展的这一设计发展导向。

关键词： 农村　生土自然　属性　共生

人类的历史进入工业社会以来生产力迅猛发展，但同时也付出了极大的代价——资源枯竭、环境污染、健康威胁等，这一系列问题使人们认识到大自然不可以被随意征服和肆意改造，它有着自己的客观发展规律。人类为了自己的明天，必须与大自然重新建立新型关系，和谐共生，尊重自然与生土的平衡。低碳生态的人居环境已成为今天人类的梦想和追求，人类的社会环境取向和选择必将是生态化与自然化，尤其是当前新农村的环境设计生态化是客观发展的必然趋势。一方面，它契合了“可持续发展”和“降低碳排放”的统一共识；另一方面，它为新农村建设与发展树立了新方向，开辟了新途径。

同样，尊重自然历史传统，传承地域民族文化，一直是现代环境设计艺术审美秉承的原则。如何营建基于民族地域文化和生土自然属性，同时又符合时代精神的人居环境设计类型，当下的建筑与环境设计似乎陷入两难境地。一方面，要传承文化，参照传统建筑形式因子，但又担心落入设计俗套，缺乏创新意识；另一方面，想学习吸收西方先进的设计理念，进行大胆的技术创新，却又担心流于形式缺乏根基。很多设计师正在身体力行寻求当下的设计文化语言，即生土自然的设计属性和共生相生的表达方式。

在以上原则指引下，特别是现代生态学迅速发展，并与生土自然设计理念相互渗透，形成生土自然与生态相互融合的设计理论，它运用生态学中的“共生”与“再生”原则，在营造结合自然属性并具有良好生态循环的人居环境方面进行研究和实践。结合这一设计理论，同时以尊重自然历史传统和传承地域民族文化为前提，似乎可以形成一套关于当前我国新农村生土自然设计属性和共生发展的主流导向，这正符合我们国家当前提出的建设美丽中国和美丽乡村的政策方向。

1　农村生土自然设计属性仍具有客观优势

农村生态环境建设作为当前我国社会主义新农村建设的一个重要组成部分，因其与农村大地生态、乡土文化遗产等多个方面息息相关，因此决定了新农村生态环境建设在整个新农村建设进程中的特殊地位。在新农村生态环境建设理念中，加强乡土生态环境的保护、挖掘，发扬生土文化及景观特色，强调“生土”元素的作用，显得尤其重要。“生土”元素作为农村地域特色和文化传承，有其深厚的生活积淀和鲜明的地域特征，如何正确解读并加以利用，在新农村生态环境建设中给予最大限度地体现和尊重，可能是决定当前新农村生态环境建设成败的一个关键因素。

“生土”元素原指质朴、本土以及传统的人物和事物等，是一个边界较为模糊的地域及文化风物的概念。其中往往包含两层含义：一层是指土生土长的“自然元素”，另一层是指反应乡村地域性文化体系特征的“文化元素”。自然元素，即以乡村风光、田野山林、池塘阡陌、乡土建筑、邻里村落等所构成的景观物象复合体，是物质的、有形的实体元素，通常又可分为这样三类：一类是因为自然环境的影响，形成的自然乡野景观和人类长期劳动形成的农业景观；另一类指的是当地居民日常生活中涉及的器具、物品、工艺品等；第三类指的是构成实体景观的实体材料，如乡土植物、地产石头、木材等。乡村广阔的田野色彩斑斓，山冈起伏，溪流蜿蜒，林木葱郁，隐约显现于其间的村落，无处不书写着我国传统农耕文化对于“桃花源”般理想的生存环境的向往。千百年来我们的农耕先辈们在择居、造田、耕作、灌溉、栽植等方面的农业生产经验是我们的宝贵财富结晶，这是经历无数的尝试、适应、失败和成功而获得的“生活艺术”。如果孤立地把这门艺术分解为专项的“工程”，或人为刻意地改变自然习惯和自然条件，其破坏性的后果是不言自明的。因此，在新农村生态环境建设过程中，坚持树立“珍惜现有田园肌理，保存农业自然和习惯体验”的指导思想十分重要。

崇尚生土自然、绿色设计的建设理念，是在原有场地自然条件的基础上，不急功近利，不走过场地保持乡土纯真和自然的本色。提倡朴素自然的设计思想，正是对原材料充分利用，对地方文化传承充分尊重的表现。这就要求不加修饰地运用现有资源，无论物质的还是精神的，最大限度地保留“生土”元素中的闪光因素，给予发扬和光大。朴素自然的设计思想属性不是简单的形状、色彩和肌理形式上的朴素，更重要的是具有深刻文化内涵、独具个性和风格化上的朴素与自然。

我国广大农村正处于实现现代化的过程中，当前农村生土自然环境虽有破坏，但还不至于不可修复，坚持生土自然设计属性与发展导向，仍然是当前新农村建设与发展的客观优势。

2 生土自然设计属性应当与地方文化共生

近几年，随着社会发展进程的不断加快，农村产业结构调整的不断加大，我们数千年来的古老乡村正在经历着巨大的历史性变化。“现代化”所到之处，古朴的田园景色、温情的宗族邻里关系以及传统的乡村社会结构都遭受了极大的冲击。在新农村生态环境建设中，如果我们放松了对地方文化的保护，放弃了对乡土历史的传承，听任简单的城市化模式以“拆、平、迁”的建设手段强势推进，千百年积淀的乡土风貌和文化景观将会迅速消亡，紧随而来的将是家园感的丧失，乡土文化认同的崩溃以及草根信仰体系的动摇。因此，搞好新农村生态环境建设是一个美好的愿望，但是由于建设思想和理念的不同，会导致完全不同的策略和措施，其建设结果将会有着天壤之别的景象。在诸多的设计思想理念碰撞与融合的过程中，给予“生土”元素以足够的解读、尊重和运用，是在新农村生态环境建设中确保“构建场地生态、历史、文化和民俗传承充满活力的和谐新农村”目标得以实现的重要保障。

地方文化元素，是当地人在这个地域经过成百上千年甚至更久远的生活时间，在生活变迁过程中形成的对该地域自然、土地、时空格局的适应方式，是当地居民沉淀下来的生活方式在大地上的投影，是非物质的，也是无形的。文化元素包括了地方方言、民风习俗、手工技艺、民间典故、历史传承等乡土地域的事件性元素，与当地百姓日常生产生活紧密相连。除了上述的事件性元素外，“生土”元素中的文化含义更为重要的方面体现在乡土所蕴含的地方精神、地方情结以及草根信仰体系，它们具有极强的生命力，渗透在当地人生活的方方面面，对于他们的好恶判断、审美观、价值观等产生着潜移默化的影响。同样，伴随着社会文明的进程和科学技术的发展，“生土”元素的含义也在不断地延伸和发展，但是其核心的价值观和主要的内涵始终如一，就是倡导人与自然之间、人与人之间的各种文化和谐共生。

3 生土自然设计属性应当与现代审美共生

自然社会各种物象具有传承民族文化和地域特征的特殊作用。在新的历史时期，生土自然的传统元素作为现代文明的重要组成，它的发展与进步不应停止不前，而应当与时俱进。作为人居环境设计从业者的我们，就更加有必要认真地对它进行研究，使自然传统元素特征与现代文化审美方向紧扣，其目的是让传统自然设计属性的形态更加优美，造型更富于内涵，物象的典型性达到刚柔相济、淡艳相宜。

现代设计思想的审美思维逻辑要“既在情理之中，又在意料之外”，体现了现代环境设计思维扩张和聚合，共融和共生，相互作用协调的结果。笔者建议：在设计实践过程中，有效借鉴国内传统建筑浓郁的文化底蕴，并把抽象的社会内涵具体化和理论化，以便在方案实践中进行把握。环境设计的现代审美及空间营造既需要宽泛的文化与哲学感知经验，也需要领会设计的基本原则及美学内涵，同时也要限定好物象的协调性修饰，只有这样才会更加契合于环境本质及外延的设计共生需求。不过环境设计与纯艺术创造有所不同，环境设计创造者需要根据外部的诸多客观条件来达成设计的目标，创造性环境设计的“解题”必须满足“要求的概念”或“有限定作用的定语”，这是现代环境设计范畴的基本属性。所以，环境设计现代审美意识思维的探索方向，将是考察要求概念形象生成过程中表现出来的典型特征，以及这些有限定作用的定语和整体环境因素的关系。以此为基准，融入生土自然设计属性元素，提高创造性现代环境设计的审美水平和思维能力，才能为当前农村自然设计属性的整体和谐创造积极条件。

4 生土自然设计属性应当注重平衡关系

物质的消耗总是与人类的文明成正比，当我们自认为社会越来越进步的时候，却对人类赖以生存的自然环境造成了越来越大的负担。人居环境是人类社会生活的重要背景，然而当下的中国，我们应该警醒：环境设计必须与社会、自然、生态同步协调发展，环境设计从业人员应当承担起现阶段的社会责任，并敢于担当，尤其是为当前农村人居环境与生土自然的和谐、平衡、共生而努力。

注重人类与自然环境的平衡与协作，使人的行为与自然环境的发展处于同等地位。人的活动必须建立在生态伦理道德的基础上，必须与生土自然环境建立起一种新的结合和协作关系。善于因地制宜地利用一切可以运用的因素和高效地利用自然资源、低碳生态环境及其设计理念包含着对自然资源的经济利用问题，减少人工层次，更加注意农村生土自然环境设计。我们要对自然生态环境的特点和规律加强重视，确定“整体优先”和“生态优先”的原则，使人工环境和自然环境有机平衡。

在有关环境设计的范畴内，现代环境的生土自然设计则反映了人类一个新的梦想，一种新的美学意识和价值观念：人与自然的真正的合作与友爱的关系。生土自然设计属性中平衡关系的确立是人居环境生态性原则的核心，在环境设计中生态价值观是我们必须尊重的设计观念，它应与人的社会需求、艺术与美学的魅力同等重要。从方案构思到细节深入，时刻都要牵系着这一价值观念。以这一观念回应人与自然的和谐共生的平衡关系，在设计与生活的各种行为过程中尊重自然带给我们生命的意义。生土自然设计属性的“平衡性”要求设计师对人与自然这一核心关系更加的关注和关心。人是环境设计的主体对象，我们创造性的研究物象客体无不是为主体服务的，人的客观需求和自然的平衡发展永远是人居环境设计的主旨。正如“和实生物，同则不继”的哲学思想一样，环境设计与人类社会生态需求的关系显得既辩证又统一，这就需要和谐共生，相互平衡和借力，而不是相互破坏，互生障碍。

5 结语

笔者在具体的新农村生态修复及环境规划方案设计实践中充分结合了国内传统生土自然设计理源，立根民族生活艺术形式，阐释道法自然的辩证设计思想；整体风格自然清新，空间结构紧凑合理，努力营造和融合了整体环境因素与空间质感，对农村生土自然风格的设计形式做了一些新的尝试，也希望自己能够对传统生土文化的再创与更新做出具体的探索和发现。

参考文献

[1] 胡江渝，马跃峰．探索建筑生态技术[J]．建筑技术及设计，2001．

[2] 顾明远．教育大辞典（增订合编本）[M]．上海：上海教育出版社，1998．

[3] 张宝刚，陈保辉．创造思维与技法 [M]．北京：机械工业出版社，1997．

[4] 宋永昌，由文辉．城市生态学[M]．上海：华东师范大学出版社，2000．

[5] 尹定邦．设计学概论 [M]．长沙：湖南科学技术出版社，2010．

四川泸制桐油纸伞传统技艺与传统村落共生关系研究

李　媛　西安美术学院建筑环境艺术系　副教授
吴文超　西安美术学院建筑环境艺术系　教师

摘　要： 本文乃针对乡村建设中建设性破坏致使非物质文化遗产、传统村落遗失和消逝，并最终可能导致传统文化本源与土壤遭到破坏之重要问题而展开的保护、梳理性研究，其以田野考察为主，记录整理传统手工技艺与传统村落唇齿相依的共生关系，以此证明非物质文化遗产与传统村落亟待保护，且必须以共生保护模式为方法途径的观点。

关键词： 传统技艺　传统村落　共生

分水岭乡位于泸州市东南（图 1），距城区 22 千米，乡域面积 69 平方公里，截至 2009 年共有人口 3.6 万，辖 20 行政村与一个社区。作为以粮食生产为主的乡村，至 2005 年农民人均纯收入 3500 元，2006 年实施新农村建设以来，基础设施得到较大改善，实现广播、电视、电话与公路村村通等，新修 4 条高等级街道且以 4 个中心村规划建设为首带动全乡新农村建设。

1　泸州江阳分水岭乡传统村落空间

泸州江阳分水岭乡的泸制桐油纸伞制作技艺距今已有一千年的历史，堪称中国伞艺的活化石。分水岭乡是沿省道而形成的川坝型村落（图 2），产生和孕育其中的传统村落空间目前仅存分水老街（图 3），全长约 778 米。此街从西北至东南是一条沿街而建的条形街村空间形态，环绕包围分水老街的是四川盆地连绵起伏的山坝型丘陵与山林，村落则顺山势而建。

图 1　分水岭乡区位图（分水岭乡位于泸州市东南，距市区 22KM）
（资料来源：作者自绘）

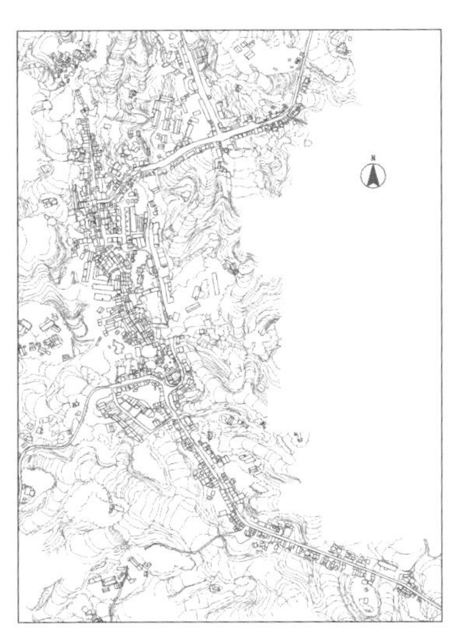

图 2　泸州江阳县分水岭乡总平面
（资料来源：作者自绘）

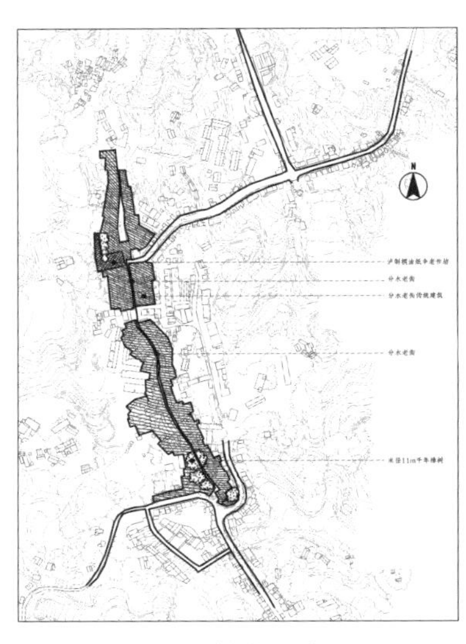

图 3　分水老街空间形态与位置示意图
（资料来源：作者自绘）

桐油纸伞传统技艺能够在分水岭乡产生是这里的独特地景而形成的，这里雨水较多，给了这种技艺存在与生长所需要的气候与物理环境条件。村子周围是成片的竹林与桐树林，为这种技艺的产生储备了天然的基本材料。村子外围的自然山坝区域，是原料采集场所与油纸伞最重要的构件批子与衬子的加工场所，村子里则是这种技艺主要的工作场地——泸制桐油纸伞老作坊。现在人们还能从残存的分水老街回想起很久以前家家户户制作桐油纸伞的规模与场景。桐油纸伞技艺的产生与存在是与分水岭乡整体的地景空间结构共生的，是当地人与自然和谐共处的结果。分水岭乡的新农村建设应该重视对桐油纸伞制作技艺与存在的原生空间进行整体性的保护，并以技艺所存在的空间结构、功能、尺度作为新农村建设空间结构设计的重要依据之一。

2 泸制桐油纸伞传统技艺的制作流程与空间功能特征研究

泸制桐油纸伞制作流程（图 4）：

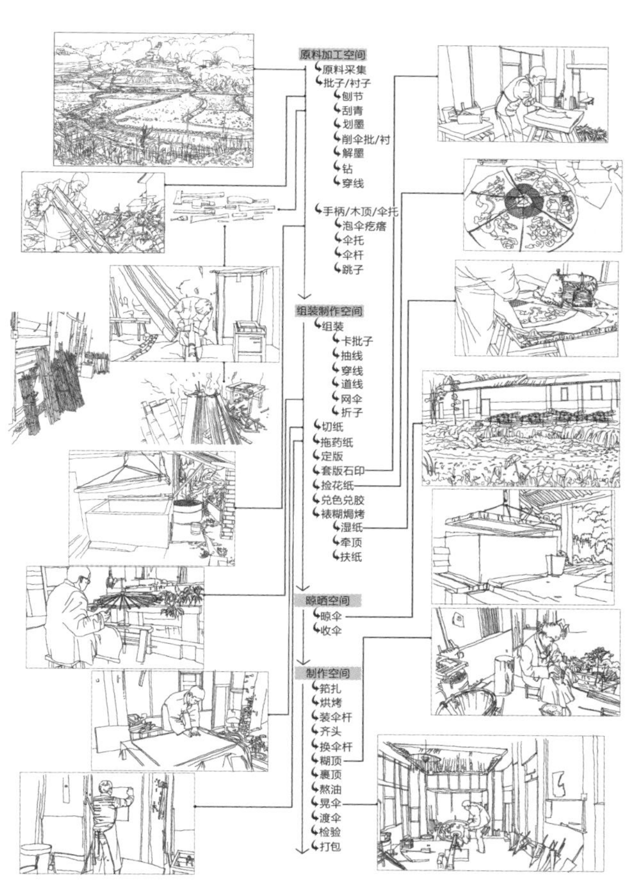

图 4　泸制桐油纸伞制作流程

桐油纸伞的整体制作流程主要包括原料采集、原料加工、主体组装制作、晾晒、最后制作等几个阶段，根据这几道工序在传统天井四合院内外所形成的传统制作技艺空间结构主要包括了：原料采集空间、原料加工空间、组装制作空间、晾晒空间、库房，其中，原料采集、加工与晾晒属于室外空间，组装制作和库房属于室内空间。

2.1 原料采集空间

原料采集空间（图 5）是室外空间，位于分水岭乡周围连续出现的平坝与中低高度的丘陵，由于雨水充沛，这里既为桐油纸伞的产生提供了充分的理由也为它的存在生产了丰富的楠竹、桐树资源。泸州的竹子不仅丰富而且韧性好，另外，这里也是国内重要的桐树产地。

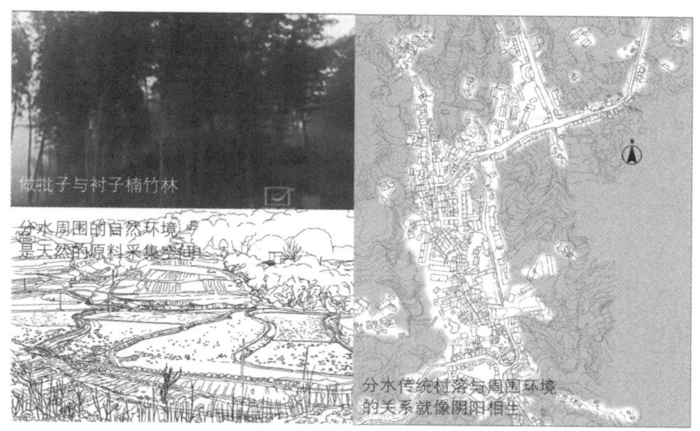

图 5　原料采集空间

2.2 原料加工空间

原料加工空间也属于室外空间，位于村落边缘与竹林之间的油纸伞作坊后院（图 6），主要工序内容是加工油纸伞的主体骨架——批子和衬子，楠竹是批子与衬子的原料，不仅因为它韧性好，也因为它生长快，能够很快地满足油纸伞的需求，而制作油纸伞对竹林进行砍伐不仅是适合竹子生态系统的特性，更能促进它的生长。可以说，油纸伞技艺的产生与传承是人们在利用自然资源生存的同时又帮助自然环境健康循环生长的行为与表现。当油纸伞老作坊加建了后面厂房的时候，这项工作也就可以在室内进行了。

加工批子与衬子是将一根长至 400 厘米或 500 厘米的竹子加工成长 50 厘米的原料（加工工具见图 7），需要开阔的室外空间，当裁切完毕之后，接着就在室内或室外对 50 厘米长的批子与衬子原料竹筒进行细加工，包括刮青（图 8）、划墨、削伞批（衬）、解墨、钻、穿线 6 道工序，直至将 50 厘米长的竹筒加工成由线穿着的，合起来仍能严丝合缝的批子与衬子的原料（图 9），这也就是桐油纸伞的大体骨架。在此阶段，划墨和解墨是非常能够反映这种传统技艺智慧的工序，划墨是在未削伞批或伞衬的竹筒上用工具划出一道横线和一道曲线，当将竹筒都劈成了 8 分（3 厘米左右）的批子或衬子骨架的时候，为了要将他们原样的重新排列在一起，以便仍能按照最初的圆筒形排列进行钻孔和穿线，那条曲线与直线就成了标记。批子与衬子的制作工序基本相同，只是衬子的长度约为批子的一半。

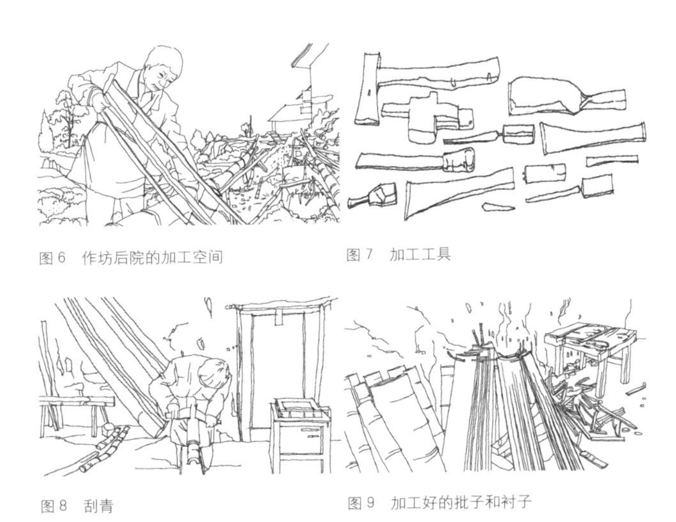
图 6　作坊后院的加工空间

图 7　加工工具

图 8　刮青

图 9　加工好的批子和衬子

手柄、木顶、伞托、伞杆、跳子的原料制作也是在加工地或后厂房完成。手柄、木顶与伞托得选用平坝林地的岩桐树和杉木树作原料，在加工成一截一截的原料之后便由铁丝穿成串儿，放进后院的铁桶内，在上面压上片岩石后进行浸泡。这道看似简单的工序作用却必不可少，因为木头内存在着一定的胶质，如果十分干燥就有可能发生干裂，经过浸泡，可以将木头里面的胶质溶解于水，再经过晾晒就可以解决干裂的问题（图 10）。伞杆是油纸伞的中轴，是非常重要的构件，桐油纸伞的伞杆选用的是竹身细长的宜宾水竹（图 11），由此可见，一把由传统技艺制成的桐油纸伞所涉及的空间领域和地点的距离之长。这一阶段还有最后一个小工序，就是跳子加工，跳子是支撑了油纸伞整体伞骨和伞面重量的最小构件，物件虽小，作用却无可替代。

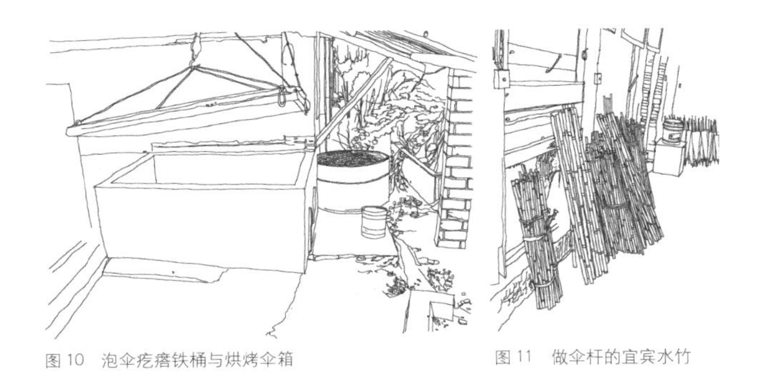
图 10　泡伞疙瘩铁桶与烘烤伞箱

图 11　做伞杆的宜宾水竹

2.3 组装与制作空间

桐油纸伞各元件的组装与制作通常是在分水岭村落里面的传统院落内进行的，空间的变换并不是很大，在传统民居的院落与室内基本就能完成。组装共有 6 个重要的工序，分别是卡批子、抽线、穿线、道线、网伞、折子，卡批子就是将伞的衬子与批子组装在一起，然后再卡在伞托的槽子里面。抽线是将卡好伞托的伞骨架再用线穿一遍，这样可以加强对伞骨的固定作用，紧接着就是用线再把批子与衬子卡好的组合构件串连在一起。在进行网伞之前，一般还有一道工序即道线，道线是需要专门的工具与空间的，就是用道线机（类似于纺线机）将大棍子上的线缠在小棍子上，道线完后再进行网伞。网伞（图 12）是将撑开的伞架用线进行固定，所以网伞需要有一个固定撑开伞骨的架子，然后用折子（网伞的时候所用的两边稍微弯曲的工具，折子两端的距离刚好是需要等距的控制批子的距离）控制好批子的距离后，再进行缠线。缠线一般缠 5 道，这样固定出来的伞架可以很好地为后面的糊伞做准备，当缠好线以后，一把桐油纸伞的雏形基本就完成了。

图 12　网伞

图 13　切纸

在进行伞面的糊裱之前，要在内院里，放有石印的空间进行伞面纸的印刷与加工。这个阶段就涉及了切纸、拖药纸、定版、套色石印、捡花纸、兑色兑胶水 6 个工序。油纸伞用的纸是手工皮纸，这种纸与宣纸的制作工艺基本相同，不同的是宣纸选用的是竹子而手工皮纸的用料是褚树皮。褚树皮最大的优点在于它的吸油性非常强，所以成了桐油纸伞最佳的伞面材料。切纸（图 13）是在院落中的切纸台上完成的，有专门的切纸刀，刀刃较长且沾油，一次性可以切割 500 张纸。拖药纸（图 14）需要先用添加了糖和盐的糨糊抹在纸上，以便在纸上形成一层薄膜，当纸被晾干后纸面还能保证一定的温度，接着要将做好的图案复制在大理石石印上，并在石板的左下角和右上角做好直线的标记，保证后面的套色不会出现位置上的错位。石印上图案的轮廓要用药墨来进行勾勒，药墨具有腐蚀性，被药墨涂过的地方不会吸进油墨，用木滚子把油墨滚两遍让图案清晰可见以后就可以进行方便快捷的套色印刷（图 15）。分水岭这里的石印可以称为是中国最古老的石印。

图 14　拖药纸

图 15　套色定版

捡花纸（图 16）需要在固定的大案子上面展开，因为花纸在印刷的时候不是一个伞面的花纸一次性印成，而是将一张 R=50cm 的花纸分成 7 份，每一份单独印刷图案，如此，承载花纸的台面至少要 110 厘米，因为要满足一个整张圆形花纸的面积与 1/7 面积花纸的放置处。花纸捡完后需要在伞骨上裱糊，胶水是在一个比较深的木桶里面掺兑的，桐油纸伞的裱糊不能直接用胶水，而是在里面兑豆浆，这样可以保证整个伞面的平整与光滑。

裱糊纸伞，仍然是在民居的院落中进行，需要一张桌子用来放置花纸和给花纸涂胶水的鬃刷等工具，另外还需要有一个支撑伞骨的三腿支架，用来支撑做好的伞骨，工人需要先湿纸，就是在桌子上面用鬃刷把胶水刷在花纸上，然后再在伞架上刷上糨糊（图 17），才能将花纸黏在伞架上（图 18）。这阶段还需要进行牵顶和扶纸，扶纸就是用类似于钳子的工具，夹住糊了纸的衬子，上下滑动后，让花纸与衬子粘贴的更加牢固。其实这些工序与技艺看起来都是非常简单的，不简单的是工匠们倾注在这项工作中的认真与专注所带给油纸伞精神层面的意义，这也是机械伞所不具备的，也是非物质文化遗产的本质之所在。

2.4 晾伞空间

晾伞是在室外进行的工序，常常是在老作坊后面的山坡上（图 19）或者是稻田间，需要较为开阔的场地，与此同时，这个场所还不能受到阳光的直晒，因为，桐油纸伞需要阴干而不能让阳光直射，直射会致使伞面干裂与图案褪色，被阴干的胶水还可以很紧的黏贴在伞纸上。晾伞大致需要一天。

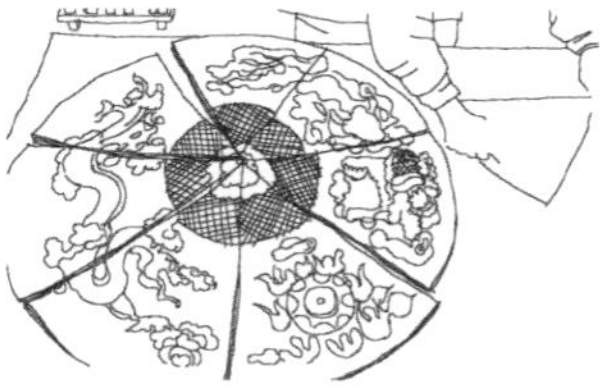

图 16　捡花纸

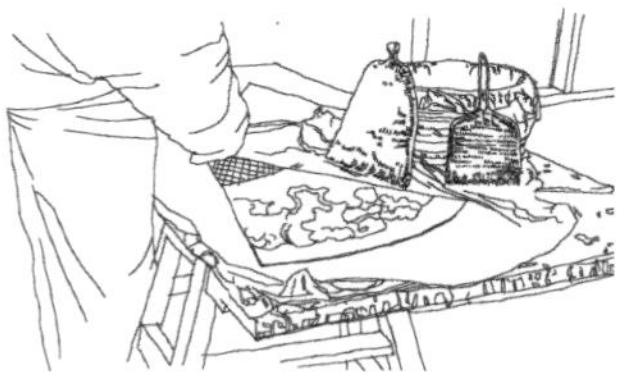

图 17　给花纸刷糨糊

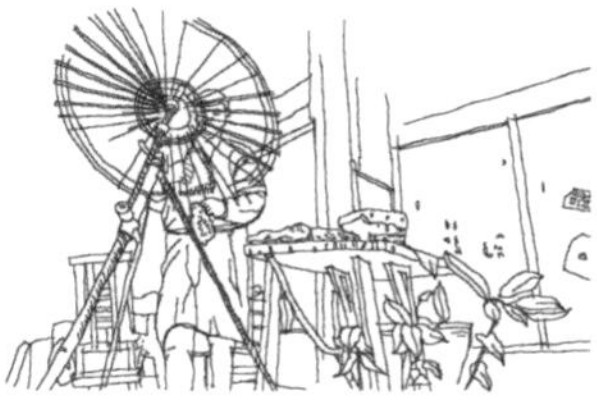

图 18　裱糊

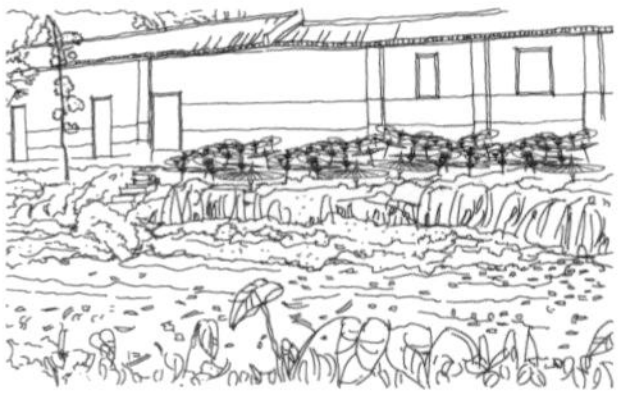

图 19　晾伞（在老作坊后面山坡上晾伞）

2.5 制作空间

最后的制作阶段都在室内空间进行，包括了箝扎、烘烤、装伞杆、齐头、换伞杆、糊顶、裹顶、熬油、晃伞、渡伞、检验、打包 12 个工序。箝扎是在收伞以后，为了防止伞面的花纸黏结在一起，用扎刀（没有开刃，刀刃是钝的）插入到伞面折叠的缝隙中，整体的检查一遍。接着是进行烘烤，晾干的伞再进行烘烤是为了让伞可以尽快地定型，达到收撑自然的效果。烘烤是将伞的伞杆朝上，码置在一个 200cm×300cm 的砖砌箱型烤箱里（图 20），顶面是由拉绳可以上下拉起的箱盖（图 21），下面是可以导热的地板，由地板以下的炉火将地板烤热，地板的热量传递到烤箱再把纸伞烘干。炉子的温度要控制在 70° C~80° C，这个数值不是经过科学仪器测定出来的，而是由工人常年的经验积累出来的。然后是在民居的内院进行装伞头、齐头（将衬子的头用剪刀裁齐）、换伞杆、糊顶（图 22）、裹顶。当这些工序都进行完以后，就放在院子里面进行熬制桐油的工序。熬油要在院子的炉灶上架一敞口的大铁锅，用来熬制桐油，熟桐油不仅有祛湿的作用，还有防水、防腐、防蛀的功效。晃伞也是在内院里面进行的工序，是将熬制好的桐油抹在伞面上，一般制伞师傅将伞固定在一个一边高一边低的长条凳的一端，伞固定在高的一端，这样制伞师傅可以脚蹬在条凳上，一边转着伞一边晃油（图 23）。渡伞也是可以在内院中进行的工序，桐油纸伞的级别最高，也就是 400 年前的贡伞拥有着一种高超的技艺，称为“满穿伞”，走在分水老街上，可以时不常地看到妇女们正在做“满穿伞”（图 24），这种技术是将备好的五彩丝线穿渡在伞骨之间，每一层的颜色与针法都不相同，一把油纸伞要被穿成 5 个层面，共 2000 多针，这种技艺不仅可使批子更加美观，还可以对衬子与批子起到加固的作用。最后是对油纸伞进行检验与打包。一把桐油纸伞从最初的选料到最后的包装，大概要花费几个工人几个星期的时间，以证明了这项手工技艺的价值。

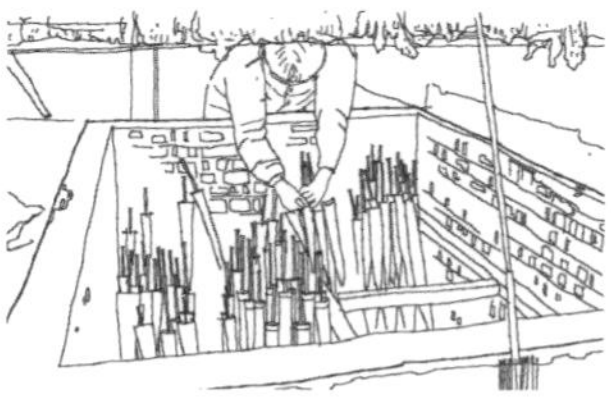

图 20　烘烤伞

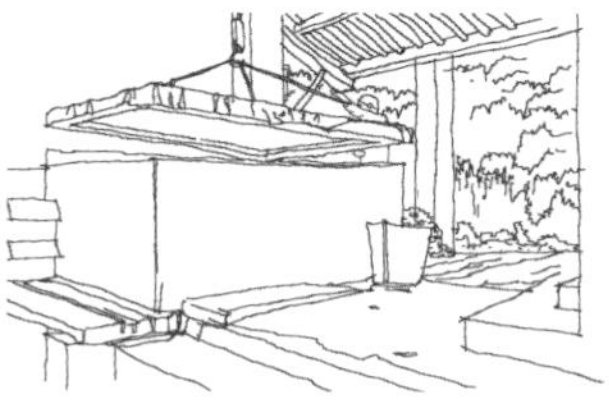

图 21　烘烤箱

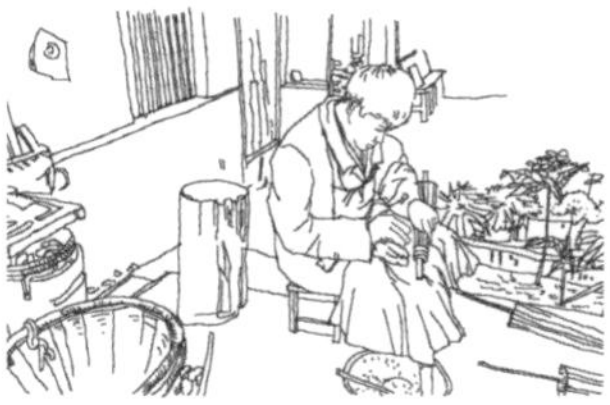

图 22　糊顶

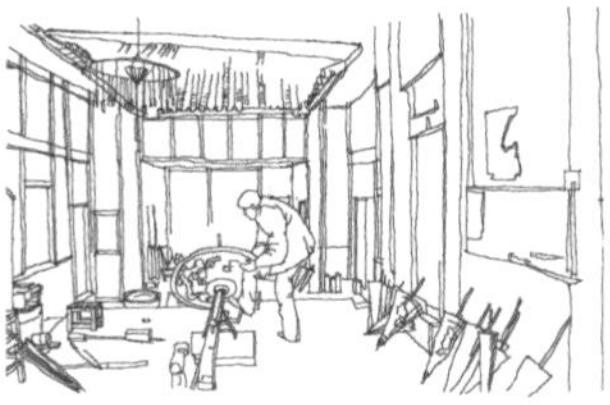

图 23　晃伞

以上桐油纸伞制作流程的展开是与传统作坊紧密连接在一起的，老作坊总平图及制作流程在空间展开的位置见图 25。

图 24　满穿伞及老作坊场景

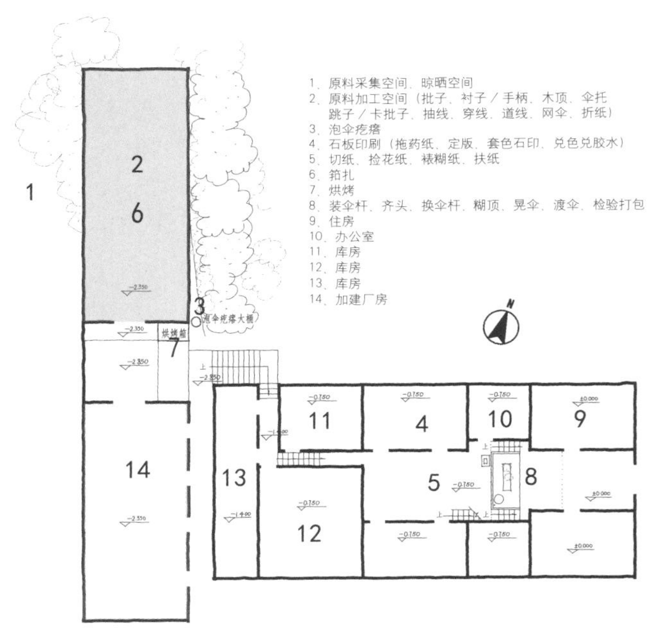

图 25　老作坊平面图及制作流程空间位置

3 泸制桐油纸伞与川中传统建筑

桐油纸伞的产生是巴蜀人民在适应自然环境条件的前提下，运用天然生长的原材料“竹子”顺势而为所形成的传统制作技艺，与这里典型的穿斗式民居的竹编夹泥白粉墙，宽阔的出檐，横长的天井式合院一样，亦都是一方水土养一方名物的体现。天井所给予前院的明亮的采光，由于周围宽大出檐遮挡的昏暗而越发显得明亮，在接地气而幽静的空间，阴凉的氛围让人们能够专注地进行制作，通过双手，透过静谧的光线，使机械无法代替的手工意味传入了油纸伞中，使“伞”这一既是遮雨工具，又具有华盖、华胜吉祥寓意的名物具有了生命。

今天，分水岭乡的油纸伞技艺仅存老作坊一家得以保留，就像整个分水老街也仅剩最后的一段而已，老街与新建空间显得格格不入，新建区域与中国其他地方的城镇没有任何差异，简陋、庸俗的商业店面空间充斥占有了几乎所有的街道立面，来到这里也只有仅存的分水老街还能依稀辨认与周围自然环境相契合的真正的分水，这样的情况是非常痛心的，小城镇商业建设不应以连根拔起、大拆大建的方法来实现，而应在保留地域性文化标识的基础上对空间环境进行审慎、有益、计划地保留、改造和新建，毕竟分水传统村落的存在，传统手工技艺的存在并非一朝一夕，就像老街口的千年古樟树（图 26）那样，已经根深叶茂的生长了上千年。

图 26　分水老街现状及千年古樟树

诗意的栖居

——由“恬然”旅游旅馆设计浅论山地建筑的有机性

王 帅 上海大学美术学院 研究生

摘 要：赖特从〞草原风格〞中发展出了他的有机建筑的理论，强调通过对空间与材质的把握来使建筑与环境融合，使建筑成为人与自然的一场平等对话。在我国传统建筑群体组合与山地自然生态环境结合中，充分体现了道家师法自然、因地制宜的〞天人合一〞朴素的自然哲学观，使山地民居依山就势、高低错落有致，人工与自然浑然天成。由此，逐步形成〞恬然〞旅游酒店设计的思路。

关键词：山地建筑 有机性 天人合一 生态平衡

1 导论

尔德林的原作《人，诗意的栖居》中以哲学视角阐述了人类生存的理想状态，即“诗意的栖居”，文中解释道：“筑居”活动只不过是人为了生存于世而碌碌奔忙操劳，而“栖居”是以神性的尺度规范自身，以神性的光芒映射精神的永恒。两者存在本质的精神差异。文中还提到，“诗首先让栖居在其本质上得到实现。”“只有当诗发生和出场，栖居才会发生。”

然而，人类栖居的“诗意”当以何实现，不仅是人主观内心品格和精神“诗性”的升华和修炼，也是客观环境，即人类居所的“诗意”存在。古典哲学学者康德在其《实践理性批判》中有讲道：“让我们敬畏和惊赞头顶的星空和心中的道德观吧。”与之相似的哲学表述在我国包含在传统“天人合一”的思想之中，其基本含义在于肯定自然与精神的统一，从而产生出一种接近自然、欣赏自然与崇尚自然的美学态度。

追溯历史，在古人的营造建居活动中，就是对自然的充分利用和适应，在建筑的位置选择、定向、布局、路径组织、群体外廓等方面，都反映出与周边环境的协调。而此“与自然充分适应”的思想，从美学层次上看，有机建筑与“天人合一”有着共通之处，都把对环境的协调置于建筑审美的首位。在古人的营造活动中，除了帝国所追求的宏大叙事风格之外，很少出现对环境的大规模改造。

就当今社会而言，借助于现代技术优势，人们建立起对自然的话语权，把与自然的平等对话演变成单方面的强词夺理，更进一步把对环境的改造和破坏发展成了一场大规模运动，甚至创造出许多人定胜天的豪言壮语。当生活之中不再有青山绿水和蓝天白云的时候，人类的家园也就成为单调的、冰冷的居住机器。

2 山地建筑有机性的意义

我国是山地多、人多、耕地少的农业大国，增加住房需要大面积的土地，发展农业同样需要耕地面积。因此，“合理地开发利用土地，保护好每一寸耕地”是我国国策。同时，资源开采、旅游业以及房地产业的发展，也需要进行山地建设。为此，我国建筑业的发展中，山地建筑的建设将会成为不可或缺的一个重要项目类型，在提倡节能减排，建设“美丽中国”的今天，探讨山地建筑的有机性有着十分重要的现实意义。

3 山地建筑有机性的探讨

3.1 树立正确生态观，维护山地生态平衡

相对于一般的建筑环境，山地建筑在地质、地形、地貌、土壤、植被和气候等方面均有较大的特殊性，其生态敏感性更强，其对生态系统的变化做出反应的可能性要比平地环境大得

多。而过去，沿袭平原地区的城镇规划理论与方法布局结构模式、经济指标体系等，使山地建设难以因地制宜，适应于千姿百态的山地生态环境条件的变化，屡屡出现“建设性的破坏”——有的盲目追求平坦开阔的效果，依赖现代化的机械设备，削平整个山头，既增加造价，又破坏原有的地貌，丧失了山地建筑的特殊韵味。还有的建筑为了争取用地，竟然不惜开山填沟、改变水道、破坏原有生态系统。因此，欲做好山地建筑设计，就必须改变原有的设计观念，树立起保护山地生态系统、维护山地生态平衡的观念，做到“保护植被、保持水土、谨慎动土”。

4 山地建筑有机性的理论源泉

美国建筑师赖特认为：“只要基地的自然条件有特征，建筑就应像从基地自然生长出来那样与周围环境相协调。”赖特所创造的草原风格就是对这一观念的最好诠释。草原风格住宅具有低缓的天际轮廓、厚重的烟囱、深远的挑檐、低伏的平台和矮墙，这一切都正好与美国中西部草原宁静的地平线相协调。赖特从中发展出了他的有机建筑的理论，强调通过对空间与材质的把握来使建筑与环境融合，使建筑成为人与自然的一场平等对话。

而我国传统民居因地域差异而类型丰富、异彩纷呈，但民居营建的文化思想体系为中华文化的主流：儒家、道家、佛教思想的综合体。儒家思想建立在对自然界规律的认知和人与自然关系的基础之上。汉代董仲舒认为“天亦有喜怒之气，哀乐之心，与人相副，以类合之，天人一也。”他由人之身体脉络与天体对应、人之常情与天象对应得出“人道”与“天道”是相通的，从而在现实社会中推行一整套建立在血缘纽带基础之上的天地、主从、君臣、父子、夫妻等严格的封建礼教秩序。这种封建礼制秩序在传统民居建筑中得到深刻的体现。在山地民居建筑中，仍以血缘家族为居住单元，形成生产、生活的最小功能单位。在山地地形允许的情况下，居住空间以南北向进深为轴线，以天井为中心四面围合，形成具有封建礼制秩序的多进围合居住空间群落。在民居建筑群体组合与山地自然生态环境的结合上，充分体现了道家师法自然、因地制宜的“天人合一”朴素的自然哲学观，使山地民居依山就势、高低错落有致，人工与自然浑然天成。由此，我们在对中国古代名山建筑进行深入分析之后逐步形成“恬然”旅游酒店设计的思路。

5 “恬然”旅游旅馆的有机设计

本次设计基地位于吴中大道北侧的天然山地内，基地区域内坡度较为平缓。南侧为居民区，基地范围内有天然水塘。依山面水，自然环境优美宜人。

研究我国古代名山建筑的实例时发现，有些建筑密度与建筑体量非常之大，在这样的条件下保证环境的品质以及建筑整体形象的营造，满足景观与观景的要求，显然需要将环境作为广义的建筑从本质上加以把握。

如江苏省镇江的金山，其建筑密度可能达到60%左右，从而以寺包山古今闻名。但远望金山，并不像预想的那般恶俗，原有的山体形态仍然得到良好的维护。由于其各式建筑井然有序，等级关系明确，形成清晰的层次。由低及高通过层层递进，升上山顶，最后的慈寿塔犹如乐曲结尾时的高潮，将视线引向云霄，形成当时在长江航行的标志性建筑。金山山体矮小，范围不大，诸多建筑群及单体建筑彼此相距很近，甚至并置在一起。在如此密切的群体关系中，如果没有很强的关于建筑与山水环境、建筑与建筑相互关系的整体观念，欲获得良好的整体形态是难以想象的。在更多名山建筑的实例中，都可以看出古代建筑师们对于山体形态的有意识保护。它们对于苏州“恬然”旅游旅馆的意义在于，山地建筑欲营造出良好的人居环境，一个重要的前提就是需要强调对于原有环境的融合及地方历史文脉的继承，因此，在规划设计一开始就要求尽可能多地保留原有自然山体，少作开挖，少作台地，有效减少对于山体的破坏。原有环境之中起伏跌宕、蜿蜒曲折的地貌特征得以保留，为下一阶段内部环境的营造提供了无可比拟的巨大优势。强调对原有山体的保留可以有意识建立起建筑与环境在肌理质地上的联系，通过对建筑表面的处理来保持与周边环境的一致，这也是古人们常用的手法之一。借鉴他们的经验，“恬然”旅游旅馆运用了大面积的屋顶绿化和景观的立体绿化手段，使建筑最大程度地“隐形”在背景跌宕起伏的群山中，大面积的屋顶绿化在调节气候的同时也帮助维持建筑区域内的生态平衡。

5.1 设计要点一：建筑不是凌驾于环境之上，而是融于环境之中

建筑脱离不开环境，建筑必须依附于环境而存在。从某种意义上讲，建筑师的创作活动实际上就是一种适应环境、改造环境、创造环境的过程。直接地说，就是要在建筑所处的总体环境中去为建筑寻求到一个恰当的“坐标点”。因此，也可以说是环境创造了建筑。当然，“环境”的含义如果是广义的话，就还应该包含社会、文化甚至心理等方面的环境要素，建筑就应当看作是这些环境要素综合作用下的最终体现和生成物。但无论如何，自然环境却是建筑创作所面临的最为直接、最为具体也可能是最具影响力的环境要素。建筑所处的环境，事实上已经向建筑师提示了各自特有的创作空间，环境则孕育着无穷的创造力，一个建筑作品的成败如何，往往取决于建筑师的环境意识和对环境特征的理解和把握程度。现代化建设的进程一方面固然为人们带来了极大的便利，但另一方面也给大自然造

成了极大的伤害，“保护自然、保护环境”已成为当今人类共同的呼声。因此，因地制宜巧妙地利用建筑所处的山形地貌，与其密切的相契合以尽量不破坏原有地形、地貌和自然景观。建筑总是要落脚于某个特定环境之中，受到这一环境定势的包容和制约，在某种程度上就决定了建筑的形体、空间和风格。因而，环境是建筑创作的起点和源泉。反过来，建筑创作的成果又应表现为环境、建筑与其所处环境共生共融，和谐共处，成为新的环境中不可分割的部分。因此，环境又是建筑创作的终点、归宿 。

对于诸如本设计基地山地缓坡地形，建筑的出现不仅会遮挡人类对于原有山地景观的观景视线，也十分突兀地破坏了原有的地形和自然环境。在寻求解决方法的过程中，我们使建筑以一种“谦卑”的姿态呈现在自然面前，不仅保留了原有的自然景观，并且加以开发利用，也保证游客的观景视线不受遮挡，屋顶绿化和水的循环利用也保证了建筑范围内最大程度的生态平衡。

5.2 设计要点二：山地景观“再造景”

山地建筑在外向景观方面存在着不可比拟的优势，“恬然”旅游旅馆基地所处地区依山面水，自然景观优美宜人，周围分布有多个大小风景区，是基地地块的天然优势。设计通过“再造景”的手法，建筑整体形态跌宕起伏与背景山体趋势相协调，也在建筑周边设置立体绿化，并将自然水系引入建筑之中，形成“水循环”的瀑布，并在建筑屋规划若干观景小路，设置斜坡使屋顶游览路线与地面相连，多幢建筑屋顶通过此手法相连，能够使景观在建筑之间互相渗透，满足游客外向景观需要。

5.3 设计要点三：“漂浮的地平线”构造城市的天际轮廓

同平地建筑不大一样的是，山地建筑往往构成城市的天际线，需要从三维角度充分考虑自身的视觉形象，才能满足城市景观特有的审美要求。平地建筑只有一个平面的形象，通过对立面的处理就很容易形成。而山地建筑则要复杂得多，低处的建筑并不能完全遮挡住高处的建筑，后面的建筑会从低处建筑顶上显露出来，形成视觉上的紧密联系。它们之间的关系取决于各建筑单体本身的立面、屋面，彼此之间的关系及与山体形态的呼应，只有这一切都得到精心的处理，才能形成良好的整体形象。

在“恬然”旅游旅馆的整体规划中，需要考虑到每幢建筑单体之间的关联，明确它们对于总体而言的主次关系，才能做到层次清晰，疏密有序。为此将体量较大的建筑借助于地势的显要，产生出对其他建筑的支配性效果，周边建筑以同样的趋势向周边生长延伸，形成基地自西北至东南的一条“力”，立体绿化和水系以柔和的方式穿插其中，作为另一条力“柔和”了建筑的“刚性”线条，并决定了整个酒店乃至周边地区的天际轮廓。

为维持建筑整体形象与山体形态在自然走势上的一致，各建筑单体统一沿几条等高线安排，显示出美学上的次序和层次。在立面处理上，以简洁、明快的现代风格作为基调，但对上层及其顶部进行了重新设计，大面积的屋顶绿化和穿插在其中的景观小路丰富了变化，反映出与山体自然轮廓的呼应。同时，还使处于不同标高之上的建筑通过相同坡顶形式达到视觉的统一，使众多单体能够有机组合起来构成整体形象，满足了城市景观对山地建筑的特有要求。

6 结语

设计是一个先寻找问题再解决问题的过程，一个成功的设计作品首先来自于对于问题的清楚认识。山地建筑的自然地理条件得天独厚，但依然面对诸多建造难题和挑战，有机的设计手法是解决山地建筑诸多问题的重要手法之一。只有所有问题都得到解决，才可能营造出一个环境优美的、自然的山地旅游酒店，同时为城市增添一抹别致的景色。

参考文献

[1] 陆静．山地建筑设计浅析[J]. 江苏建筑，2009(05).

[2] 城市规划网．山地建筑的有机生长．2013,5.http://info.upla.cn/html/2007/11-26/73447.shtml

[3] 荀平，杨锐．山地建筑设计理念[J]. 重庆建筑，2004(06).

[4] 李芗，王宜昌，何小川．山地可持续人居环境初探[J]. 重庆环境科学，2001(05).

[5] 刘瑞平．天津当代建筑有机性特征与实践研究[D]. 大连理工大学，2012.

[6] 李明．山地建筑接地形态的拓扑研究[D]. 重庆大学，2006.

为中国而设计

DESIGN FOR CHINA 2014

生态城市与环境景观设计

城市诉求——高品质环境雕塑

蔡强　深圳大学艺术设计学院　教授

摘　要：中国城市环境艺术雕塑短短的发展历史，标示了吻合当代大跨度发展状态下的城市诉求。它的诞生为城市形象确定和城市品质的提升起到了非常重要的作用， 它演示了中国目前城市进步和环境艺术雕塑正朝着国际化高质量高标准的方向发展。坚持用新材料进行实践和与新科技相结合的创新探索，以人的视觉验证与城市的原生环境和谐之本为准则，实现环境提升与街区和谐的关系，留给中国当下历史和现实的一种价值承诺，为中国城市雕塑环境创建了国家艺术形象。

关键词：形式　创作　城市诉求　环境艺术雕塑

回看现代城市环境艺术雕塑在中国短短的成长历史，它的成果诞生给城市形象的确定和城市品质的提升起到了非常重要的作用。今天无论怎样赞誉这种艺术的产生、表现和对当代城市的贡献，恐怕都不会有过分之嫌。事实上，它风雨兼程的每一步足迹，都标示着吻合中国当代大跨度发展状态下的一种城市诉求。由此也整体地演示了目前中国城市形象和环境艺术的建设正朝着国际化的高质量与标准化上发展。它在新中国环境艺术雕塑发展史上，始终遵循着以新材料与新科技结合的创新为本、以人的视觉验证与城市原生环境的和谐之本为准则。然而以这种准则发展的城市不多，表现突出的城市也主要有：文化中心的北京、金融中心的上海、南粤中心的广州、经济特区的深圳和文化古城的西安及沿海城市青岛和大连。从这些城市雕塑的创作形式、文化内涵和综合品质都可以看出各城市的精神、发展理念和文化的特质。经济的繁荣、文化旅游的日异兴旺都催促着环境雕塑发展建设速度的加快，它传递着城市的新文化和精神，为今天的城市留下珍贵的文化财富，同时也给城市的环境和人的生活带来了一丝惬意。

对于现实中的雕塑艺术作品来说，它在特定时期的背景下出生、成长、完成并得以完善，做到与时代对话、与环境对话和与城市市民对话的相依互动，奠定了它在中国当代城市艺术中的“先导”地位，也使它成为环境艺术领域中的先锋旗手。然而，与这般辉煌相伴的历史感，却是那等的沉重！我们几乎可以在每一个时间段上，感受到“环境艺术雕塑的创作人”之于历史和现实的一种价值承诺，感受到关系中国当代城市环境艺术事业的时间概念的重量。这重量是沉甸甸的，曾经受过嘲弄、不理解和非议。在走过时空隧道的过程中它可以使一个人名重一时，也足以让他顷刻间坠落。只有那些在身心上都名副其实的、健康的“当代城市雕塑创作人”，才能真正的领会城市空间所需要的全部内涵。它推动着历史与现实的发展，也昭示未来环境艺术雕塑发展的时间空间观；它悄悄地走进我们生活当中，表达一种吟咏、讴歌、诉求和新思维的理想追意，让人在参与艺术的活动中，也足以能体验当代环境艺术的文化和领悟人生哲学。如果是从城市景观的意义讲，它更是给空间场所添加了灵动的一笔，营造了景中之景的观赏与参与的城市亮点。

在不到十五年的时间里，城市环境艺术雕塑异军突起，它迎着市民的诉求而诞生，根植于民众诉求的呼唤而生存、生长。此途虽有辛酸、艰难，但这一结果就是环境艺术雕塑发展的必经之途。以时间凝成之“结果”固然首先是环境艺术雕塑的倡导者、拥护者及实践者的骄傲。这种超乎寻常也正与我们城市建设的特殊性紧紧相连，必然要把这种骄傲扩展、升华，使所有投身环境艺术事业群体的人们引以为豪。城市人通过环境雕塑感受到艺术的自然之韵与和谐之美，是人创作了城市雕塑，而雕塑同时又塑造了城市人、城市文化和文明。为此，对其所自存的理念和后续在空间上的寻绎，进行研究当可有其更广泛的意义。

1 20 世纪末到 21 世纪初的城市环境雕塑

从 20 世纪 90 年代起，中国改革开放进入盛世时期，中西文化兼容，使城市雕塑突变性地摆脱了某些固定的束缚，以现代主义为核心的观念主义作品如春潮般不断涌现。以隐喻、象征、抽象的造型手法来表达此时的人文精神和可能的向度，艺术的多种形式激发了雕塑艺术家、建筑师、设计师的创造热情，开始用石头、金属等综合材料与新技术去探索完成自己所向往的创作，现代主义的造型创作讲究三境一体，即物境、情境、意境，意在顺应其自然，通过抽象语言形式提炼，透过环境雕塑表达可以梳理出这样的脉络，即尊重自然规律、本土文化、创意思维、优化位置，达到人与自然的和谐统一，体现了对当代社会意识和文化经验的追求。

亨利 . 摩尔、布朗库西等抽象雕塑艺术作品集的问世，给城市雕塑发展带来了极大影响。最早从北京亚运村开始，出现了一批在观念上有所突破，表现形式多样的象征意识手法的环境雕塑。从此这种突破一发而且不可收，国内的几个经济发达城市环境雕塑创新热浪高涨，如广东深圳就是中国雕塑创新的一个发祥地、实验场。从 21 世纪到来之前到改革开放第 30 年的 2010 年为止，短短十几年的时间，自从投入规划建设“国际花园城市”打基础开始，城市一直在大力倡导环境雕塑建设和开展环境艺术文化推广活动，在引进外来先进科学技术的同时也引进了外来的雕塑文化和新观念的作品留给城市。何香凝美术馆从 1998 年 11 月至 2003 年 12 月先后组织举办了共五届中国当代雕塑艺术年展，以异彩纷呈的艺术形式反映了当下雕塑艺术家的创作理念、实践而震惊海内外，实力派雕塑家大胆地对各种材料的可能性以特殊的手段尝试去实现他们的预先想法，同时更关注的是对美学的追求和学术深度的探索。其结果是为寻求和谐人际关系和健康有益的生活方式的实现，雕塑家们的个性化表现语言和塑造方式，已经开始带有强烈的城市诉求特征和人文性、休闲性、趣味性的体现，此时出现的雕塑较为注重视觉张力和对空间环境，空间尺度和空间形态等方面的和谐，无论是具有一定规模的标志性雕塑，还是精巧而别具情趣的城市雕塑小品，均注重实现环境提升与街区和谐的关系。重视抽象形式语言的点、线、面在环境空间的数字比和形式的完美统一。基本做到以观赏人最佳距离视线为定点，在空间上体现雕塑造型的视觉冲击力。这些植根于城市不同功能地段的雕塑，在艺术内涵和文化张力上，开始有了与这个城市大多数人的感受和经验息息相连，使艺术与大众之间产生了共鸣；有艺术家与公共意见的“对话”这一形势的出现。使雕塑被提升到了环境艺术的领域和城市艺术的范畴，也实实在在地体现了环境雕塑与这个时代城市的相关。

2 新世纪之初与 10 年后的环境雕塑选择

一个国家在环境艺术方面的发展如何，是要靠诸多的城市去呼吁、支持和实践。那么，一个城市环境雕塑建制的好与坏，要看是否可以依照城市主要街区和多个社区的条件特点去有规划、有观念的完成它。在此，我想列举在自己生活实践中发生、发展、探索成功的一个城市环境雕塑 “实验场”——深圳市华侨城生活区。深圳何香凝美术馆地处深圳市华侨城生活区，在华侨城集团的鼎力支持下，开始有计划地几乎每年推出一个雕塑主题活动，同时为自己积累财富。先是从当代雕塑艺术展做起，不言而喻，这些户外展出的作品首先是将那些切合市民文化生活需要的作品作为入选前提，并以前瞻的思想内涵和强有力的创新艺术表现形式占据了首位。活动将评出优秀作品长期放置在社区中，现已存放的几十件作品都是出自于那些有思想的才俊和有创造实践能力的海内外中青年艺术家之手，他们创作的作品共同点都具有观念前卫的思想灵魂以及较好的文化属性和社会属性。呈现出了创作手法与材料运用的多样化，这些表明艺术家有丰富的想象力和与环境设计的“思考”倾向，并大胆地进行探索。展览的布置也有其特点，作品与环境形成了有机的结合体，这不仅方便欣赏，而且观看者也一直参与公共性的艺术活动，雕塑艺术与市民之间有了互动，实质性地完成了公众群体与环境雕塑谐为一体的城市景观态势。从社会的意义上讲；社区环境艺术的建设与发展，对市民精神文明素质的提高、环境和社会形态等方面的改善，起到了一个相当大的推动作用。这是一种开放、文明、和谐国度下的艺术创造氛围，它更是在平等对话基础上建立的现代人精神交流途径，反映了示范性社区文化生态建设的现实选择。

2.1 环境激发创想——一场试验性的实践

新世纪之初，中国城市雕塑艺术开始从过去特殊的位置转变为城市空间场所中的视觉艺术或带有公共参与的雕塑艺术，它给市民带来欢乐，也给艺术带来了变化和活力。在新文化背景下创造出了与我们这个极具想象力和挑战性的时代相称的环境雕塑。应该说这一变化，迎接了严峻的考验，这里所说的严峻实际上是给过去的传统雕塑带来了一次大变革。要环境雕塑侧重于时代性、开放性、参与性和学术性的定位，将当代中国最具代表性的雕塑作品拉到城市社区广场、草坪和形形色色有人聚集的开放空间上，接受公众的检验和批评。也许有的作品观众暂时还看不懂，理解起来还有一定的困难；作品面前见仁见智，也许还存在一些不同的看法，这应该是可以理解的，是很正常的。深圳的城市环境雕塑正趋向大众化、人性化的方向发展。基于文化艺术建设为市民服务的原则，艺术满足了人的生活和情趣的调节，倡导休闲，追求生活的和谐和惬意。为展示现代都市环境雕塑作品、 拓宽与国际之间的交流渠道，在社区文化艺术建设上定了一个基调。华侨城集团将城市环境雕塑的推广和购置"计划"，纳入其经济文化战略的长远规划中，将原来的芳华苑广场改造成为何香凝美术馆的室外展场，同时也尊重雕塑艺术家们创作的自由，鼓励在各种材料上进行艺术实践探索。此外，更令人羡慕的是雕塑艺术家可根据环境的需要对作品进行重新规划定位，使之达到最佳效果。纳入的作品有：贝纳·维尼的一件 230.5° 的弧。这件题为《弧》的作品是由数根钢条构筑成弧的形态，条钢排列高低有秩序，正是孩子游滑玩耍之地，常能看到孩子们在低的槽上攀爬滑行，从运动中给孩子带来了欢乐。另外有：陈可的《境》，这是一件用了35个银灰的包裹物为主体，与钢条串接在一起营造的形式独特的空间场。这件作品可以冷眼静观，也可以走进去体会，它让你沉思，让你愉悦，这样的空间限定作品另类而有趣。假如我们以树立这个环境雕塑的"试验场"，作为全国的"示范场"面向各个城市来推广，呼吁社会关注人民的休闲生活需求，关注体现城市精神的环境雕塑。同时，号召全社会的企业与文化机构联合，建制大的城市社区环境雕塑艺术圈，支持、支助全国城市环境艺术事业。

也希望全国能多一些像华侨城集团公司和美术馆联姻这样的合作模式，多建几个像样的社区环境雕塑"试验场"，为今天和以后的城市环境雕塑从水平、质量上奠定根基。

此外，在南山区路段还相继落成了许多赏心悦目的歌颂人民生活的环境雕塑。如在深南大道科技园路段的绿化隔离带上《移动的景》这是个锻铜制造而成的一件街区环境雕塑，舞动起来螺旋式粗犷、舒展、恢宏的飘带，像一个浮跃在生命体上扑面而来的城市动态之灵，它呈现给观众一种惊人的速度感和强劲的张力。这件作品表现了少有的理性品质和感性目标追求及知识态度。塑造了城市文化精神，并结合街区建筑和绿化做到"以人为本、以自然为本"，凸显了高水准的城市环境雕塑质量（图1）。

如果可以让我们在更多城市区间路段和社区中能看到类似深圳这样的城市环境雕塑，那我们的努力就没有白费。

2.2 发展的挑战与难得的机遇

21世纪的第一个十年，深圳城市发生了巨变。城市空间环境功能的细腻化和人性化的设计，使城市环境发展进入了一个成熟期，经济的稳定和文化市场的繁荣促进了城市两个文明建设的大幅度提高，环境雕塑同时也在城市发展方面起到了主力军的作用，结合需求开始出现以雕塑设计创意和精工制造体现高品质的现代城市景观形象。此时，深圳获得了第26届世界大学生运动会的主办权，这是一个让全球媒体都在关注的特殊盛会，城市将要面对来自世界各国代表的检阅，所以城市的文化形象也将面临着一个严峻的考验。如深南大道上海宾馆路段的环境雕塑《泉溪》，一个巨大的管状形体组合，它重复排列的构筑建立起了线状形态，加之时间概念的理性转换，如同一股股奔涌溪水在空中有秩序的流动，弱化了都市的喧嚣，泉溪奔流态势创造了四维线形空间美的艺术（包括时间），也带给

图1 《移动的街景》雕塑

人耳目一新的感觉（图 2）。黄昏时，夕阳透过《泉溪》投下的一条条落影给城市环境带来了富有韵律的美感，随着夜幕降临，细腻柔和的灯光又进一步地丰富了雕塑清晰的形态轮廓，变化的雕塑空间构成强烈的视觉效果和造型的统一、重复之美，它宛如白昼，晶莹而诱人，营造城市的和谐及社会安宁的效应，使市民拥有了归属感。沿着深南大道南侧的开放走廊，它形成了城市区域环境的视觉焦点，不论行人、车辆经过此处无不为它的整体性、趣味性和亲和力而感到惊叹和振奋。单就艺术美学而言，它同时也兼顾文化、艺术和精神文明的追求，完善了城市今天的需要和客观环境质量，并为之找到灵感，找到城市艺术的落脚点，这是环境艺术设计师和雕塑家的责任。当下，中国的城市环境雕塑还相对比较落后，多数城市尚处于起步和发展中，城市精品和雕塑大师都需要经过数年甚至更长时间的努力才有可能实现。因此，未来的城市环境雕塑的建设与发展必须重视当代的城市文化态度和当代城市人的诉求，在塑造新城市文化和城市文明的时候，我们要用前瞻思维做深层次的思考和遥望，让冷漠的城市建筑和拥堵的街道永远离不开环境雕塑。

城市的环境雕塑应该是有灵魂、有生命的。当代雕塑设计它以城市文化作为背景，用思想力和形式美的造型语言去影响它的社会，体现城市文明和进步，城市的文化和文明也随着经济的繁荣在不断发展，然而，新的环境雕塑也将随着城市文化发展一起逐渐走向成熟。

图 2 《泉溪》雕塑

时尚语境下的都市景观设计

陈六汀　北京服装学院艺术设计学院　教授

摘　要：时尚作为一种生活态度或是生活方式，带给人们太多关于城市形态和城市本质的关注，甚至是困惑。影响着城市的建造人，更影响这城市人的意识和价值取向形成，其因素构成复杂而变化多端。本文想通过时尚这一文化现象在城市发展过程中留下的印迹，探讨时尚与城市景观如何交叉结合，以及城市民众的价值判断和行为需求的关系及城市未来的可能。

关键词：时尚　语境　设计　都市景观

1　时尚与政治共谋的启示

还是较早些时候在航班上翻阅一本杂志，读到了一篇又把时尚与政治联系在一起的文章，其中将美国第一夫人米歇尔·奥巴马的时装秀与出席前中国国家领导人的欢迎宴会挂了钩。这位女主人当时身着一袭大红色印花礼服，与美国总统奥巴马并肩优雅地步入宴会厅时，给在场的所有人带来了震惊。浓烈的中国红所透出的时尚气息演绎着政治热度，包含着热情与友好，中国元素的礼服也被解读为对贵客的热情欢迎和对中国的友好。英国时尚杂志 (Vogue) 主编 HarrietQuick 用：她改变了这种生硬的、政治味道十足的保守场合，使之更加生动时尚（图 1）。这条来自以设计前卫大胆著称的亚历山大·麦克奎恩 (AlexanderMcQueen) 品牌的红色长裙，经由米歇尔得体而优雅的穿着，结合不凡的独特品位，也诠释了一种新的“国宴时尚”。难怪有评论家提到在时尚与政治的集合与推动以及影响力上，米歇尔与当年的杰奎琳·肯尼迪均是一样的优秀。①

图 1　米歇尔·奥巴马的中国红长裙（图片来源：CFP）

自然，政治与时尚为谋，并不是这些日子的花样，代表人物实在不少。人们可以回顾一下穿着永远代表完美无缺时尚品位的前美国第一夫人杰奎琳·肯尼迪；前英国首相撒切尔夫人和她著名的“手提包”；发表“跟着我人人都有 BrookBrothers”竞选宣言的前美国总统克林顿，以及他代表性的 BrookBrothers 经典四粒纽全套西服所带给他的新形象；当然还有乌克兰前总理季莫申科，这位“花花公子”最感兴趣的人物——在 2005 年就职的 7 个月里，其仅在公开场合亮相过的华丽装束就多达 200 余套，在顶级品牌和时尚光环下的时

①参见：《世界都市 iLook》2010 年 11 月刊，王欣：“时尚是政治的一杆枪”《视野》第 22 期。诸葛漪等“为品牌代言的政治家们”

尚女总理等。政治家们成功地运用时尚概念和手段，传达政治观点和社会价值。社会学家 ElizabethWilson 说过，通过时尚易变的本质，它可以打破禁锢，既作为探索和表达审美品位的工具，又作为表达不同政见、政治反抗和社会改革的政治手段。阐述关于民主主义、女权主义、阶级分化等话题。可以看出，时尚能够成为政治符号或者政治象征，紧跟社会生活与时代步伐，与时俱进，成为政治家的视觉代言。

那么，时尚又对城市建设和环境景观产生了什么样的影响呢？回头看我们的城市，时尚之于都市景观的影响早已搅动人们的心界，无论大众喜不喜欢，它们都已经在那里了。

2 都市景观向公众的时尚性示好

出于对未知与不确定的好奇，传统和秩序化的城市环境使得人们在享受安稳和平静的同时，对周遭的感知逐渐变得反应迟钝和不耐烦。新奇和变化或许更能迎合这样的情绪状态，城市化的快速推进，大大地为宣泄这样的情绪提供了契机和可能。于是，在相当的人群范围内，对于家乡故土原来的芳香眷顾和旧时的记忆慢慢变得不那么重要了，甚至出现失忆似乎也无所谓，因为都市景象的时尚化片段正好成为这部分受众的背景乐章，一起轻快的舞蹈。在相当短的时间里，时尚的都市景观已经变成为视觉的焦点和审美的中心。虽然时尚这个词已并不那么新鲜，但由一般理解的时尚之于服装服饰和女人世界，转移到都市环境构成的街区建筑和景观田野，其内涵和疆界感就产生了质的跨越。时尚在当下以产业化的商业模式和多类型的商业业态大行其道的同时，一些国家都开始请时尚设计师担纲了军装的设计。几乎任何行业和产品都拉着时尚一起奔跑，泛时尚和时尚扩大化已不仅仅是嫌疑，而成为了事实（图 2）。

从景观角度看，都市景观的时尚表达场所和与公众交互的事件发生地，越来越成为都市的魅力和中心所在。作为都市景观的都市建筑，以及建筑师越来越多的亮相在不同城市，其中不乏具有时尚化倾向的建筑作品和言论频繁的出现，还在包括时尚媒体在内的多种大众媒体上传播。“新锐”、“先锋”和“实验”成为都市建筑极其景观设计的主流型标签，也显现出设计者与都市大众的对话态度。时尚景观已经变成为多方人士经过精心策划的城市预谋，锁定受众向他们示好。建筑界的时尚代言人“时尚女魔头”——女建筑师扎哈哈迪德，玩时尚横行于天下，她的设计理论和设计作品具有很强的攻击性和颠覆性。从她极具艺术气质的巴赫音乐厅及内部空间、CHANEL 的流动博物馆设计、三角直入天际的维特拉消防站，U-LOFT 厅的畅快曲线、到为 LACOSTEL 设计女鞋、米兰设计周上亮丽光鲜的灯具家具，都在提醒人们留心河流如何蜿蜒，山峰如何指引方向，原野如何越过山丘，洞穴如何深入。城市、建筑与人的关系如何到达一个自然流转的结合点。从中也无一不显现她极度暴露的审美个性和婉约霸气的不妥协气质，时尚均在她股掌之中。广州星海音乐厅、北京东二环文化艺术中、北京望京 SOHO 等建筑设计也是她染指中国的时尚符号（图 3、图 4）。

另一个时尚建筑设计的代表人物是一定要提及的雷姆·库哈斯，因为他让一座被称作“大裤衩”的大楼在北京落户生长。还因颇有些诡异的新央视大楼早期创意灵感传言，着实让一些人不快了好一阵子，好在时光已经渐渐将其冲淡，留下的是一座实实在在的新 CCTV 大楼（图 5）。每次经过那里，都还是要驻足多看上几分钟。这座超建筑结构，非稳定甚至有些恍惚感的大楼，总难免使自己想起在楼下的光华路生活 6 年的日子。这里已今非昔比了，成为北京乃至中国时尚的中心之一。库哈斯从传统的建筑学既定理论框架跳出来，以社会学的视角，包括网络对社会形态的影响、新时代生活方式变革带给建筑的革命性变化等思考维度，表达他的普通城市（GenericCity）之资本流动给予城市变化真正力量的观点；还有为了保持建筑的先进性，他要求建筑回应各种新的社会问题；对建筑永恒性的看法是建筑属于城市而非永恒。他在普利茨克奖授奖仪式上发表讲话：如果我们不能将我们自身从“永恒”中解放出来，转而思考更急迫，更当下的新问题，建筑学不会持续到 2050 年，这种所谓的“末世论”正好可以印证他的见解。当然这种末世论是指传统建筑学理论的解体与消亡而非灭亡论。因此，让现代化更加现代化，走在时代的最前端，从颠覆走向颠覆，这就是雷姆·库哈斯提供给城市时尚产品的背景缘由。

都市景观时尚化的推手并非单纯的只是建筑师们，这其

图 2　深圳“华”美术馆
（摄影：陈六汀）

图 3　迪拜金融中心
（图片来源：Zaha Hadid Architects）

图 4　布加勒斯特 Dorobanri 塔局部
（图片来源：Zaha Hadid Architects）

图 5　库哈斯设计
北京 CCTV 大楼（摄影：陈六汀）

中几乎社会的各路人马都赤膊上阵，为着商业利益的、艺术尝试的、社会批判的、挑战传统的或许还有冒险的等。不管怎样，这种示好所得到的回报是许多受众的一同起舞，变为共同的舞者……

3 从北京三里屯到东京表参道

除了欧美国家，都市景观时尚化在亚洲各国都屡见不鲜。北京新三里屯的诞生再次成为时尚的中心，因为从历史的三里屯演变为现在的模样，从功能到形式都产生了根本性改变。如果去到哪里，你会碰到或想起苹果粉丝们如何整日整夜的排着长长的队伍守候着新的苹果产品的到来，那样的期待、兴奋和信念坚定。时尚的卖场相拥着时尚的人们，等待着时尚产品的发布销售。随着三里屯 Village 的入市，国际逾百家知名品牌已签约入驻。Apple、Adidas、Moiselle、Puma、Columbia 等世界品牌最大的环球店也先后落脚这里。作为“夜晚经济”符号的三里屯酒吧街，曾是北京夜生活的重要代表，也被奉为京城酒吧文化的开山鼻祖。据不完全统计，三里屯方圆一公里的范围内分布着北京 60%以上的酒吧。酒吧街内共有大小 80 多家酒吧。老外、都市白领及新新人类汇聚这里，效仿和制造着时尚。从而孕育催生了北京今天的时尚文化产业。除了三里屯 Village 以外，三里屯 SOHO、世茂三里屯也相继完工。

新三里屯 Village 分为北区和南区。北区在建筑及景观设计上凸显典雅高贵，站在“时尚前线”，建筑水晶立面采用玻璃的华贵剔透与金属的坚硬融合而显前卫。世界顶级美食、高端办公区域、独立交通、专用司机、国际奢侈品牌集聚于此。南区将书籍音像、艺术画廊、艺术文化酒吧等汇集构成时尚文化休闲消费中心，文化广场和时尚大道等更接近平民大众。新三里屯的景观呈现，与三里屯 Village 的规划和建筑设计理念，以及国际化设计师团队的协同工作都显现出强烈的时尚价值取向。但这里同时关注了老北京城市原有风情、胡同、四合院的文化脉络。以日本著名建筑师隈研吾主持的设计团队，把“开放式空间”的格局形式作为规划的出发点和目标。北区的豪华神秘和南区的大众开放构成一个自由行走的循环区域。19 幢低密度的时尚建筑由不同的胡同、院落、广场等相互连接，多个露天空间使整个购物区的空间更加通透。这里的原住民和游客可以享受到更为广阔的创想空间。简约的 Village 建筑形态形成的群落极具透明感和渗透性，北区建筑悠缓的绿黄色调逐渐渐变到南区建筑橙与红色的跳跃冲动，体现出隈研吾让经典脱胎，重生于当代的规划思想。（图 6 ~ 图 8）设计团队带来的国际化视野有效地推动了设计的完成，他们分别来自美国、中国香港及日本的多位顶级建筑师，其中合作设计包括：SHOP–ARCHITECTS——美国、LOT–EK——美国、KENGOKUMA——日本、RMJN——英国、RAD——新加坡、KENGOKUMA&ASSOCIATES——日本、BMA——日本、THEOVALPARTNERSHIP——中国香港、英国、奥雅纳——中国香港、卓越柏诚——中国香港、OHTORICONSULTANTS——日本等。

视角转向日本，东京涉谷的表参道大街（Omotesandostreet），这条让人最易迷失的街道，景观形式深邃而现代，传统与时尚交织并存，共生之美自然而彻底。这里连接着明治神宫，周围有太田浮世绘美术馆、根津美术精品馆、1964 年东京奥运会体育馆、青山陵园等文化和历史建筑。躺在传统和历史怀抱中的表参道，其建筑与景观设施均以亲和而又时尚的面貌存在，榉树林荫道贯穿长约 1 公里的路程，以一种独特的气质领衔着时尚前行。与银座相比较，表参道显得更为纯粹、锐利和确定。从赫尔佐格和德梅隆（Herzog&deMeuron）艳惊世界的 Prada 旗舰店，到青木淳的 LouisVuitton 总店，一系列的时尚建筑都在传递着共同的信息：一切皆时尚。

早在 2003 年开业的 Prada 旗舰店采用蜂窝式的菱形网格建筑立面，水晶式的凹凸玻璃块将室内外连为通透的一体，结构、形态和空间充满无限变化，尤其是夜间更具虚幻效果。旗舰店建筑面积 2860 ㎡，含地下 2 层和地上 7 层，室内空间与建筑结构形成必然的逻辑关系，有着强烈漂移感觉，层层叠加的楼层以流动的程序将不同空间连续成整体，模糊了楼层之间的界限。建筑内部、室内垂直方向电梯中央核心筒、水平

图 6　三里屯 Village（摄影：陈六汀）

图 7　隈研吾设计 三里屯喻舍主题酒店入口（摄影：陈六汀）

图 8　赫尔佐格和德梅隆设计 表参道 Prada 旗舰店（摄影：陈六汀）

的管道空间，还有人行楼梯共同完成了内部空间的组织。室内由白色调主控，从墙面到地毯，以及白色的座椅，不同商品的零星色彩点缀其中，加上照明与影响的协同作用，一切都呈现幻觉之美。不由联想到赫尔佐格和德梅隆后来完成的慕尼黑安联足球场和北京的“鸟巢”。安藤忠雄的表参道之丘（OmotesandoHills），是这位缔造清水混凝土风格大师极少数的商业之作。这里原是处于坡地的一排廉价住房，受建筑高度的控制，安藤忠雄将其打造成了外观简洁，内部是贯穿全栋弯曲的步道，无障碍可到达所有商家的新地标建筑。室内常有如唱诗班音乐或鸟鸣自然之声的背景音乐，营造出自然之人的物镜。再看看青木淳的 LouisVuitton 总店、伊东丰雄的 Tod’s 总店、隈研吾的 One 表参道店、妹岛和世的 Doir 总店等都分布于大街两则。这些时尚专卖店的建筑设计有着一个共同的景观特点，就是将华丽的外表溶解到简洁的外形和细节处理中，强调独立气质和品质，这些看似朴实的方盒子外表，其骨子里透着内敛的意蕴，以各自不同的时尚景观面貌和姿态出现在世人面前（图 9、图 10）。①

图 9　青木淳设计 表参道 Louis Vuitton 专卖店　（摄影：　陈六汀）

图 10　表参道 TOD’S 名品店　（摄影：　陈六汀）

4　都市景观的时尚化趋向

无论是北京还是东京，对于都市景观来说，时尚的绣球一直在建筑师、艺术家、商界精英、政客乃至社会各界人士手中传递。因为时尚使上述许多人士或快或慢地变成了社会明星，他们拥有了越来越多的话语权，地位不断地高升，虽然这与人们传统的价值评价不一定合拍。有人将时尚归于流行文化，在一定程度上“有些人认为流行文化是肤浅的、大众化的，跟经典刚好属于两端。”②而时尚化的都市、街区、建筑、产品却一直是理想与激情、流行与活力、前卫与创新、奢侈和财富的代言及载体。时尚化的都市景观趋向似乎有越来越强之势，只是随着时间的推移会产生文化属性或审美及风格上的变化。譬如，在现在很多人看来是一种矫饰、奢华的装饰手法的维多利亚建筑风格却在 19 世纪弥漫着整个欧洲，这种华丽的风格成为当时的一种时尚。这得益于维多利亚建筑对传统的文艺复兴式、伊丽莎白式、意大利风格等的重新演绎，并加入了更多当时的时代元素，结合了新的建筑材料，改进原有的建造方法而完善并产生新的风格。今天，都市景观的时尚化无非也就是想创造满足人们不同时期在心理和生理两方面差异需要的表现与存在形式，这种需求的创造已经形成巨大的市场并产业化。从女士的服装饰品、箱包鞋帽、化妆品及奢侈用品、汽车等扩展到了生活方式、政治策划、文化建设和我们的城市规划设计。固然，时尚不能成为生活的全部，但可以是我们路程中的一些标记，边走边看。

参考文献

[1] 程建强、黄恒学．时尚学 [M]．北京：中国经济出版社，2011．

[2] 方晓峰．建筑：时尚还是永恒？[J] 装饰，2011(3)．

①陈六汀．从传统与时尚的并存看日本景观的价值取向 [M]．北京：中国建筑工业出版社，2010．

②王受之．时尚时代 [M]．北京：中国旅游出版社，2008．

基于文化视角的景观人行天桥形态设计

龙国跃　四川美术学院环境艺术设计系　副教授
黄一鸿　四川美术学院环境艺术设计系　研究生

摘　要：本文针对当前人行天桥存在的一些问题进行思考和研究，从文化视角对人行天桥的形态设计进行探索，总结出相应的设计方法和策略。结合具体的设计实践，为景观人行天桥的设计提供新的思路和可行的途径，提升城市形象和文化内涵。人行天桥不仅要承担城市交通的职能，完善道路空间的组织结构及功能，满足人们的出行、观赏、游憩、交往、休闲等，而且起到保护历史文化、构造特色城市景观、体现城市文化氛围等作用。

关键词：文化　景观人行天桥　形态设计

1　研究的背景

为了解决日益严重的城市交通问题，人行天桥在我国越来越多地被投入建设使用。但是，目前我国人行天桥的规划建设基本上是简单地从交通功能角度出发考虑，设计也仅局限于结构的考量。设计人员主要是桥梁结构工程师，多数解决的是单一的功能问题，缺乏对人行天桥的艺术形态与文化内涵考虑。导致人行天桥形式单一，大多数是简单的复制，缺少对天桥周围环境以及城市文化的考究，造成修建的人行天桥影响甚至破坏城市景观（图1）。人行天桥使用率低，人行天桥“遇冷”的现象时有发生。

人行天桥作为城市景观的重要组成部分，城市文化的重要载体，其文化内涵不容忽视。文化的缺失必然导致设计的趋同，简单地抄袭复制，“千城一面”的现象在我国比比皆是，在一定程度上割裂了城市的文脉。因此，在城市景观设计中，如何将城市文化与城市景观设计有机结合成为当前环境艺术设计的重要课题。

图1　人行天桥形式单一

2　人行天桥与文化

广义的文化是人类创造出来的所有物质和精神财富的总和。本文的“文化”，泛指可以通过建筑空间、形态、意向、风格等来表达的城市与城市居民的传统思想、生活观念、价值取向、审美情趣和意识理念等，属于广义的文化范畴。

桥是文化的载体，是文化的沉淀，是展示文化的窗口。桥是社会发展的产物，在一定程度上标志着人类文明的程度。人类的文化在桥上得到了集中的体现，设计是技术与艺术的统一，这一点在桥上得到了充分的反映。桥梁是跨越的承重结构，任何桥的设计建造不仅要考虑其结构工艺，同时也反映了人们的审美意识。揭示了人在特定时期、特定地域中的思想观念和价值取向。社会的文化程度，人的认知水平一定程度上决定了桥的制作工艺和形态。同时，在人对桥的建设活动参与的过程中文化逐渐形成和发展。

人行天桥作为文化的载体，象征着丰富的文化和社会意义，它能够贯穿历史、体现时代文化、并且具有较高的审美价值，而不是独立于人之外的某种特定环境。同时它还是构成城市文化的一个必要条件，也是决定城市外在品位的显性标志。

3 基于文化视角的景观人行天桥形态设计策略

通过对国内外优秀人行天桥设计案例的分析和解读，总结成功的经验。结合人行天桥概念设计实践，将理论联系实践，探索文化性景观人行天桥形态设计的方法。下面对景观人行天桥形态设计的方法进行归纳和总结。

3.1 基于文化视角的景观人行天桥形态设计方法

1）模仿与再现

模仿与再现的方法就是对客观对象的具体描绘，然后以此实现对原型符号的直观表达。这种设计的方法真实地表达客观对象的原型，大多是比较具象，在创作手法上偏重于写实，表达的意思明确，模仿现实。容易与观赏者或是使用者发生对话和沟通交流。阿姆斯特丹标志人行桥设计方案采用模仿的方法，将郁金香与城市人行天桥设计很好地结合起来。

2）隐喻与象征

隐喻是指运用非直接的手法来表达事物。隐喻的设计方法需要经过长时间的反复推敲，才能注意和感悟到其中的寓意，而可能无法让人们的内心立即产生共鸣。一般情况下，隐喻可以分为表现型隐喻、表征性隐喻和转换性隐喻。新加坡双螺旋桥，设计人员受 DNA 结构的启发，这座桥梁想要体现的意义是“生命与延续、更新与成长”。

3）抽象与变形

抽象与变形的设计手法是通过点、线、面等基本的造型元素进行重组，将景观桥的设计原型经过大胆、夸张的变形，彻底改变原型的真实形象，反映出事物的本质与内在结构。这种设计手法，用在观赏性较强的景观桥梁设计上比较多，因为它突破设计原型在人们脑中固有的形象，使设计对象再生。例如江苏睢宁流云水袖桥。

4）对比与融合

对比是通过将把具有明显差异、矛盾和对立的双方安排在一起，进行对照比较的表现手法。双方具有鲜明对立特征，让使用者自己从形状、大小、质地、色彩、方向、题材等方面来做对比，然后进行选择判断。

景观人行天桥可以利用对比的手法将现代结构材料、风格形式与传统的材料、构造和布局的方法结合，使其在冲突中得到融合。

3.2 景观人行天桥之美

1）景观人行桥之形态美——与艺术结合

景观人行天桥的美，主要是通过结构造型本身给人以运动之美、科技之美，人行天桥是一个三维的立体的结构形态，视点丰富，具有全方位的欣赏角度。美的是空间形态，而不仅仅是简单的装饰美。人行天桥功能和力学合理是美的基本条件，在此基础上，通过美学法则与艺术手段，以实现其形态的美，成为一道反映了文化内涵与时代特征的独特景观。

2）景观人行桥之意境美——与自然融合

“所谓‘意境’,又称‘心境’,乃是相对于对象世界而言的。”塑造景观人行天桥要从人的内心世界出发，通过运用文化符号语言紧扣人们内心的情怀，从而超越视觉感受，进入情感想象，移情入境，达到情景交融的境界。

陆游曾有诗云：“桥如虹，水如空，一叶飘云烟雨中”，意境深远，回味无穷，使人陶醉于桥的意境美。桥之美，既要有奇妙的构思，还要与环境相协调，才能融合成一个和谐之美，使情与景，意与境交融在一起，让人产生无穷的意境美。

3）景观人行桥之和谐美——与城市和谐

桥是现代城市中的重要基础设施，是城市景观的重要组成部分。它不仅要满足城市交通的需要，还要与城市建筑、道路、景观相呼应协调。按照城市建筑的整体风格，精心设计，使桥与建筑、功能和形式有机的结合，通过人行桥展现出城市的文化和时代感。

人行桥位于道路的上方，位置突出，其高度要与两边的建筑相协调，不宜过高，过高行人通过不方便，也容易产生不稳定感。也不宜过低，过低又会造成压抑的感觉。在满足国家规范的同时，要做到与周围的建筑环境相协调。

桥型，要简洁流畅、明快大方，力求使桥本身就是城市的公共艺术，并且与城市景观相呼应。

4）景观人行桥之意蕴美——与文化映衬

一个民族、一座城市、一个国家都有自己独特的文化传统和精神气质，一座优秀的桥梁应该体现出民族性、地域性和时代性等基本特征。根据桥所处不同的环境、地域、文化，挖掘自身的文化传统,反映特有的气质和风情。只有以本城市、民族、地域文化为基点，才能设计出具有独特魅力的城市人行天桥。

通过人行桥的形式语言来准确表达和诠释地域文化内涵。重庆濯水的风雨廊桥采用的是西南地区的建筑形式，反映的是本地区的文化内涵，要是换成其他的建筑，其表达的文化内涵就会发生偏差。

4 基于文化视角的景观人行天桥形态设计实践

4.1 项目背景

随着南充城市建设及经济的飞速发展，城市基础设施、社区建设不断完善，人行过街需求日益增加。2011 年 2 月根据业主指示、结合现场交通量调查情况，设计人员对现场进行踏勘，并最终确定了十四座人行天桥拟建区域。拟建区处人车混行、人车争道现象严重，交通安全隐患突出，行人对车行交通干扰大，解决拟建区人行交通问题迫在眉睫。其中滨江大道与人民路上各 2 座人行天桥结构设计已经完成，对其进行装饰改造设计。使其在方便行人过街的同时，能够改善城市景观，提升城市形象。 正是在这样的背景下，进行了这次人行天桥装饰改造项目。

4.2 前期调查

通过对现场的调查踏勘得知，南充滨江大道为城市主干道，双向六车道，车行道宽度 24 米，滨江大道两侧主要分布为居民区以及生活配套设施等。该区域主要的人流是居住区与公交车站之间的来往人流。目前，行人过街的主要方式是通过斑马线横穿马路，严重影响交通与行人的安全。

本次设计拟定的天桥位置与现状建筑、道路无冲突，满足现状条件下的可实施性，同时可以满足规划道路线形下的使用。

4.3 设计定位与目标

满足天桥服务范围内人们的出行需要，更兼具休闲、景观功能，并且反映南充城市文化内涵，符合现代人的艺术品位和审美观念，具有鲜明的时代和地域特色的城市人行天桥。

提升南充市滨江大道的整体形象，赋予城市人行天桥以浓郁的文化气息，营造具有文化特色的人行天桥景观满足现代生活的精神文化需求，反映现代人的艺术品位和审美观念，使人行天桥具有艺术灵魂和价值，进一步为南充城市形象注入新的生机和活力。

4.4 设计策略

对每一座人行天桥进行量身定制，做到一桥一景，造型不重复。根据每一座人行天桥的周围特质和自然环境，进行合理的组织安排设计，提取出代表性的南充城市文化融入设计中。设计出主题明确，风格各异，造型独特的滨江大道景观人行天桥，并在相异中寻找共通性，达到一定程度的统一。

图 2 三国文化

4.5 南充城市文化的发掘

1）三国文化

南充历史厚重，文脉深远。世称“并迁双固”的陈寿归隐在这里撰写了《三国志》，形成了源远流长的三国文化（图 2）。南充是“三国文化”的发祥地，“三国文化”源远流长。三国历史之河在时间的流逝中，融入嘉陵江，滔滔江水，时而宁静无声，时而汹涌澎湃，犹如三国历史中，那些刀光剑影、鼓角争鸣的精彩故事。

2）千年绸都

源远流长嘉陵江，千年绸都南充城。南充被誉为中国西部

图 3 丝绸文化

绸都，有五千多年的蚕业历史（图 3）。南充是四川省丝绸工业的中心，是全国四大蚕桑、丝绸生产基地之一。

4.6 方案设计

1）象征——“盾甲印象”

本方案位于滨江大道，紧临达成铁路。秉承以人为本、彰显时代特征和文化内涵的设计理念，达到实用、美观、的目的，

图 4 “盾甲印象”主题景观天桥

图 5 “城墙怀古”主题景观桥梁 （工作室绘制）

图 6 "长河丝语"主题景观桥梁 （工作室绘制）

图 7 "桑叶情怀"主题景观桥梁 （工作室绘制）

提升滨江大道的景观形象和文化内涵。本设计源于三国文化中的盾甲，经过提炼和夸张，与天桥两侧的桥墩结合，形象突出、主题明确，充分体现三国勇武的艺术魅力（图 4）。

2）演绎——"城墙怀古"

本设计的意象取自三国中的城墙元素，本以三国时期古城墙为设计的来源，运用现代的技术材料和构筑方法，如钢构与玻璃，演绎三国文化。形式与天桥现有的结构巧妙结合，并且与"盾甲印象"在风格上相呼应，主题切合南充的发展历史与城市文化。让行人在天桥的行走过程中体会浓厚的历史文化韵味，充分展示南充"三国文化之源"的深厚内涵与文化特色（图 5）。

3）抽象——"长河丝语"

"长河丝语"（图 6）位于人民北路。设计中融入了南充丝绸的元素。红色的雨棚给天空增加了一抹亮色，轻柔婉转，像一条柔软顺滑的红绸自然覆于桥上，飘逸多姿。同时，也是给桥上的行人遮阳避雨的设施。栏杆的装饰也添加了丝绸的元素，贯通了天桥两侧，呼应主题。天桥正中有"千年绸都"字样的篆章窗花，点明主题，古意盎然。行人穿梭其间，仿佛被丝绸覆盖，充分感受"千年绸都"的文化风韵。

4）重构——"桑叶情怀"

"桑叶情怀"（图 7）位于人民中路，临近"长河丝语"，在主题和风格上两座天桥相互协调和呼应。以桑叶为设计元素，通过归纳和重构，形成天桥的雨棚，能够给往来行人避雨。完整保留天桥原有的主体结构，拓展天桥的功能，既是城市交通空间的组成部分，也是城市的观景平台。赋予了人行天桥新的形式和文化内涵，丰富了行人的视觉体验和心理感受。

5 结论

本文主要论述的是人行天桥是城市文化的重要载体，并如何将城市文化与人行天桥设计相结合，设计出具有文化内涵和地域特色人行天桥。从文化角度对人行天桥的形态设计进行分析与探索，为城市人行天桥的设计提供新的思路。对于城市文化的特质保持与传承有着重要的意义。通过人行天桥和文化相关理论的研究，总结出将理论运用到实践的方法论，具有一定的现实意义。

本文通过分析我国人行天桥目前存在的问题，指出优化对策和方法，希望能够引起相关部门的关注，为人行天桥设计与建设提供一个可借鉴的样本。以文化为切入点，梳理人行天桥和城市文化的关系。为人行天桥设计中文化的介入提供依据和方向，进一步从物质表现上进行了举例说明了如何在城市人行天桥形态设计中体现文化内涵。总结出具有文化内涵人行天桥设计的基本方法和策略。

人行天桥不仅要承担一定的城市职能，完善道路空间的组织结构及功能，而且起到保护历史文化、构造城市景观特色及个性、体现城市文化氛围等作用。赋予城市人行天桥以浓郁的文化气息，塑造具有文化特色的人行天桥景观以满足现代生活的精神文化需求，反映现代人的艺术品位和审美观念，使人行天桥具有艺术灵魂和价值，城市形象也将充满生机和活力，从而实现城市社会环境的可持续发展。

参考文献

[1] 樊凡．桥梁美学 [M]．北京：人民交通出版社，1987．

[2] 唐寰澄．桥 [M]．北京：中国铁道出版社，1981．

[3] 莱昂哈特，桥梁建筑艺术与造型 [M]．徐兴玉等译．北京：人民交通出版社，1988．

[4] 和丕壮．桥梁美学 [M]．北京：人名交通出版社，1999．

[5] 杨士金，唐虎翔．景观桥梁梁设计 [M]．上海：同济大学出版社，2003．

[6] 莫春林．中国桥梁文化 [M]．江西：江西高校出版社，2008．

[7] 刘文杰，梅君．桥文化 [M]．北京：人民交通出版社，2008．

城市中的风向标

——上海市城区公共环境导向系统设计典型分析

刘一玉　中国矿业大学艺术与设计学院

摘　要：导视系统是结合环境与人之间关系的信息界面系统，同时也是传统建筑设计与视觉传达的中间学科，很多情况下，它体现为标识的个体造型。导视设计已经被广泛应用在公共设施、商业场所、城市交通以及各种社区空间中，不再是孤立的单体设计或简单的标牌，而是整合品牌形象、建筑景观、交通节点、信息功能，甚至媒体界面的系统化设计。在现代城市生活中，人对环境信息的接受要求越来越高，科学和人性化的导视设计不再是由材料、造型或加工类型来界定的单项设计制作项目，而是融入环境与人之间的信息互动运营的系统设计项目。公共环境与人们的生活息息相关，导视设计与公共设施、商业品牌、精神文化之间究竟有怎样的内在联系？本文通过揭示导视设计与三者之间的内在联系，讨论人与空间的关系，发挥导视设计的社会功能。

关键词：城市　公共环境　导视

1　公共空间特征分析与表现形式

公共空间导视设计最直接的作用就是凭借箭头、标志等基本标识指引人们走向正确方向，同时也是公共空间导视设计的根本原因，归根到底就是让人们在毫无概念的情况下快速掌握方向信息、位置信息、人物信息和数据信息等，将信息传达与设计美学有机结合；其次就是其在一定程度上对公共建筑或景观起到美化与装饰作用。

1.1　社会性

完善的导视系统反映了一个社会的文明程度，同时也显示出这个社会的进步与繁荣。社会是由不同群体组成的，除了法律、道德约束和规范人们的行为之外，社会交流活动是人们重要的社会行为之一，导视系统引导人们的出行，在某种程度上维护着社会秩序。

1.2　标准性

公共符号的规范标准是国家性的，但从广义上讲也应该是国际性的。现代火车站尤其是大型机场的公共空间导视系统就是国际性的标准导引系统，反映了不同种族、不同国家乃至不同文化之间对图形符号的统一认知。在城市的不断扩大中，人们开始赋予一些参照物以特殊符号，或者通过某种能够共同识别的文字、图像等来实现对于环境的认识。如今，各国都有自己的一套统一、标准的公共标识系统，这些标识系统除了符合本地区的特点之外，使用的大多数图形符号都基本类似（图1）。机场与车站的内部空间复杂，人员流动较大，信息的视觉传达自然成为导视系统的核心问题，将大量纷杂的信息经过分类重组、转化为简明有效的信息，通过合理的空间布局，再利用相应媒介传达给旅客。其中，要强调的就是秩序感，避免旅客浪费时间，节约经济成本。正如包豪斯的代表人物格罗皮乌斯曾说过：“为日常生活中有用的物品建立标准的式样是一种社会需求，因为大多数人的生活条件基本上是相同的。”伊索体系（ISOTYPE）是世界上建立最早的体系完整的视觉识别系统，经过几次改进，1974年AIGA（美国专业设计协会）组织设计供交通枢纽使用的具有通用、准确的新交通标识，应用在各种与公共交通有关的场所，如今各个国家开始采用这种体系，交通导视的视觉标识逐渐统一，也为各类导视设计奠定了基础。这些没有版权限定的公共图形符号成为机场及其他大型交通设施系统现成的设计标准，体现出公共设计理念促进全球化沟通的意义。

图1　上海地铁1号线

1.3 系统性

大到城市，小到室内空间，都是由各种环境因素组合而成的，地理特征与区域设置错综复杂，如果没有标识系统引导人群，环境一定是混乱无序的状态，导视系统需要利用规范的色彩及一致的文字进行设计，使之严格统一。

从人对环境的认知度来看，城市环境在人的印象中往往通过城市形态、建筑、道路、路标、功能分区灯几个层面产生：外滩这个著名的城市景区与交通要道在广场导视牌的设计上简洁明了，使用了国际统一导视标识，也体现出对城市的国际化特征与人性化管理。一个结合了路标、传统纸媒地图以及电子地图的导视系统（如地铁自动售票处），在一定程度上提升了城市的整体形象，同时也减少了公共交通的压力，节省了空间利用与人力资源。快捷、便利、清晰、准确是其基本特点，在以人为本的前提下更应体现社会职能。上海街道随处可见的人行道入口处的柱形设计是多媒体应用的典型案例：利用电子感应装置约束人的行为，配合红绿灯的变化，颜色随之变化，提醒行人"前进"或"止步"，同时配以语音提示，通过动态化的传播形式使人的感知从平面转换成立体，省略了文字、图像的设计，却从视觉、听觉多角度引导人们对交通信号灯警示的服从（图2）。根据马歇尔·麦克卢汉的一个重要论点，即媒介

图2 街道红绿灯、外滩导向牌

是人沟通能力的延伸或扩展。不同的媒介会给人带来不同的感觉状态，产生不同的心理作用，影响人们对外部世界的认识和反应方式，同时带来不同性质的社会影响，任何媒介的革新，最大的影响便是对人们思维方式与生活方式的改变，而这种改变是潜移默化的，新媒体的本质在于体验，与人产生强烈的互动感，通过人的感官影响人的思维模式，提升人的情感体验。城市街区的导向系统可以说是整个社会最基础，也是最重要的信息系统。

2 商业空间

商业环境的利用空间都比较开阔，导视环境的设置更多安排在关键的指示区域，如在大厅的入口处、楼层入口、中庭边缘、通道、扶梯、客梯、橱窗等，这些设计要求清晰、简洁、最重要的作用就是能够宣传企业形象，所以商业环境导视系统与空间的关系是相对和谐的，以人为本的，基本原则是在不阻碍现有的有效空间的前提下进行审美设计。

2.1 视觉性

一个出色的商业导视设计应该具备一目了然的特点，并可以让人在短时间内准确接收信息，且不造成任何疑惑，其视觉性大致取决于几个方面：形态的一致性、色彩的规范性、字体的统一性、图形的通用性。因此对于那些不能瞬间传达信息或让人不解的标识，其视觉性一定存在问题。

2.2 独特性

与公共空间不同的是，商业环境导向设计包含对商业利益的考虑，设计时更应注意原创性和独特性。独特性是相对于统一性而言的，除了基本的导向功能外，强调图形和样式的创新，在材质和形态上也可以做各种尝试。独特性可以通过图形创意、色彩的配置、字体的选用、形态的特殊等来表现。完善的商业环境导向，除了醒目的位置与适合的尺寸外，还能体现品牌的形象特征，在宣传品牌中体现最大价值。银行与商务行业往往有着谨慎、干练的行业特征，专业性决定了品牌形象与特征都需要明确的导视系统，让客户在服务的过程中感受到品牌的文化内涵。中国工商银行营业厅外墙墙面入口处中英文导视标牌，集文字与符号双重设计，既展示了货币的经典标识，也用两种方向的箭头代表了货币兑换的功能，无论从图形创意上，还是功能说明上，都是一个成功的案例。在室内空间中，MOTEL 168 快捷酒店通道处标志，镂空的文字透出橙黄色的灯光，营造出放松与安逸的气氛，拉近了商家与顾客间的距离，有种回到家的归属感。简单的箭头指向电梯入口，与金属背板相得益彰，醒目却又柔和、深沉，迅速指引初次到店的顾客在环绕的室内空间中找到方向（图3）。

图3 MOTEL、工行、K11

商业环境导视主要集中在室内方面，而室外主要集中在建筑物外墙的整体识别、进出口的交通标识牌以及一些立式宣传栏等，两者相较，室内设计的标识对于品牌宣传的作用比较明显，包括落地式展示牌、商场楼层分布索引、导购简介、公共警示牌、楼层牌号、通道分流牌、商品分类吊牌以及悬挂式灯箱等。一栋大楼里涵盖企业办公、购物休闲等多样化功能是中国建筑的设计现状，这种设计满足了大众的需求，但同时会产生让人迷路的弊端。当顾客面对人流量巨大的室内空间、眼花缭乱的商品和四通八达的通道时，怎样才能舒适、高效地找到所需方向呢？这就需要做好相关区域导视。传统的媒介远

不及新媒体的影响，其中的多点触控、语音输入、人机交互、即时通信乃至单向的新媒体传播途径，如移动电视、手机APP、微博等，逐渐变为主流媒介，其影响力和效果反馈会更为直接和迅速。上海K11艺术购物中心在每层电梯入口与通道处都采用了同一系列的字体、符号的标识与楼层以及不同功能区的导视设计，也更具系统性。同时通过多种新媒体的运用与人产生互动感，具有简洁、高效、快速的特点，动态化的图像与声音更能让商业情景变得生动起来，同时将品牌所推广的文化精神层面传达给受众，符合其艺术与购物兼具的企业内涵（图4）。

图4　K11艺术购物中心

3 文化场馆

文化场馆的导视系统是环境的一部分，设计时必须考虑与环境的相互融合，同时又服务于环境，升华文化建筑所蕴含的精神内涵，因此文化场馆的导视设计与公共环境与商业环境在设计美感方面要有所区分，并在设计层次要比后者更能与人的心理产生艺术共鸣。文化场馆不仅是简单的信息传达系统，不应拘泥于传统的设置框架，应利用不同的材料与颜色打造独特的氛围，与场馆性质或主题相结合，才能从视觉感受上升到审美体验，带给人艺术欣赏价值，通常体现在：标识牌的尺寸，图形的易懂性，摆放的位置，级别的分类，色彩的反差，字体的大小，位置，间距等。

博物馆起到收藏和维护重要物件的作用，并通过常设展与特展的形式对外开放。大多数大型博物馆在各国主要城市，收藏与展示的内容都是以当地文化为中心的，因此导视设计最好可以与博物馆主题与室内外设计风格相结合。中华艺术宫是其中具有代表性的一例，在世博园区屹立着的宏伟中国馆现已成为上海地区不可忽视的文化力量，中华艺术宫以收藏为基础，常年陈列反映中国近现代美术的起源与发展脉络的艺术珍品，并联手世界艺术博物馆合作展示各国近现代艺术珍品。从门口的走向路牌标识到展览信息牌，无不细致、准确地引导各国游览者，并由醒目的红色墙壁穿插于各个区域引导观众视线，连贯庞大的室内空间；天花板方向指示牌的箭头与馆壁建筑的红色一致，体现了导视系统的整体性，也强化了以中国文化、历史主题为主要展示对象这一特征；在各个展厅的通道处，配以地面双向指示灯，能够保证在光线较弱和人群较拥挤的情况下，

图5　红坊艺术区

也能按照准确的路径行进。可以与北京798相媲美的红坊艺术区则以体现强烈的个性为宗旨，看似标新立异的路标、办公区、图层指示、甚至是洗手间的设计，恰恰是设计师与艺术家对文化与艺术严肃态度的体现，也是吸引顾客的手段，给参观者留下深刻印象。在这里，各个艺术工作室的主体建筑本身就可以作为一个导视系统的标识（图5）。

除此之外，公共环境导视还包括无障碍导视设计，无障碍设计是在20世纪初由建筑界提出的一种建筑设计方法，旨在运用现代技术手段为广大老年人、残疾人、妇女、儿童提供“无障碍”导引。“无障碍”包括损伤、残疾、障碍三方面。国际通用的无障碍标识通常是蓝底白图，应从生活上、行动上等诸多可能遭受到的障碍加以考虑，如视碍者与视力正常者在标识设计上应有很大区别，可以通过声音和可触等方式解决这一问题，并在设计时尽可能对标识传达的信息、图形最大的简化，以便使用者能迅速、准确的获得信息。无障碍导向系统设计更需要注重人的心理感受和生理感受，在形成具有可识别特点的同时，使人产生亲切感。上海城区在地面盲道标识、电梯入口、地铁通道、停车场等公共环境中的无障碍设施相对完善，但无障碍导视设计应用并不太多，原因在于推行无障碍建设的理念较为薄弱，设计人员的专业意识不够强，施工也并不细致，造成人为障碍，这也是中国各城市普遍存在的问题。

参考文献

[1] 善本图书．全球经典标识与导视设计．北京：电子工业出版社，2013：30．

[2] 公共设施设计．薛文凯，陈江波．北京．中国水利水电出版社，2012.4：102．

海岛人居环境的有机织造与更新

沈实现　中国美术学院建筑艺术学院　副教授
邵　健　中国美术学院建筑艺术学院　副院长

摘　要： 海岛是一个特殊的地理单元，海岛人居环境的也是一种特殊的人地共生系统。本文以台州鸡山岛为例，探索海岛人居环境的有机更新，在宏观上通过“泛渔业”的规划完成传统产业的升级和新兴产业的布点，在微观上通过“有机织造”为海岛居民和外来游客提供了一个快乐生活和漫步游览的海岛渔乡。

关键词： 海岛　人居环境　有机更新

1 引言

我国是一个海洋大国，拥有 14000 千米的岛屿岸线，海岛数量巨大，有 6500 余个面积大于 500 平方米的岛屿以及上万个面积在 500 平方米以下的岛屿和礁岩，其中有常住居民的岛屿 460 多个，人口近 4000 万。

作为人地关系矛盾最为尖锐的地域系统，目前中国绝大部分的有人小型海岛都是以渔业作为核心产业的，但随着渔业资源的日益稀缺，海岛面临着经济的下滑、渔民转业、空巢化等一系列经济与社会困境，在这种背景下，海岛的人居环境也日益恶化，并逐渐呈现出空岛、离岛的现象。如何利用好有限而特殊的资源，探索人地共生的和谐人居环境是海洋经济时代一个重要的课题，在下文中笔者尝试以浙江台州鸡山岛人居环境的有机织造与更新为例，来探讨海岛渔乡的可持续发展模式。

2 困境与破格

2.1 困顿之境

鸡山岛位于浙江省台州市玉环县漩门湾外，总面积 1.95 平方公里，是玉环县仅有的两个渔业岛之一。但近年来，以传统渔业为龙头的产业结构已处于困境之中，岛上富裕的居民陆续迁到陆地另谋营生。目前尚从事渔业活动的岛民因为远洋捕捞的缘故，停留在岛上的时间也越来越少。由此，鸡山岛上的空巢化现象十分严重，留守在岛上的多为老人、妇女和儿童，只有当远洋捕捞的船只归来时这种空巢现象才有所缓解，男人们从船上拖下来一担担的海鲜，妇女和老人帮忙拣鱼剥虾，城里的年轻人也回来帮忙，孩子们在周边打闹玩耍，码头上仅有的那两家小超市和酒店生意顿时红火起来。这个宁静许久的小岛终于在此刻焕发出短暂的生机……

岛上建筑主要分为两类，一类是新中国成立前后建造的砖石屋，一至二层为主，面宽窄、体量小，大部分已闲置不用；另外一批建筑则是 20 世纪 80 年代鸡山岛渔业鼎盛时期有钱的渔民们建造的，混杂于原来的老建筑群之中。由于用地紧张，建筑占地面积很有限，见缝插针，并且因为攀比心理和争取光照，大家竞相增加层数，多为三层至五层。同时出于在建筑群中突显自家住宅的心理，渔民们还偏好给建筑外墙刷上橘红、深蓝等鲜艳的颜色。由此，带来整个岛屿的人居环境之困：密密麻麻的房子有一大半处于空置状态，部分建筑年久失修而岌岌可危，但有人居住的房子却因为湮灭其中而得不到阳光和公共活动空间（图 1）。

图 1　密密麻麻的海上山城

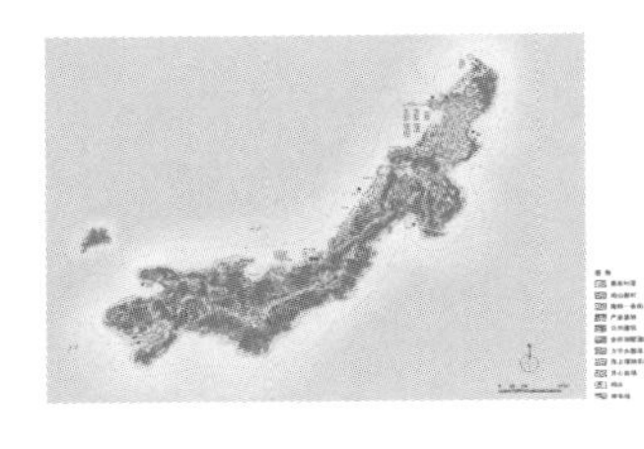

图 2　规则总平面图

图 3　功能分区与产业布置

2.2 破格之道

目前浙东很多景观资源较好的小型海岛都是以生态旅游作为转型方向，希望建成马尔代夫式的度假型、主题型海岛乐园，这也是当地政府的初衷。我们在详尽考察鸡山岛景观资源并分析其困境之后，认为其海景资源、市场辐射和投资规模都不足以支撑起一个主题乐园型的度假岛。而岛上那密密麻麻的石屋，捕鱼归来时那热闹温馨的场景却深深打动了我们，我们尝试以人居环境的改造来引导鸡山岛的产业转型和可持续发展。我们提出了“泛渔业”的规划概念——以渔业为核心依托的渔乡工业、农业及旅游业等，因地制宜对整个鸡山岛进行景观规划（图2）与功能分区（图3）。

1）渔港——海岛山城风貌区

位于鸡山岛东端，改造现有渔船码头和客运码头，增加渔业粗加工基地。改造码头附属的街道空间，形成渔港美食街（图4）。对现有山地建筑进行全面整体的有机织造与更新。

2）渔闲——海岛休闲娱乐区

利用现状山脊、岬湾、滩涂、海蚀地貌等景观资源，引入现代休闲设施，规划了开心盐场、海钓乐园等休闲娱乐景点。

3）渔业——海岛新产业发展区

在鸡山岛中部，改造升级现有的修船厂、海上养殖基地，新建渔业深加工基地、海洋新能源基地，使现有传统渔业走向现代化之路。

4）渔村——海岛渔村风貌区

鸡山岛西端的村落由于远离渔船码头和客运码头经济发展相对滞后，却因此形成暧暧远人村，依依墟里烟的田园村落景象。依据现场的不同条件，对村落进行步骤化的有机织造与更新，保留原汁原味的渔村风貌和特色。

5）渔所——半岛会所风情区

考虑到整个鸡山岛改造项目资金的平衡和旅游度假的高端需求，在岛的西北端规划了若干幢乡土风格的山地建筑及其庭院，并规划了游艇码头、沙滩等旅游设施，成为一处相对独立的会所风情区。

图 4　码头空间的建筑与环境改造

“泛渔业”规划，不仅仅是小岛功能上的重新划分，更是对传统渔业的传承和更新，对空巢化现象的一个解答，希望借此带来渔岛渔业的振兴，带来渔乡原住民的回归。在这个规划构架之下，它的核心工作就是对现有人居环境的改造与更新。

3 有机织造与更新

3.1 他山之石

自 20 世纪 60 年代以后，许多西方学者开始从不同角度，对以大规模改造为主要形式的“城市更新”运动进行反思。美国建筑师沙里宁 (E·Saarinen) 提出了基于细胞学说的有机疏散城市结构；日本丹下健三和黑川纪章提出了以生物基本规律为依据的新陈代谢理论；20 世纪 80 年代末清华大学吴良镛教授在主持菊儿胡同住宅改造（1989 ~ 1991 年）的实践中，提出并试验了“有机更新”理论，并引起世界学术界的共鸣。

“有机更新”可以看作是符合“新陈代谢”理论的一种小规模整治与逐步改造的方法。拉波波特（Amos Rapoport）在其《住屋形式与文化》一书中将这种建筑环境的产生过程定义为“模型加调整的过程”，表现为一种自然生长的随机城市环境美学。

它山之石，可以攻玉，这些城市有机更新的理论对我们产生启发，我们尝试在城市有机更新的理论体系下更进一步，针对海岛山村这样的特殊类型提出有机织造的概念。

3.2 织造概念

织造，原来是一种纺织技术的专业术语，指将经、纬纱线在织机上相互交织成织物的工艺过程。海岛山地民居相对于城市而言，它的尺度更小，密度更大，是更细更密层次的肌理更新，犹如一件日常生活永远在使用的衣服，破旧了需要按其原有的纹理加以“裁剪”与“织补”，随着时间的沉淀，去芜存真，慢慢体现出朴实的生活艺术之美。

在前期的调研中，鸡山岛给人印象最深的就是密密匝匝沿山而筑的渔村建筑，但现有建筑的高密度布置和新旧建筑质量良莠不齐的情况，还需对它做一个全面整体的梳理，进行有机更新。同时在前期的调研中我们也发现目前建筑大量空置的现象。为此，我们创造性地在国内首次提出“织造运动”概念：从群落规划到细节设计再到人居生活的渐进式“拆除”、“改造”与“补建”。

3.3 规划之有机织造

通过详尽的调研和考察，在渔村中划定核心保护建筑、原生保留建筑和拟拆除建筑路线图（图5），根据公平自愿和合理补偿的原则，向村民征收路线图中的拟拆除建筑，每年定期邀请国内外知名的建筑师、景观设计师和艺术家来艺术化地拆房子，并改造为户外交流空间、公共艺术展示空间、新能源利用示范场地、淡水收集展示场地等，通过3~5年的改造，梳理

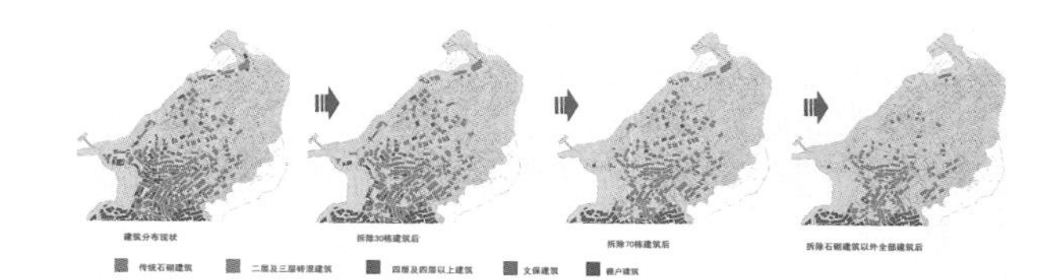

图5 织造运动路线图

出若干条渔村旅游观光的经典路线。

“织造运动”一方面成为国内首创的织房子集体行为艺术秀，给游客带来新鲜感，形成持续的旅游热点；另一方面，也将全面改善渔乡的人居环境，有机更新海岛的空间意象，使原生态海岛文化体验这一核心价值更加凸显和强化。

对现有居民较多，相互关联性较强的村落进行整体保留，向村民征收规划图中拟拆除的建筑，如果尚住有人口则进行局部搬迁。搬迁的居民可以选择在鸡山岛上就地安置，入住鸡山新村，也可以选择搬离鸡山岛，入住玉环旋门三期的新安置区。

3.4 设计之有机织造

1) 建筑与环境有机织造

（1）保留现有建筑

对建筑质量较好，群落关系有序，有明显山城特征的区域，保留原有建筑，予以适当修复维持其原有特征，重点优化原有的环境使其能更好地展现原有建筑风貌和景观特色(图6、图7)。

（2）改造现有建筑

主要针对无明显特色的2~4层砖混建筑（四层建筑做降层处理），改造后平屋顶维持原状，增加屋顶绿化，坡屋顶建筑作前后坡顶错落处理，增强建筑的现代感。改造建筑主体分为底层台基层、白色涂料中间层、屋顶层和取景框（利用原阳台）（图8、图9）。

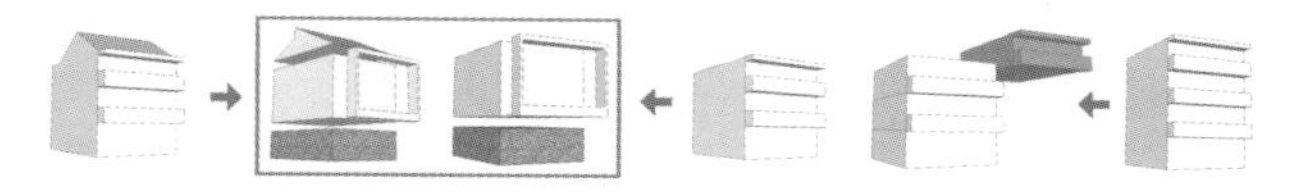

图8 改造现有建筑概念图

图9 改造现有建筑示例

（3）拆除后成为开放空间

原有建筑群密度过高，导致日照间距过短，绿地环境稀缺，公共交流的开放空间没有，这些都是导致当地居民生活质量下降的原因。通过合理的织造运动，降低建筑密度，使留下来的建筑都有较好的采光和院落环境。拆掉建筑后的场地通过有效设计，可以成为公共绿地、户外交流空间、公共艺术展示空间，一方面形成良好的景观，另一方面新增的绿地也能带来很好的生态效应（图10、图11）。

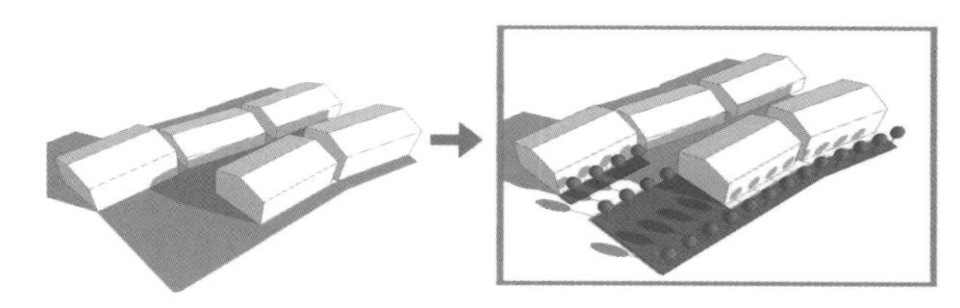

图6 保留现有建筑概念图

图7 保留现有建筑示例

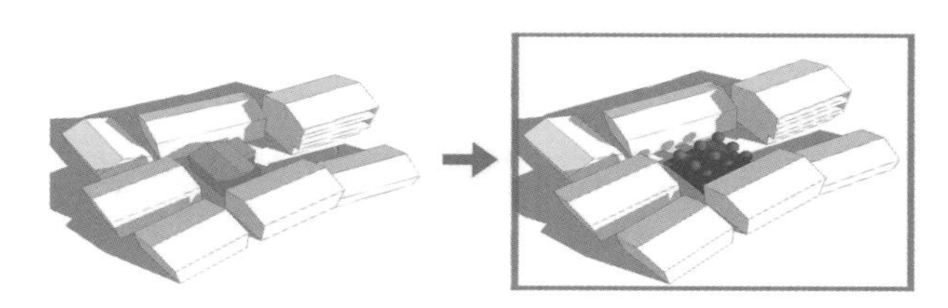

图10 拆除后成为开放空间概念图

图11 拆除后成为开放空间示例

（4）新建特色建筑

对于现有景观环境较好，建筑群落结构不完整，并有新功能需求的区域，植入少量体量与环境协调、风貌与当地建筑一致的新乡土建筑，以激活原有场地，满足旅游开发的新功能需求（图 12、图 13）。

图 12　新建特色建筑概念图

图 13　新建特色建筑示例

2）细节有机织造

（1）色彩与材料的协调

岛上原有民居的色彩与材料协调统一，与环境也有着良好的共融性，后来渔业经济鼎盛期建造的房屋破坏了原有和谐的环境肌理，背离了海岛色彩主旋律，显得较为突兀和杂乱，规划整理出原有地方特色的色彩与建筑材料，将其总结、归类，作为今后改造与建设的依据，并将目前所使用的具有消极意义的色彩与材料的建筑作为短期内改造的对象（图 14）。

（2）整合建筑符号

当地传统建筑极具海岛山城的地方特色，通过在原有建筑中寻找细部信息并加以归纳，总结出当地建筑的典型符号，并可在今后的改造与新建中通过广泛的应用强化这些建筑符号，进一步建立海岛建筑的可识别性，从而凸显海岛山城的景观意向（图 15）。

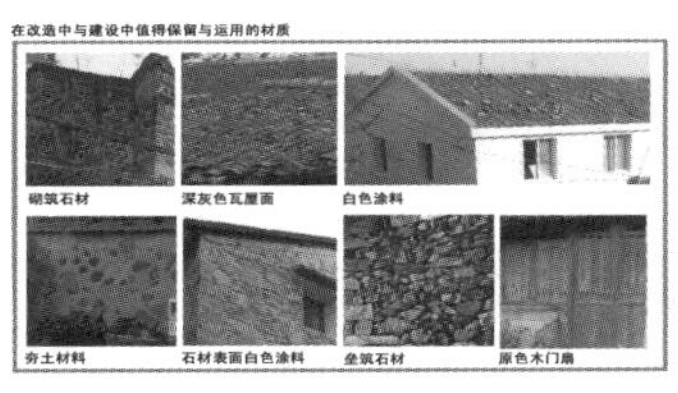

图 14　材料与色彩的梳理

3.5 生活之有机织造

通过有机织造运动，鸡山岛在外向空间上凸显建筑群落背山面海、层叠而上的海岛山城特色风貌（图 16）。在内向空间上，特色石屋建筑得到更好的修葺，景观环境得到更好的优化。不管是原址改造还是搬迁安置的岛民，他们的生活和生产环境都得到了极大的改善，而来这里的特色酒店或家庭旅馆租住的游客，他们也可以体验这种惬意和舒适，故而无论是本地人还是外来客都在这座海岛山城上快乐生活。

图 15　建筑符号的梳理

另一方面，那些保留下来的老建筑、改造后的原有建筑除了供当地原住民居住以保持山城活力和人气外，还可以选择部分景观价值较高的建筑和新建的特色建筑一起成为旅游配套设施，散点式地布置在山城之中，比如问询中心、游客服务中心、小卖部以及分散式的海岛博物馆系统。

有别于目前全国普遍存在的博物馆高大全特征，鸡山岛的博物馆是一个小型的、多元的、分散的博览网络体系。它主要由修葺和改造后的石屋构成，在原生的场所中展示原生的鸡山岛渔乡历史文化，形成自己的特色。这些分散式海岛博物馆系统可以是渔具博物馆、船模博物馆、渔乡服饰博物馆、民俗博物馆、侨乡博物馆、贝壳博物馆和民间手工艺博物馆等（图 17）。

游客在街头巷尾的生活和闲逛中会不经意地发现一块展示渔乡艺术品的公共绿地，一个瓜果飘香、菜畦田畴的渔家庭院，一座活色生香的微型博物馆……由此，一个海岛山城快乐生活，漫步游览的系统渐渐形成。

图 16　改造前后的海上山城对比

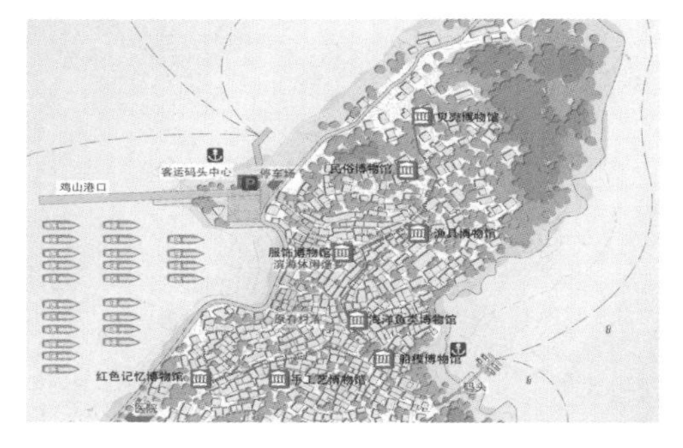

图 17　漫游览博物馆体系示例

4 结语

我国有丰富的海岛资源，这些曾经以传统渔业经济为主导的海岛如何进行转型升级，狭小的岛屿空间内人地关系怎样做到协调与平衡，是我们在海洋经济时代迫切需要思考的问题，鸡山岛的规划至少在以下二方面做了一些探索和尝试。

4.1 从生态旅游到诗意栖居

当越来越多的海岛打着“生态旅游”的招牌开发建设时，我们更应该在保护海岛纯净、优美的天然环境之外关注海岛居民的生产活动和生活环境。

我们通过“泛渔业”的景观规划和功能分区，升级产业链、拓宽产业面、延续和发展岛民赖以生存的生产活动；同时，通过对村落和建筑的改造设计，改善岛民的人居环境，提高他们的生活品质，让岛民诗意栖居，让渔乡可持续发展。此时，生态旅游或者说体验型的旅游也水到渠成了。

4.2 从有机更新到有机织造

吴良铺先生曾指出：“有机更新是按照城市内在的发展规律，顺应城市之肌理，在可持续发展的基础上，探求城市的更新与发展。”近年来“有机更新理论”应用在历史文化名城与历史文化保护区更新中取得了很大的成功，而有机织造针对的是更小尺度，更大密度的海岛山村改造，它的历史传承和文脉肌理没有城市那么强烈，但它的地域特征更加明显，人地矛盾更加突出，并伴随着空巢化的危机。

为了解决这些问题，在“织造”的过程中，我们所做的尝试是：拆旧的路线是谨慎的，而拆旧的过程是开放而现代的；更新的建筑特征是谨慎的，更新的生活内容是多元而丰富的，梳理出乐生活和漫游览系统，让汉子们爽朗的号子声和孩子们欢乐的玩闹声一直萦绕在海岛之上，并成为一道最具特色的人文风景线。

参考文献

[1] 孙兆明，马波，张学忠．我国海岛可持续发展研究[J]. 山东社会科学，2010(1)．

[2] 吴良铺．北京旧城与菊儿胡同[M]. 北京：中国建筑工业出版社，1994.

基金项目： 教育部人文社会科学研究青年基金（12YJC760064）

注： 1. 本文原载于《中国园林》2013年第3期，本次投稿又进行了删减和修改。

2. 本文图片均由项目组拍摄和绘制。

融于生活的线性景观

——广东绿道景观主要路段的整体设计改造

陈鸿雁　广州美术学院
袁铭栏　广州美术学院

摘　要：海论文涉及以下三个主要问题。首先，利用多种方式对广东二十一个地级市的主要绿道景观路段进行详细调研、考察与分析，获得第一手资料；其次，基于调研的结果和问题，开展针对性的整体设计改造研究，提出适应性的策略方案；它们将为未来广东绿道的设计与建设提供重要的参考。

关键词：广东绿道景观　多种方式调研　整体设计改造与策略

1　多种方式的田野调研

2011 至 2013 年，研究团队对广东省的二十一个地级市绿道建设和使用状况进行田野调查，获得宝贵的第一手资料和结果。基于调研分析的基础上，选取每个城市主要绿道路段进行整体的设计改造，提出更具针对性和适应性的设计方案。

1.1　基于 SD 评价表的绿道景观调研和分析

在调研之前，团队制定具有广泛适应性的绿道 SD 评价表（图 1），包括的内容具有宏观的整体性，例如关于绿道景观的地形、地貌评价，水体的形式和比例，植物的种类、形态和色彩，道路的尺寸，对公共设施的满意度，建筑体的形态及提供的功能、管理维护状况等。在调研的基础上，对该绿道路段进行打分，得到绿道路段的初步评价结果。SD 评价表不仅让研究者得到绿道场地的基本信息，也获得绿道的初步数据和分数。这样，依据相同的 SD 评价表进行整体调研和评价，使得 21 个城市的绿道调研结果具有一定的可比性；同时，也发现一些共性的存在问题或未被发现的资源，为下一步的设计改造提供现实依据。

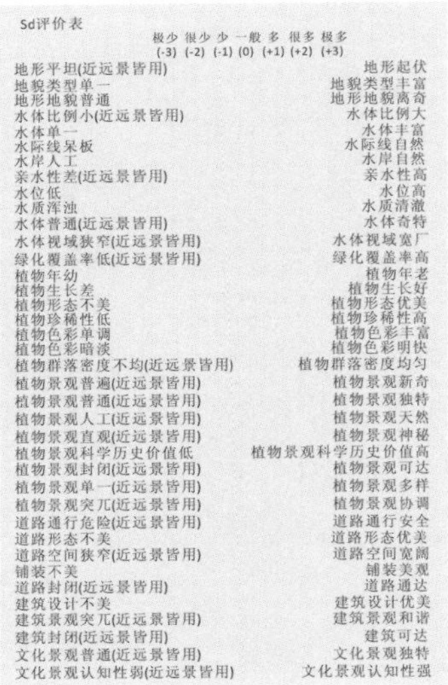

Sd评价表

	极少 (-3)	很少 (-2)	少 (-1)	一般 (0)	多 (+1)	很多 (+2)	极多 (+3)	
地形平坦(近远景皆用)								地形起伏
地貌类型单一								地貌类型丰富
地形地貌普通								地形地貌离奇
水体比例小(近远景皆用)								水体比例大
水体单一								水体丰富
水际线呆板								水际线自然
水岸人工								水岸自然
亲水性差(近远景皆用)								亲水性高
水位低								水位高
水质浑浊								水质清澈
水体普通(近远景皆用)								水体奇特
水体视域狭窄(近远景皆用)								水体视域宽广
绿化覆盖率低(近远景皆用)								绿化覆盖率高
植物年幼								植物年老
植物生长差								植物生长好
植物形态不美								植物形态优美
植物珍稀性低								植物珍稀性高
植物色彩单调								植物色彩丰富
植物色彩暗淡								植物色彩明快
植物群落密度不均(近远景皆用)								植物群落密度均匀
植物景观普遍(近远景皆用)								植物景观新奇
植物景观普通(近远景皆用)								植物景观独特
植物景观人工(近远景皆用)								植物景观天然
植物景观直观(近远景皆用)								植物景观神秘
植物景观科学历史价值低								植物景观科学历史价值高
植物景观封闭(近远景皆用)								植物景观可达
植物景观单一(近远景皆用)								植物景观多样
植物景观突兀(近远景皆用)								植物景观协调
道路通行危险(近远景皆用)								道路通行安全
道路形态不美								道路形态优美
道路空间狭窄(近远景皆用)								道路空间宽阔
铺装不美								铺装美观
道路封闭(近远景皆用)								道路通达
建筑设计不美								建筑设计优美
建筑景观突兀(近远景皆用)								建筑景观和谐
建筑封闭(近远景皆用)								建筑可达
文化景观普通(近远景皆用)								文化景观独特
文化景观认知性弱(近远景皆用)								文化景观认知性强

图 1　SD 评价表

1.2　基于现场使用与体验的记录与分析

在获得绿道路段的整体评价之后，更需要取得具体的使用状况数据与大众的体验记录。于是，团队成员多次在不同时间段使用绿道、包括早中晚三个时段。之后，对绿道景观的重要节点进行定点的照片拍摄与视频拍摄，发现节点需要改进的因素；对绿道主要路段进行现场测量与分析，绿道的驿站建筑面积、驿站之间的距离，照明的数量与方式，公共设施的状况，绿化的品种与高度，绿道的宽度与材质变化，每小时的人流量等。这些都是从更细微之处体现绿道的建设状况和使用状况，也更真实反应存在的问题。

1.3　基于使用者的访谈和共性问题分析

绿道建设的目的是要让大众真正受益，让公众获得一种慢生活，使用者的访谈和意见汇总就显得非常重要，也成为直接意见收集的来源（图 2）。团队拟定一些纲要和目录，对绿道的使用者进行访谈和记录，受访的人数要多于 300 人，年龄层次从老人家、青年人到小学生；内容包括每周使用频率、使用时间段、使用的人数、到达的方式、活动方式的需求、绿道中公共空间的需求、绿道的铺地材质、对公共设施的使用建议、

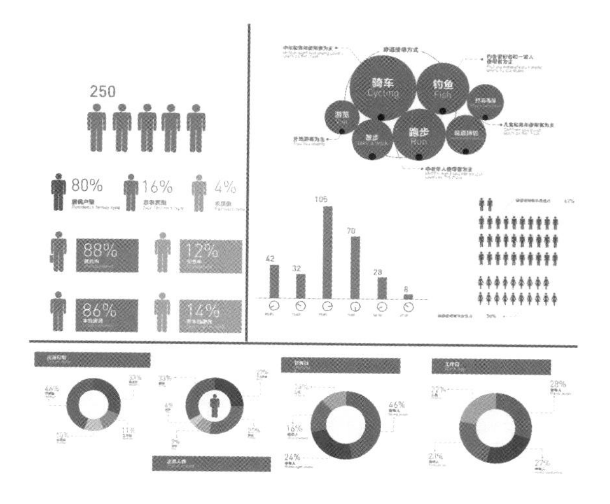

图 2　访谈结果整理

对绿道与其他交通工具的驳接关系建议、对绿道规划的意见等；同时，也重视使用者的其他感受，包括使用者对绿道管理方面提出的建议。

正是团队与绿道使用者进行大量的沟通、访谈和分析，得到广东省地级市绿道建设、使用与管理方面的共性问题。这些第一手的访谈汇总，将是更为鲜活的建议，为绿道的整体优化和未来建设提供重要依据。

1.4　基于“物品”的分析

城市的主要绿道路段都有一定的长度距离，也有不少的使用者。而经过一段使用时间之后，该绿道路段就存在或形成一定的物品（图 3）。无疑，这些物品必反映了绿道的一些信息。例如从树叶和昆虫，可了解到绿道树种、植物及昆虫的种类，以及昆虫是否会繁殖过多而让树种或使用者受到侵害等；从塑胶颗粒、沙、水泥、石头、木板等，可窥见绿道地面铺地材质的多样化，或经过路段的类型较为丰富；从人们丢弃的包装纸、塑料袋、烟头等、可侧面反映公共设施的数量不够或位置需要调整；从驿站的单车租借数量，可看出该绿道路段人们的出游放松方式及对单车运动的需求状况；从水质可看出绿道经过区域的生态环境状况。

这些片段式的物件包括的范围可从最小昆虫到较大的建筑物，它们不是以数据的方式反应结果，而是真实且具体地述说绿道路段的潜在状态，也为设计改造提供了细致的信息支持。

1.5　基于资源整合的调研——绿道空间之外的重要节点考察

在上述的调研过程中，总能获知一些超出绿道空间范围之外的重要节点或场所信息，而它们也是使用者经常聚会的场所。在地图中，也能找到一些属于绿道规划所没有经过的场所，而它们是绿道使用功能的一种延展。在使用者的访谈中，也提到

图 3　绿道的物品成为分析的线索

一些历史景点场所，但绿道规划路线没有串联这些历史景点和利用历史资源。绿道规划路线之外的这些重要场所和资源，总的来说包括历史景点、名人故居、特色村落、广场空间、湿地、山丘、博物馆、公园、特殊运动专属空间等，它们跟绿道有着一定的关联，给大众提供与绿道不一样的功能满足或外延，提供独特的地域资源。值得肯定的是，这些都将成为绿道景观设计改造和整体优化的重要资源。

以上五类调研考察方法，在理性的评价数据、共性的访谈汇总、亲身的体验感受、物品的信息反馈和资源整合方面给出比较立体的结果，为下一步的绿道景观整体规划与设计改造提供综合与可靠的依据。

2　主要路段的设计改造策略与方案

基于以上的调研结果，对选取的绿道路段进行针对性的设计改造和整体优化，从不同的方面进行适应性的解决，其目的是使绿道景观具有更良好的功能，更适应当地的人们需求，成为环保的交通途径与重要场所的连接路径，融入人们的日常生活。

设计改造策略与方案从不同角度出发：以解决场地问题为切入点的方案，绿道的建筑体与公共设施整体优化设计方案，基于使用类型的多种需求方案，基于绿道景观功能的细化方案，整合绿道周边环境的多种资源方案、基于设计，管理、维护的综合考究方案，基于地域文化因素的融入方案等。它们虽然是

针对绿道景观的主要路段而进行，解决某个主要问题，但构思方案之间也具有一定的交叉性，也可以是整体性方案共同解决存在的问题。

2.1 以解决场地问题为切入点

在调研具体的绿道路段时，总发现场地存在一些问题，需要进行设计优化。对于都市型绿道来说，包括绿道道路本身的问题，以及绿道景观与周围环境存在一些问题。具体来讲，绿道道路的出入口、绿道道路的材质与尺寸、绿道道路的边界、绿道的节点空间与类型，绿道道路与其他交通道路的交叉所产生的问题，周围因素可能带来的干扰问题等。对于生态型绿道来讲，主要处理绿道与生态保护区域之间的关系。在深圳的福荣都市绿道设计改造中，针对绿道的场地问题和周边环境问题进行整体优化方案，例如根据场地尺寸灵活安排了单车道、人行道、缓跑道、部分路段增设休闲道，避免单一的人行道、单车道模式；绿道与周边社区的出入口对接，方便大众使用；尽量避免与机动车道的交叉，有些部分的确存在交叉，设计较长距离的减速带，保证交叉路口的缓慢交通和行人安全。在韶关公园绿道、茂名森林公园绿道设计改造方案中，针对公园场地特点，提出将绿道道路本身分层及绿道边界的多元化处理，建设亲水平台和边界，方便使用者靠近公园的湖泊；建设架高层的高速单车道，避免与机动车或行人碰撞；根据公园路段的特点，建立多样化的绿道道路材质与边界，例如红色塑胶路、木板路、石板路等，丰富与模糊道路的边界（图 4）。

图 4　韶关公园绿道，场地与绿道的良好关系

只有处理好绿道场地本身及与环境产生的问题，才能为下一步的设计优化提供良好的基础。

2.2 绿道中的建筑体与公共设施整体优化设计

建筑体和公共设施是绿道景观空间中不可缺少的部分。驿站建筑、导向系统、公共座椅、照明设施、安全设备等都属于这些范围，它们提供不同的功能服务，满足大众的需求。但在考察中，我们发现这些建筑单体和公共设施缺少系统性，彼此具有独立形象；驿站的选址不太便于公众的使用，有些驿站之间的距离过长，驿站提供的服务也不能满足使用者的真正需求；公共设施的数量较少，之间的距离也没有合理考究；导线系统不清晰，过于简单；照明方式单一，未能针对不同运动类型进行针对性设计等。特别在都市型绿道景观空间中，建筑单体和公共设施的整体优化设计更为重要，因为它们成为都市道路中的一个重要构成。

在清远绿道江滨公园路段的设计改造方案中，提出利用一种素材和元素符号为主，进行公共设施的整体化设计，在室外家具、廊道空间、运动类型分区、驿站的外立面等灵活运用（图 5）。

图 5　清远江滨公园绿道，公共设施的整体优化设计

对其功能的延展并适应大众的使用需求是绿道驿站及公共设施的另外一个整体优化设计重点。原有驿站提供的功能只有租借单车、售卖、简易休息等，这无法满足当下的使用者需求。骑单车者需要一个换衣服和洗浴的空间及单车修理工具；有些公众需要停留并获得交流、提出需要提供手机或相机的充电服务；受伤的民众需要急救的药物和设施；信息社会需要提供上网的电脑或无线网络；居住绿道附近的居民提出增加运动设施的需求。当然，在驿站的设计中不可能满足所有的这些要求，设计方案应该根据场地实际情况增加其中的一些功能。例如在从化绿道的西湖运动驿站，由于周边居民运动场所较为缺少，该驿站就提供乒乓球的运动，但未能满足居民需求。在设计改造中提出“线性运动空间”概念，以驿站为中心，往两侧绿道空间增加运动的类别和设施，延长运动的动线，因地制宜。从乒乓球运动扩展至其他健身运动，让运动从驿站内部延展到绿道空间中，满足民众的需求；同时增加洗浴空间，增加休息场所。而相应的公共设施和家具，也围绕线性运动场所布置。

2.3 基于使用类型的多种需求

绿道空间提供一些基本的功能，它们可以归类为：步行、跑步、骑单车、休息等，而绿道规划所经过的一些特定场所，人们可能提出更多需求：钓鱼、跳舞、唱歌、运动、聚集、山地自行车、亲水、游览、观赏等；弱势群体也提出关注安全、无障碍绿道的建设需求等。在场地适合的情况下，设计方案应该具有其中部分功能，增加绿道内容的多样性存在。

在花都绿道设计改造中，根据使用者需求扩展了使用类型，设计安排了“钓鱼区域”、“山地自行车专线”、“连接历史文化节点”，这有效地增加和丰富了绿道的使用类型节点，延伸绿道的基本功能，满足使用者专项需求（图6）。

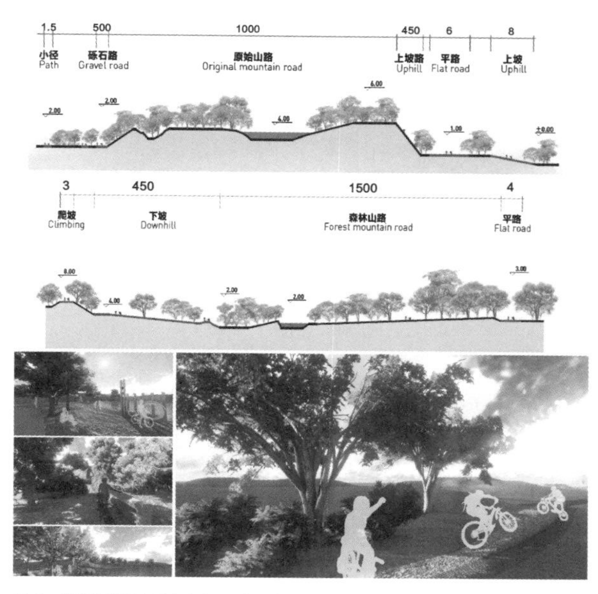

图6 绿道路段的山地自行车，满足特定人们需求

无障碍设计也是绿道需要面对的问题，因为绿道的使用者也有老人或弱势群体。方案设计改造中，实现“交通出行的无障碍、游廊的无障碍、驿站与公共设施使用的无障碍“等。

无疑，绿道景观使用类型的多样性存在将促使更多人们聚集于特定场所，激活绿道的使用效率。

2.4 绿道景观类型与功能的细化

现阶段绿道提供基本的锻炼和休憩功能，步行、慢跑、骑单车等；但随着建设和研究的深入，随着使用者的多种需求增加以及社会的发展定位，未来的绿道类型与功能将需要进行更细致化的界定。换句话说，绿道的下一步建设和设计必须进行类型与功能的细分，才能融入城市的具体发展定位，环境的持续保护，并成为大众生活的日常之道。正如阿查纳·萨玛博士在文章中所提出的观点：“绿道是线性的公园和小径，它们将社区连接到学校、购物区、闹市区、办公区、娱乐区、开放空间和其他活动地点，常常沿着河流和山脉等自然风景，或是沿着铁路长廊和观光高速等建成区分布。绿道为环保、休闲和替代性交通提供了珍贵的绿色空间，使所有市民可以自由地享受大自然的恩赐，提供多样化的休闲娱乐机会。”①

绿道可以成为解决社会具体问题的一种规划方法：在旧社区中规划绿道，连接城市新区和中心区，刺激旧社区的经济发展和社区活力；绿道也可以成为城市的单车快速通道，减少交通的拥挤；社区绿道更应该落到民众的生活实处，可以成为社区的安全通道，将居住区与学校单位连接起来，或将不同社区的重要市场场所连接起来等（图7）。

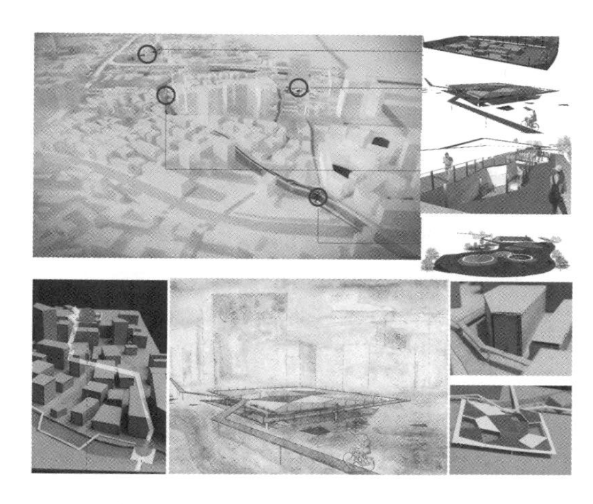

图7 绿道路段深入村落，连接河道和城市

在广州马涌河绿道规划中，设计一条连接社区居住区与学校单位、老人院、社区机构单位的安全通道，学生可沿着绿道安全上学，老人们可沿着绿道安全出行，居民也可顺着绿道便捷地到达社区机构。

2.5 整合绿道周边环境的多种资源

绿道规划中总体考虑到所经过区域的历史景点、名胜古迹、公园、湿地、湖泊等，但也有一些绿道周边的资源往往被忽略，或是绿道简单的经过而未能深入地挖掘绿道与周边环境之间可能存在的多种关系。从资源整合的角度出发，重新链接绿道与周边环境的关系，提升相互的价值。其次，设计方案中大胆提出新的绿道路线规划，成为系列支线，其目的也是更好整合周边环境的资源（图8）。

江门绿道设计改造就是一个整合资源的原则。在不破坏当地现状的情况下，绿道路线串联起了整个区域，沿途有开平碉楼、梁启超故居、小鸟天堂等四十多个人文景观，让游人们可

① Nas hville Greenways Commission [EB /OL].[2010-01-00].www.nas hville.gov/greenways/.

（美国）阿查纳·萨玛．作为景观协同工具的绿道．钟惠城译．LANDSCAPE ARCHITECTURE，2010(06)：044．

图 8　绿道路段整合村落的自然资源

以在绿道上饱览一线的美景，展现出江门优美的生态环境和深厚的人文历史底蕴。

云浮绿道整合周边的试验田（云浮市教学实验基地），这里的种植和管理都是由云浮市的中小学负责的。老师带着学生在试验田里感受农作生活的乐趣，同时也学习了知识。而收获的成果，政府会在秋收的季节里发给前来绿道的游人。

这些新规划的绿道支线，有效将周边环境资源整合起来，融入绿道规划系统中；另外，也激活了原有的场地。

2.6 设计、管理、维护的综合考虑

绿道建成投入使用后，管理、维护成为另外一个突出问题。在设计阶段，就应该考虑建成后的维护与管理问题，为绿道的良好运作提供基础。换言之，通过前期的设计研究实现维护与管理的减少投入，规范或限定人们的使用行为。

例如设计研究阶段，必须考虑如何实现绿道驿站的有效管理，如何实现公共设施的良好运营和被使用，如何实现交通网络之间的驳接等。

图 9　肇庆绿道使用者自发组成管理队伍

在投入后，维护与管理也需要合理的组织和策划，利用当地使用者或结合部门人员进行管理。鼓励本地使用者组成志愿团队，分阶段分日期进行绿道的维护与管理。这是由下而上的一种自助管理，可产生更好的效果。绿道经过的社区部门，也应该组成绿道管理团队，落实到具体的地段。这是由上而下的一种组织，也需要民众的积极。但无论选择哪种方式，绿道对使用者的归宿感和重要性是根本动力。

肇庆七星岩绿道的使用者自发组织了绿道管理队，他们自觉分班次、分段落的维护与管理着绿道（图 9）。这不是政府机关的一种由上至下的组织，是一种由于使用绿道而产生的热爱情感驱动。而该绿道管理志愿团队，也是全国绿道系统的第一支管理团队，得到社会良好的评价和支持。

2.7 地域文化因素的融入

广东的 21 个地级市已经建立起绿道系统，全国的其他多个主要城市也开始兴建绿道。绿道设计与建设虽然具有很多共同性，但也不可忽视地域文化的差异，巧妙将地域文化融入绿道景观设计与建设当中。地域文化在绿道设计中的体现，将增强人们对地域绿道的认同感和亲切感（图 10）。

绿道串联具有地域历史的建筑与节点，将使得当地文化得到更广泛的传播，建筑体与公共设施是地域文化元素融入的最佳载体，绿化种植当地种类也是一个尊重地域气候与文化的因素，绿道兴奋点的空间营造也是可以挖掘和表现地域文化的场所。这些都是绿道景观设计当中，有效融入地域文化的方式。

在佛山绿道主要路段的整体设计改造中，方案遵循本土化、地域化的特色，有效地体现地域文化。佛山以陶文化出名，利用陶瓷设计绿道的导向标识和地面铺设；挖掘佛山的功夫传统历史，将功夫形态设计成为公共设施；采用岭南的本土元素设计驿站建筑，将传统与绿道设计结合，为绿道形象增添亮点，体现佛山地域文化价值。

在面对不同城市主要绿道路段进行设计改造时，也提出一

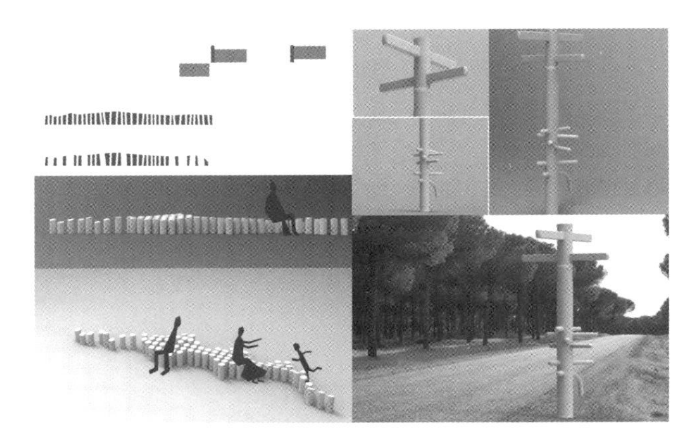

图 10　地域文化元素在绿道设施中的运用

些具有地域针对性与更具有广泛价值的策略与方案。例如提出“绿道景观有可能成为社区的线性景观公园”、“绿道景观将成为旧村落与新社区的联系路径”、“绿道景观具有保护湿地景观的潜在价值”、“在原有的绿道路线基础上提出开拓新的绿道路线，以更好地连接经过的重要场所”，这些设计改造策略与方案，也具有重要的未来价值，启发后续的绿道景观设计与建设。

3 结语

通过对全省21个城市绿道建设的系统调研、分析，并选取主要绿道景观路段进行设计改造，提出有针对性的策略与方案。其综合目的是使绿道景观能真正融入人们的日常生活，并对环境起到良好的保护作用。部分研究成果虽然不能立刻实现，但它们将对绿道的未来建设起到重要的参考价值与积极的影响。

注：本文是广东省自然科学基金项目——“广东绿道景观的功能与美学评价体系研究”（编号S2011010006091）成果。

文化旅游发展背景下的古镇环境景观探析
——以厦门闽台古镇为例

胡小聪　厦门理工学院设计艺术与服装工程学院　讲师

摘　要： 文化旅游这一新型旅游业态在国内受到广泛关注，其环境景观的构建体现出独特的历史文化内涵和地域文化特色。文章从分析文化旅游目的地环境景观的特质入手，介绍了厦门闽台古镇旅游区的基本概况，列举了其在旅游开发中环境景观存在的问题，针对文化旅游发展的需要提出了环境景观建设的策略。

关键词： 文化旅游　旅游景观　古镇环境

文化部和国家旅游局在《关于促进文化与旅游结合发展的指导意见》的文件中提出加强文化和旅游的深度结合，加快文化产业发展和促进旅游产业转型升级，切实推动社会主义文化大发展大繁荣。文化旅游作为文化产业发展的一部分，随着近年来国家的重视和人们生活水平的提高，这种以体验当地文化为目标的新型旅游业态在国内受到广泛的关注，它是经济、社会、文化三者发展到一定阶段后产生的灵性互动，能将文化遗产的保护与推动经济社会发展有机结合起来，并凭借文化传承与创新提高全社会的文化素养。

由于自然环境和文化背景的差异，传统古镇和聚落蕴藏着独特历史文化内涵和地域文化魅力，借助合理的思路对古镇内的各种环境要素进行整体规划与设计，可以实现古镇的特色景观风貌与现代旅游观感和谐统一，形成特色鲜明的古镇旅游环境景观。浙江的诸葛村、乌镇、安徽的宏村、西递及福建闽西客家的土楼早已是闻名海内外的旅游胜地，福建闽南地区的一些古镇旅游建设也正方兴未艾。因此，从文化旅游发展的视角探析闽南古镇的环境设计原则与策略，对实现闽南古镇地域文化与旅游文化的结合，展示当代闽南特色的古镇旅游环境风貌及实现旅游的可持续发展都具有深远的现实意义。

1　文化旅游目的地环境景观的特质

文化旅游区别于一般的度假旅游，其环境形象要能承载和传递各类文化信息，通过对传统地域文化的挖掘与提炼，运用现代环境设计的方法来塑造出饱含文化基因的环境景观，使它既能起到推广地域文化的功能，又能满足游客对生态美、艺术美的追求，提升景区环境的品位与质量，让游人在人文历史、艺术与自然的相互观照下流连忘返。那么，这种以文化体验为目的的旅游环境景观会表现出哪些特质呢？

1.1　地域文化特色

文化旅游就是要让人们通过旅游活动感受丰富多彩的世界文化，实地体验由当地的地理环境、人文气候、生活方式及民俗习惯形成的地域文化特色，这种特色的形成是经过长期人与环境共同作用的结果，映射出不同区域内人们的生存文明和文化属性。文化旅游的环境景观必须审视自身所处的空间语境，吸收地域文化作为设计灵感的重要源泉，让新塑造的环境景观表现出强烈的地域识别性。

1.2　文化内涵丰富

环境是为人提供从事各项社会活动和衣食住行的功能载体，一切文化现象都发生其中。这里面既有环境中的传统文化内涵，也有为顺应时代的发展而体现出的当代文化内涵。文化旅游目的地应具有广泛的文化包容性，建筑、历史、生活、民俗、伦理及宗教等多方面物质和非物质的文化能够相辅相成，不同类型、不同时期的文化都能在环境景观中得到体现，形成一座动态的文化体验宝库。

1.3　传承与创造相结合

文化并不是一个封闭的体系，随着现代人们旅游阅历的增加，对于传统文化的认知方式就不愿局限于展板式的直接表述，那些通过文化创意的方式形成的环境景观则能较好地激发起人们的兴趣。此外，每个时代的文化都有其特点，但后代文化又总是从前代继承而来，因此，研究文化既要看到其时代性，又要了解其传承性。[1] 因此，文化旅游目的地不仅要传承传统环境的优质文化，还要用心智去认知与感悟其内在的精神内涵和审美意境，通过文化创新的方法使传统文化在现代语境中得以活化。

2 厦门闽台古镇旅游区的现状

2.1 基本概况

闽台古镇旅游区位于福建省厦门市集美区后溪镇城内村，城内村始建于清朝康熙元年（1662 年），为椭圆形，东西长 217 米，南北长 284 米，古城池占地面积有 50 亩，设城门四座。四个城门内各有一座庙宇，是座军事堡垒。20 世纪 50 年代遭到破坏，现仅存北城门“拱辰门”一段断壁和南城门的“临海门”门额石匾等少数遗迹、遗物。目前城内有居民 1500 多人，较为完整的闽南古厝 100 多幢。其中，有较为罕见的五落大厝。村中有 9 棵百年老榕树，还有烽火台遗迹及有 300 多年历史的涉台文物景点——城隍庙。

为保护闽南原有的民俗文化，促进海峡两岸文化交流，致力于古城原有的历史底蕴，2012 年初由政府牵头，台商投资，共同开发了以展现闽台两岸民俗特色的旅游古镇，故命名为闽台古镇。景区利用城内村１００多间闽南古厝、３００多年历史的古城池，建成多个不同主题的民俗文化博物馆，有近 3 万件的民俗文物供于展览，强调民俗文化和民俗环境的保护以唤醒两岸民众对传统文化的记忆，让闽台悠久的传统民俗文化在这里得以延续、传承。景区自 2013 年元月开放以来，吸引了大批游客的探访，成为厦门旅游的一张新名片。

2.2 闽台古镇环境景观建设存在的问题

闽台古镇旅游区目前是采用租赁的方式开发建设的，开发周期较短，居民尚未全部参与到文化旅游的开发中，古镇内新旧建筑相互交错，整体旅游环境规划的深度不够。从环境现状来分析主要有以下几方面问题：①主入口环境尚未完善，景区主入口功能分区不清晰，大门与景区小广场牌坊的距离较远，军事文化意义的表达缺少相关辅助景观元素的衬托。②环境景观的原生性和现代性的矛盾，景区内现代风格的住宅建筑与闽南特色建筑相互交替导致环境景观的视觉连贯性不强，新材料与旧材料在整体上显得格格不入。如古镇老街的地面铺装，彩色的人行道板与古建筑缺少融合的基因。③环境景观未能反映出文化的多样性，从古镇环境中能接收到的多是为旅游开发服务的外来创意文化，缺少对本地民俗文化中不同内涵的展示。④环境设施的设计创新性不够，如主要景点拱辰门下的光滑的石凳与古城门古朴的形象不相统一，环境导向标识的类型缺少层次和创新。⑤景观节点的主题性不够饱满，几个博物馆只是在建筑里面展示收藏的文物和文创产品，而外环境设计却没有体现出相应的环境主题。⑥景区内的绿色植物配置不够，缺少田园式的生态旅游层面的建设。

以上问题产生的原因有很多，有建设周期短、投资资金有限、租赁开发模式等多方面的原因，但主要还是缺乏深入分析古镇的地域文化特征，未能很好地将新引入的创意文化与古镇的民俗文化相融合，这都会使环境景观因缺乏文化内涵而流于一种同化的商业形式。

3 闽台古镇环境景观的营造策略

闽南村落有着鲜明的环境风格，独特的闽南海洋环境及人文因素孕育出闽南特色的古镇风貌，那些条石墙基、烟炙砖、燕尾脊等符号元素早已构成了深入人心的闽南文化区的主体形象。然而，现实中闽台古镇环境景观的开发却存在两方面矛盾：一方面，现今的传统文化符号有的已经不再以完整的形象呈现，文化符号的残缺可能会导致内涵表达的错位；另一方面，在旅游开发中新的文化的融入必然会和本地的传统文化产生冲突，如何协调解决好这种矛盾并衍生出新的文化价值将是一大难题。因此，应努力探索出一套具有宏观视野、微观操作的设计策略，建设好既能突出地域文化特色又能发扬文化多样性的环境景观。

3.1 分析古镇现状结构

环境景观建设应要做到信息传递的原真性和完整性，应从分析区域空间结构入手，了解区域范围、形状、尺度等基本环境设计指标，熟悉古建筑与现代建筑的分布情况、道路系统及空间组合肌理，掌握地域文化的种类和分布情况。对于以文化旅游为特色的闽台古镇，首先应梳理清楚古镇中的地域风貌特点，完成古镇旅游环境建设的控制性详细规划，严格依据古城边界划定开发建设的范围，详细规定所规划范围内各类可建或不适建的改造内容，控制好新建民宅的高度、体量、色彩，保护好古镇原始的布局形态和环境风貌。其次，划定古镇内的重点文物建筑及具有明确历史意义的城建遗址，如应妥善保护好古镇中那座清代中期的五落大厝建筑和几座古城门遗址等具有明显地域特征的要素，这些都应是景区内重要的景观节点。另外，主轴线霞城老街的商业环境风貌及两侧老建筑的外立面都应遵循整旧如故，整理保护好那些具有地域特色的建造材料、色彩、吉祥图案等地域文化符号，突显出历史文化街区的沧桑感。最后，厘清古镇内不同的文化结构，凝练出旅游环境建设中依据的文化脉络。如闽台古镇中的民俗文化、霞城老街的古代商业文化、曾经作为堡垒的军事文化、部分涉台文物的宗教文化及以旅游开发为目的而引入的博物馆文化和现代创意文化，根据不同的旅游定位将不同的文化类型原汁原味地融入不同环境景观中。

3.2 重构古镇的环境景观构成要素

古镇现存的环境景观传递着场所的历史延续感和时间感，是人们与古镇环境建立情感体验的必要基础。但在文化旅游的开发中，我们不能一味拘泥于复古思维的束缚，应在协调好传承与可持续发展的现实需求的基础上尝试重构手法让传统的古镇环境景观焕发出新的意象，从而起到吸引游人的作用。

1）文化层面的重构

景观是文化在空间中的凝聚、时间中的延续。[2] 旅游景观的建设要尊重古镇中居民和游客的真实文化需求，考虑不同文化体系的相互包容相互影响，以真实的物质形式和空间美感作用于人。对于祖祖辈辈生活在古镇中的居民来说，他们更习惯于感受古镇历史文化的沉淀和传统生活的真实写照，而对于以探求新事物、新环境为目的的游客来说，他们却更愿意在于环境景观的互动中收获新的文化经验。在这种情况下，首先，环境景观的建设就应尝试重组的方式寻找两种文化的共同点，确定古镇的主题文化，将古镇地域文化分解成不同的层次，借助文化创意的手段实现古为今用、古今融合，以这种不同时空文化的重组找到合理的文化景观表达方式以传递出新的文化内涵。如将古镇中老街的市井文化与现代体验式旅游文化相结合，通过场景模拟和雕塑小品把老街当年的市井生活和民间手工艺展示出来，营造出真实的地方文化气息。其次，将不同人对文化的需求以混搭的形式表达在环境景观中，让不同的文化相互渗透、相互促进，保持古镇文化旅游持久的生命力和凝聚力。如古镇临海门处的"电音三太子"表演，是台湾特有的表演次文化，如能提炼和重构其中的部分元素与古镇环境景观相结合，就一定能产生以乡土文化为基础的多元文化共生的旅游景观。

2）建造层面的重构

文化的重构是建造重构的基础，建造层面重构指的是结合旅游功能空间配置需要，对古镇环境景观构成进行历史延续性重构。首先，依据旅游规划重构景观轴线、完善游览路径、界定边界。完善以霞城老街为主轴线的古镇老街记忆及博物馆群旅游线路，保护好老街两侧闽南传统建筑的特色，改造其中的部分新建筑的立面形象，通过对闽南传统建筑形制的把握和材料的创新运用，使新建筑与旧建筑融为一体，突出原生的闽南文化和乡土景观。同时，闽台古镇是一个相对封闭的人造空间体系，自然景观不多，加建建筑之间的植物配置，让游人在浏览的过程中感受到古镇自然的气息，丰富空间的装饰性。此外，将本地居民的生产活动纳入到动态的旅游景观中，增加以古镇外围农业生产体验的绿色生态环境轴线，丰富旅游的层次。其次，重视入口景观设计、划分景观建设区域、围绕主要旅游点建立景观节点。古镇南面的主入口处可以围绕军事文化设计景观环境，内部的许愿池和城隍庙则应当突显闽台的历史文化，这两处都可以借助景观小品来强化文化主题性。同时，景区应以几个小型博物馆为景观节点，依据不同的馆藏主题在建筑周边设置相应的景观环境，让游人能够融入不同博物馆展示内涵中，避免走马观花式的快速游览。最后，建立标志物、完善旅游公共设施。景区中每一个主要景观节点都应设置相关内容的标志物，以更好地强化不同景点的旅游文化定位，也同时起到引导游客的作用。此外，应重构景区的公共设施，既然是文化旅游景区，其公共设施也应反映出不同的文化定位，通过创意设计让那些常规化的公共设施也传递出文化旅游的主题性。如拱辰门下的公共座椅就应当与古城门斑驳的历史感相呼应，通过对旧材料的分拣重组并适当加入现代的新材料，创造出新的形象。

4 结语

历史是一种渐进和交织的发展过程，鲜活的生活从来都无法用相片式的定格来加以充分表现。[3] 这是因为环境是一个动态发展的空间，其历史遗存和人文内涵都会因为时间的推移而改变，文化也要不断为适应新的需求而做出改变。闽台古镇拥有丰富的文化资源和环境资源，文化和旅游环境的结合必然会迸发出前所未有的生机活力，我们只要能准确把握住文化旅游的发展定位，统筹考虑地方居民与游客的不同文化需要和审美趣味，并经过适当的表达方式物化为可感知的环境景观，就一定能创造出兼具文化性和艺术性的闽台古镇旅游环境景观，提升古镇旅游的品牌知名度。

参考文献

[1] 高英彤，刘彤．和谐世界理念下我国的文化战略 [J]. 理论前沿 2007，23.

[2] 戴代新，戴开宇．历史文化景观再现 [M]. 上海：同济大学出版社，2009：26.

[3] 马志韬，白今．地域建筑景观重构——浅析地域建筑景观遗产的历史价值保护 [J]. 建筑与文化．2011，7.

基金项目：2013 年福建省社会科学规划青年项目　福建省城镇化建设背景下的"古镇维新"规划设计研究，项目编号 2013C066。

打牲文化的传承与重构

——乌拉街打牲贡品市场及其景观规划研究

刘治龙　东北师范大学美术学院　助教
王铁军　东北师范大学美术学院　教授，院长

摘　要：打牲文化是吉林乌拉街镇乃至东北历史不可或缺的一部分，打牲乌拉贡品市场是其打牲文化的再延，为传统的满族民族、民俗文化提供了对外发展与交流的平台。打牲乌拉贡品市场的生成是我们真实的了解了历史上生活在这块黑土地上的乌拉街人的窗口，为外界认知与追寻满族文化提供了良好的媒介，呈现了一个鲜活而丰满的乌拉古镇。

关键词：打牲文化　乌拉古镇　满族历史

引言

吉林省"百镇建设工程"的实施，提出到2020年将百镇打造成布局合理、特色鲜明、经济发达、功能齐全环境优美，具有较高生活幸福指数和较强吸纳辐射能力的区域重镇、经济强镇。而历史上乌拉街满族镇就是东北地区重要的节点，清代"打牲乌拉总管衙门"管辖范围幅员广阔，有明确记载的区域范围，至今在满族人们的心目中仍有较高的知名度与认可度。受吉林市乌拉街满族镇人民政府的委托为保证城镇有足够的长远发展空间，为农民农产品及当地土特产和民俗产品交易提供平台，打牲乌拉贡品大市场概念便在这一背景下提出并生成。

1　乌拉街打牲文化背景及历史沿革

1.1　打牲乌拉衙门（清）进贡

历史上乌拉街打牲乌拉衙门所在地在清代属于皇家领地，该机构的任务是专门为清朝皇室贵族置办东北地区的各种特产，比如：各种上乘裘皮、天然东珠、绿松石、人参药材、鲟鳇鱼各种珍馐鱼肉、名贵山珍、上等猎鹰，等等 。因此，打牲乌拉衙门之下有一批专门从事这些工作的旗人，在清代被称为"乌拉牲丁"。在乌拉街设置"打牲乌拉总管衙门"，是为皇室及宗室进贡百种特产而专设的采捕机构，是与南方的"江宁织造"齐名的皇室贡品基地，此外还肩负训练兵丁、储备兵源的重任。因此，乌拉街的特产以品类特殊，质量上乘闻名，在东北地区人们心目中一直占有一席之地。贡品大市场概念的提出便是以此为背景，在当地经济快速发展中提出的游览、集市场所。

1.2　乌拉街自然资源物产丰富

乌拉街毗邻松花江畔，物产资源丰富，自古以来就是皇家御用的贡品集中地。且北国奇观雾凇，以乌拉街地区的品质为最上乘。因此，乌拉街也是东北地区重要的旅游景点，城镇发展的定位是努力使乌拉街成为有内涵和发展空间的历史文化名镇。乌拉街镇种植业历史悠久，农业特色突出，是吉林市的蔬菜基地。这里拥有百亩中华寿桃园、千亩奥运苗圃、万亩无公害蔬菜园区、七大特色农业基地。乌拉街的大白菜、大蒜、小毛葱等农产品闻名国内外，乌拉白小米更是清王朝独一无二的"贡米"。这便为贡品市场的产生提供了良好的先提条件。

1.3　贡品市场机会、民俗文化的历史变革

根据乌拉街的城镇设计规划与经济发展要求，希望有一个展示乌拉街当地文化与物产特色的场所，而贡品大市场概念的出现为乌拉街民俗、特产的展示与传播提供了良好的平台。乌拉街在当地的经济地位较为突出，乌拉街八景中就有"西门午市"的旧时情怀。这就为打牲乌拉贡品市场概念的发展提供了有力的支持。乌拉街贡品大市场的生成将通过市井文化、旅游休闲，附和商业功能的传承来提升乌拉街满族文化古镇的价值。内部的商贸形态沿袭昔日的历史文脉、充分挖掘当地老字号与专业特色店。

2　乌拉街贡品市场

2.1　贡品市场周边环境分析与再生契机

民族性不是某些固定的外在格式、手法、形象，而是一种内在的精神，假使我们了解了我们民族的基本精神 …… 又紧紧抓住现代性的工艺技术和社会生活特征，把这两者结合起来，就不用担心会丧失我们的民族性。

乌拉街传统建筑主要分为历史传统建筑群和清代民居建筑群。而贡品市场的定位正是介于民居建筑与传统建筑（如后府，即将重建的打牲乌拉衙门总管）的交接处，满足乌拉街开发历

史文化名镇的游览路线。打牲乌拉贡品市场位于乌拉街建筑历史游览路线与休闲娱乐游览路线的重叠点。

乌拉街贡品市场的规划设计在乌拉街镇政府的整体规划“西开、东扩、南北聚合、中部激活”中的“东扩与激活”前提下，以商业为契机带动旅游业发展的建筑综合区。打牲乌拉贡品市场为与乌拉街现镇政府东北方向，毗连当地著名历史建筑后府，对旅游线路的开发有较大的升值空间，周边已建民宅数量不多且品质不高，为打造当地城市与经济发展的可能，提供可行性条件。打牲乌拉贡品市场的规划红线位于乌拉街核心保护区外，占地面积 20.34 公顷，结合旅游产业规划，以商业和机会功能为主，四周向外扩展 15 ～ 20 米的绿化隔离带。且由于乌拉街特殊的地理位置，松花江再次分支较多，所有可以以人工开凿的方式将少部分江水引入到乌拉街贡品市场建筑群中，有利于渔业经济特产的原生态性。

2.2 贡品市场仿古建筑与乌拉街现有古建筑比较分析

由乌拉街历史传统建筑的“乌拉三府”乌拉街传统寺庙和清真寺为主的构成点状优秀历史建筑群年代久远、工艺精湛体现出乌拉街公署建筑的最高造诣。而由古城街满族民居建筑构成的带状建筑群特色鲜明，反映了当地历史风貌与地方特色。乌拉街的建筑是北方古建筑的杰出代表具有很强的历史、科学与艺术价值，是乌拉街历史文化名镇的重要组成部分。

乌拉街民居建造技艺主要是土木结构的住房建造，主体结构分为墙、柱、柁、架、盖、搏水板、棚、门窗等，内设炕、灶、居室。打牲乌拉贡品大市场的建造技艺仍然需要采用原始的梁架结构，以现代建材如钢筋、混凝土做主梁及基础方面的加固。贡品市场的整体规划为方形，依据当地老城池建筑的特点进行建造，为东西 500 米、南北 450 米的近乎于方形的内城空间。交通分为南北和东西两条主要的街道，主入口为东西两侧临街，方向性明显。主干道由东向西在节点广场的两端与东西城门的前方各有四座过街牌楼。另有一处出入口为城池的东北角，即牲畜交易市场，这样的道路规划有利于人畜交通分流，保持交易市场内良好的商业环境。二级道路为沿城墙而建的方便游客观光的石板路，次级道路为以当地四合院及三合院院墙规划形成的胡同空间。道路两侧的景观可人为加入旧时商业元素，如标志性的索罗杆子和特色的商铺旗号，再现特产、贡品一条街的繁荣。

贡品市场的建筑分为临街的商业和后续休闲的两种建筑组合。临街商业建筑主要以二层的仿古建筑为主，由上下两条交通流线形成的观览空间。从观者的视觉体验上营造出店铺林立，“前埔后屋”的居住形式，市井文化气息浓郁。建筑的高度严格按照乌拉街镇政府中心城区的规划高度 9.5 米以下，以清式二层建筑为塑化原型，以乌拉街当地特有的青砖灰瓦为建筑基调，按照古城街两侧的传统建筑的体量、色彩及建筑风貌进行设计。二层连廊进行打通并悬挑出 3 米的宽度，并以木柱进行支撑，有利于在单位面积的空间下最大程度地增加游客游览路线的长度，以增加贡品市场商业建筑的丰富感。后续的休闲及附属设施建筑主要为茶馆、会客、书店、戏台为主的单层建筑。就建筑形式来讲，它采用的仍然是以乌拉街当地建筑为特点的大屋顶建造形式，建筑高度不超过 6.4 米，其中屋顶部分的高度大致为 3.5 米，屋身的高度控制在 2.8 米左右，有利于增加游客欣赏有购物时的亲切感。同时，建筑体量也不宜过大，单体建筑的进深不宜超过 8 米。而建筑的立面设计则以东北传统青砖为主，屋面、木门窗等建筑构件的生成以青灰、黑、白、褐色为主色调与老城区旧建筑相得益彰。在保持乌拉街原有建筑风貌的同时，尽可能采用悬鱼、腰花等砖雕装饰，与老城区建筑风格和景观特征相协调。禁止使用大规模的玻璃金属幕墙等现代材料，必要的钢结构部分可采用实木或树脂进行仿古性的做旧，以期达到与周边环境相统一的视觉体验。商业氛围的体现方面：可借鉴当地遗留下来的优秀历史照片，参考其中的匾文，满汉对照；材质方面可以选用木质板材，沿用原始的黑、褐色为底色，金、红、绿色为字面的雕漆手法；字体采用行、楷、草、篆、隶等，拒用现代字体，与再现乌拉街旧时风韵。现代化的标识连锁只在外城区进行，拒绝引进到贡品市场内、以保持贡品大市场原汁原味的乡土风貌。在视觉景观的丰富方面可以适当地以青砖灰瓦为主基调，青石板路面，加入呼兰烟囱，砖雕、影壁、幌杆、红灯笼等装饰性商业元素，再现市井繁华。

3 乌拉街贡品市场多元文化景观的共生策略

3.1 乌拉街贡品市场的文化语境分析

由于打牲乌拉贡品市场紧邻后府与打牲乌拉衙门总管，此处毗连区可共同形成以农史、贡品为主体的乌拉街生态休闲商业区，展示乌拉街当地特有的满族文化。以城乡统筹、集约用地为指导方针，结合乌拉街满族镇的自身特点，为乌拉街特色乡镇的发展提供有利的条件。其文化景观的阐释主要分为以下几个方面：

1）商业性

打牲乌拉贡品市场是以乌拉街当地土特产经济为发展前提建立起来的规划思路。1995 年～ 2013 年乌拉街的经济年均增长 20%，快速发展的外向型经济与粮食蔬菜的出口的拉动为乌拉街建立贡品市场的建立提供良好的条件。农村集市文化的发展在，村镇的民俗生活中占有必不可缺的位置。在东北乡镇，农村地区集市大多位于方位适中、交通方便的中心村镇、寺庙胜地和城镇边缘地区，而贡品大市场的地理位置刚好可以引申为进行交易的场所或聚落。

2）文化性

为保护当地特有的萨满文化，乌拉街镇政府有意制定专门的培养计划，将满族传统工艺、服饰、口头传唱的历史整理出来，并以贡品市场为舞台展示给来此观光的各地游客。贡品大市场中心南北街道主要的交汇点形成的小型广场，为街道、集会演艺空间的可能性提供了有力的保证。

3）纪念性

乌拉街打牲贡品市场建立的目的是为市民的生活提供方便，同时在发展旅游线路的同时弘扬民族特色，提升文化气息浓厚的生态旅游服务业质量。由于乌拉街镇内缺少对外宣传与交流的平台，因此，市场内的职能也将合理引入参观人流，在小型过街牌坊广场内作为满族民俗表演的场地，定期举办各种民俗活动，形成新的村镇生活习惯。为乌拉街现阶段的民俗建设奠定良好的实物平台。同时打牲乌拉贡品市场兼顾节假日集市与物流，这就为乌拉街镇的对外交流创造了良好的对外宣传条件。

3.2 贡品市场建筑景观多重语义的解读

贡品市场的观景路线分为游客路线、集市路线和农耕牲畜交易买卖路线三部分，既是外地游客游览购物、搜集纪念品的体验路线也是乡镇人们日常生活的一部分。

1）游客路线

贡品市场的进入首先由城门及过街牌楼及街道组成的次级广场构成。由街道及牌楼构成的纵深感与商业气息，极大程度上地引起参观者及游客的参与感。外围的露天商铺是季节性生成的（由于乌拉街地区冬季寒冷，因此冬季商业活动多在室内进行），主要经营乌拉街当地的土特产如稻米、豆类，香菇、人参以及季节性的野菜刺老芽（刺嫩芽、刺龙芽），猴腿（猴腿菜），黄瓜香，蕨菜，婆婆丁（蒲公英）等绿色生态农业。由两支牌楼组成的广场主要是为游客提供一个露天的观演空间，如萨满舞蹈及神歌、单鼓等。其中乌拉族瓜尔佳氏家祭和乌拉满族萨满音乐均为省级非物质文化遗产。形成乌拉街满族镇萨满文化对外展示与宣传的窗口。街道在此处分为三条次级道路向西延伸（中间主要商业街道、南侧小吃街道、北侧休闲参观街道）。其中主要的商业街道由过街天桥与长廊连接商铺的二层，使商业街分为上下两层对外模式。恢复乌拉街老字号如《大兴号》、《万隆德》、《三合盛》、《聚德堂》等，同时引入贡品商业文化、粮食深加工，树立乌拉街当地自有品牌；引入当地名贵土特产如人参、鹿茸等，为打牲文化的注入提供有力的支撑。在小吃街道主要是方便游客感受乌拉街当地的美食文化，品尝乌拉街火锅的醇厚、冰糖葫芦的酸甜……北侧较为清净的区域为休闲购物街道，这里的参观方式以合院为主。有书院方便游客了解乌拉街深厚的历史文化和当地名人背后的故事。且书籍提供免费阅览，并有介绍乌拉街风土人情的短片。在这里游客可以轻易地找到百花公主点将、努尔哈赤征战乌拉部、康熙巡防、黑娘娘等一系列历史传说。纪念性的明信片售卖处，邮寄点也在此处。另一处合院主要展示乌拉街当地的风土人情，在此处游客可以看到现场的乌拉街剪纸以及萨满服饰的制作，充分感受满族文化的魅力。第三处合院为满族服饰展区，在此游客们可以领略到满族手工旗袍制作与穿着的独特魅力。另外售有当地萨满乐器及草编工艺、满族嘎拉哈、珍珠球等纪念品的小店均在此街道。

2）当地居民、集市路线

当地居民的集市路线主要集中在东部城门的露天市场附近，日常生活的农作物买卖交易均在此进行。重要的节日外地农产品的买卖也将在此处进行。由于露天集散，形成天然的原生态农产品交易市场，有利于吸引周边乡镇的外资与人气，更大程度上地发挥乌拉街经济的辐射作用。集散市场的出现是乌拉街绿色产业升级链条的一部分，为实现经济的提升提供有力的保证。而农民售卖的路线也基本上在东城口周边自发形成，期间只需少量的管理干预，其道路交通维持在三米左右方便自行车及小型推车进入即可，有利于维持农村集市原汁原味的生态感。

3）农耕胜出牲畜交易买卖路线

由于乌拉街连接周边乡镇与吉林市，对周边的村镇居民商业和生活具有一定的辐射作用。而在农村生产生活中农耕牲畜对生产力的提升具有不可估量的作用，是农民日常农作生活的一部分。因此，在贡品市场中开辟出一条牲畜交易买卖的路线对周边居民来就更具现实意义。牲畜交易买卖的地点位于贡品市场的东北角，有利于大型牲畜的进出，另一方面受风向的影响，适合动物气味的扩散。牲畜交易市场的出现不仅为当地居民的而生活提供了方便，更使整个贡品市场产生了浓郁的乡土气息，人们可以原汁原味地领略东北农村地区的生产活动，更能从吆喝声中体验人们交易买卖醇醇的热情。

4 结语

乌拉街打牲文化是其历史不可或缺的一部分，打牲乌拉贡品市场是乌拉街打牲文化的再延，为传统的满族民族、民俗文化提供了对外发展与交流的平台。打牲乌拉贡品市场的生成让我们真实地了解了生活在这块黑土地上的乌拉街人们的生活，为外界了解、追寻满族文化提供了良好的媒介，呈现了一个鲜活而丰满的乌拉古镇。

参考文献

[1] 左琰．拱北圣地 VS 工业遗存——陕西西乡鹿龄寺多元文化景观重构．为中国而设计第五届环境艺术设计大展优秀论文集中国建筑工业出版社，2012，10.

[2] 关志伟．话说乌拉．长春：吉林人民出版社，2008，12.

[3] 周立军，陈伯超，张成龙．东北民居．北京：中国建筑工业出版社，2009.

注： 论文发表于《文艺争鸣》2014，3。

低熵下的“风土”景观营造的必要的对策研究

陈顺和　福建农林大学艺术学院　副教授

摘　要：本文提出“风土”景观的概念是基于新一轮的城镇化改造中地域文化保护，注重于特定自然范围内的文化差异性造就的景观特质，以发现和挖掘、趋势利导以及景观地形化等作为必要的对策研究，以多学科的视角对所面临的景观环境问题展开了研究，立足点把“风土”景观研究中差异性和文化生态的景观营造研究路线结合起来成为景观营造一种策略，为景观环境的治理和保护提供一种理论和方法。

关键词：“风土”景观　地形化　趋势利导　文化生态

引言

低熵，简单说就是低耗能、低污染。人类在后工业时代的低熵条件下生存状态，已濒于自然和文化双重丧失的物质和精神家园的境地。新一轮的城镇化改造中，如何避免生态平衡的破坏、对生态遗产的破坏，在节源、生物资源利用以及地球上的可以开发再利用的一切资源都进行了有计划的开发与利用。如何突出“风土”自然风光，较好地吸取自然光、风、香、绿色、空气等因素，在景观中，本土的材料、植被、建造方式不仅延续场地文脉的完整性，保留人们对于乡土的记忆，也大大降低了景观的营造成本，从而减轻土地的负担和资源消耗。

1　“风土”景观概念及营造研究的意义

1.1　"风土"景观

“风土”景观是对生活的社会群体、生活周遭环境的独特乡土的记忆和表达方式。它把思考、认知和表达于地层、水文、植物、大气，承载乡土价值和精神，它传承时间，凝聚记忆；它重视并尊重土地，包括地形、河流、气候、植被等。“风土”景观营造强调使建造在场地上的空间能建立起一种领域感。景观营造过程是对地域中的地形、风貌人情、环境气候、光线等地区因素的表现。强调除视觉之外的触觉、听觉、嗅觉、运动觉等补充性知觉体验，融合“风土”思想、文化、观念、意识等，营造一种面向多样化的地域性风土文化。

广义的“风土”景观，阐述了人与自然环境之间不可分割的关系，目的在于关注广泛的生态学景观上建立起“风土”景观创作的新思路、新观念，对景观美学的当代性的价值重新确立。有助于拓宽我们在“风土”景观领域研究，探索一条符合人类可持续发展的道路。狭义的“风土”景观，在小范围内的区域规划、庭院景观营造中，本土的材料、植被、建造方式延续场地文脉的完整性及保留人们对于乡土的记忆，也大大降低了景观的营造成本，从而减轻土地的负担和资源消耗。

“风土”景观作为新的课题在学科和新的视野不断被拓宽，与其他新型相关边缘学科产生渗透和叠加，“风土”景观系统有其内在的规律性，如何把系统思想与方法论引入“风土”景观概念中，以“风土”景观营造为基础的环境理论和规划设计方法，使理论与实践紧密结合，从一个单纯描述环境关系的自然科学渗透到社会科学和人文科学，这对“风土”景观提出了一系列必要的研究课题。

1.2　“风土”景观的研究是寻找差异性和文化生态的路

“风土”景观不仅是一种空间、一种文化的视角、文化生态为载体，多元的地域文化滋长了灿烂大地，各地区各民族由于自然环境、文化背景、生活习俗、建筑技术的不同，形成了具有浓郁地方特色的居住建筑，如北京四合院、江浙天井院、徽州天井院、黄土高原窑洞、云南苗家竹楼、福建客家土楼等。同属中国却又丰富绝伦，独具各自魅力的差异化景观，是搭建人、社会与自然统一的空间环境。传统乡土民居的特征必然和所在地区存在某种因果关系，也就是地区性。简而言之，传统民居所在地区因其独特的自然和社会条件以各种方式决定了当地景观的特征。“风土”景观将模拟和分析各种自然因素和社会与文化因素之间的关系发现大地，重新为差异性、文化生态打开通道。“风土”景观是具有多样性设计与人文性、乡土性，以及不同地域的文化差异性。它是特定的地域文化背景下形成并留存至今，侧重于空间载体、历史维度、文化取向等概念。基于自然和文化的“风土”精神营造实际上整合文化策略形成地域性特色的“风土”景观已经成为当前和未来的一种发展趋势。

约翰·奥姆斯比·西蒙兹在《大地景观——环境规划指南》一书中提出从“研究人类生存空间与视觉总体的高度”探讨景观规划设计，“景观设计师的最终目标和工作就是帮助人类，使人、建筑物、社区、城市以及他们同生活的地球和谐共处”。这极大地拓展了景观研究的范畴与视野，为了人类的生存环境改善而设计。西蒙兹说：“自然法则指导和奠定所有合理的规则思想。”他主张理解自然，理解人与自然的相互关系，尊重自然过程，需要全面解析方法、环境保护、生活环境质量提高策略。[1]

2 “风土”景观营造的策略研究

2.1 自然和文化的“风土”精神研究

人类在后工业时代的低熵生存状态寻找自然和文化双重的“风土”精神家园，着重构建人类诗意的栖居。中国提出的“山水城市”、“美丽乡村”，西方提出的“生态城市”设想及其实践，都可以看出是人类理想居住模式的典型代表。海德格尔说：“诗首先使栖居成其栖居”。诗是真正让我们栖居的东西。但是，我们通过什么栖居之处呢？通过建造。那让我们栖居的诗的创造，就是一种建造。要实现“人诗意地栖居”这一理想的栖居模式，则需要通过“自然”与“文化”两个方面来构筑，既要依据生态学原理建立舒适宜人的物质家园，又要借鉴人文学科的只是建构富有诗意的人类精神家园。[2]

法国地理学大师白兰士(DeLaBlache)主张的环境自然论，将文化视为由自然环境影响的。“风土”景观作为一个自然与文化的载体，如果深入到不同建筑空间的文化背景进行一些考察，就会发现，“风土”景观空间较注重地域文化与内涵，要满足人的居住行为、习惯及获得归属感。对“风土”精神的概念理解，吴良镛先生提出的“传统建筑现代化，现代建筑地方化”的策略以及全球—地区建筑之议，将地区性和全球化的关系确认为共生，并赋予地域性，尊重自然环境，包括气候、地形、植被等；尊重地区文化，包括生活方式、风俗习惯、艺术审美等。

2.2 在环境中“发现和挖掘”的“风土”景观

如果说去“创造”一个景观，不如说是“挖掘”一个景观更为生动有效。“大地”可谓是一种新的景观资源。山川、梯田、废弃的校园和民宅既是又是“画面”，森林、农场或工业废墟，成为景观建造师关注的对象。[3]中国传统景观讲究“天人合一”，建筑景观和周围自然和谐融为一体。体现在当下的景观营造是在原有环境上的挖掘和提炼，达到和周围建筑环境高度统一。景观营造符合当地原有的地域地貌特点，凸显和谐。

海德格尔说，大地需要被重新发现！不能以为只要现代化、国际化，而河流、植被可以不重要，乡土、信仰可以不重要，人们是要重新去发现大地了。从宏观角度上“挖掘”的景观、自然、风土、景观、文化的关系，主要以地形的特性，山间、内陆、盆地、海岸沿线以及河川沿岸等为标准。还包括有地层、水文、植物、大气等风土特征。日本建筑界针对景观环境问题提出了“环境建筑设计”的新观点。早在 1999 年建造的“海洋水族馆”，这座建筑位于日本海域境内西南两侧最佳的位置，利用冲绳岛舟状海盆与琉球海沟的深海地域的自然环境资源优势，成为又一处亮丽的“海上风景”。通过建筑师设计建造了这座颇具特色的“海洋水族馆”建筑。

在景观营造上对于富有"风土"景观精神内涵的栖居空间，需要景观建造师不断从地域物象的悟性中捕捉表达的内容。一座栖居空间的景观营造总会受到来自内外各种因素与各种启发产生的。不管是景观建造师经过“发现和挖掘”捕获的，都应该是需要通过“自然”与“文化”两个方面考量，在景观建造师与环境的探索方面形成了环境文化、环境心理、环境行为、环境美学等多种理论和设计思想。

2.3 “趋势利导”的地形设计

地形是“风土”景观营造的支架，也是景观形态的基础，运用地形、绿化景观、创造可以更多地层次和空间。地形的改造给种植环境、土方平衡、绿地排水等方面带来诸多益处。地形设计在通过相应的设计营造出一种承载和言说地方性、尊重土地以满足人们对居住环境改善的要求。日本建筑学家横河健提出了“建筑的地形化”与“地形的建筑”的观点。寓意是指建筑应依据不同的地形建造不同的建筑。他的观点告诫人们，地形能改变设计与创造的建筑形式。对于一位景观建造师来讲，要善于掌握有利地形、因形而造物的技巧，在具体的情况下利用手中有利的条件创造性地设计建造因地制形的景观建筑。[4]

在景观形态上的设计，突出要求的是“趋势利导”的地形设计，对土地原有地势上的充分利用，并且适当的结合相应的人工改造过程，在总体规划层面的地形设计中，将规划跟所在的山体、丘陵、水体河流等自然因素相结合，这都对整体的规划活动起到一定的指导作用。 虽然这些地形对建筑布局的规划设计带来一定的影响和限制，但是如果可以充分利用地势上的落差和高差变化以及特点，就很容易形成一种较为独特的布局。因此在居住区的整体规划过程中，一定要充分地研究和利用当地的地形状况，在利用原有特色的同时，在适当的时候也可以采取新的改造地形的方案，无论如何，就是要将地形上的优势充分地运用到区域的总体规划上。

2.4 “风土”自然资源利用与景观营造的结合

低熵条件下人类对能源的利用提出一系列问题，根据熵增原理，每天都在消耗的煤、油都在增加宇宙的熵，如果我们用尽矿物能源又无其他新能源时，引力可以实现熵减，如地球引力能使太阳的热辐射能“聚集”在地下，地热是人类取之不尽的能源，我们可以通过地下热水利用、温差发电等形式解决能源问题。20 世纪 70 年代，日本从德国提出的建筑生物学、地球环境建筑的目标与理念中汲取经验，旨在力推地域地球生态保护，建筑与环境、温室化、节能、环境污染等诸多问题设立的，采取相应的管理机制与对策。同时也对地域的气候、传统文化的传承与保护、周边环境的协调、生活质量的提高等有了明确的立法制度，更加强了建筑与环境的重要性。

位于名古屋爱知县多半岛的“中部国际机场”，有机地利用了当地海域的环境特点，让世人充分领略到，当代日本建筑在真正实践着建筑与环境和谐关系的设计思想。海上机场以美妙的风景尽用环境资源优势。它充分利用光、热、水、绿、风等自然资源，既利用了自然资源，又有利于环境与资源的循环利用。第一，太阳光的利用，在建筑上层部位设计太阳光发电装置，为飞机的动力提供了电源保证。第二，热能源的资源利用，为室内的空调提供了既舒适又环保的资源。第三，水资源的利用。在设计上，建筑师将建筑周围降落的雨水较好地利用起来，设计相关的装置，将这些水用于培植树木，浇灌土壤。又将厨房排水进行处理后成为卫生间冲洗之用等。第四，风资源的利用，因机场临海，海上的风是最好的资源，在设计上将这一部分的资源有效利用起来，运用相关装置将这种风的力量用于机场建筑内的空调换气。总之，在利用新技术、自然环境优势方面，新建筑的成功经验值得后人深入地研究。这些新理念、新观点已成为新世纪主要发展方向。

3 结语

当下经济全球化、科技的发展，信息的高速传播、价值观、审美观等的多元化，在新一轮的城镇化改造中如何合理地利用与营造当地景观，如何突出“风土”自然风光，较好地吸取自然光、风、香、绿色、空气等因素，在景观营造上糅合人文、文化基因。在突出“风土”自然风光中，气候系统、水体循环系统、生物保育系统、土壤与植被生态系统等若干相互依存的体系得到充分尊重，面对这一切如何适应它、利用它、使“风土”景观设计成为该时代的产物，强调设计的生态性、原创性和前瞻性，这已成为当下景观设计师的重要任务。

参考文献

[1] 成玉宁．现代景观设计理论与方法 [M]. 南京：东南大学出版社出版，2010：24.

[2] 海德格尔．诗意的安居 [M]. 北京：上海远东出版社，1995：89.

[3] 章俊华．LANDSCAPE 感悟 [M]. 北京：中国建筑工业出版社，2011：66.

[4] 李剑华．日本新建筑视觉艺术 [M]. 北京：中国建筑工业出版社，2012：90.

关于发展空中和垂直农林构建森林城市的设计

——为城市环境和空间的绿色设计

裴苹汀　重庆科技学院
欧潮海　重庆科技学院

1 引言

城市化的扩张导致农田和农林的消失，庞大人口与消耗也极大考验着脆弱的环境。土壤是宝贵的不可再生资源，但在挖土机的轰鸣中我们发现优质土壤被毫不留情地抛弃掩埋，城市化进程中农田和土壤的消失不可估量，而且城市的扩大将绿色田园和森林草木的踪影无情地抛弃，取而代之的是钢筋水泥的梁柱风景，大大改变了地球表面的覆盖物，增加了空气中的碳含量，由此引起了环境恶化、资源枯竭等灾害性事件。

2 土壤与绿色植物对人类的重要性

中国的城市化进程正在以一种轰轰烈烈的活动进行着，东部已经全部为工业化城镇所覆盖，西部也在加速步其后尘，人们莫不以建设多少厂矿，开发多少楼盘来作为衡量经济的一项重要指标，由此城市化进程中农田和土壤正以惊人的速度消失。

土壤是最宝贵的自然资源之一，是人类赖以生存的必要条件。覆盖在地球陆地表面的土壤，是人类文明的基础，是要经历若干世纪才能更换的资源。这个资源现在人们视而不见，随手抛弃，新土壤的生成时期是以漫长的地质年代计量的，其消亡的速度却是以人文纪年度量。工业化的进程造成耕地的一再减少，第一次全国土地调查显示，截至 1996 年 10 月 31 日，我国耕地面积为 19.5 亿亩[①]；到 2006 年 10 月 31 日，这个数字锐减为 18.27 亿亩，2010 年净减少 1.24 亿亩，平均每年净减少 1240 万亩。国家《政府工作报告》指出：一定要守住全国耕地不少于 18 亿亩这条红线。而不当的城市建设直接将优良土壤变为硬土和被污染的土壤，其社会损失无法计算。

绿色植物是地球的皮肤，当一个苹果削去了果皮，很快就会在空气中氧化，当地球失去了绿色植物，再茂盛的生命也会枯萎。因此人类离不开绿色植物，就如离不开阳光和水源一样。但是中国的绿化面积随着工业化和经济发展的需求一再缩小，人口的增长向土地索求更多的住宅用地和生活用地，使得人均绿化面积更加捉襟见肘。尤其是对于庞大的国际化都市，由于减少了绿色植物，烟尘和雾霾无处可去，只能散失在空中，引起巨大的生态灾难。

3 城市应是农林和工业的统一体

现代工业和现代农林不是分割的，而应该统一进城市的文化。中国是一个传统的农林大国，但是近年来人们却纷纷以抛弃传统为乐事，当工业化威胁农林的时候，非此即彼也是人们的错误概念。因此工业化要还农林一片天空，要保留农林的发展，人们不能被工业化的胜利冲昏头脑，不能因为中国地大物博就对农田毫不珍惜。城市应该是农林和工业的结合体，如果只定义城市的工业化性质那么自然就会失去平衡，毕竟绿色植物才是人们的心灵寄托。本论文研究在城市里建设农田和水利，这将是一项大的工程，可以说造福后代，将大大扩宽人均绿化面积，极大地改变城市的景观。

3.1 城市农庄的建设

土壤的丧失在中国根本没有重视，人们根本不把土壤和空气、水流来相提并论，甚至认为优质和可耕种的土壤是取之不尽，用之不竭的东西，毫不珍惜的态度令人痛心。本论文将“引流”和收集优质干净无污染的土壤，让它们在城市里得到新的家园，让它们在新家能够自由呼吸空气和水分，重新生长出花草树木。本论文是保护土壤，移居城市，还田于民，可持续发展的新的科学思想的体现。

中国具有悠久的农林文化，国人具有深厚的农林情节。因此市政建设和城市规划需要考虑生态和民生的问题。众所周知每次在兴修马路的时候向人们征用的土地最多，因此本项目将会利用马路铺设空中绿色通道，为利用马路顶部的都市农庄设计，在马路两边设立支撑柱，在柱顶端设计路顶农庄，种植庄稼花草，每次在建筑施工前都规定清除肥沃的农田土壤 5~40cm，由市政府统一征收、统一堆放，运到路顶农庄里铺设。路顶农庄铺设好之后分段出租给有农田生产经验的农民，其次是爱好农林的城市居民，或者作超市单位的农田基地。随着农

① 1 亩≈ 667 平方米

民向城市聚集，这个方案有很大的实施可能性。越是繁华地段的马路越应设计路顶农庄，而且和过街天桥合为一体，汽车马路上不再有行人，会减少很多交通事故。设有专门的搭车地点，边缘和下底还可以印上广告装饰等。马路下面设有灌溉水池，不仅用于干旱灌溉，对于发生暴雨的城市还可以储水抗洪，会有效减少城市雨水道的压力（不用再改造现行管道），另外因为顶板的遮风挡雨，即使雨天还是会保持路面的畅通干爽。

这样，当人们在繁华城市高楼下望的时候，不再看到车水马龙，喧嚣和废气冲天而起，而是一条条绿色飘带穿城而过。路顶农庄上专门种植吸收重金属和废气性能优良的林木，相当于马路净化器，将大大改善城市的空气质量。路顶农庄还可以开辟成经济林木带、植物园、公园等，百花齐放，成为人们放松和休憩的场所。

3.2 绿色大楼的设想

城市是钢筋水泥的森林，人口密集，排放了 71% 的二氧化碳，消耗了 75% 的能源。过量的碳散失在地表和空中，将引起不可预计的生态灾害。只有植物的光合作用是最有效最环保的吸收方式。本论文针对城市旧大楼的改造，特别是市政建筑、公用设施建筑等，提出了一个建设绿色大楼的概念。本设想是在公共大楼外围设计两面藤蔓网架，在每层设立土壤支撑台种植藤蔓植物，让它们沿着网架蔓延，直到覆盖整个大楼外围。我们以后的农庄不再是一个水平面的概念，而是一个垂直面的概念，在这个垂直面上，生长着藤条、葡萄、菟丝子、葫芦瓜等藤蔓类蔬菜水果和中药材。而且这个立体农庄也可以出租给专业农林人士，农林工人的耕作也不再是水平行走，而是顺着大楼攀岩。由此也可以发展业余爱好人士的攀岩运动，给城市少运动人群提供锻炼的机会和场地。

大楼的底部设有灌溉水池，用以收集雨水和地下水，需要灌溉的时候只需要一个一般的抽水泵抽上大楼顶端，而且可以顺着植物的根部自然流淌，多余的水分自然又回流到地下集水池。整栋大楼就是一个水土保持的有机整体。

本绿色大楼响应了节能环保可持续发展的国际号召，因为外墙增加了植物层，因此大大减少了热量散失和夏季高温的侵袭，直接给工作生活在高楼里的人群一片休憩的阴凉。植物层也大大吸收了太阳能，固化了城市里的二氧化碳，优美了环境。由于减少了易燃材料的装饰，因此对高层防火也有一定的积极作用。本绿色大楼的藤蔓网架可以设计得千姿百态，会把原有的千篇一律的高层建筑改造得如空中丽人，窈窕多姿。

如果放眼望去，马路上空是庄稼林木和彩色的花田，车流在下面无声息地流淌，各个大楼都笼罩着千姿百态的绿衣，天空没有灰蒙蒙的雾霭，而是清晰的蓝色，这才是真正森林城市的意义。

4 结语

通过保持土壤，发展空中和垂直的农林，建设森林城市，最终推进市政建设管理，改善生态环境，让城市更宜居、更科学、更美丽。本论文研究成果直接为城市所用，如果有较大的经济和社会效益，可适用于推广，既是一项创新性的实践，也是造福子孙后代的一项大工程！

参考文献

[1] 韩强．绿色城市[M]．广州：广东人民出版社，1998．

[2] 卢兆霞，李冠男，徐建．济南泉域雨洪水利用模式探讨//上海市水利学会编．人与自然和谐相处的水环境治理理论与实践，2005．

[3] 张晓洁，叶青，陈泽广．绿色住区雨水资源综合利用及水环境规划案例分析//第四届国际智能、绿色建筑与建筑节能大会．智能与绿色建筑文集 4．北京：中国建筑工业出版社，2008．

[4]（美）莱斯特·R·布朗著．崩溃边缘的世界：如何拯救我们的生态和经济环境[M]．林自新，胡晓梅，李康民译．上海：上海科技教育出版社，2011．

[5] 中国科学院可持续发展战略研究组．[M]//2012 中国可持续发展战略报告：全球视野下的中国可持续发展[M]．北京：科学出版社，2012．

[6] 延三成．人类、恐龙与二氧化碳[M]//中国环境科学学会．中国环境科学学会学术年会优秀论文集．北京：中国环境科学出版社，2008．

[7] Alan Kell，Alison Nicholl，LiuYin．BUILDING THE INTELLIGENT BRIDGE TO SUSTAINABILITY．MEMOIRS ON INTELLIGENT & GREEN BUILDING 4，2008．

[8] GuYongXing．Technology Guide of Intelligent Green Building[M]．Beijing：China architecture industry publishing company，2012．

多元文化下的北京 CBD 开放空间设计研究

吴 尤 清华大学美术学院 研究生

摘 要： 随着城市化进程的加快，人们在享受其带来的物质生活的同时也承受着更多的城市高速扩张的副作用。大规模的城市开发建设加剧暴露了对于人性空间考量的缺失，种种城市问题涌现出来。作为对于城市空间关系最能起到调节作用的开放空间，是平衡和解决城市发展带来种种问题的良药，也是城市文化的窗口和都市活动的舞台。笔者旨在探讨多元文化下的城市开放空间设计，还原城市开放空间应有的面貌，使之真正成为当代城市文化的容器和都市活动的发生器。通过实地调研，本文分析了北京 CBD 开放空间的现有条件和问题，讨论城市开放空间在 CBD 区域应有的社会功能，探讨城市开放空间设计的新的可能性。本题目研究对于解读信息时代和消费时代下的新时期设计同样具有积极意义。高速城市化进程中的城市 CBD 的开发空间设计需要我们的理性思考，应当剥离表面化的城市现象，找到传递多元城市文化和容纳丰富城市文化活动的有效途径，使城市开放空间真正能够成为城市的舞台。

关键词： 多元文化 北京 CBD 城市开放空间设计

改革开放以来，我国经济规模快速增长，随之而来的是城市的快速扩张。特别是近些年，我国已发展成为世界第二大经济体，每年的新建造建筑面积占据了世界总建造面积的一半。大规模的城市开发建设加剧暴露了对于人性空间考量的缺失，种种城市问题涌现出来。作为对于城市空间关系最能起到调节作用的开放空间，是平衡和解决城市发展带来种种问题的良药，也是城市文化的窗口和都市活动的舞台。然而，纵观国内大多数一、二线城市开放空间设计，依旧局限于对形式美感的追求，甚至仅仅将非人视角和非人性尺度的鸟瞰图案作为设计的终极目标。这种设计和城市真正的使用者——市民的关系严重脱节。这种设计忽略了当代城市文化以及市民活动等重要因素，丧失了作为城市开放空间本应承载的改善城市空间品质和丰富市民文化生活的社会功能和存在价值。在堆满摩天楼的寸土寸金的北京 CBD，拥挤、低效、噪音和空气污染等负面效应逐渐取代了其中国门户的形象，人与城市的矛盾愈加显露。

我们对于城市开放空间设计问题的反思远远落后于城市的发展建设速度，对于已经暴露出的问题反应滞后，甚至不愿亡羊补牢，其结果只能使问题最终积患成疾，即便政府为城市环境投入大量的财力、人力却难以发挥其应有的效果，这样的现状亟待改变。

北京作为我国的政治、经济和文化中心，是我国大都市的缩影，它多元而复杂。2008 年北京奥运会加速了北京城市建设的步伐，北京或新开发或完善了一批以太古里（原名三里屯 village）、奥林匹克公园和建外 SOHO 为代表的新型城市开放空间，从而较大程度地丰富了城市开放空间的种类与面貌，同时也为研究城市开放空间提供了诸多样本。伴随这一建设浪潮，北京 CBD 也进入新一轮的快速发展期。

1 北京 CBD 主要开放空间规划

1993 年由国务院批复的《北京城市总体规划》中明确提出建设北京商务中心区的要求。1999 年《北京市区中心地区控制性详细规划》确定了 CBD 的规划范围，2000 年启动建设，2009 年实施东扩。目前 CBD 的四至范围为：西起东大桥路，东至东四环路，南临通惠河，北接朝阳北路。东扩后将沿着朝阳北路和通惠河向东扩展至东四环。

根据北京市商务中心区的规划，拟在 CBD 的西北、西南、东北、东南四个区域，各规划一个面积约 2.5 公顷，具有一定主题内容的公园。四个公园形成具有不同题材的景观节点，之间有绿化带和步行道连接，并与南侧通惠河沿岸的滨河绿化相连，组成商务中心区多种元素的环状绿化系统。在核心区内设置一面积约 1.5 公顷的中心广场，结合会展中心的布置，可为今后商务中心区内的大型公共活动提供条件。大型展览时中心广场可作为露天展场使用，平时供人们休闲、集会或举办各种露天的表演等活动。[①]从而带动 CBD 的建设，促进整个城市的发展（图 1）。

①数据引自 《北京中心城控制性详细规划》。

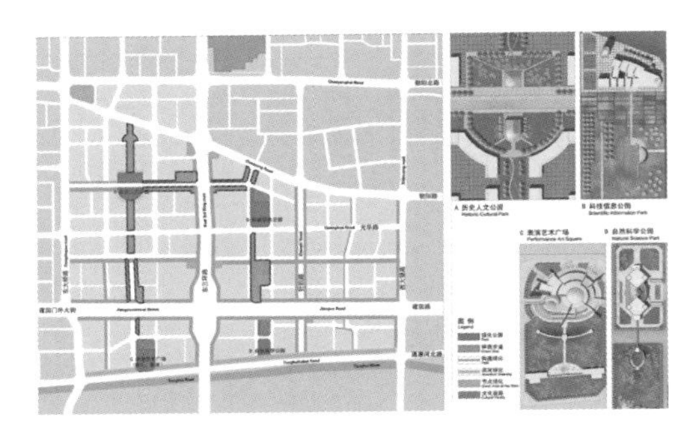

图 1 北京中心城控制性详细规划之开放空间规划

根据笔者的调查，规划中的五个主题公园目前仅完成一个，即历史位于 A 处的历史人文公园，而位于 B 处的科技信息公园在建，C 处的表演艺术广场处于绿地闲置状态，D 处的自然科学公园目前还是住宅小区。而对就在建或者建成的开放空间而言，A 处并非是历史人文主题，而是主题性并不明显的以休闲为主的开放空间，C 处也并非是科技信息主题，而是以绿化为主的休闲公园（图 2）。可以说，CBD 主要开放空间的现状与规划有较大出入。

(a) 场地 A

(b) 场地 B

(c) 场地 C

(d) 场地 D

图 2 北京 CBD 核心开放空间现状平面

2 北京 CBD 与周边环境的关系

2.1 北京 CBD 与长安街轴线

北京 CBD 位于北京东西重要轴线，由长安街将五棵松体育馆、玉渊潭公园、西单广场、国家大剧院、天安门广场、古观象台、商务中心区等重要节点串联。沿着长安街一字排开的建筑立面面宽有限，无法形成连续的临街界面，是一种高低错落的状态。其中，二环范围以内的建筑高度受到较严格的控制，特别是临近天安门附近的建筑。而临近东三环附近，建筑高度得到了一定的自由，并在三环节点上达到峰值。在此节点附件的超高层有 CCTV 新总部大楼（234 米，52 层）、银泰大厦（249.9 米，63 层）、国贸三期（330 米，80 层），以及规划中的未来北京地标建筑中信集团总部——“中国尊”（528 米，118 层）。规划中的 CBD 东扩区域建筑平均高度将达到 150 米，是北京东侧绝对的建筑制高点。因此要把 CBD 比作乐段的话，应该是长安街浑然一体旋律的高潮部分，一段清脆有力的和声部。①

2.2 北京 CBD 与周边城市开放空间组团

北京 CBD 南部紧邻通惠河公园，西接日坛公园，北靠团结湖公园和朝阳公园，西北方位则是三里屯太古里和工人体育场构成的特色商圈。其中的公园无疑给城市开发强度大且寸土寸金的 CBD 地区提供了宝贵的自然环境。这些公园呈 C 形将 CBD 环绕，是一道城市风景线。然而，当中存在的问题是开放空间没能通过交通体系有效串联，期间缺少必要的绿色步行廊道的沟通，各个组团间显得有些孤立，缺少互动。

2.3 北京 CBD 与城市空间的视觉联系

视觉是人们感受城市空间最为直接的方式，凯文林奇的《城市意向》正是将人的视觉感受作为研究出发点之一。视觉联系直观但并不单一，它包含了尺度感、建筑形态、色彩以及媒体信息传递等多方面因素，笔者这里主要讨论 CBD 与城市空间的视觉联系。

北京 CBD 的高端定位无疑使其成为北京的城市形象窗口，它的建筑形态直接影响着北京的城市天际线，甚至距离 CBD 甚远的颐和园和香山，这种视觉影响依然能够得到体现，这表现出 CBD 对于城市层面的视觉影响。而对于 CBD 自身，周边城市形象需要通过开放空间被引入其中，开放空间扮演了一种都市取景器的作用，搭建出联系 CBD 与城市视觉关系的桥梁（图 3 ~ 图 5）。

图 3 在国贸人行天桥往西看 CBD （图片来源：自摄）

图 4 从城市开放空间看 CBD 核心区形象（图片来源：自摄）

①金磊．长安街—过去．现在．未来[J]. 建筑创作，2004.

图 5　从光华社区空间看 CBD 核心区形象　(图片来源：自摄)

CBD 与城市空间的视觉联系体在不同尺度有不同的表现。通过多年的建设发展，CBD 已经建成初具规模的高密度建筑群，这种统一的建筑森林一般的形象在特定区域（如通惠河沿岸）能够非常直观地展现在人们眼前。CBD 的建筑群落中不乏具有高识别度的建筑单体，比如银泰大厦、国贸三期、CCTV 和北京电视台等，这些建筑的高度和特殊形态造就了 CBD 整体形象中的亮点。而在大多城市空间中，包括在 CBD 的区域内，由于受到其他建筑物和临街树木的遮挡，CBD 的整体形象感会被削弱，仅有具有极高辨识度的建筑能够偶尔显露。这种情况在 CBD 的城市开放空间中能够得到扭转，城市开放空间赋予 CBD 一个很好的取景。

3　北京 CBD 主要开放空间的城市活动内容

北京 CBD 是集办公、居住、娱乐休闲为一体的综合性商务区，就其定位而言，北京 CBD 应当提供丰富的活动空间。而就针对承载城市最多样生活界面的开放空间的调研情况来看，城市开放空间的潜力被没有被很好地挖掘。北京 CBD 区域内主要开放空间可以分为两大类型。第一类为依托商业空间的开放空间，如太古里、世贸天阶、建外 SOHO。这类空间中的活动与商业行为联系紧密，具体包括新品发布、商业演出、高端酒会、商业展览、逛街购物和下午茶小憩等；第二类为公园型休闲区域，如 CBD 西区城市开放空间、团结湖公园。这里的活动多为自发性的，具体包括晨练、慢跑、跳操、球类运动、野餐、捉迷藏、遛狗和散步等。笔者在此仅概括地指出活动与场地的一般性规律，这种活动和空间的划分能够体现出不同空间对于活动的影响，同时印证了特定空间对于诱发不同活动的积极影响作用。

4　对城市开放空间设计的建议

北京 CBD 定位于城市高端商务中心区，除了着力经济层面的发展，同样需要完善基础设施和配套服务的建设，构建协调统一的城市系统。开放空间作为城市系统中的重要环节，对于激活城市区域活力，提升 CBD 整体形象有着重要意义。相较于发展快速的经济，北京 CBD 在基础设施，特别是城市开放空间方面是落后的。主要问题表现在开放空间之间缺乏必要联系，开放空间内部活动较单一，缺少互动性和趣味性，管理松散或者疏于管理，对于与城市关系的考虑不足等方面。

笔者通过调研北京 CBD 城市开放空间以及对比国内外案例，提出以下几点针对北京 CBD 地区的城市开放空间设计建议。

4.1　人性化的尺度

人性化的尺度是城市开放空间的空间形态应当首要考虑的因素，创造宜人的尺度能有有效增加人的逗留时间使用频率。日本建筑师芦原义信在《街道的美学》中通过研究街道与建筑面宽以及高度的比值来探讨人性化的尺度。事实上，能够令人有舒适尺度感的空间确实满足芦原义信提出的理想比值范围，比如三里屯太古里的空间便是很好的范例。在太古里中，设计师还营造出了多个小广场，以此作为街区的过度和平衡各区域内空间尺度，同时利用下沉广场来丰富空间的层次感。在建筑的场地设计上，设计师利用建筑的交错营造出空间的近深感与变化。

4.2　丰富功能与活动

开放空间最基本的功能就是承载城市活动。随着城市的发展，人们对于活动的需求也变得多样化。正如纽约的中央公园，当中央公园既有的活动不能满足城市发展需要的时候，它就会面临被边缘化的危险，无论其位置多么重要，也无关于是否提供了舒适的自然环境。可见，活动是城市开放空间的立足之本，需要不断地随着城市和人的需求更新，才能在满足城市活动需要的同时也为城市注入活力。

4.3　强调互动性

互动性在城市开放空间中扮演愈发重要的角色。芝加哥的千禧公园正是凭借极富想象力的互动性景观取得了成功，其经验值得借鉴。而互动性的范畴并不仅限于艺术装置，对于既有空间使用项目的再开发利用同样能够达到良好的互动效果。比如纽约中央公园内的自行车自助游览项目较好地为参观者提供了互动的途径，同时并不需要过多地投入或者改变景观的面貌。

4.4　承载多元文化

多元文化是世界一体化和国家及地区逐渐国际化的必然结果。北京正努力打造世界级都市，而 CBD 正是这一计划中的形象工程，是重要的战略点。从 CBD 的定位来说，北京 CBD 具有较高的国际化水准，其中的经贸往来需要国际化背景的支撑，跨国公司的在 CBD 占据着举足轻重的地位，而国内企业也力争能够上市和加入国际贸易市场；凭借 CCTV 和北京电视台以及凤凰卫视总部的进入，未来 CBD 区域内及周边将会吸引超过 3000 家媒体相关单位安营扎寨，形成媒体圈。而媒体作为多元文化的重要传播媒介定会带来范围巨大的影响力；北京 CBD 同时毗邻使馆区和外交公寓区，常驻北京的各国使节无疑会增加文化的多元性；北京还是中国最为著名且具有号召力的旅游城市之一，CBD 作为北京新兴旅游点，定会吸纳诸多国内和国际的目光；北京拥有中国最多数量的高校，吸引了全国各地的人才前来就读，其中相当部分的毕业生因为看重北京的机会而选择留在北京，这点加强了北京吸纳国内各地区文化的程度。

4.5 视觉丰富性

视觉作为人类最为直观的感知途径，视觉的丰富性直接影响城市开放空间中人群的心理体验。过于丰富或者过于单调的视觉体验都是不宜的，即需要协调平衡刺激的冗余度。值得强调的是，没有一个明确的标准去规定一个空间中应该出现多少强度的刺激，且不同开放空间类型根据自身场地定位以及周边环境的不同，需要有针对性地做出判断。比如，三里屯太古里的视觉刺激是丰富的，不但品牌带来了大量的信息量，其建筑间的空间变化同样丰富了视觉体验。这样的视觉刺激强度在太古里这样的商业区是成立的，但若将之放在以自然环境为主的团结湖公园内，则很容易打破公园原有的宁静的休闲氛围，造成负面影响。

4.6 边界与过度

针对北京 CBD 区域内的城市开放空间来看，无论是占据单独地块还是位于居民区，抑或是商业区内的开放空间，边界的处理都显得十分重要。边界是协调开放空间与周边城市环境或者建筑空间关系的重要环节，是连接不同空间类型的桥梁。在处理边界的时候需要考虑场地内功能区块与相邻边界的关系，以及整体的场地定位。比如世贸天阶的商业项目是将场地与城市街道融为一体，欢迎和鼓励人们进入到场地中。而与之相邻的地块 A 的景观则人为地制造出高差，需要经过特定的通道才能进入场地，保证了场地内的安静氛围，为毗邻的住区提供了相对适宜的环境。三里屯太古里北区则通过下沉广场构建出闹中取静的独立庭院，刻意与城市喧闹保持一定距离，迎合了高品质商业空间的需求。

4.7 构建开放空间系统

开放空间系统的规划应从城市范围和区域范围两个层级考虑，通过整合城市开放空间资源优势，建立有效联系途径，从而构建统一的城市开放系统。首先，需要在规划阶段系统地考虑两个层级下的开放空间分布。其次，在针对具体开放空间地块设计的时候，需要考虑与区域内其他相近开放空间的关系，使其更好地服务于整体开放空间系统。

高速城市化进程中的城市 CBD 的开发空间设计需要我们的理性思考，应当剥离表面化的城市现象，找到传递多元城市文化和容纳丰富城市文化活动的有效途径，使城市开发空间真正能够成为城市的舞台。不同背景城市应客观面对自身条件，平衡兼顾历史与当下，挖掘自身城市文化。城市开放空间是反映当代城市文化的舞台，应当上演属于当代文化的剧目。这对于城市开放空间的设计是具有积极的指导性意义。正因如此，当我们把焦点放到更长的历史阶段，并非仅仅局限于对传统文化的挖掘，而是客观地评价并有选择地取舍，我们才能扮演好属于自己的符合时代特征的角色。

参考文献

[1] Rem Koolhaas.Delirious New York.The Monacelli Press.1994.

[2] Rem Koolhaasm,Bruce Mau.S,M,L,XL.The Monacelli Press.1995.

[3] Hans Ulrich Obrist.A Post—Olympic Veijing Mini—Marathon.Jrp ringier,2010.

[4] Rem Koolhaasm,Hans Ulrich Obrist.The Conversation Series.MM,2006.

[5] Charles Waldheim.The Landscape Urbanism Reader.Princeton Architectural Press.New Youk,2006.

[6] Georeg Hargreaves,Julia Czerniak.Large Parks,2007.

[7] 阿里·迈达尼普尔．城市空间设计[M]. 欧阳文，梁海燕，宋树旭译．北京：中国建筑工业出版社，2009.

[8] 布莱恩·劳森．空间的语言[M]. 杨青娟，韩效，卢芳，李翔译．北京：中国建筑工业出版社，2003.

[9] 乔恩·兰．城市设计[M]. 黄阿宁译．沈阳：辽宁科学技术出版社，2005.

[10] 王鹏．城市公共空间的系统化建设[M]. 南京：东南大学出版社，2002.

[11] 张铁军．北京商务中心区（CBD）建设回顾[J]. 北京规划建设，2005,6.

[12] 王贵祥．长安街部分建筑符码意素试析[J]. 建筑学报，2001,3.

浅析城市公共空间中的景观色彩
——以白马湖森林公园为例

罗曼 上海大学美术学院 博士生
辽宁鞍山师范学院美术学院 讲师

摘要： 城市色彩表现整座城市的历史文化底蕴，是自然条件的积淀。城市公共空间中的景观作为城市色彩的一个最重要载体，承担着向外界表达整座城市个性与魅力的语言。所以，景观色彩在现代城市公共空间景观设计中具有重要的意义。当前城市公共空间中景观有太多趋同性：面貌单一、颜色单一，存在色彩污染，色彩的不适当搭配和运用给城市公共空间带来了一定的问题。本文结合白马湖森林公园的实践案例来探讨城市公共空间中景观色彩的重要性，希望通过设计对策挖掘城市公共空间景观色彩的表现手段，及其对城市公共空间景观中色彩学研究的一个展望。

关键词： 城市公共空间 彩色景观 景观色彩 彩色生态 生态涵养林

城市公共空间景观是一个综合性的物质，它可以是形态的、植物的，色彩在城市公共空间景观中是一个不能忽视的方面，它是物体本身对光线的反射、吸收和环境光线共同作用的结果。色彩调动人的情绪和感觉，英国著名心理学家格雷戈里说："颜色的看法是极其重要的人类意识——这是视觉美感，对我们的情绪产生深远影响的核心。" 人们有强烈的视觉审美需求，景观色彩导致视觉美学，它是城市公共空间景观中所有外部被感知的色彩总和，它可以营造最大的美感，突出景观个性。

从城市公共空间角度研究景观色彩，宏观上涉及城市公共空间的整体色彩，展现地域文化，在规划中体现为确定城市公共空间主色调，是通过视觉在城市景观环境中反映出来的，包括建筑、植被，甚至包括城市气候、民俗和物产。城市公共空间的景观色彩是从整体和环境的角度把握城市公共空间各视觉元素之间的色彩关系，从中寻求和谐统一的视觉美学效果，并以适当的色彩方式体现这座城市的文脉特色。要避免过度追求个性而牺牲整体的视觉效果，尤其是各视觉要素的各行其是、各不关联。城市公共空间的景观色彩设计应与规划各阶段密切相关，这是一个完整而且全面的过程，而不应该出现在微观、具体的阶段，在统一规划设计原则指导下，才能获得系统有序、相互协调、丰富多彩的城市公共空间景观色彩。

彩色景观以白马湖森林公园为例，公园位于白马湖西北角，总用地面积 12000 亩，分为 5000 亩核心景区和 7000 亩生产观赏区。森林公园要建成彩色生态的森林公园，核心景区通过不同色彩、不同高度、不同形态的植物配搭，突出森林公园的"彩色生态"概念；生产观赏区种植不同的枫树品种，达到一定时期有漫山遍野的红叶效果，区别于国内大多数的国家级森林公园，使森林公园在生态观赏方面有一定的优势。

森林公园的总体规划设计愿景及理念设定为城市之肺、氧气之源。彩色生态林、重构生态、物种多样是森林公园的目标定位。首先，营造复合森林，重建当地植被多样性，形成地表生态，复合型的生态资源彩色生态植被群、复合游憩功能的绿色天堂。其次，绘制生态涵养的彩色名片。通过明亮与艳丽的生态景观，提升旅游价值、驱动养生居所、先进服务配套于一体的大型综合体项目落实，为森林做好物质储备。第三，以林养研。以旅游带动科研，提升区域林质资源的保护层次，目标成为全球植物保护与可持续性研究的中心并不断壮大。第四，科普教育。为孩童以及成人提供亲近自然了解自然的机会，普及森林生态系统重建的知识，提高公众相关意识及参与性。

图 1 白马湖森林公园景观色彩

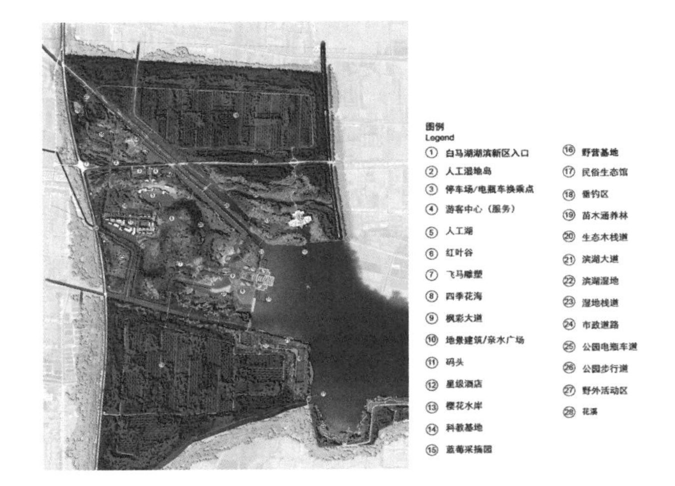

图 2　总平面景观色彩

森林公园的主题理念定义为“白马印象”。将当地美丽传说中的白马作为森林公园的精灵引入，融入彩色森林，将地域文化元素作为名片一起对外推广。规划主题为“水绿印象、风情白马”，将规划目标定位为生态休闲空间、长三角地区的城市生态花园和国家级生态休闲度假核心。

种植策略丰富景观色彩。本案的植栽以当地生态系统为构架，植被将成为确定本案风格的主要元素。种植设计以彩色生态为出发点，结合本土植物特色，在保证景观风格的延续性前提下增添可观赏性，同时营建出舒适健康的生态环境，创造丰富多彩的植物群落，并兼顾科普性。从景观的角度出发，规划设计多样的植物搭配来满足造景需求，打造稳定的森林群落系统，为市民与游客提供丰富统一的游憩与休闲的环境。森林公园内种植设计的亮点，是营建生态结构合理的植物群落以最大的尺度实现群落稳定性和生态可持续性。形态和季相色彩丰富的种植景观为公园内的游客提供可观赏的美丽风景。现状景观中自然特征相对缺乏，我们需采取更多的方法去选择和设计植被景观，实现乔灌木、花卉、地被、湿地植物的丰富搭配；设计多种类的植物群落，进行多层次的搭配。

针对功能分区的不同，所选用的植物需与该功能区的功能、风格相符。总体通则为：优先选用本土树种，注意季节性变化；应用当地具有观赏价值的植物种类；乡土性植物及适地性植物的运用，但不排斥经长期驯化的外来树种；运用多样性植物种类来提高生态价值；避免有毒的、玷污性的或产生大量花粉的植物；合理确定常绿植物和落叶植物的种植比例为 4 ： 6；建立区域环境特色树种；低维护管理的树种；符合当地相关规范要求。

生态涵养林原则为：不宜营造纯林，提倡营造混交林，主要树种混交模式参照；营造林工程建设应充分考虑生物多样性保护、水土保持、景观与游憩需求等因素；根据立地条件，树种生物学特性及营林水平，确定合理的造林密度；水源涵养林造林树种选择抗逆性强、低耗水、保水保土能力强、低污染和具有一定景观价值的乔、灌木，重视乡土树种的选优和开发；水源涵养林造林树种及其比例的选择应依据树种特性、立地类型、效益发挥等因素综合确定，选择水源涵养效益好的造林树种，并重视乡土树种的选优和开发；遵循植物群落的生态规律，合理做好乔灌草的搭配；遵循植物与气候相适应的规律，尽量在适宜的季节和环境下移栽植物；适当增加释放负氧离子高的植物和生态效益高的植物用量。

景观色彩体现了一种生态性，如果植被是体现生态的话，应该有色彩的丰富度。同时，色彩能够愉悦景观，在不同季节创造一种景观效果吸引更多的人。白马湖营建五色森林，春季是一年之中绿意盎然的季节，万物复苏，数以万亩的枫林吐绿纳新，草地水泮吸引成群的游客来这里郊游、骑马、竞技、徒步、野营，将使公园成为有生机活力的地方；夏季是彩色森林最浪漫的季节，漫步在湖畔无边的玫瑰花海，尽享情人节里的浪漫气息，乘坐热气球沐浴和煦的阳光鸟瞰盛夏森林是一件乐事；秋季的森林蔚为壮观，秋林浸染，红橙黄各色，蓝天碧波中红叶谷是一派纯正的红。采用先进园艺栽培技术的千棵高杆多枝的红枫，整个森林都被这一抹明艳的红点缀：环湖大道，森林大道，滨河小路……梦幻般的秋季过后是童话般的冬季，既可踩着落叶欣赏落满冰花的台阶，也可欣赏枯树中顽强盛放的梅花与野花，红瑞木隐隐现出林中，让你感受到冬去春来的希望。当然，大片的湖滨湿地也会吸引成群的鸟儿迁徙经过，这也是景观中的一抹色彩，“有乐趣有希望”——这就是彩色森林的冬季；森林之夜，节日夜晚的森林将变得温暖与有趣，整个森林在夜晚将被星光装点色彩，我们会拉起 LED 灯带，装点酒店、林舍、广场、花海、花园、林荫道，呈现景观夜晚独特的色彩。

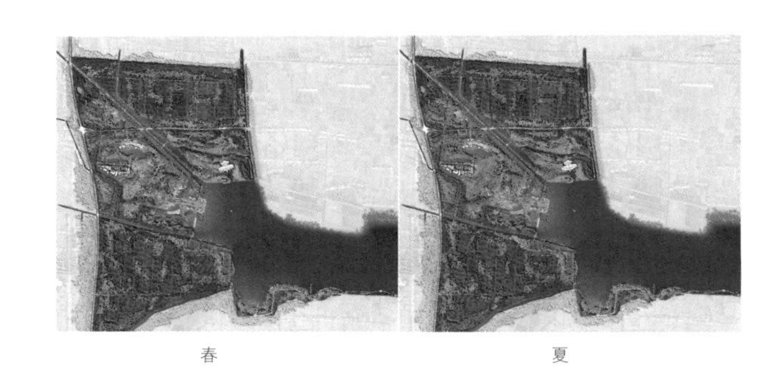

图 3　基地四季景观色彩

森林公园分为五个功能区，分别为综合服务入口区、彩色生态主题展区、森林服务接待区、生态观赏林区和滨河湿地区。综合服务入口区主要承担森林公园的大众旅游服务功能，同时作为公园对外的形象展示窗口，主要功能包括科普教育馆，蓝莓采摘园，花溪等；炫彩主题环展区，系彩色主题的主要展示区域，属公园最绚烂缤纷的部分，包括红叶谷、花海、花圃、枫彩大道、白马登高；森林服务接待区，启动区内的配套服务区，面积为 200~300 亩（约 13~20 公顷），定位为高端接待，综合性强，选址兼具私密性和景观性，功能包括餐饮、活动、宾馆住宿；生态观赏林，彰显生态森林本色，运用乡土植物营造质朴的绿色空间。无论是鹿园、森林野外活动区、还是度假养生区，都是掩映于森林中的一方净土，在生态基质上建设可供市民及游客轻松休闲、乐活养生的世外桃源；花溪滨水区，在白马湖畔营造亲水近水的游憩空间，充分利用水景资源，规划滨湖自行车道、湿地、栈道。

图 4　一核二轴一带一环的规划结构

图 5　炫彩中心景观色彩

以一核二轴一带一环为规划结构，首先是彩色生态展示核，以彩色森林为特色，重点打造衍生主题性产品，如花海，花道，红叶谷，花圃，枫彩大道等。彩色生态景观轴，垂直于南北向水岸打造一条东西向轴线，堆山造湖，人工打造一条错落起伏开合有致的景观轴线，并将彩色林带以及花海的视野依托宽广的湖面，引向无限天边。蓝色生态水轴，依托现有水道，种植四季花卉，沿入口两侧打造壮观绮丽的景象。滨水生态活动带，串联樱花水岸，白马广场，亲水码头打造连续且有活力的亲水体验带。绿色生态观赏环，以一条森林大道串联全园主要景点。

抓住重点景观区段色彩详细设计。炫彩中心是森林公园核心特色景点，通过植被营造四季炫彩浪漫。设计结合公园土方平衡基本需求，堆山理水，打造全园最高点。山顶设置飞马雕塑“白马登高”是全园视线焦点，并由此向东人工打造一条错落起伏开合有致的景观轴线，中部的下沉花园打造成 300 亩（约 20 公顷）的玫瑰花海，（金色池塘，剧场，四季花圃、温室）被一条运河环绕，依次向外是枫林环绕、开阔、有气势的红枫大道、白马广场、背景是彩色林带以及花海，视野因宽广的湖面，引向无限天边。林中设有热气球活动区，游客可以在最美的季节俯瞰全景。通过环形彩叶树，大片花海，营造出简洁、大气、壮观的开敞空间。植物季相变化，保证四季有景，突出秋景。秋季环形枫彩大道红艳绚丽，玫瑰花海依然壮观盛开。冬有枝干红艳的红瑞木色块，夏有花色艳丽的玫瑰花海。圆心小花坛保证四季鲜艳热闹，采用时令草花，按季节更换。玫瑰花岛夏秋景观突出，可点缀常绿乔木，同时撑起超大的开敞空间，少量搭配春季开花的茶花，弥补玫瑰花萧条期。为保证花海冬季不萧条，可点缀少量常绿乔木，自然散点于田埂上。轴线端景山地白马雕塑，背景采用常绿雪松衬托。主要品种有枫彩大树、玫瑰、大丽花、红瑞木、雪松、蜡梅等。红叶谷。从炫彩中心北侧穿过一小片树林就会来到一个静谧的湖泊边，这就是红叶谷。湖边片植千棵采用先进园艺栽培技术、高杆多枝的红枫，营造蓝天碧波中一派纯正的红。湖边点缀精致小桥、景观亭，提供各个观赏点与停留点，水滨空出阳光草坪，供游客休息，

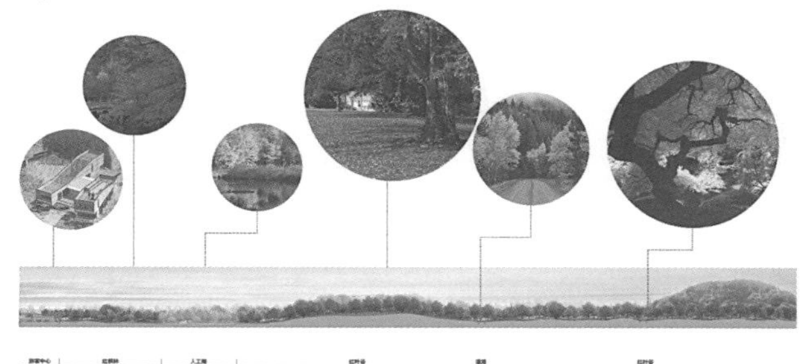

图 6　红叶谷景观色彩

铺满野花的小路将游人引入下一个景点 。水域对面运用大面积的色叶林，营造出自然盛大的植物景观，秋季层林尽然，倒映水中。水域近人侧的湿地植物体现精致秀美的风格，与水域对面的大色块形成对比。主要品种有枫香、三角枫、红枫、杜鹃等。

科普教育区。科普会馆位于入口综合服务区的北侧，这里规划 300 亩（约 20 公顷）的蓝莓采摘园，在一片彩色背景林中设计小型森林舞台、亲子乐园、自助餐厅等服务性设施。科普会馆依水而建，配合此区域的科普功能，选择有趣多彩的多样性植物品种，考虑使用当地可以种植的果树品种，有奇特观赏特性的植物，新优彩叶植物，以及新优观赏园艺品种，并挂牌以增加科普性。开辟蓝莓采摘园，增强参与性。主要品种有垂枝樱花、金叶锦带、蓝莓、观赏南瓜、观赏椒等。

森林服务接待中心。设计采用隐与藏，岸边栽植成片樱花，营造独具特色的樱花水岸，在春季营造震撼的视觉效果。樱花结合高大的乔木，使酒店藏于植物群落中，增强私密性。岸边湿地种植水生植物，选择夏秋开花的千屈菜，弥补樱花短暂的绚烂。主要品种有早樱、香樟、千屈菜等。

图 7　科普教育区景观色彩

图 8　森林服务接待区景观色彩

森林野外活动区。在生态涵养林中，远期规划建成森林野外活动区，提供悠扬运动如骑马，户外拓展等，同时森林小火车、卡丁车等森林游乐项目，空旷草坪区设野营基地、烧烤区、森林农家乐、垂钓。以观赏草为特色，结合野生花卉，以及乌桕等姿态柔美的植物，营造出纯自然的野趣的植物景观。主要品种有乌桕、合欢、垂柳、狼尾草、芒草、芦苇等。

森林度假养生区。度假村、花疗 SPA（高端度假疗养）、GOLF 练习场。营造环境优美空气清新的度假养生环境，种植体疗保健型植物群落，具有赏景观色，安神健身等功效。突出嗅觉类香花保健植物。春有玉兰香，夏有荷花香，秋有桂花香。主要品种有广玉兰、白玉兰、二乔玉兰、桂花、荷花等。

湖滨湿地体现湿地色彩，芦苇栈道，亲水平台。湿地不仅可以起到生态保护的作用，同时也可为当地区的生物多样性提供有价值的生境。注重挺水、浮水、沉水植物的应用，保证群落多层次的净化水源，增强抗污染能力。可设置生态浮岛，浮岛上种植挺水植物，提高生态效益。湖周边植物多选择当地乡土树种，以仿自然群落的配置手法来进行植物设计，突出杉林柳岸，营造生态自然色彩。主要品种有水杉、垂柳、桃花、黄菖蒲、再力花、菱角、狐尾藻等。

通过白马湖森林公园彩色生态林的营建可以看出，环境可以很艺术，通过色彩感动生活。城市公共空间的景观色彩需以人的需求为核心，对城市的公共空间景观进行色彩设计，除了达到视觉美学上的美感外，更重要的是挖掘城市的传统地方色彩，展现城市特有的地域文化，创造出舒适便捷、令人赏心悦目的环境。

参考文献

[1] 夏组华，黄伟康．城市空间设计．南京：东南大学出版社，1992．

[2] 王鹏．城市公共空间的系统化建设．南京：东南大学出版社，2002．

[3] 阿里·迈达尼普尔．城市空间设计．欧阳文，梁海燕，宋树旭译．北京：中国建筑工业出版社，2009．

[4] 崔唯．城市环境色彩规划与设计 [M]．北京：中国建筑工业出版社，2006．

喀什噶尔古城传统街巷空间结构的整合与创新设计

王丽丽　伊犁师范学院　教师

摘　要：喀什市是中国西部门户的重要交通枢纽，自古以来就有"丝绸之路明珠"的美誉，1986 年 12 月 20 日喀什被宣布为第二批中国历史文化名城。传统街巷是具有历史文化底蕴的城市普遍具有的肌理，是城市的骨架和支撑，是联系交通的纽带。通过实地调查分析了喀什市关注度极高的传统街巷，对于喀什噶尔古城的基础研究，有待我们提高认识，并掌握好具体的保护实施方案，通过对古街巷的实例分析来进行理论研究与创新设计。

关键词：传统　古街巷　保护　创新设计

喀什市历史悠久，东汉时期，疏勒国都改称"盘橐城"，前身即西汉时疏勒城。随着历史的演变，叶尔羌汗国驻喀什噶尔总督，故改名喀什噶尔，即现在的喀什市北边筑城，就是现在喀什市恰萨与亚瓦格两大居民区的范围。不方不圆，周围三里七分余，东西二门，西南两地各一门，城内房屋稠密，街道纵横，其城镇地域形势起伏和战略地位十分重要，它是闻名中外的古丝绸之路，也是新疆与内地密切联系的纽带。

1　喀什噶尔城区传统街巷空间特征

喀什噶尔古城街巷是一个网格式的组织体系，它包括街巷商业街、巷道，具有不同层次的交通空间以及子群空间。

街巷中的古建筑多以古民居为主，部分街巷还有清真寺建筑，这些建筑散布在古街区内。街巷中繁华地区，是街道中的商铺，商铺一般在街道的两旁，院落平面的分布，一楼为商铺，二楼为住宅（图 1）。街铺紧密连接，形成一片繁荣的景象。恰萨街区的老街阿热亚路，巴扎贸易兴盛发达，各种手工艺作坊，商品琳琅满目，属于旅游的好去处。

喀什噶尔古城的街巷错落有致，街巷连接着每家每户，成为公共的通道，尺度适宜，仍保留着传统的街巷尺度，巷道依地形时窄时宽的曲折前行，既有"曲径通幽"之感，又构成步移景异内向型动态空间。

2　传统街巷恰萨巷空间的主要问题

2.1　传统建筑特征风貌的消逝

随着时代的发展，人们追逐经济利益，对保护古城街巷空间意识的淡薄，造成风貌破坏。在选择新址建设新的聚居村或在旧城改造中往往只追求"新"面貌的"理性"层面，"新"成就的迅速体现。大部分居民并不了解传统街巷的历史价值、文化价值和美学价值，没有意识保护好街巷传统风貌（图 2），所以部分老的居民点改建的路直、巷直、渠直，林带为亲切交流的公共空间，丧失了各家各户可致识别的归属感，没有了当地人的个性特色，找不到自己的文脉。直，房屋布局整齐划一，一幢幢都是向前向左看齐。住宅都以一种式样绘成标准图、成批"克隆"（图 3），这种行为导致古城街巷的整体风貌受到破坏。喀什噶尔古城库木代尔瓦扎历史街区的大街小巷，街巷两侧许多的百年民居已经消失殆尽，取而代之的是新型材料建

图 1　菜巴扎路（图片来源：笔者实地拍摄）

图 2　遗弃的老建筑　（图片来源：笔者实地拍摄）

图 3　街巷中呆板的新建民居　（图片来源：笔者实地拍摄）

成的现代化建筑，与古城传统风貌格格不入，街巷景观遭到破坏。

2.2 生态环境的恶化、市政基础设施落后

市政基础设施的落后、消防设施的缺乏是造成传统街巷空间生态环境恶化、消防隐患大的主要原因，表现在以下两个方面：

1）基础设施的不足表现在上下水、供电、通讯、道路的系统性不完善，排水沟渠生活废水放任自流；在一些自然聚居点中建筑布局或松散过度，或密集拥挤；道路街巷的肌理特色较少、系统性不强，有些自然路面过窄，通行力不够也影响消防的要求。由于基础设施落后，在街巷中缺乏公厕、垃圾箱等环卫设施，城街巷的卫生状况平时比较洁净，每逢大型的集会活动以后，各种垃圾杂物便会布满大街小巷。

在老城区街巷内增设卫生间、垃圾桶等环卫工具，在设计此公共家具时，加入民族文化特色，可以提高城市的文化形象特色（图 4）。

2）消防隐患大：老城区内建筑多为土木结构，由于老民居的土木结构本就容易引起火灾，木材使用缺少合理计量，或用材过大，造成浪费，或迁就凑合埋下安全隐患，所以消防设施也没有基本的保障（图 5）。

老建筑的室外木顶，住宅梁架均为木质，尤其是顶部铺设，均为细小枝条和松散的植物茎蔓，冬天室内点火取暖，稍有不慎极易引起火灾。另一方面由于老街巷的尺度通常较为窄小，加之年久失修，线路陈旧，无法作为消防通道，一旦火灾发生，施救困难，隐患更大。

图 4　阿扎特巷街巷家具　（图片来源：王磊拍摄）

图 5　阿扎特巷土木结构的老建筑　（图片来源：王磊拍摄）

3 传统街巷恰萨巷空间的整合、创新设计

街道景观设计是多角度、多层面、多元化综合统构的系统体系，应对整个景观系统进行全面的设计。即将各单一因素，如道路、雕塑、植被、水体、设施小品、建筑、文化及其他信息等各类因素统筹于设计中，并进行总体的规划。

图 6　街道景观中文脉的延续　（图片来源：笔者实地拍摄）

街巷两侧的居住建筑的房屋布局欠与生活行为的合理关联，使用面积不尽经济合理。户主在建设之初传承着基本单元的习惯组合，这是文脉的体现，但缺少整幢建筑的整体运筹，尤其在需要扩建时，只是在屋上方垂直加建，很少考虑使用中的行为规律，使得功能交错，房间使用性质不合理，使得增建的面积不能物尽其用。

古城的环境发展有其自在的社会、经济体系发展规律，以家庭为社会组织的基本细胞，其独立空间的变化随机性现在在继续发展，很难复合整体计划的特性可持续发展。因此，古城环境的发展要依据有机更新的方法理念来延续生存空间(图6)。

3.1 街巷空间功能的整合、创新设计

街道犹如城市的神经和血管，它为通信、电力、燃气、上下水道等公共设施提供场所，同时能保障城市中各类建筑的通风和采光。另外，当灾害发生时它还可发挥其作为阻挡带、避难路等开敞空间的功能。空间功能是街巷作为人们交流、休息、散步的场所的基本功能。

在古城街巷景观设计中，给人行道多留一些空间，确保植被植栽空间，或者为观赏沿街景色多增加一些停留空间等，游人需要暂时休息的公共座椅、灯等公共家具，这一系列空间处理手法都是很重要的（图 7），并且与空间功能有着最密切的关系。但是，设计时必须注意到道路的交通功能对街道景观的形成有着重大的影响。例如，对停车场的设置、人行道和种植带的分隔以及沿街建筑车辆出入口的设置等，都会影响街道景观特色的形成。

3.2 街巷空间交通体系的整合、创新设计

街巷空间交通系统保护与调整，街巷路网的整合已成为喀什历史文化街区的一大特色，喀什噶尔古城的街巷是历史信息

公共坐凳设计方案－(1)

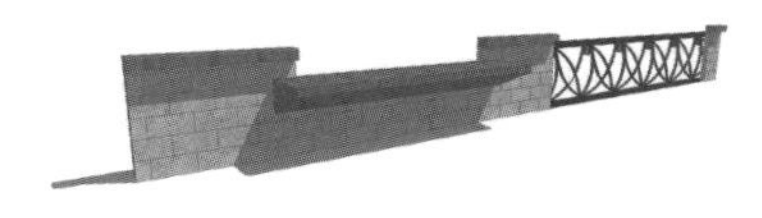

公共坐凳设计方案－(2)

公共坐凳设计方案－(3)

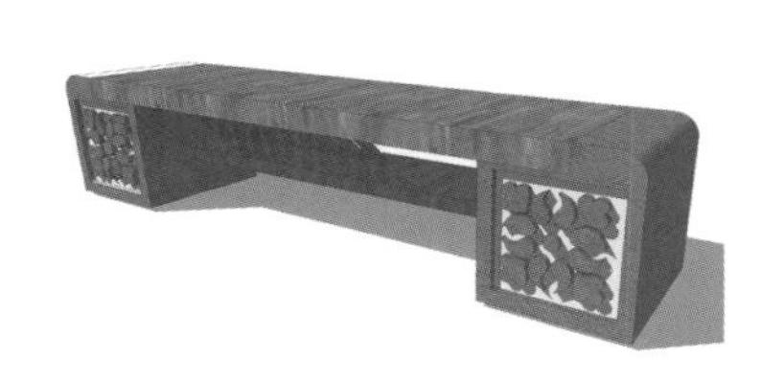

公共坐凳设计方案－(4)

花坛设计方案－(1)

花坛设计方案－(2)

图 7　街道家具设计　（图片来源：自制）

图 8　景观整合设计（图片来源：喀什历史文化街区保护详图规划）

的真实遗存，是维吾尔族人们生活、文化习性的相对照，更是喀什噶尔古城个性所在，需要给予严格的保护与维护。

针对现有流线短促的情况，方案设计中在保留原街巷路线的前提下，利用狭小的街巷，设计了过街楼，组织了主要游线和辅助游线。此外还设计了园路，将原来的主入口由中部移到南部，避开人流较密的街道。增加入口提高古城游线的随机性和灵活性。借助周边的历史建筑和环境景观，恰萨街区通过综合整治，实现了历史情境的再生。通过细致研究文献资料，不仅起到保护已有历史建筑的作用，还将古城街区本身的环境赋予了特殊的人文内涵，并符合传统建筑空间的构筑语法。

人行街道是街区中重要的整合对象，人行街巷又称步行道，是指车行道边缘至建筑红线之间、可供行人走的专用通道。人行道与车行道平行，成行的乔木和灌木以规则式与自然式等方式结合进行带状绿化辅助设计。人行道的布置与街道断面绿化布置形式有关，可以提高古城交通体系的生态延伸，为古城带来生机。

如从前喀什噶尔古城的艾提尕尔清真寺广场，具有特色地域性的广场形成一个公共活动场面，这个大型传统广场承载着集会、交通、集市、表演等多项功能，使复杂的交通体系较和谐地融入喀什噶尔古城中。

3.3 街巷空间景观体系的整合、创新设计

“整合设计”代表一种将事物联合起来去解决问题的观念。从生态设计的角度，西姆·范，德·莱思和斯特林·邦内尔（Sterling Bunnell）曾针对建筑生态化提出过“整合设计”（integral design）的概念。他们认为，由于不可再生能源的紧缺，以及由于利用这些能源造成的环境问题，建筑设计必须在受限制的条件下进行综合考虑，形成一种整合设计思想，即“和谐地利用其他形式的资源，并且将这种利用体现在建筑环境的形式设计中”。①

在进行街巷景观设计时，如何融入沿街的建筑景观，从而使沿街更加美观已成为重要的研究课题。沿街建筑景观的构成在多数情况下与街道建设分属于街区和建筑两个不同的领域，因而不可能仅从街道设计的角度单方面去规定。古城街道景观设计特别强调道路设施的整合、集约化、代用、兼用、改用等方法尤为重要。所谓集约化的概念也就是将功能相关的设施聚集在一处，合理搭配，进行一体化设计。例如，将长凳、灯具和垃圾桶等整合为一体，使用起来更为便捷。

街区景观设计中，适合的至高定位点，能够看到古城的全景。在此鸟瞰全古城整体区域或局部区域，观景时可以达到绝好的视觉效果。更加明显地体现出古城生动变化的感觉，能给予人以清新奇异感受，巧妙地利用各种特异点（图 8）。

4　古城街巷空间保护与更新的原则

喀什噶尔古城的保护并不单单是修缮几座重点建筑、整治几条主要街巷就完成任务了，重点院落和街巷一旦丧失周围的历史环境，其历史价值将大大减退。古城的建筑保护应从全局出发，既要保护重要的历史建筑，也要给数量众多的一般建筑提出恰当的更新要求，在保护与更新街巷空间时，严格遵循街巷设计的原则。只有这样，古城的建筑群体街巷空间才能和谐共存。

4.1 传承发展的永续性原则

生态可持续设计策略，是根据当地的自然生态环境，运用建筑学、生态学，以及与建筑技术的结合，合理地安排和组织建筑与其他相关联领域中的因素之间的协调，从而与自然环境形成一个有机的整体。由于街区整体风貌是历史建筑保护的重点，因此以建筑风貌作为建筑分类的主要标准是抓住重点的做法，对规划实施过程中制定不同的保护与整治措施具有很强的可操作性。在《历史文化名城保护规划规范》中即把历史街区内的所有建筑分为文物建筑、保护建筑、历史建筑、与历史风貌无冲突的一般建筑和与历史风貌有冲突的一般建筑这五类。建筑的形式、体量、高度等严重影响了街区整体的历史风貌，需要积极的整治整修。街区中与历史风貌无冲突的一般建筑不多，所以各类指标居中。客观性，即实事求是，尽量保证保护对象空间和风貌的完整性。保护与控制范围的划定不仅要着眼于保护对象的现状，也要考虑不同等级保护与控制区域的未来发展，为保护实施提供弹性的发展与平衡空间。对近年来新建

①弗朗西斯·弗古森（Francis Ferguson，1932—1995），美国建筑师、规划师、教授。

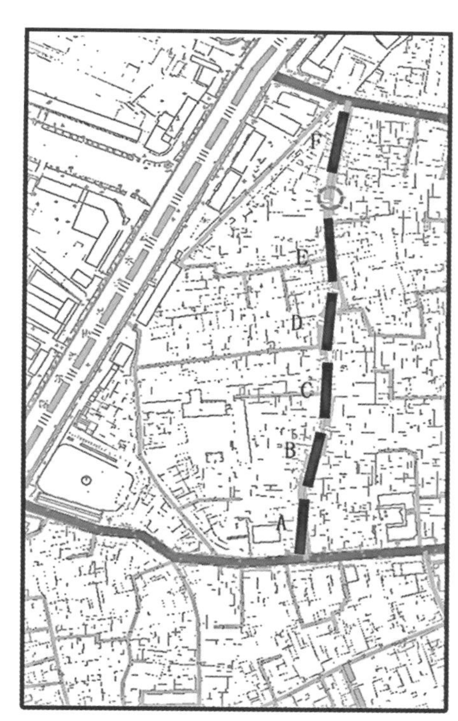

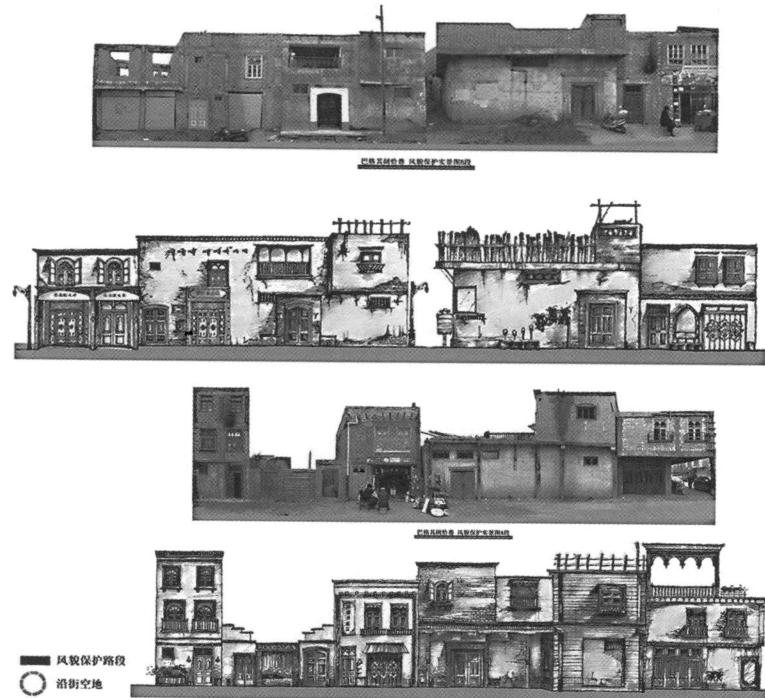

图 9　巴格其阔恰巷风貌保护设计方案　（图片来源：自制）

的一些建筑质量较好、拆除难度大的建筑，采取近期传承保留的态度。

4.2 维护历史环境的整体性

整体性是贯穿历史保护的重要理念，包括整体地保护历史古城的历史环境与风貌，以及整体地保护物质文化遗产与非物质文化遗产等。一个历史文化的遗存，是连同其环境一同存在的，不仅要保护历史文化，还要保护其周围的环境。对古城的历史街区而言，其中的建筑绝大多数是一般的历史建筑，级别很高的文物保护单位相对较少。尽管单个历史建筑的价值并不能与文物建筑相比，但是成片历史建筑所构成的整体风貌则是价值很高的文化景观，城市历史环境保护的重点是风貌的完整，（图 9）即要求保持区内环境风貌完整统一，历史文化的保护要以整体保护为核心。更多传统文化如民风民俗、传统戏曲、传统工艺、传统产业等，是通过非物质的形式表现出来的，并且又往往以物质空间为载体，形成有形无形交融的文化空间。

通过恰萨历史街区的保护与整治，积极保护文化遗产，延续城市历史文脉，并综合古城街区的建设，从文化、旅游、建筑、美学等多方面综合考虑，保存、继承古城的历史环境氛围，展示喀什噶尔古城的文化底蕴。根据这样的发展目标以及当地实际状况，规划提出相应实施策略。

5 结论

在研究喀什噶尔古城传统街巷的过程中我遇到不少困难，几乎对于古城没有可实用的图纸，即使有也不完整。在历史街区的实践中，传统街巷不仅承担着情境再生和景观重塑的作用，还承担有“传承史息”并与一般历史建筑“永续共存”的作用。我会继续深入我的研究工作，古城内存有大量有价值的可研究街巷，喀什噶尔古城街巷保存相对完整，街巷走势因地制宜，合理布局。我们必须关注街巷文化空间的人文信息和重修历史建筑的技术内涵，虽然对喀什噶尔古城的街巷有一定的研究成果，但是比起对古城保护的迫切性与复杂性还远远不够，喀什噶尔古城需要国家政府和更多研究者的关注。

参考文献

[1] 史靖塬．高台民居实体保护与发展 [J]. 工程建设与设计，2009.10.

[2] 高翔．新疆喀什老城区更新研究 [J]. 华中建筑，2008.12.

[3] 刁炜．新疆喀什维吾尔族高台民居建筑研究 [J]. 华中建筑，2008.08.

[4] 沈苇．喀什噶尔 [M]. 青岛：青岛出版社，2008.

[5] 严大椿．新疆民居 [M]. 北京：中国建筑工业出版社，1995.

[6]（法）阿兰・博里，皮埃尔・米克洛尼．建筑与建筑规划形态与变形 [M]. 沈阳：辽宁科学技术出版社，2011.

[7] 刘仁义．城市街道的空间形态及其设计方法研究 [D]. 合肥：合肥工业大学，2001.

城市儿童室外活动空间的构建

——基于北京五道口儿童活动环境的调研

毛晨悦　清华大学美术学院　研究生

摘　要：本文的研究以社区为背景展开。社区的含义在国内的异化使得社区的积极效应无法发挥。笔者希望通过儿童这个载体，促进社区区域人性化空间功能的健全与完善。儿童常常被视为是未来的主人翁，一直受到人们的广泛关注。因而，儿童的成长问题也得到了非常多的重视。研究表明，优质的生活环境能对儿童成长起到积极的作用。关于城市儿童活动空间的研究，大部分都是针对室内空间的探讨，相比之下，室外活动空间不仅研究少，连法律规范都是基本空白。而室外活动又具有室内活动无法相比的优越性，是有巨大潜力的，是对儿童室内活动的有效补充。本文从社会、城市及家庭对儿童的影响出发，指出当今国内儿童活动的相关问题及不良影响；研究儿童群体，对儿童自身特征及活动方式进行考察；整合国内外相关研究及资料，分析国内儿童室外活动的不足之处；调研儿童活动特征及儿童空间环境感知能力，研究影响儿童室外活动的环境因素。结合笔者对北京市海淀区五道口地区的环境调研及对该地区的室外儿童活动空间设计构建，详细讨论了有利于儿童全面发展和健康成长的儿童空间构建定位要求、构建模式及室外空间要求。在当下城市发展进程中，对儿童的关爱是一个社会问题。尤其是80-90后中国的独生子女问题、农民工进城打工问题，城市化建设中所带来的公共空间的环境问题，高层住宅所带来的住区平均室外活动空间缺乏及设施问题等。关注儿童室外活动空间环境如图关注社会老龄化现象一样，是社会不容忽视的人文关怀及环境景观设计内容，也关乎到一件事情的两个层面研究。笔者力图构建一个较为全面的室外儿童活动环境设计框架，希望在这个框架下，儿童的室外活动能够有效开展，走出构建良好社区建设的第一步。。

关键词：社区　儿童　室外活动空间

城市功能发生转变，城市成为经济、文化和权力的中心，并不断扩大自己的领域。现在的城市无法被明确地划分成清晰的区域，但社区关系和社区环境没有得到同样的发展，依然在用传统的“圈地”方式构建。社会性的变性对空间发生作用，却没有让社区存在的意义及社区的优势发挥最大价值，这之中就包含了儿童室外活动的问题。

《人民日报》在2011年拟文称“20年来我国少儿体质持续下降”，快速城市化的进程导致城市供儿童日常活动使用的室外空间越来越有限，严重影响儿童的全面发展。公共活动空间普遍存在着设计成人化、活动设施千篇一律、缺乏对弱势群体的安全保障等问题。

本文以京包铁路的第五个道口为中心作为调查和研究的范本，从社会总体环境、儿童自身活动特性着手，分析儿童室外活动空间环境质量现状，结合影响儿童室外活动的关键因子，为儿童活动空间设计提供思路。

1　社会总体环境

1.1　居住模式变化

社会学家何肇发认为邻里关系具有相互支持的社会功能，

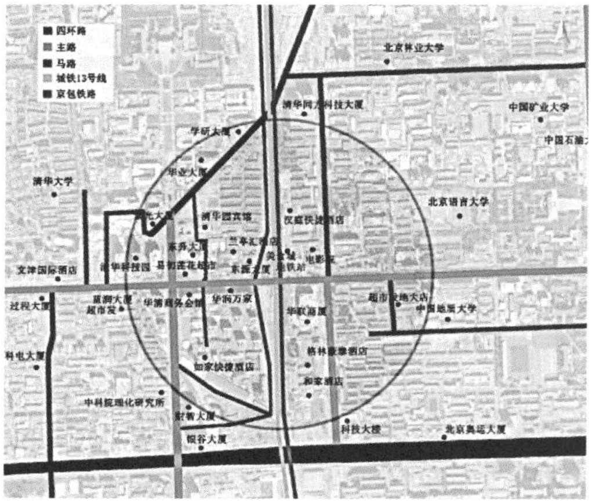

图1　五道口周边环境图

图2　范围内建筑的功能分类

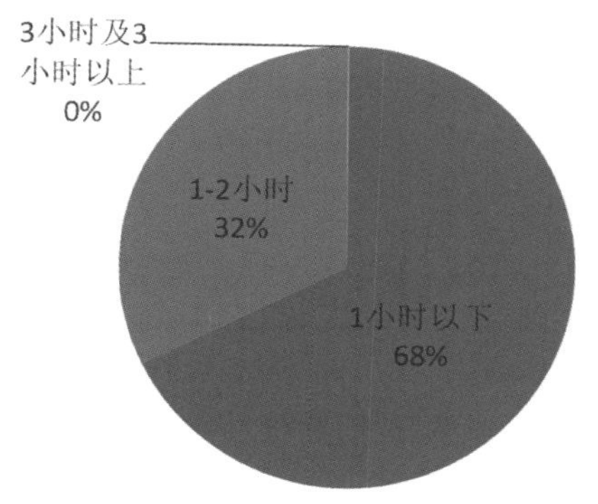

图 3　儿童室外活动时间调研数据

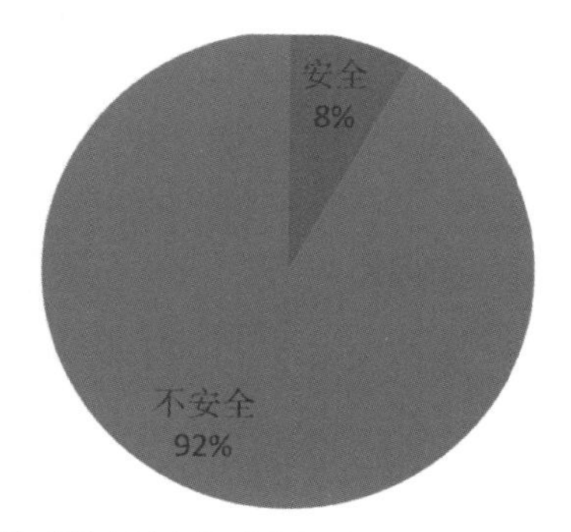

图 4　家长对儿童在住区中自由活动的安全性评价调研数据

会对家庭及儿童活动产生作用。直到 20 世纪 80 年代，高层的住宅小区还没有那么普及，胡同、巷道、四合院、平房依然大面积的存在。无商品房交易及投资的市场，城市中住房大多依靠分配，同一单位的人往往集居一处。由于建筑层高低，人们的居住空间都非常接近公共活动空间，邻里关系非常的透明。人们的出行以步行和自行车为主，活动范围小，因此居住在同一栋楼、同一条巷子中的人对彼此都非常的熟悉，人们之间的交流也很密切。

市场经济的发展使得商品房单元房大量建造，私家车的普及使得人们的出行范围扩大，人们不需要依靠住房分配，而有了更多的居住选择，社区结构变为以家庭为单位。房地产投资业的兴起让小区的入住率大幅下降，使得居民缺少交流的人群。高层住宅的兴建虽然增加了一定建筑面积下的容积率，但改变了房屋结构，使得居住在高层的人远离室外活动场地。

五道口地区位于北京北四环与五环间，原是一片农田。如今已成为北京地区最具人气和繁华的地区之一。

在笔者对于五道口地区儿童家长的调研中，关于“您的孩子平均每天在室外活动的时间”的调研结果可以看出大多数家长给孩子的活动时间在 1 小时以内（图 3）。邻里关系的弱化，儿童被迫从可以自由活动的“散养”状态变成“宅”在家中的状态，室外公共活动减少。

1.2 人口流动性增加

城市化建设带来的另一问题就是城市流动人口的急剧增加。流动人口的根本特征在于这个群体或个人在社会生活中所必需的物质生活条件与空间是分离的，他们的生活环境变得完全不同，这使得社区的管理变得非常困难。在城市中，这个群体和本地居民是混居在一起的，许多的小区地下室都被改造成为可供流动人口租赁的房间，也就是说，流动人员子女与住区原有儿童很有可能共用一个社区室外空间。因此，社区活动空间需要有足够的包容力满足这些儿童与居住区原有儿童的活动，这对社区儿童的室外活动空间的适应性、开放性提出了更高要求。

1.3 社会治安缺乏保障

虽然根据互联网一份关于世界刑事犯罪率最高及最低的国家排名中，中国位列刑事犯罪率最低的国家第九位，但来自于 2012 年 2 月 27 日的腾讯网一个关于“你所生活的环境安全吗？”的调研显示，认为自己生活及活动的场地不安全的人占到了 92%（图 4）。

应对社会治安不良最突出的体现是在儿童上下学过程中。根据中国儿童中心对北京市的一份调查显示，保守估计每天有一半的儿童需要家长接送。

图 5 “中国式”接送

中国三大城市公园及免费公园数据统计　　表 1

城市	北京	上海	深圳
城市公园数量	316	158	824
免费公园	140	49	221
比例	44.3%	31%	26.8%

注：数据来自首都园林绿政务网、上海绿化市容局门户网站、深圳绿化管理处

令人担忧的是，这种情况延伸出了家——学校的这段距离中，影响到了儿童的室外活动。五道口地区处在高教学区之中，学生的人口流动性使得该区域住区的居住人口流动性大，导致该区域的不安全因素增加，室外活动空间在大多数家长眼里是一个缺乏安全保障的环境。

1.4 公共空间的数量与质量

随着现代化建设的全力开展，政府有意识的建设了不少公共空间，但公共空间建设的速度还无法跟上城市建设的步伐。当开发商在城郊大量建设商品房谋取商业利益的时候，这些地区的城市公共空间都还只处在场地规划的状态，无法跟上房地产开发的速度。

1.5 虚拟环境的冲击

从某种意义上，网络的发展丰富了人们的生活，加强了全球人类的沟通。对儿童来说也是如此，他们可以通过网络更快地获取丰富的知识，参加网络社区结识志同道合的人，同时通过网络这样相对较为安全的虚拟环境结交朋友。但网络也会给儿童的现实生活带来影响。沉迷于网络游戏和社交网络可能会致使儿童丧失对现实生活的排斥，网络交友一定程度上剥夺了儿童在现实世界中的社交机会，他们一旦认为网络环境更有吸引力，便主观放弃到真正的社会活动中。这导致社区公共空间儿童使用人数降低，利用率下降。

1.6 家庭驾驭观念的变化

中国从 1978 年开始将计划生育纳入到基本国家政策中。据北京市人口研究所的调查显示，2006 年，北京的独生子女家庭占到了家庭总数的 94%，独生子女以及独生子女组成的家庭正在逐渐成为社会主体。他们的大量存在不仅影响到其个人家庭观、人生观的建立，同时也影响到国内整体社会环境观、道德观等问题。

一些家长则错误的为孩子计划大量的课外补习、兴趣班，以及艺术性考级等的成才计划，使得儿童应有的室外活动时间受到严重负面影响。多数家长认为室外活动能够促进儿童的身体健康，但意识不到室外活动同样能够促进儿童的心理和智力发育。这种观念的偏差意味着儿童室外活动空间没有引起社会整体的重视。

儿童活动内容　　表 2

按活动强度分级	活动形式	地点					季节	
		家中	社区	学校	公园	其他	夏	冬
0 静态	看电视	●						
	作业	●						
	兴趣班			●		●		
	读写画	●		●				
	电脑	●				●		
1 低强度	行走		●	●	●		●	●
	骑车					●		
	过家家				●		●	
	玩泥巴		●				●	
	捉迷藏		●				●	
	滑滑梯		●			●		
	器材悬挂		●	●				
2 中等强度	攀爬		●	●	●			
	丢手绢				●			
	跳房子		●	●	●		●	
	轮滑		●					
	滑板		●		●			
3 高强度	游泳					●		
	跳皮筋		●					
	篮球			●	●			
	足球		●				●	
	羽毛球		●		●	●	●	
	踢毽子		●				●	●
	使用健身器		●				●	●
	赛跑			●				
其他	玩水		●		●		●	
	与动物玩		●					
	与植物玩				●		●	

2 儿童自身活动特点

参阅 Laura E. Berk 的《Child Development》，文中提到，对于儿童的培养应当是全面的培养（holistic development），包括身体发展（physical）、情感培养（emotional）、认知培养（cognitive）以及交际能力的培养（social）。而这些培养目标需要相应的活动来使其实现。

跑、跳、行走、攀爬被认为是儿童身体发展最基本的活动，操作、拆解、摆弄各种物件来建立行为和结果的关系的相互联系，实现自我认知。而社交能力常常通过多人游戏来增强。儿童的生命力和活力是通过这些自发活动显现出来的。儿童通过选择自己感兴趣的活动，逐渐了解自己的身体，认识与体验自己的想法。

结合芬兰教育家 Marketta Kytta 对儿童活动进行的归纳，可将儿童活动类型特点总结为如下三点：

首先，相对于室内及学校活动，发生在校外的室外活动虽然可能性最多，但活动儿童人数的比例较低。

其次，季节差异会对儿童的活动产生影响。家长普遍认为让儿童在温暖的春秋季进行室外活动最合适。冬季虽然有儿童喜爱的堆雪人、打雪仗的游戏，但由于环境限制，这些活动发生的频率也非常低。

此外，校外的儿童高强度活动类型有限，且这些活动由于需要多人活动，发生的频率很低。而受到儿童广泛喜爱的游戏，如挖掘、堆砌、攀爬等活动，因没有合适的空间和设施而无法发生。

3 影响儿童活动的关键环境因子

参考马斯洛的“人类需求理论”（Maslow's hierarchy of needs），结合儿童自身活动特点，将儿童在空间中活动所表现出的各种需求归纳为三方面，即安全、刺激与认同。由此对以上所提取的关键环境因子进行分类讨论。

3.1 安全性

安全性是儿童和家长选择活动空间的基本要求。调研过程中，绝大多数的家长反映室外空间内存在的安全隐患是最不利于儿童开展活动的限制性条件。超过 80% 问卷反映居住区主要道路上的过往车流是家长最大的担忧；其次，居住高密度、人口流动性大，社区治安方面问题也会带来诸多限制；此外，安全性还体现在活动场所应保障儿童的各种活动不受各类自然或者人为因素干扰，确保家长可以有效地进行监督和监护。因此，研究区域内儿童活动对安全性方面的需求集中体现在三个方面，即交通安全、社区治安与空间庇护。

3.2 刺激性

儿童的某些室外活动是出于对某种环境正向刺激的反应，从舒适型层面出发，研究什么样的环境对儿童室外活动带来正向刺激这一问题相对复杂。比方说，心理学家认为儿童厌恶过度的拥挤，但又有爱凑热闹的习惯，儿童有时喜爱清静，同时又惧怕孤独，这类问题都与具体的环境刺激作用在具体的对象身上有关，不能一概而论其利弊。

在不考虑空间安全性的前提下，被调查者认为有利于儿童室外活动带来正向刺激的环境因素可以总结为以下八点：①空气清新，环境卫生，没有污染和臭味；②安静，没有严重噪音；③丰富多样的绿化；④与水体亲近；⑤街景美丽而整洁；⑥具有可以进行室外活动的开敞空地；⑦出行便利；⑧有游戏设施。以上八点可以进一步总结为五类环境因子：基本环境质量、通行舒适性、空间多样性、娱乐性、自然元素。

3.3 领域认同性

领域认同感是儿童室外活动对环境的最高一级需求，当儿童对环境产生了领域认同感，儿童活动的质与量可以得到极大地提升，甚至在活动中参与改造环境。对儿童而言，领域认同感主要通过提供私密性得以实现。儿童需要周围环境提供一个稳固而且具有良好秩序的空间，提供不会受到外来干扰的用于个人独处或与伙伴相处的环境。

4 儿童室外活动区域

在国内的大部分地区，住区与学校这两个儿童日常行为发生的地方非常集中，儿童活动的范围也会因此相应的集中。

从调研区域的观察、访谈和问卷中可以发现，室外活动范围及接触的空间环境主要集中在住区，学校以及去往这两地间的路途中。

美国教育家穆尔（Moore）的研究提出了三重考虑范围，将儿童活动的频率作为参考标准，将活动分为日常范围、经常范围和偶尔范围。结合对儿童空间环境感知的研究，我们可以发现，儿童日常活动主要发生在家庭与学校之间；经常范围通常是儿童一段时间内固定要去的地方；而偶尔范围则是儿童不常去的地方。

由此我们可以发现，儿童的生活基本上是以学校—路途—住区的走读区域为中心展开的，这三点一线是儿童日常活动的主要范围。

5 五道口儿童室外活动环境存在的主要问题

通过上述分析，结合五道口环境特点，及五道口儿童活动的观察调研，可以发现五道口儿童活动存在诸多的问题。

5.1 特定的儿童室外活动空间明显不足

现有的活动空间条件不允许儿童在其中长时间的活动。没有地下停车库或地下停车库没有开放的住区，可用的儿童活动空间都被车辆占据，而城市开放空间都处在嘈杂的环境或工作环境中，并不适合儿童活动。

5.2 儿童室外活动空间单一

儿童活动空间以广场为主，缺乏可塑性，单一的滑梯、转盘等活动设施只能为儿童提供消耗体力锻炼身体的作用，而无法调动儿童的创造性和发散性。

5.3 活动空间缺乏安全保障

交通因素影响儿童的活动。场地设计的成人化必然导致儿童室外活动时间与活动形式受到限制，且较高强度的互动无法得到最基本保障。

5.4 儿童室外活动缺少特定区域

这些活动都混杂在休息的老人、交谈的成年人中。这些活动区域在有儿童活动的情况下有非常多的家长，对五道口华清嘉园小区的调研统计显示，该活动空间平均每 1.4 个儿童就有 1 个家长在旁看护。

5.5 设计师意图与活动不相符

由于没有专门为儿童设计的室外活动空间。刚浇完水的泥土，被儿童用来玩泥巴；水池的斜坡被当作滑梯；公寓楼下的台阶成为儿童交谈的场所。五道口海淀区第三实验小学地质校区的围栏有一段破损，几名儿童在这个破损的栏杆中钻来钻去，玩的乐此不疲，儿童在对其进行不当使用时容易发生事故。

影响儿童室外活动关键环境因子归纳　　表 3

安全性	刺激性	领域认同性
交通安全	基本环境质量	私密性
社区治安水平	通行舒适性	
空间庇护	空间多样性	
——	娱乐性	
——	自然元素	

图 6　儿童在干涸的蓄水池中踢球

6 儿童活动空间构建要点

以五道口地区的儿童活动作为参照，对于城市儿童室外活动构建的建议如下：

6. 1 竖向发展寻求更多空间可能性

解决空间不足和空间单一的问题。在城市公共空间紧缺，交通环境复杂的情况下，充分利用建筑屋顶空间或在原有地面活动空间之上架起新的活动平台，能够缓解室外活动空间缺乏的压力。

6.2 活动场地明确的针对性

解决儿童活动空间单一，活动缺乏特定区域的问题。

明确的场地针对性使儿童活动能够根据活动内容、活动强度、活动安全性以及活动所需的场地大小明确的区分活动内容，使得同一兴趣爱好的儿童能够更迅速地在活动空间中找到自己的位置。此外，明确的活动空间划分能够避免活动间的相互干扰和提前预防可能产生的安全问题。例如，一个儿童想在室外活动空间中进行小幅度活动，同时若有另一些儿童在玩追逐游戏、球类游戏则很有可能对那个儿童造成影响甚至伤害。

6.3 灵活安排活动流程安排

解决室外活动空间缺乏安全保障，儿童室外活动缺乏特定

图 7　儿童活动与成人混杂

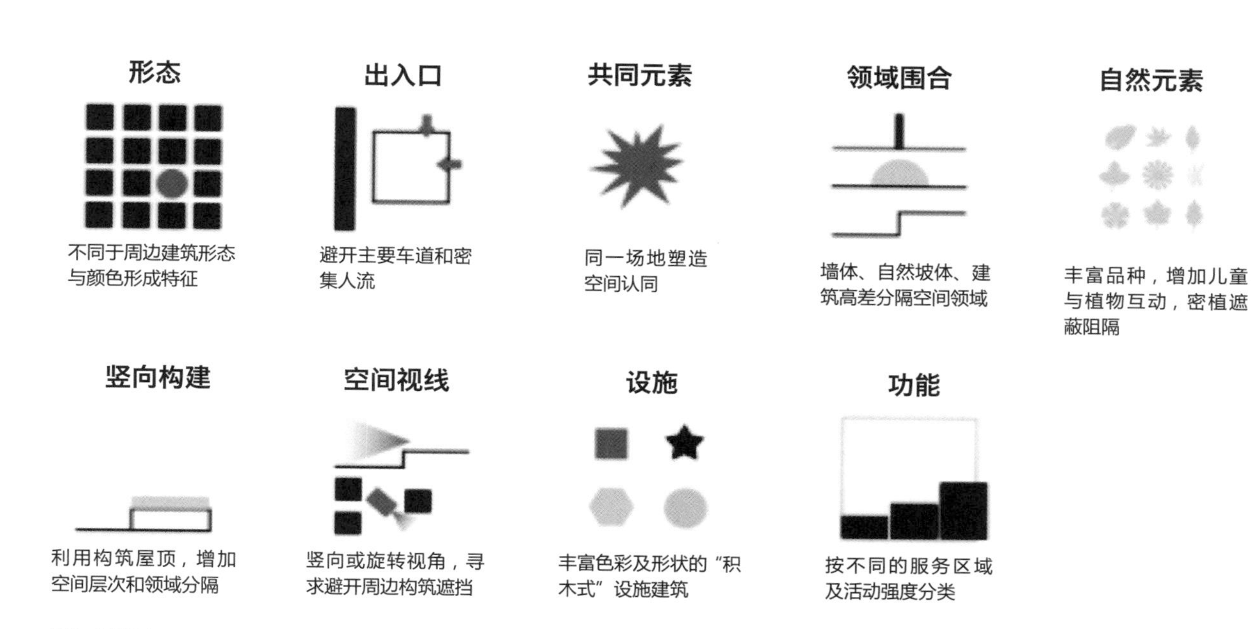

图 8　设计要点

区域问题。在城市空间中的儿童活动经常需要与其他人的活动混杂在一起。

6.4 空间变化性和创造性

解决设计成人化，设计意图与活动不相符的问题，给儿童活动创造更多可能性。

要使儿童室外活动空间能够承载尽可能多的活动，仅仅依靠设施数量的堆积是没有太大的效果的。空间的可变性能够解决儿童活动的单调乏味问题。例如，同样一个儿童活动设施，如果只定义其形状而不定义其具体用途，则能给儿童更多创造活动的机会。

在当下城市发展进程中，对儿童的关爱是一个社会问题。尤其是 80-90 后中国的独生子女问题，农民工进城打工问题，城市化建设中所带来的公共空间的环境问题，高层住宅所带来的住区平均室外活动空间及设施缺乏问题等。关注儿童室外活动空间环境如关注社会老龄化现象一样，是社会不容忽视的人文关怀及环境景观设计内容，也关乎一件事情的两个层面研究。

笔者力图构建一个较为全面的室外儿童活动环境设计框架，希望在这个框架下，儿童的室外活动能够有效开展，走出构建良好社区建设的第一步。

参考文献

[1] 林光江．国家·独生子女·儿童观——对北京市儿童生活的调查研究．北京：新华出版社，2009.

[2] 高桥鹰志，EBS 组．环境行为与空间设计．北京：中国建筑工业出版社，2006.

[3] 克莱尔·库伯·马库斯，卡罗琳·弗兰西斯．人性场所——城市开放空间设计导则（第二版）．北京：中国建筑工业出版社，2008.

[4] 德鲁克基金会．未来的社区．北京：中国人民大学出版社，2006.

[5] 何金晖．中国城市社区权力结构研究．武汉：华中师范大学出版社，2010.

[6] 扬·盖尔．交往与空间（第四版）．北京：中国建筑工业出版社，2009.

[7] 北京大学景观设计学研究院．景观设计学第 22 期．北京：中国林业出版社，2012.

[8] 霍艳虹．城市儿童活动空间的设计研究[硕士学位论文]．天津：天津大学，2009.

[9] Clare Fraser, Sara Meadows. Children's view of Teaching Assistants in primary schools. London: ASPE, 2008.

[10] Laura E. Berk. Child Development. Normal: Instock, 2012.

生土民居街巷“无序”建筑美学剖析

张 琪　新疆师范大学美术学院

摘　要：在探究喀什维吾尔族传统生土民居街巷空间与形式的过程中，街巷本身所呈现出的空间秩序会颠覆我们平时引为经典的有序空间秩序。我们津津乐道的以平衡、对称为美的空间等级关系也一再被打破。在生活气息浓厚的生土民居街巷空间中所揭示出的非理性的“无序”之美，拥有着独特的无序美学特质。通过分析这些独特的无序美学特征，可以让我们更加清晰地了解生土民居街巷在建筑过程中所展现出的建筑空间形制以及包含在街巷内的独特人文感受。

关键词：生土民居　街巷　空间形式　无序美

1 “无序”的美源

早在公元前六世纪的毕达哥拉斯学派，就试图从数量的关系上来探寻美的因素，认为数的原则是一切事物的原则，并最早地提出了著名的“黄金分割”定律。柏拉图认为，一切事物的本来面貌都是一些几何图形，美就是简单的几何图形的比例和谐，也只有合乎比例的形式才是美的。在这之后亚里士多德也曾说，美的主要形式就是空间的“秩序、匀称与明确”。[①] 从艺术创作的领域来说，大时代下的审美标准是创作的源泉，是新事物产生的基础。

虽然规矩的艺术创作和审美特征一直占据着美学思想的统治地位，然而辩证法告诉我们，任何事物都是具有正反两面性的矛盾统一体。对于建筑的创作来说，不论是哪一地区或民族的建筑发展历程中都会因其地理气候、人文环境的不同创造出不同形式的居住空间，在某些时候规矩、有序的建筑方式并不十分占优势。因此，拥有极强应变性的民居在顺应地理气候的同时提供了适宜居住的空间形制，也因此从有序的建筑原型中剥离出来并自成一派。

1.1 有序与无序

伊利亚·普里高津[②]曾说“混乱也是一种秩序”。正如没有“无规矩”就没有“有规矩”一样。乡土建筑研究关注人们自发建造的建筑环境，而一般来说，这种环境是较之“楼堂馆所”式的“高级”建筑环境更与人们生活结合紧密的。[③]因此，在梳理无序之美时，我们就不难解释为什么当我们走进维吾尔族传统生土民居街巷时，面对那些密密麻麻、东侧西歪的民居搭建方式，斑剥落离、高矮不一的生土院落墙，纵横交错的遮蓬支杆，新旧不一的生活用具时，我们感受到的不是一种无法忍受的视觉混乱与心理排斥，反而会产生一种莫名的亲切感与美感（图 1）。这里的秩序就是无序。我们无需用和谐为特征的美学作为评价或构成这里的街巷空间效果的唯一标准，不再认定风格的统一是构成建筑形式美的必要条件，不再以“有序”解释“无序”。

1.2 理性与感性

作为建筑艺术的一种形式，民居所包含的美也必然是理性

---

①杨辛．建筑 [M]．上海：上海文化出版社，2000．

②伊利亚・普里高津，比利时物理化学家和理论物理学家．

③辞海．上海：上海辞书出版社，1979：1533．

图 1　街景速写

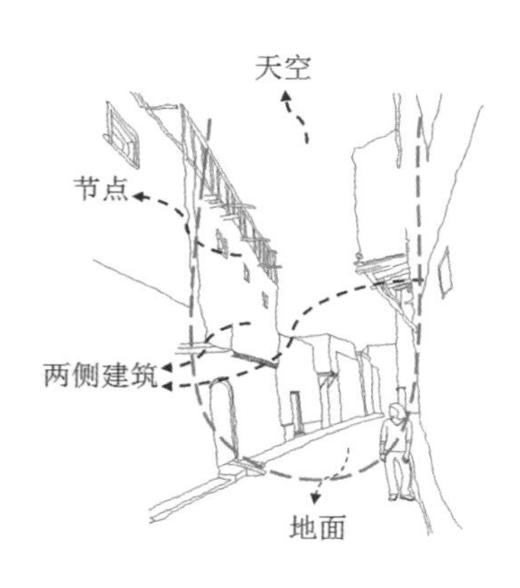

图 2　街巷 U 形分析图

与感性的相互贯穿。喀什维吾尔族传统民居聚落中，因为容纳了复杂与庞大的生活方式及习俗，所以呈现出的是一个包容性与使用性极强的空间形式。

维吾尔族传统生土民居演变的历程中沉淀了人们对地理气候的适应与利用，以及对文化的传承。由民居建筑连接而成的街巷空间颠覆了传统的由规划构图到逐步建成的构筑方式，表现出了对理性规划原则的逆向形式，即街巷的走向与形式跟随生活空间的需要而扩展的“感性”构筑方式。人们的生活方式使得空间更加生动活跃，人既是街巷的建筑设计者又是街巷的享受者。

1.3 街巷空间启示

街巷空间古今不同，东西有别。然而构成街巷的基本要素却有着固定形态：即人、建筑与铺地、小品及绿化。在放弃各种规矩的条条框框之后，我们需要剖析街巷空间在形成过程中存在的特别因素，以解释空间构架中一系列真实存在的“不和谐”因素。

2 建筑外观无序化

不同于现代都市中街道扮演着快速交通承受者的角色，传统的民居空间中的街巷是作为生活空间与交通空间结合而存在的。脱离开街道单独研究建筑，有如抽调书的内容只研究目录一样会使人走入研究的死胡同。芦原义信提出，关于外部空间，实际走走看看就很清楚，每 2~25 m，或是有重复的节奏感，或是材质变化，或是地面高差有变化，那么即使在大空间里也可以打破其单调，有时会一下子生动起来。①

在传统生土民居街巷中，街巷呈现出不同的线性发散。如果从街巷空间垂直方向的剖面来看，街巷界面是一个“U”形空间。它的侧界面可以看作是街巷在视觉上最直观的脸谱。一般来说，街道空间界面是由街巷、两侧建筑，以及各种节点组合而成。可以看出，它的构成元素是丰富多样的（图 2）。界面和空间紧密相连，是限定围合空间的面状要素，它关联着空间的领域感和场所感，界定空间范围。②不同的组合关系形成了不同的街巷尺度、比例，并在很大程度上决定了街巷的围合度和空间形态；它们的建筑轮廓线、细部构造、材质及形态构成了街巷基本的景观特征。临街店铺、大门、墙体等，建筑的立面造型、色彩、材质、尺度等形成了街巷的形象特征，构成元素的差异性又使街巷色彩纷呈，多样性得到充分的展示。沿街建筑的侧面以及侧面的墙体、巷口空间、建筑后退的节点空

图 3　顶界面的不同形式

①芦原义信．外部空间设计 [M]．北京：中国建筑工业出版社，1985．

②俞晨圣．论景观空间的界面 [D]．福州：福建农林大学，2006．

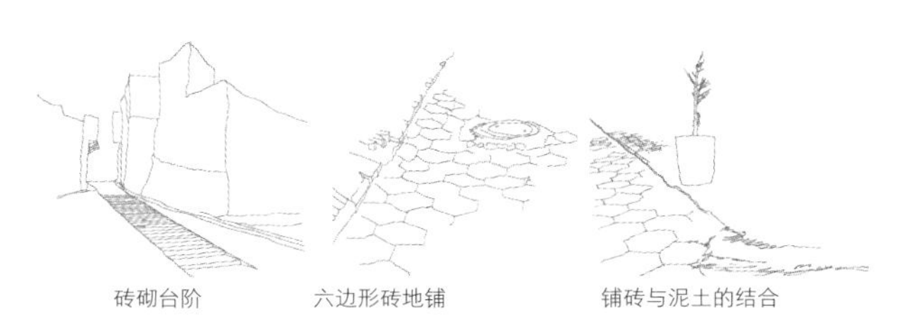

图 4 底界面铺装形式（部分）

间、入户门楼、临街门窗洞等，这种虚实关系构成了变化丰富的界面空间。

维吾尔族传统生土民居建筑从设计到建造都是从非连续性出发的一种个体行为，人们并不注重建好之后的风格统一问题。实用性、经济性、功能性自始至终是民居建筑设计的出发点。这些建筑空间与形式的具体特征可以概括为以下几个方面。

2.1 顶界面的自由放线

街巷顶界面，即街巷两侧顶部边缘所包含的天际线范围，也是变化最为丰富的一个界面。街巷顶界面主要由天空、过街楼、屋檐等组成。在界面上较为突出的框架、电线杆、天棚、晾衣架、院落墙头的绿色盆栽及院内树冠等也是形成顶界面轮廓的主要因素。

在搭建这些民居时，人们的生活活动需求主宰着这些房屋以及空间的使用情况。在满足基本使用需求的同时，人们也会给房屋增加不同程度的功能变化，形成了一个自由转折、高低起伏、变化多端的天际线。这些层层叠叠、前后错落的聚落民居，也因此形成了似断似连的起伏层次 (图 3)。

2.2 底界面的变化与统一

街巷的底界面是平常人们接触最多的地方，一般认为底界面是地面，这是一种狭隘的认识。从广义上讲，它是居民日常活动的路面及其附属场地，是几个界面的承接面，因其材质、形态、尺度、平整度等因素的不同，底界面给人的视觉感受和空间体验也是不一样的。

生土民居街巷空间底界面的建造都围绕着“土”与“砖”。它们起着民居的支撑作用，无论在哪里，只要有土和砖就有路和房屋。这些传统的生土民居在建造过程中，不刻意铲平大面积土地，而是基于地面的凹凸变化，进行砖的相互穿插、交错、重叠、拼砌，以及砖与图的结合组合成各种形式的地面铺装。通过对立体地形的有效利用，使搭建起来的房屋与地面形成变化统一的立体空间 (图 4)。

图 5 巷口标志性建筑　　图 6 封闭式巷尾

2.3 街巷的端界面

街巷的端界面也就是一般说的巷口、巷尾。这些空间起着连接街巷、封闭街巷的作用。通常会设置标志性的建筑、过街楼、住宅门、路障等，用这些来界定街巷及其空间区域，使之与周围的空间有所区分，成为一块相对独立又有指引性的空间。各地因文化、风俗习惯等的不同，街口的处理方式会有很大的不同，呈现出多种多样的形式。

在维吾尔族传统的街巷中，街口多有清真寺建筑 (图 5)，这也是顺应当地居民的宗教信仰。清真寺是街巷中的公共活动场所，人们的日常生活中的集会、庆祝等活动也依附与清真寺建筑。其次，是街巷的巷尾，通常巷尾多是封闭的，出于利用空间的想法，通常会是一户人家的大门，门后便是院落及住宅 (图 6)。

3 街巷空间的多层次性

3.1 空间视觉丰富性

对传统的城市街道的研究，证明了上述观点。在宽窄不同、高低起伏的街道中，阶梯、筑台、过街楼、错层等不断变化，这种适宜于人的尺度空间形成了独特的视觉性，并创造了一种浓郁的人文气氛。最终汇聚成表面无序形式下的一种潜在隐性秩序。它是使我们身处乱境，而处乱不惊的因素之一。这是在对自然尊重的前提下探寻的“无序”之道 (图 7)。

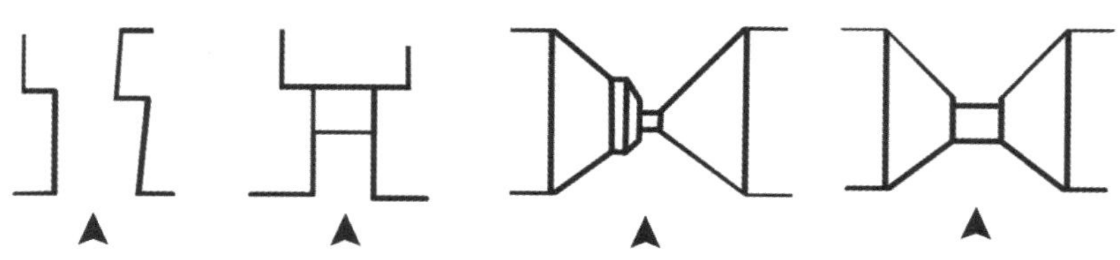

图 7　街巷内部视觉丰富性

3.2 材质的多层次性

就地取材之道在维吾尔族传统民居的建造过程中显得尤为重要。尽管这里更多的是黄土，但也不妨碍人们把它变得富有生机。人们往往先建主体房间，尔后再逐步修建附属房间。

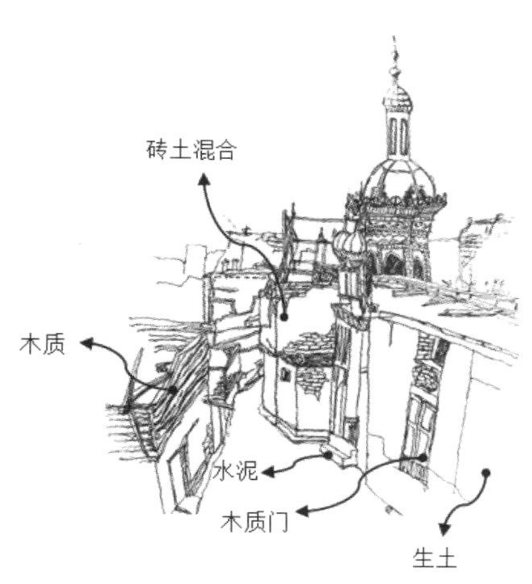

图 8 材质分析图

选用材料的标准也不以美观为第一，而是凡能获得的材料都可成为建筑的一部分。一个建筑往往是夯土块、土泥砖、红砖、木料的混合。这种以使用者为主，从内到外，功能逐步增加的加法式建筑设计法从一开始就不同于从外到内的建筑雕塑设计法，因而其形式也就根本无序可言，整体上表现出自由性与多样性（图 8）。

3.3 空间使用的复合性

空间的复合从另一个角度可理解为空间存在混合型功能，可以说是多种功能层次的交叠和并置，是一种相互兼容、高效紧凑的空间组织模式，它可存于建筑类型、空间界面、功能形式、生态景观以及历史人文等因素中。

街巷空间并非是一条简单的直线，它的空间收放、丰富的层次会时常给人以不同的尺度感，使空间丰富而不单调；巧妙运用光线的折射，由于传统民居是采用土色为主的墙面，对光线的折射较强，所以即使在高宽比例不同的情况下，也可以形成开阔明亮的空间；传统的建筑符号如门、花窗、檐口等，在高度统一中又有着多样的变化，对于丰富空间也起到积极的作用（图 9）。

4 节点空间的明确化

街巷是人们生活活动的线路，节点则是这些错综复杂的街巷里的始点或者终点。要形成节点，最重要的在于停留在视觉与心理上，这些具有显著形象的空间形式（例如清真寺），就是人们集散的节点之一。这些节点空间在街道中起到转折点、连

图 9 复合空间展示图

接点以及停留点，这些节点空间常常因为人们的集散显得生气勃勃，街巷也因为有这样的节点存在而显得更加有生活气息（图 10）。在明确街巷节点空间的过程中，我们可以寻找到以下一些规律。

4.1 爬坡下坎，空间多变

通常地势的走向不是一个平面，而是带有斜坡和波动，在空间上呈现出上下错落、高低转折的形态。在传统技术条件以及有限的人力、物力等因素的影响下，生土民居的建造依附于自然地势的无序起伏之上。建筑随天然地形起伏变化，建筑空间也因此形成多样性。这些依附于自然的线条与空间也造就了街巷里面景观的开敞与封闭。

4.2 耐潮通风，绿化点缀

在建造过程中，虽然通风和出行的开洞同样没有规则定数，聪明的维吾尔族人可以在依附于自然环境的同时恰到好处的改变民居的建筑格局，用以寻求空气的流通、阳光的照射以及防潮防腐、保持卫生的建筑方式。维吾尔族人天生喜爱花草植物，家家户户的院落都会有绿色植物的点缀，大到桑树、桃树、葡萄等遮阴实用的果树，小到夹竹桃、指甲花等装饰性盆栽植物，绿色植物随着空间的分割而分布开来。

4.3 物化形态、非物化动态

只有在走完整条巷道，充分感受当地的建筑以及生活文化气息后，才能真正领悟到这里街巷的整体意象。这种看似无序的建筑方式与现代建筑中所强调的“起始—过渡—转折—高潮—结束”的空间序列截然不同。街巷空间更注重的是依附于自然均衡的变化，无所谓高潮、起点和终点，有韵律感和节奏感的连续建筑。

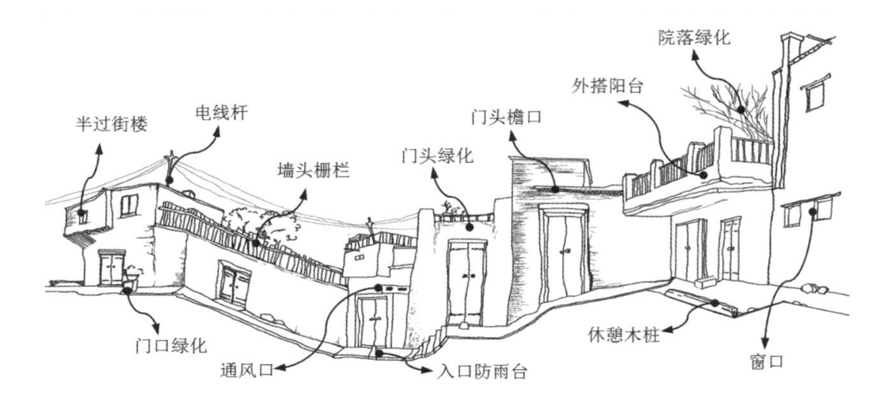

图 10 街巷空间节点展示

如果把街巷看作固定的物化形态，那么源于街巷中弹性的设计空间形态却又呈现出巧妙的变化，这些非物化形态可以是风雨、阳光等自然气候给予的变化。可以让身在其中的人遮风避雨，又呈现阳光地带。这些被留出的随遇而安的空间恰到好处的点缀着这里的传统生土民居街巷的灵动性。

5 结语

喀什地区维吾尔族传统生土民居街巷空间的形式即不受人主观决定，也不受规则美学的控制。所形成的街道界面开合具有很大的随意性，以上种种由内向外、功能至上的原则都来源于对自然的极大尊重。正是由于自然使建筑的形式表现为有根有据的“无序”。这种借助自然，留出反差的建筑方式不论从单一的建筑体到多元的历史文化资源，还是从建筑单体到历史地段，从遗迹本身到历史文化环境，这些都反映出历史文化遗产保护内涵的持续拓展、不断丰富和发展。

参考文献

[1] 杨辛．建筑 [M]. 上海：上海文化出版社，2000.

[2] 《辞海》. 上海：上海辞书出版社，1979.

[3] 芦原义信．外部空间设计 [M]. 北京：中国建筑工业出版社，1985.

[4] 俞晨圣．论景观空间的界面 [D]. 福州：福建农林大学，2006.

[5] 余卓群．建筑创作理论 [M]. 重庆：重庆大学出版社，1995.

[6] 夏组华，黄伟康．城市空间设计 [M]. 南京：东南大学出版社，1992.

浅谈景观空间中虚体界面的应用

田婷仪　上海大学美术学院　研究生

摘　要："界面"一词对于空间而言是从中分离出来的一个特殊要素。在景观空间中，"界面"作为空间形成空间围合的载体，是塑造景观空间的一个要素。而界面的一个特殊成员——"虚体界面"，在景观空间环境的塑造中起着举足轻重的作用。因此，本文从"虚体界面"要素入手进行探究。从而认识到"虚体界面"在景观空间中的存在意义与作用。换一种角度来看待和处理景观空间，或许会有助于创造景观空间的新秩序。

关键词：景观空间　虚体底界面　虚体顶界面　虚体垂直界面

1　研究背景

自从远古人类掘穴而居，便逐渐形成了空间意识，也无法离开这些从自然中分离出来的空间了。经过千百万年的进化与轮回，悠久的文明在传承，不仅形成了各种特定的空间形式，也延续了人们对于空间的体验和感受。简而言之，我们需要一个健康的、多样的、积极的景观空间，它能使我们的生活更充实。丘吉尔曾说过："人们塑造了环境，环境反过来塑造了人们。"我们无时无刻不身处空间之中，对那些看得见、摸得着的空间界面有一定的了解。但是，当我们走入一条长廊或驻足于万神殿内凝视望神庙上方洒下的阳光时，总能隐约感觉到一种无形的界面存在。这就是本文所要描述的空间中的虚体界面。

芦原义信曾在著作《外部空间设计》中，提出"逆空间"、"空间秩序"、"加法空间与减法空间"和"积极空间与消极空间"等许多富有启发性的概念，并指出，建筑外部空间不是一种任意可以"延伸的自然"，是"没有屋顶的建筑"。

2　空间

空间（space）源自拉丁文的"spatium"，指在日常三位场所的生活体验及符合特点几何环境的一组元素或地点，也指两地点间的距离或特点边界间的虚体区域。看看四周，我们就处在这样的空间中，如果没有空间，我们就无法存在。那么，"空间"究竟是什么呢？我们都对空间有一定的概念，但要回答这个问题，并不容易，至今还没有这个问题的标准答案。

2.1　对空间的理解

笔者认为，空间是自然产生的，是一种物质客观存在的，它是一切物质存在的基础，没有物体时，空间照常存在，就像一个空的，不定的容器。我们的存在依赖它，我们对它是那么熟悉，却又似乎很陌生，而又永远无法理解。空间是由物体同感觉它到它的人之间的相互关系而形成的一种感知的存在。从心理学角度上讲，既然空间产生并存在着，那么它就应该能被体验到，而体验只有通过事物间的相互关系才能产生，所有空间的感觉只有在可感知的事物存在的地方才能产生。空间又是由人的意识活动而产生的，是一种精神的存在。社会的意识形态决定了空间的存在状态，而这些只有通过思维才能显现，所以说空间是一种意向上的精神存在，且存在于视觉力上。如果没有了这些，那么空间留给人们是只是一种虚无。

空间又是有限的，是实在的，每一种客观存在着的物质都占有一定的空间。有限与无限是相对而言的概念，"虚"与"实"也是空间的两种特性。在虚无的空间里放入物体，空间便被占有了，无形的空间有了某种限定，有形的空间就建立起来了。在一片空旷地上建起大楼，建筑是实体，建筑之外，便是"虚体"。这种"虚"与"实"的结合，组成了人们活动的空间。

2.2　对景观空间的理解

景观是人类不断地改造自然征服自然最后寻求与自然和谐共存的产物。在这种意义上来讲，景观可以是一个由不同土地单元组成，有着明显视觉特点的地理实体，例如卡斯特地貌景观。也可以是一个处于生态系统上的，大地理区域下的生态系统载体，例如湿地景观。同时也包括了建筑、道路系统、历史遗迹等人文要素，这些兼具生态价值、美学价值和经济价值的大地综合体也是景观的一部分。

现代景观设计所追求的是可以与人进行对话的空间，人性的空间，而不是仅仅局限于景观图纸的样式。无论是中国的传统园林还是西方古典园林中都存在着空间和层次的变化。但是，现代景观将对人性空间的设计与追求摆在首要位置。

随着景观和建筑的逐渐融合，许多设计师提出了建筑和其周围环境的关系问题。从赖特的流水别墅和密斯的建筑可以感受到现代景观设计师不再局限于景观本身，而将景观空间作为建筑空间的延伸和自然的扩展。

3 虚体界面

3.1 虚体界面的概述

在景观设计中以虚体作为分隔空间的形式，如廊柱所形成的虚体界面、各种形态的柱子所围合的空间、玻璃的通透特性或绿化的隐约围合以及水形成的界面等。利用人们的心理因素和感受，来界定一个不定位的空间场所。这里所说的“虚体”是指视线可以穿透的空间界面。利用虚体界定空间，不但可使空间分隔中联系，也可使视线可达而路线不达，增加路线趣味性使空间变得灵活和富有活力。而且还能增强空间的渗透性。通过这一理论，采用不同的虚体元素对空间进行分割设计和限定，可以创造出更多富有灵活性与创新性的景观空间。

3.2 虚体垂直界面及应用

垂直界面约束和限制人在空间中的视觉和运动，虚体垂直界面通过视觉和运动两方面的空间感受和体验而形成。虚体垂直界面是最广泛存在的虚体界面类型。

虚体垂直界面通过视觉上的感受而形成。一个界面形成至少需要两条平行对位的等长实边线。例如，柱列中每两个柱子间都会完形成一个虚体垂直界面。通过视觉的完形，产生的空间至少还需要一个顶界面和一个底界面。换言之，只要一个空间存在底面和顶面，就能产生虚体垂直界面。

柱体作为线性因素参与空间构成，可以柔化过渡空间。威尼斯圣马可广场矗立于岸边的两个花岗石石柱，一个上面雕有海神像，另一个上面雕有金狮像。这两根柱子的设计就是一个运用虚体界定空间所形成的虚体界面的典范。

威尼斯的圣马可广场里面的广场与宽阔海面之间的过渡因两根柱子的参与而变得柔和而富有层次，不会因两侧建筑立面的戛然而止而使空间层次发生骤然转换。当人们的视线落到两根柱子上时，两根柱子大大收敛了广场的外部空间，为广场空间带来视觉与心理上的充实感，其作用表现为对视线的限定和空间的界定。而当视线从柱子之间穿过时，由于柱子与人的距离较近．视线在穿过柱子后仍能形成一个宽阔的视域，感受到海洋、天空与庇阿塞塔小广场空间形成的强烈对比。

中国的传统园林中，经常见到采用镂空墙体来限定空间，并且创造出丰富的空间层次变化。镂空实际上就是透过雕刻过的立面缝隙去看某一景物，使得被看景物若似一幅图画嵌于框中。由于是隔着一重层次去看，更显得含蓄而深远。如果在相邻的两个空间的分隔墙面上连续设置一系列镂空花窗，这种富有秩序的虚体隔断将会对人的运动视觉产生有趣的影响。随着视点的移动时隔时透，忽隐忽现，各窗景之间既保持一定的连续性又依次有所变化，有着步移景异之感。利用这种虚体界面分隔两个相邻空间，不但可使其保持良好的相对独立性，也可使虚体界面的两侧空间得以利用，其邻界空间步移景异也增加了景观空间的趣味性。

利用自然形态界面限定空间自然形态的界面包括山石、树木、地形等，都也可作为界面隔断，起到划分界定空间的作用。对于大型空间来讲，为避免空旷、单调和一览无余，同时又保证空间的完整性，通常可采用这种形式把单一的大空间分割成若干较小空间。借山石地形、树木限定空间与利用墙垣等人工构造分割空间，其目的虽然一样，但效果却不尽相同。山石地形、树木形态丰富自然，用它们限定的空间，通常都可使被分割的空间相互延伸、渗透，形成较为模糊的分界面，而以人工建筑为界面限定出的空间则彼此泾渭分明。两者相比虽各有特点，但用前者限定空间更能不着痕迹，并且会因自然形态的参与增强空间的亲切感。

3.3 虚体顶界面及应用

顶界面与人的运动无关，虚拟顶界面主要通过人的视觉究形产生。虚拟顶界面主要由真实垂直界面的顶边通过视觉完形形成。因此能完形成虚拟顶界面至少需要两个对位的全等真实垂直界面，因此在垂直界面也有缺失的情况中，虚拟顶界面和虚拟垂直界面同时存在。由于真实界面不论能否透视，人都不可穿越。因此，能否穿越也成了虚拟界面与透质界面的重要判别标准。然而，对于虚拟顶界面，如中国传统的天井。

1995 年建成的巴利阿旱科技改良中心（以下简称科技中心）是贝扎对其前期思考和实践的复合产物——虚拟垂直界面 + 虚拟顶界面。建筑整体呈一个只向天空开启的院子，其中从事科技研发的工作人员只会透过虚拟顶界面看到洁净的天空，而不会受到周围嘈杂的工业生产环境干扰：主要办公空间置于那块“飘浮”的顶面下，透质界面退到顶界砸内部，在视觉上故意弱化，让位于顶界面边缘形成的虚拟垂直界面——这一处理与德布拉斯住宅的手法同出一辙。

当贝扎对虚拟界面的探索从二向度发展到三向度时，更多虚拟界面的复合使空间的复杂程度发生了质的飞跃。

3.4 虚体底界面及应用

活动基面是人在运动的基础，虚拟底界面由活动基面缺失造成，不可承载人的运动，它主要通过人的视觉体验产生。水面虽然也是一种物质性底界面，但不可承载人的正常运动，对人来说形同虚设。因此，水面是一种特殊的虚拟底界面，也是在设计中应用最多的虚体底界面。

真占宗本福寺水御堂的设计中，安腾则巧妙地设置了一次对虚体底面的穿越。该方案将主要使用空间置于半地下，上面筑有一池睡莲，人必须走下池中央的楼梯进入下层的大堂中。莲花池中的水面与伸向楼梯口的活动基面几乎相平，这种特殊的虚拟底界面与楼梯井口的虚拟底界面形成强烈的类比。

4 虚体界面与空间的关系

4.1 虚体界面与空间路径

空间路径形成人的活动路径，虚体界面是一种能运动穿越的空间界面。这里穿越并不是简单地指如何穿越一个界面，而是指人在空间中的位置关系上的一种转换过程，以及在这过程中人获得对空间属性的辨别和空间向量关系的动态体验。它不仅规定了空间形式系统中“人”的存在，人与空间的互动，还揭示了空间体验中蕴含的动态方式。

就景观空间而言，空间路径为人的活动而设，虚体界面的设置与设计为丰富空间形式而设，空间形式的复杂多变丰富了空间路径。因而，使人的活动具有更多的新鲜与新奇。空间形式系统是一个具有相当自主性的领域，虚体界面的设定保证了最大的合理性和演变发展的全部可能。

4.2 虚体界面与空间结构

每个复杂的空间现象都是由多个空间单元按照不同的空间结构形式所组成的，空间结构的组成有两种基本形式：平行并列和垂直交叉，虚体界面是按照这两种空间结构所形成时所产生“新的空间”。

在平行并置结构中，新的空间主要表现为一个顶界面是虚体界面的空间，它不被任意一个参与结构的两个空间包含；而在垂直交叉结构中，它则主要是垂直虚体界面的空间，同时被参与的两个空间单位包含。他们所重新生成的空间结构更复杂多变，会引起人们投入更多的兴趣去探究。它们的存在也成了分辨一种空间组合是否具有结构特征的必要条件。

5 结语

在对景观空间深入理解的基础上，本文以“虚体界面”这一景观空间构成要素作为贯穿始末的线索，通过不同的视角对其进行讨论。使虚体界面以宜人的形态融入景观空间以满足人的视觉、生理、心理、行为和文化等方面的需求。另外，本文就景观空间的虚体界面进行分解，把界面分解成虚体底界面、虚体垂直界面和虚体顶界三个层面，并分别针对这三个界面的处理作深入地剖析。并通过些案例解析加深我们对空间中虚体界面的理解，使设计的构思得以表达，使空间得以交流，使人与空间保持关系，最终使抽象的空间能够形成具体的赋予特定意义的场所空间。

参考文献

[1] 辞海．上海：上海辞书出版社，1997．

[2] 芦原义信．外部空间设计．尹培桐译．北京：中国建筑工业出版社，1985．

[3] 彭一刚．中国古典园林分析．北京：中国建筑工业出版社，2002．

[4] （美）约翰·O·西蒙兹．最观设计学——场地规划与设计手册．北京：中国建筑工业出版社，2000．

[5] 潘谷西．中国建筑史．北京：中国建筑工业出版社，2009．

[6] 楼庆西．中国传统建筑文化．北京：中国旅游出版社，2008．

[7] 王受之．世界现代建筑史．北京：中国建筑工业出版社，1999．

[8] 俞晨圣．论景观空间的界面．福建农林大学，2006．

[9] 吴轩．虚拟界面的定义与描述．浙江大学，2005．

[10] 张毓峰．虚拟界面的定义与描述．世界建筑，2005．

[11] 房婉莹．作为景观元素的城市家具设计研究．东南大学，2009．

瓦在现代环境设计中的氛围营造

王秀秀　太原理工大学艺术学院　讲师

摘　要：传统建筑中有很多富有特色的建筑构件，它们不但具有实用功能，其装饰效果也非常显著，“瓦”在其中具有很强的代表性。在现代设计中常常利用瓦片本身的形状进行自由组合与搭配，在各界面形成了千变万化的装饰造型和功能特性。瓦片的组合形式多变，不但丰富了空间的层次效果，更突出了空间独特的个性美，使空间氛围具有浓重的历史感和文化底蕴。总之，对于瓦的不同装饰效果，追求的不仅仅是实物再现，更多的是追求一种怀旧情感的精神寄托。

关键词：瓦　现代环境设计　氛围营造

中国传统建筑屋顶的瓦，在古代建筑历史长河中属于一种文化的积淀。瓦的形状、色彩、材质等，在不同的历史时期都能承载着古人对封建等级制度的苛刻要求，并记录着不同地域文化对瓦的特性的不同描述。古代的瓦从形状上可以分为板瓦和筒瓦。从瓦的材料上又分为青瓦、琉璃瓦、石板瓦、铜瓦、铁瓦、银瓦、木瓦、竹瓦等类型，其中建筑屋顶上应用最多的是青瓦和琉璃瓦。瓦的铺设方式有鱼鳞瓦、仰瓦、合瓦、仰合瓦。传统中的瓦的装饰种类又分为花瓦顶、花砖顶、砖花墙、屋脊装饰、铺地装饰等。

古代瓦片堆砌出的花纹图案，作为古老的装饰手法，一般会采用管式花瓦作法，如轱辘钱（古老钱）、砂锅套、十字花、锁链、竹节、长寿字、甲叶子、鱼鳞、银锭、料瓣花等。瓦与瓦、瓦与砖之间产生丰富的变化和组合，如套砂锅套、套轱辘钱、十字花顶轱辘钱、轱辘钱加料瓣花、斜银锭、十字花套金钱等。一般多用于小式建筑或园林建筑的院墙、民间的民居中花瓦图案，显得十分优美。

1　现代设计中的瓦

以前作为屋面的装饰，瓦的装饰装修基本都用以铺设坡屋顶，现在由于大屋顶这种结构日渐淡出人们的视线，目前用作别墅屋顶、修复古建的主要材料。抛开最基本的实用功能外，瓦的组合搭接的形式多样，呈现于不同的环境艺术设计中。瓦作为了一种装饰元素，利用它本身的形状、材质、色调的不同，从传统中吸取变化形成不同的形态魅力，让我们的生活充满更多的人情味。以下主要介绍设计中瓦的形态的几种设计方法。

1.1 装饰美化

瓦片由于其形状的特殊性，再加上与砖、瓦、石等材料的组合搭配，在形态方面拼接出许多不同花式图案。纯粹的瓦通过搭接组合，由表面的肌理效果产生重复、单一的节奏效果，可以作为墙面的局部装饰或地面的铺设。这些花式图案大都是借用瓦的弧线形状上下叠加组合而成，其致密的凹凸肌理结构与墙面细滑柔和的色调形成对比，在环境中不但可以产生节奏韵律感而且还有种回归自然、追溯历史的感受。而瓦和砖，两种不同材质的自由组合，会让表面的肌理效果产生更强烈的变化，拼接出一些图案效果也更新颖。对于民间传统技艺“瓦爿墙”的再利用，主要以砖、瓦与石的混合搭配效果，更能让墙或地面产生强烈的肌理装饰效果，图案立体效果更显著。

瓦的材质主要有陶质和瓷质，在设计中为了追寻历史的遗迹，往往会选择陶制的红瓦和青瓦。红瓦和青瓦的色调呈现出的感觉质朴、自然，往往作为设计师首选的材料。红色和青色可以作为单独装饰的色调，红色给人温馨、亲和的感受，蓝色给人冷静、安静的感受。也可把两种色调有主次地进行运用，在主色调中搭配次要色调，使整面墙有种活泼、跳跃的色彩构成效果。

对于现在的一些创新设计，设计师变异夸张的想法会借用瓦装饰的一些传统元素及构图形式，以现代的一些材料，如原木装饰板材、亚克力、玻璃、pvc 塑料管、不锈钢板、铝板金属等来演绎一种新解读的自由式拼接组合，在现代时尚的设计潮流中来找寻一种历史的文脉。

1.2 实用功能

瓦当的纹饰、瓦与砖石的拼贴组合，在墙地面的设计中可以借助纹饰图案、肌理变化、花式砖瓦墙、漏窗的形式效果，在设计中可以通过分隔空间产生不同的功能分区，还可以设计成实用的抽象柜体效果。地面铺设的材质以纹饰、色彩图案、材质的拼贴组合，让人们在无形中可以联想到不同的虚拟空间，既在地面的设计中增加了装饰韵味又起到了人流的引导作用。如《青花食府》设计中，通过青瓦上下叠加组合成为背景与前面青花瓷的对比，再加上灯光色彩的渲染，使酒具陈列柜的实用性更加的引人注目。通过木构架围合的瓦顶瓦墙的虚拟空间，让人有种回味过去、身临其境的感觉。《水岸元年》中在地面铺设的装饰性地砖以瓦当的纹饰图案为主，通过拼贴使原本单一的灰地面产生了变化，带有装饰纹理的地砖在空间中也起到导向的作用。

民间手工技艺中的瓦不仅能表达不同民族不同地域的特色文化，而且成了追溯历史沉淀的一种建筑元素。能把传统手工技艺作为设计中的一种延续需要很大的勇气与思考。在现代的设计中人们为了追溯过去传统文化的那种情怀，在吸取也在不断提升传统技术能与现代的高科技技艺相融合。宁波博物馆特殊的材料与技术细节处理方法，已经使它变成了有生命的环境。在继承发扬宁波传统建筑文化的同时，更多的是承载传播历史的信息。

2 瓦在环境艺术设计中的发展趋势

2.1 氛围营造

在设计中，提炼出最具代表性的传统的元素来营造空间的意境，最直接的本意就是希望回归自然、回归传统，人们所要表达的是一种对历史的回顾、一种精神的寄托。在现代环境设计中，室内外环境被作为一种物质载体，使人们的思想情感能够与传统的情景完美交融，达到全身心地与传统文化合二为一的精神境界。

2.2 维护生态环境

在很多建筑景观设计中，瓦作为建筑语言中的传统符号，最能体现当地的地域文化色彩。如江南园林中，瓦和园林符号中的圆洞门、窗花、竹子等相联系，在设计中通过光影变化来达到空间的自然意境。园林中的借景、移步换景等的造园手法，以一种夸张、抽象的造型运用于设计中，更接近传统的文脉沿承。“瓦爿墙”这种传统手工技艺砖瓦墙的再现，尽可能就地取材，使用当地的砖土砂石等废旧材料，在设计中采取回收再利用、循环再建设，减少对名贵树木、天然石材的使用，达到一种对环境的保护。将传统符号巧妙地融入现代空间的意境中，并能在现代设计中感受到传统的元素，达到人与自然环境的和谐并存。

2.3 瓦在环境艺术设计中文化传承与创新

在设计中，“瓦”作为一种传统材料，充分体现了肌理质感和色彩融入自然与周边环境的和谐美。在施工技术方面，在继承传统的匠人技艺的基础上，为了保证砌筑的安全性和墙面牢固度，内衬钢筋混凝土墙和使用新型轻质材料的空腔。使建筑在表达地域文化和特殊意韵的同时，达到节能减排、绿色环保和“可持续建筑观”，并继承与发扬本民族传统建筑文化历史中的遗迹。

3 结语

现代设计具有强烈的时代感，设计作品需要不断创新发展。一个好的设计作品，应该是现代的，还能体现出当地的地域文化，这才是扎根于时代和充满乡土气息的最佳创作。为了能使传统文化发扬光大，把握时代气息，就需要我们在设计中立足传统、推陈出新。在今天的现代设计中，“瓦”元素的运用，使得传统的美学价值、建筑构件文化、布局构思能巧妙结合，并能让现代人产生共鸣，需要我们对此做出不懈的努力。

参考文献

[1] 刘大可．中国古建筑瓦石营法[M]. 北京：中国建筑工业出版社，1993.

[2] 建筑设计资料集编委会．建筑设计资料集[M]. 北京：中国建筑工业出版社，1994.

[3] 田永复．中国园林建筑构造设计[M]. 北京：中国建筑工业出版社，2008.

[4] 王其钧．中国传统建筑文化系列丛书[M]. 北京：中国电力出版社，2009.

[5] 王其钧．中国建筑图解词典[M]. 北京：机械工业出版社，2011.

中国传统城市色彩规划借鉴

朱亚丽　湖北美术学院　讲师

摘　要：自 1968 年两次巴黎规划调整把米黄色作为巴黎的主色调后，世界各个城市也陆续开展了对自己城市中纷繁的色彩进行了主色调统一的实践，在这背景下，有些地方政府逐渐演变成把城市刷成一个或按功能刷成多个颜色的规划设计。本文试图通过对现代城市色彩规划的各种理论、方法论的调查对比中国历史城市建造的过程，寻找一条适合现代我国国情的城市色彩规划道路。

关键词：色彩等级制　文人绘画　地方性材料

中国建筑在漫长的民族融合中逐渐形成了自己独有的，因地制宜的，并包含中国特有文化与哲学思想的营造活动。其中建筑色彩并不是单一的刷涂料的应用，就像我们不会把中国的一栋传统建筑统一刷成白色的做法一样。相反，中国的传统城市即使在没有统一刷一个颜色的做法下依然具有统一性，并在统一性的前提下展现着不同地域的多样性和地方性。反观现代城市杂乱的色彩，我们已经有了很多的理论及实践，但是否这些已有的理论实践可以套用到我们的城市呢？这些还要逐项的分析现有的理论和实践。

1 《色彩地理学》创始人朗克洛研究方法及实践

西方工业化进程较早，城市建筑发展成多样化、个性化的同时城市也出现了大同和杂乱的现象。在这种背景下有很多学者投入到如何改造城市的理论中来。朗克洛的《色彩地理学》其主要理论是指一个地区、城市或者国家形成的独有的色彩是该处的自然地理特征和人文环境共同作用的结果，当你要设计一个建筑的色彩时，也应遵循其规律。主要实践方法一般分为两个步骤：1. 通过对地貌特征、土壤的色彩、植物、建筑型制、当地材料、民俗特殊装饰的调研，总结这个地域的自然、人文的环境。建筑和建筑群显然是这个特定空间中的主体，而这些材料以及筑造方式，都是同紧密相连的。2. 通过上述的整理，制定出符合当地自然及人文特色的配色方案。很多城市在其理论指导下开始了城市色彩的改造实践。

1961 年和 1968 年，法国巴黎两次对大巴黎区色彩进行规划。以米黄色基调作为旧城区的主色调；1978 年都灵市的进行色彩风貌修复工作；1981 年开始挪威朗伊尔城进行近 20 年的城市色彩规划；20 世纪 90 年代德国波茨坦地区城市色彩规划；1970 年兵库县的室津进行色彩设计改造；21 世纪初韩国制定高层公寓色彩规划实用指南的研究；1999 年中国美术学院宋建明教授向国内介绍了朗科罗教授的研究成果和实践业绩，随即我国各个城市区域出台了各自的色彩规划方案。但在这一理论的指导下，又造成了整个区域色彩趋同、人为的强调统一的城市色彩等问题，严重影响了城市的整体形象。这种做法是给城市戴面具，而不是展现城市真实面孔的方法。不能以一种统一刷颜色的方式蔓延开来。

1.1 洛伊丝・斯文诺芙研究方法

洛伊丝·斯文诺芙是世界著名的关于色彩的三维运用的权威——《维度空间的色彩》的作者、哈佛大学视觉和环境研究系、纽约库帕联盟艺术学校的教员。洛伊丝·斯文诺芙的研究方法可概括为两个方面：1. 色彩是三维的，存在于光线和形体中，并由这些元素共同构成三维的环境；2. 影响色彩的因素是复杂多变的，在色彩地理学分析的基础上应用画家的眼光去观察设计城市色彩，在这个观察和设计的过程中以人的尺度为标准是最重要的。因此，洛伊丝·斯文诺芙专门设立了一个研究室用于观察分析在人步行的尺度下，色彩在不同的光线、形体和尺度等中的表现。相对于朗克洛研究方法洛伊丝·斯文诺芙在肯定色彩地理学的标准型、可控性、数字化的基础上强调用画家的眼光以人的尺度去设计城市的色彩。其研究方法更趋向于基础性的研究，比如实验室对于色彩与体块、尺度关系研究等。这种基础性的研究是对一些地方统一为城市刷面具，在缺乏科学理论指导的情形下，盲目进行的热情“实践”的结果的很好纠正。

1.2 色彩管理及实践

随着市民环境品位的日益增长，建设能够恰当反映地方文化、传统历史与科学发展的良好城市景观，必须以科学的研究和论证为基础，并能保证很强的执行力，促进城市色彩规划及设计环节才能顺利实施，并以此提高城市的整体审美素养，才能有效地避免城市杂乱现象的发生。

在目前很多世界名城都进行了城市色彩的规划实践。就管理层面的实践而言其方法可归纳为以下几个方面 :1) 统一 2) 限制 3) 区分 4) 协调 5) 对比 6) 更新。

1)统一。对色彩进行统一地处理主要表现在城市交通信号、标牌、标线、城市街区建筑、公交车辆、公共管理人员的服饰等方面的要求与规定。这涉及国家的不同层面。规定有强制与非强制之分，目的是要建立起社会色彩视觉管理的秩序性，把生命和财产的损失减少到最低限度，同时为国家之间、地区之间、城市之间的生活方式的相互介入带来简单与方便；

2) 限制。概括一些国家城市的限制条例我们可以总结出以下的几个共同点：（ 1 ）各种街道附属物的规格尺寸与投放地的限制对于广告和标志物投放地的设置限制主要目的是基于安全、秩序及美观的考虑；（ 2 ）各种街道附属物的设计色彩与发光的限制；（ 3 ）建筑主体的色彩限制。

3) 区分。区分城市不同功能等区域的色彩，如商业区、居住区、工业区等；区分建筑识别性的色彩、路面人与车分流的色彩；分清不同区域的主题色，背景色，强调色彩的比例和关系。

4) 协调。协调与自然的色彩；协调建筑之间的色彩；让中性色彩起调节作用。

5) 对比。对比景观建筑与自然色彩；重要建筑与一般建筑色彩；人与街区建筑景观的色彩。

6) 更新。对新建筑更新新色彩，新材料表现新色彩，流行色不断刷新建筑的色彩。更新城市色彩同时也能更好地保持城市的时尚面貌，如同服装的时尚更新一样，城市也会有一定时间段一定范围内的色彩更新。

综合上面的理论及实践可以看出，现代城市的色彩规划就是通过有效的管理实现地方性、历史性、更新性的统一的城市色彩。那么中国传统城市是如何在没有现代的这么多规划法规、设计理论、实践方法的情况下实现城市的色彩规划的呢？

2 中国传统城市的色彩规划

2.1 中国历史色彩等级制度及色彩禁忌

在中国的不同时期中，人们在使用带有颜色装饰的服装等物品时是有一些限制的。身份不同使用的颜色也不同，不同的色彩对应的是不同的身份，不可僭越。不同时期具体情况不同，但色彩的等级制度伴随了整个中国的封建帝制。从秦朝开始至清朝结束，每个朝代都按等级设定了可以使用的颜色。虽然官员垄断了部分色彩，留给老百姓的色彩其实还是很多的，但中国民俗学又对色彩有一定的禁忌，使得普通民居在使用色彩时又多了份约束。不同的民族风俗中都有各种贱色忌、凶色忌、艳色忌等，排除这些约束后，基本上就只有最黯淡、最普通的色彩了。同时，由于色彩维护成本高，民居色彩基本以本色为主。因为，经过一段时间的雨淋风化后，就不会因褪色而变得难看、不维修会容易产生衰败之像，所以一般民居颜色即是材料本身。这刚好符合了中国人崇尚自然、喜欢自然肌理的传统。但这些等级制度和禁忌合起来代替了现代的城市色彩管理，其表现出来的管理强度大大强于现代的管理强度。

2.2 中国传统建筑色彩与文人画的关系

中国传统建筑都是工匠按照既定的法式进行营造的，目前能考证的最早的建筑形制规范的书是宋代的《营造法式》。文人绘画通常指我国传统绘画中流露着文人思想的绘画，南北朝时期流行，元代赵孟？提出这个说法。虽然两者一个由匠人来主导，一个由文人主导，但两者间却有强烈的相似性。其精神层面总体呈现“重传神”、“崇气韵”、“尚雅逸”的特征。其表现在色彩上的基本原则是 1. 色彩与光线无关；2. 不大面积使用鲜艳的颜色；3. 注重色彩的象征寓意。

正是在这些审美情趣的影响下，即便是在魏晋时期彩色的琉璃瓦引进中国后，由于整体的哲学观影响，中国传统建筑并没有使用大量的彩色琉璃瓦来做屋顶，这与现代各种颜色的琉璃瓦乱用情况形成了很好的对比。

2.3 中国传统建筑色彩与材料、建筑构件、形体关系

我国属于多民族融合的国家，建筑形制有很大的差异性，但中国建筑却用简单的大木作概括了所有的做法。并衍生出的小木作涵盖了建筑中的各种家具和装饰。这种模块化的建造方式，使色彩直接依附于建筑构件。就现存的古建筑而言，屋顶在建筑中立面上占的比例很大，一般可达到总立面高度的一半左右。从建筑的色彩体量上看，巨大的屋顶和围合的墙面形成了建筑的主色调，定位了城市的色彩，其他的构件上的色彩艳丽或者个性化都被统一进了这个主的色调里面。在自然作为背景、大地和台基作为建筑的铺垫的情况下，建筑只有两种处理手法：融入和突出，突出的都是需要强调特权的建筑，并且这一突出的部分是紧密结合的整体，并不分散。融入性的建筑中的个性化都被放到了小的构件和建筑的阴暗处表现。

2.4　中国各地历史城市的独特性

在统一的大木作的结构下，各地建筑的形态基本大同小异，各地的民居建筑除了土楼，窑洞等极具地方特色的结构形式外，其他都是在大木作的结构下，结合当地材料、风俗等形成当地特色。如长江流域色彩基调以含蓄简约为主：青色的小瓦覆顶，灰白色粉面勾线，一般都保持原有的本色。闽南地区用彩色上一点点色，打破大面积单调的青灰色调，使人们在很远的地方就能感觉到色彩的自然活跃。皇家建筑如北京故宫的屋脊大多都采用黄色的琉璃，尽管色调单一，但大片黄色调的运用，却恰能突出皇家建筑应有的气势。从墙体看，每种不同材料的运用决定墙体本身的外观色彩。青瓦的使用较为普遍，也有少数地区使用红砖。在西南边陲因为当地盛产竹子，故民居多由竹子构成，建筑墙体也都是用竹篾构成的。正是地方性材料的应用造就了地方独有的城市色彩，总体上北方厚重，南方淡雅。

3　中国传统城市色彩规划的借鉴

从以上我们可以总结出中国古代城市色彩统一性的规律：

1）色彩的等级制度限定了建筑色彩的滥用情况，代替了现代色彩管理法规。

2）建筑单体的模块化使建筑群落具有统一性，使建筑的主色调具有趋同性。

3）中国较统一的意识形态使总的审美品位趋于一致。崇尚自然材料肌理，与周边环境相协调，用绘画的眼光来看待建筑，包括建筑的色彩。

4）地方性材料的应用，使模块化的城市具有了强烈的地方性

4　中国传统城市色彩规划借鉴

综合目前国内外的城市色彩理论及实践、中国传统城市色彩的控制方法，我们可以从以下几个方面来落实现代城市的色彩控制。

4.1　依法管理建立色彩指导规范并严格执行来代替色彩等级制度

色彩规定的领域越宽，科学程度越高，则环境的秩序性越强。我国很多城市虽然也出台了一些控制策略，但执行和管理的力度很弱，与色彩等级制度的强度相比形同虚设。

4.2　民间组织关于城市文化的推进作用

色彩管理的组织包括科学技术的研究、开发预测和行政监审。色彩管理的发展与进步没有组织机构和协调行动是不能完成其使命的。这些组织要肩负起传统文人画对于建筑的影响。树立正确的色彩规划理论，应使越来越多的甲方、规划及建筑师可以得到城市色彩设计的培训，并扩展其自身对色彩知识的掌握和运用能力，及时有效地给予相关色彩设计方面的建议。

4.3　本地材料的继承、开发应用

当地材料的开发是一个需要多方面努力的结果，当地材料企业的产品开发、设计师的认识、甲方的选择、适当的规划引导等。在共同的理念指导下，设计师们普遍形成一种共识，认为一个地区总有一些可供挖掘的“特征色”。这些“特征色”与当地所特有的土壤、沙石、花草、树木以及建材有关。这一科学的用色原则是建立在相当精确的色彩调查基础上的。同时，在设计最初要形成较好的协作。从建筑家到园林专家，到灯光、色彩专家，都在设计初期就开始合作。大家共同来确定建筑的设计风格。比如园林设计家在选用花卉、树种时，就要考虑它们的颜色是否与建筑的色彩搭配和谐。

由于建筑技术的发展，传统的建筑构造已经不能适应当今的社会发展，但传统建筑反映的精神内涵依然是我们独有的文化，就像音乐、文学、影视、舞蹈、建筑等它们都可以用来表达优雅的精神内涵。同样是建筑，不同的材料、构造等也可以表现同一种精神内涵。所以，尽管我们不能继续用统一的大木作构架来建造我们的城市，但我们可以用统一的精神内涵来表达我们的城市。其特征梁思成先生总结为以下七点：1. 重视建筑与环境的协调；2. 群体组合胜过单体造型；3. 单体建筑规格化，标准化；4. 曲线大屋顶是建筑造型的主要部分；5. 在组群大面积色彩和谐的原则下，局部色彩绚丽；6. 山水植物与建筑组合成自然式园林；7. 追求象征含义。其审美内容，主要表现在三个方面，即环境氛围给人以意境感受；造型风格给人以形象知觉；象征含义给人以联想认识。在现代的结构、材料的重新组织下构成了统一而多样的地域城市色彩。

参考文献

[1] 陈静．浅析中国传统建筑中的“绘画现象”[J]. 西安建筑科技大学学报：(社会科学版)2006，25(4)：29—31．

[2]（美）洛伊丝·斯文诺芙（Lois Swirnoff）．城市色彩——一个国际化视角 [M]．屠苏南，黄勇忠译．北京：中国水利水电出版社，2007．

[3] 张长江．城市环境色彩管理与规划设计 [M]. 北京：中国建筑工业出版社，2008．

[4] 王其钧．中国传统建筑色彩 [M]．北京：中国电力出版社，2009．

历史文化遗址的艺术化再生
——以南京明故宫遗址公园改造为例

王珊珊　南京艺术学院设计学院　研究生

摘要：本文通过对南京明故宫遗址公园的再思考与再设计，并赋予其冥想空间的寓意与表达，利用解释性历史研究策略来设计改造，探索历史文化遗址在形态、功能上的再生性，探讨历史文化遗址再生性设计意义的表达。

关键词：历史文化遗址　明故宫遗址公园　再生性设计

引言

我们并不因为一个纪念物美丽而去维护它，而是因为它存在于我们的生活中，属于我们国家的一部分。保护历史文化遗址并不是要寻求愉悦，而是要进行实践并虔诚的尊敬它。美学、艺术在历史中不断演变，而这些历史文化遗址所代表的一个特殊、个别的阶段的价值不变。明故宫遗址公园——一个维持人类行为和命运在连续世代的意识中一直存活并且出现的特殊目的而建造的文化遗产，它的纪念价值和当今价值都得到了肯定和关注。明故宫作为被使用的建筑，必须被维持和修理以便保护它们且具功能性，而这也引出了本文对历史文化遗址的艺术化再生进行摸索。

1　历史文化认知与遗址要素搜集

1.1　历史符号

南京明故宫是南京历史上第一个全国统一王朝的皇宫，它积淀了南唐、明初、太平天国、民国等的多重历史痕迹，是北京故宫的蓝本。明太祖朱元璋攻取集庆后，称帝。他是一个信风水、性情诡异的人，南京明故宫选址就是按照中国风水学原理进行的，“命刘基等卜地定做新宫”，最终选定这块“钟山龙蟠”、“帝王之宅”的风水宝地，“迁三山填燕雀”改筑新城。1366 年始建，经历明洪武、建文、永乐三代。

1.2　价值判定

南京明故宫由皇城与宫城两部分组成，合称皇宫。明永乐十九年，明成祖迁都北京后明故宫渐趋冷落，数百年间风吹雨打，自然损坏严重，目前皇城仅保留了地下埋藏的石构件基础，上层殿宇已损毁殆尽。1929 年为了迎接孙中山先生灵柩安葬中山陵，新建了东西向的中山东路。明故宫遗址公园被分为南北两部分，南边以中山东路为界，与午朝门公园隔路相望，北至北安门桥，东西两侧由明故宫路围合；北边至午朝门城墙遗址；西至龙蟠；东至中山门，形成以宫殿为中心、有宫城墙、皇城墙、都城墙和外廓墙四重环绕的一条南京东大门城市轴线的历史文化景观带（图 1、图 2）。

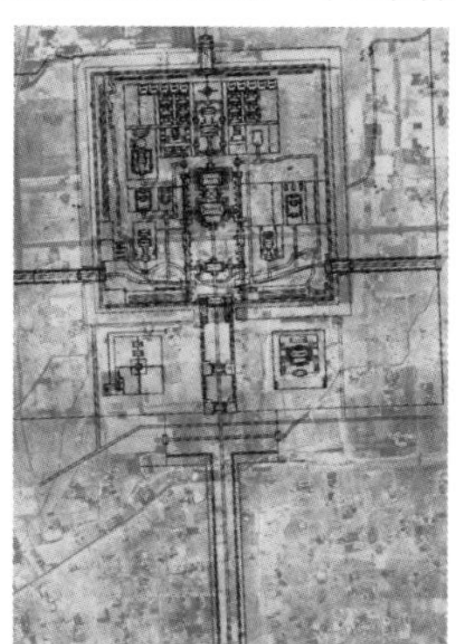
图 1　宫城平面

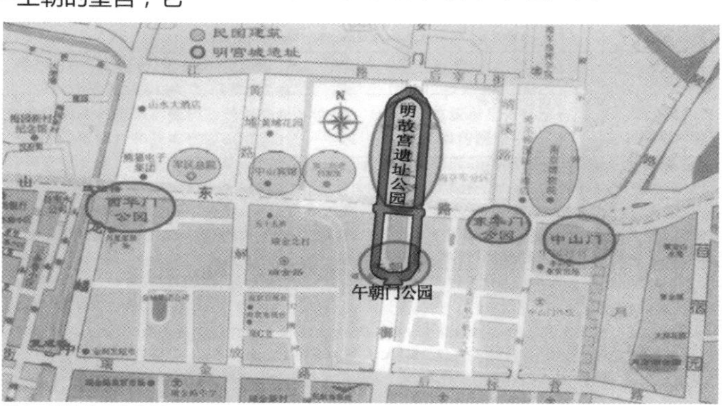

图 2　明故宫区位分析

明故宫遗址要素　　　　表 1

序号	类型	照片	遗存物	保护情况	序号	类型	照片	遗存物	保护情况
1	拴马柱		立柱，顶部端头雕刻	浮雕纹样清晰形状无缺损	6	石刻群		明故宫石刻群	城墙上柱础遗址残存，品相保护较好
2	碑文		石材	现代刻碑	7	柱础遗址		城墙上柱础遗址，石材	城墙上柱础遗址残存，品相保护较好
3	台基		明故宫建筑遗存，石材	浮雕纹样清晰形状无缺损	8	建筑		明故宫建筑遗存	修复性建筑，形状无缺损
4	祥云石刻		明故宫建筑遗存，石材	浮雕纹样清晰形状无缺损	9	建筑		明故宫建筑遗存	修复性建筑，形状无缺损
5	遗址		明故宫建筑遗存	城墙上柱础遗址残存，品相保护较好	10	桥建筑		护城河桥建筑石材	修复性建筑，形状无缺损

现地面尚存午门，东、西华门，内、外五龙桥，护城河以及浮雕云龙鸟兽的石壁和石狮、石缸、石鼓等精美的明代石刻艺术品，原殿、宫基址保存在地下。辟为明故宫遗址公园后，成为南京名胜古迹之一。1956 年 10 月，明故宫遗址被公布为江苏省重点保护单位。

2 遗址场地分析与艺术化再生性设计

2.1 遗址公园场地分析

1929 年为了迎接孙中山先生灵柩安葬中山陵，新建了东西向的中山东路，明故宫遗址公园被分为南北两部分，加上后来南北向的明故宫路，分割的更加破碎，使得整个环境不完整。经过时间的风化和使用生产的改变，明故宫遗址公园形式瓦解、欠缺整合性，历史性建筑之间缺少联系。

明故宫遗址公园的历史性建筑不仅要保护和抢救，而且通过功能的延伸和置换寻找到新的、有更大意义的运用方式。首先原有的建筑被小心的清洗并得到加固，成为时间空间的深厚要素。其次三大殿遗址台基位于南大门内，坐北朝南，花岗岩条石砌就台基，台阶中间为花岗岩石刻团龙浮雕图案，44 个柱础排列于遗址平台，丰富的历史素材却缺乏展演变化，我们将其整编并拓展其演示形式，用公共艺术、情境装置等手法传承历史文化（图 3）。

沿明故宫南北中轴线到承天门中间的御道上，有五座石桥，名叫“外五龙桥”，桥下就是外御河。进入午门，又有五座石桥，称“内五龙桥”，桥下为内御河。如今明故宫遗址水域体系严重损坏。公园内仅存的水系——护城河（即内御河），由于管理不善已成死水，为遗址公园的负面景观。我们需要开通渠道

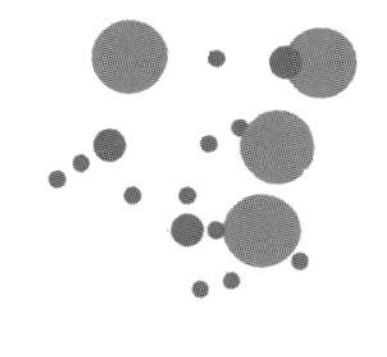

图 3　历史展演形式演析图

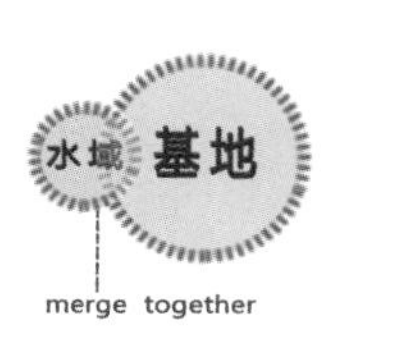

图 4　基地水域分析图

图 5　绿化共生分析图

明故宫遗址公园绿地面积　　**表 2**

分项			面积（平方米）	占比例	备注
总面积			55474		
水面					
陆地	绿地		35600		
	道路、广场		12616.71		
	建筑	商业以及配套管理	2390		
		建筑遗址	556.02		

明故宫遗址公园绿地面积及植物种类　　**表 3**

基地	分类	数量	品种	绿化面积
南京明故宫	布景乔木	1385 株	银杏、香樟、国槐、五叶松、榉树等	占总面积的 70%
	灌木	1839 株	桂花、垂丝海棠、绣球、红花橙木等	
	绿篱	904m	发青、黄杨、石楠等	
	草坪	$38707m^2$		

将前池、内护城河及古河道充分利用起来，完善水体系（图 4）。

明故宫遗址公园整体绿化景观也不理想。公园入口绿化较少，灌木种类贫乏，整个竖向空间没有层次（图 5）。2005 年，环境综合整治，在保留古树的基础上加种地被及灌木，并拆除有碍景观的临时管理用房和与遗迹风格极不相符的大型固定游乐设施（表 1）。具相关统计，整个公园内的景观植物种类约 42 种，植物长势良好。但遗址公园内的花灌木的种类和数量仍偏少，乔灌木结合较差，整体绿化效果不出彩，无法达到现代的生活审美层次（表 2）。

2.2 建筑与景观的整合设计

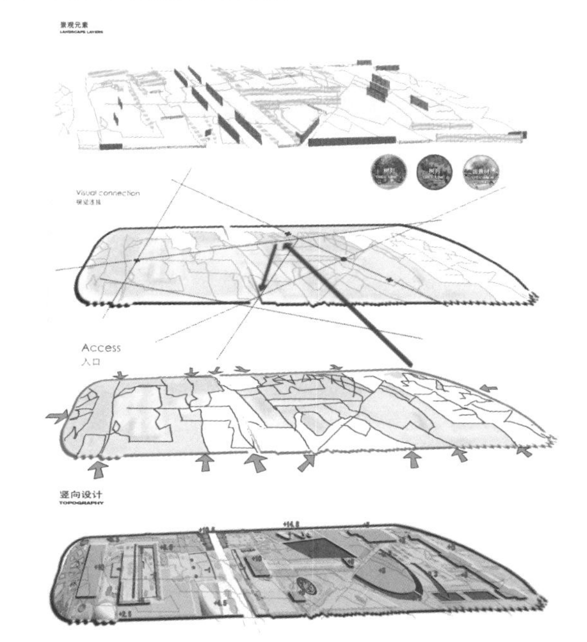

图 6　基地横、竖向设计

为了迎合社会的发展和需求，明故宫遗址公园作为一个公共空间，我们将赋予它更多的思考、冥想功能，让人们在这个具有年岁斑痕的空间中多些情感体验。我们将在尊重历史的基础上从艺术化的角度对这个具有丰富文化的历史遗址进行维护改造。对过去的尊重并不意味着缺乏干预。李格尔也说过“纯粹维护是不可能的，甚至连清理一幅画也是一个现代干预，而且如果一栋公共建筑物就要失去其装饰的一个可见的元素，他认为让它被重做是合法的”。

艺术化再生性设计就是现代干预的一种方式。明故宫遗址公园景观的再生性设计形式取决于它的地理位置和基本轴线格局。向内有自身的构成关系，向外则要求与环境寻求关联，两方面共同确定了遗址景观空间的结构关系。本次方案主要从景观的底界面、竖界面和顶界面构成展开设计（图 6）。

1）运用大胆的几何形式对底界面进行切割，进行不同区域的划分，强调引导和连续性。主要为以下几个区域：

核心保护区域（历史展示、文化教育）,缓冲区域（冥想空间、生态绿植），环境敏感性低的入口区域（休闲、游乐）

2）利用树木、景墙和建筑装置等构成基地景观空间竖界面。以重要景观为节点，视角为观赏线，视角连接所围合的区域为面，构筑出整个空间的形态特征。调节它们的高度、比例、尺度达到最佳的视觉观赏面。

3）基地景观的顶界面。在开放式的景观环境中，顶界面最具不确定性。本次再生性设计中一是把植物的树冠作为景观中重要的顶界面来处理，尤其是广场公园四个边界空间，充分利用树木的枝条与叶片共同组成整个景观的外部顶界面。而基地内部的顶界面，则采用虚拟的界面处理手法，利用建筑物围合而产生场的效应。

图 7 "石阵"

2.3 特色景观节点的再生性设计

科学的讲，历史是不会重演的，只有靠遗物等把各种信息传递下来，因而用传统文化元素营造环境阐释历史文物。很明显，保存局部和片段不行，很多东西是整体的，整体性越强认识的程度越深，所以现在把文物保护扩大到环境概念上来讲是一大突破。

"石阵"的设计拓展了已有的局限性文物环境（图 7）。设计灵感源于明代酒杯。明代以宣德白釉盏制作最为精美，成化、嘉靖青花次之。盏中早期多小折沿、深腹、高深圈足，装饰上多为龟裂纹，单色釉。将这种不均匀的几何形体，单一的连续材质的传统，在石刻遗址群展演设计中进一步运用，这些元素是最基本的、也是永恒的。塑造的文物环境是历史性和共时性并存的。

这次明故宫遗址公园改造我们特别注意到文化景观的再生性。历史文化遗址的改造不仅仅是对遗址景观的重新认识，也是对遗址景观的历史文化的重新认识，特别是中国这样一个有

图 8 "迷柱"

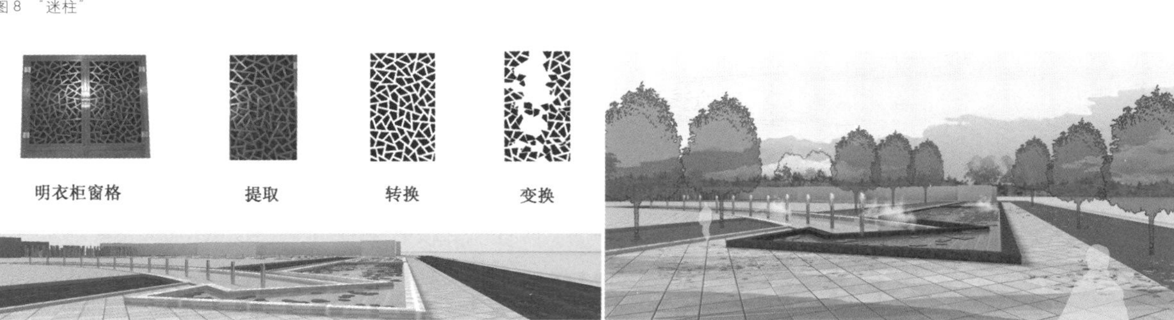

图 9 "步池"

图 10 宁静的亭

图 11 朴素空间 a

图 12 朴素空间 b

五千年文化传统的国家，文化更是我们应该珍惜和传承的。

“迷柱”，原形取自明时期的拴马柱（图 8）。南京博物院在改造前尚存 61 根拴马柱，柱上雕有武士、狮、狗、辟邪等形象，均为明代风格。这一时期的栓拴马柱工艺精湛，做工精美，其形式也是更加丰富。布局多样化，单体、组合，对称、错位。顶界面的曲线变化由群组的拴马柱高低不同构成，其表面纹理也有了不同手法的营造，是中国传统工艺文化的代表之一。综述以上几点设计的“迷柱”空间结合镜面水景勾勒出一副传统美学文化的意境。拴马柱的韵律与平静的水面既成对比又通过局部交融有机地结合，传递出文化景观的特色。

“步池”的再生性设计也是特色文化景观之作（图 9）。运用中国传统花窗图案元素。减法设计划分了景观石与水景区域，营造出“诗意的步伐”，密集、疏散。

历史文化遗址的再生性设计中如何体现人情化特色。用今天的语言实现对祖辈印记的回应，就像现代人对过去伟大思想、原始力量的表现一样。“宁静的亭”、“朴素空间”就侧重使用者的情感体验。

①“宁静的亭”：南部的一个人造池。“玉带”环抱，亲水平台，让人很容易幻想这里应有座凉亭。而此处故意留白，让造访者不被任何形式的构筑物所禁锢，尽情地深呼吸，感受阳光、自然的亲抚，放空思绪。在这充满着历史符号的环境中静心冥想（图 10）。

②“朴素空间”：朴素空间主要用于展示、文化教育。极简的木栅隔展板，玻璃 + 石材的创新组合，大尺度的半围合空间，使每一位到访的人尘怀顿释，让人在浏览年岁文化时发现朴素的生活之美（图 11、图 12）。

3 结语：再生性设计意义与思考

尊重建筑遗址原有的历史文化和自然格局，以此为背景和图底，重组融入新的空间中，使其共生、重生、再生。南京明故宫遗址公园延续了场所文化的历史特征，提升区域的文化价值和历史价值。通过艺术再生设计保留场所历史的痕迹，并作为城市记忆的价值体系，呼唤造访者的集体共鸣和文化体验。这种对历史的敏感、丰富的直觉和人性化的品性塑造了革新的南京地区的历史遗址环境和文化传统。从而形成新的审美和功能价值。

参考文献

[1]（美）尤卡·约崎雷多．建筑维护史 [M]．邱博舜译．台北：台北艺术大学出版社，2010．

[2] 刘先觉．中国近代建筑总览——南京篇 [M]．北京：中国建筑工业出版社，1992．

论城市公共空间中人的行为活动类型特点
——以苏州白鹭园独墅湖教堂为例

宋 娥　苏州大学金螳螂建筑与城市环境学院　研究生
张 琦　苏州大学金螳螂建筑与城市环境学院　教授

摘　要： 城市公共空间是人的行为活动最为集中的地方，也是最能体现公共价值的资源。通过分析国内外关于城市公共空间以及人的行为活动的类型及特点，对城市公共空间的概念、公共性的本质、城市公共空间中人的行为活动的类型特点结合实例进行归纳和总结，得出城市公共空间中人的行为活动结果，并以此指导人性化场地改造的设计方法，同时为城市公共空间的设计提供一定的参考依据。

关键词： 城市公共空间　活动类型　公共性　人性化

1　公共空间与城市公共空间

就字面来看，"公共"的意思是公开给民众的，或者是民众所共同享有的。一种具有开放、公开特质的，由公众自由参与和认同的公共性空间则称之为公共空间。关于"公共空间"的概念，国内外研究者发表了各自不同的见解，不同研究背景的学者给出的定义也有区别。公共空间的概念在城市社会学的早期研究中就出现了。德国社会学家尤尔根·哈贝马斯，其社会学观点的"公共空间"是基于犹太裔的美国政治理论家汉娜·阿伦特提出的"公共领域"理论。[1] "公共领域"作为一个哲学和社会学的概念，追根溯源是由阿伦特提出，是介于国家和社会之间的公共空间，与私人领域相对。在这个空间内，理想化的认为公民可以自由参与公共事务而不受干涉。[2] 哈贝马斯在他的理论中强调由社会的公共性和人们之间的自由交往而建立起来的生活世界。从社会学的公共环境开始，公共领域的拓展就以个人自由、权利和批判精神为基础，公共领域的公共空间则要依附在一定的或是更大范围内的社会活动之中。[3] 公共空间是一个多学科的概念，根据以哈贝马斯为代表的一些社会学家的观念见解，结合自己的认识可以理解为公共空间就是一种开放的，具有可达性的可以免费使用的场所，在现代城市中，例如教堂、街道、广场、公园等。

城市公共空间是城市居民社会活动集中的地方，是城市体现开放性、公共性的典型性场所。在其发展的过程中，由于城市中人的社会生活多方面的需要及城市功能的多样性，形成了不同类型、不同规模与等级的城市公共空间。在城市公共空间中，公众可以通过这个大平台完成自己的社会活动，提出自己的主张，自由表达他们的想法和观点，从事符合他们利益的系列活动。由此可见，城市公共空间蕴含着公众所赋予的公众价值，是一种具有可持续发展的公共资源，在提供公共教育、扩展公共交往、增强社会归属感、强化公共责任及发展社会民主等方面有着举足轻重的地位。[4]

纵观城市公共空间的发展过程可以看出，在几千年的发展变化中，城市公共空间始终与人类的公共活动紧密相连。从古希腊用于讨论公共政策的城市集会广场、为了提高公众身体健康修建的公共浴池、迎合公众精神或审美需求而设计的竞技场和戏剧院等一直到当代满足人们信仰和心灵寄托的教堂、便于生活城市街道、促进公众相互交流互动的广场、利于公众放松休闲的公园、提高公众文化与修养的图书馆等。由于城市公共空间承载的公共活动丰富多彩，其空间形式也类型各异，但这些最终都是为了满足公共需求。换言之，城市公共空间种类的多样性取决于公共需求的复杂性。然而随着社会的发展，公众生活水平的提高，相应的公众需求也不断变化和提高，这就使城市公共空间的类型、表现形式以及空间的元素构造更加复杂化。在城市公共空间中公众需求的满足需要公共空间中活动的每一个个体之间彼此沟通，相互协调包容，以致达成一个共同遵守的价值规范体系，而在这个公共的价值规范体系下实现个人与他人以及社会的有机结合，这就是公共空间中公共性的价值所在，即公共空间的本质——公共性。[5]

2 行为活动的类型特点

著名的城市规划专家杨·盖尔在其著作《交往与空间》中将城市公共空间中的所发生的活动分为三种类型：必要性活动、自发性活动和社会性活动。必要性活动主要是一些日常工作和生活事务，是人们在不同程度上或多或少，或时间段不同都会参与的，例如上学、上班、等人、候车、购物等。这类必要性的活动几乎都是以步行的方式进行。这些活动在一年四季总会在一定的条件下发生，很少受到外部环境的影响。

自发性活动是与必要性活动大不相同的一类活动，只有在适宜的户外条件下以及人们有意愿的情况下才会产生。这种类型的活动涉及的有散步、聊天、驻足观望以及一些休闲娱乐活动等。这些活动都只有在公共空间的外部条件适宜，也就是天气场所符合预期状态的时候才会发生。由于大多数的户外休闲娱乐活动都属于自发性活动的范畴，因此这一类型的活动受外部条件的干扰相对较大。

社会性活动也称之为“连锁性”活动，指的是在公共空间中有赖于他人参与的各种活动，包括儿童游戏、相互打招呼、交谈、各类公共活动以及最广泛的社会活动。[6]

根据杨·盖尔对公共空间中人的行为活动类型的划分及其特点的概括，结合调查研究，不难发现，当公共空间的环境条件比较适宜时，自发性活动的频率会提高。由于社会性活动的“连锁性”，随着自发性活动水平的提高，社会性活动的频率也会同步稳定增长。以苏州白鹭园独墅湖教堂为例，由于其坐落于苏州园区的白鹭园生态公园内，位于独墅湖边上，公众所产生的活动类型则多趋于自发性活动，例如定期或不定期的去教堂做礼拜、在教堂周围拍照、参观教堂建筑、湖边散步、垂钓、草地上晒太阳、亭廊中休息观景等。社会性活动中的一部分是自发性活动的“连锁性”活动，包括一群人在教堂旁边面对着独墅湖唱赞美诗、歌颂上帝的慈爱、基督徒们向周边的游人传讲福音、三五成群的在草地上户外野炊、游戏、新人拍摄婚纱照、某公司的成员们或某个班级的学生举行集体活动等。当然，必要性的活动在此公共空间中是必然存在的，其涉及的主要是教堂里的工作人员、牧师以及公园内的工作人员等。再结合其他城市公共空间中人的行为活动的观察对比可以看出，任何一个城市公共空间都会存在这三种类型的公共活动。

除了杨·盖尔的研究，国内其他的一些研究学者将城市公共空间中的公众的行为活动分为传统行为活动、非传统行为活动以及不良行为活动。就其不同类型行为活动的特点，结合苏州独墅湖教堂周边公共空间中所发生的公众行为活动分析如下：

传统行为活动主要有晨练、聚会、观赏、科普教育、游玩、休憩甚至是买卖等。在认同这一分类方式的研究人员来看，传统行为活动并不是孤立存在的，而是活动的参与者与活动的类型之间相互影响、相互促进，某一项活动的进行常常会产生连锁效应，进而派生出更为丰富的活动。如老师带领班级学生进行植物认知的科普教育活动，就会吸引感兴趣的游客旁听学习，随着人数的增多与集中，又会吸引一些小商贩来旁边供应饮料、冰糖葫芦等类似的小吃；又如在此公共空间中进行聚会活动，期间可能会做一些游戏增进交流互动，路人或游客就会驻足或坐在旁边，虽然不会参与其中，但会观看体验热闹愉快的气氛。

由于公众的成员有着丰富多样的兴趣爱好和不同层次的生活追求，像教堂外读《圣经》、骑脚踏车、放风筝、湖边垂钓、草地弹吉他等非传统行为活动也出现在教堂周边的公共空间中。这些活动之所以称之为非传统行为活动，因为其不是在任何类型的城市公共空间中都会发生，这也归因于此类活动并不是大多数人都会自发产生的。其次在城市公共空间的设计中，规划设计者对这方面人群的需求往往不会考虑得很周到，缺乏对此类活动产生条件的创造和满足。

由字面意思可以看出，不良行为的基本特征是与人们公认并且遵守的社会规范相对立，不受社会规范的约束并试图打破这种约束，具有扰乱行为准则、混淆是非观念、破坏社会秩序与公共安全的潜在危害性和现实危害性。在白鹭园独墅湖教堂周边的公共空间中，出现的不良行为活动主要有：破坏或偷盗公共设施，如照明灯具、休息座椅等；丑化公共空间形象，如乱扔垃圾、随意涂鸦等；恣意改变用途，如横穿草地踩踏出一条新路等。

基于对城市公共空间中人的行为活动类型及特点的分析，运用研究行为活动的传统方法，对独墅湖教堂周边公共空间中人的行为活动进行了更加细致的调查研究，通过下文展开叙述。

综合公众行为活动的类型特点，选择不同的时间段与多样的人群作为两个基本变量进行观察。[7] 其中，根据观察时间的不同，将时间段分为工作日与非工作日；早晨、中午、下午与傍晚。通过整理观察结果发现，工作日的傍晚与非工作日的中午至下午，由于人们工作学习的任务和压力相对较小，情绪相对愉悦，对于行为活动的自发性相对较高，行为活动也颇为丰富，例如湖边散步、拍照片、垂钓等；对于工作日的早晨，除了教堂与园内的工作人员发生一些必要性的活动外，只有教堂做礼拜这一类非典型性的公众行为活动。以上所述的两种情况正好是以时间段为变量的两个端点值，即人的行为活动出现频率较小、活动类型较单一和活动出现频率相对较高、活动类型较丰富的情况。另外一个变量是人群的选取，根据具体问题的性质不同，采取不同的研究方法，如问卷调查法、现场观察法等。这一变量按相对平均的男女比例选择附近高校的学生、单位工作人员、自由职业者、退休人员或其他。还有一种参考的选取方式是按照年龄段来设置，如青少年、青年、成年、老年。通过这样的变量选取方式，得出了不同人群最理想的行为活动的类型。

杨·盖尔也曾试图通过对公众行为活动的总结，归纳出一系列能够满足使用者需求及对高质量的公共空间场地需求需要提供的元素。从人的感受与行为活动出发，批判了现在城市尺度上和空间形态上的非人性化。可以看出杨·盖尔的设计思想是把设计原点设定在人的感受和行为活动上。按照他的理论发展设计的话，就先要对场地上所发生的活动组成进行比较充分的考虑，其最终呈现的设计结果能在功能上保证公众行为活动的质量，设计宜人的活动空间。[8] 日本建筑大师安藤忠雄的设计方法则是寻找一些场地中可以被引用的元素，无论自然元素或人的行为活动等，然后进行扩大化，从而发展设计。这种设计方法结合城市公共空间的设计，其实是将公共空间预先定义为保留或创造出某种意义或价值的场所，而后结合被引用的元素进行设计。这样的定义往往是模糊的，其设计结果在达到设计目的的同时，还有很强的弹性，换言之，就是其有着较大余地的可变动性。

3 结论

在我国，对于城市公共空间的公共性问题上，综合行政法律、政府、规划设计人员以及公众在一定程度上的参与性，公众还停留在最初形式的公共参观与公共使用的阶段。有时为了项目的目标拟定，收集反馈公众意见建议时，会辅助参与。[9] 通过此次研究，在城市公共空间中，人的行为活动无论是按照必要性活动、自发性活动和社会性活动划分还是以传统型活动、非传统型活动及不良行为活动分类，以人的行为活动作为一个研究点，结合杨·盖尔的分析方法对苏州白鹭园独墅湖教堂周边公共空间中人的行为活动进行深入分析后，得出公众对公共空间中景观问题的满意度评价，使该公共空间的景观设计做出更加符合公众需求的人性化的改造，提高公共空间的感染力与活力。除此之外，可以用这样的一套方法和研究结果指导其他类似的城市公共空间的设计，这也是该研究的一个重要目的。

参考文献

[1] 尤根·哈贝马斯.《公共领域的结构转型》[M]. 曹卫东等译. 上海：学林出版社，1999.

[2] 张一. 哈贝马斯"公共领域"理论的致思理路[J]. 中国学术期刊，2012，10.

[3] 张琦，班福臻. 艺术设计学研究视野中公共空间的含义[J]. 文化研究，2012(12).

[4] 刘荣增. 西方现代城市公共空间问题研究评述[J]. 城市问题，2010(5)

[5] 曹现强，王朝. 公共视角下的城市公共空间发展路径探究[J]. 城市发展研究，2013，20（8）.

[6] 杨·盖尔. 交往与空间[M]. 何人可译. 北京：中国建筑工业出版社，2002.

[7] 风笑天. 社会学研究方法[M]. 北京：中国人民大学出版社，2009.

[8] 赵秀敏，葛坚. 城市公共空间规划与设计中的公众参与问题[J]. 城市规划，2004(28).

注：本论文课题来源由 2012 年江苏省教育厅哲学社会研究基金资助，编号：2012SGB760013。

传统哲学视角下的现代墓园景观规划

金晶　南京艺术学院

摘　要：本文以中国传统哲学为视角，以宜兴金鸡山墓园这一景观设计实例为参照，具体分析和研究与殡葬文化关系密切的中国传统哲学理论，将传统哲学思想融入现代墓园景观规划设计中，寻找哲学理论与墓园景观规划设计的良好契合点，探索形成既能满足现代生活生态、自然需求，又能体现中国文化传承的现代墓园景观设计，使得文化、生态、节约的理念不再流于形式，从而为解决城市化进程中墓园面临的困境提供参考。

关键词：墓园　中国传统哲学理论　景观规划设计

1　前言

墓园，即墓地之园区，是生者祭奠、哀悼、纪念死者的场所。《园林基本术语行业标准》中，把墓园定义为"园林化的公墓"，除了公墓原有殡葬功能外，现代墓园还包括以往公墓所不具备的生态、休闲、教育等其他功能。它不再是一个孤立、有边界的特殊场所，而是溶解变化成为城市生态、开放的绿地，融合于城郊自然景观，渗透于居民的生活，弥漫于城市中的绿色液体，是整体生态环境的一部分。

在中国，墓园作为传统殡葬文化的载体自古以来就深受儒家、道家等不同哲学思想的影响，体现着独特的中国文化，是中国社会的重要组成部分。进入新世纪，随着中国城市化进程的不断发展、人口不断增加，对于墓地的需求也在日益扩大，传统的墓园存在布局不合理、占地较大、环境设施滞后等多方面的问题，对于传统墓园景观规划设计上的改变已经势在必行。

目前已经推行的现代墓园中多是借鉴国外的墓园模式，寄希望把西方生态、平和、自然的墓园模式嫁接于中国土壤。但大量的实践却显示，由于文化背景的不同，此类现代墓园往往国人所接受程度不是太高，有时就会产生大量的闲置，而与此相对应的是大量传统墓园依然一墓难求。在生活浮躁、快速变革、传统文化失落的今天，人们更需要精神家园的慰藉，希望寻求一种既符合现代舒适、轻松、生态的生活环境，同时又要保留和体现中国传统殡葬文化的现代墓园模式。

从中国传统文化脉络和殡葬思想发展的历史进程中不难看出，传统哲学理论一直是支撑、指导墓园建设的思想和文化基础，是传统殡葬文化的核心所在。近些年来，各级政府、社会和有识之士都在呼吁中华文化的复兴，已逐步成为社会主流意见，并将之纳入社会主义核心价值观。在此背景下，笔者提出了以中国哲学理论指导现代墓园景观规划设计的构想，并对于宜兴金鸡山墓园景观规划设计进行案例分析，希望通过分析和探讨与殡葬文化相关哲学理论，寻找传统哲学理论与现代墓园设计的契合点，形成既能满足现代生活生态自然需求，又能体现中国传统殡葬文化的现代墓园景观设计。

2　现代墓园中相关哲学理论的诠释

在中国传统哲学思想中，和墓园规划最为密切的主要包括"灵魂不死"的生死观、"天人合一"的宇宙观以及"阴阳五行"的风水观等。

2.1　"灵魂不死"的生死观

死亡作为生命的终点，不论是在东方还是西方都对此充满了崇敬和尊重，但由于文化背景的不同，生死观也不尽相同。

中国的传统文化是儒家、道家、佛家思想的长期历史沉淀。人们对死亡的看法也是受这些思想的影响，对死亡始终采取否定、蒙蔽的负面态度，甚至不可在言语中对死亡有所提及，它是不幸和恐惧的象征。与其他民族相同，中国古人同样认为人虽死但灵魂还存在，死者必须到另一个世界像生者一样进行生活，由此产生了对待死者如同对待生者一样的“事死如事生”的思想。从古代皇家陵寝大量陪葬器皿到当代民间尚存的为死者焚烧纸质生活用品的祭祀仪式，都可以感受到中国传统墓葬文化中强调的人神相通、崇敬祖先思想。受此影响，中国人往往通过修建石质墓体、墓碑、附属构筑物、种植墓地植物，在墓前进行各种象征性的祭扫活动，表示生者对于死者的怀念和追思，更是借此希望死者在另一个世界有着恬静、舒适的生活。虽然随着社会文化的不断进步发展，现代中国人对于死亡已经有了新的认识，不再相信所谓的人神相通，但深入血脉的文化影响，使之对于死亡依然有着敬畏和恐惧，依然希望通过祭奠祖先庇佑后世。因此，中国现代墓园则主要集中在城市边缘，远离人们的生活环境，在清明、春节等特定时间为人们提供祭扫的场所。

而西方文化主要受基督教的影响，基督徒由耶稣之死来升华对“天堂”、永生的信念，他们认为死亡就是追随上帝，是美好和希望的象征。因此，反映到死亡的最终归属墓园上，东西方就有了不同的形式。西方公墓成为大家散步、静思的好地方，被视为“离天堂最近的地方”，成为人们倾诉、冥想、放松的场所。比如法国巴黎的拉雪兹神父公墓设置于巴黎市区，被视作浪漫与诗意的象征，人们在公墓中寻觅那些名人所留下的最后痕迹；在俄罗斯莫斯科，新圣女公墓以其优美的环境、独特的艺术形态，成为人文旅游景区，每天都会有大批的莫斯科市民来到墓园感悟生命与艺术的真谛。

2.2 “天人合一”的宇宙观

“四方上下曰宇，古往今来曰宙”，宇宙最基本的含义是空间和时间，中国传统的宇宙观是一种关乎天、地、律、变的时空观。古人在对天地、山水的原始崇拜过程中，在对节气物候、万物生老病死规律变化的持续观察总结中，形成了特有的宇宙观，即将人放在天地、时空中去认识，强调“道法自然”、“天人合一”。受这一宇宙观的影响，传统殡葬文化在墓址选择、墓地营造、传统祭扫中都尽可能地达到“天人合一”的境界。传统墓地往往选择在依山傍水、树木葱郁的环境中，同时除了少数特殊的墓葬形式，汉族主要采用土葬的形式，将肉身置于泥土中，从而达到人与自然的统一。传统殡葬文化传承到当下，虽然由于多种原因，土葬已经改为火葬，但对于墓地，人们更加强调人与自然的融合，强调为死者更为生者提供一个静谧、自然、舒适的静思场所。

2.3 “阴阳五行”的风水观

在中国古代农业文明的漫长发展过程中，由于人们的生活和天地万物关系紧密，因此，逐渐产生了对天地万物的信仰和向自然学习的风水观，以阴阳五行为其主要的理论内涵。传统风水观认为，五行为构成万物的基本元素，《国语．郑语》，“故先王以土与金、木、水、火相杂，以成百物”，“和实生物，同则不继”。更是强调五行作为元素具有“相生”、“相克”的关系。而“阴阳”则是萌发与古代先民观察天文地理的经验

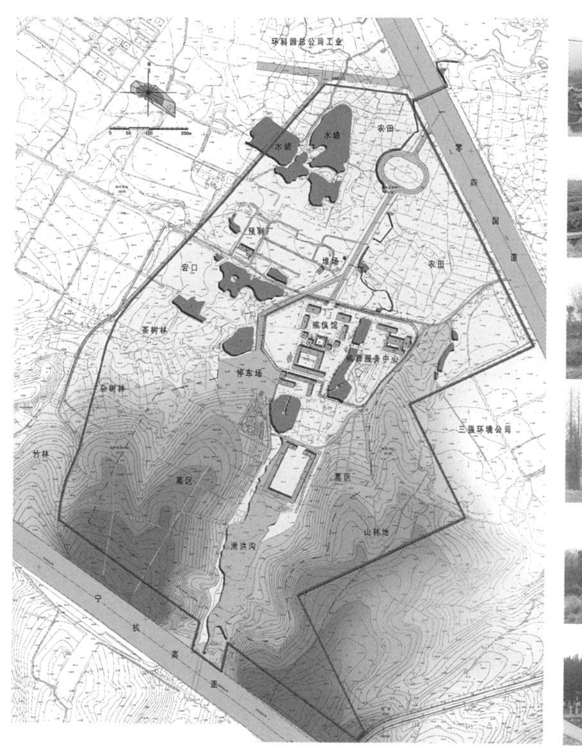

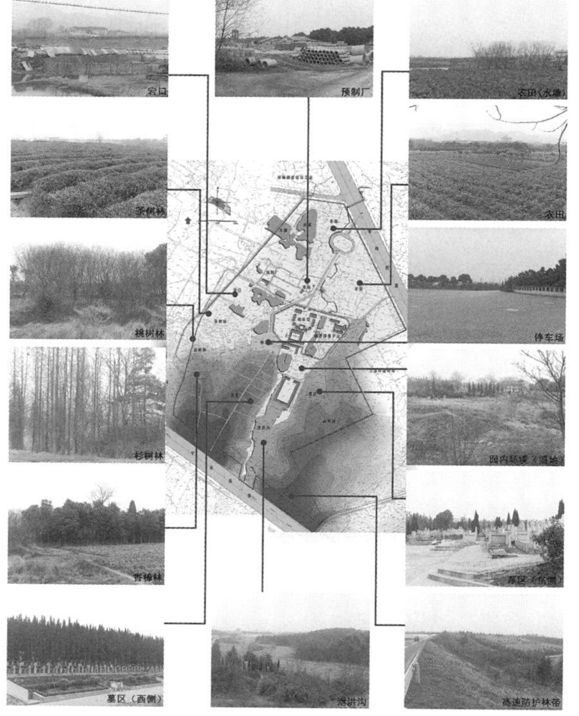

图1　宜兴金鸡山公墓公园现状分析图

所得，最初以日为阳，反之为阴。《说文解字》，“阴，暗也，水之南，山之北也”，“阳，高明也”。随着《老子》提出“万物负阴而抱阳，充气以为和”，从而进一步阐述阴阳是万事万物所普遍具有的属性。而《系辞传》更是将阴阳视为万物普遍存在的对立统一关系和属性。

阴阳消长被视为五行生克的内在动力。《周易》认为阴阳的流动形成自然循环流转，阐述了日月运转，季节更替，生命的生长、成熟、衰老、死亡等一切对立事物的循环转化都是由阴阳作为内在动力推动，因此作为构成万物基本元素的五行也是在阴阳循环中形成完整的运行。

3 哲学理论在现代墓园景观规划设计中的运用

3.1 案例背景分析

金鸡山位于江苏省宜兴市西侧，铜官山的东南边，环科园的西边，宜兴国家森林公园的北侧。基地周围主要以工业用地为主还有部分茶场，离城市中心较远，周围有较好的植被和环科园、宜兴国家森林公园衔接，使之有条件成为宜兴市的又一绿肺。

3.2 总体思路

1）设计构思——枕山傍水汇生气，天人合一金鸡山

宜兴金鸡山是铜官山山脉的延伸，自然形成背靠山面环水的地形，符合中国传统对于墓地的选址风水。青山绿水使逝者得以宁静，更给人们追忆和静思提供一个适宜的环境，在山水间生命得以循环，生者和逝者得以交流，形成“枕山依水汇生气”的场所。同时，尽量保留现有的植被和环境，改造和恢复部分已经人为破坏的环境，根据自然规律和自然法则还原自然的本来面目，使青山、绿水、人、环境形成真正的“天人合一”。

2）设计框架

在设计中以“枕山傍水汇生气，天人合一金鸡山”为主题，通过五行的结构运用展现生命的生生不息，循环往复的生命轨迹。设计采用“一轴、一环、多功能片区”的空间结构。

（1）一环：五行之环

串联“水之孕育”、“木之生长”、“金之冥想”、“火之追忆”、“土之承载”展示万物生命的延伸、交替和循环。《五帝》篇中记载：“......天有五行，水火金木土，分时化育，以成万物。其神谓之五帝。”传统认为大自然由五种要素所构成，随着这五个要素的盛衰，而使得大自然产生变化，不但影响到人的命运，同时也使宇宙万物循环不息。根据此，设计中把墓区分为五大部分，与金、木、水、火、土的方位相对应。贯穿金、木、水、火、土主要景观节点形成五行之环，强调金、木、水、火、土交融形成生命万物。

（2）一轴：生命之轴

图 2　宜兴金鸡山公墓公园总平面图

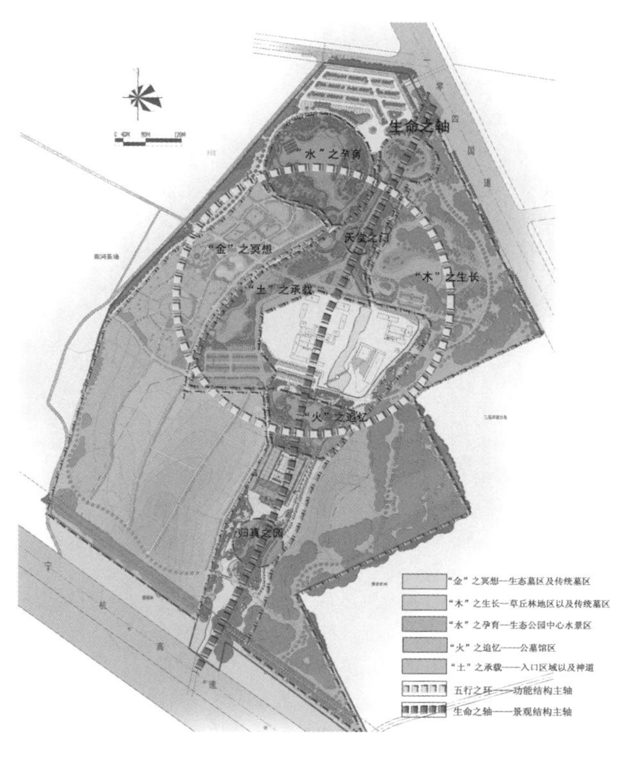

图 3　宜兴金鸡山公墓公园总体构思图

一条由北到南的景观主轴展示了生命的轨迹，与五行之环形成主体空间框架。生命之轴既是墓园主要交通道路也是连接"土"之承载、天堂之门、归真之园的景观轴线，展示生命从"土"中孕育，经历"生长"的神道，经过"天堂之门"（牌楼）升华，在"生命之环"雕塑得以圆满，最终与自然融合，回归生命的起点（归真之园）的轨迹。

多功能片区：

结合五行方位以及不同区域特色及造景要素，合理布置各功能片区，形成丰富多样、协调统一的整体景观效果。根据五行方位设置五大区域：

"水之孕育"——生态公园中心水景区。位于墓园西北区域，设计利用基地现状原有的大量鱼塘水面，将水域整合，对岸线优化、美化，环绕水面设置水榭、音乐喷泉形成自然疏朗的水体景观效果。

"木之生长"——生态公园草丘林地区以及传统墓区。位于墓园东侧区域，结合拓宽水面的余土堆叠地形，形成自然草丘林地形。

"金之冥想"——生态墓区以及传统墓区。位于墓园西侧，根据功能主要分为两个部分：北部生态墓区将现状预制厂、堆场、宕口、垃圾填埋场进行综合整理，作为生态葬区域（花葬、草坪葬、树葬、艺术葬、壁葬等），保留和美化取土蓄水坑，形成生态水面。南部为传统墓区和台地树葬区结合形成山地墓区。

"土之承载"——墓园入口区域以及神道区域。位于墓园中心区位，通过神道"天堂之门"、"生命之环"等景点展现生命在"土壤"的醇厚中勃勃而发。

"火之追忆"——公墓骨灰堂区。位于墓园南部中心区域，通过对于泄洪沟、现有池塘的改造和拓宽，用水系将公墓馆和殡仪馆区相连。山之水通过归真园湿地的净化，环绕公墓馆，汇入公墓骨灰堂前放生池，经过多次过滤和沉淀，可以有效地解决目前山水浑浊的现状。

4 结语

多样、变化、快捷的生活方式必然和守旧、单一、迷信的传统殡葬文化风俗产生矛盾，人们迫不及待的要打破和改变现状。但殡葬文化作为中国文化的重要组成部分，一脉相承延续至今，在每个国人心中都具有特定的感情和文化认同，生活方式变化的越快，对传统文化的认同就更加明显。在宜兴金鸡山墓园景观设计中，笔者有机会对于现代墓园景观设计模式进行探索，通过深入的调研和思考提出在总体设计构思和设计框架中融入和体现中国传统哲学理论，在设计手法和设计细节中满足和适应现代审美和生活需要的构想，并在具体的景观设计中进行实践。当漫步于墓园中，看着山峦的起伏、植物的四季变化，思忆着逝去的亲人，人们才能真正地体会和感悟到中国传统哲学里"天人合一"的全部内涵。

参考文献

[1] 黄文珊．新天堂乐园——论城市景观墓园之规划设计 [J]. 中国园林，2005(11).

[2] 徐斌，董海燕，金敏丽．"源"园设计理念在现代墓园中的应用探讨 [J]. 浙江林学院学报，2008(6).

[3] 文传浩，周鸿：论风水文化对中国传统殡葬文化的影响 [J]．思想战线（云南大学人文社会科学学报），1999，25(2).

[4] 张晟，邓禧．中国殡葬文化及现代墓园景观规划设计初探 [J]．华中建筑，2007(06).

[5] 黄海静．壶中天地天人合一中国古典园林的宇宙观 [J]. 重庆建筑大学学报，2002(06).

[6] 勒凤林．死亡与中国的丧葬文化 [J]. 北方论丛，1996(05).

[7] 斯震．我国的传统墓葬文化与现代墓园建设 [J]．中国园林，2009(03).

[8] 王其亨．风水理论研究 [M]. 天津：天津大学出版社，2004.

从零碳空间新理念看城市公共空间设计

梁晓琳　山东建筑大学艺术学院

摘　要：公共空间设计是一个城市自然、经济和社会文化可持续发展的综合体现。在零碳空间新理念的导向下，因地制宜地进行零碳城市公共空间设计是一种必然选择。在分析了零碳空间中城市公共空间设计概念的基础上，明确了零碳城市公共空间设计中所蕴含的低冲击开发设计方法，结合国外零碳城市公共空间设计的成功案例，从而达到改善城市生态环境，建设可持续发展生态城市的目的。

关键词：零碳空间　低冲击开发　城市公共空间设计

1　零碳空间中城市公共空间设计的现状

现在人们越来越重视绿色建筑、低碳建筑、节能建筑了。具有公信力的绿色建筑认证标准已经在国际、国内建立。如由美国绿色建筑委员会所研发的绿色建筑认证标准 LEED，已经在国际上较广泛使用了，其宗旨是在设计中有效地减少环境和住户的负面影响。我国建设部也颁布了《绿色建筑评价标准》。上海世博会上大量关于绿色和低碳的新技术、新创意和新材料的运用证实了国内众多开发商和建造商已经在各种建筑类型上尝试使用绿色、节能的建筑标准。

已经失去平衡的城市系统无法单靠绿色建筑本身改变，只能是对环境所造成破坏的一种弥补措施。但不可否认的是，绿色建筑对环境的负面影响在设计、建造和使用的过程中能有效减少，这一点还是非常值得推崇和肯定的。然而对于城市公共空间的“绿色”、“低碳”却乏人问津，甚至经常会见到很多原本就已经是非常生态、物种非常丰富的地冠以“生态”的名义而建造成一个个花岗岩和水泥的“生态公园”。类似这种把原生植被破坏后重新种上单一草皮和树种，或把原本生态的河道驳岸截弯取直浇灌上混凝土硬质驳岸的案例在全国各地比比皆是。幸运的是我们已经开始认识到这些做法的愚蠢和无知了，并努力尝试去改变这种状态。

2　零碳空间中城市公共空间设计的概念

在整个城市甚至更大层面的生态平衡上需要建立城市的生态与可持续发展，城市公共空间作为城市中的“留白”，其自身的设计和建造更需要低碳和生态。一个有远见和雄略的城市，应该对城市的公共空间做长远的规划和设计，仅为了短期的经济效益，对城市进行过度的开发或美化并非明智之举。一个好的城市公共空间不仅仅是停留在美学和艺术的层面，实用、生态、可持续和活力将是更为重要的因素。“零碳空间”除了希望城市公共空间能起到提供活动场所、净化城市空气之外，更强调城市公共空间在整体生态平衡和可持续发展上的表现。

3　零碳空间中城市公共空间设计方法——低冲击开发

“Rainwater Harvesting”是雨水收集的英文，意思是像收获庄稼一样收获雨水。一个“零碳循环”的城市公共空间要实现整体的生态平衡最基本的条件之一就是必须具备“收获雨水”的功能。

20 世纪 90 年代末期，美国东部马里兰州的普林斯乔治郡和西北地区的西雅图、波特兰市共同提出低冲击开发模式的概念。其目的是减少开发建设对生态环境的影响，初始原理是通过分散的、小规模的源头控制机制和设计技术来达到对雨水所产生的径流和污染的控制，从而使开发区域尽量接近于开发前的自然水文循环状态。

尽管低冲击开发模式最初提出的目的是城市雨水管理，但随着其理论的应用与深化，低冲击开发模式的外延在不断拓展，已上升为城市与自然和谐相处的一种城市发展模式。城市公共空间作为低冲击开发模式的主要载体，必须具备“收获雨水”的功能。

3.1 屋顶绿化

“收获雨水”的方法非常多，绿色屋顶就是常见的一种方法。屋顶是一个城市的重要组成部分，屋顶的雨水会冲走很多的物体，例如树叶、大气中的沉淀污染物、屋顶的重金属等。但屋顶的雨水水质相比街道上地表径流雨水水质更好。因此，屋顶的雨水是一项宝贵的资源，综合屋顶绿化，减少屋顶雨水的外排，过剩的雨水以及浇灌川水可以通过雨水收集系统再利用。此外，屋顶绿化给城市带来巨大的环境效益和经济效益，营造一个更舒适的生活环境。大量的研究表明，屋顶绿化能带来缓解城市热岛效应、提高城市空气质量、减轻城市雨水处理系统的负荷、提高建筑的节能效益和增添城市的美感等效益。

美国加州科学博物馆案例就是一个屋顶绿化和雨水循环利用的范本。有人认为，从空中鸟瞰加州科学博物馆的圆屋顶就像巨大的“绿色冰淇淋”凸出地面。这些“绿色冰淇淋”使整个建筑和金门公园周围的绿色空间构成一个整体，实现了建筑与环境的融合统一。除此之外，圆屋顶还节能，因为它具有隔热和通风的功能，确保博物馆空气的清新舒适。

3.2 透水性地面

对于雨水的收集和循环利用，除了屋顶之外，地面是另一个最为关键的要素。可渗透性铺装不同于传统的不可渗透性铺装，通过表层下渗水层的过滤，水可以渗透到泥土中。渗水地表面的优点有很多，从生态角度上来讲，它能减少暴雨期间的高峰水量，让更多的水体渗透到地下，减缓洪峰，并减少洪水灾害。完整的滞水方案将传统排水设施的需要降到最小，因而节省了成本，增加地下水含量并提高了水质。最后，对水再利用也利于植物生长，而这又有助于减少热效应。

雨水的收集和循环利用具有多重功能，通过渗透增加地下水，改善生态环境；减少和减缓雨水排水量，防止和降低城市雨洪灾害等。因此，城市公共空间的设计需要充分把建筑的屋顶及地面结合起来，一方面利用绿化和屋顶收集雨水，作为城市公共空间中的景观用水。另一方面通过可渗水地面将雨水保留在土壤中。

3.3 洼地

洼地一般由草地或密集植物生长地形成，为线性的地面低洼地区，兼具蓄水与治水的功能，洼地在流通雨水的同时可以清除雨水冲积物中的大体积污染物，如垃圾、大颗粒沉淀物等。如能善加利用洼地，在其周围修筑围堤，内部进行植树绿化，平日可做休闲之所，汛期可作蓄水之用，对于城市治水也意义非凡。

3.4 过滤性沟渠

过滤性沟渠为低浅的、挖空的沟渠，内部由碎石、多孔砖填满，可直通雨水冲击物收集处，不仅能提高水面高度和增加地下水流量，还能减缓雨水流动速度。过滤沟里层覆盖着土工布，以防泥土流动到沟里的碎石和多孔砖中。填充物表层罩有生物纤维网以及一层薄薄的表层土。雨水经过滤沟流出后渗入周边泥土中，而污染物则被留在沟内。同时，经处理过沟内的雨水将会输送到管道系统之中，以缩短雨水的排放距离。污染物能否被完全清除或分解则要由当地土壤酸碱性和坡度而定。

4 零碳空间下城市公共空间设计的案例分析

获得 ASLA2010 综合设计荣誉奖的康涅狄格州水处理设施项目位于美国东北部纽黑文郊区，属老工业基地。为康涅狄格州南部中央区域水利局储备水源设施，靠近伊莱•惠特尼博物馆。它既非简单的景观缓冲区，也不是独立的公园，虽属私人拥有却为公共服务，开启了市政基础设施建设的新篇章。

整个项目预算超低，每 0.093m^2 只有 5 美元。在如此有限的预算下，Michael Van Valkenburgh 事务所公司的设计师们采用了修复生态学和生物工程技术。景观设计师充分利用土壤、水、植物等景观基本要素，并与建筑设计师通力合作，将场地内的大部分建筑置于地形之下，衬托出其简洁明快的线条，同时强化了景观作为视觉焦点的作用。为了降低土地外运带来的高额成本，设计师们因地制宜，将土壤在场地中重新分配，将从前静态的平整的草坪转变为动态的生态性多样化的公共场所。土壤再利用坚持就近原则，又顺应水文自然，地势东高西低，场地内的暴雨与建筑绿色屋顶上的雨水留下来的径流流经整个园区汇集到西边的池塘。在这一过程中，植物吸收了水中的杂质，土壤去除了颗粒物，形成一个自然的净化过程。受生态修复学的启发，种植全部采用无须肥料或杀虫剂的当地品种，减少对下游的影响。植物色彩四时而异，植物群落八节而变，增加了季相变化的趣味。

在河道的处理中，沼泽地替代了以往传统人工设计的排水系统。设计师们应用了大量的椰壳纤维和秸秆纤维，通过对生物工程方法的利用，新地形得以稳固，成本也得以控制。这两种材料可同时促进植物和生物的生长，稳固土壤。在底层和中间层放置大批椰壳纤维绳和活动桩，清晰地界定出河塘的界线。在上层采用两种不同的材料——秸秆织成的垫和椰壳编成的网，将两者相结合，防止河岸受到侵蚀，又可以保证径流在流向河塘的过程中得到充足的修复同时补给地下水。早在达伽马印度航海之时，他就发现了椰壳纤维的应用。当他来到东非的时候，发现那里的船只非常坚固，但船板并不是用钉子固定的，而是用椰壳纤维做成的绳索固定在一起。这种材料具有耐湿、定耐热、韧性强、可降解、造价低的特点。我国椰壳资源非常丰富，但是在这方面的应用开发还几乎是个空白。

整个项目在极低的预算下，合理利用了修复生态学和生物工程技术，改通了社区对土地的利用方式，并将场地融入其周边环境，吸引附近的居民在美丽的郊野间欣赏水景，为市政基础设施、社区空间和自然生态之间的相互作用提供了新标准。

5 结语

在现代化城市进程中，生态系统遭到了严重破坏，原有的自然面貌已经渐渐消失，有的只是在钢筋混凝土和玻璃幕墙包围中，留下一片片冰冷的景观。城市公共空间要做到低碳与生态，就必须保证公共空间自身的“零碳”，保证公共空间的开发过程中减少对自然环境的破坏。“零碳”是未来人们的一种观念和生活方式，零碳意识将深入到生活的每一个角落。

参考文献

[1] 刘扬，李文，徐坚．城市公园规划设计 [M]. 北京：化学工业出版社，2010：29 ~ 65.

[2] 邱书杰．作为城市公共空间的城市街道空间规划策略 [J]. 建筑学报，2007，3：9 ~ 4.

[3] 凯文·林奇．城市形态 [M]. 林庆怡等译．北京：华夏出版社，2001：72 ~ 75.

[4] 杨冬辉．因循自然的景观规划：从发达国家的水域空间规划看城市景观的新需求 [J]. 中国园林，2002，(4)：12 ~ 16.

[5] (美)I·L·麦克哈格．设计结合自然 [M]. 芮经纬译．北京：中国建筑工业出版社，1992：86 ~ 92.

[6] 夏建统．从西方到东方一段探索自然和文化的精神之旅 [M]．北京：中国建筑工业出版社，2005：66 ~ 82.

城市公共空间景观设计中的过度设计问题探究

李 帅　东北师范大学人文学院

摘　要：现今社会随着人们生活水平的不断提高，消费水平也有大幅度提升，并且开始追求更高的生活质量。伴随着这样的局面，国内各大城市也开始重视城市公共环境景观的建设，设计中关注生态，关注民生。但是在建设中存在盲目求大的问题，已经成为我们社会面临的一个重要课题，即过度设计。本文试图通过对我国城市公共空间景观的过度设计问题研究，提出可行性的解决措施，探求一种城市公共空间景观设计应以适度设计的新理念和新手法，创造人与自然共生，景观要素与空间形态协调，环境品质与城市文化融合，和谐的城市景观建设模式。

关键词：城市公共空间　景观设计　过度设计　适度设计

1　城市公共空间景观设计存在的问题

由于城市建设速度进一步加快，城市形象的重要性日益提升。如今，城市公共空间景观已成为加强现代城市基础设施建设的重要组成部分。城市公共空间作为人们进行公共交往和文化活动的开放性场所，是人与自然进行物质、能源和信息交流的重要场所，是城市形象的重要表现，其目的就是为广大民众服务。但是，为了对城市环境进行美化，为了体现档次和品质，无论是城市广场景观、城市公园景观、城市滨水景观、城市商业街景观、城市居住区景观等城市公共空间建设项目，许多城市不惜代价争相在景观设计上大做文章。在这样的背景下，城市公共空间景观设计不断出现"过度设计"现象，造成城市环境进一步恶化、城市管理与决策者一味追求政绩、城市经济实力逐渐减弱、城市招商引资一度匮乏，专业设计团队变得软弱无力等严重问题。除此之外，城市公共空间景观的过度设计还表现在其他许多方面，比如城市景观亮化工程、旧遗址修复工程、老城区改造工程、新农村建设工程等。作为城市景观，空间中的环境效应是从使用者对空间的占用、完善和改变中获得的，并创造留有余地的区域以激发公共空间景观的潜在价值，它在很多层面都是有积极意义和影响的。但是为追求美化而去过度设计，使其空间功能过于单一缺乏多样性，空间利用率低，设施老化快，安全存在隐患，结果会适得其反。因此，当下国内城市公共环境景观建设仍旧面临着无限的困难和挑战。

2　城市公共空间景观设计中过度设计问题的严重性

过度的景观设计，是指一度添加，一味继承，矛盾的搭配关系，追加无谓的设计元素，使用无效的方法，设计理念不突出，设计出来的系统比恰到好处要复杂混乱得多。过度设计意味着为了实现设计目标，需要付出的额外代价，例如成本上升，缺陷可能性加大，提升维护成本，甚至降低功能性。相反，设计不足，是指设计出来的系统复用性差，扩展性不强，不能灵活的应对变化，设计价值没有完全体现。那么，繁杂的过度设计和设计不充分的过度设计，这两种形式在城市公共空间景观规划与设计中都是错误的。如此说来，造成这种后果一般都是因为设计人员有过度设计的癖好，喜欢炫耀或玩弄无谓的技巧，或是夸大的表现形式，或是注重视觉观赏效果，或是习惯把简单的问题搞复杂化，很容易在协调景观意境与功能上不能成功地解决实际问题。

城市是个挥霍且粗糙的场域，因为公共空间景观的过度设计与人工化不仅拆解了许多城市的自明性，也让城市成为生态环境的杀手。另一方面，由于城市"美化"形式不断变化，追求气派，追求最大，攀比之风盛行，设计作品复杂及充斥很多的破碎理念，并且部分设计人员为了体现设计过程中劳动量的庞大，一味追加无谓设计元素，注意力不是集中在如何满足使用需求上，造成最后作品无主题、无主体的繁杂和混乱，散失了景观设计的意义，毫无个性可言。这种“暴发户”式过度设计让环境对人们活动产生过多的干预和限制，景观空间中规定性的情境增多，使得人们在行为心理方面产生不良反应，从而引起厌倦与憎恶。这种情况不仅发生在地面上的实体建筑，也发生在连接其下的地下环境，特别是因为人类活动所引发的各种重度污染，会再次挑战生态环境对于人类施作的容忍程度。从城市实体的演进及景观设计的发展来看，全面性的建筑物能源改革、水资源规划及空间环境营造，都有其必要性与急迫性。然而，在目前的城市公共空间景观设计过程中却存在着过度设计问题。

改革开放的三十多年来，中国城市化的发展引起世界上最大规模的人口向城市聚集。同时，中国的城市景观也发生了令世界为之惊异的快速而巨大的变化。当我们取得辉煌成就的同时，令人遗憾的是城市传统景观和城市文化遗产遭到破坏的事件频繁发生。某些城市为了改修道路，而大量砍伐百年古树；为了规划商业用地，而大量拆除传统民宅；为了扩大城市规模，而大量占据农业用田。城市公共空间景观出现了千篇一律的面孔。在城市公共空间景观设计中，过度设计的实例很多。随处可见的道路绿化带、广场、居住区、植物园、产业园等一系列所谓的风情城市景观，刻意模仿欧式风格特征，丰富景观环境样式，就是过度设计的真实见证。这些景观项目在设计上不顾当地的自然条件和人们的生活习俗，生搬硬套，公共设施的使用率较低，景观空间的功能性较弱，景观小品的类型单一，硬质与软质景观的关系不协调，名贵植物的盲目移栽，是造成景观环境建设和后期维护成本增高的直接原因。究其根源，是对景观设计的目的性和实用性原则不明确，忽视对美学和对人在物质和精神层面需求的研究，缺乏对自然景观资源的保护与利用，弱化对人与自然环境的和谐关系。

现代城市公共空间景观设计必须要面对大众，否则就不能称其为现代城市景观。目前，国内很多大城市的公共空间景观设计，出现了过多重视形式主义的现象，开发商一味追求档次和品味，设计师缺乏以人为本的设计理念，所谓的以“现代化景观模式”来构建，但在设计中却始终没有考虑人与环境的关系问题，这样的例子在我们的身边屡见不鲜。如广场景观、公园景观、居住区景观、商业街景观等，各种景观场景都让人感觉到巨大，景观元素及形式虽花样繁多，但杂乱而没有秩序，不能满足人们的各种需求，功能性较弱，最终导致景观环境无法再赖以生存和发展。

3 城市公共空间景观设计中过度设计问题的解决途径

中国正面临越来越多的生存环境建设和改造问题，重要的是要满足人们必要的活动条件需求，通过科学合理的景观设计，提供更多的能够使大众真正参与和共享的城市公共空间。因此，城市公共空间景观设计必须要重视人在环境中的适合性体验，充分吸取发达国家优秀的景观设计经验，融入我国特有的传统文化理念，设计中不再是抄袭和照搬，而是最大化的满足空间内每一个人对充足阳光、自然通风、新鲜空气的需求，使景观达到与生态效应协调，适时适地营造环境，满足我们对生存环境需要，才是最本质的城市公共空间景观设计。由此可见，不是景观设计师针对自己的设计内涵讲得越深奥就越有科学性，设计语言越丰富设计就越有逻辑性，设计理念越先进就越有创新性。既然景观设计是一种构建模式，那么它的传达和交流就需要有受众，为人所用。所以，我们应该提倡适度设计，并且需要通过对景观的适度设计，以这种构建模式作为解决问题的有效途径，才能让大众尊重你的设计，理解你的设计，认可你的设计。

适度设计的概念是相对于过度设计提出来的。适度，是指事物保持其质和量的限度，是质和量的统一，任何事物都是质和量的统一体，认识事物的度才能准确认识事物的质，才能在设计中掌握适度的原则。适度的景观设计，理解为是一种程度适当的设计，即符合规范，遵循约束，有时是一种抽象理念，有时又是具体可循的标准。它是建立在和谐立意基础之上的设计，适度设计的本质是使设计出的方案能最准确地反映其自身的价值，并恰好能迎合受众最真实的使用需求，不过多地加以不必要的修饰，合理运用适度设计理念和手法，从而解决过度设计所产生的一些问题。那么，舒适的居住环境、优美的自然景观与具有文化底蕴的人文景观完美结合所创造出适度的城市公共空间景观，不仅能使市民综合素质有所提高，还能使城市整体环境形象得到提升。所以，兼有审美功能和实用功能的城市公共空间景观，在近年来越来越受到人们的喜爱与重视。

适度的景观设计还取决于设计人员真正的实力和求真的态度。如果景观设计师没有实力，或者虽具备实力却不真心投入，就不可能设计出对人、环境和社会有意义的景观作品。那些在当今潮流和时尚的驱动下所创作出来的具有“自我意识化性质”的城市公共空间景观作品，都是过度设计，其根本原因是开发商、决策者、欣赏者、甚至于专业设计人员的意识局限性。那么，只要景观设计师将道德、诚实和客观融入设计过程中，用批判的观点去审视设计，与之形成不可分割的整体就能够真正做到适度设计。景观设计师不只是为景观而存在，而是肩负着对社会的责任，肩负着改变人们生活方式的责任，肩负着让每一个人都享用社会文明的成果、实现人与人、人与自然融合的责任。这样，所设计出来的景观作品，在后期建设上既能够保护环境和开发再利用，又能够功能适用和降低成本，真正意义上实现城市公共空间景观的可持续性建设和发展。

随着时代的进步，新技术、新方法和新途径层出不穷，有利于城市景观环境的发展。城市公共空间景观的愉悦来自于适度，城市公共空间景观设计已不再从属于单纯的艺术设计范畴，以人为本的设计观念对其影响日趋深远，不能忽略适度作用。适度设计能够实现人们对景观的高标准需求，适度设计应该成为景观设计师所要遵循的原则。只有对城市公共空间景观进行适度设计，才能保证城市的个性与品质；只有这种适合关系，才能通过景观设计提供人们和谐的外部空间环境；只有应用科学合理的解决方式，才能保证城市环境不遭受破坏，延续其自然的生命力，促进城市公共空间景观设计的健康发展，呈现多元化的创新局面，营造独具魅力与活力的城市公共空间。

参考文献

[1]（美）约翰·西蒙兹．景观设计学[M]．北京：中国建筑工业出版社，2000．
[2] 刘滨谊．现代景观规划设计[M]．南京：东南大学出版社，1999．
[3] 边昕．景观设计的"适度"与"过度"[J]．现代装饰·理论，2012(15)．
[4] 俞孔坚．警惕暴发户与小农意识下的城市美化运动[J]．领导决策信息，2000(18)．
[5] 马龙政．基于生态理念的环境保护设计与规划[J]．城市建设理论研究，2012(10)．

从市民文化建设审视城市公共空间的塑造

张 璟 上海理工大学 教师

摘 要：随着城市化进程的加快，公共空间成为城市文化建设的重要场域，为市民文化活动和各种社会关系构建提供依托载体。城市公共空间与市民文化具有互构关系，以市民文化为切入点探讨城市公共空间塑造的路径，有助于培养市民素质和公共意识，创建公共空间动态发展新模式，实现城市发展与市民文化的互动双赢。

关键词：市民文化 城市 公共空间 塑造 城市精神

党的十八大以后，城镇化成为我国经济社会发展的重要战略，而随着美丽中国目标的提出和人们对经济快速发展过程中生态环境和文化生活的迫切要求，城市公共空间的营造和市民文化建设是管理者和每一个参与其中的公众个体都应关注的重要因素与追求目标。当下如何在公共环境乃至城市规划建设中更好地体现市民文化精神？市民文化到底在城市公共空间中承担什么样的功能和责任？如何从市民文化的角度出发去营造公共空间？深入探讨这些问题，不无现实意义。

1 城市公共空间与市民文化关系定位

作为城市中面向公众开放、供所有市民使用和享受的场所，城市公共空间是历史最悠久的公共生活载体，它能容纳公众组织和参与各种公共活动和事件，如政治活动、经济活动、文化活动、宗教活动等，更为公众的日常活动提供交往空间，成为展示社会生活的舞台和社会生活的"容器"。[①]

市民文化作为城市居民在交往过程中逐步形成的居民广泛参与、符合市民欣赏水平和习惯的一种文化形态，反映着市民的精神面貌和行为习惯，也体现着在相对固定空间内特有的文化形态和人文风貌，它来源于生活且被大众普遍接受，扎根于城市公共空间这个"容器"的街巷、商店、公园绿地、广场、社区之中，其所蕴涵的市民精神和人格内涵，是城市价值体系的内核，在城市竞争中具有举足轻重的地位，并且在城市文化建设过程中发挥了越来越重要的导向、调适、保障作用。

从实践来看，公共空间与市民文化是一种互构关系：特定的空间形式、场所可以引发特定的文化活动和用途，而丰富的市民文化元素，可以形成一种有利于价值观念整合的"心理社区"，为公共空间建设发展提供强有力的文化支撑。[②]注释通过展示优秀的城市文化，可以提升市民文化品位，实现城市发展与市民文化的互动双赢，这对培养一个民族的全民素质和公共意识、锻造市民社会的品格及其公共精神具有潜在作用。

2 公共空间营造中市民文化的缺失

目前，伴随着政府对社会精神文明的重视，各地都开展了文明城市建设活动，一定程度上改善了城市公共空间环境，丰富了市民文化生活，出现了一批文明程度显著提高的城市。但是在这一发展过程中，依然还有一些不尽如人意的情况有待解决。

1）忽视市民文化的个性特征和需求，忽略历史的传承：不

① （美）希若·波米耶等．成功的市中心设计 [M]. 马铨译．台北：创新出版社，1995：168．
②刘庆龙、冯杰．论社区文化及其在社区建设中的作用 [J]．清华大学学报（哲学社会科学版），2002（5）：19．

顾城市长久以来形成的个性文化和历史痕迹，抛弃城市风土人情和地方特色，一律以林立的高楼、超大尺度的硬质广场或草地来描绘所谓的“现代化、国际化”蓝图，都市风、广场风、草坪风、CBD 风盛行，城市公共空间千篇一律，出现高度同质化现象，市民文化的地域性特征和需求难以体现和满足。

2）忽视市民文化的内在本质，去“草根化”盛行：作为一种大众文化，市民文化是一个城市中各种不同市民群体文化的集合，易于被各个阶层所接受，具有通俗性和草根性的特征。但在现代城市建设和公共空间营造中，往往追求“大而雅”，乐于建设具有地标性意义的建筑与景观，提供更多的是具有广泛政治、经济影响力的社会活动空间，忽略了与市民交往联系更为紧密的文化、体育、生活空间的营造与建设。

3）忽视对市民文化核心价值的引导：目前我国的城市发展在内在需求和外在压力的多重作用下急速向前推进，一些城市发展过于追求速度和规模，将城市繁荣的定义归于经济的增长、物质的需求和商业的活力而非文化与城市精神的繁衍，从而引发了严重的“文化荒漠现象”和“成长性缺失问题”。同时，城镇化的快速发展使很多农民失去土地，转变为市民，但他们长久形成的生活习惯、行为模式、思想观念的转变需要一个长期的过程，在对他们融入城市生活和融入市民文化的交往方式、核心价值理念都缺少相应的引导。

4）市民自主参与意识不足：受传统思想和民主意识的影响，人们很少以主动的姿态去参与到城市建设和城市管理中来。这导致了市民文化形成在民众，但建设依赖政府，市民参与文化活动仍以动员参与为主，市民的文化活动方式带有政治性、运动性、节庆性和临时性特征，并且政府主要以市民文化设施建设作为市民文化建设的考评标准，忽视市民文化的“内在公共观念”的培育，对城市民文化内涵深度挖掘不够。

3 公共空间中市民文化建构途径

在城市公共空间中，要营建适宜的空间形态来传达符合当代市民需求的文化感受，就必须把市民文化的核心精神与城市公共空间紧密地结合在一起，对市民文化内涵实行现实转化，将各种文化观念、生活习惯、行为方式、角色行为等要素有机地整合，这也是市民文化特色建构的路径之一。

3.1 以公共空间的利用和重构为前提

城市的空间形态根植于历史发展的脉络中，就像一面镜子折射着城市的历史和文化，一些在城市发展过程中长久形成具有地方特色和风土人情的公共空间承载了厚重的历史痕迹和集体记忆，让市民在感到亲切熟悉的同时也传达了集中的、有强烈地域标识和归属感的城市文化，成为建构市民文化的重要载体。因此，对于公共空间中一些看似“旧的”、“破的”、“闲置”的遗存和文化设施，要充分挖掘场所与建筑的潜在价值，保护其内在隐含的文化信息并进行活化利用，通过人的空间体验与生活积淀为市民描绘新的文化图景。

当然，仅仅考虑保护那些不同时期历史文化遗留下来的积累是不够的，还要创新重构，利用是延续，重构是发展。通过不同时间、空间的文化交融将现代市民具有的生活方式和行为特点加以整合，重构场景空间或者地域性建筑，照顾到市民的日常生活和交往之便。如上海徐家汇公园的老城厢花园设计充分嵌入城市记忆，交错的道路网、青砖铺地的小径、漆红的建筑立柱和石礅都体现出传统建筑的符号语言，给人以历史的怀旧感，同时，运用下沉手法限定空间，几何形态的模纹花坛设计结合适宜的休憩和活动场地满足了市民的空间需求。

3.2 以完善的公共文化服务设施和政策支持为保障

作为公共服务体系的重要组成部分，市民文化设施是城市建设总体规划的要务之一，是市民文化生活的物质依托和构建环境是否有吸引力的基本保证，如提供表演娱乐、科普展览、体育健身、教育资讯、节日集会、公共艺术、商业交易、社区活动、艺术家工作坊等多种社会公众活动场所、建筑物、设备来满足不同阶层市民对于文化的需求，尤其是与普通百姓生活息息相关的各种社区性的文化，充分体现市民文化的“大众性、普遍性、草根性”的内在本质。美国著名的城市理论家芒福德认为：“文化设施的规划设计是城市规划的第一步工作，完备的硬件基础设施是文化策略中用以改善城市文化环境、提高城市竞争力的一种途径。”

另外，对于因社会分异和社会隔离所造成的文化基础设施共享不对称的现象，诸如青少年人群和流动人口参与文化活动较少，因繁忙的工作压力而无法享受闲暇时光的人群，对于这些群体构成不平衡现象，政府部门和相关管理机构的介入和支持十分关键。除了要保证资金的投入，公共空间的合理利用之外，更要制定一定的政策和管理办法，为这部分人群提供足够的重视和便利条件，如取消户籍制度，尽量减少社会阶层差别所造成的社会隔离等。

3.3 以公共空间的特色塑造与优化为核心

有特色的公共空间可以培育、引导有特色市民文化，还有利于市民文化的流传。公共空间塑造要充分考虑到空间内包含的各种元素，如空间的地理环境、历史积淀、交通、服务设施、使用人群等，具体到造型上可以是文字、图案、材料、色彩、肌理、灯光、声像等要素，也可以是休息凳椅、雕塑小品、柱子、围墙、门窗、顶棚、栏杆等空间的构成要素，这些要素的整合成为打造城市公共空间的关键，是市民文化塑造的物质基础。

从以往众多城市发展历程来看，城市公共空间中最吸引市民的往往不是林立的高楼和繁华的商业街，而是楼前空地、茶楼小巷、公园绿地、桥头街角这些贴近百姓生活的场所，它们对市民的社会交往、情感交流起着积极的作用。政府部门和城市规划部门要本着"以人为本"的思想，以公共空间的文化内涵以及与市民日常生活的契合度为核心，采用多种形式（各种媒体、教育培训、调研、现场活动）潜移默化地转变市民的心理和意识，通过公共空间的引导扭转以经济为唯一衡量标准的价值理念。

一般而言，空间形态的尺度越紧凑，变化越细微，与其他空间的雷同性越小，市民文化的特色越突出，许多有责任感的设计师也开始反思一味追求"大通透、高绿化率、大规模广场、城市美化"等设计思潮带来一系列美学问题与社会问题，提倡以人为本、返璞归真，从上下班途中的偶遇、饭后遛弯、街道中嬉戏到节假日的短暂休闲，建立与人们日常生活接触最为密切且使用频率最高的人性化小空间。国际的实践经验表明：自20世纪70年代以来，街道、小广场、街角公园等小尺度公共空间的系统建构及其文化提升已成为欧美都市更新的一项重要内容。

3.4 以公共空间中主题事件的参与为关键

城市公共空间最大的作用是提供了市民日常的交往活动场域，就空间本身而言，最具魅力的不是其外表的物理几何形态，而是发生在那里的事件。市民的文化生活也不仅仅是由空间的形式或装饰所给予，更是市民在场所里遇见的事件和情境的特质所赋予。这些事件通常包括文化交流活动或日常性生活行为，如展览会、开放日、节日集会、民俗事件、庆祝纪念活动、仪式、街头表演、文艺展示、音乐派对等，是市民文化的活力引擎。市民在特定的时间参与主题事件使文化内容变得具体、形象，市民亲自接受、感知文化，市民自主意识逐步提升并自觉参与各种活动，而不是在被动的情况下盲目接受。中央十八大文件中也曾明确指出："让人民享有健康丰富的精神文化生活，是全面建成小康社会的重要内容……开展群众性文化活动，引导群众在文化建设中自我表现、自我教育、自我服务。"

与以往学者比较关注重大活动事件对于城市经济带来的影响与作用不同的是，近来媒体比较关注中小活动事件对于市民生活以及文化的积极意义，尤其在历史地段，建造新的设施有相当的难度，因此文化事件的组织与策划不能忽略。美国麻省理工学院与西班牙加泰罗尼亚工业大学通过跨学科的方法对节庆活动场所进行了研究，结果发现：费城的古装乐团游行、华盛顿特区史密森民俗生活节等节庆活动有助于吸引新的居民和投资，对于城市文化的可识别性、宜居性等有巨大贡献。[①]

4 结语

市民文化是丰富的、多样的，它与城市公共空间一起随着时代的发展不断成长。良好的市民文化培育不是一朝一夕之事，空间环境的改变也不能立刻产生文化效应，只有将市民文化的核心精神与城市公共空间紧密地结合在一起，以市民文化思想为创意根基，用科学、合理的手段来满足和引导人们的需求才能切实为人们营建起相对稳定的、个性化的优质生存环境。

参考文献

[1] 姜文涛. 都市市民文化作为公共艺术载体研究的探索[J]. 武汉科技学院学报，2010(12).

[2] 张冠增. 城市文化与城市空间——从空间品味文化，用文化打造空间[J]. 上海城市规划，2012(3).

[3] 何新年. 从文化的视角看现代城市发展的核心导向[J]. 美与时代：城市，2012(8).

[4] 陆邵明. 场所叙事：城市文化内涵与特色建构的新模式[J]. 上海交通大学学报（哲学社会科学版），2012，20(3).

① Dennis Frenchman. 北美的节庆活动－场所：城市的内涵和形象塑造 Event-Places in North America:City Meaning and Making[J]. 国外城市规划，2006（06）：13-20.

浅析平面性语言在现代景观设计中的表现艺术

陈 波 广西科技大学艺术与文化传播学院 讲师

摘 要： 景观设计中的平面性语言是进行设计的基础。通过平面性语言的表述，观者可以更加直观地感受到景观设计想要表达的艺术主题和情感色彩。文章从利用笔触明暗表现空间构成、利用图形形状表现空间构成、利用平面几何表现空间构成、真实质感在平面性语言中的表达、感性色彩在平面性语言中的表达五个方面分析了平面性语言在现代景观设计中的表现艺术。

关键词： 平面性语言 景观设计 艺术

引言

现代景观设计虽然可以通过以 3D 技术为代表的图形建模软件对于设计进行立体式的表现。但在进行 3D 建模之前往往需要景观设计者利用二维平面性语言进行设计的表述。相对于三维的建筑模型，平面性语言经历了更长时间的艺术沉淀和积累，具有更强的艺术表现力和更加直观的情感传递力，能够让观者在第一时间内感受到设计者所要达到的艺术高度和所要表达的艺术情感。相对于利用电脑设计时繁琐的操作和观看方法，传统的二维平面语言只需要设计者用铅笔便可以在纸上随心所欲地设计，观者也只需要用眼睛去感受便可以不需要其他复杂的操作。下面本文将从利用笔触明暗表现空间构成、利用图形形状表现空间构成、利用平面几何表现空间构成、真实质感在平面性语言中的表达、感性色彩在平面性语言中的表达五个方面分析平面性语言在现代景观设计中的表现艺术。

1 利用笔触明暗表现空间构成的艺术

二维平面性语言主要是用铅笔来表现景观设计艺术中的全部内容。因此对于铅笔的艺术运用被高度地提炼，概括出来。其中利用笔触明暗来表现平面构成便是最基本的艺术表达方式之一。由于铅笔色彩相对单一，因此设计中的明暗变化便显得尤为突出。通过线笔笔触的明暗变化不仅可以表现光线强弱还可以表现景观设计中建筑之间的立体结构关系以及设计所要表现的特殊情感。利用笔触所绘制的明暗变化并不是颜色深与浅的简单区别。笔触所勾勒出线条的形状，线条之间的疏密，线条之间的远近都可以构成不同的景观符号，表达出不同的情感色彩。

景观设计中的平面性语言与绘画联系紧密，因此设计者可以将绘画过程中的技法和经验移植到景观设计之中。景观设计中，可以通过重复和叠加这些绘画中基本的笔触技法和艺术语言来表现景观设计中建筑之间空间结构关系和逻辑结构关系。这就是利用笔触明暗来表现平面构成中所要表现的元素与元素之间的关系。除了重复和叠加之外，设计者还可以通过延伸和融合等方式来丰富景观设计中的平面构成。在加拿大卡嘉瑞市奥林匹克广场的平面图上，广场中心的方形平台无疑是建筑的重点，因此被设计者用叠加笔触的方式做了重点强调。同时，设计者用延伸的方式通过明暗的过渡将广场周围的建筑有机地联合在一起。为了更好地利用广场的宽度，设计者将中心平台进行了旋转。从而使得设计融合了方、圆两种形状。这是一张经典的景观设计平面图，设计者充分发挥了重复、叠加、延伸和融合等平面性语言的艺术特性，在二维平面上很好地表达除了景观所要表现的艺术氛围和情感。

2 利用图形形状表现空间构成的艺术

除了笔触的明暗，图形也是景观设计中平面性语言常用的表达方式。景观设计中的平面图是若干个建筑的集合。不同的建筑共同形成统一的主题。由于建筑本身是立体的，因此设计者需要借助图形的组合来表明建筑之间在立体空间上的位置和关系。其实，即使人们面对真实的景观建筑，首先感受到的仍然是其基本形状框架所带来的视觉体验和感受。景观中具体的花、草、树、木等建筑元素只是对总体空间结构的进一步表达和诠释。设计者对于景观总体的艺术设计便是通过图形形状来表现其空间的立体构成。图形形状在此作为平面性语言的重要表达方式对于景观建筑中空间上的主次关系进行直观的表达。从本质而言，无论景观设计中的平面图还是绘画作品，都是对于空间的分割艺术。这一点与建筑的本质无疑是吻合的。因此通过不同的形状组合来表现不同的空间体验是景观设计中平面性语言的又一基本艺术表现。

景观设计中的平面性语言是用不同的图形组合来表达主题思想和艺术内涵。从组合上划分，可以将设计中的图形组合分成规则图形组合和不规则图形组合。规则的图形组合往往可以表达出错落有致的镶嵌效果。比如上文所述卡嘉瑞市奥林匹克广场的平面图上，设计者选用规则的正方形和圆形的组合，从而使得整个设计呈现出镶嵌的融合艺术。从实际设计结果来看，对于景观设计中的整体构架，设计者更加倾向于选择形状规则的组合，这样可以使观者能够在最短的时间内感受到设计者所要表达的主题思想和情感。而对于景观设计中的一些细节则通常采用不规则的形状组合。不规则的形状组合虽然看起来并不和谐，但却可以表现出特殊的情感和意境。比如在北京通州区西上园二期的景观设计中，设计者在总体上采用长方形、正方形、梯形这些规则的图形形状，来突出景观设计中的规范性和规律性，但在园区中心广场的设计上则采用一些不规则的形状，组成草坪、树林、花坪等高低不平的景观造型，形成了此起彼伏、欣欣向荣的艺术气息。

3 利用平面几何表现空间构成的艺术

景观设计艺术是空间分割艺术，观者在参观景观建筑的同时也是在感受设计者对于景观空间的分割艺术。景观设计的平面图需要通过笔触的明暗、图形的形状以及平面几何构成来表达真实景观的空间感。立体的空间是由平面的围合和分割构成的，平面几何便是在运用平面性语言在二维平面上表达面与面之间立体空间关系的艺术。古典景观设计注重的是空间的体积，所以古典景观多以气势恢宏、建筑庞大为美。而现代景观设计更加注重空间的结构，即平面与平面之间的关系。在现代景观设计中，人们需要的是一个具有情感和艺术的场所，而不是一个容积，因此现代景观设计中平面与平面之间的关系就显得尤为重要。平面几何不仅仅是属于数学领域的建构技法，同样也是属于艺术领域的空间表现技法。利用平面几何无疑可以更加准确地表现出平面与平面之间的关系和情感。

在哈格里夫斯设计的丹麦市万圣节广场的平面图中便很好地利用几何元素表现了景观空间所需的神秘色彩。万圣节是西方的传统节日，节日当天大人和孩子会穿上化妆服并佩戴面具，因此是西方最具神秘色彩的节日之一。为了表现万圣节广场的神秘气氛，设计者在广场的空间构成上进行了精心的设计。具体来说，设计者要让整个广场的基址舞台呈现出变化的艺术韵律而不是单一的静止关系。为了实现这种特殊的艺术效果，设计者哈格里夫斯运用几何构图，通过贯穿基址舞台的挡板将舞台划分成不同的空间区域，通过挡板的运动实现空间的变幻。在万圣节广场的平面图设计上，哈格里夫斯通过几何表现将头脑中的构想绘制在纸上。并且在这个舞台上让自然要素与人产生互动作用，形成之为“环境剧场”。在那里人类与大地、风和水相互交融，这样就导致了一种自然的景观。然而，这种景观看上去并不是自然的。用非自然的形式表达人与自然的交融，这与许多大地艺术的思想如出一辙。

4 真实质感在平面性语言中的表达

现实景观中的建筑最终会归结到建筑的材料上，不同的材料会给人产生不同的质感。质感包括了人们对材料触觉和视觉两部分感觉的经验积累。在景观设计的平面图中虽然不用完全地表达出景观建筑最终每个建筑材料的质感特征，但作为景观设计的整体雏形，应该将建筑质感作为景观情感的一部分表达在观者面前。景观设计中的平面图设计属于绘画艺术。绘画艺术中对于材质质感的表达是十分重要的。无论何种绘画技法都需要将画面中景物材料的质感传递给观众。这样观众在欣赏绘画作品的时候才能够有身临其境的感觉。景观设计的平面性语言中，对于质感的表达通常为对抽象质感的表达。对建筑材料纹理的表达通常是景观设计平面性语言对质感表达常用的手段和技法。从视觉表达上来看，纹理可以给人以不同质感的视觉体验。人们对于质感的触觉体验也可以从纹理的联想中获得。因此，景观设计者对于设计中建筑的纹理通常会着重注意，精心设计。

为了表现建筑的真实质感，景观设计中平面性语言对建筑的纹理进行运用。这体现了景观设计和雕塑艺术的统一和融合。在著名景观设计师野口勇为查斯·曼哈顿银行设计的一个圆形下沉庭院设计中，设计者为了突出设计的文化特色，对于其中的建筑材质进行了精心的挑选。设计运用具有日本文化特色的黑色石头铺成庭院底部，并形成山丘形状，花岗岩铺成周围庭院的墙壁，形成波浪式花纹和水晕式花纹。在设计图中，人们便可以从绘画的纹理中感受到其中的质感，犹如身临其境一般。景观设计是一门艺术，二维平面绘画同样是一门艺术。景观设计者需要运用绘画的语言特色和艺术特征将最终景观所能表达的艺术情感呈现在观者面前，只有这样才能够打动观者，并进行接下来的施工和建筑。一个无法打动人心的设计图是不会有人愿意投入建造的。

5 感性色彩在平面性语言中的表达

景观设计最终会通过建造形成完整的景观建筑。因此一个景观建筑便是一个完整的艺术作品，具有艺术作品应有的主题思想和情感，同时也会具有富有艺术特征的感性色彩。景观设计的二维图是以平面性语言来尽可能完整地表达最终景观建筑所具有的艺术情感，因此对于其中感性色彩的表达是十分必要的。景观设计的平面性语言使用铅笔素描绘制而成，因此在进行景观建筑感性色彩的表达时需要对需要表达的感性色彩进行抽象、概括和提炼并最终转移成能够通过笔触表现的绘画内容。人们对于色彩的感情源于人们对于色彩的经验联想。因此对于景观感性色彩的抽象便如同上文所述对于景观质感表现的抽象一样，设计者需要清楚地感受到景观最终所要传递的感性色彩是什么，比如恢宏、婉转、喜庆、神秘等。在清楚地感受到所要抒发的情感之后，设计者便需要通过平面性语言的艺术表达技法对于感性色彩进行表达。人们常说一幅优秀的绘画作品是不着一色却能让观众感受到其中的绚丽多姿。这里景观设计者所要表达的便是这样一种艺术境界。

在布雷·马克斯设计的柯帕卡帕那海滨大道平面图上，设计者用三种灰度不同的马赛克在人行道上铺设出不同的图案。图案的样式丰富多彩，既有波浪这样传统的纹样，也有动物、植物这些复杂的设计。人们在看到这张设计图时，即使图中的内容是没有颜色的，眼前也会呈现出一幅生机勃勃、色彩斑斓的滨海大道景观。这就是景观设计中平面性语言对于感性色彩的最好表现。

6 结语

景观设计中的平面性语言是进行设计和艺术表达的基础。本文从利用笔触明暗表现空间构成、利用图形形状表现空间构成、利用平面几何表现空间构成、真实质感在平面性语言中的表达、感性色彩在平面性语言中的表达五个方面分析了平面性语言在现代景观设计中的表现艺术。本文的研究对于我国景观设计的发展起到了积极的推动作用。

参考文献

[1] 尹姝君．生态小区 唯景得馨——试析安康市金州康城住宅小区的景观设计艺术实例[J]. 城乡建设，2010(04).

[2] 王静．浅谈现代艺术影响下的景观设计[J]. 科教文汇（下旬刊），2009(08).

[3] 陈柳．从大地艺术看景观与现代艺术的关系[J]. 山西建筑，2007(19).

[4] 邓滔．浅谈景观设计的形式美规律[J]. 中国城市经济，2011(08).

[5] 殷珊．视觉艺术与景观设计中的力动感[J]. 室内设计与装修，2006(10).

[6] 陈波．地质作用与地球环境·景观·风水[J]. 安徽农业科学，2012(3).

低碳生活居住环境设计

韦宇航　广西科技大学艺术与文化传播学院

摘　要：气候变化导致了严重的地球环境问题，危害着人类的生存发展，人类的活动是当前气候变暖的主要原因。气候变化、碳排放与城市化过程相交织，有效的空间规划能够减少碳的排放，走向低碳的社会生活方式成为遏制全球气候变化、创建可持久的人居环境的必要选择。作者以低碳的视角，从设计的目的意义、设计原则和拟采用的低碳措施三方面探讨低碳生活方式居住环境设计。

关键词：低碳生活　居住环境设计

1　引言

进入 21 世纪，气候变暖成为人类最为关注的全球性生态环境问题。人类的活动引起气候变化确实存在。工业革命 200 余年来人类大规模无节制的使用化石燃料使全球的 CO_2排放量和城市化水平同步增长。据资料统计过去 100 多年全球平均气温上升 0.74℃。2007 年大气中 CO_2浓度 388.1ppm，接近 1 爆破点危险水平。2007 年政府气候变化专门委员会（IPCC）报告：当前气候变暖的原因中 90% 以上可能是由人类活动造成的。报告说：97% 的人类活动引起的碳排放量来自于城市系统，约 80% 的碳排放量来源于城市。城市化已经成为全球环境变化及碳排放的重要原因之一。全球气候变化和持续升温导致了地球自然生态危机，并给人类社会造成了巨大的灾难。英国的尼古拉斯·斯托恩在它的《从经济学角度看气候变化》中指出：气候变化是不争的事实，如果人类仍按照目前的模式发展下去，到 21 世纪末，全球温度可能升高 2~3℃，甚至以上，这将会导致全球经济下降 5%~10%GDP 比重，而贫穷国家则会超过 10%。控制大气中 CO_2浓度成为人类刻不容缓的事情，要避免因气候产生的过大损失需要采取措施以保证到 2050 年将大气中 CO_2浓度控制在 450~550PPM 水平上，为了实现这一目标，全世界需要将所有的碳排放量在现在的水平上减少 50%。意味着工业化国家至少需要将温室气体排放量在 1990 年水平上减少 60%。在国家社会基本上达成了共识。中国的城市化与经济增长相辅相成，经济的快速增长也导致了碳排放量的快速增长。到 2008 年我国已成为全球 CO_2第一排放大国。全世界的目光几乎全部聚集到气候变化与我国城市化。2007 年中国出台了《应对气候变化国家方案》、《节能减排综合性工作方案》、《应对气候变化中国科技专项行动》。60 个国家地区在《哥本哈根协议（2009）》上签字承诺“节能减排”。并开始低碳社区、低碳产业国及低碳技术应用，尝试低碳发展实践。气候变化、碳排放与城市化过程相交织，走向低碳的生活方式逐渐成为遏制全球增温、气候变化，保持可持久人居环境建设的必要选择。

2　低碳城市生活模式

应对能源危机和气候变暖带来的问题，国际上已兴起低碳经济的研究。世界各国都在追求一种理想的“低碳”城市模式来化解 200 年来的“高碳”城市给人类社会带来的风险，应对“全球变暖”的挑战。

关于低碳城市、低碳生活方式的概念，有不同的界定。从建设低碳城市的原则任务入手。低碳城市最重要的方面包括：低碳能源、提高燃气普及率、提高城市绿化率和废弃物处理率等方面工作。低碳城市就是在城市实行低碳经济，包括低碳生产和低碳消费，建立资源节约型，环境友好型社会，建立一个良好的可持续发展的能源生态系统。低碳城市是在政府领导和制度安排下，通过政府、企业、个人和组织共同努力最终达到碳源小于碳汇，并且倡导低碳生活方式的城市。戴亦欣认为低碳城市是通过消费理念、生活方式的转变在保证生活质量不断提高的前提下，有助于减少碳排放的城市建设模式和社会发展方式。处理好城镇发展（包括经济发展和人口聚集）与节能减排的关系是低碳城市的关键。“低排放、高能效、高效率”是低碳城市的特征。通过产业结构调整和发展的模式、生活模式的转变，可促进城市发展中新的增长点，增加城市发展持久动力，最终改善城市生活。低碳城市是现代城市发展水平的重要标准，是城市品牌的体现，是世界各地城镇建设的共同追求目标。

低碳城市生活模式有别于以往城市倡导的高消费、超前消费、奢侈浪费，不切实际追求高档、时尚的大量生产，大量消费和大量废弃的社会生活模式，倡导健康、节约、环保的低碳生活方式和消费模式。低碳城市生活模式是低碳城市规划的重要组成部分，针对我国城市居民生活愈加突出的能耗和碳排放问题，主要研究三个方面：一是低碳生活行为规律、关注居民生活与产业基础设施的关系，包括土地利用密度、建筑容量、空间分布、小区规划等。二是低碳生活消费模式，以低能耗为主的大众消费研究。三是碳预算生活方式，即按照未来生产率水平设计未来城市居民的生活方式（吃、住、行、用、娱）研究。建设低碳社区是城市可持续发展的重要途径之一。英国研究走在世界前沿，日欧等国近两年也纷纷开展。我国北京、上海、保定、杭州、珠海、唐山、吉林、武汉等地率先建立示范区进行实践研究。低碳环保的环境肯定是健康舒适的，低碳生活环境建设是可持续的人居环境建设的重要内容和实践。

3 低碳生活居住环境设计

3.1 目的意义

居住环境设计是一种创造性的思维活动与表现，是人类改善生存生活环境的有意义的创作活动。住宅是城镇建设的细胞单位，是建筑活动中最大量，最重要的类型，是人类生活的基础。任何的居住环境设计，它既包括视觉环境和工程技术方面问题，也包括声、光、热、风等物理环境以及氛围、意境和文化等内容。它是一种“生活方式环境”的创造行为和预先计划，作为一种与人密切关联的空间环境，人在其中的生活方式、互动、体验，生活方式背后的伦理考量——人与人、人与物、人与自然的相互关系是其关注的内容。与生活方式相关的环境空间及其互动界面、空间布局、结构、生活设施、器具等进行设计。低碳的居住环境它除了以往空间的实用性、经济性、艺术性、思想内涵外，还特别强调节能、减排、汇碳、环保、资源综合循环利用的设计，突出绿色、健康、可持续发展的理念和时代精神。设计师根据构建低碳社会生活方式的要求，运用一定的物质技术手段和经济能力，根据住宅建筑场地环境自然特征、建筑结构、构造特征，从建筑内外把握空间，进行创造和组织，使之形成安全、健康、舒适、美观低排放的居住环境，最大限度地满足使用者对居所物质功能和生理及心理需求和提高居民生活的物质、精神品质，解决生活中的实际问题，逐步实现低能耗、低排放、高效率理性消费、健康、环保的低碳城市社会生活。

3.2 设计的基本原则和要求

1）环境整体性原则

建筑空间包括其内部空间和外部空间，黑川纪章还提出灰空间（过渡空间）的概念，室内空间是建筑的灵魂和价值和体现，室内外空间是不可分割的，建筑环境设计是建筑设计的继续和深化，是对建筑整体环境的再创造。

通过对居所室内外空间的统一组织、布局、协调处理，使室内外有机沟通、相互渗透。住宅环境是城市大环境的组织部分、住宅环境应与场地周边环境协调融合。适应自然环境协调原则（fit for the nature）不仅是视觉上的协调与地形结合紧密、体量得当、错落合宜、环境自然等。除此之外，还应注意居住生活中油烟、污水、CO_2 排放、噪声、垃圾等对大环境的干扰和破坏。

2）“以人为本”的原则

住房是人类“安居乐业”的基础，是人类营造建筑的根本目的。居住环境设计在注重环境的同时给居住者以足够的关怀，为业主提供与其生理、心理、精神特征相适应，能最大满足其实用功能的起居、生活、工作、娱乐、休闲、交往等家庭生活居住空间环境。“以人为本”适于人的需要（fit for the people），并不等于“以人为中心”、“人的利益高于一切”，人与其他生物、动植物同处于地球环境中，是平等的。人类的一切活动不能随心所欲，追求舒适的生活，必须有度。任何以牺牲破坏大环境而达到个人家庭环境舒适的做法是不合适的。

3）动态发展原则（fit for the time）

空间从来不是固定的，它会因时因地因人而变化，任何环境都处于一个动态变化过程中，物质文明的发展总是推动精神文明的发展。环境的创造也是一个不断完善与调整的过程，是一个处于变化中的动态开放系统。一方面，存在着不断的新旧更替与积累，新旧事物处于同一载体中，动态和可持续发展，时代感和历史文脉、地方精神科学的统一。动态发展思想即设计应留有足够的发展更新余地以满足当代人不断发展变化的社会活动和行为模式、生活方式需求，既要体现具有时代精神的价值观审美观，又要考虑历史文化遗存的延续和发展。这三项也称其为可持续发展的 3F 原则。随着社会文明、科技进步、设计的多层次多风格，仍将延续，但动态的创造性的形式是未来设计的发展方面。

4）科学与创新性原则

科学性需要强调的是除了表现手法的科学技术含量外，还有设计过程系统合理性，空间分割与确定均是科学关键。处于信息时代、数字化时代的现代社会设计科学尤为重要，它能增强设计的时代感，表现手段的科学性，最能体现先进的生产力。

科学的方法能提高设计效率，那种能按具体情况调整改变或寻求新的观点途径去解决问题的应变能力，是实现创新的能力。那种具有强烈表现力、感染力的空间设计文化内涵能给人以视觉、精神上的享受（表达空间更深刻的），让人获得生理、心理上的双重满足。

5）节能、减排、环保、节约的原则

目的针对我国室内设计工作中普遍存在的堆砌材料、浪费资源、污染环境的追求豪华时尚装修，改变"高能耗、高排放、高消费"的家居生活方式，创建低碳环保节约的低碳生活方式。它包含着设计思想上的重新思考认识，实际操作层面上的材料更新、改造、重新利用和循环利用等。

3.3 低碳生活措施

1）规划空间序列通过合理布局对室内外空间的位置、形状、体量、动静、封闭与开敞、层次与节奏、引导与暗示等方式形成一个统一完整丰富的空间秩序。在分析掌握住区季节性风向、日照方向、朝向，掌握住宅热辐射强度总量及空间分布，噪音源、污染源等情况基础上，进行科学的采光、通风、隔热、保暖等光、热、风、声环境设计。并利用植物乔灌木、绿篱及结构设施等开辟自然风道并隔挡日光。通过扩大植物覆盖率和住宅垂直绿化（种植）设计等措施降低室内外热辐射，改善居住环境的微气候。

2）对场地原有自然环境的干扰降到最低，保护场地特征及动植物及水资源等生态格局，尊重场地历史，通过适当的调整，改善与再创造，以达到自然形态的再生，促进自然生态系统的物质能量循环。科学的植物种植设计和景观元素配置，精心组织风道与生态廊道，并布置合适的室内植物、盆景以改善、调节、美化环境，完善植物汇碳系统，提高汇碳能力。

3）尽量采用先进的科学技术手段，选用安全、经济、环保、低能耗、无毒、无化学污染、无环境污染的材料家居器具、设备、家具等服务设施。按人体工程学设计安排室内环境、使用功能，科学设计厨房、浴室，使 CO_2 排放量降低到最低程度。倡导勤俭、节约、节能、环保、低排放、理性计划消费的新风尚，改变旧的高消费、超前消费的"高能耗、高排放、低能效"的"高碳城市"不健康的生活方式。倡导能源、物质的循环使用，尽可能使用环保型无污染再生资源、复合材料和安全节能高效灯具、电器设备。循环使用场地旧材料。最大限度发挥资源潜力，减少和节约新材料。重新利用一切可用的结构、配件、设备、家具，用心挖掘旧元素，巧妙创设新环境。

4）根据住宅形式设计应用高密度住宅区采取能源集中供给系统，并根据自然地域气候特点，科学设计利用太阳能、风能、沼气等新能源，应用先进的节能设施技术手段。设计水资源的循环利用，降低优质水用量。

4 结语

气候变化、碳排放与城市化过程相交织，我国是全球 CO_2 最大排放国，政府承诺"节能、减排"是对人类可持续的生存发展应有的国际义务、责任和态度表现，城市是最大的 CO_2 排放者，有效的空间规划能够减少 CO_2 排放，住宅作为人类居住的载体，科学的低碳居住环境设计与低碳的住宅和社区环境建设能进一步改善人居环境，提高生活品质，促进城市社会和谐、人与自然和谐共生，是低碳城市建设和人类可持续的人居环境建设的重要内容。

参考文献

[1] 顾朝林，谭纵波，韩春强等．气候变化与低碳城市规划 [M]. 南京：东南大学出版社，2009.

[2] 周浩明．可持续室内环境设计理论 [M]. 北京：中国建筑工业出版社，2011.

[3] 娄永琪．环境设计 [M]. 北京：高等教育出版社，2008.

[4] 芦红莉．住宅室内设计．沈阳：辽宁科学技术出版社，2010.

城市景观小品的可识别性设计研究

杨子奇　湖州师范学院艺术学院　讲师

摘　要：通过对识别性的剖析与城市景观小品的实地调研，探讨当前城市景观小品的设计现状和提高其可识别性的必要性，分析了城市景观小品的可识别性设计应考虑其实际功能、审美形式、文化脉络、时代精神这四个方面。该结果对创作具有高品质的城市景观小品，以打造城市的差异性和强化城市特色有实际意义。

关键词：城市景观小品　可识别性　特色　设计

1　引言

识别性是指事物客体给人们所传递的一种认识和分辨的性质。它可以是事物本身固有的，也可以是为了给人们带来使用上的某种需求而主观赋予的。可识别性的事物是社会生活中不可或缺的一部分，它具有视觉感知、分辨等信息传递的功能。

城市景观小品为公共艺术三维实体，它能美化城市环境、保存历史记忆、强化城市特色、展现城市的性格和独特的魅力，它不仅是城市景观环境中的点缀品，还是升华城市环境主题的一种手段，并使城市的内涵与外延得以拓展。在城市景观小品设计中，可识别性的设计至关重要。城市景观小品主要有建筑小品、生活设施小品和道路实施小品三大类，分别包括雕塑、壁画、亭台、楼阁、牌坊、塔、桥；休息椅、报刊亭、宣传栏、电话亭、邮筒、垃圾桶、健身器、拴马桩、石碑；通道入口、车站牌、路灯、防护栏、道路指示牌等。在造型和实用功能上都有很大的区别，强烈的识别性能让人一目了然地就能分辨出这是什么性质的小品。

在当前中国大规模与高速建设的背景下，出现了城市差异的流失和城市面貌趋同的现象。每个城市都应具有自己的特色，它的形象特色就是其可识别性[1]。著名的建筑大师密斯·凡德罗曾说过："城市的生命在于细部。"也就是说城市环境的总体效果是通过大量的细部艺术来体现的，毕竟细节更能体现一个城市的文化素质和审美情趣。所以城市魅力的体现应着眼于细节，而景观小品便是城市细节最重要的组成部分。因此，为了避免千城一面而强化城市个体形象特色，彰显城市的文化素质和审美情趣，城市景观小品的可识别性设计便成了城市形象建构的核心内容之一。

2　城市景观小品的设计现状

早在20世纪中叶，美国、英国、法国等发达国家，景观小品设计在城市规划中已被放在了举足轻重的位置，并将理论研究较好地与设计实践相结合，从而出现了大量的优秀作品。而我国设计行业起步相对较晚，景观小品设计的研究时间不长，其重要性长久被人们所忽视，导致优秀的案例较少，大多在设计上具有随意性、粗制滥造、缺乏美感、艺术水准较差。优秀的景观小品应依据其功能与性质的不同，在城市景观中的处置应有显明的差异和识别性。当然，也要在接地气、与区域的民俗风情和历史文化等属性相吻合的前提下强调个体间的协调性与整体性。

2.1　个体识别性不高

差异产生特色，特色强化识别度。与众不同是城市景观小品识别度的最高体现。每个城市都有自身的特征和自然条件，历史文化千差万别，发展方向也各不相同，这些差异构成了城市景观小品可识别性设计的基础。特色鲜明的景观小品可以将复杂的城市环境进行升华与凝练，把一个城市与其他城市区别开来。这种景观小品既鲜明、易于识别，又内涵丰富，回味无穷。湖州是典型的江南水乡园林城市，小桥流水人家，湖笔历史文化源远流长，湖州爱山广场的雕塑《湖颖桥》（图1），集中地反映了湖州的城市特色。而有些城市的景观小品设计，虽说具有了差异性，但是缺少代表性，或者城市之间的特色接近，地方文化没有得到体现，导致人们对城市的面貌没有明确的认识和产生记忆，这对城市的长远发展也是极为不利的。另外，小品自身因为使用功能的不同也应具有明显的感知度与分辨性。一些城市的景观小品有使用功能不明确，表意不清，安放位置不当等问题，使其最基本的识别度缺失。

2.2 个体之间缺少联系

城市景观小品由多种要素构成，宏观地看，各要素好像是镶嵌在城市环境中的艺术之花，使其立体的构成千姿百态。就每一个小品而言，既要求各自的识别性，又要求在环境中的完整性。小到一个区域，大到一个城市，既有上百种不同的各具表现力的小品形态，又有内在的有机的秩序和综合的整体精神。因此，在设计与配置小品时，要整体考虑其所处的环境和空间

图 1 湖颖桥

模式，保证小品与周围环境和建筑之间做到和谐、统一，避免在风格、形式、色彩上有对立和冲突[2]。比如苏州的公交车站、道路指示牌、城市雕塑等景观小品，无不在整体上取得了一致的和谐，它们给人的识别度是高度统一的、整体的。而多数城市景观小品的设计水平参差不齐，风格没有结合区域功能和文化，小品的造型与时代审美脱节，材质运用不当，甚至出现抄袭挪用其他城市的景观小品等现象，从而疏忽了其整体识别性，导致与整个城市的面貌格格不入，从而降低了一座城市的整体识别度。

3 城市景观小品的可识别性设计

3.1 立足实际功能

功能因素是城市景观小品可识别性设计的基础。城市景观小品的设计是适应人的需求而存在和发展的，它必然要体现出对城市环境有用、有益的价值，在识别性上应表意明了、通俗易懂。其功能主要体现为使用功能、教育功能和娱乐互动功能。

1）具有直接使用功能的小品包括休息椅、路灯、垃圾桶、报刊亭、电话亭、公交站、导示系统、地铁入口、公共饮水器等。在设计过程中，这类小品必须功能明确，切忌含糊和只重形式，由于使用率高，还要经常检修与更新。比如湖州爱山广场的导视牌（图 2），由于设计考虑得不周全，仅是在不锈钢表面做了腐蚀的字体，缺少了夜间的可识别功能。经过一段时间发现问题以后，才草率地在之前基础上安装了一个亚克力灯箱，修改过的痕迹依然可见。小细节能折射大问题，也影响着城市的形象。因此，一个区域的导视系统可给人提供有关城市及交通方位上的信息，给人们带来生活上的诸多便捷和视觉上的愉悦感受，在设计时就应将其基本功能放在首要位置。

2）教育功能是指通过景观小品所表现的特定人物、历史、事迹、民俗等内容，对观者产生教育作用。常见的小品有名人雕塑、浮雕、壁画、牌坊、宣传栏等，可以向人们介绍各种文

图 2 导视牌

化知识，以及进行各种法律法规教育。比如湖州历史文化名人园，以瞻仰先贤，勉励后代为目的，成为展示湖州两千多年悠久历史文化的长廊，也是一处群众喜爱的爱国主义教育基地。

3）娱乐互动功能是城市景观小品人性化的体现，它注重人的参与，具有一定的趣味性。比如台州椒江老街的《交织的时空》（图 3），作品从观众怀旧的调侃中显露出对现实生活的肯定。游客坐在铸铜的椅子上，看着 20 世纪之初的摄影师雕像，正用老式的摄像机镜头对准自己，旁边同伴的数码相机也对准了自己，锁定了这一刻交织的时空。

3.2 提升审美形式

美学原则是设计领域普遍遵循的一般规律[3]。识别性高的城市景观小品，其审美观赏意义即使与优秀的艺术品相比，也毫不逊色。它的艺术特性与审美效果不仅能使人产生愉悦的情感和精神的满足，还能加强城市景观环境的艺术氛围。造型、

图 3 交织的时空

色彩、材料是景观小品审美形式的基本要素，它们具有一定的象征性和表情性，能引起人们复杂的心理活动乃至生理反应，甚至具有重要的审美价值。但是，造型、色彩、材料作为单独存在，它们只有成为美的可能性，还不具有美的现实性，必须通过构成美的形式法则进行巧妙构思和组合，才能具有审美价值。黑格尔说："和谐一方面见出本质上的差异面的整体，另一方面也消除了这些差异面的纯然对立，因此它们的相互依存和内在联系，就显现为它们的统一。"受中国传统审美哲学理

图 4 云水长和

论影响，和谐是形式美规律的最高形态，也是提升景观小品可识别性设计的最高追求。比如台州市的城市雕塑《云水长和》（图 4），作品以自然界中翻云覆雨的壮丽景象为创作源泉，以云朵、雨丝、大地为创作元素，达到了美的视觉效果。

3.3 紧扣文化脉络

西尔万·弗里波教授的设计理念提到，"对一个区域的设计与改造不应当脱离其所处自然环境，不要只重视对其加以重塑，而是要尊重本地区呈现出或潜在的自然环境元素。"文化脉络的识别性有助于我们了解一座城市的个体属性。城市景观小品应具有突出历史特色，还原历史地段肌理，延续历史地段文脉，强化地域性文化的意向。它将城市传统文脉精神和谐统一起来，达到历史性、民族性、地域性、社会性、生态性文化脉络传承的杠杆平衡点。

1）表明区域位置。湖州地处太湖南岸，位于苏杭之间，以江南水乡而闻名。因此，湖州市的城市景观小品大多应体现水乡这一特点，桥、水、太湖石等元素便成了小品设计的主要元素。比如湖州市区的衣裳街，早在清中叶就已是湖城的主要商业街坊，因有众多的估衣店而得名，因此沿河的护栏设计就采用了衣裳的元素（图 5），从而延续了当年的街道风貌。另外，由于湖州现存明清时期的私家园林众多，园林符号在城市景观小品设计中常有所体现，比如在威莱大街农业银行前的微型园林小品（图 6），造型典雅、精细、小巧，意境深远，耐人寻味，区域识别性高。

2）再现历史痕迹。曾经在此地发生的某一事件、情景，通过小品的形式来让观众产生触景生情、情景交融时的共鸣。这类小品多采用当地的名人和具有代表性的历史事件作为设计素材。比如湖州市安吉县递铺镇古时为交通要道，设有驿站，以便传送公文、供往来官员歇息。为了重现南宋邮递文化，还原邮驿工作中换马、饮马、笔录等过程，驿站文化广场的雕塑小品《邮驿》就再现了这一场景（图 7），并体现了南宋时期安吉递铺的市井风貌，使人们对历史有了正确的认知。

3.4 把握时代精神

时代精神支配着城市景观小品多元化的发展方向。世界著

图 5 护栏

图 6 微型园林小品

名建筑师沙里宁说过："让我看看你的城市，我就知道你的居民在文化上追求的是什么。"在当代，城市景观小品多元化的发展趋势已是不可避免的选择，多种流派、各种风格共同存在已成必然[4]，其中蕴含着一种潜在的、最具生命力的东西，那就是时代精神，它是每一时期城市社会精神的反映，也就是说各个时代的特征和审美识别度是不一样的。观者透过历史积累下来的优秀作品，可身临其境般感受时代潮流的世事沧桑。当前，现代艺术的发展也影响着城市景观小品设计，如立体主义、构成主义、装置艺术、极少主义、媒体艺术、行为艺术、光效应艺术等[5]。另外，随着时代的进步，人们欣赏品位也越来越高，

图 7　邮驿

图 8　时空对话

城市竞争对景观小品的需求也不断加大，这也是当前中央推进文化大发展大繁荣，加强地方公共文化服务体系建设内容的一部分，这是历史的要求，更是时代的需求。

任何传统文化，都必然对艺术与科技的发展，产生非常深刻的影响，并对现代设计产生连带的作用。[6] 比如位于北京皇城根公园的雕塑《时空对话》（图 8），不锈钢的休息椅上坐着一位当代时髦女子，正摆弄着笔记本电脑，而身后站了一位身穿马褂，手不释卷的账房先生，两者心灵交会，其巧妙的构思具有强烈的感染力和时代感，并暗示了中华文明的传承和社会的发展，可见清晰的辨认感在此所发挥的作用。

4 结语

城市特色是"真"，城市形象是"美"，城市特色是城市发展之"源"，城市形象是城市发展之"流"[7]。景观小品与城市环境实体融合在一起，为社会发展提供了一个历史舞台，在未来城市建设发展中具有承前启后的作用。可识别性无论大到城市雕塑还是小到道路指示牌、垃圾桶，都是一个非常重要的角色。简洁、快捷的识别无论在其使用功能还是精神审美上的重要性是可想而知的，这也是取决一件作品优劣的主要方面。随着社会的进步，信息量的增大，一些没有创意的设计很难再让观众有更大的兴趣，作为设计师，就应该有传达设计信息并以最大的能力设计出完美的设计作品的责任感。[8] 因此，在设计实践的过程中，设计师应紧扣景观小品的识别性，创作出具有较高水准的作品，从而打造城市的差异性，强化城市特色，展现城市的性格和独特的魅力。

参考文献

[1] 易敏．景观的可识别性理论基础研究 [J]. 装饰，2010(6)：131–132.

[2] 梁静，李思竹．城市设计中的景观小品——论景观小品在景观设计中的作用 [J]. 建筑设计管理，2008(3)：38–40.

[3] 童灿，黄智宇．城市地铁车站环境艺术设计要点探讨 [J]. 艺术与设计，2010(8)：136–138.

[4] 李砚祖．环境艺术设计 [M]. 北京：中国人民大学出版社，2005.

[5] 谢翠琴．景观小品设计艺术多元化的创作思路 [J]. 大舞台，2010(3)：95.

[6] 李付星，董继先． 传统文化符号在产品设计中的解读 [J]. 包装工程，2009(6)：132–133.

[7] 李广斌，王勇，袁中金．城市特色与城市形象塑造 [J]. 城市规划，2006(2)：79–82.

[8] 袁剑侠．用现代设计演绎传统文化之方法探析 [J]. 包装工程，2013(2)：99–102.

注：本文为 2012 年度浙江省教育厅科研计划项目成果，项目编号：Y201223928，发表于《四川戏剧》2013 年第 10 期。

里岔镇黄家河生态景观驳岸改造设计研究

许玉婷　上海理工大学出版印刷与艺术设计学院

摘　要：我国城镇化建设中普遍存在河道渠化、水质富营养化、驳岸生态退化、自然景观及人文景观丧失等问题，以里岔镇黄家河为例，运用景观生态学原理，结合河道水利治理要求，对硬质化驳岸采用生态修复技术，对提升河道生态价值提出系统的措施，合理解决了河道水利技术要求与自然生态及人文生态的矛盾。

关键词：黄家河　生态驳岸改造　驳岸技术

城镇化进程加快使我国中小城镇生态环境面临严峻挑战，河道渠化、驳岸生态退化等问题日益加剧。生态驳岸作为陆地与河流的生态交错带，具有显著的边缘效应[1]，拥有调节径流、净化水体、美化环境等其他系统不可替代的功能。笔者通过里岔镇黄家河驳岸的生态景观改造项目，探索适合中小城镇单一硬质化驳岸的低成本生态改造技术。

1　现状及问题

里岔镇位于山东省胶州市西南部。属华北暖温带季风性气候，春季温暖、干燥、多风，夏季湿润、炎热、多雨，秋季干旱少雨凉爽，冬季漫长干冷。多年平均气温 12.1℃，多年平均降水量 672.5mm，年际变化较大，年内分布不均，降雨量大多集中在每年的 7、8、9 月份，多年平均无霜期 200 天，最大冻土层深 50cm。

黄家河发源于胶南市，进入里岔镇自南向北流经韩家庄、里岔、河北、前堂、后堂、甘沟庄等村镇，最终汇入胶河，黄家河里岔段现主要作为黄家河水库的泄洪通道，全长约 3630m，河水水质优良，周边地质良好，无冲沟、滑坡、沼泽、盐碱地、岩溶、沉陷性大孔等不良地质现象，但黄家河径流季节变化大，非泄洪期最大径流量约 0.19$m^3/km^2 \cdot s$，最大洪峰流量约 16.25$m^3/km^2 \cdot s$。为最大限度满足黄家河的泄洪需求，在近年整修中，除南部小部分区段未经改造仍为土坡外，其余区段两岸已被截弯取直，改造为斜阶式（图 1）或斜坡式（图 2）浆砌石硬质驳岸。

硬质驳岸虽然具有防洪、固土、节省占地等优点，却破坏了河岸植被的生存空间，阻断了水体与驳岸物质和能量的交换，削弱了水体自净能力，使河岸调节功能进一步减弱。同时，硬质驳岸加快了河水流速，加大了河槽水流的侵蚀力；拉直的河道也致下游地区出现大量沉积和淤塞。因此，以满足河道水利要求，同时又具有可渗透性、增强水体的自净性、维持河流与陆地之间的生态系统平衡性的新型生态驳岸，取代硬质渠化驳岸势在必行。

2　生态驳岸的概念及功能

2.1　生态驳岸的概念

1969 年，麦克的《设计结合自然》问世，将生态学思想运

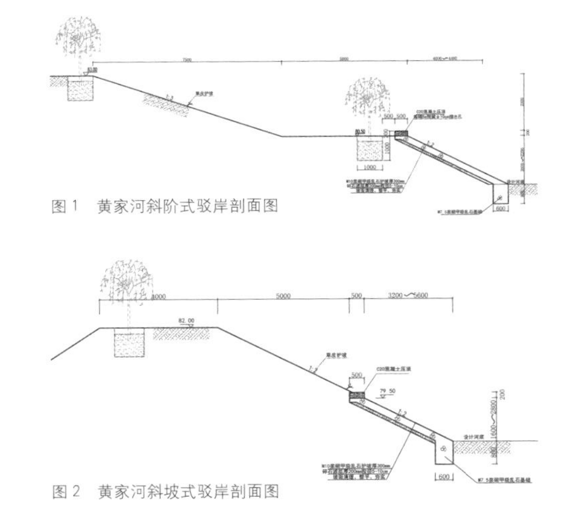

图 1　黄家河斜阶式驳岸剖面图

图 2　黄家河斜坡式驳岸剖面图

用到景观设计中，随后德国、瑞士、日本等在 20 世纪 80 年代末提出了“亲近自然河流”概念和“自然型驳岸”技术。强调“以人为本”、“资源共有、共享”、“整体营造，从根本处理”的原则，重视人与自然关系的处理。在此基础上逐步形成生态驳岸的实践和理论。

生态驳岸是指恢复自然河岸或具有自然河流特点的“可渗透性”的人工驳岸，是基于对生态系统的认知和保证生物多样性的延续而采取的以生态为基础、安全为导向的工程方法，以减少对河流自然环境的伤害。它在充分保证河岸与河流水体之间的水分交换和调节的同时，还具备一定的抗洪强度。

2.2 生态驳岸的基本功能

生态驳岸作为“生态交错带”系统中的一部分，是物种从一种群落到其界限的过渡分布区，它由异质性斑块空间邻接而成，显著特点是具有“边缘效应”。即生态交错带的斑块交界处体现着不同性质的生态系统间的相互联系和相互作用[1]，具体体现为生态驳岸的“渗透和调节”的功能：

1）补枯与调节水量

生态驳岸通过采用自然材料，构建“可渗透性”界面。丰水期，河水向堤外的地下水层渗透储存；枯水期，地下水通过堤岸反渗入河。生态驳岸作为水与岸的交界，沟通了地表水与地下水，河水与孔隙水，自由水与植物水。

2）降低径流速度

河道被拉直后径流加快，造成多种生物所需的深槽、浅滩、沙洲和河漫滩消失，生态驳岸降低了径流速度，缓解了河水对驳岸的侵蚀，为生物提供了良好的生存空间。

3）促进水体净化

河堤上修建的各种鱼巢、鱼道，可形成不同的流速带和水的紊流，使空气中的氧气融入水中，利于水体自净。生态驳岸把滨水区植被与堤内植被连成一体，形成一个水陆复合型生物共生的生态斑块，促进水中污染物分解。

3 生态驳岸构造设计原则

3.1 工程力学原则

防洪防汛是人工驳岸的主要功能，因此驳岸的在多种水文条件下的稳定性是驳岸设计的首要前提。驳岸在受水流侵蚀的同时也受到来自背后土壤的压力，设计中需要进行必要的结构稳定性、抗倾覆与抗滑坡验算。

3.2 场地地域性原则

驳岸设计必须尊重当地的环境特征，因地制宜。在满足防洪要求的同时，结合流域、流向、走势及护坡土质力学等特点，选用适当的生态技术和材料。同时，也要符合当地人文背景，不能将大城市现代单一的驳岸形态直接复制于乡镇驳岸设计中。

3.3 景观亲水性原则

驳岸是景观中人亲近水体的最佳场所，生态驳岸建设应在尊重自然的前提下合理规划，满足人亲近自然的需求。

滨水生态驳岸分类　　表 1

驳岸类型 \ 特征	使用材料	适用区域	驳岸形态
自然原型生态驳岸	利用植物根系稳固堤岸	流速缓，流量小，冲刷能力弱的平原乡镇级河道或腹地大的河流	草坡驳岸；湿地植物生态驳岸
自然型生态驳岸	对河道边坡不符合稳定要求的河道采用木桩、卵石等天然材料	较大流速的区县，乡镇级河道及坡度较大的山溪型城镇河道	抛石驳岸；栅栏驳岸
多自然型生态驳岸	以自然型驳岸为基础，建造时如入生态混凝土等人工建筑材料	大流量、高冲刷能力的山溪型河道及沿海型河道	生态砖驳岸；生态混凝土驳岸；宾格石笼复合净水驳岸

3.4 生态性原则

水陆交接的驳岸，是多种动植物的“共生”场所。生态驳岸需要为植物、动物、微生物提供适宜的栖息空间，从而形成一个水陆复合型生物生态系统。

4 黄家河驳岸选型与技术措施

改造前，黄家河两岸驳岸单一规整，堤岸上原有的植被都被破坏，生境片段化严重。在驳岸选型中，我们根据景观生态学“斑块 - 廊道 - 基质”原理[1]，对不同斑块采用不同方法进行修复，形成连贯的生态廊道，构成多样但低对比度的生态驳岸。

滨水生态驳岸按使用材料可分为三类：自然原型生态驳岸、自然型生态驳岸、多自然型生态驳岸[2]。

4.1 硬质化驳岸生态修复

鉴于黄家河浆砌石驳岸的作用以及现有城镇用地格局，已建成的护岸不可能大量拆除后重建，为达到工程效果与景观生态的融合，我们在原有硬质护岸的基础上，利用生态修复技术进行低成本的改造，形成“多自然型生态驳岸”，达到“硬质

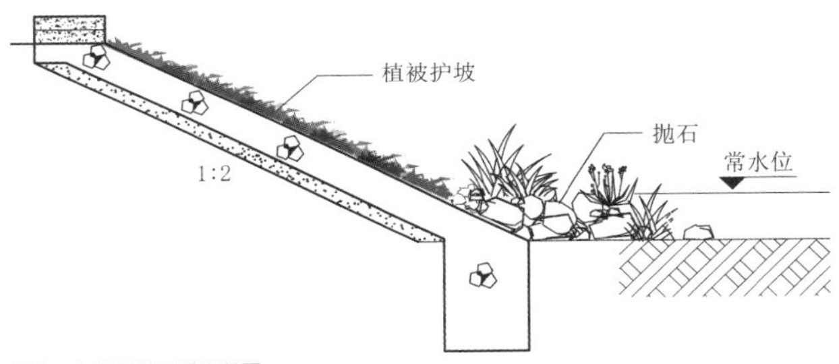

图 3　复合型抛石驳岸断面

河道柔化”的目的。

1）复合型抛石驳岸

改造起始区域水流量和边坡比较小，周边主要是人工林地，为了在控制改造成本的同时，达到岸与水的自然过渡，我们在该区域内采用了修补技术要求低，自愈能力强的复合型抛石驳岸（图 3）。通过在原有的浆砌石护坡外喷洒客土，种植草皮形成草坡，再在护岸外设置自然形态的抛石，提高驳岸可变形性和水力糙率，减少水流对河岸的冲刷力。在抛石空隙内，我们种植了芦苇、水生美人蕉、千蕨菜等水生植物，这在加强抛石稳定性的同时，也为鱼类提供良好的休憩和生存空间，形成柔性的级配曲线，达到功能与生态的统一。

在抛投施工时，大石朝外堆放，纵轴稍微向下倾斜朝向岸体，抛石休止角（大约等于内摩擦角）基本范围在 35° ~ 42°间。

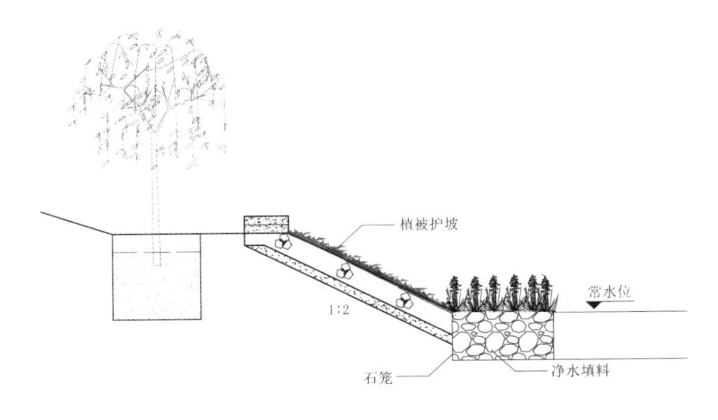

图 4　宾格石笼复合净水驳岸断面

2）宾格石笼复合净水驳岸

在两侧是民居聚居的区域现主要为斜阶式驳岸，河水流速相对较大，需要采用具有一定稳定性的驳岸结构，因此我们使用了宾格石笼与草坡结合的改造方法。将常水位以下的浆砌石拆除，修筑宾格石笼护坡。在常水位以上的浆砌石驳岸，喷洒客土后种植草皮。最后利用宾格石笼的多空性能，在石笼顶部种植美人蕉等水生植物以减小石笼的变形强度，也为在沿岸散步休闲的居民提供了多样的景观，增强了驳岸的观赏性。

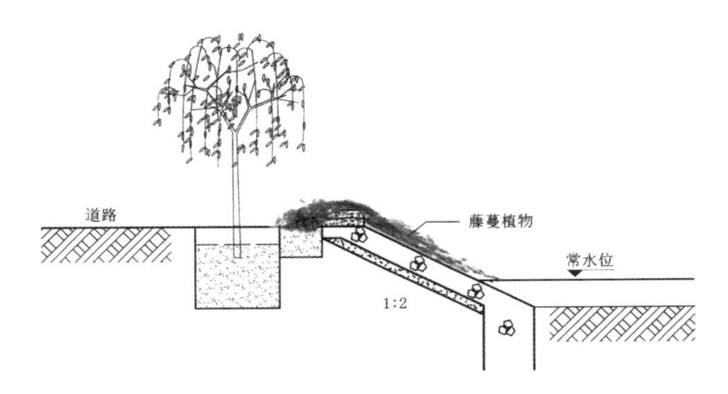

图 5　植被岸坡覆盖驳岸断面

在施工中，我们多采用有较好抗剪切性功能的多角砾石，以减小石笼的变形程度，但其多孔性能使得流水仍可对其后的基土产生冲刷，因此我们在其后增加了反滤层来减少流水的冲刷[3]。

3）植被岸坡覆盖技术

在两侧岸顶有一定施工宽度、距离常水位较高的斜坡式驳岸区域，主要使用植被岸坡覆盖技术。我们在原有驳岸顶部离岸线一定距离处开挖种植带，在种植带中种植适合里岔镇当地气候的藤本植物对硬质化区域进行覆盖或隐蔽。藤本植物长成后，枝条垂入水中，为水中鱼类及微生物提供了生存空间，有利于保持黄家河的生物多样性。

4）坡面打洞及回填技术

黄家河下游水面逐渐变宽，河水流速变缓，驳岸抗冲刷需求减弱，我们在区域内采用了坡面打洞及回填技术，即在原有的护坡表面护岸打孔或凹槽，回填碎石及土壤。石块间的缝隙为植物生长提供了良好的环境，也成为昆虫及两栖动物栖息藏匿的场所，植物长成后，还可以从根部加强土质。在 7、8 月泄洪时期，黄家河径流量较大，一部分水体会以渗流方式在碎石层中流动，另一部分溢出，以表面流方式在坡面流动，这样可抑制和减弱水流的能量，提高水渗透，减少土壤中的水蒸发和摄取[4]。

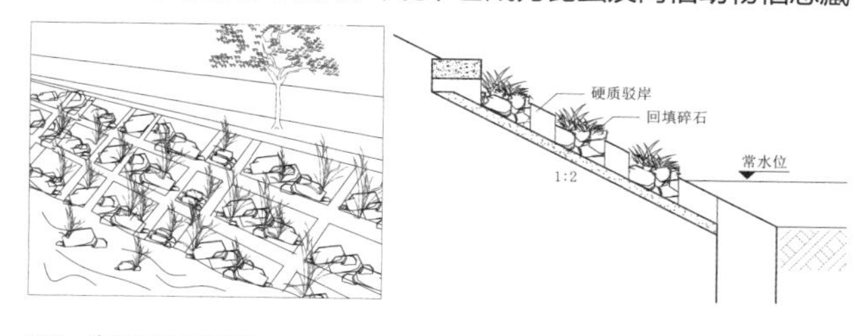

图 6　坡面打洞回填驳岸

在硬质驳岸打孔或凹槽前，施工部门对驳岸受力进行计算，确保孔或凹槽之间保留的驳岸厚度能够承受河水的冲刷压力。施工时，在每个凹槽区域内都合理控制打洞距离，以获得尺寸均匀的石块，从而保证了回填后驳岸的整体稳定性和防洪防汛强度。

4.2　自然河道驳岸生态整治

黄家河自然河道驳岸生态整治采用自然原型生态驳岸和自然型生态驳岸相结合的方法。

1）湿地复合生态驳岸

黄家河下游（E 区）湿地区可分为顺直段和弯曲段两种[5]。

在相对稳定的湿地顺直段，常水位以上采用一般的草皮护坡，常水位以下采用浮水、挺水、沉水植物相结合的方法，种植芦苇、黄菖蒲、水罂粟等具有喜水特性的植物，利用天然的植物根系稳固驳岸。河宽较小的顺直段，河岸纵向冲刷较大，我们使用了抗冲刷力更强的漫石滩护岸。由于弯曲段和分叉段不同部位会出现冲刷或淤积，因此在弯曲段的凸岸（图 8）顶点下游处、凹岸顶点上游适度埋石或置石保护，利用护弯导流方法[5]维护河湾稳定；在分叉段岔口则堆石防护。

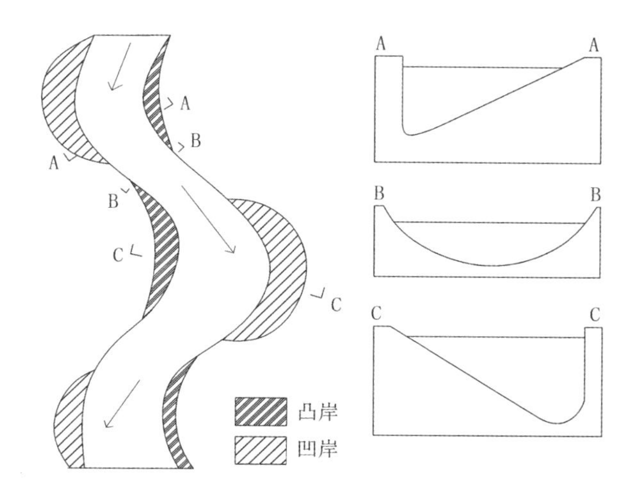

图 7　凹凸岸的不同特点比较

2）植被生态驳岸

黄家河在泄洪和非泄洪期流量变化较大，因此我们只在部分水流小于 2m/s 且有足够放坡空间的区域小范围采用植被生态驳岸。水流速在 4m/s 的范围内，使用土工织物或混凝土格与草结合来抵抗水的冲刷。

施工中，按土壤的自然安息角（30°左右）进行放坡，并按每层厚 250~300mm 逐层夯实，再在面层种植或铺设细砂、卵石，形成草坡。由于草不能耐受长期的水淹，我们在常水位变化范围内采用铺卵石或种植水生植物，以求减少河水对草皮的破坏。

5　结语

里岔镇黄家河河道单一的浆砌石驳岸修建工程对河流生态系统造成了破坏，结合两岸景观设计，针对具体驳岸的地段特点，运用景观生态学的“斑块—廊道—基质”原理，遵循生态驳岸的工程力学、场地地域性、景观亲水性、生态性四大原则，我们提出了在黄家河流域建设自然原型驳岸、自然型生态驳岸、多自然型生态驳岸三种类型的驳岸形态。改造针对已经硬质化的驳岸区段，采用复合抛石驳岸进行改造、植被岸坡覆盖技术、宾格石笼复合净水驳岸、坡面打洞及回填技术。针对自然河道驳岸的区段，修建了湿地复合生态驳岸、植被生态驳岸。

参考文献

[1] 傅伯杰，陈利顶，马克明等．景观生态学原理及应用 [M]. 北京：科学出版社，2001：74—75，70—71．

[2] 徐国良，陆文剑，黄鸿敏．浙江省城镇生态河道建设模式研究 [J]. 现代农业科技，2011（21）：259—260．

[3] 张雅涵，许玲．园林驳岸设计中工程与美学问题 [J]. 园林．园艺，2009（7）：12．

[4] 罗朝辉，陈菁，陈丹等．通南高沙土区河道岸坡生态治理模式研究 [J]. 三峡大学学报，2012（5）：29，30．

[5] 田景环，王轶，孙珂等．人工湿地生态驳岸的建造设计与技术应用 [J]. 中国农村水利水电，2011（7）：50．

特高压输变电工程适应性视觉景观策略研究

尹传垠　湖北美术学院　副教授
周　婧　湖北美术学院　研究生

摘　要：本研究主要基于特高压输电线路的视觉属性和人的心理感受，重点分析输电塔杆和变电站围护构件等视觉因子，将其置于自然环境和人文环境的背景之中，提出"适应性视觉景观"理论，其适应性体现在地区适应性、文化适应性和气候适应性三个方面，通过塔形优化、色彩优化、重点区域塔形创新设计的方法，结合"隐"与"显"的景观规划模式，使输电工程与环境有机统一，既符合地形变化特征，又符合区域文化审美要求，同时也满足不同地区的气候差异特点，适应性景观式输电工程力争成为工业景观的代表之一。

关键词：特高压输电工程　适应性视觉景观　地区适应性　文化适应性　气候适应性

1　引言

随着电力负荷的快速增长和远距离大容量输电需求的增加，特高压输电线路和变压站数目日益增多。世界上工业发达的国家，如美国电力公司（AEP）、日本东京电力公司（TEPCO）、苏联、巴西等国的电力公司，于 20 世纪六七十年代开始进行特高压输变电工程技术的研究。

然而，欧洲国家对电力工业与环境协调的问题更为重视。芬兰在 20 世纪 90 年代就兴起景观输电塔的概念，1994 年在图尔库（TURKU）建成的"鸟嘴型"输电塔（图 1），由四个类似鸟头模样的盒子排列而成，它们的嘴部朝着同一个方向起拉导线的作用，对应的后部则安排一个方便工作人员上下检修的云梯。仿生学和人性化的设计，打破了常规塔形的呆板，跳跃的黄色使人耳目一新。1999 年建于海门林纳（HÄMEENLINNA）的"门型" 输电塔（图 2），塔头的几何形状是从芬兰中世纪王室城堡之一的 Häme 城堡的沥青屋顶选取而来，全塔为蓝色，与周围的湖景交相辉映，来往该城市的人，都能在经过高速公路时注意到它。此处的景观塔形式上汲取地方建筑元素，色彩上融入环境氛围，成为该地的标志物。

图 1　鸟嘴型输电塔（图片来源：http://www.fingrid.fi）

图 2　门型输电塔（图片来源：http://yle.fi/alueet/hame）

2007 年建于瓦萨（VAASA）的输电塔（图 3），已然成为一座雕塑品，它的外形是由三个曲面相交合成，上部设有几何形的镂空花纹，导线从中放射出来，整个杆塔简洁流畅，动感十足，使人们忽略它作为工业化产品的存在，更多的是把它当作公共艺术品欣赏。

2008 年在冰岛电力公司 Landsnet 举办的国际高压输电塔设计大赛中，美国 Choi+Shine 事务所创造的一组名为"土地巨人"（Land of Giants）的人形塔吸引众人眼球，46m 高的男子形象，有着不同的表情和姿态，该作品最大的亮点是把人纳入风景中的一部分，使输电塔不再是冰冷的钢构物，除了实用，也赋予其情感的含义。这种新型输电塔的出现，使人们逐渐意识到需要在发展经济、社会与保护自然景色之间实现一种平衡。

纵观我国的能源供应现状，电网的建设如火如荼地进行，国家能源领导小组将特高压工作列为能源工作的要点，提出“三纵三横一环网”特高压线路的规划方案，目前已建成了两条试验线路，即“晋东南至湖北荆门”的 1000kV 交流电和“向家坝到上海”的 ±800kV 直流电，标志着我国特高压输电技术应用方面取得了突破性成果。现阶段，中国电力科学研究院及相关高校开展的特高压输电研究，主要是利用各自特高压试验设备进行的特高压外绝缘放电特性研究、特高压输电对环境的影响研究、架空线下地面电场的测试研究等，涉及内容是有关输电的安全性和稳定性，属于纯技术性研究成果。目前国内研究机构还没有正式关注到输电线路的景观属性，而对输变电工程是否与环境和谐，是否与当地文脉相适应，是否符合人的审美需求，并没有得到广泛重视，更没有产生系统的研究成果。基于这方面研究缺乏，本研究具有一定的创新意义，并力求填补国内研究空白。

图 3　雕塑式景观输电塔（图片来源：http://www.tdee.ulg.ac.be）

2　特高压输电线路的适应性视觉景观研究

本文以景观适应性为切入点，研究输变电工程与环境相协调的策略，即地区适应性、文化适应性和气候适应性三个方面，主要从“隐”与“显”的设计思路出发。所谓隐，就是把主体物放置在直接正面的艺术形象之外，不加正面表现，使之朦胧与模糊；所谓显，则是把主体物放在正面与直接的中心地位，使之明朗与晓畅，鲜明与突出。

笔者认为，作为与景观环境相协调的输电线路，以隐的方式为主，在原有塔形基础上，通过色彩涂装，采用低纯度、低明度较为暗淡的颜色，产生收缩后退的感觉，在视觉上达到隐的效果，有效降低人对杆塔的敏感度。但是，对于特殊地段、特别位置，输电塔难以隐藏，就只能采用艺术化的手法，通过对形式、色彩的优化，试图处理能源基础设施与周围环境之间的关系。

2.1　地区适应性

1）城镇区线路中的景观策略

所谓城镇，是指以非农业人口为主，具有一定规模工商业的居民点。一般而言，特高压电网不宜深入城镇，而应在市区边缘切线通过，避免造成不必要的干扰。近些年，随着城镇规模的不断扩大，部分原本设在郊区或郊外的输电线路逐步被纳入城镇，甚至成为某一区域的中心地带，这种特殊情况下，需要应用“显”的设计手法来处理。

高压输电塔本身的大体量以及处在城区中心后与人类活动区距离的缩短，使得此构筑物的视觉冲击无法被人忽视。所以，位于城镇中心地段且是重点区域的特高压输电塔，应对其进行形式或色彩上的优化。在已建塔形上采取突出局部构件的方式，在新建塔形上选用新颖的样式；在色彩方面主要配合灯光的使用，可在输电塔基座周边安装 LED 照明灯，营造出奇幻多彩的效果；在功能上可兼顾城镇地区传播信息的功能，利用输电塔极易被人注意的特征，在塔身安全地带做广告或宣传（图 4），其传达性直接且高效。以上几种方式，一方面可以借助城镇中心区域这一绝好的展示平台；另一方面利用适宜灯光、色彩创造出新的视觉感官，让输电塔成为区域新地标。

图 4　城镇区景观输电塔

2）滨水区线路中的景观策略

滨水一般指同海、湖、江、河等水域濒临的陆地边缘地带。此区域的线性特征和边界特征，形成了一个整体连贯、自然开敞的水网系统，其空间的通透性、开阔性给人们创造了良好的视觉走廊，也为展示群体景观提供了广阔的水域视野。

我国水资源丰富，大江、大河纵横交错，特高压线路在滨水区有相当数量的大跨越，一般跨越挡距在1000m以上，有的甚至在2000m以上，跨越塔高在150m以上。由于特高压大跨越通常挂点高、挡距大、影响面广，容易因微风而引起振动，远远望去只见导线在空中摇摆，造成心理上的不安定感。对大跨越特高压线路，本研究拟在重点地区设计标志性景观塔。造型上尽量推陈出新，在不影响输电塔基本功能的前提下，简约就简约到极致，用高明度高纯度色彩着重强化输电塔形式感的部分，低明度色彩弱化其余部分，使输电塔具有符号感，视觉识别性增强；还可效仿法国埃菲尔铁塔，在繁复中特别强调次序感，繁而不乱，重复中突出气势，针对这种塔形应选用雄浑厚重的深色调，展现构筑物的庄严稳重。当然，塔基可适当结合当地的特色符号或滨水区特有的图腾纹样，丰富输电塔作为标志物的视觉效果。

图5　滨水区景观输电塔

3）平原区线路中的景观策略

平原是海拔较低的平坦的广大地区。平原因水资源、土地资源、气候条件均好性成为经济发展的绝佳地区，适合大力发展农业和畜牧业，是我国人口主要集中地。

对于平原地区，自然环境大多由农作物和水田组成，分割的线与面相对清晰明显，太过复杂多样的输电塔会破坏这一片区的构成关系，导致景观元素的混乱，而简洁的塔形设置在水平、空旷的地区，与该区的自然景观形成横向与纵向的次序，能有效丰富平原景观。平原地区整体色彩以黄色系和绿色系为主，途经该地的输电塔可采用色彩涂装的方式融入大环境色中，杆塔底部采用土黄色或橄榄绿，与低矮的近处农作物协调；杆塔中部色彩在底部色相的基础上略微浅一度，目的是与远处的环境呼应；杆塔的最上部涂装成蓝色，与天空背景色相似，某种程度上降低人们对杆塔的关注度。然而，由于平原地区的人口相对密集，基于安全因素的考虑，可在个别输电塔重要局部以警示色——黄色或醒目色——红色提醒人们注意，或是在输电塔周边设置护栏，防止儿童或牲畜攀爬。这种根据环境要求使用色彩有利于保护平原地区的自然景观与生物安全。

2.2　文化适应性

1）地区文化区线路中的景观策略

由于现代文化交流的加快，城市化进程导致新兴城市的大量涌现，文化特色在许多地区并不明显，很大程度使用“拿来主义”，往往出现传统与现代并存，不同风格不同流派并存的现象。然而，这些地区的景观性设施往往与地区的性质密切相关。例如：在港口城市、沿江城市等滨水文化区，鱼、风帆等样式的景观设施往往比较常见；交通要道等路口处，门型景观性设施往往给人畅通无阻的心理暗示；现代化城镇简洁明快的设计风格往往比传统风格在视觉上更和谐。在保证整个输电系统安全、实用、经济的基础上，进行艺术优化处理，本着以人为本，以文化景观优先的原则进行合理的新型杆塔设计（图6）。

图6　新型景观输电塔

2）地域文化区线路中的景观策略

中国地域辽阔，各区文化差异明显，在一些地区，特定的居住形式、特殊的语言、特有的宗教等文化事项成为区域景观的主导因素。一直以来，变电站的外维护结构基本是遵循功能本身，只起到隔栏防护作用，实际上，在不影响功能的原则下，适当的采用艺术的处理方式，让特高压输电系统渗透到地域文化中，使变电站的外围护结构与周围的环境有机结合，不仅有益于区域文化景观，也有益于培养人们的地方情感。通过建筑物与建筑物、建筑物与自然的相映成趣，变电站的地域适应性设计不仅与广阔的外部空间联系起来，而且与当地的社会气氛也联系起来。

南方文化区中徽派建筑常用的格式——马头墙又称封火墙，特指高于两山墙屋面的墙垣，因形状酷似马头，故称“马头墙”，是徽派建筑的重要造型特色。错落有致、黑白辉映的马头墙，会使人得到一种明朗素雅和层次分明的韵律美的享受。云墙也是南方地区相对常见的一种形式，以仿自然为主，曲线柔美、动感。处于此区域的变电站，可在原有外维护结构的顶部砌筑高出屋面的马头墙，不仅可以防风之需也起着隔断火源的作用，达到与毗邻建筑物的协调性，产生交相辉映的共鸣。如果所处位置在植物群中，那么使用云墙就与环境对接，也就是把建筑环境融入自然环境和精神环境之中，让建筑隐退到自然中去。

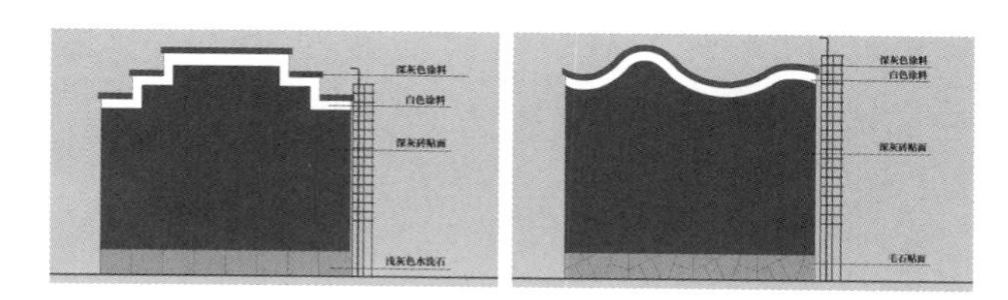

图 7　南方文化区变电站内隔墙

北方民居建筑是北方文化的集中体现。黄河中上游地区民居格调上反映出一种质朴敦厚的北方风貌。一般而言，西北地区窑洞式住宅较多，由于自身不显建筑的体量，都是最大限度地融入黄土大地，统一在黄土质感和黄土色彩之中；东北民居多是带土炕，厚顶厚墙，使得建筑实体十分笨重，而不便于凹进凸出，建筑空间受到实体的严格枷锁，不得不呈现规整的形体；华北典型的算是四合院，代表官式宅第建筑，无论是在总体布局、院落组织、空间调度等，都表现出高度成熟的官式风范。

根据北方建筑文化的特点，位于此文化区线路中的输电塔可结合建筑几何形态，或是富有装饰性的图案（图 8），与输电塔的基本构架结合，既保证杆塔的安全，又综合区域文化的内涵。变电站的内隔墙设计可借鉴民居特色，在使用当代建造技术的同时，将北方建筑的造型特征和审美情趣有机地运用其中，譬如仿硬山样式，或是圆拱样式，局部点缀刻画，还可以采用不同材质的配搭，使墙面产生丰富的肌理效果。

图 8 北方文化区景观输电塔

西南地区的藏式传统文化，其装饰艺术主要运用了平衡、对比、韵律、统一等构图规律和审美思想。藏式传统建筑的色彩运用，手法大胆细腻，以大色块为主，通常使用白、黑、黄、红等，每一种颜色和不同的使用方法都被赋予某种宗教和民俗的含义。藏式传统建筑形式多样，拉萨有石墙围成的碉房，林芝有圆木做墙的木屋，昌都有实木筑起的土楼，那曲有生土夯垒的平房，这些结构样式都可以借鉴到变电站的建筑景观优化设计中来（图 9）。

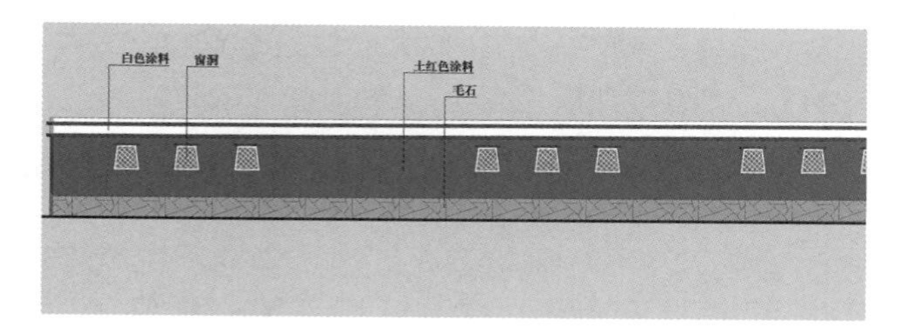

图 9　西藏文化区变电站外围墙

2.3 气候适应性

1）季风性气候区线路中的景观策略

季风气候是大陆性气候与海洋性气候的混合型，雨热同季是该地区气候的一个显著特点，高温高湿的气候对人体的舒适感会有一定的负面影响。对于这一带的输电塔可根据当地条件进行和谐色彩设计，所谓的和谐，实际上不是单指视觉上的感受，而是心理上的感受。在这种多变的气候区，采用与之配套的多变的色彩适应当地的环境特征，根据当地社会文化背景、地理环境要求等有针对性的调整输电塔适合的色彩。

2）温带大陆性气候区线路中的景观策略

温带大陆性气候主要分布在南北纬 40° ~ 60°的亚欧大陆和北美大陆内陆地区和南美南部，冬冷夏热，年温差大，降水集中。该地区的输电塔应采用清凉舒适的色彩来调节这种四季分明的环境关系。在色彩心理学上，所谓清凉舒适的色彩是指轻薄的绿色系和蓝色系，因为他们象征着郁郁葱葱的树木和碧蓝的天空，带有一丝春夏季节的清爽和舒畅。由于温带大陆性气候年降雨量较少，常带给人一种焦灼的干涩感，选择暖色系的颜色可能更增加它艳阳高照的幻觉，而青黄、草绿、淡蓝会起到一定的缓解作用。

3）高原高寒气候区线路中的景观策略

高原高寒地区是指海拔高度在 1000m 以上，面积广大，地形开阔，因地势高峻而形成的独特的气候区。一般这一区域的空气稀薄，人口密度小，雪山连绵，冰川纵横，常给人带来冰冷的感觉，设立在此处的输电塔选用银白色为主基调的同时，可适当选用暖色系为点缀色，如明亮的橘黄色、热情的大红色，能从某种程度上带给人们温暖阳光的感觉。

3 结论

本文立足于我国当前输电路线中的视觉景观元素，在保证安全、经济的前提下，以生态化与人性化为主要设计研究原则。首先，遵循生态学的原理，使输电线路途经的地段不会干扰原有物种的多样性；其次，尊重传统文化和乡土知识，吸取当地特色，使输电工程植根于所在的区域；第三，特别考虑了输电线路对人的物理层次和心理层次的感知问题，以便更好地建立工业、人类、动物、植物相关联的新秩序，以求达到生态美、科学美、文化美和艺术美的统一。提出"适应性景观式输电线路"理论，其适应性体现在地区适应性、文化适应性和气候适应性三个方面，通过塔形优化、色彩优化、重点区域塔形创新设计的方法，对我国目前特高压输电线路工程提出了一系列景观适应性优化建议。

参考文献

[1] 刘振亚．特高压电网[M]. 北京：中国经济出版社，2005.

[2] 山西省电力公司组．输电线路塔型手册[M]. 北京：中国电力出版社，2009.

[3] [美] 约翰·O·西蒙兹．景观设计学[M]. 俞孔坚等译．北京：中国建筑工业出版社，2000.

[4]（美）保罗·芝兰斯基．色彩概论[M]. 文沛译．上海：上海人民美术出版社，2004.

[5]（日）小林重顺．色彩心理探析[M]. 南开大学色彩与公共艺术研究中心译．北京：人民美术出版社，2006.

[6] 宋建明．色彩设计在法国[M]. 上海：上海人民美术出版社，1999.

[7] 王恩涌．中国文化地理[M]. 北京：科学出版社，2008.

[8] 段汉明．地质美学[M]. 北京：科学出版社，2010.

注：本项目为国家电网国际科技合作项目"1150kV 以上电压交流输电技术"（2008DFR60010）子项目，特此感谢国家电网武汉高压电所对本研究的资助。

景观恢复与生态学基本理论观点及框架体系初探

吴文超　西安美术学院建筑环境艺术系　教师
李　媛　西安美术学院建筑环境艺术系　副教授

摘　要：本文以我国目前发展进程中所存在的生态环境破坏严重的现实问题为背景，简要阐述了景观恢复与生态学的重要性，及其基本理论观点与框架体系。此文乃系列性研究的开端，后续内容将以理论与现实问题和实践的结合为主。

关键词：生态系统　景观　整体性理念　恢复

景观恢复与生态学作为当今世界前沿学科，为人类从工业社会向后工业信息社会的过渡与发展提供了跨越自然科学、社会科学、人文科学的多功能、自组织、整体、综合的，基于生态多样性与异质性的景观研究理念与方法。这一学科不仅对于全世界的整体景观发展具有重要、不可替代的意义，更对目前仍处于高能耗、低产出，生态环境破坏严重，景观多样性日渐衰微的我国具有亟待学习、引进、应用的重要意义与价值。

景观恢复与生态学由以色列著名生态学家、景观恢复生态学家 Zev Naveh 教授以毕生精力所进行的实践与理论研究所建立的，2007 年由其所著 *Transdisciplinary Challenges in Landscape Ecology and Restoration Ecology* 的出版是此学科建立的重要标志。可以说，Zev Naveh 教授的学习、学术研究历程即其历史发展过程。他 1919 年生于德国；1935 年迁至耶斯列（Jezreel）山谷的 Kibbuts Ginegar 农庄；1938 年在加利利（Galilee）西部建立 Mazuba 集体农庄；1945 年始，在耶路撒冷希伯来大学取得农学（agronomy）硕士与生态学博士；1958 ~ 1960 年成为加利福尼亚林学院客座教授并成功发展而为生态学家；1965 年在海法市以色列技术研究所（Technion）进行生态学、景观生态学、恢复生态学教学与科研；1987 年退休。其有关于多功能生态景观整体、综合的理论体系的形成亦曾受到了相关领域的诸多专家、学者、教授的影响与启发，包括火生态学教授 H·Biswell，生态系统学教授 A·M Schults，土壤学家 H·Jenny 教授，遗传学家 H·G·Baker 教授，进化论学家 G·L·Stebbins，文化地理学家 K·Sauer，最早思考整体论的生态学家 Frank Egler 教授，生态学之父 E·P·Odum 教授，植物生态学领域“巨人”Whittaker 教授，生态学家 F·Di Castri 和 H·Mooney 教授，中欧最出色的植物生态学家 Wolfgang Haber 教授，景观生态学创始人之一的 Isaak Zonneveld 教授。

景观恢复与生态学首先对生态系统与景观的概念进行对比性的定位，从而使生态系统的概念在与学科中相关概念的比较中做出了更为准确的评价和界定。在针对以往均将其视为模糊不清、边界不明的，且并不具体和从未将人类系统纳入其中的功能系统不完整、不确切观点的基础上，提出生态系统是功能上相互作用的系统。这种相互作用表现与界定在生物、非生物环境间的能量、物质、信息流动。与此同时，这一流动的体系具有一定的边界，是在不同尺度上的一些内在联系。据此，他认为景观作为基于生态系统的另一种实体性表现与视觉性展现，是具有清晰边界和时空存在的生态系统与密切联系的自然、文化实体。生态系统与景观的区别在于生态系统研究的主体，即其研究主体的复杂性是有序、一维的，在自然—生物—生态的序列内的发展过程及生物物理信息，而景观概念则在此之上大大得以延展，不仅要关注自然生物生态过程，更要纳入对景观演化产生影响作用并以文化作为信息传递途径的人类认知、意识、思想的内容与影响结果。这种影响结果亦以相互交织的自然景观格局和文化景观格局为表现，因此，这也限定了景观研究的双重视角乃为将它视作连贯的、整体性的空间和思维系统。

其次，提出将整体性景观理念纳入恢复生态学的框架之内，即整体景观恢复（whole landscape restoration），正是因为工业化时代造成的自然环境与文化生态危机才促使了恢复生态学在人类社会向后工业化时代转型之时显得如此重要。在Naveh看来，这就是一场革命，而纳入了整体景观理念的恢复生态学不仅是革命的主导更将促进人类与自然的和谐共生。与此同时，强调了整体景观恢复的重点应在于恢复所有健康的、有吸引力的景观中促使其保持可持续性的所有因素与过程，在更高层次上要求人类的土地利用政策和行为不影响、不破坏“生物多样性、生态与文化异质性之间各种流的动态平衡”。

再者，提出了多功能景观整体理念的理论基础，围绕将其视为具体的、有自组织、自超越能力的自然——文化混合系统被界定为10个前提：（1）多功能景观是不是一维的、线性的、机械的，而是“活态”的体系，是容纳在更高一级的自组织、非平衡耗散结构系统中，活态并协同进化的一部分；（2）多功能景观的作用与功效并非简单的因素相加，因其是独特的格式塔系统，所以必将大于各部分之和；（3）既然多功能景观是活态的协同进化的一部分，因此其必然隶属于自然等级组织体系与全球生态亚等级体系的一部分；（4）作为一种整体性的视野，多功能景观具备两个观察角度和两个方面，而这均给予其是一种复杂的自然——文化相互作用系统；（5）以小见大，每一个多功能景观都是一个独特的格式塔体系，亦都是人类整体生态系统格式塔结构的具体化；（6）“总体景观生态多样性”指数将成为评定多功能景观中生物多样性、文化多样性、生态异质性量化结果的通用标准；（7）超越阿基米德和笛卡尔规则，进一步开拓多功能景观的整体性视野；（8）运用整体性的视野，坚持从自然与认知系统两方面认识景观的整体性、综合性与全面性；（9）跨学科的研究团队所作出的整体性评定必将成为评价景观“硬”、“软”价值主体；（10）在后工业化社会实现自然与人类社会的和谐共生，消除生物圈与技术圈之间的对立关系，促使人类生态系统的进一步演化能更为健康与可持续。

此外，Naveh教授还提出了多功能、自组织生物圈景观不仅对于生物可持续性发展具有重要的意义，更对于人类身心健康的发展也具有不可替代的重要意义，而目前由于社会的不平衡发展，都市——工业技术圈和工业化农业景观中的多功能正遭到越来越严重的威胁，因此在“整体人类生态系统中恢复文化——经济方面的交叉催化网络，把生物圈景观与技术圈景观之间敌对的、破坏性关系转化为互相支持、协调共生的关系”将是现在到未来的重要课题与责任。

参考文献

（以色列）Zev Naveh. 景观与恢复生态学——跨学科的挑战[M]. 李秀珍等译. 北京：高等教育出版社，2010.

为中国而设计
DESIGN FOR CHINA 2014

生态设计与室内空间

岭南派室内空间构成研究

李泰山　广州美术学院　教授

摘　要： 开创岭南派室内空间设计研究势在必行。我们进行岭南派室内空间构成研究，目的在于挖掘岭南派室内空间的构成概念、方法与设计美学意义，表现出岭南历史文脉与环境气氛等精神因素并体现天、地、人的协调关系。岭南当代室内空间形式美具有空间形态的多元化特征。

关键词： 岭南文化特征　空间构成　功能与形态

岭南派室内空间设计地域文化源于岭南土著百越文化，秦朝统一岭南以后，大批北方汉人南迁，与当地土著融合，其后又吸收西方文化，逐渐形成了广府、客家、福佬三大民系。岭南地域文化由此既保留百越古制，又融汇中西，既开放包容、开拓创新又开明务实，而近代岭南室内空间也因此具有国际性、地域性、民族性交融演化的总体特征。随着现代科学技术的快速发展，全球信息化、不同地域城市一体化的趋势，岭南文化特征的室内设计已成为后工业发展激发地域设计文化的当代需求，促使不少设计师开始探讨室内空间的岭南地域性设计形式与风格。由于缺乏对岭南室内空间功能、空间构成、空间形态等因素全面系统的研究，对于“岭南室内文化特征空间设计”的探索往往停留于外在形态上，大都用一些传统的符号来传递岭南的历史信息与识别特征。一些用青砖、镬耳墙、趟门等“符号”的造型出现在餐饮、住宅、会所等室内空间中，使得设计出来的岭南室内空间环境变得较粗浅和相似化，缺乏岭南地域文化内涵与创新，因此，开创岭南派室内空间设计研究势在必行。我们进行岭南派室内空间构成研究，目的在于挖掘岭南派室内空间的构成概念、方法与设计美学意义，提高对岭南空间文化的认知，传承与延续岭南地域文化，促进岭南文化特征的室内空间设计的发展。

1　岭南派室内空间构成

岭南派室内空间构成包含室内空间功能、室内空间技术和室内空间形态三方面。岭南派室内空间构成有着独特的岭南文化特征，这是由岭南地区的地理气候环境、历史人文哲理及民俗生活习惯等因素促成的，它们具有丰富的岭南区域文化内涵和价值。

1.1　岭南派室内空间功能

岭南室内空间物质功能是人们为了满足室内空间生产或生活需要而创造的使用功能空间。按人们活动需求可把空间功能分为主体功能空间(即人们直接生产、生活和工作使用的空间)、辅助功能空间(为保证基本使用目的而设置的辅助空间)及交通功能空间(即联系主、辅功能各个空间及供人流、货物来往的空间)。如西关大屋的主体功能空间是正厅、头房、二厅与二房，它们是待人接客、睡眠与起居空间。小天井、书房、偏厅、厨房及卫生间等是辅助功能空间。两侧的《青云巷》是大屋外部的交通空间。《龙之苑》的敞厅面积最大，位于餐厅平面轴线中部，是主体用餐空间(图1)。《粤和会苑》中间白色中餐大厅是主体功能部分，两边棚廊为交通功能空间(图2)。

图1　2012 中国第十届环艺学年奖银奖《龙之苑》，彭福龙
指导老师：李泰山

图2　2013 中国第十一届环艺学年奖银奖《粤和会苑》，陈华庆
指导老师：李泰山

岭南派室内空间精神功能是运用物质技术手段与空间美学原理以创造功能合理、满足人们精神生活需要的室内空间形式美与意境。这些空间形式美多是以岭南传统礼制、文学、绘画、音乐、戏曲、雕刻等传统文化因素结合当代设计美学而演变形成，它们表现出岭南历史文脉、建筑风格、环境气氛等精神因素并体现天、地、人的协调关系。岭南当代室内空间形式美具有空间形态的多元化特征，其空间意境美表现为岭南空间兼容性格。如西关大屋的吊扇门、趟拢与硬木大门即作为通风和安全的保证，又具有精巧雅致的形式美。还有满洲窗和槛窗既可以用采光与通风，其外圆内方的形式美表达出岭南人兼收并蓄的处世修身哲学。形式美作用于人的视觉，意境美作用于人的心灵，在创造意境美时，应注意时代性、岭南地域特色及使用者个人审美需求的表现，如《龙之苑》餐厅内镬耳墙概念装饰造型的过道、餐椅及鸟笼吊灯表现出岭南历史文脉意境美（图 3）。

图 3　2012 中国第十届环艺学年奖银奖《龙之苑》，彭福龙
指导老师：李泰山

1.2　岭南派室内空间形态

岭南室内空间形态传承岭南务实、包容、创新、开放以及天人合一精神。岭南室内空间强调平面布局灵活、尊重民俗、讲求实效及与自然环境融合，从而达到自然与人文、外显与含蓄的和谐统一。岭南室内空间形态表现为室内固态空间与活态空间、静态空间和动态空间、开敞空间和封闭空间、过渡空间与模糊空间等。岭南室内固态空间适应防潮防晒需求，活态空间如室内隔扇可收、可拆，能灵活方便分隔空间。室内大厅、房间或顶层常引入庭园元素，形成多样性的动态空间。如《合院》室内设置休闲敞廊与敞厅，它们以圆形通雕门罩作通风性隔断，形成开敞空间以加强空气对流（图 4）。又如西关大屋与竹筒屋室内都有小天井，风从门窗进入后，通过天井排出，形成空气对流，这种天井通过热压和风压通风散热散湿和采光，是岭南民居巧妙利用空间自然能的独特方式。

1.3　岭南派室内空间技术

岭南室内空间包含了人们对室内空间的安全、方便、舒适、

图 4　2010 中国第八届环艺学年奖金奖《合院》，林华邦
指导老师：李泰山

私密、领域的需求，这些需求需要室内工程技术来实施。室内空间技术包括室内空间设备技术、施工技术、材料与制品技术等。岭南室内设备技术包括水、电、通风与空调、楼宇智能化等设备工程。还包括室内空间空气调节、制冷技术、供热工程、洁净技术、给排水、电气等。它们涉及生理学、心理学、气象学、生态学、社会学、美学、室内环境学、传热学、热力学等综合知识。室内施工技术是室内空间功能系统结合艺术形态与施工技术的特点，按施工结构图和施工工艺流程作技术要求，对室内各围合界面进行装修的施工技术，包括室内地面工程、墙柱面工程、顶棚工程、门窗工程以及室内景观工程等。

2　岭南派室内空间设计因素

室内空间设计因素是由室内造型、色彩、材质、光线等构成。造型、色彩、材质、光线等因素在室内空间中各有特点，在光照下，室内空间的形、色、质融为一体，它们互相协调，共同构成特定室内空间功能与形态效果。

2.1　室内空间造型主题

岭南室内空间造型主题是设计师对客观空间环境的观察、体验、分析、研究以及对材料的处理、提炼而得出的设计创意结晶。设计者在空间创意设计中以特有结构、形态、材料、形式与风格表达主题概念，体现设计师的创意构思，它集中体现设计师对客观事物的主观认识、理解和评价。造型主题元素有自然元素与人文元素，岭南地域自然界的阳光、土壤、海河、花草、山石等都可成为空间主题元素，它们表达出人与自然和谐的主题概念空间。岭南地域社会文化特征也为设计师提供了空间设计主题原始素材，可从岭南社会文化特征、科学技术概念、各类艺术作品中获取设计元素构建岭南人文主题空间。如《粤和会苑》建筑与室内提取了岭南镬耳墙、石狮子、满洲窗

等元素作设计主题（图5），《素俗馆》提取雷剧人物服装作设计主题，它们都较好表达出岭南空间风情（图6）。

图5　2013中国第十届环艺学年奖银奖《粤和会苑》，陈华庆
指导老师：李泰山

图6　2010中国第八届环艺学年奖铜奖《素俗馆》，黄华权
指导老师：李泰山

2.2 室内空间造型方式

室内空间造型方式是指设计师根据空间使用功能需求采用美学形式及技术手段创造空间形态，室内空间造型方式很多，最基本的方式是空间组合与空间分隔。

岭南室内空间的组合方式是根据室内空间的功能特点，结合室内空间的结构、位置、大小等因素及人们不同功能活动的生理与心理需要进行空间组合造型。空间组合类型包括包容性组合、（大空间中包容其他小空间）、邻接性组合（不同空间以对接的方式组合）、穿插性组合（以交错嵌入的方式组合空间）、过渡性组合（不同空间以交融渗透的方式组合）及综合性组合（以多种方式灵活组合空间）。如广州西关大屋平面布局全屋一般邻接组合二至三进厅，厅间用小天井作过渡空间组合，厅的两侧为邻接性偏厅与偏房。又如，岭南客家围屋是典型包容性空间组合，它是在一个大围形态空间中包容组合许多功能不同的小空间，每座围屋内都建有祖堂或祠堂、碉楼、瞭望台等，围屋是客家人集家、祠、堡于一体的包容性组合民居空间。

空间的分隔方式是对空间在垂直和水平方向进行分隔，以满足不同活动的需要。分隔类型包括绝对分隔（以实体分隔空间）、相对分隔（以局部实体分隔空间）、意象分隔（分隔空间虚拟模糊）。如岭南风格的《盒中合》（图7）与《南苑》（图8）的室内分别以格扇作相对分隔，划分成有通透效果的接待客座区和通道区等不同功能的空间。

图7　2012为中国而设计入选作品《盒中合》，许何展
指导老师：李泰山

图8　2010中国环艺学年奖银奖《南苑》，邓俐诗
指导老师：李泰山

2.3 室内空间材料因素

岭南室内空间材料讲求围护空间结构构件、改善光线、温湿度，强化吸声、隔声、防火等功能作用。选材强调因地制宜，充分利用岭南地方特色自然化、生态化材料，如木、棉、竹、麻、藤、草等植物类材料以获取其自然朴实质感。用材注重防潮吸湿效果，如墙身常采用对潮湿空气有防潮吸湿作用的青砖和草筋灰及质感朴实亲切、细润坚硬、实用功能强的玻璃、陶、瓷、瓦和砖（图9）。另外岭南蚝壳墙因坚固耐用、冬暖夏凉、防火防台风等优点也成为岭南空间材料的特色。

图 9　2013 中国第十届环艺学年奖银奖《粤和会苑》，陈华庆
指导老师：李泰山

2.4　室内空间色彩因素

岭南室内空间色彩受儒学、道教、佛教、基督教等多元文化的影响，体现出丰富的民俗文化。建筑与室内常用灰麻石勒脚、灰青砖墙面、灰瓦屋面、木石砖雕，整体色调呈灰色调，室内整体色彩素雅庄重。但在屋脊、檐下、墙头、梁架等重点部位上加强装饰，其色彩与图形保留清朝晚期精雕细刻、装饰华丽的特色。室内家具陈设以广式色彩简洁凝重的红木家具为主，它与空间青砖灰瓦为主的灰色调很协调。有些室内空间色彩常将高纯度的对比色和互补色配合使用，空间层次显出繁复绚丽烂漫、雍容华贵、柔美大度的感觉，表现出岭南人吉庆祥和的心理需求与美学思想。

2.5　室内空间采光与照明因素

岭南室内空间大都坐北朝南，宅院以天井为核心，各功能用房都面向天井开窗采自然光以节约能源，采自然光可在视觉上更为习惯和舒适，心理上更能与自然接近、协调。自然采光要力求光与空间构件结合以表现空间层次与空间结构形式，根据光的来源方向以及采光口所处的位置 ,可分为利于丰富阴影效果的高、中、低侧光。人工照明是室内天然采光的补充，又是夜晚人们视觉不可缺的。如《小洲艺术会馆》（图 10、图 11）利用人工照明与自然采光结合，避免了光线过强和照度不足两个极端，灯

图 10、图 11　2010 第四届为中国而设计入选作品《小洲艺术会馆》，高攀
指导老师：李泰山

具的造型与布置结合室内空间布局、家具陈设，室内空间照明构图、色彩、空间感、明暗、动静以及方向性，给人的视觉以舒适和愉悦。

3　岭南派室内空间时空序列

岭南室内空间的创造与人们在空间的各项活动时空序列过程密切相关，人在时空序列中移位、变换视点和角度，不断地感受到空间实体与虚形在造型、色彩、样式、尺度、比例等多方面信息的变化刺激，从而产生不同的空间体验。设计空间序列应把不同空间作为彼此相互联系的整体来考虑，发挥各时空阶段空间艺术对人心理上、精神上的特定影响，要根据空间功能与时空关系的需要，细致设置时空与人们活动的逻辑关系。

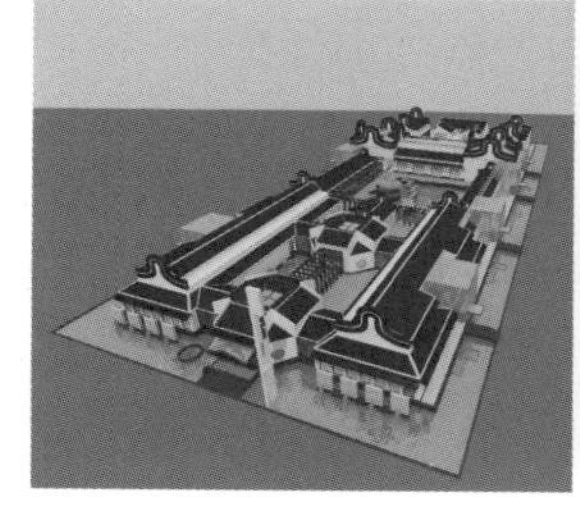

图 12、图 13　2013 中国第十届环艺学年奖银奖《粤和会苑》，陈华庆
指导老师：李泰山

3.1　空间时空序列类型

岭南室内空间时空序列分为开始空间、过渡空间、核心空间与收尾空间。开始时空是空间的起始阶段应设有短时间能发挥足够刺激与吸引力的空间形态信息，吸引人们参与后续空间体验，激发人们对整体空间产生浓厚的兴趣及想象力。过渡空间是起始时空的延续空间，它为核心时空出现在空间上作各种引导、启示、酝酿准备。核心空间是反映该室内空间性质特征的主体空间，而多功能的空间序列具有多个核心时空。收尾空间是为核心时空作最后渲染。岭南室内空间序列讲求各阶段空间的时空位置、大小及形态的布局效果，如果需要强调某核心空间的精神功能，其位置可设在序列后部，并通过较多过渡空间进行渲染。但对求取速度效率的核心空间，其位置应设在序列前部，过渡空间的层次尽量减少，与开始空间距离尽量缩短。对于观赏游览性空间，核心空间位置可设在中部，增多核心空间的过渡层次，让游览者能充分观赏游览。如岭南《粤和会苑》的空间序列其开始空间是吸引视线的岭南水榭式入口门厅，门厅后是东西走向的长廊作过渡空间（图 12），其室内咖啡厅的石狮水景廊道也是非常有情趣的过渡空间（图 13）。

3.2 空间时空序列流线形式

室内空间序列布局还需要进行整体流线形式设计，整体流线形式可分为对称式和不对称式、规则式、自由式、循环式、立交式等。采取何种流线形式，决定于室内空间的性质、规模、地形环境等因素。强调庄重感、高贵感或讲求效率的功能空间多以对称式与规则式布局。如粤菜馆《龙之苑》设计强调休闲、观赏效果的功能空间采用了循环式流线布局形式。又如西关大屋平面布局基本上是纵深方向展开，其典型平面布局为三间两廊，中轴对称流线形式，表现出严谨的宗族礼教辈分与生活格局。

图 14　2012 中国第十届环艺学年奖银奖《龙之苑》，彭福龙，指导老师：李泰山

4　结语

岭南派室内空间研究课题必须置于岭南的社会环境和地域文化系统及其运行的时代背景中，关注当代室内空间的多功能性、多义性、多元性、空间与时间的多维性、兼容性以及结合室内空间构成、室内空间设计因素、室内空间时空序列及新的时代信息进行设计创作。这样，才能使岭南派空间设计在地域更新中得到动态的延续，也才能创造出具有岭南文化内在灵性的室内空间。

日常生活的容器
——当代室内设计认识的新视角

崔笑声　清华大学美术学院　副教授

摘　要：本文以日常生活研究为理论背景，将室内设计作为日常生活中活跃的类型进行认识，分析传统日常生活中室内设计的状态，以及日常生活转型中室内设计的新特征。

关键词：日常生活　室内设计

1　空间存在的基本结构——日常生活

设计者普遍认为室内设计是一种空间艺术。但是，当我们对于空间设计手段津津乐道的时候，突然发现，空间的使用者对此不以为然，甚至有些排斥，问题出在哪里？对于日常生活的认识是原因之一。空间创作多少带有某种强制力，设计师规定的空间关系在多数情况下是要求使用者必需遵守的，但如果这种空间规定违背了使用者多年来的习惯时，他们可能会觉得十分不方便，这时候不管设计者创造了一个如何新潮的空间都是陌生的。因此，作为设计者是有必要了解日常生活这门学问。

"一般来说，日常生活不同于科学、艺术、哲学等，自觉的精神生产和政治、经济、公共管理学有组织社会运动等非日常活动，它是日常的观念活动，交往活动和其他各种以个人为中心的直接环境（家庭、村落、街道等天然共同体）为基本寓所。旨在维持个体、生存和再生产的活动的总称。其中最为基本的是衣食住行，饮食男女等以个人的肉体、生命延续为目的的生活资料的获取与消费活动，礼尚往来等以日常语言为媒介，以血缘和天然情感为基础的个人交往活动，以及伴随上述各种活动的非创造性的重复性日常观念活动。"学者衣俊卿先生的这段描述给了日常生活一个特为清晰的定义。

在认识这一概念时应注意：在传统意义上的日常生活结构中，是少有创造性思维和创造性的实践的，人们的行为多以重复性的实践为特征，他们从宗族、家庭、社会分化、教育等方式传递给下一代。因此，日常生活具有某种自发的、自在的和传统文化方面的保守性、重复性。这种内在的结构性的特征有四个方面的表现：

（1）它是一个重复性思维和重复性实践占主导地位的活动领域。

（2）它是现实经验主义的主导倾向，主要凭借传统习俗、经验和常识而自在自发地行动。

（3）它表现出强烈的自由主义色彩，主要由生存本能、血缘关系和天然情感而加以支撑与维系。

（4）它表现为一个自发组织，自发行动的系统；其中，起重要作用的是家庭、道德观念与宗教。

我国传统日常生活的结构能突出表现上述特征，在封建社会中，浓重的血缘纽带关系，将人们封闭在家庭、祠堂之中，周而复始的演义着祖辈的生活，在存留的大量古村落中能够感受到这种室内空间的特点。在功能布局、家具陈放的摆设，书画、楹联匾额的内容等方面可勾勒空间的基本结构。但是，在现代社会中，日常生活正在发生了巨大的变化，消费文化漫延，日常生活稳定结构正在被许多新型的事物所冲击，日常生活方式更新的速度加快了。在被认为缺乏创造力的平淡日常生活中，正涌动着巨大的能量，日常生活由一种被轻视、被冷落的状态逐渐成了受到广泛重视的一门学问。这一现象为当代室内设计的认识提供出一种有实践性的环境。

2　日常生活的理论回顾

2.1　胡塞尔的"生活世界"

胡塞尔在其名著《欧洲科学危机和超验象学》中明确指出：欧洲的科学陷入危机之中，这种危机不是科学学科本身的发展危机，而是由于科学发展所导致的文化危机。他认为：导致这场危机的根源在于科学世界在自己的发展建构过程中，偷偷地取代并遗忘了生活世界。胡塞尔认为生活世界对科学世界具有优先性，因为在生活世界保持着一致性，而科学世界则将生活世界部分抽取，并将人从该世界中排斥出去。这是科学世界与生活世界的分裂导致了科学与人的危机，他认为：“现存生活世界的存有意义是主体的构造，是经验的、前科学的生活的成果，世界的意义和世界存有的认定是在这种生活中自我形成的。”胡塞尔对生活世界的认识和分析对于后来的认识有重大影响，使人们回归到对生活世界的思考之中。

2.2 维特根斯坦：生活形式

在维特根斯坦那里，他对于日常生活世界的认识前后经历了一次重大的逆转，早在此前，维特根斯坦认为：人类认识取决于语言，对超语言的东西，人根本无法认识，因此，他将哲学的研究归于对语言的研究和逻辑的澄清。在日常生活中，日常语言混乱、有歧义，所以他提倡建立科学语言，即人工语言。而在十几年后，他的思想发生大逆转，推翻了他先前的思路，公开承认其存在“严重的错误”。从而放弃了人工语言又回到色彩缤纷的日常语言世界。维特根斯坦放弃了逻辑分析，用灵活多样的形式展现语言游戏，将语言归还给生活。由此，维特根斯坦提出“生活形式”的概念来解决语言，乃至实在的意义来源问题，他认为：语言的真正意义就是藏于丰富多彩的生活形式之中，使用一种语言就是使用一种生活方式。比如，在一个陌生的国家，即使我们懂得其语言，但如果不了解生活方式，也不会真正了解这个国家和人民。维特根斯坦的“生活方式”即现实的生活，他的理论与胡塞尔有相似之处，即为人类“寻找国家”、寻找被科学世界和实证主义遗忘的人的世界和生活的世界。

2.3 海德格尔的观点

作为存在主义的代表人物，海德格尔关注“在的意义”，他认为，西方传统哲学并不了解什么是真正的“在”，他要建立一种以人的存在为核心的基本理论，他把人的存在称之为“此在”。海德格尔的学说就是围绕着人在世界中的“在”而展开的。按照这个理论，海德格尔把人的存在的世界“描绘为人与物品，工具打交道，并与他人共存的世界。”就这一点而言，海德格尔的日常共在的世界与日常生活世界是十分接近的，在海德格尔看来，人存在的正常生活世界是一种异化的状态。这是因为：首先人把自己消解在他人存在的社会之中，常人怎样享乐，我们就怎样享乐；常人对文学艺术怎样判断，我们就怎样阅读怎样判断；以至常人怎样从“大众”中抽身，我们就怎样抽身；常人对什么东西愤怒，我们就对什么东西愤怒。这个常人不是任何确定的人，而一切人（却不是作为总和）都是这个常人，就是这常人指定着日常生活的存在方式。其次，日常生活的主体（指人）在逃避自由的同时，也推卸责任。在我们的生活中，人们描述一件事件会常说“据说……”“有人说……”等，这时，人们就将事件的责任推给了不存在的一些人。从而逃避出来。再有，在日常生活中，人们之间的交往同样具有异化的性质，在日常生活中，人们之间有互相关心、互相反对、某人称赞表扬的人有可能变成批判指责的人。这种人们之间交往的存在形式是日常生活中固有的性质。由此看来，在日常生活的世界是一种异化的世界。

2.4 列菲伏尔的日常生活批判观点

列菲伏尔可以说是日常生活批判理论的大师，他将精力主要集中于对日常生活的认识，其代表著作《日常生活批判》和《现代世界的日常生活》是该方面的理论的高峰之作。列菲伏尔的视角停留在工业社会条件下的日常生活，他借鉴马克思的异化理论：“异化是全面的，它笼罩了全部生活”在现代世界中，异化反映在人类生活的各个领域之中，不仅是政治、经济等社会领域，还有日常生活领域。他认为在资本主义还没有全面发展，渗透到全部社会生活中之时，日常生活受到传统模式的影响，但在 20 世纪，特别是大众文化、消费文化兴起之后，资本主义的控制从生产延伸到日常生活场域，人们的居家生活，甚至是最为隐私的生活，也成为大众文化，消费文化控制的产物，因此，对日常生活的批判成为认识世界的重要方法。对于日常生活，列斐伏尔做大量描述：“日常生活是由重复组成的”；“这里任何东西都被计算着，因为任何东西都被数字化了：货币、米、年、卡……不仅物而且活生生的和有思维的人也是如此”；“日常生活是生计，衣服、家具、家人、邻居、环境……如果你愿意可以称之为物质文化。”不难看出：列斐伏尔认为日常生活是一种重复性、数量化的日常物质生活过程，在处处是数量化的社会中，人也变成了与商品同等的商品。另外，列斐伏尔认为，日常生活批判“要按照生活的本质样式去分析它，指示现代日常生活的积极因素和消极因素，特别是它的异化性质，致力于克服人性的分裂和矛盾……”

3 中国传统日常生活与当代日常生活的转型

我们可以把日常生活归纳概括为“衣、食、住、行”来进行认识，而正是“衣、食、住、行”，也是当代设计所面对的方面。与室内设计相关联较多的是“食、住”两方面。

在进行传统日常生活模式分析时，也主要认识“食、行”两方面。俗话说：民以食为天，可见“食”对于人类生活的重要性，在若干年的发展中，饮食形成了以儒家思想为依据的饮食文化，讲求礼仪、涵养。孔子曾提出“十三不食”即：“色恶不食、臭恶不食、失饪不食、不时不食，割不正不食，不得其酱不食”等，（《论语·乡党》）。在儒家思想的约束和规范之下发展的饮食文化可以说对于“礼”的关注不亚于“食”的主题。正是在这种“饮食成礼”的观念之下，中华饮食成为中华文化中的重要代表。形成南、北、东、西不同的饮食特色，表现出地域、习俗、口味等诸多差别。因此，在传统饮食文化的影响之下，发生“食”这种行为的空间也变得十分讲究。从而形成了餐饮室内设计重“礼”的观念，表现在餐桌的位置，摆放、大小以及室内装饰的繁杂程度，色彩、陈设物的运用等许多方面。即使是社会发展转型之后的当代，高规格的礼仪庆典活动还沿用着传统的“餐饮”格局，以表达出对“礼”的尊重。另外，各具特色的饮食风格又直接影响该地在餐饮室内的设计特征。

居住始终是人类日常生活的重要追求目标。中国传统居住方式的形成与发展同样受到儒家思想的影响，受到礼仪、规范的约束。在建造规模、形式和材料上都有所规定，从而显示出居者的身份与地位。在中国人的传统观念中，生活在同一屋檐下称得上“自家人”，所以形成了数代同堂的大院落，在自家住宅的建造中，古人强调庭院。一个完整的“家”不仅要有妻儿，还要有房子及供人休息、娱乐、种植的院子，由此看来，古人的住居形式是与家庭关系联系在一起的，在家族关系中，有“房”的称谓，而妻子、儿子等又被称为“家室”。还有，中国传统居住空间多强调中轴对称，根据家庭伦理关系又分成许多不同的房子，各房子按辈分、等级、性别井然有序的排列起来。这种传统生活中的居住文化则成为中华文化的突出表现，在当代社会发展变化之中，传统的“几代同堂”的居住模式发生解体，取而代之的是“小两口”“单元房”的模式，这种转变也导致了室内设计的变化，等级、家族的禁锢没有了，诸多设计成分从表现上是自由组织的。

4 当代日常生活转型期的室内设计特征

时间走到20世纪的七八十年代，我国社会发展发生巨大的进步，传统日常生活也随着经济、技术的不断发展发生了转变，涌现出与传统日常生活不同的特征和观念，其表现有几个方面：

其一：大规模的工业生产和社会交流使传统日常生活较为封闭的、自足式的模式被冲破，人们开始大量地接触商品，以消费的方式支持生存，这种与消费直接结合，直接受到生产、经济变化影响的日常生活不再是零散的、自足式的，而是自觉的、有组织的社会生活。

其二：工业化生产、商品的消费使人们的生活离开了长期依赖的土地，大量的人涌入城市。在这种复杂的流动之中，人们传统的交往关系变化了，人与人之间不再是亲缘、家族关系，日常交往转变为陌生人之间的平等交往，自由空间变大了。

其三：世界化的技术观念传入国内，使传统文化与现代西方文化有了大量的交融。理性的、平等的、契约式的、开放的观念的影响新一代的青年人的日常生活方式，他们把自己融入了世界大家庭，而或多或少的远离了传统生活伦理。

其四：新技术产业的空前发展，改变了青年人的社会生活方式和交往方式，比如：Internet，现代人再也离不开它。没有网络，现代人已经不能很好的生活。

其五：在以所谓现代生活方式为主导的日常生活社会中，又出现了对于传统日常生活的反思，更准确地说是对传统文化的再认识。许多人立足国际大背景之中找到中国传统生活方式与当代日常生活的最佳契合点。这种思潮正表现为当前社会生活的一种重要力量。

如上文所述，室内设计是日常生活的重要物质表现，它就像一个风向标一样，反映出人们日常生活观念的点滴变化，随着传统日常生活的当代转变，室内设计在风格、手段等方面也随之发生了变化，其主要表现为如下几方面：

其一：随着传统日常生活家族制的瓦解，新的家庭生活方式的产生，室内设计的空间布局及装饰风格也随之变化，在空间设计时，不再过分强化等级感，不再强调男尊女卑，不同功能的空间之间严格的制约消除了，这样下来，空间布局可以自由自在的根据使用者的要求和设计师的思想而变化。

其二：室内空间中的家具也没有等级感，家具的样式大小，材料不代表特定的意义，它们可以像现代人的生活一样随处而置，随遇而安，家具的样式不再刻意，而是活跃、大胆。并且，伴随着不断更新变化的生活新热点，家具设计也一次次超越着人们的想象。

其三：室内空间中的装饰性设计语言不再传达诸多社会隐喻或主人的立志之心，而仅仅是主人的（或是设计者的）个人化的喜好，这样东西的更替也不再是程式化的，而是随着心情变化而定。

其四：由于当代日常生活以消费为主要目的，各种生活物品基本上都是通过购买而来，这使日常生活依赖于工业产品的生产，正是在这种产品生产与消费的生活方式中，室内设计更新周期大大缩短。在现代生活中，产品生产与淘汰的速度是非常之快的，为了推动新产品的开发和生产，大量旧产品没有损坏的情况下则会被淘汰，加之生产商的广告宣传，一波又一波的“新时尚”使人们热衷追求新奇。人们不再担心室内设计的伦理属性，变得更加“喜新厌旧”了。

其五：在全球化的视野中，不同文化背景的人互相交流，使室内设计的风格表现出多元的可能。许多外国人参与设计了中式的风格，但这种风格已不再是传统的中式风格，是一种混合体。

其六：无拘无束和大量信息互相共享的条件下，人们开始在世界范围之内寻找自己钟爱的生活方式，因此，各种不同地域的风格互相换位以追求新鲜感。

日常生活的研究在当代学术中的位置已经从边缘走向中央，正在成为文化研究中的重要部分，其自身受多种因素和学术观点的影响表现出一定的复杂性和挑战性，室内设计行业是日常生活中的重要表现，室内设计的变化能反映人们日常生活的改变，从而揭示出深层的社会、文化变革。由此看来，貌似轻松，强调感观享受的室内设计背后还存在着深层的思考。

参考文献

[1] 崔笑声．消费文化与室内设计．北京：中国水利水电出版社，2008，9．

[2] 衣俊卿．现代化与日常生活批判．北京：人民出版社，2005．

[3] 杨威．中国传统日常生活世界的文化透视．北京：人民出版社．

论视觉文化传播的现代民居室内装饰设计

冷先平　华中科技大学　副教授

摘　要：本文从文化研究的视角，解读现代民居室内装饰设计中视觉文化传播的现象。通过视觉文化分析，揭示现代民居室内装饰设计中视觉符号语言的结构关系、文化意义的生成以及文化传播、消费接受的能动行为。以促进高品质的现代居室装饰设计中视觉装饰语言的理性应用。

关键词：视觉文化　装饰符号　传播

目前，随着人们生活水平的提高，现代民居室内装饰设计发生了很大的变化，设计不再只限于功能满足的装饰，而是注重在文化影响下的现代装饰风格的设计。本质上反映出人们在由装饰设计所带来物质满足的前提下，视觉文化传播所产生的精神享受的追求。

1　现代民居室内装饰的视觉文化契合

建筑是生活的容器，居室则是这个容器中人们生活最为重要的空间。在这个特殊的生活空间中，人们可以亲自体验居室内部的装饰环境，从而认识由室内装饰所带来的诸如文化传承、审美愉悦等各种复杂的心理感受，并作出自己对于室内装饰的判断和评价。

事实上，在以“自我”为主体的现代社会中，“自我”是现代文化的核心范畴，文化主因的变迁、传播根植于社会发展的整体背景之中。就现代民居室内装饰而言，由人们的装饰行为而形成的视觉文化既是一种文化的形态，同时也是文化的载体，它通过装饰符号的视觉语言，来主导文化的传播和文化的实践，是人类总体文化的重要组成部分。

在考察现代民居室内装饰的视觉文化和视觉文化传播的时候，不妨回顾一下人们对“文化”的理解。自 1871 年，英国学者泰勒提出：“文化，就其在民族志中的广义而言，是一个复合的整体，它包含知识、信仰、艺术、道德、法律、习俗和个人作为社会成员所必需的其他能力及习惯。”概念以来，据查至今关于“文化”较为普遍的定义就有 164 种。本论基于英国学者雷蒙德·威廉斯“文化唯物主义”的观点，即：不是把文化单纯看成是现实反映的观念形态的东西，而是看成构成和改变现实的主要方式，在构造物质世界的过程中起着能动的作用。文化是一个“完整的过程”，是对某一特定生活方式的描述。[①]这个观点表明，文化实际上就是一种“生产过程”，在这个过程中，文化的意义和价值不仅在艺术和知识过程中得到表述，同样也体现在机构和日常行为中。从这一概念出发，视觉文化通过现代民居室内装饰设计行为方式的分析，获得关于意义和价值的理性凝结。

按照“文化唯物论”的观点，来考察室内装饰的“视觉文化”含义，发现“视觉文化”的内涵取决于室内装饰的视觉因素，特别是作为装饰的视觉语言符号，就其表征的意义和价值来讲，那些视觉的装饰符号成为文化的根基，它们占据了文化的主导地位。

具体的讲，现代民居室内装饰“视觉文化”的内涵包括物质和精神两方面的内容。

一方面是指由室内装饰符号语言建构所需的各种石材、木料、织品、色彩等物质材料所构成的“物因素”，[②]它们是现代民居室内装饰存在的基础，装饰的语言符号，以这些物质因素

①孟建．视觉文化传播：对一种文化形态和传播理念的诠释[J]．现代传播，2002.03.

②孙海新选编．海德格尔选集（上）[M]．上海：生活·读书·新知三联书店，1996：239.

为媒介，通过点、线、面、色彩光影、体积、肌理、空间等艺术手法的处理，形成可供视觉感知的装饰符号，实现对现代民居室内装饰的目的；另一方面，指精神的追求，是建立在“物因素”基础之上的室内装饰符号意义的传播，这些装饰符号不仅为视觉提供了高度清晰的媒介，而且还通过象征和寓意，表达出可供视觉接受的与外部世界事物和时间的丰富信息，构成视觉审美信息的重要源泉，是视觉文化建构、传播最为直接的实践行为。

因此，可以说在现代民居室内装饰设计中，视觉文化理应契合人与人们的日常生活，通过现代民居室内装饰设计中视觉语言符号的广泛应用，建构有意味的以视觉形象传播为中介的人与人之间的联系，促进视觉文化的传播。

2 现代民居室内装饰的设计语言符号

著名文化学者斯图亚特•霍尔说：“意义得以产生和循环的最具优势的一个‘媒介’，就是语言。”[①] 在中国现代民居室内的装饰设计中，正是基于视觉的装饰语言使得对居住室内环境的装饰得以完成。客观上，离开了设计师们所设计的视觉装饰符号语言，人们的生活可能就会被限制在生物需要和实际的纯粹物质的需求之中，而缺乏文化精神的理性追求。因此，现代民居室内装饰设计的视觉语言，通过视觉形象营造了独特的符号体系，在很大程度上决定了人们所享受的文化形态和文化传播。

结构主义符号学者索绪尔认为：“语言是一种表达观念的符号系统”，符号的结构由能指和所指两部分组成，两者的关系具有任意性。为了防止人们对符号任意性的误解，他又说：“任意性这个词还要加上一个注解。它能不能使人想起能指完全取决于说话者的自由选择（一个符号在语言集体中确立后，个人是不能对它有任何改变的）。我们的意思是说，它是不可论证的，即对现实中跟它没有任何自然联系的所指来说是任意的。”[②] 也就是说任意性是以社会约定俗成为基础的，它之所以能够连接能指和所指，依赖的是解释者之间的有关社会生活中如何使用符号的契约，从根本上讲，正是因为任意性的社会约定，才使得符号成为人类社会传达意义的工具。

作为现代民居室内装饰的视觉语言符号有着特殊的结构形式。它的能指是由作为可视知觉的底层语素结构和以视觉形象为特征的上层结构两部分组成。

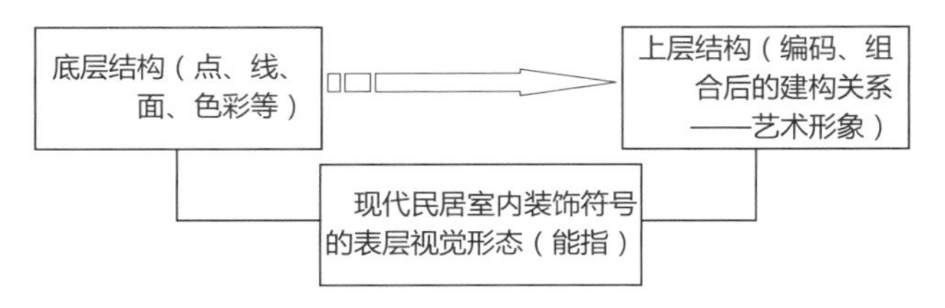

图1 现代民居室内装饰符号能指的表层视觉结构图

底层结构包括点、线、面、色彩等语素构成的艺术语言，它们在建构装饰符号的过程中不是孤立地发挥作用的，而是根据装饰的题材内容、表现的主题进行具体的、综合应用。作为传达意义的工具，在建构现代民居室内装饰符号的时候，人们往往是从视觉文化所约定意义基础上进行设计创新和突破的。

上层结构是由底层结构的语素及其组合所形成的形、义同体的装饰视觉形象符号，它是建构装饰符号语言信息的核心，是现代民居室内装饰符号的表层视觉形式—艺术形象。在这层结构中，装饰符号是通过语义符号的有机组合实现意义的表达。

而所指则由现代民居室内装饰视觉符号意义的社会约定来决定，它是当能指在社会约定中被分配到与它所指涉的概念发生关系时，所引发的联想和意义的部分，也是视觉文化所传播的主要内容。

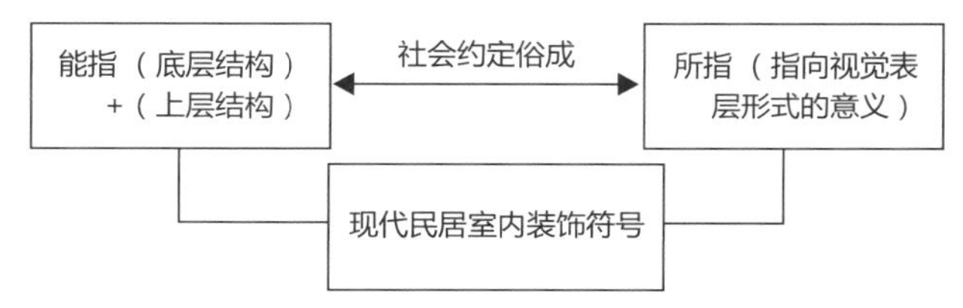

图2 现代民居室内装饰符号结构图

现代民居室内装饰的视觉语言符号结构表明，能指和所指是其视觉符号的不可分割的两面。能指是具体可感知的视觉形象，即现代民居室内装饰符号上层结构所展示的表层视觉形态。实际上，上层结构语素的编码及其组合的过程也是装饰图形造型塑造、艺术处理的过程。具体表现为语素所塑造的形象、纹样及其组织排列、色彩等同依托的媒介、材料之间的关系。无论是抽象还是具象的图形表现形式，在编码、组合过程中必须遵从一定的规律。因此，处于底层结构的线条、色彩、形状、色调等艺术语言构成装饰图形艺术作品形式的基本构成要素，依赖于底层结构的视觉艺术语言符号所塑造的装饰图形艺术形象，成为装饰图形能指最为直接的表层视觉形态的主要组成部

① （英）斯图亚特•霍尔编．表征——文化表象与意指实践[M]．北京：商务印书馆，2003．

② （瑞士）索绪尔．普通语言教程[M]．北京：商务印书馆，1980：103．

分。所指则在社会约定俗成基础上，通过那些具体可感的视觉形象意指的社会约定来建立与能指之间任意性的联系，从而使现代民居室内装饰视觉语言符号获得表达思想观念的功能，并在长期的实践中建构它独有的视觉语言体系和丰富多彩的艺术样式，以反映客观生活、反映创造主体和审美接受主体双重审美感知以及审美理想的追求。

3 现代民居室内装饰设计的视觉文化自觉

现代民居室内装饰设计的视觉符号语言，在传播的过程中为人们提供了非常丰富的信息，通过传播，使得装饰符号的意义与文化之间发生关联。

凯瑞认为，“传播是一个符号和意义交织成的系统，而传播过程则是各种有意义的符号形态被创造、理解或使用的社会过程，在这个过程中现实得以生产、维系、修正和转变”。① 借此理解现代民居室内装饰所蕴含的视觉文化传播，就不应只将视觉文化传播过程视为人与人之间信息简单的发送和接受，还应该在现代民居的空间环境中，将视觉文化作为一种纽带，以人们共同遵守的社会约定为基础，使设计主体所传递的文化信息被感受、被认知、被接受；同时，作为受众的设计消费者也会能动地通过接受，促进视觉文化的丰富和发展。也就是说，装饰符号传播的过程是现代民居装饰符号被创造、理解和应用的过程，它们在改变人们生活空间的过程中，不断地塑造和完善着人们的文化观、价值观。

所以，现代民居室内装饰设计的视觉文化从根本上讲是作为视觉文化主体的人的“自我”意识的觉醒，以及视觉文化创造欲和视觉文化实践的结果，体现了人在现代民居室内装饰设计活动中基于高度人文关怀的深刻思考和视觉文化的自觉。反过来，源于视觉文化自觉的现代民居室内装饰设计符号，经由鲜明的视觉艺术形象媒介实施的视觉文化传播又形成文化中一道独特的景观。下面从现代民居室内装饰设计主体和消费的接受两个方面来进行分析。

首先，作为现代民居室内装饰设计主体的装饰设计师。现代民居室内装饰设计展现的视觉文化包括了人们的信仰、传统、习俗、审美和价值观等内容。设计师要考虑的是，在当下现代社会的文化环境中，通过对视觉文化丰富内涵的认知、理解，如何自由、自觉地将这些内容通过装饰设计物化到人们所生活的室内空间中。这就涉及设计师的“文化自觉”。著名学者认为：“文化自觉只是指生活在一定文化中的人对其文化有自知之明，自知之明是为了加强对文化转型的自主能力，取得决定适应新环境、新时代文化选择的自主地位。”对于现代民居室内设计而言，这种文化自觉一方面体现为设计师在进行设计的过程中，要面对人们日益增加的对于居住环境的物质要求，清晰地意识到现代民居室内的装饰设计不是纯粹的观念形式，而是以物质为前提的科学技术的产物，从设计建造到居住使用，都有科学技术丰富的内涵，把握好科学技术与文化传播的关系，为人们设计创造高品质的居住环境；另一方面是在设计中要能够融入现代社会，用科学的思维方式，在传统、现代、中西等文化的碰撞中，拿捏好分寸，通过精心的设计以满足人们物质和精神的双重需要。

其次，作为现代民居室内装饰设计消费的接受者。因为在现代民居室内装饰设计中，视觉文化结构不仅仅只是包括装饰符号所显示的可供视觉感知的浅层结构，还包括这些装饰符号背后所隐藏的诸多价值观念、审美态度以及思维方式等所构成的现代民居室内装饰设计消费的群体意识，是视觉文化更为深层次的结构。这种群体的意识表现为一种感性直觉的“潜意识”或者“集体无意识”，是现代民居室内装饰设计消费接受者在文化上的自我确认，在视觉文化的传播中具有超强的稳定性、延续性和能动性，并将人们由单纯的视觉感知对象转向对认识对象和审美对象的精神追求，反映出民族或者社会的一种生活方式。所以，现代民居室内装饰设计消费者的文化自觉，能够在更深层次上影响到视觉文化的建构和发展。

4 结语

综上所述，现代民居室内装饰所创造的视觉文化，是人们在造物过程中以装饰的视觉语言符号为主导的文化现象和文化实践，其传播的过程是一个从“自在”到“自觉”的发展过程。

作为被装饰的现代民居，是视觉文化发生的场所，通过装饰的视觉语言符号的创造、处理和交流，促成视觉文化的生存、发展和变化；同时，它们又是视觉文化的物化，客观上以视觉形象为传播中介，参与了装饰的视觉语言符号意义上的知识生产、再生产和分配，使装饰的视觉符号与社会约定及其审美经验发生密切的联系，反映出一定的人与人之间的社会关系，形成新的文化传播形态。因此，现代民居室内装饰设计将会影响到人们“观看”世界的方式，在视觉文化传播中有着积极的意义。

---

①王晶．传播仪式观研究的支点与路径——基于我国传播仪式观研究现状的探讨[J]．当代传播，2010.03.

参考文献

[1] 丁宁．图像缤纷——视觉艺术的文化维度[M]．北京：中国人民大学出版社，2005．

[2] 孙海新．海德格尔选集（上）[M]．上海：生活·读书·新知三联书店，1996：239．

[3] 孟建主．图象时代：视觉文化传播的理论诠释[M]．上海：复旦大学出版社，2005．

[4] 周宪．视觉文化——从传统到现代[J]．文学评论，2003.06．

[5] 梁思成．图像中国建筑史[M]．北京：中国建筑工业出版社，1984．

[6]（美）阿恩海姆．视觉思维[M]． 滕守尧译．成都：四川人民出版社，1998．

[7]（美）阿恩海姆．艺术与视知觉[M]．滕守尧．朱疆源译．成都：四川人民出版社，1998．

注: 本论文发表于《中国建筑装饰装修》杂志，2013年07期。

符号与传播：视觉文化视域下的人文展示设计空间

李呈让　广东财经大学　教授

摘　要：本文借鉴符号学、传播学的理论，分析展示设计中出现的各种符号及其背后深层次的文化内涵；再对展示设计传播的特点、模式以及社会功能进行解读，并进行多方面的价值判断：多维视野下的人文展示空间艺术与视觉文化特征。

关键词：展示设计　视觉文化　符号　传播

展示设计内容丰富、涉及领域广泛，从百姓日用、城市发展到国家形象，涵盖媒体艺术、建筑艺术以及当代艺术等诸多领域。本文拟从以下三个方面梳理人文展示设计空间形态以及视觉文化的主要特征。

1）人文展示设计空间形态的符号文化特征，即符号学视野下的人文展示设计空间。

2）人文展示设计空间形态的信息传播特征，即从传播学的视角解读人文展示设计空间。

3）理念与问题：文化价值视域下展示空间设计艺术，即视觉文化视域下的人文展示设计空间。

1　符号学视野下的人文展示设计空间

1.1　展示符号与构成要素

展示空间设计符号系统的构建是由各种形态符号以一定的结构和形式组合起来的，其中包含“人”、“物”、“场”、“时”等因素即展示的构成要素，每一要素都必须在特定的方式中通过与其他体系的联系，以系统的存在方式才能实现其功能意义。

1）展示空间设计系统中的“人”

“人”作为构成展示设计的最基本要素，主要指展示系统设计中的人因要素，是展示活动的发起者、实施者、组织者、参与者，设计中所要考虑的人因要素至少应该考虑以下几方面：首先，传达者是整个展示活动的主持人，它的价值体现在实施其方案的设计行为上，设计时必须根据展示活动的特点考虑展示所选择的符号、传达信息的内容与传达者之间的匹配关系。其次，物化者是将展示设计实施成展示活动的各种角色的“人”，包括策展者、设计者。物化者在物化过程中所发挥出来的效率和质量，将关系展示活动的成败，设计则是影响效率和质量的前提条件。最后，参观者是展示设计的诉求对象和目标人群，是展示信息传达的接受者。从符号学的观点来看参观者各自拥有不同的符号贮备系统，对符号的解读能力也存在着质与量的差异。只有合理区分观者并明确他们的定位，展示发起者才能有针对性的使用相应的符号系统去表现并实现其展示目的。这种展示活动本身与参观者之间相互依存和制约的关系，往往就体现在展示活动的具体形态符号之中。

2）展示空间设计系统中的“物”

在展示空间系统的诸要素中，“物”要素是核心，“物”在展示中是指出现在展示现场的各类实体，它是展示中承担各种信息传达的物质载体和传播信息的载体。展示系统设计中的“物”是展示活动所涉及的一切物体，包括展览厅以外的物体，整个展示布展中所要出现的物体，还有展示中看不见但又实际存在的物体，同时还有设备。展示设备主要是指承载展品的设备，如展台、展墙、展架、展柜、展板、橱窗等放置和展现展品的辅助设备，所有这些是在展示现场用来实现信息传达的物质载体，本质上都是各类符号或符号系统，它们的造型、色彩和体量等表征对展示空间的“性格”与“表情”都具有明确的指涉对象或意义。它们的作用就是将展示发起者预设的信息传递给观者，以获得展示发起者预期的效果。

3）展示空间设计系统中的“场”

“场”在这里是指进行展示活动的场地，是特定的能够体现展示效果的空间场地。依据“场”的表现形式其一般可分为：“实场”和“虚场”[1]。实场是指由展示场地、展示道具、观众、媒体装置、展品等规定的空间。其符号意义规定着展示空间和氛围的合理性和宜人性，是展示活动的主要要素在展示空间中的具体安排以及布置的外化。虚场则是指由展示的主题、展示文化品位、风格、情调、展示气氛等构成的模糊、虚拟空间，是实场的深化和精神诉求，其符号意义一般只有通过观众的感受才能认知空间。在展示设计中，虚场和实场是相辅相成、相互作用的，作为符号系统它是联系人类相互作用关系的载体。

4）展示空间设计系统中的“时”

“时”即时间要素，包括展示系统设计的策划时间、制作时间和展示时间三个阶段。展示时间的确定和选择主要考虑到展示发起者的实际需求、预设观者群的生活作息和习惯、展出经费等客观因素的制约和影响。符号学视域下其具有一定的时效性，不同的展示时期或周期对符号的认知过程和方式都将产生不同程度的影响。首先考虑的是“静态时间”即展出时机“点”的选择，尤其是对特殊节庆日的选择更为重要，其传播符号诉求点在节庆表征上，设计者可以借助观者熟识的特定节庆的象征符号传递信息。其次要考虑的是“时间的内容”即展品自身所具有的季节性、时效性。最后就是“动态时间”即对展出时间长短的选择，它贯穿在整个展示系统设计之中，过长会增加成本导致无意义的浪费，过短则难以实现预设展示效果，因此，把握展出时间、选择适当的传播符号是促使展示信息实现有效传播的重要前提。

展示空间设计正是通过这些要素来规范符号系统，其完成过程就是符号化的过程即信息传播过程：实现人与自然、人与社会的联系，也就实现了空间信息传播的基本功能。

1.2 展示空间设计传播符号基本功能解读

展示符号的基本功能是认知与交际，具体有两点：

首先，实用功能：符号是传播者进行信息传播的手段。

展示空间设计是通过特定的形态符号诠释的，符号目的是让它表达并传递确定的意义。意义信息的传播作为过程存在，实际上是由多层网络、众多回路而构成的，简单概括为：信息源——编码——信息——通道——信宿——反馈[1]，这些因素相互连贯，构成一个传递回路。在传递回路中，最重要的是编码（设计）和解码（观者解读），符号系统之所以能够由一方传到另一方，再反馈回去，是由于双方有共同的心理基础。符号化还是符号解读都是通过双方比较一致的认识、情感、动机等一系列心理过程，形成相应的态度，最后表现为行为。可见，在传播过程中，展示设计意图经过策划者的加工、处理，转化为设计符号，从而得以向外显现，这一过程的目的就是要将传达的意义编码为设计符号及设计符号系统。因此，展示传播活动必须使用适当的传播符号，否则，任何信息内容都将无法传播。

其次，审美功能：符号是受众文化审美的工具。

信息传达的另一个重要环节是设计符号解读的过程，主要指接受者解读展示设计中各类符号含义的过程，这实际上是受众进入了一个展示审美文化领域：接受者置身于特定的展示环境中，不论你所参观的是什么主题，展示的各式造型要素：线条、色彩、构图、画面组合等方面均伴随着各种审美符号展示传播的内涵，都具有审美表现力。在这里，观者是根据自身的审美经验、审美趣味、审美认识等对破译以后的信息做出鉴别、判断并评价传播者的意图，或者说是对展示设计师所要传递信息的还原，将有价值的设计信息在滤去噪声后吸纳下来，这些有价值信息会构成经验图式的内容并影响自己当时及日后的行为。但是，由于接受者的个体经验和解读符号的能力不可能与设计师完全一致或处在同一层次上，这必然导致对符号的多元解释，因此，还需要经过设计者和观者之间的反馈调节，这就是信息反馈，从而完成了展示设计信息传播的整体过程。可见，符号解读的实质是对编码的解读或者可以说消除信息的某种不确定性，也即观者将符号的感知转化为意义的过程，本质上是受众文化审美过程。

2 传播学视角下的人文展示设计空间

2.1 展示设计传播的特点

展示设计传播属于大众传播的范畴，其传播与其他传播最大的不同是展示传播的信息源是“展示物”，因此，展示传播具有以下大众传播所定义的特点。

1）展示设计是面向大众的以展览为主要传播内容的专业化媒介组织。

2）展示设计的传播对象无疑也是社会上的一般大众，只要对展示主题感兴趣的大众都是传播中的“受众”。

3）目前的展示传播仍然是从策划开始，信息的传播形式为从“少数人”到“媒介”再到“多数人”的单向性很强的传播活动，这种形式实际上就是大众传播的形式。

4）展厅中多幕影像电影、多媒体等数字化技术的使用，以及图书、海报等宣传品的大量印制、发放，作为传播信息的媒介，将整个传播活动立体化、丰富化。

5）展示设计传播通过实物、诠释文明。毫无疑问，不管采用什么传播手段，都是一种文化活动，具有文化属性；有时展示设计传播的信息也需要通过门票、纪念品销售等部分商业行为体现出特定情况的商品属性。

6）展示设计所传播的内容与社会观念、价值和行为规范具有直接关系，有影响的展览赋予它巨大的社会价值方面的影响力，无论哪个国家，都会把有影响力的展示设计传播纳入社会制度的轨道。

2.2 展示设计传播的模式

所谓传播模式，就是一种理论性的、简化了的对传播过程和性质的表述。其中最主要的有三种，即为单向直线性传播模式、双向循环传播模式和多向互动传播模式[2]。单向直线性传播模式被表述为一种直线型、单向型的过程，以5W模式为代表。该模式把传播过程分解为传者、受者、信息、媒介、效果，即“谁？说什么？通过什么渠道？对谁？取得什么效果？”称之为“5W模式”。但是，它的弊端在于：没有考虑各种复杂因素的干扰，特别是社会环境对展示设计传播过程的影响，同时又将传播者和受传者的角色固定化，难以实现传播者（展示设计及其人员）与受传者（展示设计观众）之间的有效沟通。双向循环传播模式克服单向传播模式的不足，变“单向直线性”为“双向循环性”，引入了“反馈”机制。该模式认为，在传播活动中，每个人既是发送者又是接收者，具有双重行为。多向互动传播模式即社会系统传播模式，把传播过程看成是整个社会大系统中的一部分，同社会系统中的其他部分存在着无法分割的种种联系，强调在考察传播过程中绝不能抛开环境的影响，要研究传播过程中涉及的种种社会关系。解析展示设计的传播行为，直线型的传播模式是最多、最普遍、最常用的；注重反馈的“双向循环性”的控制论模式在主题展示设计实践中常见；而以深刻研究展示设计传播过程的各个要素之间的复杂关系为特点的社会系统模式一般在世界性展示会（如世界博览会）中出现。也就是说，从传播学视角探视，目前整体上展示设计的传播模式处在中级的高端阶段[2]。

2.3 展示设计传播的社会功能

在传播学上大众传播有四项基本社会功能即环境监视、协调社会关系、传承文化以及提供娱乐。从这四项功能透析展示设计：对于环境监视功能，从微观的方面，展示设计不具备及时反映社会环境变化的能力。但是如果从宏观的方面，展示设计对人类所面临的种种现实问题，如战争、环境、政治、灾害等，是可以及时也应该及时反映的；协调社会关系功能是展示设计的长处，经常性或临时性举办的各种主题展览是最好的例证，比如近期各地举办“5·12汶川大地震”图片展示活动，还有引领国内外政治、经济、文化等重大活动方向的各种相关主题展览展示活动，都对协调各种社会关系起到了积极的导向性作用；至于传承文化功能，保护与传承社会文化遗产本来就是博物主题展示设计的神圣使命；而娱乐功能也已经成为了当今展示设计的主要功能之一。因此，包括展示设计传统意义上的教育功能，展示设计传播完全可以实现大众传播的基本社会功能，并且更好地发挥社会作用。

总之，传播是手段，也是目的。展示空间艺术借助传播学原理，发挥其传播功能，增强社会影响力，实现人与人、人与自然、人与社会、历史与未来的和谐共处。同时，不断关注经济社会发展中出现的新课题，解决人类共同关心的新问题。

3 视觉文化视域下的人文展示设计空间

人文展示设计空间通常是人文社会和环境空间统一体，由国家或大型机构出资，艺术家创作并置于公共领域或公共空间内的展示设计艺术品，涉及“波普艺术”、“观念艺术”以及新解构主义、新历史主义等广泛的文化和美学观念，具体设计形态则主要是公共空间符号，而空间符号设计素以“公共空间之公共艺术”或“展示设计艺术”而称。在经济社会发展中，其空间展示活动已成为现代民主、文化和经济发达国家中提升社会公共空间文化品位的典型，为经济社会环境营造良好的氛围。它能够影响社会的和谐与稳定，展现人类社会的形象与文明，突出社会发展诉求，在这个意义上，展示传播已经超越其技术本身所存在的界域，在公共领域空间形成了一种新的文化现象，至此，人文展示设计空间的文化特征，就成为我们关注的对象。

3.1 人与自然和谐

从艺术学和文化史角度看，当代人文展示设计已进入共享空间时代，空间符号是一个综合的、整体的、有机的概念，展示空间设计强调人的主体性和自然环境的整体性。从人类环境的时空出发，人文展示设计使环境空间构成最优化的“人类——自然系统”[3]，这个系统在更高的层次上达到人与环境的相互渗透，充分地体现人与自然的和谐发展这一宗旨。

3.2 诠释社会文明

当今社会，每一重大事件的发生，不论经济活动，还是政治活动，无论是自然或是人为，均有伴随其事件的主题展示活动，其越来越多的被广泛应用在复杂多变社会环境中。此类展示策划设计与外部环境的关系不仅准确地、广泛地传播信息，关键在于赋予作品一定社会责任感：集科普、教育和旅游为一体，勾勒历史文化、传承文明以及共建和谐——人与自然、人与社会、人与文化的和谐关系，具有专业化、主题化的特点。从这个意义界定，当人文展示空间与政治环境、经济环境 、社会环境以及文化环境等社会环境因素紧密结合时，这种有效空间环境则映射了社会的导向特征，成为介入各种社会问题的一种积极手段，展示空间符号与环境共同构成的这种人文空间形态，反映了一个社会环境特有的景观和面貌、特征，表现了主题空间环境的气质和风格，进而诠释社会和文明。

3.3 文化性

人文空间的展示设计活动所传递的是自然世界、科学技术、社会经济和人类生活的综合信息，通常又是一种综合的文化现象，所反映的是人、文化、环境相互影响、相互作用的公共精神。公共精神通常指环境空间的气质与品位，实质上是能给人心灵以震撼的空间艺术，一种潜在的、无形的场力，是社会开放空间环境艺术的最高境界[3]。人文空间符号以功能性、艺术性、文化性的形象展示于当代社会环境之中，它是当下现实生活的写照，有文化内涵的人文空间展示艺术是注重提供公众活动（如社区运动等）的场所和营造激发交流欲望的空间，使公众获得安全、舒适的心灵感受，产生场所精神的力量。同时，又能制约那些不协调的行为，使人们在潜移默化中净化了心灵，提高了素质，是人文展示艺术设计的最高追求。

3.4 人性化

这里所说的“人性“就是人文关怀。指以人为主体和中心、尊重人的本质、维护人的利益、表达人性的呼声和要求、促进人的生命力和创造力的总和。体现在人文展示空间中就要关注人的生存发展、以人的需求为依据、以人的感受为设计的基本出发点，创造一个美好的“人的场所”，为此，人文关怀精神应是人文展示空间艺术的本质要求。

人性化是人文展示设计艺术发展的必然趋势。当今，展示设计艺术已经完全走出了传统造物活动的概念，展示空间所呈现的生态价值、艺术价值、文化价值等各方面的功能，更多的关注文化和信息对于环境、对于社会、对于人所产生的作用，同时也有效地调和了现代社会的诸多矛盾。而其本质却是不断向自然秩序系统的靠拢，体现在对人类的更加尊重，更深入透视人类真实的本性和需要，而不是试图征服自然，也不是模仿自然，而是彰显人文的精神。

总而言之，展示设计空间传递的信息在视觉文化研究中的对象并非视觉产品本身，而是隐藏在一切文化文本中的。因此，本文以符号学、传播学理论为底层基础，在视觉文化追寻中寻找的不仅仅是涌现在“符号”形态表面的视觉现象，更加关注于背后控制表征系统的传播特质及其意识形态。在人文展示设计艺术面临的诸多困难中，很重要一点是空间展示设计在注重表现语言的前卫性时，如何处理艺术品与环境、作品的自律表现与大众审美活动之间的平衡、互动。

参考文献

[1] 郭庆光．传播学教程（第2版）[M]. 北京：中国人民大学出版社 .2011.4：54—58.64.

[2] （美）威尔伯·施拉姆，威廉·波特．传播学概论 [M].（第2版）何道宽译．北京：中国人民大学出版社 .2010.10.:86—93.

[3] 李呈让．从传播学的视角解读人文展示设计 [J]. 艺术评论 .2009.(6)：90—93.

基金项目：本文为广东省哲学社会科学〞十二五〞规划项目〞符号与传播：视觉文化视域下的人文展示设计空间〞成果之一（项目批准号：GD11CYS03）。

注：本文 2014 年 2 月刊登于《设计艺术研究》（2014 年第 1 期）。

论维吾尔族民居室内界面中“龛”形的装饰美学

邵秋亚　新疆师范大学美术学院

摘　要：聚居于我国西北天山脚下的维吾尔族在长期的历史发展中，积累和沉淀了一批富有民族文化底蕴的装饰艺术。“龛”形作为维吾尔族民居室内界面设计中不可或缺的一个装饰符号，通过界面表现出实在的体量感，独具特色的雕绘装饰手法与色彩的组织搭配加强了室内空间环境的层次感，使民居室内各界面达到了整体的和谐与统一，是我国民居室内装饰中极具美学价值的一道风景线。

关键词：装饰艺术　室内界面设计　空间环境

1　“龛”形的发展源流

“龛”形是一种从历代建筑的门式结构实践演变而来的形制，它的顶端垂直地面的部分被左右两边挤压而向上的力提起，从而抵消了向下的重力，这是人类在劳动实践中发现的成果。“龛”形多见于伊斯兰建筑中但并非伊斯兰教文化所独有，例如在佛教寺庙中也存在着大量的佛龛。土壤结构学决定生土建筑自然留洞可附加构件如过梁、拱券必须做成拱形圆弧或尖拱形，但其式样却是各地文化因素所决定的。维吾尔族民居中的“龛”主要是以伊斯兰尖拱为母体，当然新疆地区独特的自然环境也促成了“龛”的造型能植根于维吾尔族传统民居建筑中。由于天气干旱少雨，土壤质地优良，新疆地区的建筑许多都是由生土建成，墙身一般厚度在 500~700mm 左右，而常规壁龛需要从墙面后退 100~200mm 左右，足够厚度的墙身为“龛”的造型能在不破坏墙身结构的前提下为在室内界面形成提供了条件。

伊斯兰教大约在公元 932 年开始传播至新疆，十五世纪后逐渐在维吾尔族地区占据统治的地位从而又成为全民的宗教信仰。宗教深刻地影响着维吾尔族各个时期建筑的发展，各地区建筑空间中也引进了伊斯兰教特有的尖拱门式造型，即“龛”形（阿拉伯语音译为“米哈拉布”）。在新疆吐鲁番地区的交河故城遗址中，就可以发现室内已经有大量各式各样的“龛”形空间。最初，“米哈拉布”仅仅是用来表示先知穆罕默德私人的礼拜室，作为伊斯兰教清真寺礼拜殿中的设施之一，设在礼拜大殿后墙正中处的小拱门，方位朝向圣地麦加的克尔白，以标志穆斯林礼拜的正向。随着时代的发展，“龛”形不再仅仅是作为米哈拉布来代表一种朝圣标记，更多的成为了伊斯兰教建筑中的特色符号和装饰风格，后经演变应用到新疆维吾尔地区的世俗建筑中，“龛”的空间造型与装饰手法也逐渐丰富多彩，而成为维吾尔族建筑装饰上独特的符号系统在继承中不断创新发展。

2　“龛”形装饰在民居室内界面中的应用

界面设计指的是对室内空间的各个围合面——地、墙、顶等各界面的使用功能和特点的分析与设计，包括表现形式、材料质地、图案纹理等各方面，在室内设计中占有举足轻重的地位。①而在维吾尔族民居住宅界面设计中应用最广泛的当属“龛”的造型，其表现形式又主要有两种：一是立体形式凹壁，汉语称之为壁龛，维吾尔语称之为“吾由克”，即在墙体内形成一个门洞用于储藏物品或摆放工艺品等；二是平面的“龛”形，在“龛”的造型中绘满图案后形成“盲门”或“盲窗”作为平面装饰于住宅的墙壁。

壁龛在维吾尔族住宅墙面设计中是最主要的装饰形式，以前民居多为黏土房，壁龛也由土坯砌成，随着经济的发展，现在通常是砖石结构或木质结构（图 1、图 2）。其作用相似于壁柜，主要用于存放被褥、家什、工艺品等，即是适用空间也是装饰空

① 胡筱蕾、梁旻．室内设计原理 [M]．上海：上海人民美术出版社，2010：174。

间。维吾尔族民居中的家具很少，但壁龛的种类却非常多样，造型繁复，大小不一，分工不同而又互成体系。壁龛按功能来分主要有4种："买热普"、"塔吉克"、"加万"、"斯奎谢"。"买热普"是室内最大的壁龛，一般设在民居室内中的西墙上，常用来存放被褥等大件物品；"塔克卡"位于"买热普"所在墙面的两侧，用于存放碗碟、灯等物品，也有维吾尔族家庭将其设在室内的长廊上摆放装饰品；"加万"指的是"买热普"两侧的木门壁柜；"斯奎谢"则指门顶上用于装饰的壁龛。这些壁龛节省了打造柜橱所用的木料，保护了生态环境，最大限度地利用到界面空间的同时又起到了装饰室内环境的作用。

作为平面装饰于民居墙壁的"龛"形又称为"纳姆尼亚"，维吾尔族百姓为了祈祷心中的安拉把立体的"米哈拉布"做成平面的"纳姆尼亚"，并在其中绘满各式图案（图3）。伊斯兰教义认为"空间是魔鬼出没的地方"，真主无时无处不在，"无"的空间并不存在，故以稠密的纹饰填满空间。①平面的"龛"形在维吾尔族民居界面设计中主要起到装饰作用。"龛"形周围及顶部多采用石膏雕花或木雕等装饰手法进行修饰，并加以彩绘，造型表现方式上有写实、变形、夸张、抽象等手法，高超的技艺、丰富的变化使得墙面一眼望过去就是一副饱含民族鲜明特色的雕刻艺术品。复杂繁缛的纹样装饰填满"龛"形，成就了繁复华丽的美，令人赏心悦目，这也充分反映了伊斯兰教艺术崇尚繁复、不喜空白的审美特征以及维吾尔族人民在历史发展过程中对装饰艺术的不断探索与追求。

3 "龛"形在室内环境中的美学特征

早期"龛"的形状多为马蹄形，且没有任何的装饰，随着

图1 壁龛（砖石结构）（图片来源：作者自摄）

图2 壁龛（木质结构）（图片来源：作者自摄）

图3 纳姆尼亚（图片来源：作者自摄）

历史的发展逐渐有尖形、弓形、三叶形、复叶形和钟乳形等多种结构并在其周围、内壁及顶部雕绘精美的纹饰，组合排列形式也更加的繁复。对"龛"形的使用与发展经过历史与自然的双重雕琢，物质与精神的双重选择，形成了维吾尔族独具特色的装饰符号，它以其特有的物化空间和丰富的文化内涵，充分显示维吾尔人清晰的美学追求。

3.1 形状与色彩之美

"龛"的整个形状在不断使用中发展形成了多样的变种，由于造型的内容比较简洁，所以主要从"龛"形上部的拱式上着手来体现强烈的装饰感，如棱形拱、尖桃拱、双曲尖桃拱、褶角拱等各式变形拱（图4）。伊斯兰教认为变化不仅是物质的形态，也是美的表现，是美的源泉。"龛"形上窄下宽，长宽比例有一定讲究的，但没有定式。每个龛形由方形雕饰包围在内形成一个单元，各式"龛"形在室内界面进行排列组合形成一个完整的画面，最明显的特征是沿中轴线左右对称（图5）。

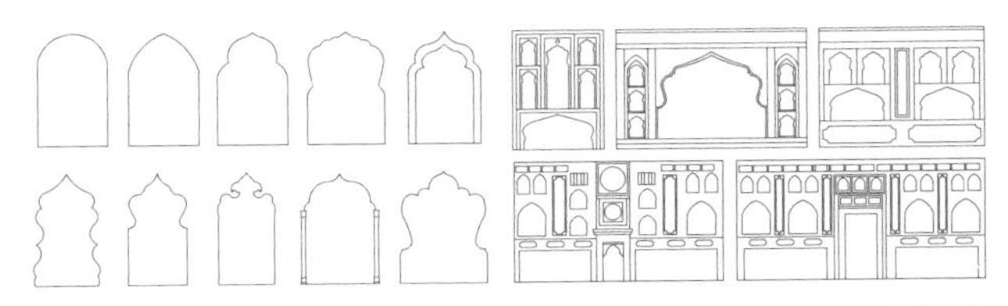
图4 常见龛形（图片来源：作者自摄）　图5 维吾尔族民居室内界面常见的"龛"形排列组合方式（图片来源：作者自摄）

色彩表达人们对装饰的情感，民居界面设计中对"龛"形的装饰色彩也体现了维吾尔族的审美观念与价值取向。在吸收外来色彩的影响下，又根据自己本民族所生活的环境和本民族的审美取向创造了自己特有的色彩属性。维吾尔族人民在装饰色彩上具有很强的主观自由性和精神象征性，红、绿、蓝、白、黑色是维吾尔族具有典型特征的彩绘色彩，各色彩具有独特的象征意义。例如，绿色是伊斯兰教的神圣之色，代表着绿洲并象征着生命与希望。色彩所表现出的独特装饰意味，既符合装饰美的形式法则又符合色彩艺术的创造本质，除了给人以心理愉悦感外，从自然现象的束缚中摆脱出来达到了一种高的精神层次，体现了人类的生命意向。

3.2 空间的韵律之美

西方艺术偏重于科学与思考，而伊斯兰艺术偏重于想象和冥索。②"龛"形表现在建筑装饰艺术上是非具象的，给人留下无尽的遐想空间。壁龛充分利用厚墙特点，为居室腾出更多空间，

① 郭西萌．伊斯兰艺术[M]．石家庄：河北教育出版社，2003：325．
② 阿非亚．巴哈尼斯．阿拉伯艺术美学[M]//科威特全国文化、艺术和文学委员会，1997．

是集实用功能、审美功能、认识教育功能于一体的艺术形式。“买热普”是室内最大的壁龛，造型基本一致，而“塔克卡”、“加万”、“斯奎谢”和其他尺寸较小的壁龛造型都千变万化，大小、宽窄不等。这些壁龛注重平面装饰的立体化，虽造型简洁，但错岩铺排而形成的空间造型样式却变化丰富，使得墙面极具有富于变化的立体层次感，也使室内更加宽敞、明亮。

室内设计中界面围合的空间形态是三次元的立体形态，在维吾尔族民居中各空间构成的组成面，在“龛”形的装饰下，有的立体构成特性明显，有的具有平面构成特性，这种平面或立体特性是在界面空间总体比较下产生的相对性，形成了较好的视觉空间表达（图 6、图 7）。平面“龛”形装饰是在二次元空间内把设计的抽象概念要素点、线、面按照形式美法则进行分解、重构、组合来构成理想的具有视觉美感的构成形态。规则排列的“龛”形常常呈等距、对称或有规律的重复，秩序感明显，韵律感强。以“龛”形为母题在界面设计中重复与近似的应用使界面产生统一完整的视觉印象，正是对平面构成形式的研究。

图 6　维吾尔族民居室内场景
（图片来源：作者自摄）

图 7　维吾尔族民居室内场景
（图片来源：作者自摄）

3.3　寓意与形式之美

“龛”的形状，两边对称，中间顶部直冲上端高起，在美学上具有一种“火焰的自由上升状”，又似王冠体现了神权的威严，有庄严肃穆之感，象征着对神的信仰，是至高无上的。由于伊斯兰教拒绝具象的严格宗教艺术，反对一切偶像崇拜，认为雕塑，绘制任何人物、动物的形象都属于非义行为，所以这些雕饰里找不到任何动物图形饰样，均为《古兰经》的经纹或花卉几何图案，其中花卉占主要部分。

伊斯兰教认为美的单一性与最高的美——真主的独一性相连。它赋予了万有的审美价值，是美的最高的境界。这种单一性使伊斯兰教的建筑装饰艺术的成就领先于世界其他民族和宗教装饰艺术。民居界面设计中用石膏镂出大小不等的壁龛，每个单元由弧线或曲线花边围雕成尖拱形，象征着感悟的获得与神圣精神的提升。“龛”的一些装饰艺术特征都体现着一种清晰、明确的审美体验，它影响着人们的情绪，净化着穆斯林们的心灵，给观赏者赋予了维吾尔民族装饰艺术的造型、色彩、纹饰的美感，将观赏者置身于特定的“审美场”中使之获得审美的愉悦。

4　结语

维吾尔族的民居室内装饰是历史文化、艺术与科学技术的载体，是中国民居室内装饰中极具价值的一个重要组成部分，室内界面装饰艺术更是民居装饰设计中的浓墨重彩。在新疆维吾尔族民居室内界面设计中，“龛”形所表现出来的不仅是一种装饰模式，更是一份厚重的民族文化遗产。

随着时代的发展，人类审美也在不断地回归传统，当代设计师都在努力寻求传统文化与现代生活方式的结合点，传统审美意识与现代审美意识的结合方式。对“龛”形的装饰美学应用研究有助于更好地了解维吾尔族民间艺术，理解室内界面设计与劳动人民生活习俗之间的联系，同时也为民族文化研究提供了充分材料，更为当代民族特色的室内装饰艺术的创新发展和设计实践提供一定的理论基础。

参考文献

[1] 阿非夫·巴哈尼斯．阿拉伯艺术美学[M]// 科威特全国文化、艺术和文学委员会，1997．

[2] 郭西萌．伊斯兰艺术[M]．石家庄：河北教育出版社，2003．

[3] 陈震东．中国民居建筑丛书——新疆民居[M]．北京：中国建筑工业出版社，2009．

[4] 胡筱蕾，梁旻．室内设计原理[M]．上海：上海人民美术出版社，2010．

项目基金：2013 年国家社会科学基金“新疆维吾尔族传统聚落文化形态研究”（13CMZ036）项目资助。

室内非线性形态的切片建造研究

张楚浛　南京艺术学院设计学院　研究生

摘　要：本文通过对非线性形态的切片设计理论背景的梳理，并结合非线性形态的切片设计相关实际案例，主要解读非线性形态的切片设计手法、特征、形式以及建造方法等方面，来探索室内非线性形态的切片建造研究。

关键词：非线性设计　形态　切片　建造

引言

谈论到非线性设计，人们常常联想到一些形式复杂的设计以及高额的建造费用。在新型室内空间中，非线性设计的运用越来越普遍。随着数字化建模技术的成熟，通过数字驱动的建模和计算机切割材料的技术，我们几乎可以创造出任何想象的形态。切片设计是非线性形态设计中较为简单的设计方法之一。这种设计方法虽然简单，但设计的形式却很多。在注重形式美的同时，也注重了设计的环保性。本文通过对非线性形态的切片设计的理论背景介绍，并结合相关的实际案例，来分析室内设计中非线性形态的切片设计的建造问题。

1　“切片”概念及理论背景

1.1　非线性设计与“切片”建造概念

由于自然科学和哲学的发展，复杂科学理论对非线性设计产生了深远的影响，并出现了非线性设计思潮。设计师们开始摆脱标准的几何形态规则的束缚，发展非线性特征的几何形式。非线性设计指在复杂科学理论的指导下，遵循并强调自下而上的设计逻辑，采用先进的数字技术参与到设计的生成过程中。由于参变量的复杂性，导致其生成的结果具有多解性、流动性。

“切片”研究最早出现于医学领域中，将各种组织制作成切片在光学显微镜下观察，得到了各种各样的医学图片。非线性设计中的“切片”主要指一个类型的设计方法，这种设计方法即将非线性的几何体切成片状形式。设计师可以通过切片的设计手法，创造出一些非常复杂的形态，但其建造过程却会变得相对简化。

“切片”建造主要分为非物质的数字技术建造与物质建造。非物质建造包括创造性地使用脚本，编程和非线性模型软件，主要运用到的建造平台软件是犀牛（Rhino）以及它的相关插件蚱蜢（grasshopper）。犀牛主要是设计初始的几何形体，切片设计形式则需要通过它的插件蚱蜢来完成。物质建造主要指基于非物质建造基础上，通过材料切割并组装，实现实体的建造。常用的切割方式包括：数控切割、激光切割、高速水流等。物质建造需要根据建造材料的不同，选择相对应的切割方式，但每一种切割方式都有自己的一定优势。可以说，切片制造技术目前已经发展的比较完备，能做到与非物质建造中的数字模型信息的无缝衔接。

1.2　非线性形态的切片特征与手法

非线性形态主要是区别于线性形态而言。线性形态主要指一些规则的几何形体，而非线性形态则具有曲线、曲面或不确定的属性等特征。非线性形态往往是一个统一的整体，具有动态的、有机的、仿生的特性；整体与局部的关系经常是同构的关系，具有自相似性。同时，非线性形态设计也许不都是从形式出发，但最终都将以形态的呈现作为结束，说明了非线性形态在非线性的诸特性中是一个具有总体概括性的要素。

运用切片设计方法生成的形态也属于非线性形态，具有非线性形态的基本特征。切片形态设计是非线性形态设计中较为简单的设计方法，主要特征表现为大量的片与片之间的重复与堆叠。大量的简单切片形态通过一定的组织原则形成整体曲线形造型，涌现出超越材料本身属性的形态美。非线性形态的切片具有多样性的特征，虽然不同的切片形式的设计方法差不多，但表现出来的形式却是不一样的。常见的切片形式有纵切、横切、斜切、相互正交切等（图 1）。

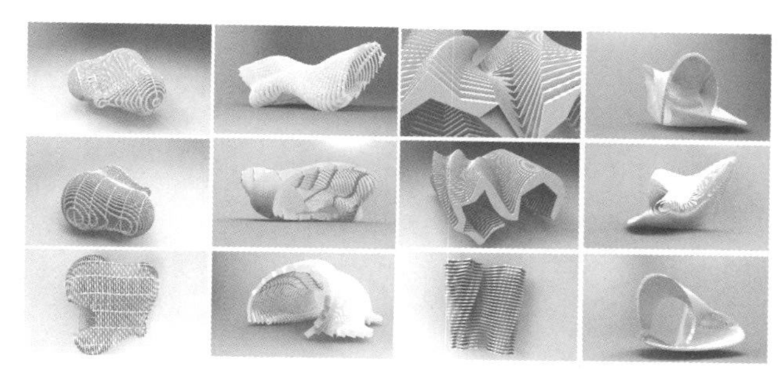

图 1 非线性曲面形态的切片

非线性形态的切片设计是一个将 3D 几何体转化为 2D 片状，再转为 3D 几何体的一个过程。其设计手法主要是通过建立非线性几何形态，并在非线性形态的基础上，将非线性几何形态进行二维方向的切割。其建造过程主要是在犀牛（Rhino）中确立好想要的几何体量模型，在此基础上用犀牛的相关插件蚱蜢(grasshopper)的脚本将确立好的几何体进行切割(图2)。蚱蜢编程的原理是根据 XY 坐标轴做垂直、平行、45 度角于坐标平面的多个等距矩形，距离可以通过参数变量控制调节。再以矩形为中心，生成新的坐标平面绘制多边形，半径大于最高点到 XY 轴平面的距离，然后做切割得出原廓型模型的切口曲线，将其作为曲面边缘生成平面，再朝曲面各自法线方向推拉出一定距离作为材料的厚度。几何体形成的片状厚度也可以通过参数变量控制进行调节，将几何体的切片提取出来布置在 XY 平面上，用自动化的文字和数字标记他们，把文件保存成适合切割的格式，然后把模型用切割机切割出来，非线性的切片设计建造主要是用叠合方式，即把模型切片按照图纸上的标号逐个叠合起来形成整个造型（图 3）。

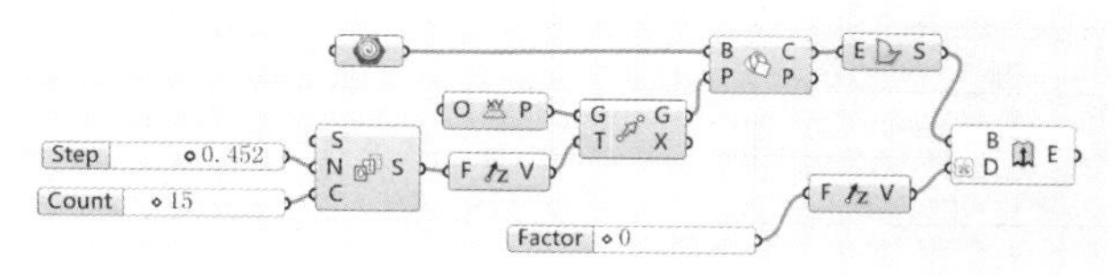

图 2 切片脚本之一

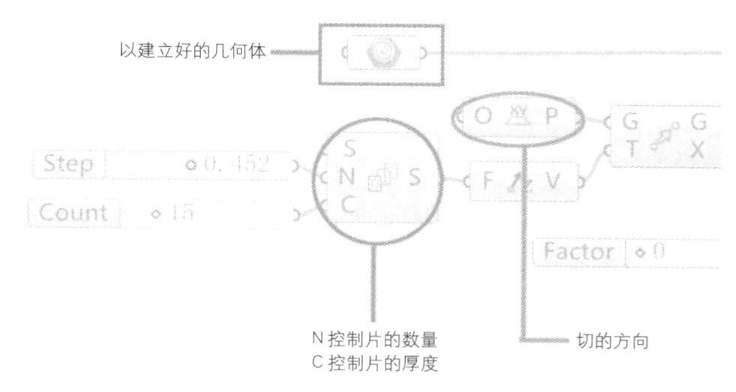

图 3 脚本解析

2 室内非线性形态的切片建造分析

随着室内空间模式的改变，人们不再只是满足于室内设计的功能和美观的需要，而是希望看到一些能够满足人们某种生活感受的室内设计。一个有活力、有趣味、有艺术感染力的室内空间，会给人们留下深刻的印象。室内空间中非线性形态设计的出现，远离了传统室内空间带给人们的枯燥沉闷，它赋予了室内空间鲜活的生命力。非线性形态设计颠覆了传统室内设计理念，将成为新世纪的设计主流。

非线性形态的切片设计在室内设计中的运用越来越为普及，不仅是因为切片设计能打破传统的室内设计手法，而且是因为非线性形态的切片设计同时具备强大的功能性，即非线性形态的切片设计能够使形式与功能完美地融为一体，并更强调了其功能性。再者，非线性形态的切片设计手法较为简单且建造成本相对较低，却可以达到很好的视觉效果，使室内空间变得生动活泼。

下文将结合室内的非线性形态的切片设计实例，通过分析案例中的非线性形态的切片设计与物质建造，详细解读非线性形态的切片设计在室内空间中的运用。

2.1 顶面与立面非线性形态的切片建造

非线性形态的切片设计当被用来做室内的顶面与立面时，室内的空间结构将会发生改变：原本的空间形式不再单调，具有丰富性与动态感。虽然切片设计在整个空间中更多的是起到一种装饰的效果，但是，位于澳大利亚墨尔本的贝克·D·芝瑞科（Baker D Chirico）面包店却将顶面与立面非线性形态的切片设计赋予了功能性在其中。

该面包店的灵感来源于寻求保持简单和真实的产品，把面包店构想成为一个超大号的粮仓。这个面包店立面的切片形态形成了一面起伏变化的切片墙并延伸到了顶面，立面的切片墙被设计成一个可以放置面包的货架，架子上的每个格子的宽度和高度都通过精心的安排，以适应各种面包、罐头的形状，并可以自由调节（图 4）。

这个空间务实的布局，内部线性的排列，使有限的空间在最大程度上得到利用。面包店的切片形态首先根据空间的尺寸进行了 3D 软件模拟建造，运用正交切片的设计形式，选择胶合板作为切片的材料，然后进行计算机编号和排序，通过数控切割的方式将木片单元体进行切割。木片的支撑结构没有用到钢筋固定或是连接件，而是通过具有一定间隔的横向与纵向的木片垂直交叉的方式来当作形体支撑的骨架（表 1）。

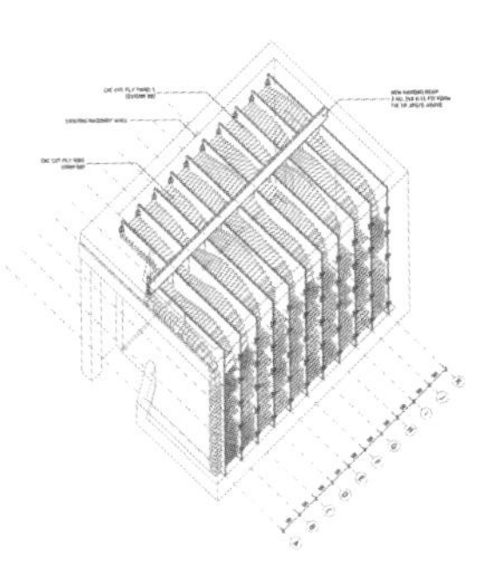

图 4

2.2 室内固定设施非线性形态的切片建造

利用非线性形态的切片设计代替室内固定设施，可以弱化空间中垂直墙面给人带来的生硬感，有秩序的曲面切片还能引导人们的人流走向。位于匈牙利布达佩斯的 SPAR 超市，整个空间中随处可见曲面切片，室内色彩以沉稳质感的奶咖色为主，木质的货架和天花板的线条十分的流畅，肆意的蜿蜒使空间充满了设计感。地面也顺应地使用深色的瓷砖，搭配柔和温婉质感的灯光，创建了一个尽管在主要强调工业元素，但又非常舒适的氛围。

空间设计的灵感来源于超市的名字：SPAR，荷兰语中的意思是松林，因此，整个空间中随处可见非线性形态的木片。天花板上的切片结构具有一定的引导性，可供顾客选择购物的路线。非线性的切片形式不仅运用在了天花板上，就连放置葡萄酒的柜子也运用了切片形式。天花板由上向下流动到地面并转换成三维形式，在摆放葡萄酒的区域，天花板的木片继续流淌到地面上，形成一个类似酒窖的空间（图 5）。

这个店面切片形态的建造首先根据空间的尺寸，通过 3D 软件先进行模拟建造。然后将设计好的形态运用切片竖切的设计手法生成片状单元体，再通过数控切割机切割与组装。由于顶面的天花板和地面上的酒柜切片形式不同，所以建造手法也有所不同。顶面的切片建造主要是通过钢筋固定，片与片之间的距离通过钢筋管预先设定好。地面上酒柜的建造方法主要是运用片与片之间的垂直正交穿插（表 1）。

2.3 可移动设施非线性形态的切片建造

室内可移动设施运用非线性形态的切片设计越来越普遍，很多校园的实验性教学中，也会涉及可移动设施的切片设计。位于西班牙的塞维利亚的野营（Camper）鞋履店内的可移动设施如：展示柜、座椅都是运用的非线性形态的切片设计。由于这个室内空间的建筑面积只有 66 平方米，空间类型属于简单规则的矩形空间，所以非线性形态的切片设计就成为了店面的亮点。

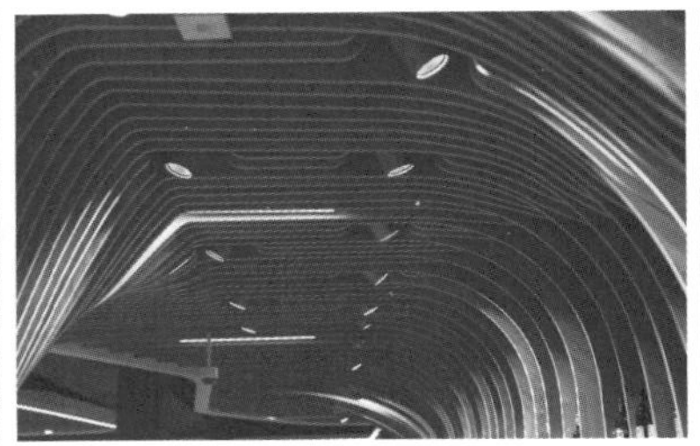

图 5

图 6

空间的设计灵感来源于店名“Camper”在加泰罗尼亚的语意“农村”，想象顾客的鞋子踩着不规则的地面，像一个步行者悠闲地徒步在农村。设计师运用非线性形态的切片设计将多种功能集于展示柜一身，其形态的创意来自不同鞋款的外形轮廓，而不同的展示柜有高大、有短小，象征男人、女人；展示柜形态表面有凸起和凹陷，象征着山丘和洼地。起伏变化的展示柜，其中凹陷的部分则具有座椅的功能。

这个空间切片形态首先通过 3D 软件进行模拟建造出不同鞋款的外轮廓，制作出起伏变化的非线性形态，然后同样是运用切片设计手法将非线性形态进行切片处理，生成片状单元体，通过数控切割机切割。片与片之间主要是通过钢筋固定，将组装好的展示柜表面嵌入一层扭曲的“镜子”（反光的金属片），营造出一种在反射面中显示出扭曲倒影的效果，顾客可以从中获得快乐的体验（图 6、表 1）。

表 1

案例	室内运用	切片形式	材料	切割方式	切片建造
Baker D Chirico	顶面、立面	正交切	胶合板	数控切割	切片垂直穿插固定
SPAR	室内固定设施	竖切为主 正交切为辅	木板	数控切割	平行切片之间钢筋固定、 切片垂直穿插固定
Camper	室内可移动设施	竖切	胶合板	数控切割	平行切片之间钢筋固定

3 结语

非线性设计往往被人与纷繁复杂的、非常规的形式联系在一起，使得它被片面的理解了。其实非线性设计方法所表达的形式不一定是复杂的，也可以将形式做的很简单。非线性形态的切片设计打破了人们印象中复杂的非线性设计方法，通过简单的切片设计手法，将一些预想不到的形态得以实现并实施。非线性形态的切片设计运用静态的设计，却展示出了动态的效果，使得原本单调的室内变成生动活泼，富有动感的空间。在技术发展的推动下，非线性设计与非线性的建造以及彼此的互动将是设计发展的必然趋势。因此，有必要从设计与建造的整体关系出发研究非线性设计，以推动其更好的发展。

参考文献

[1]（美）尤卡·约崎雷多．建筑维护史[M]．邱博舜译．国立台北艺术大学出版社，2010．

[2] 刘先觉．中国近代建筑总览——南京篇 [M]．北京：中国建筑工业出版社，1992．

上海石库门建筑门式构件装饰探析

张弘逸　东华大学服装·艺术设计学院　教师

摘　要: 门式是上海石库门建筑的物质载体，是最具代表性和特征最为显著的建筑构件之一。其样态丰富多彩，融中华与海派建筑之魂魄，形成上海建筑的亮丽景观。本文欲通过石库门建筑门式装饰的分类研究和梳理，记录上海石库门建筑构件中最具特点的门式元素，提炼其文化内涵，旨在对上海海派建筑文化的认知和研究上有所探析。

关键词: 石库门　建筑构件　门式装饰

上海简称“沪”，始于宋代，一直以来是我国一个新兴的贸易港口。1843 年 11 月上海开埠之后，西方文化开始东渐，因集欧洲与江南建筑融合的“石库门”成为上海中西文化融合的地标性建筑。石库门建筑是上海“民居”建筑的一种特殊形态。兴起于 19 世纪 60 年代太平天国运动时期，并跨越了近半个世纪之久，它的变迁与发展是中国城市建筑与欧洲建筑文化的交融。

石库门是最具上海特色的建筑样式和居住空间，是上海近代民居的典型代表。由于受历史环境、社会现实和文化等各种因素的影响，石库门建筑无论在风格、结构，还是装饰元素、材质等方面，都经历了时间、技术、审美等多方面的演变，进而发展为“中西合璧”的建筑艺术混合产物，也成为上海海派文化的重要标志。

石库门建筑中有入户的宅门和里弄的坊门之分，是建筑体中最赋有装饰符号的部位，也是“中西合璧”建筑文化的集中体现。门是建筑空间的入口部位。中国古代词典《玉篇》中对门的解释为“房屋、围墙、车船等的出入口门，人所出入也。”[①] 自古以来，门在建筑中主要有围护、分隔和交通疏散的功能，同时还有采光、通风和装饰作用。

门从早期的“幕障卫”[②]演化到宅门、里门、坊门[③]等几十种形式。古人之言“宅以门户为冠带”就已经证明，自古大门就具有显示形象的作用。门包含门框、门扇、门轴、门牌、亮子、门槛等多项内容，可称为独立的建筑体。以今观古，人们都将各种装饰纹样簪在“门式”构件上，以彰显了不同等级、不同民族等各种文化信息，而作为上海石库门的建筑构件——门式更是多元文化的物质再现（图 1）。

图 1　石库门建筑坊门老照片（图片来源：自拍）

① 《玉篇》http//baike.baidu/link?urly32IWVbZvDephs0aZAjLR4nbwmLUMk_AG47Akrck0H6NYfNhfOw32tnou9XqYWv
② 《释名》上日“门，幕障卫也”。幕：有遮挡，障：有阻碍，也有防盗功能，卫：有防卫的意思。
③ 古时街巷之门。 唐 白居易 《失婢》诗：“宅院小墙庳，坊门帖牓迟。”《旧唐书·五行志》：“今暂逢霖雨，即闭坊门。”

1 院落的宅门装饰

宅门即入户或住宅的主要入口，由门套、门板、门楣、门冠和门柱等内容组成。宅门是家庭对外的窗口，也是地位和权利的象征。宅门在石库门建筑群中已经成为最主要的装饰构件之一（图 2）。

图 2 石库门宅门图片（图片来源：自拍／自绘）

1） 门套：早期石库门门套常用苏南及宁波一带的石料，后期石库门门套改用水泥或汰石子材料。门套有水泥砌筑、西式半圆壁柱和砖砌壁柱等形式。在构建中突出建筑的厚重与凹凸层次，从照片和绘制的图中，不难发现石库门建筑门套以三角形、矩形、半壁欧式柱体造型和前后叠涩横饰带为主要装饰手段，保持门界面的前后层次，以不同材质和白色、红色等色彩变化，突出门的基本造型，墙和门套从材质、颜色形成鲜明的对比，显得华而不繁。

2） 门板：石库门建筑的门板一般采用 5~8 厘米厚的实木制作，对开双门，门宽为 1.4 米左右，门高 2.8 米左右，以木摇梗启闭，门面采用中国传统的黑色漆，门上装有铁环或铜环一对，门板附有精美的浮雕。这种浮雕在我国已经有着十分悠久的历史。早在宋朝刘敬叔在《异苑》卷十中写道：“魏安釐王 观翔雕而乐之…… 吴客有隐游者闻之，作木雕而献之王。”①可见，雕刻艺术在我国历史上早就被推广运用，它不仅为皇家权贵服务，更为民间所喜爱。其中，门板雕刻源自中国传统文化，是户主显赫地位的象征。从材料上观察，门板所用材料是易于雕刻装饰的木料，手法细腻。石库门建筑的宅门门板浮雕主要采用了我国传统的唐草图案和几何图案等，继而保留了中国传统的历史文化记忆。

3） 门楣：是石库门建筑装饰的重点，由于受到西方建筑影响，多采用半圆形、三角形、弓形等单独适合体并簪入装饰纹样，后来逐渐改为长方形的门。在石库门建筑中门头与门楣有时是融为一体的。早期石库门门楣部分常模仿江南民居中“仪门”②的形式，传统砖雕以及青瓦压顶都是其典型的门头式样，而新式石库门则受西洋建筑风格影响较重，装饰纹样形式花样繁多且风格各异，也是石库门建筑装饰中最有特色且最具代表性的部分。总而言之，新式石库门在建筑装饰风格上更为西方化了（图 3~ 图 5）。

4） 柱体：石库门建筑样态主要受欧洲建筑文化的影响。尤其是在建筑中的宅门和坊门，可以清楚地看到欧洲罗马柱式的影子，这也体现了当时外来文化对上海区域的侵入。石库门建筑门式上使用的柱体是以装饰功能为目的。柱式是一种建筑结构的样式，一般为柱础、柱身、柱头（柱帽）三部分。在欧式建筑艺术的源泉和宝库里，最为重要的是古希腊的建筑柱式艺术。

图 3 欧洲门 a（图片来源：《欧洲的门》）

图 4 欧洲门 b（图片来源：《欧洲的门》）

图 5 上海石库门门式（图片来源：自拍）

① 来源网络百度百科．http：//baike.baidu.com/link?url =TUa0Orzx1lMigA2gaCgCKmVSRWr_

② 仪门是县衙的礼仪之门，取孔子三十二代孙孔颖达《周易正义》中“有仪可象”之句而得名。

古希腊“柱式”的规范和风格特点是追求建筑的檐部（包括额枋、檐壁、檐口）及柱式（柱础、柱身、柱头），在尺度上也有着严格和谐的比例。古典柱式共有5种：多立克式、爱奥尼克式、科林斯式、塔司干式和复合式。其中最典型的古希腊柱式是多立克式克、爱奥尼克及科林斯柱式。在石库门建筑中，我们可以鉴赏到这些古典希腊柱式艺术元素的存在。由于当时社会经济的制约和政治动乱，石库门建筑对宅门和坊门的柱体装饰有所简化。我们从（德）威尔弗利德•科霍所著的《建筑风格学》中欧式柱体的图解便可以清楚地感悟到上海石库门建筑中被简化了的欧式风格柱体（图6）。

2 复合体的坊门装饰

石库门建筑中坊门是里坊的入口，同时还具有区域划分的功能。唐朝盛时，我国城市均采用里坊制，城内街道纵横交错，

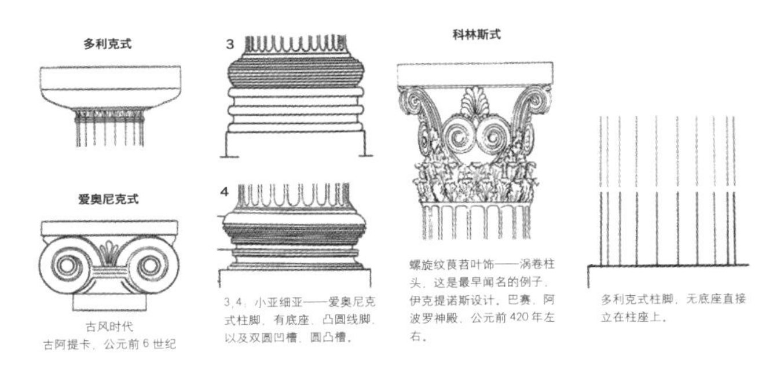

图6 欧式建筑柱式（图片来源《建筑风格》）

由道路将建筑群划分成若干个方形居民区，这些居民区被称为“坊”。白居易在《失婢》诗中我们就看到有“宅院小墙庳，坊门帖牓迟。”①的记载。在20世纪初的上海，坊是划分城市居民居住区的基本单元体。从街道布局看，“坊”与“坊”之间有墙相隔，坊墙中央设有门洞，以便通行，因此人们通常称为“坊门”。上海石库门里坊一般设有多个出入口，即：一个总弄“坊门”和多个支弄“坊门”，为里弄住户的出入提供方便。

石库门建筑“坊门”由门套、门楣、牌匾、壁柱等组成，并依托于弄堂空间建成。大多数石库门建筑的弄堂坊门上做了多层砖砌之枋或绘有图画纹样装饰，例如用来比喻福、禄、寿等吉祥寓意的图案题材——松、竹、梅、鹿等。砖雕装饰上的书法题词也同样以吉祥为主题，例如“吉星高照”、“紫气东来”等。部分早期老式石库门坊门由于建造时间较早，融合了过街楼的形式，与传统的牌坊和牌楼非常相似，上面刻有传统砖雕艺术。除此之外在坊门上标有汉字的街坊名称，如“步高里”、“春阳里”、“志成坊”等（图7）。

图7 石库门建筑坊门老照片（图片来源：自拍）

1）门套：坊门与宅门的门套有许多相似之处。其功能的区别在于它是里弄的群体出入口，其尺度、体量都大于常规门套，线条以简单直线为主，套角带有弧线，门楣上有中式建筑的式样，也有欧式风格的叠涩横饰带构成，门套采用左右对称，在总弄“坊门”上还设有左右两个小的装饰门洞，弄堂坊门连接建筑山墙。因此，门套基本上是嵌在楼宇之间的通道中，其功能一为街坊人群提供出入，功能二为区域划分的界碑。门套的材料与宅门的材料基本相同，为水泥或汰石子等材料。

2）牌匾：牌匾是“文化的标志，也是身份的标志。它广泛应用于宫殿、牌坊、寺庙、商号、民宅等建筑的显赫位置，向人们传达皇权、文化、人物、信仰、商业等信息。”②上海石库门的“坊门”与建筑结构融为一体，自成一格，别具风采。在“坊门”的顶端布装以书法、浮雕、线脚以示标识作用。牌匾借以中国传统的透雕、高浮雕、浅浮雕、平浮雕、阴线刻等石雕技法，以多种艺术手段来展现，还熔古人之封建礼教、生活理念及民风民俗于一炉，使之上海石库门建筑坊门上的“牌匾”为石雕工艺品，从审美价值来看具有较高的艺术视觉性，以及丰富而深刻的历史文化内涵，是多元文化的聚交点。

3 石库门建筑“门式”的特征分类

“宅门”与“坊门”都是上海石库门建筑的标志。通过大量实地调研和历史图片分析可以看出，“门式”在共性中存在着明显的差异，上海数以百计的石库门建筑中很难寻找到完全相同的“门式”。这其中最为主要的不同来源于石库门门套及门楣装饰纹样的差异性。

从门的外形上来看，石库门建筑门楣装饰基本分为简单型和复杂型两种。第一种仅在门框上方用砖块做一些简单的装饰；

① 蹇长春．白居易《失婢》诗考辨[J]西北大学学报（社会科学版），1992.6：23
② 来源网络百度百科 http://baike.baidu.com/link?url =ElQ9-khP40xXl1DOsEaWplzQqBl2XCzDut0gnl8O9sBVXNqFHtkLthdNxDEZMpjk#re

第二种相对复杂一些，有长方形、三角形、半圆形等不同造型。从质地上来说，石库门宅门基本采用汰石子、水泥砌筑和砖砌筑等材料建造。笔者通过对文献以及资料的搜集整理，总结出四个典型的石库门“门式”基本特征，可以说是代表了上海石库门民居建筑成百上千种的“门式”风格（图 8~ 图 11）。

图 8　圆拱型门楣（图片来源：自拍）

图 9　三角型门楣（图片来源：自拍）

图 10　平直型门楣（图片来源：自拍）

图 11　复合型门楣（图片来源：自拍）

1）圆拱型门楣：带有明显的文艺复兴时期风格。

2）三角型门楣：花饰受到中国传统纹样的影响，但整体感觉带有欧洲古典主义味道，有一些则是接近于江南民居“仪门”的感觉。

3）平直型门楣：装饰纹样较简洁。带有新古典主义艺术风格，同时又融入了中国化的花饰。

4）复合型门楣：一般在上述三种门楣样式基础上增加尖形、矩形、三角形顶盖，西方建筑风格明显。

由此可见，上海石库门建筑门的样态体现了一定的设计定律，反映了一定历史时期人们对美的理解和诉求，也反映对西方文化的向往。在某程度上更体现了当时上海区域政治、经济、文化和移民的多重融合现象。

4 结语

装饰作为一种社会现象兼有技术与文化特性，同时体现了人们对美的追求。从古至今，人们对于装饰的热情似乎从未衰减过。英国著名美学家、艺术史家贡布里希(E．H．Gombrich) 认为：“这种创造性活动证明了人类喜爱节奏，秩序和事物的复杂性”。①任何时期的建筑装饰与其艺术文化背景都是密不可分的，更是对当时审美观念的反映。石库门的建筑装饰主要体现在空间围合的界面上。界面作为空间外在形式，本身具有显性特点，它将人们抽象的设计意义转化为具体形象，成为一种既有符号与象征意义的图形。上海石库门建筑装饰形态的类别是多样和丰富的，它源自于中式和欧式的建筑装饰元素，其主要功能不仅在于以形象反映石库门建筑“中西合璧”的性格特征，同时也是满足当时人们的审美需求和生活价值观的体现。而如何记录和保存这一海派历史文化，是值得我们艺术工作者深思的。

参考文献

[1] 娄承浩，薛顺生．老上海石库门 [M]．上海：同济大学出版社，2004，12．

[2] 伍江．上海百年建筑史（1840—1949）[M]．上海：同济大学出版社．1997．5．

[3] 杨秉德．中国近代中西建筑文化交融史 [M]．武汉：湖北教育出版社，2003．

[4]（英）沃特金．西方建筑史 [M]．吉林：吉林人民出版社．2004．

[5]（德）威尔弗利德·科霍．建筑风格学 [M]．沈阳：辽宁科技出版社．2006．10．

① 房志勇，林川．建筑装饰 [M]．北京：中国建筑工业出版社．1992．

度假酒店设计与空间体验

——浅析空间情节的运用

韩军　内蒙古科技大学　副教授

摘　要： 良好的体验性是度假酒店设计的重要评价标准，也是设计的目的，同样是使用者留下美好记忆的因素所在。"空间情节"是产生良好体验的催化剂，通过一个实地调研，分析了空间情节在"度假酒店设计"中的运用及与空间体验的内在关联性，从而研究空间情节理论的应用性，为度假酒店设计提供新的视角，为实现其良好"体验性"创造新途径。

关键词： 空间情节　度假酒店设计　体验性

运用空间情节可以唤起感情上的反应与感受，丰富扩展空间的内涵与体验的深度，同时增加度假酒店体验的参与性与趣味性，从而提升度假酒店的品质；本文通过对南昆山十字水假酒店的实际调研，以空间体验的方式对其空间情节线索的提取、编排与运用做了深入的了解认识，浅析了空间情节如何运用到度假酒店的设计当中。在空间体验中建立场所感，发展空间情节的运用，探讨度假酒店设计的新视角与方法。

1　空间体验与空间情节

(1)　空间体验是通过个体参与、经历，亲身尝试而产生的内在认知和心理感受，它可以是一种通过感官刺激而引发的心理活动，也可以说体验是一种经历或者一种可以被激发的东西。从本质上看，"体验"就是指难以忘记而又有价值的经历。

(2)　空间情节是对空间各要素在功能与活动次序上进行合理安排，从而诠释情节，诠释空间的功能和意义。陆邵明先生指出：空间情节源于生活体验的更高层面，目的是唤起感悟，架起幻想和记忆的桥梁，在发展体验中获得秩序感、场所感，到达体验中审美的高度奠定升华平台，获得场所精神空间，是实现场所精神的媒介。

空间情节源于空间体验，体验通过空间情节的深入而不断自我加深，二者之间是相互依存的关系。具体来说，一方面空间情节并不是凭空出现的独立体，而是在空间体验中通过体验感知和体验认识提炼出的结果。没有产生体验效能就不会触发空间情节的展开。另一方面随着空间情节的不断丰富、情节线索的运动趋势不断改变，带给参与者的体验映像和情感体验也就越发深入和细腻，体验在空间情节的作用下达到新的认识高度。

图 1　南昆山十字水度假村

2　空间情节的运用（以南昆山十字水生态度假村为例）

十字水生态度假村，位于广东省龙门县南昆仑山国家森林公园内，整座山布满百种繁茂植被和多种原生林，盘山而上的大山深处，由双溪交汇处的 2500 余亩谷地精心雕饰而成，十字水由此得名。中国传统客家夯土墙结合竹子建筑工艺，接待船坊、客家土屋、风雨廊桥、碉楼等一一呈现，在竹林与溪间，建筑与自然在这里充分和谐，完全是一个理想而又具现代感的岭南山居图。

2.1 细部线索中的空间情节

十字水度假村核心地入口处，路边一段护坡挡土墙被设计成用各种山石拼砌的景观墙，正对着主入口——巨型竹结构廊桥；这段墙体并不十分高，比不上中式传统建筑布局，大门外照壁墙没有高大的气势，而是谦和自然的设置在那里，它的背后是密密的竹林。尽管如此，它的确是设计者精心的空间编排，这个场景中主题道具材料在细部处理上也可谓相当周密，从地面铺装到墙体砌筑，虽然都是普通山石，但表现手法是各有千秋：虚实结合、乱中有序。更有趣的是并列放置的三个外方里圆的斗型石盆，上端被墙上嵌着三块方形石板，中间分别插上一根竹竿，水从三个斜口竹竿中流下，形成了自然溢水，这是客家民间常用的取水方式，在这里经过艺术加工，十分动人，充满生活情节。这里着重分析的是石墙上嵌的三块青石板，每块板上分别雕刻着一首唐诗，“十字水”中的题材情节主要出自这三首唐诗的内容：刘禹锡的《同乐天和威之深春二十首》“何处深春好，春深种莳家，分畦十字水， 接树两般花”；白居易的《题小桥前新竹招客》“雁齿小虹桥，重檐低白屋，桥前何所有，苒苒新生竹”和王维的《山居秋暝》中“空山新雨后，天气晚来秋，明月松间照，清泉石上流”。这种看似随意的放置，却蕴含了设计者更深层的用意：在竹廊桥前编排一段非线性的交叉的剧情线索，通过时空的转换来实现以诗说事（包括明说和暗说）——以事对景（诗中有画，画中有诗）——以景生情（情景交融）——以情生境（人在画中游）——情节体验（目的）。设计师在这里采用蒙太奇艺术手法，以这三首诗为题材线索，将历史情节与生活情节、地域情节及审美情节交替编排显现，浓缩出这幅“清泉翠竹山居图”的优美意境和体验游走线索图：竹廊桥（起点）→船坊（接待）→竹韵厅（茶餐厅）→竹廊→ SPA →浣溪别墅→竹塔（观景台、观星塔）→石桥→篱园别墅→栈道→竹廊桥（终点），线索中每一个场景都是以围绕和强化主题概念为目的展开的。这里既是起点也是终点：实际它是十字水度假村这本回味无穷的书的前言、目录和结语，一个特殊编排的细节场景；使得此空间与彼空间、现在与过去、现实与虚幻、收与放之间都得以穿插渗透，使参与者通过这个细部节点对整个“山居图”场景有了未读先知的深刻感悟；如果观赏者对诗句等背景知识再有一定的了解，那么对此度假村的认知共鸣会更加强烈，所获得的深层体验也就更加强烈（图 2）。

图 2 南昆山十字水度假村核心区入口对景墙
（充满生活情节的景观墙实为一幅体验游走线索图）

2.2 竹韵场景中的空间情节

走进十字水，可以说是绿色海洋，竹的世界。自然“竹”是这里体现主题场景的重要道具之一，“桥前何所有；苒苒新生竹”，不仅直接描绘出这里竹子的繁茂景象，同时也巧妙介绍了“竹桥”存在的深刻意境。哥伦比亚建筑家 Simon velez 设计的竹桥是十字水的标志性建筑，在世界上仅有三座，在中国只此一家。巨大的桥体由一千四百多根直径十二厘米的竹子交叠构造，不是传统中国桥梁形式，而是夸张的伞状结构廊桥，人字形黑瓦顶结合竹子骨架构成巨大的穹形桥体，形式与用料凸显南方民居的建筑形态与特点，同时现代风格中还透出些印加酋邦的辽远古意，独具特色的竹子框架组合、直线与弧线交叉出现、变中有序，在细部结点组合上也是独具巨心，序列排布中层次极为丰富，光影效果更是变幻无穷。这种巧妙的选材用料不难看出融合了深层次的生活情节，将单一的主题道具组合下的主题场景，变得丰富多彩、意境深刻，使建筑在翠竹间自然存在，遥相呼应，将这个高大雄厚的空间创造出让观者震撼的东方神韵与审美效果，达到过目不忘的艺术感染力，极具场所精神。

过了桥即是接待区的中庭，两边一对方形水池，水池和地面几乎完全平齐，平如两块镜面，映出天空与云层（图 3），两池边的白色船舫建筑形态与竹桥相呼应，这是竹韵茶室和大堂吧的所在，高高悬空的大尺度人字形黑瓦屋顶同样是由伞状结构的粗竹竿支撑，宽大的屋檐既通风又隔热；同时也是地域性建筑的传承与发展的体现，尤其“竹子”这一题材线索的巧妙运用是连接空间各部的强力纽带：“雁齿小虹桥，重檐低白屋”；白居易这首《题小桥前 • 新竹招客》难道是专为今天的它所做？这里显然是一种笑谈，但这首诗确实是作为这里的主题题材，是创作思想的来源。设计师对诗中意境的空间体验，经过主观加工提炼及情感上的升华，将此空间情节注入这个场景之中，达到空间秩序的和谐统一，做到了形神兼备，而且对空间情节的编排程序也做到如诗所叙，成为酒店功能分区设计

图 3　南昆山十字水度假村桥前迎客

的线索，这种戏剧性的编排，更加强调了主题场所的特征与感受，强化了意境与现实空间的关联性与实践性，这个由主题道具——竹子建筑和水围合成的场景具有很强的视觉冲击力，在不大的占地空间内形成一个朝天敞开的奇妙格局，在两块精心设计的镜水映照下将天空、群山、桥、建筑等全部景物倒映在其中，没有丝毫分界线，创造了天地共融的意境，创造了场所精神、突出了空间主题，达到体验的极致。

“风雨长廊”地处度假村的中心腹地。顺山而建相互蜿蜒起伏总长 200 余米，几乎贯穿整个度假村横向空间；中间被接待区后厅隔断，分为左右两段，各段长廊的头、尾和中间都设有回音亭，自然相连；仍为粗竹材料，上分三叉形指点柱结构，檩与梁架全部是竹竿结构搭接，人字形顶部仍是土瓦覆盖；回音亭是八角形顶与长廊相连接，整体结构形态与接待厅屋顶形式相呼应，顺地势自然起伏、趣味横生，是度假村内一道靓丽的风景线。显得亲切自然，富有生活情节又新颖独特充满艺术气息，吸引游者进入这个充满诱惑力的体验场所。这个场景的编排，它既是一个在空间转换中起连带关系的景观建筑，又是一个与度假村内环路相并行的功能建筑，它不仅美观而且实用，可以挡雨、防晒，也体现设计者对度假者细致的人性化关怀。“风雨长廊”（图 4~ 图 6），既是场景的主题又是情节的所在。走在其中回味人生长路，仿佛穿过了春、夏、秋、冬，日落日出、月明圆缺；每当停留在回音亭处那荡然的山响，不经意地平复内心的尘世烦恼，将时间、生命与自然融在这空间中，营造出一个有情节意境的场所，深化了主题概念体验。

2.3 浣溪别墅中的空间情节

没有进院就已经被诗意的浪漫所吸引，这是别墅名称带来的空间悬念、情节的缘起。走进夯土墙围成的客家小院，里面别有洞天，室内布置人性合理，设计上采用空间风格一体化手法：内外空间互动有序、取材用料简单和谐、色彩关系淡雅统一、装修配饰尊重主题、家具织物亲近自然，整个室内空间清爽温馨；手工缝制的垂帐和天花上的吊扇，环保同时也是人性化设计的体现，既防蚊虫且独具亚热带浪漫风情。室内与外界的沟通窗口设计十分合理，无论使用者是靠坐在床头还是倚在床边的小榻上，是坐在写字桌前，还是慵懒在舒适的沙发里，抬眼望去皆是一片静谧美丽的原始次森林。推开窗扇，山风拂面、竹影映心；“是风在动，还是心在动”这是东方人所熟悉的禅宗意境，让人悠然神怡；与其说是感受，还不如说是基于深层体验的哲学思辨，起到很好的借景入室的功能效果，室内外空间秩序达到和谐美好、格调一致，留下深深的窗口情节记忆。宽大的亲水阳台脚下是涓涓的溪流，听着那潺潺的流水声，突然体会到前面“浣溪”的意境含义——“岭上千岭秀，江边细草春；今逢浣沙，不见浣沙人……”此情此景很容易让人顿悟冥想。小花园一角的露天淋浴，除了能带来一身的清爽，还可以勾起对过去生活片段的追忆，或是对曾有影片镜头里故事的联想——浪漫而朴实的体验。最浪漫处是露天浴缸，夜晚可以躺着数星星、听虫鸣鸟叫、想想儿时的记忆；这就是十字水的主题魅力特点，就是躺在房间里都能感受到大自然的呵护与问候，当然这些动人的心境体验是设计者对空间情节的悉心采集与编排，才会有这些动人的空间场景的出现。

通过对“十字水”的度假体验之后会发现，十字形外围线实际上就是围合成一个度假村的意象区域，寓意深刻地勾勒出一幅“清泉翠竹山居图”，同时也归纳出这就是“十字水”的生态主题概念，也点明“山”、“水”、“虫”、“竹”、“鸟”、“建

图 4　十字水竹林

图 5　十字水风雨长廊 01

图 6　十字水风雨长廊 02

图 7　十字水度假村浣溪水别墅

图 8　十字水别墅室内

图 9　南昆山十字水度假村客房建筑与自然环境

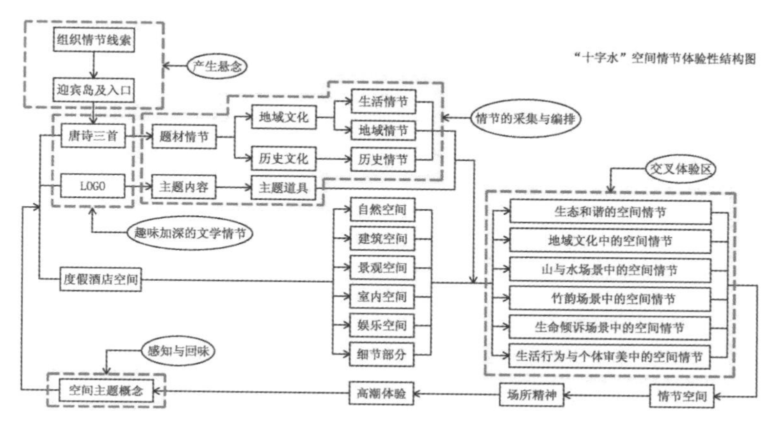

图 10　十字水度假酒店空间体验性结构

筑"是构成这幅图的几大要素，也就是整个"山居图"场景中的主题道具与情节材料。从建筑与自然关系主题来看，十字水生态度假村的空间设计，立足以人为本，采用了一种积极向上、面向自然环境的设计主题与策略。设计主题概念源自基地的自然特征与地方文化生活的传承，而且这一概念基本从始至终地贯彻到每一个细部。首先层层叠叠的原生竹林和清澈传情的自然小溪及人工池塘，还有排布有序的竹桥、船舫、竹塔、亭轩、长廊与山屋，既是岭南园林和客家生活中常见的传统特色，又是现代筑造的新技术工艺、新结构造型的结合；其次是变幻无穷的空间和五官感受到的大自然中的生灵世界；最后是亲切巧妙的细部与主题道具材料（地方的土生材料及艺术加工）。充满着主题情节的不同空间场景，让人留下意境深远的印象，但个别场景与细部也存在缺少情节编排和情节表现力差的遗憾。十字水度假村将人工与自然、建筑与环境、室内与室外、意境与现实融为了一体，进行了统一精心设计，每一样主题道具与陪衬道具，无论是功能还是形态包括尺度都是为度假村量身定制的。另外，系列空间及序列的编排都具有诱惑力，随着不同空间的变换都让人深刻地巧妙融入其中，感受到地域文化的独特情趣与自然生态，各种充满主题情节的场景能诱导或调整度假者对整体度假酒店空间的感受与体验；也是为度假者营造一个极富感染力的休闲场所，同时也营造了一种回味无穷的生活方式（图 10）。

运用空间情节可以唤起感情上的反应与感受，丰富扩展空间的内涵与体验的深度，同时增加度假酒店体验的参与性与趣味性，从而提升度假酒店的品质；在空间体验中建立场所感，通过空间秩序的编排达到有感染力的空间结构。

参考文献

[1] 陆邵明．建筑体验——空间中的情节 [M]. 北京：中国建筑工业出版社，2007.

[2] 谢佐夫．体验设计 [M]. 纽约：新读者出版社，2001.4.

[3] 约翰·O·西蒙兹. 景观设计学——场地规划与设计手册 [M]. 俞孔坚译. 北京：中国建筑工业出版社，2000.

[4] 黄献民．生态·旅游·度假村 [J]. 建筑学报，2004.427(3)：26—28.

[5] 朱千华．雨打芭蕉落闲庭·岭南画舫录 [M]. 北京：北京航空航天大学出版社，2010.2.

[6] 张耀翔．感觉、情绪及其他——心理学文集续编 [M]. 上海：上海人民出版社，1986.

[7] 王一川．意义的瞬间形成 [M]. 北京：山东文艺出版社，1988.

[8] 唐纳德．设计心理学 [M]. 北京：中信出版社，2002.

[9] 布莱恩·麦克多．诺托马斯·赛克斯．酒店建筑 [M]. 北京：中国建筑工业出版社，2007.

叙事之辩

——湖北美术馆文献展空间设计衍变实录

何东明　湖北美术学院　教师
周　彤　湖北美术学院　教师
何　凡　湖北美术学院　教师

摘　要："空间——功能"与索绪尔符号理论中"能指——所指"是平行的概念，而"空间——功能"作为设计的符号系统，构成了设计的叙事文本，在罗兰·巴特的叙事理论中，文本因结构划分的不同语义单元形成了不同的叙事形态，因而，结构成了叙事的核心。对于设计而言，"事件——结构"的范型是其叙事理论在设计中的镜像，其中事件是空间与功能结合的产物。叙事的模式在于其结构性，从广义上来讲叙事模式有两种潜在的结构：一种是"中心——线索"向心模式的，另一种是"单元——差异"平面模式，作为对于两种模式解读，本文选取湖北美术馆文献展空间设计实例，以阶段性的设计条件变更所形成的设计方案辨析其空间不同叙事结构的内涵。

关键词：空间　功能　文本　结构　叙事模式　辨析

1　缘起

湖北美术馆悉心筹备了湖北美术百年文献大型展览，并于2012年5月至10月期间，特别委湖北美术学院环艺系主持该文献的展呈设计。通过学术讨论，集思广益，最终确定了展呈设计方案。这其中有两次较大设计衍变，主要是集中在空间的组织模式上，回顾整个设计流程，针对展呈空间的叙事模式我们进行深入的辨析与梳理，并形成此文。

2　叙事 / 结构

时间是历史的线索，在时间与艺术事件的交叠之中，艺术事件形成了时空结构，结构既是不同时期意识形态的集中反应，也构成了艺术史的叙事框架。

湖北美术百年文献从编年的线索上可以划分为："民国美术"、"新中国美术"和"新时期美术"，三个不同时期形成了该文献展呈的基本单元。从叙事的功能上来说，展呈的形式就是对三个基本单元的组织与分布。对于现实条件中的四个400㎡展厅空间分配三个基本单元是设计的主要矛盾，如果不加思索，设计从"功能——空间"的范式来组织展呈内容，设计模式不外乎先根据展呈流线长度确定空间、展呈意向，然后根据展呈单元选择展呈形式，最后根据空间意向形成不同构造细节（图1）。

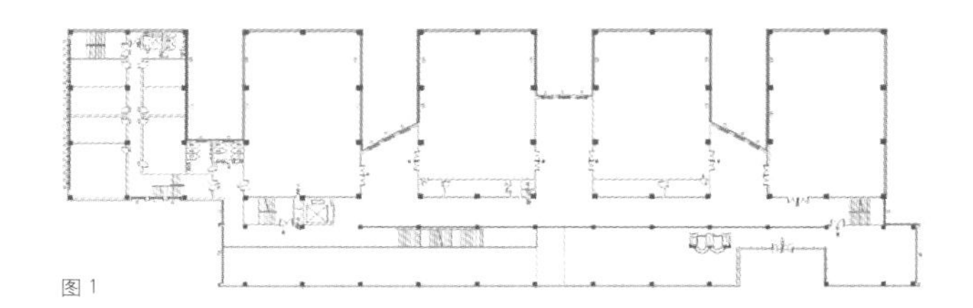

图1

显然，这种时间线索规定性的模式不仅从逻辑上解决了空间分配问题，也将展呈作为媒介指向了叙事的中心，它不仅确立了叙事的主体性，也通过时间的脉络向公众传递了预设的价值体系，从这个角度上来说，叙事的话语权是与公众绝缘的。

但作为一个面向公众的美术文献展，从事件本身上来说，完全不用过多的宣誓叙事的价值体系，而是尽可能地将展呈的解释权交给公众。这就要求展呈的形式回归到罗兰·巴特的"零度写作"方式。展呈是展呈本身，展呈的内容只是文本。

从上述的争辩中，我们可以看到，叙事逻辑转向了两个方向，一种是中心 / 线索的范型，一种是单元 / 差异的范型。这两个方向理论指向实质是本质主义与结构主义。对于中心 / 线索的范型，核心提要是通过线索指向叙事的中心，揭示意义，空间的设计必然遵循流线的走向；而单元 / 差异的范型更多的是关注叙事的结构，结构的主体是缺失的，叙事的意义是通过结构揭示，其空间的设计只是将不同的功能平行并置。可以看出，二者最本质的区别在于叙事的主体性的归宿，第一种叙事的主体是展呈话语者，第二种叙事的主体是公众。

在梳理了两种叙事框架基础上，我们对展呈空间设计有了批判性的认识，其中涵盖两个批判提要：主体及叙事模式。对于湖北美术馆文献展空间设计衍变过程恰好验证了两种叙事模式的转向。

3 模式衍变

3.1 模式之一：中心 / 线索

展呈空间设计之初，我们将公众的流线设定为由左到右的模式，这主要是基于左侧的人流是美术馆的主要流线，右侧尽端的流线有垂直交通系统可以直接在观展后回到一楼大厅，这样可以形成一个与展览关联的闭合流线。在内部空间的组织上，我们严格按照湖北美术馆学术部门整理的文献时间线索划分了整个展览流线，并希望通过不同时期的空间气氛隐现不同时期的主题（图 2）。

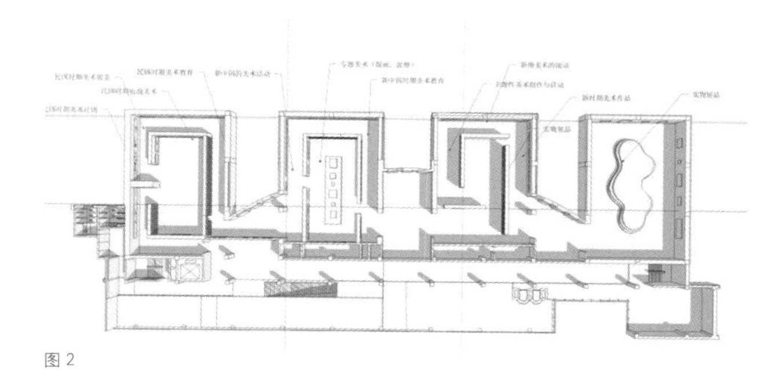

图 2

很显然，上述的策略关键词是主题与流线，而整个空间的叙事指向就是以艺术史实为线索呈现不同时期的展览主题，这种中心 / 线索的模式可以追溯到弗兰克·莱特的古根海姆博物馆的螺旋式空间，路易康的以色列密克维•以色列犹太教会堂的“伏特”空间，拉斐尔·莫里欧的罗马艺术博物馆等的设计，这些空间的建构无不昭示着空间叙事的主题性或是仪式性，显然这种空间是具备“主旋律”色彩的。但如此一来，美术文献展坠入到了博物空间的模式中，毕竟从整个展呈内容上来说，除去文献资料外，还包括部分艺术作品的展览，而且文献展的空间语境是美术馆，由此看来这种“主旋律”的模式是有待商榷的。

与此同时，我们所规定流线不一定符合观展空间的设计条件。具体来说有以下几个方面：首先建筑在入口空间的左端并不存在较大的尺度，这使得将空间改造的可能性较小，而且在人流流向右侧的空间时会有可能与入口空间流线交叉，这样会使口部空间的组织变得更为复杂；另外，现实中建筑的口部空间是在中间两个展厅之间，如果要基于中心 / 线索的模式组织空间，那就会先由左到中，再由中到左，然后再由左到右，这样一来会使流线变得异常迂回，空间的划分也会变得复杂混乱。

从以上的思辨中我们将展呈空间的设计转向了另一种方向，即单元 / 差异的模式。

3.2 衍变之二：单元 / 差异

入口空间的选择成为第一种模式的最大难题，我们也很难想象将入口空间设在中间的如何组织流线？但如果将入口空间置于展厅中间是有良好的外部条件，一方面直跑楼梯与右侧电梯的人流都可以轻松抵达集散，另一方面中间部分刚好有前厅空间的过渡，设计可以利用前厅部分形成外部展呈中心。

基于现实条件我们完全可以将入口空间置于外廊的中心，选择单元 / 差异的空间模式。从展呈文本来说，它本身没有必然的先后历史逻辑，因为文本仅仅是文本本身，是一套能指的符号集合系统，原始书写的主体已经缺失，或者是巴特所言的“作者已死”。以此来说，我们的空间设计似乎变得更为简单，文本约定的叙事结构中，时间只是一种结构，人物，观念等都可能构成为其中的一种结构，只是时间的结构是一种最容易识别的叙事模式。

如此一来，空间的组织不过是基于差异性的功能单元划分的结构而已，叙事的权力也还给了公众。于是在设计中，空间成了艺术事件功能单元的拼贴元素，它可以在平行的空间中自由连接。为此，我们将入口空间扩大为一个理想的序厅，使它与已存的四个展厅并置，观众可以从任何一个展厅开始观展并回到序厅，再选择自己关注另一个展厅；观众也可以选择顺序，

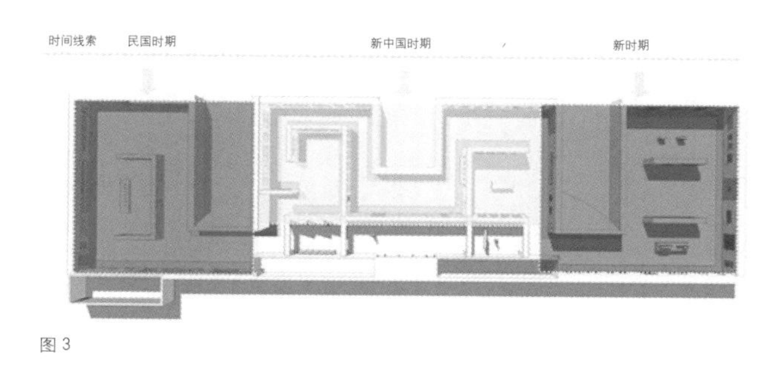

图 3

插叙，倒叙的不同方式观展，而且每种的叙事意义都不同，这也使得文献展有了充分的互动性（图 3）。

在单元 / 差异的空间模式中，观展变成了趣味性的阅读，犹如信手拈来的《看不见的城市》，阅读者完全不用关心页码次序，随意性的选择阅读却忽明忽暗走进了那座“城市”。其实，卡尔维诺所展现匿名的城市就如同我们眼下的这部神奇的艺术文献，阅读者既作为文献的主体，也作为文献的客体，他们自觉地塑造了一部来自湖北本土的匿名文献手册。

4 结语

回溯一个地方性的艺术史，是一个繁杂而细究的工程，从文献收集、整理、考证到展呈等，不觉让人望而生畏，但作为艺术事件的呈现，显然越全貌越好，只有这样才能将信息准确地传达到每个公众。文献展是一个零度写作的过程，也是作者出走的过程，叙事的主体来自于公众，意义的揭示在不同的叙事结构。为此，在整个空间设计衍变中，我们渐渐地明晰的两种空间的批判性叙事模式，一种是“中心——线索”的范型，一种是“单元——差异”的范型，前一种范型是空间在功能主义下的镜像，空间服务于意义；而后者空间是叙事的单元，阅读者也是其中之一的单元，它们差异性的并置构成了一个叙事文本。

当意义在空间中剥离，空间的模式渐渐被呈现，我们发现历史在空间的书写中一直存在两种价值的内核，一种是将空间作为意义的代码构造主题，人与空间是上下关系；另一种将空间和人作为叙事单元构造文本，人与空间是平行关系。也许，从文艺复兴时期圣彼得大教堂的“希腊十字”平面到密斯的“流动空间”恰巧佐证了空间在历史中叙事模式的嬗变。

浩浩絮语，此般赘述，却留给我们下了一个更深层的疑问：如果空间是意义代码，那么空间的话语权似乎永远不会走向公众，也许这种争辩才是最终的困惑。

参考文献

[1]（法）罗兰·巴特．恋人絮语：一个解构主义的文本[M]. 武佩荣，汪耀进译．上海：上海人民出版社．2004.

[2]（法）罗兰·巴特．符号学原理[M]. 北京：中国人民大学出版社．2008.

[3]（法）罗兰·巴特．S/Z[M]. 屠友祥译．上海：上海人民出版社，2000.

[4]（法）罗兰·巴特．文之悦[M]. 屠友祥译．上海：上海人民出版社．2002.

[5] 汪民安．谁是罗兰·巴特[M]. 南京：江苏人民出版社．2005.

[6]（意）卡尔维诺．看不见的城市[M]. 张宓译．南京：译林出版社．2006.

[7] 刘先觉．现代建筑理论[M]. 北京：中国建筑工业出版社．1999.

[8] 朱昊昊．路易斯·I·康与密克维·以色列犹太教会堂[J]. 建筑师．2007.128：33–39.

[9] 后德仟．莫内欧“反应建筑”的思想与理论[J]. 建筑师．2004.109：19–26.

仿生设计方法在展示设计中的应用研究

张俊竹　顺德职业技术学院设计学院　副教授

摘　要： 自古以来自然界就是人类各种科学技术原理及重大发明的源泉，仿生设计学作为人类社会生产活动与自然界的契合点。本文从研究自然界生物体存在的形态、结构及其象征寓意等的视角，结合展示设计三要素、展示设计与仿生设计关系，探索仿生设计方法在展示设计中的应用规律，赋予展示空间无限的创意，践行人们“崇尚自然、天人合一”的设计理念。

关键词： 展示设计　仿生设计　展示主题　仿生展示设计

1　仿生设计学与展示设计

1.1　仿生设计学

仿生设计学，亦可称之为设计仿生学，它是在仿生学和设计学的基础上发展起来的一门新兴边缘学科。它以自然界万事万物的“形”、“色”、“质”、“功能”、“结构”等为研究对象，有选择地在设计过程中应用这些特征原理进行的设计，同时结合仿生学的研究成果，为设计提供新思想、新原理、新方法和新途径。在某种意义上，仿生设计学可以说是仿生学的延续和发展，是仿生学研究成果在人类生存方式中的反映。仿生设计学作为人类社会生产活动与自然界的契合点，使人类社会与自然达到了高度的统一，正逐渐成为设计发展过程中新的亮点。

1.2　展示设计

展示设计是现代社会物质文明与精神文明的一扇独特的窗口，是人类文明发展的结晶，是人类文化的重要组成部分，它承载着几千年人类文明史发展的历史和传统。“展示”就是提供、呈现、陈列物品和作品，使优化的信息展现在人们面前，它不仅要求表现展品的信息、展品的内涵、展品的文化、展品的精神，还应具备展示信息的传播与受众间的互动性。从根本上说，展示设计的目的并不是展示本身，而是通过设计，运用空间规划、平面布置、灯光控制、色彩配置以及各种组织策划，有计划、有目的、符合逻辑地将展示的内容展现给观众，让观众理解展品信息内涵，使展品与人在展示的空间环境中交流对话，并力求使人接受设计者意图传达的信息。而展示活动是公众参与的活动，是主动的，公众在接受信息的同时反馈信息，是信息交流与传递的主体。

2　仿生设计与展示设计关系

展示是研究展品、展示环境和人三者之间的关系的。展品是展示的核心，是展示信息传达的主体；仿生展示设计是手段，展示空间是展示信息传播的媒介；展品是展示活动的基础和依托，是展示内容的载体，是展示的核心内容；展示的空间环境是展示活动的场所，包括场所的空间规模和形状、面积大小等；人是展示信息传播目标授众对象和展示的服务对象，也是展示艺术之所以产生、存在和发展基础。

2.1　仿生设计与展品的关系

展品是展示的核心，是展示信息传达的主体，而自人类产生以来我们就从未停止过对自然的模仿和崇拜。在设计领域，自然界的诸多元素已作为设计借鉴的宝贵资源，仿生设计的应用则更有利于提高展品的物质价值和精神价值，唤起人的自然情怀。为此，仿生展品设计已成为现代设计的潮流和趋势，已日益成为重要的产品设计方法。

2.2　仿生设计与人的关系

随着现代科学技术的日趋发展与完善，工业科技产品充斥着人们的生活空间，人们对展示的要求已不仅是对展示功能和质量的要求，更需要展示设计具有自然元素、生活情趣和人情味。另一方面，环境污染问题的日益严重导致人们对于自然的重视，并且呼吁采用绿色环保的生态设计理念。仿生设计手法将自然元素符号运用到现代设计中，带给人们心理上和视觉上的满足，更是人类传统自然哲学的延伸以及升华。

2.3 仿生设计与展示空间环境的关系

展示空间环境是一种具有主题意义的空间，是人与展品的“归宿”。由于展品特征各异，也就形成了不同主题内容的空间概念。空间是展示的容器和媒介，展示空间不同于一般的环境空间，它要把各种物品形态、媒介进行空间的重构组合，用某一主题连接相互之间的关系，用展示的形式语言来表现展品，让人们在特定的展示环境中对展品进行空间的阅读。从展品设计模仿自然、人崇尚自然，而作为展示的空间媒介，展示环境的设计为了突出展示主题、突出展品、吸引观众，塑造仿生展示形态的个性魅力，自然也具有仿生设计的必要性。

3 仿生展示设计定义

仿生展示设计从仿生设计学的视角出发，主要研究自然界生物（包括动物、植物、微生物、人类）和物质存在的形态、色彩、肌理、结构、形式美感、象征寓意等，在设计过程中有选择地应用这些原理特征进行设计，同时结合仿生设计学的方法，为展示空间的创意设计提供新思路、新思想和新方法。自然界生物千姿百态、无奇不有，为仿生设计提供了丰富的设计素材，仿生设计方法在展示设计的应用，满足了人渴望了解生物的猎奇心理，追求新颖、个性化的需求。仿生设计对生物的模拟与再创造，丰富了展示造型形态设计，突出了展示主题，营造出特定空间氛围，赋予展示自然、新颖、个性化美感特征。同时，仿生设计使得展示更具人性化的特征，把自然生物形态与现代设计元素融为一体，演绎生成全新的展示空间，赋予展示空间无限的创意，践行了“崇尚自然、天人合一”的设计理念。

4 仿生展示设计类型

4.1 展示结构仿生设计

自然界里有很多的生物体本身具有良好的结构特征和力学的体现，如蛋壳、气泡、树干、叶脉、骨架等。这些生物的形体结构开启人们对形体与力学的思考，引导人们对生物结构的模仿设计。展示结构仿生设计主要是对自然界中动物与植物的结构进行分析研究，从动物和生物结构中摄取结构、网状骨架结构仿生设计，蜂巢结构仿生设计，杆茎结构仿生设计，树状结构形态仿生设计，充气结构仿生设计（图1）。

图1　格兰仕展馆设计

4.2 展示功能仿生设计

展示功能仿生设计是根据展示的内容、展示的目标而对展示空间提出的展示功能要求，它往往是错综复杂的。人类经过长期的观察、研究发现自然界的很多动物、植物的构造本身具有非常科学合理的功能。最初，人为了求得生存，向鸟儿学习筑巢的本领，通过对鸟巢功能的模仿，建造了人类最初的仿生建筑，满足了人类的居住功能。从中可知，通过效法自然，有可能找到一个接近完全功能化的仿生设计，从而满足展示功能的要求。展示功能仿生设计可以分为：对生物体本身所具有的功能仿生设计和生物体静态与动态的功能仿生设计。

4.3 展示肌理仿生设计

任何展示设计都离不开材料肌理，肌理是展示空间造型的外衣。不同性质的材料肌理表皮都会呈现出不同的视觉性能特征，并给人以不同的视觉感受、心理联想及象征意义。即使是同一种材料，也会因它的形状、体积、重量、肌理、色彩或者是加工工艺等不同呈现出不同的视觉效果。在仿生展示设计创意中，对新材料的开发与应用是获得崭新的展示形态的重要因素，美丽的大自然为我们提供了无穷的材料，我们可以依据展示空间创意主题的需要而有目的地进行展示空间造型肌理表皮设计（图2）。

图2　浪漫一身专卖店设计

4.4 展示色彩仿生设计

色彩是造型形态的表情，色彩比其他设计要素更加敏感，具有强烈的视觉效果，能使消费者产生强烈的心理体验。色彩设计的目的是营造良好的空间视觉环境，传达展品特有的文化气息，表现展品的个性特征，准确地传达展品属性、内涵，营造赏心悦目的展示空间意境，吸引更多的观众。

不同的色彩可以引起人们不同的情绪反映并给人不同的感觉。展示色彩仿生设计主要依据展品的类别和展示主题氛围营造的不同，其展示空间色彩等仿生对象也不尽相同。如食品类展示空间，用鲜艳、具有食欲感的橙色系列、红色系列；电子产品类的展示空间，往往采用蓝色，因为蓝色给人神秘感、科技感、前卫感；经营化妆品的商店则采用梦幻的粉彩色系。由此可见，展示色彩仿生设计应该密切结合色彩的情感属性表达，仿生色彩的联想性与象征意义的表达（图 3）。模仿海洋、天空、森林色彩的设计营造了越野汽车驰程在蓝天下绿色的原野中，充分地表现了越野车越野性能和适应驾驶环境。

图 3 兰博基尼越野汽车展厅设计

4.5 展示局部与整体仿生设计

一般的展示空间都由若干个功能空间组成。按照重点突出、主次分明的原则，展示空间所有的形态都可以采用整体仿生设计手法来营造展示主题氛围，也可以根据展示表达的需要而对空间的某一部分的形态采用仿生设计手法，让仿生设计的形态与非仿生设计形态形成鲜明对比。

5 仿生展示设计原则

5.1 仿生原型意义与展示主题意义融合原则

从展示内容、展品、展示的主题意义出发，寻找与之相融合的生物体及生物形态所反映的符号语意。展示空间的设计可以通过外在的形态设计来表现，但没有与展示主题意义融合的形态创意设计是空洞的，是缺少生命力和展示魅力的。展示的形态语意如同音乐中的音符，正是这些音符构成的旋律形成了一首首千变万化的乐曲。仿生展示空间形态的设计是展示设计主题意义传达的基本单元，它是展示空间意境升华的原生物。仿生形态与展示主题意义融合的仿生设计创作过程是非常复杂的。设计师试图用生物的形态语意去传达展示的主题意义，设计者就必须充分了解原生物的文化内涵、衍生意义与展示本身属性、文化内涵、主题意义和目标观众的审美和理解力，从中寻找两者的共性和个性的元素，作为仿生设计的切入点。设计中一方面应充分认知原生物形态传达给我们的各项信息，深入地思考原生物形态语意；另一方面则考虑它如何和展示的主题意义融合。一般而言，传达模仿原型的信息，在于它的构思与展示语意传达的空间媒介、既定目标与表达方式之间转换和主题意义的完美融合。设计师应深层次地领略仿生物原型的真正含义，这种含义可以是仿生物原型的内含义，也可能是其外在的象征语意和精神内涵的表达，而绝不可能只是对外形特征简单的模仿。

5.2 适度仿生设计原则

仿生展示设计中，“仿生”还要有一定的适度性。适度的仿生既可以避免因展示造型不充分所带来的造型形态的不统一性，又能减少由于过度的强调仿生而造成的形态语意的传达不清。这个“度”的把握主要根据展示形态语意传达的目的来衡量。自然形态丰富多彩，面对仿生原型特征的选择只能是选其具有代表性的或是其中某一部分的形态特征来模仿，而不是对仿生物原型的简单重复设计，只有经过抽象概括和提炼后进行适度的形态仿生才能准确地传达展示理念。而仿生的展示形态要被有效识别，必须满足以下两个条件：第一展示的形态必须清晰地呈现仿生原型；第二展示的形态造型必须与对应的仿原型有相似性，也就是将设计的展示形态与记忆库中的各种形态原型进行比较，一旦与某个形态原型形成匹配，形态的仿生原型就被识别了（图 4）。

图 4 Fornarina（弗娜芮纳）服装店展示设计

5.3 仿生展示形态设计与展示功能相统一原则

展示的形态与展示功能是不可分割的，是骨与肉的关系，骨决定其形，肉是形态的表象，二者相互依赖，相得益彰。展示空间功能设计是核心，展示形态是展示信息传播知觉表情，同时展示形态对展示功能具有反作用。展示形态的塑造应能符合展示目标受众对象的知识背景、审美情趣，正如一幅好的国画作品以留白的形式给人以无尽的遐想。在实际的创作设计中，展示的形态设计与展示功能设计对展示信息的传播影响最为广泛（图 5）。

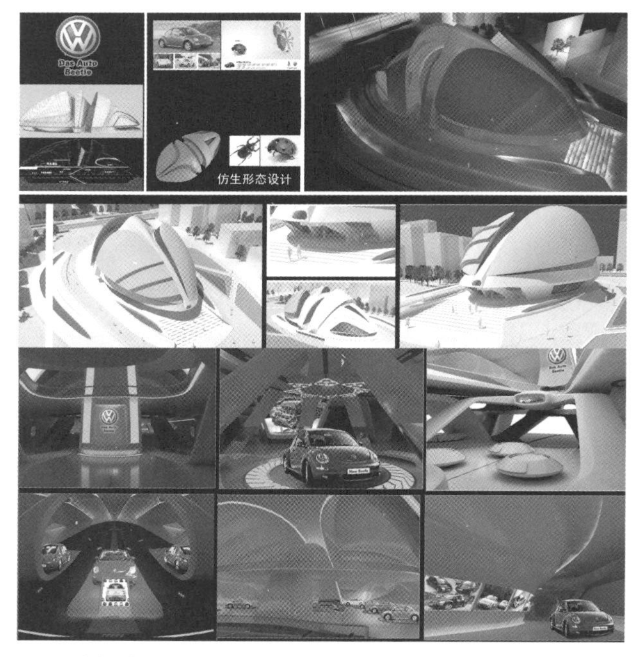

图 5　甲壳虫汽车展馆设计

5.4　仿生展示设计与周边环境相协调原则

展示活动不是单独孤立的活动，它是一个系统工程，必然和展示的周边环境保持着某种关系，不同展示的环境对展示信息的传播产生不同的效果。除了对展示空间的组合和展示空间功能的布局具有一定的要求外，另一方面的重点是展示的位置、大小、朝向、日照、交通、人流等因素，也会对展示效果的表达、信息的传播产生影响。如果说展示的功能是由展示内部制约的话，那么展示的周边环境因素则是从外部来影响展示仿生设计。仿生展示设计通常融于周边环境的方式就是展示的形体形态与周边自然环境的相协调。然而仿生展示设计还与展品的功能、属性、形态密切相关，无论展示设计采用那种仿生设计手法，仿生展示的设计创造必须与展示的展品内容相协调统一，或能相互衬托、对比，有效地突出展示主题。因此，构成展示空间的各个部分的造型形态、功能、展品和展示周边的环境能相互协调、和谐统一组成一个有机整体。

6　仿生展示设计方法

6.1　直接型仿生设计

直接型仿生设计是指将仿生原型形态进行简单加工后应用到展示的造型形态设计中，并赋予它一定的使用功能和展示功能。形态直接仿生设计重点在于形态的设计与仿生对象的具象性，所设计的造型形态具有很强的个性感、雕塑感、艺术感，能够较好的点缀周边环境，再现仿生原型的特有形态，形象地反映展示的核心内容和展示主题，满足人们的猎奇心理，让人产生意想不到的展示效果。所以形态直接仿生设计最大的特点是模仿设计的形态能很快地被认知，并发现仿生设计的原型，它是对自然界形态的简单模仿设计（图 6）。

图 6　KOK 服装店设计

6.2　间接型仿生设计

间接型仿生设计是指设计师将模仿生物原型的特征要素提取出来，可以是整体的简化概括的模仿设计，也可能是局部微观的简化模仿设计，使仿生展示形态达到“似与非似”之间的效果，让仿生原型特征在潜移默化间渗透到设计中，让仿生展示设计具有仿生物原型的“神韵”，从而引入人们丰富的联想。

6.3　偶然型仿生设计

偶然型仿生设计有两种，一种是由于展示的环境、展示的内容、展示条件与展示形式综合作用，结果所产生的展示形态与某种生物形态极其相似，而产生仿生形态的偶然性。另一种是应用计算机软件设计的不规则的展示形体结构或应用计算机随机变形，从而导致了类生物形态的出现。这种仿生设计手法目前十分流行，特别是受到青年建筑师青睐，并在各类展示设计中崭露头角。虽然很多设计仅仅是纸上的方案未能付诸实施，但这种设计创意手法却很有意义，因为这种设计可能是设计师随意或随机的形态设计创意研究，通过自然的有机或偶然性的模拟生成新的形态，这种计算机数字化的设计，为展示形态的创意设计开辟了新方向（图 7）。

6.4　隐喻型仿生设计

展示隐喻型仿生设计表达有个两方面：一方面指展示的形态符号语意。从形态符号语意上着手是设计师为展示赋予某种象征含义或隐含某种符号语意的常用设计手法。展示空间形态所呈现的展示符号语意是沟通观众，传达展示信息的媒介，是展示信息与观众心理的一种呼应、联想、共鸣关系。当展示想要表达某种意义而必须透过仿生形态来传达时，如果所模仿的形态具有鲜明象征含义或符号语言，这样人们可直观感知展示所要表达的语意。另一方面指设计师用很抽象、很概念化的形态符号去表达展示的语意。但很多人可能会因不了解仿生形态背后的内涵和象征意义，而无法读懂展示所要表达的语意。所以，抽象形态符号语意的转化有一定的深度，且不会引导人们想到特定的语意，但这种形态语意的传达留给人们无限的想象空间，人们可以根据自己的阅历、经验，理解想象与它可能有关的意义。如上海世博会的台湾馆设计。展馆设计依据中国在传统节日民间有放“孔明灯”来祈求平安、和平、团圆、幸福的习惯，用隐喻型形态仿生设计手法突出“山水心灯——自然·心灵·城市”的展示主题，传达两岸人民为己、为社会祈福心声与心愿，向世人传达中华民族“大爱无疆、回归自然、回归心灵”的理念（图 8）。

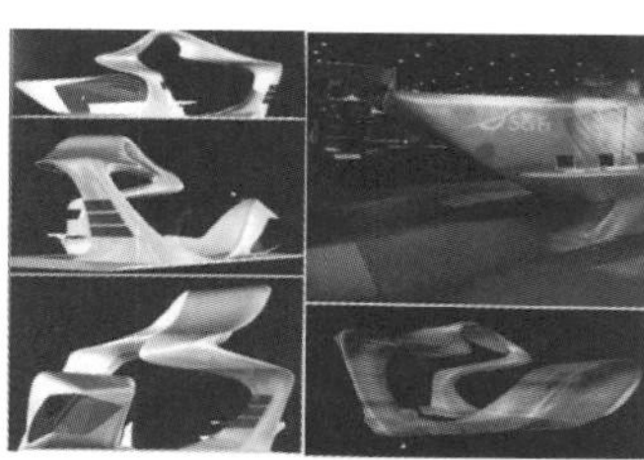

图 7　NBC 电视台展位设计

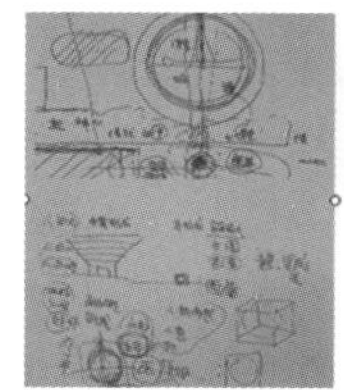
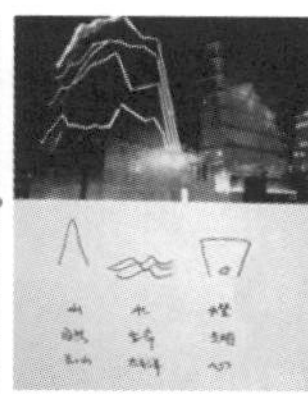

图 8　上海世博会台湾馆设计

7 结论

本文从研究自然界部分生物体与物质存在的结构、形态及其象征寓意，结合展示设计三要素、展示设计与仿生设计关系，对展示设计中的仿生设计现象进行深入系统地分析研究，总结归纳了仿生展示设计的类型、仿生展示设计的原则、仿生展示设计的方法，探索仿生设计方法在展示设计中的应用规律，还通过探索展示空间与仿生“物”的结构、功能、形态、色彩、肌理、形式美感、象征寓意等信息的转换、信息的传递的途径赋予了展示空间无限的创意，为现代展示设计的发展提供了新的方向，并充当了人类社会与自然界沟通信息的“纽带”。

参考文献

[1] 叶萍．展示设计 [M]. 北京：高等教育出版社，2008.

[2] 郑念军．展示设计 [M]. 长沙：湖南美术出版社，2011.

[3] 于帆，陈燕．仿生造型设计 [M]. 武汉：华中科技出版社 .2005.

[4]（英）大卫・德尼．英国展示设计高级教程．上海：上海人民美术出版社 .2007.

[5]（美）简・洛伦克．（美）李・H・斯科尼克．（澳）克雷格・伯杰・什么是展示设计？ [M]. 北京：中国青年出版社 .2006.

[6] 张宪荣．设计符号学 [M]. 北京：化学工业出版社 .2004.

课题来源：广东省高等学校优秀青年教师培养对象研究项目。

注：本文 2013 年 6 月发表在《设计》杂志。

木构设计：引入“生态观”的绿色建构

俞 菲 南京艺术学院设计学院 研究生

摘 要：本文通过对“构”的方式及研究意义的阐释，并以当代运用木构的室内设计作品为例，研究木构在室内设计中的设计要素与设计手法，探索木构的形式法则及其在室内设计中的运用，探讨在室内环境中引入“生态观”的绿色建构的意义。

关键词：生态木构 绿色建构

1 “构”的方式及研究意义

“构”本义指木工制作。而在现当代艺术设计的大环境中，“构”有着众多与之相关联的词汇，如构成、构架、结构、解构、构造等（图 1）。“构”就是人类造物活动与设计的基本手段与形式。它是对组成物质对象的部件和物质的部分与整体之间的组织关系进行协调处理的方式，这种方式是设计作品形成的基本条件，决定着物体的组织秩序、形态特征。

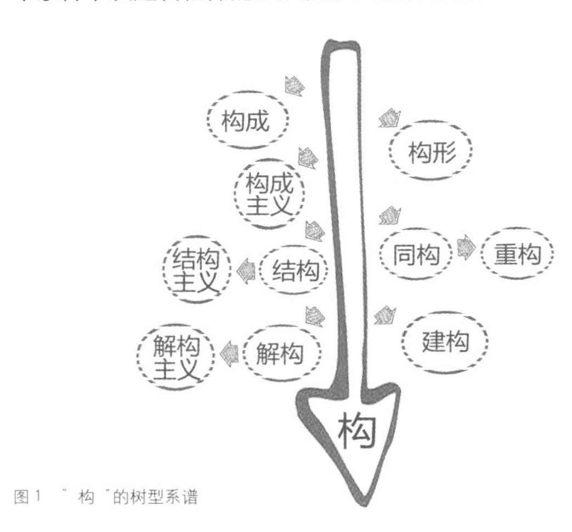

图 1 “构”的树型系谱

“构”的方式研究，表现在对“构”的手法、样式及相关一系列作品的分析中。本文所要讲的“构”主要是木构在室内环境中的表现，在设计要素和设计手法的案例分析中，解读它的意义和价值。

1.1 发现与自然平行的结构

艺术是一种与自然平行的结构。设计亦是如此。在如今倡导可持续性发展的背景下，绿色思潮的设计理念越来越多地被运用到室内设计中。而木材作为一种无污染、无能耗的生态环保材料被得到广泛的利用。室内环境中对于木材的运用，主要是为了极力渲染木材作为一种自然材质的本色，从材质到结构构件到建筑形式都是为了追求质朴、生态的风格。木材的构造方式加上其本身所具有的色彩纹理，都能使室内空间散发出强烈的艺术感和韵味感。木材在室内设计中表现出来的自然性，也是人们崇尚自然化的一种体现。

1.2 运动过程中的交错重叠

“构”就是人类造物活动与设计的基本手段与形式。物体在“构”的过程中运动着，或穿插，或重叠，或错构，或嵌套。这就是强调“构”的动态特性。在室内空间设计中，木材的运用手段不外乎这些，木材在空间中连续的层次交错与组合，展现给人们的就是一种运动的视觉印象。如日本建筑师隈研吾在大阪的一家在线饮食指南——Gurunavi 的办公室和咖啡厅做的室内设计（图 2）。这两个空间都采用了相同的设计语言——把木板分层堆叠以创造出光条纹。办公区的室内，从展示架到桌椅，都是由不同高度的木质层堆叠出来的。

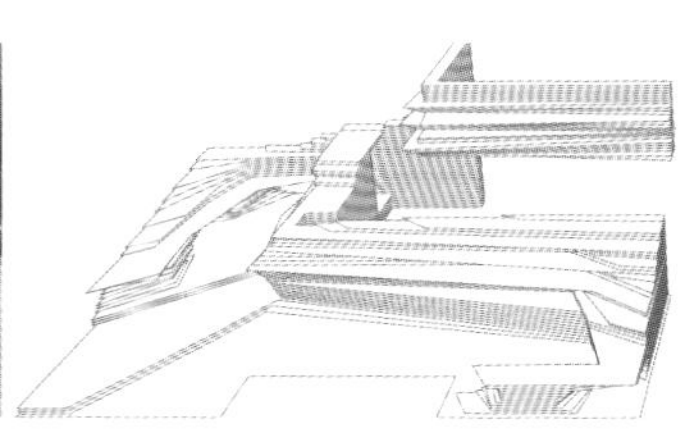
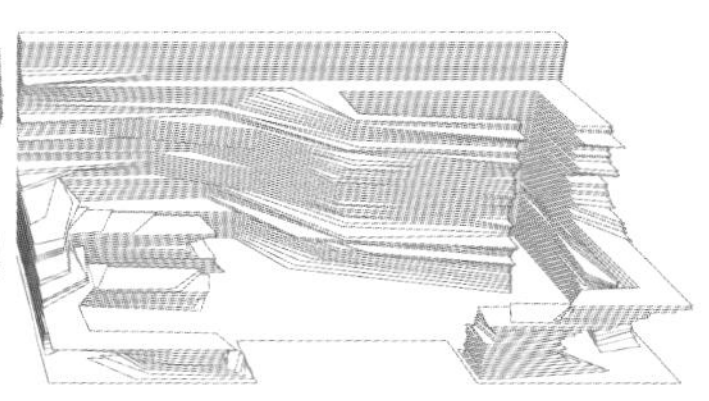

图 2 室内设计

1.3 内在需要与点线面构成

木材作为一种自然生态的建筑和室内设计材料，维系着人类与自然之间的关系。可以这样说，木材是一种真正意义上的生态的、环保的材料。然而，随着物质生活的日益提高，人们开始更多地偏爱由生态木材为主要材料的居住环境。这也是引发越来越多的室内设计开始往纯木质的空间环境上发展的原因之一。一切都源于人们的内在需要。木构设计在室内空间环境中的表现其实就是以一种点、线、面的形式语言来表达对外界的感受。通过点、线、面的构成方式，将情感传达给大众，传递设计师的情绪与精神。

如果把木构构件当作构成体系中的“线”要素，那么木构件的交接之处的节点设计便是体系中的“点”要素。木构的连接方式有很多种，包括绑扎连接、销连接、榫卯连接、齿板连接、预制钢构件连接、嵌套连接，以及复合式连接。随着国内外木构技术的发展迅速，加工的手段也越来越多样化，木构设计中节点的设计也逐渐从“追求结构支撑和构造强度”转变为“结构和构造的艺术化表现”。

研究木质界面的表现形式，要从形态要素的构成方式分析，其中包括基本要素点线面体、限定要素、规则与非规则基本形。构成方式多种多样，唯有将细部设计与整体设计相结合，才能将木构设计的精髓发挥到极致。应该更多地去发掘木构设计中蕴藏的内容与智慧。

2 木构形式法则及在室内中的运用

2.1 木构与木构建筑

所谓“结构”，意指“建造”。“木构”可以归纳为对木造工程、木造系统的表述。“木构建筑”强调“构”这个字，其中包含了“建造”、“木造”、“结构”等多种意义。对建筑来说，建造具有一种更持久的影响力和更根本的意义。其深刻的意义源于对建筑空间的理解、对材料的驾驭、对自然环境的关注、对技术的应用等。本文从木构的几何秩序与形式法则，以及木构设计要素和手法为视角，更深刻地探寻木构建筑的奥秘所在。

2.2 木构的几何秩序与形式法则

西方古典建筑比较重视几何构图，来强调建筑的雄伟绮丽。殊不知，在木构建筑中，几何美学和逻辑的运用也彰显其独到之处。室内空间设计亦是如此。优秀的室内空间设计一定是遵循几何秩序与形式法则的，这样才能创造出美的空间环境。室内空间设计作为室内设计的一部分，其形式法则主要表现在：体量与尺度，组织与对比，对称与均衡，节奏与韵律等。合理的运用室内空间设计的形式法则，实现设计为人类服务的理念。

木构的几何秩序与形式法则，应该是统一于室内空间中的，借鉴于普遍的艺术形式法则，在长期的设计和生活实践中总结出来的。

图 3　杆件以一个点和多点的发散、旋转、编织组织生成椎体形态和设施空间

2.3 室内木构设计分析

近年来，越来越多的木构设计手法被用于室内设计，从局部表现、结构表现到整体空间全木构实现，取得了长足发展，丰富了室内设计。室内木构设计案例分析如下：

室内木构设计手法 **表 1**

案例	室内类型	特征描述	空间类型	备注
上海domicil 1919门市	 展示空间	空间处理灵活多变	可变空间	以板片为主的局部木构
		空间具有一定的导向性和连续性	动态空间	
		空间相互渗透，相互流动	开敞空间	
		空间过渡似是而非	模糊空间	
		通过界面局部变化限定空间	虚拟空间	
		公共性	共享空间	
科纳住宅	 住宅空间	由固定不变的空间界面围合而成，功能不变且位置固定	固定空间	以板片为主的局部木构
		私密性强，空间限定度强	静态空间	
		私密性强，相对封闭，界面完整	封闭空间	
		通过界面局部变化限定空间	虚拟空间	
北京一口猪营地餐厅	 商业空间	空间处理灵活多变	可变空间	以杆件和小体块为主的木构
		空间具有一定开放性和视觉向导性，空间分割灵活且序列多变	动态空间	
		外向型强，流动性大，限定度和私密性较小，强调对外交流	开敞空间	
		空间过渡似是而非	模糊空间	
		公共性	共享空间	
se sa me日式餐厅设计	 商业空间	空间处理灵活多变	可变空间	以杆件为主的全木构
		空间具有一定开放性和视觉向导性，空间分割灵活且序列多变	动态空间	
		外向型强，流动性大，限定度和私密性较小，强调对外交流	开敞空间	
		空间过渡似是而非	模糊空间	
		公共性	共享空间	
雅典IT Café咖啡馆	 商业空间	空间处理灵活多变	可变空间	以杆件为主的全木构
		空间具有一定的导向性和连续性	动态空间	
		外向型强，流动性大，限定度和私密性较小，强调对外交流	开敞空间	
		空间过渡似是而非	模糊空间	
		通过界面局部变化限定空间	虚拟空间	
		公共性	共享空间	
比利时hospital时尚概念店	 商业空间	空间处理灵活多变	可变空间	以杆件为主的全木构
		空间具有一定开放性和视觉向导性，空间分割灵活且序列多变	动态空间	
		外向型强，流动性大，限定度和私密性较小，强调对外交流	开敞空间	
		空间过渡似是而非	模糊空间	
		地面抬高限定空间	虚拟空间	
		公共性	共享空间	

3 引入“生态观”的绿色建构

3.1 生态木构

生态木构，是个新名词。字面意思，即具有生态意义的木材构造。引申开来说，就是面对如今木材资源匮乏、环境污染及建筑室内环境的人文设计等方面的因素的影响，如何将生态的理念与木构的可持续性材料结合起来，运用在建筑室内环境中去。其最终目的是推动木材的生态设计与应用，以及它在建筑室内环境中所产生的生态效益。

历来，木材一直被视为可靠和可持续的材料。事实上，从材料本身来看，木材是所有材料中最具有生态性的建筑及室内材料之一。生态木构就是本着可持续性发展的理念，减少向环境索取资源。它相较于混凝土和钢材，较少的对环境造成压力。不管是从原始资源的消耗，还是从生产加工、回收等方面综合考虑，生态木构的运用才是一种真正干净、对生态环境负责的一种表现方式。

3.2 生态木构设计要素分析

1）材料要求

一个空间中，材料运用得当，会给整个空间赋予新形象。即使再单调的空间，不同材料的组合搭配，同样能将空间塑造得韵味十足。如北京一口猪营地餐厅（图4），选用的主要材料是回收的旧木材，搭配上东北大花布、彩色玻璃、动物风景画、彩色肌理涂料、素水泥地坪漆等，材料本身其独有的语言，对其进行适当持续的应用。这些老旧的物品，旧家具，正是由于它们那种旧旧的痕迹，才给人一种温暖的回忆。

图4 北京一口猪营地餐厅

2）色彩要求

室内色彩除对视觉环境产生影响外，还直接影响人们的情绪、心理。科学地用色有利于工作，有助于健康。色彩处理得当既能符合功能要求又能取得美的效果。室内色彩除了必须遵守一般的色彩规律外，还随着时代审美观的变化而有所不同。木材的木原色，本身就带有其独有的色彩。如“se sa me”日式餐厅设计（图5），室内的色彩与材料的选用是直接连接在一起的，材料以木色为主调，色彩上就呈现出暖暖的淡黄的色调，氛围大气而有情调。窗户上的木格栅，加上天花中垂吊下来的灯具，整个空间散发着一种生生不息的生命感。

3）光影要求

人类喜爱大自然的美景，常常把阳光直接引入室内，以消除室内的黑暗感和封闭感，特别是顶光和柔和的散射光，使室内空间更为亲切自然。光影的变换，使室内更加丰富多彩，给人以多种别样的感受。如雅典 IT Café 咖啡馆（图6），空间中一个开放式的玻璃幕墙在水平方向上给店面带来了充足的自然光线，同时也使得咖啡馆更显眼而让人们发现它。加上玻璃材料的介入，使得室内原本的木质格栅显得光影味更加浓重。

4）陈设要素

室内家具、地毯、窗帘等，均为生活必需品，其造型往往具有陈设特征，大多数起着装饰作用。实用和装饰二者应互相协调，求得功能和形式统一而有变化，使室内空间舒适得体，富有个性。如之前提到的“se sa me”日式餐厅设计中（图7），它的空间利用率很高，不仅拥有一个公共的就餐区域，还拥有卡座、VIP 房、开放观赏式厨房和寿司吧。吊顶中采用木质结构屋顶，使餐厅整体呈现出一种节奏感和韵律感。

图 5 "se sa me" 日式餐厅设计

图 6 雅典 IT Café 咖啡馆

图 7 "se sa me" 日式餐厅设计

3.3 生态木构设计手法分析

1）回收木材的再利用

当下，随着经济的持续增长和我国城市化步伐加快，房地产、家装业、餐饮业等快速兴起，出现了大量木材剩余物。我国废旧木材回收利用水平低，木材浪费现象严重，废旧木材资源潜力亟待挖掘。发展循环经济，提高资源使用率才是可行的出路，而且木材抛弃物的回收循环利用也是个重要的环境问题。

如今，在室内设计中采用回收的材料的手法越来越多，这说明越来越多的设计师开始关注生态问题，如科纳住宅（图 8），采用回收的木材、天然火山岩、回收的火车轨道、太阳能发电设备、雨水收集系统等。建筑结构也以回收木材与天然火山岩为主，保留了夏威夷当地材料的纹路与质感。颜色上选用了原木色与岩石本身的灰色两种主色调，原木色与灰色是对自然材料完全保留的结果，这是为了体现科纳住宅的自然质感。

图 8 科纳住宅

2）采用生态材料

木制材料是可回收，可再利用的材料，同时也是在制造过程中耗能少、节水、排放污染少的材料。因此，在室内环境中运用的时候，要最大效率地利用木材资源，最少量地排放废弃物。如之前提到的北京的一口猪营地餐厅，设计师将东北农村风格与西方乡土风格相结合，并且将材料自身独特的意义和叙述性的特点发挥得淋漓尽致。运用部分原创设计的旧物，选用的主要材料是回收旧木材，搭配上其他独具特色的旧物，置身其中，使人们勾起内心深处温暖的回忆。

3）与科技相结合

在生态木构的应用实践中，先前那些单一的木构手法已经满足不了如今市场的需求，只有与科技相结合，将木构与高技术共同发展，诠释设计理念，才能迎合市场的需求。

如上海 domicil 1919 门市（图 9），是在原有大厂房基础上做的改造设计，大厂房是开间设计，为了增加空间的变化，设计师用地台和隔断墙分出一个区域。值得注意的是，设计师用悬挂着的片面墙，使挑高屋顶的灯光照明问题得到了解决。由高处照射下来的光源容易分散，而悬挂的片面墙里的灯光管线，可以缩短照射距离，降低光源位置。空间中不加粉饰的水泥柱和斑驳的墙面，体现着设计师遵循着老建筑的轨迹，从中探寻时代的气息。

图 9　上海 domicil 1919 门市

4　结语

木材作为一种自然生态的建筑和室内设计材料，维系着人类与自然之间的关系。可以这样说，木材是一种真正意义上的生态的、环保的材料。然而，随着物质生活的日益提高，人们开始更多地偏爱由生态木材为主要材料的居住环境。这就引发了当今环境恶化与木材需求之间的矛盾日益尖锐。如何既解决森林生态问题、又满足建筑室内环境生态的需要，正是我们要努力实现的目标。生态木构作为一种可持续发展的设计理念，是现代室内设计的主要发展方向之一。因此，解决生态木构在室内设计中的应用问题，真正做到绿色建构，实际上就是对我们自身生态环境的关注。

参考文献

[1] 邬烈炎．来自观念的形式 [M]. 江苏：江苏美术出版社．2004．

[2] 潘谷西．中国建筑史 [M]. 北京：中国建筑工业出版社．2002．

[3] 夏云等．生态与可持续建筑 [M]. 北京：中国建筑工业出版社，2001．

[4] 周浩明，张晓东．生态建筑——面向未来的建筑 [M]. 南京：东南大学出版社．2002．

试论大众文化背景下展示设计的信息传达

张天钢　中央美术学院　研究生

摘　要： 兴起于20世纪的大众文化，强烈影响着人们的生产生活方式及精神世界，本文试图在大众文化的背景下对展示设计的信息传达进行研究，首先对大众文化的含义、特征和影响进行界定和分析，得出大众文化潜移默化地影响着人们对信息的接受，现在大众更倾于接受娱乐性、通俗性、时尚流行性、具有参与性的信息这一结论；接着对展示设计的概念和本质进行了界定和分析，结合前文的分析得出在大众文化背景下，展示设计的信息传达应当充分考虑娱乐性、通俗性、时尚流行性、参与性，这样才能实现对大众的良好信息传达，才能取得大众的共鸣，进而才能实现深入的交流，达到展示设计的目的，然后对展示设计的信息传达应当充分考虑的娱乐性、通俗性、时尚流行性、参与性分别进行了分析并结合实例进行说明；最后提出应当辩证地看待大众文化，一方面运用大众文化中有益的客观规律指导实践，另一方面也要认清大众文化的消极性因素，避免受其影响，并指出设计师应当担负的社会责任。

关键词： 大众文化　展示设计　信息传达

大众文化对社会的各个层面影响巨大，在这种背景下展示设计也必将受其影响，展示设计作为向大众传达信息的一种设计行为，与大众文化有着非常密切的关系，展示设计信息传达的优劣直接影响着大众对于展示内容的接受和感知。目前，不少展示设计并不能很好地引起大众的共鸣，只是设计师“自说自话”，未能从大众文化背景下考虑大众对于展示设计信息的接受，因此，有必要对大众文化背景下展示设计的信息传达进行研究。

1　大众文化的含义和特征

大众文化自20世纪开始兴起，在高科技的发展、市场经济体制和全球化背景下，社会生活商品化的基础上产生的。大众文化是以现代传媒为手段，以市场经济为导向，以大众为对象的文化形态，旨在满足人们视觉享受和感官体验等。其特征表现为：娱乐性、通俗性、时尚流行性、商业性、参与性、全球性等。例如：电视剧、电影、动漫、流行歌曲、通俗文学、报纸周刊、网络文化、广告、流行服饰、各类设计、饮食文化等都属于大众文化范畴。

2　大众文化的影响

目前，大众文化处于上升期，“它以前所未有的气势汹涌而至，迅速形成对包括主流文化在内的一切文化形态的强烈冲击，大众文化不仅改变着既有的文化内涵，更以无所不在的触角伸向社会的各个领域，改变着人们的生活和生产方式，并且对人们的精神世界产生着前所未有的震撼和冲击”[1]。它深刻影响着人们的世界观、价值观、审美观等观念。文化最主要的功能在于教育人、熏陶人、塑造人。那么大众文化同样对人产生熏陶、塑造、教育的作用。例如，现在吸引大众的不再是诗歌、文学，而是各类电视节目、流行歌曲和网络资讯，这是客观事实。大众文化潜移默化地影响着人们对信息的接受，现在，大众更倾向于接受娱乐性、通俗性、时尚流行性、具有参与性的信息，这与大众文化的特征紧密相连。

3　展示设计的概念及本质

展示设计，“具体地说即是在一定的空间环境中，采用一定的视觉传达手段，借助一定的展具设施，将一定的信息和内容展示于公众面前，达到传达信息、沟通合作等主要目的，并以此对观众的心理、思想和行为产生重大影响”[2]。展示设计一般分为文化类和商业类两种范畴，文化类：世博会，博物馆，美术馆、科技馆等的展示设计；商业类：商店橱窗，专卖店，各种展会和交易会等的展示设计。展示设计的本质是通过各种媒介（如空间造型、装置艺术、多媒体、二维图形等）来传达信息，实现交流等目的。

4 大众文化背景下展示设计的信息传达

展示设计的本质是通过各种媒介对信息的传达，实现交流等目的。展示设计是向大众传达信息的设计行为，只有实现良好的信息传达才能吸引大众，才能取得大众的共鸣，进而才能实现深入有效地交流。在大众文化背景下，展示设计的信息传达应当充分考虑娱乐性、通俗性、时尚流行性、参与性。

4.1 娱乐性

娱乐性是指展示设计的信息传达方式和形式轻松有趣，给人带来欢娱和快乐，寓教于乐，以大众喜闻乐见的方式传达信息最能引起大众的共鸣。上海世博会中国馆最大亮点是什么？是"清明上河图"这一影像装置，它被称为镇馆之宝，被有"国际主题娱乐行业的奥斯卡"之称的国际主题休闲娱乐行业协会（T.E.A）授予"最佳体验活动金奖"，其以北宋画家张择端的《清明上河图》为蓝本，运用先进的电子影像、动漫制作等技术，再现了北宋汴梁的繁华市井，讲述了一个个生动的故事。中国青年报的一篇报道颇有意思："70岁的张阿姨作为老上海人一直关注着世博会的点滴消息，她说，就在去年，报纸上还在向老百姓征集建议，最希望看到中国馆的镇馆之宝是什么？答案可谓百花齐放，有的说，应该是一件最具历史价值的文物，有的认为应该能代表国家最先进的科技实力的产品，还有的人提应该是青铜器什么的。今天这个现代版的《清明上河图》确实出人意料，但也让人记忆深刻（图1）。对张阿姨来说，获得了一场视听觉的盛宴。或许对设计的团队来说，他们需要的就是让参观者留住对于世博的记忆"[3]。报道中的"出人意料"其实并不难以解释，这正是大众文化背景下，具有娱乐性的信息传达所具有的巨大震撼力，这篇报道是对展示设计信息传达娱乐性的最好注脚。

图1 2011世博会中国馆"清明上河图"

4.2 通俗性

通俗性就是指展示设计的信息传达内容和方式易于被大众理解和接受。上海世博会中国馆展示设计以"城市发展中的中华智慧"为主题，怎样传达出中华智慧呢？其信息传达的内容并不晦涩，简洁明了：一个影院、一幅画卷、一片绿色、一次旅程、一个广场，简称"五个一"，把中华智慧深入浅出地传达给大众；信息传递方式具体采用艺术装置手法、多媒体影像手段和多维综合艺术手法等传达设计主题，信息传达方式高度视觉化和体验化，易于大众理解和接受（图2）。

4.3 时尚流行性

时尚流行性就是指展示设计的信息传达方式和内容体现出新的风尚和潮流。这在商业类展示设计中表现得最为突出，不过在文化类展示设计中也举足轻重，还以上海世博会中国馆为例（图3），中国馆展示设计中的色彩和新材料的选择以及新技术带来的科技感等都传达出新的风尚和潮流，时尚流行的感觉扑面而来。

4.4 参与性

参与性就是指展示设计的信息传达方式和内容与大众形成互动，大众可以参与其中，参与行为本身就是展示设计的一部

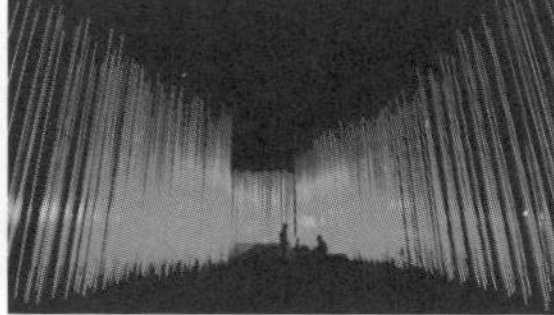

图2 上海世博会中国馆局部一

图3 上海世博会中国馆局部二

图4　上海世博会英国馆

分。大众参与其中形成互动，这最能取得良好的互动交流效果。这里以上海世博会英国馆为例，英国馆最大的亮点是由6万根蕴含植物种子的透明亚克力杆组成的巨型"种子圣殿"（图4），上海世博会结束后，拆除下来的"种子"中有2万份被赠送给昆明植物研究所与英国皇家基尤植物园，1000份"种子"被赠至中国学校，其余的"种子"面向公众，通过淘宝网的团购平台进行慈善拍卖。一条新闻报道足以看出大众购买"种子的热情"：据钱江晚报2011年10月29日讯，"199元一根的英国馆'圣殿种子'，昨天在淘宝网'聚划算'上演了一场疯狂的团购，开团1分钟不到，5000份就被一抢而空"[4]，不要小看这个大众参与的互动，这其实是展示设计信息传达方式的一种创新，大众的参与不仅仅是买到了一个"种子"，更重要的是这个"种子"携带了英国馆传达的未来城市可持续发展的理念，大众对"种子"的收藏其实也是对未来城市可持续发展的理念的收藏，"种子"就像个信息源播撒到千家万户，有理由相信，未来城市可持续发展的理念自然会在人们的心中生根发芽。另外的一些"种子"将"播散"到中英两国学校等机构，这其实是播散未来伙伴关系和交流的"种子"，由此可见展示设计信息传达的参与性能很好地实现大众与展示信息的互动交流和共鸣。

5　结语

在大众文化背景下，展示设计的信息传达应当充分考虑娱乐性、通俗性、时尚流行性、参与性，这样才能实现对大众的良好信息传达，才能取得大众的共鸣，进而才能实现深入良好的交流，达到展示设计的目的。同时也要看到大众文化的无深度性，过度娱乐倾向、模式化、重复性等消极的方面。作为设计师应当辩证地看待大众文化，运用大众文化中有益的客观规律指导实践；同时也要认清大众文化的消极性因素，避免受其影响。作为设计师应当肩负起自己的社会责任，创作设计立意高、格调高、品位高的作品，起到好的引领作用，促进展示设计和大众文化向着更高层次发展。

参考文献

[1] 郑敏燕．大众文化研究的文献综述．湖北经济学院学报（人文社会科学版）.2011.3(3):133.

[2] 黄建成．空间展示设计．北京: 北京大学出版社.2007.10:11.

[3] 刘世昕．《清明上河图》压轴中国馆．中国青年报.2010.4.21.

[4] 陈聿敏．英国馆圣殿种子昨遭"秒杀"．钱江晚报.2010.10.29:15.

喀什维吾尔族民居室内陈设装饰语义研究

杨 洁 新疆师范大学美术学院

摘 要： 喀什地处塔克拉玛干沙漠西缘，帕米尔高原东麓，是古丝绸之路上的商业重镇。当地维吾尔族民居室内陈设经过漫长的历史发展，成为融合居住文化、族群心理的审美意象，形成了高度可识别性的装饰语义，具有典型研究价值。

关键词： 喀什 维吾尔族民居 室内陈设 装饰语义

艺术的观念与实践以及其所蕴含的族群性特质经历了从自发到自觉的演进。对喀什地区的维吾尔族来说，民居室内陈设艺术以吸收、改造、融合外来元素为常态，逐渐形成了精工中表情达意，多元中隐含秩序的装饰语义。

1 精工中表情达意

1.1 智创巧述的工艺特征

喀什属温带大陆性气候，光热充足，无霜期长，北部和中部为广大平原，西南部常年冰峰雪岭，犹如固体水库。从《魏书·西域传》中“土多稻、粟、麻、麦……锦绵，每岁常供送于突厥”的记录和《大唐西域记》中对佉沙国（今喀什市）“稼穑殷盛，花果繁茂”、“气候和畅，风雨顺序”的描述可以看出喀什地区农业资源丰富，生产力不逊于中原。农业的繁荣为喀什噶尔立足西域三千多年打下了不可忽视的物质基础，而农耕经济时代的手工业生产，是喀什维吾尔族传统民居陈设发展的主要依托。清朝福庆在《异域竹枝词》中用“金银丝毡、五色之毯，镂金攻玉、凿铜镶嵌，无不精巧”形容喀什地区的手工艺品风貌。

《考工记》记载，“智者创物，巧者述之，守之世，谓之工。”对喀什维吾尔族民间手工艺者来说，他们创作的过程体现了艺术与技术高度一致性，从选料设计到加工制作再到雕刻彩绘，整个过程集于一身（图1、图2），精工细作成为判断其艺术表现力的主要标准（图3、图4）。

1.2 反复运用的植物母题

正如费尔巴哈所说，“自然是宗教最初的、原始的对象。”绿洲生存情境使喀什居民对植物有强烈的依恋情怀，在自然崇拜和萨满教的影响下，喀什维吾尔族民居中的木器制品历史悠久应用广泛，无论是餐具、乐器还是家具、装饰品都体现出自然之美与人文之美的和谐统一。

图1 喀什维吾尔族民居中雕梁画栋

图2 喀什维吾尔族工匠锻打铜皮

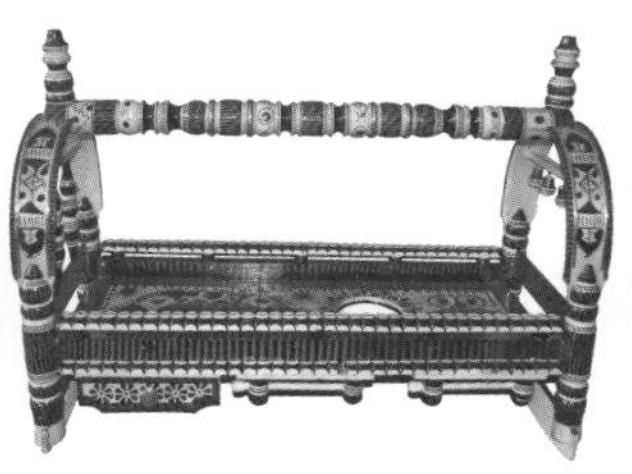

图3 喀什维吾尔族装饰木铃铛的抽屉木摇床

图4 喀什维吾尔族镶嵌彩绘花木箱

“物必饰图，图必有意”，受伊斯兰圣训影响，喀什维吾尔族民间手工艺者放弃了人物造像的母题，植物纹样的创作异常繁荣。统观喀什维吾尔族装饰于民居的各类植物形象，首先以写实的造型达到与接受者的视觉共识（图5），其次对艺术美的诉求又促使画工匠人采用一些突破程式化的手法来凸显植物形象的装饰效果。这种改造主要集中在两个方面：1）植物与几何纹样的融合；2）不同植物的合而为一。如图6，博古式地毯中的主体花瓶中，不同种类的花、果、枝、叶“嫁接”在同一枝条上，表现出维吾尔族人民心中的祥瑞观念和对人伦幸福的一种体验与期望；3）无论花卉、瓜果还是风景描画，都取其新鲜、饱满的状态。残败、颓废的景象虽然存在于客观世界，但不会被维吾尔族艺术家纳入表现的领域（图7、图8）。这种装饰化、理想化的植物造型审美观，体现出喀什维吾尔族对待自然游移于依恋与敬畏的态度。

1.3 饱满密集的构图布局

喀什维吾尔族民居室内陈设品的装饰风格给人最直观的视觉体验莫过于单位框架内密不透风的植物造型与几何纹样组合（图9、图10）。构图满溢或留白并非只是艺术家制作偏好的差别，正如传统书画品式中，留白体现的是汉族知识分子对意在画外的审美效果和含蓄内敛的个人品性的推崇。喀什维吾尔族民居陈设品中大片密集、繁复的曲线组合，一方面体现出维吾尔族及时行乐、热情张扬的族群性格；另一方面也符合伊斯兰教的审美需求①，因而成为一种具有持久性的视觉艺术呈现特点延续下来。

1.4 视觉炫耀的民族心理

无论是令人目不暇接的图案，还是酣畅淋漓的色彩，喀什维吾尔族在室内陈设的装饰运用上都传达出一种对繁复、夸饰之美的追求。这种视觉炫耀特质的审美惯例其形成原因一方面与维吾尔族先民游牧生活的情境有关，另一方面则与维吾尔族注重群体性交往的族群伦理观有关。

草原民族在艺术创作过程中，偏爱对线条、色彩等视觉形象构成元素进行夸饰与展演，有在不改变器物形制的前提下，以纹样的组合、变化、创新对器物进行装饰美化（图11、图12）。而维吾尔族自古就有“华冠丽服留自身，美味佳肴享他人”的训言，对待客人的热情与慷慨被作为基本的美德而受到关注和推崇。他们注重族群内部团结，偏好热闹喜庆，习惯把居所当作游戏、歌舞、设宴、集会（举办命名礼、割礼、婚礼、葬礼等人生重要仪式）的群体交往场地（图13），陈设环境的视觉效果华美与否直接指向主人的物质财富丰厚程度，并间接体现主人在族群内部的受尊敬、受欢迎程度。喀什维吾尔族通过对聚集场所陈设环境的美化修饰，来彰显自我在族群中的文化身份、社会地位（图14），陈设品华丽、炫耀的视觉语言已经内化为一个族群的文化意识，与之对艺术的本能追求相呼应。

图5　喀什维吾尔族民居中的花形吊灯

图6　喀什阔纳代尔瓦扎巷94号民居中的博古式地毯

图7　喀什维吾尔族民居中描绘植物纹样和风景的赛热甫

图8　喀什维吾尔族民居中描绘植物纹样和风景的炕柜

图9　喀什维吾尔族民居中的阿塞拜疆式地毯

图10　喀什博热其巷5号民居石膏壁龛

图11　挂满刺绣壁挂的哈萨克族毡房

图12　藏式供柜龛顶木雕装饰局部

---

① 伊斯兰艺术史专家阿菲夫·巴赫奈斯认为，伊斯兰教中“魔鬼的阴谋”说影响了手工艺人的选择。致使他们用植物纹样、几何图形、阿拉伯文字最大限度地将建筑和器物装饰起来，不留空白，不给魔鬼诱惑乘虚而入的机会。于维雅：“‘恐惧空白说’的局限性”，《美术观察》，2006.7，第131—135页。

2 多元中隐含秩序

2.1 多元文化氛围

喀什维吾尔族民居陈设的多元文化氛围一方面来源于丝路经济构建的物质基础，另一方面得益于喀什地区思想文化的大融合。从秦汉至清，喀什作为天山南北唯一“有市列”的国际化商贸城始终占据着丝路经济的领袖地位。商业是喀什人民生活的重要组成部分，同时也影响着陈设品的风格和样式。而宗教信仰不仅渗透于社会成员的价值观念、行为方式里，还作用于文化艺术实践创作中。先秦时期，西北游牧民族在喀什确立了自然崇拜和萨满教的宗教意识。西汉晚期佛教传入喀什，粟特移民也将祆教带进喀什，不久又引得摩尼教、景教竞相效法。公元 10 世纪，伊斯兰教传入喀什，由此现代维吾尔族的宗教信仰逐步确立并巩固。在喀什丰富的文化背景下，维吾尔族室内陈设展现出了多姿多彩的风貌。

正如黑格尔说：“宗教往往利用艺术，来使我们完好地感到宗教的真理，或是用图像说明宗教真理以便于想象。”虽然从大体上看，喀什维吾尔族室内陈设的装饰手法、造型艺术、色彩等都具有浓厚的伊斯兰文化审美特征，但细枝末节处也透露着其拜树习俗的熏陶，祆教拜火红色氛围的感染，以及佛教代表性装饰纹样的残留。

2.2 文化秩序构建装饰风格

汉民族对宗教信仰一般持宽容、功利的态度，只要能够消灾祈福，满天神佛都可以利用，因此中式民居出现了佛祖、三清、灶王被一同供奉的局面。这种现象在喀什地区绝不会出现：一是伊斯兰教认定真主独一无二，不可能多神崇拜；二是维吾尔族宗教传统中的严谨秩序已成为一种文化惯例积淀下来，不仅影响了维吾尔族感知世界的思维模式，还在艺术实践上左右其创作格局、制作惯例与审美尺度。对此，有学者认为“我们可以把那些精细的设计和丰富的配色最终归功于穆罕默德，是他驱使艺术家离开现实世界，进入那线条和色彩的梦幻世界。”①

《古兰经》中反复强调是安拉创造出一个完美的世界秩序，“这种秩序是宇宙里构成美的因素之一”②，并且认为美与自然秩序本身并无冲突，因为两者都是由伟大的安拉所创造出来的。这种抽象的思辨在维吾尔族的美学观念和艺术实践上留下了深深的印记，所以维吾尔族艺术家对室内空间进行陈设行为的过程既是体验形式美的过程，也是遵循秩序的过程（图 15）。这种装饰与文化秩序间的内在关联，使观者与之相对时，把个人的感官体验与神圣体验联系在一起，获得一种形而上的感悟（图 16）。

图 13 喀什维吾尔族日常聚会

图 14 喀什维吾尔族民居中的厅堂陈设

图 15 博热其巷 163 号民居中的“大绿贴金”书法饰品

图 16 喀什维吾尔族民居中的麦加朝觐证明书

图 17 喀什维吾尔族民居中均衡的视觉体验

图 18 喀什维吾尔族民居中的对称分布的壁龛

图 19 对称陈设的瓶花

图 20 喀什维吾尔族民居中的对称装饰的墙面

① （英）贡布里希．艺术的故事．范景中译．北京：生活·读书·新知三联书店，1999：143．
② （埃及）穆罕默德·高特卜．伊斯兰艺术风格．一虹译．北京：中国人民大学出版社，1990：77．

2.3 视觉语言中的秩序

人们在审美活动中首先接触的是形式，由形式来窥探事物内在的意蕴和特征，而对称与均衡无疑是造物主带给人最初的形式美法则。在喀什维吾尔族民居中，陈设的结构布局在大环境上呈现出一种经过框定、排列或分割的安排性和稳定性（图17）。中轴对称的构图可以平衡画面力度，在喀什维吾尔族民居中具有普遍性（图18、图19）。得益于秩序的调和，各式各样的陈设品虽然线条密布、色彩斑斓，但视觉上却不会感到杂乱无章。

阿拉伯代表性装饰图案均是艺术与数学的结晶，在这样理性制图手法影响下，喀什维吾尔族对秩序性外观有种本能亲近，但这并不是说他们一味追求视觉上的稳固和安定。喀什维吾尔族民居陈设环境中常以跳跃的色彩为主导，打破模式化排布中的沉闷背景，实现观感的平衡（图20）。

2.4 制作惯例中的秩序

在相当长一段时间，喀什维吾尔族民居陈设品的制作一直以手工作坊、口传心授的形式出现。对于这些手工业者来说，艺术实践的过程中对技术操作的追求往往比图案设计的创新更重要。在他们看来，选择什么样的形象进行塑造不仅有明确的禁忌要求、倡导指向，甚至用什么样的具体手段将之呈现都有一些不成文的规定及标准。如织毯工在织毯之前要宰羊，织毯过程中不能踩踏织毯过程中剪下来的羊毛等。

技法上的薪火相传、风格上的重复与强化，影响了他们观照生活、把握生活的视角及方法，使得他们在选择艺术题材、表达审美理想时，自然而然地步入前人既定的秩序。而且，喀什维吾尔族民居的陈设品往往还附加了宗教祈福、文化禁忌等形而上的内容，作为一种直接销售的对象时，要考虑到传统对受众的规约与影响力。在这种情况下，延续已有的制作惯例是一种简便有效的做法。虽然家族式传承的手工业生产模式本身带有个体表现色彩，但这种个体间的差异与制作惯例的秩序并不决然对立。事实上，也正由于各种不可控因素地融入，喀什维吾尔族民居陈设品风貌在带有明显族群性特质的基础上始终保有旺盛活力。

无论是时间上还是空间上，喀什一直是亚欧大陆各种最具影响力的艺术文化交汇处。喀什维吾尔族民居陈设作为众多文化现象其中一种，呈现了浓厚的地域艺术特征和文化价值追求，饱含着内在形式的感染力，值得我们深入系统地进行理论研究。

参考文献

[1] 于维雅．“恐惧空白说”的局限性．美术观察．2006（7）：131—135．

[2]（英）贡布里希．艺术的故事．范景中译．北京：生活·读书·新知三联书店．1999：143．

[3]（埃及）穆罕默德·高特卜．伊斯兰艺术风格．一虹译．北京：中国人民大学出版社．1990：77．

项目基金：2013 年国家社会科学基金“新疆维吾尔族传统聚落文化形态研究”（13CMZ036）项目资助。

空间变幻
——廉租公寓室内空间模块化设计的尝试

许哲诚　南京艺术学院设计学院

摘　要： 人们总是希望有限的居住空间能够满足更高的生活品质的需求，然而廉租公寓客观上的局限性使得租住个体的这种需求无法得到满足。本文运用模块化设计方法对廉租公寓内部空间的优化和创新进行了尝试，试图破解诸多现实问题。

关键词： 廉租公寓　模块化　空间设计

廉租公寓室内空间的功能现状与人们高品质生活期待之间的落差是启迪我们思考、探索的动因。

1　空间格局单一

大部分廉租公寓都存在空间套型单一的问题，不能够较好地满足租住群体的不同空间需求。例如，较小的空间就不能满足多人入住的需要；较大的空间对于个体入住者来说就意味着空间和资金的浪费。

2　内部空间僵化

内部空间格局一经建成就不能改变了，僵化的空间格局致使使用功能的局限，制约着入住者生活品质的提高。

3　模块化的设想

基于当前廉租公寓的种种局限性，模块化的设计方法为其提供了新的解决思路。

模块化设计就是指“在对一定范围内的不同功能或相同功能不同性能、不同规格的产品进行功能分析的基础上，划分并设计出一系列功能模块，通过模块的选择和组合可以构成不同的产品，以满足市场的不同需求的设计方法。”换句话说，模块化设计就是利用标准化的模块创造出非标准化的产品，从而实现产品功能的多样化。

空间模块化设计就是将单位空间作为单元模块，将模块组合在一起形成新的空间形态，用户根据自己的需求来决定使用单位模块的数量以及组合方式，构成符合用户要求的新空间形态。应遵循以下原则：

1）空间模块标准化。力求以少量的空间模块组成尽可能多的空间形态，并在满足使用要求的基础上使围合构件精度高、易于加工、结构简单、成本低廉，模块间的联系要尽可能简单。

2）空间模块系列化。可衍生出系列化模块，用有限的空间模块规格来最大限度地满足用户的要求。

模块化设计应从整体关系出发，将设计视为有机的整体，根据整体与局部，局部与局部的关系推导出单位模块的形态及组合方式，整个设计建立在严谨的逻辑关系和巧妙的组织结构之上。

3.1　模块化平面生成

模块应具有可组合性和可互换性特征，而这两个特征主要体现在接口上，模块化设计中最关键的是模块的组合，模块组合中最关键的是模块的接口，接口必须做到标准化、通用化和规格化才能使模块系统完美地运转。

在此空间模块化设计中，由于场地因素的限制，整个空间系统的边界形状不能因为内部空间的变化而发生改变，内部的空间模块既需要模块可以两两结合，也可单独封闭，所以模块的接口应该做到标准化才能具备可组合性和互换性。

考虑到场地因素的限制，这里将先生成平面模块，再由平面模块生成空间模块。这里需要每个平面模块之间既要部分毗连，又要局部分离，为空间的融合和分离创造条件。根据人均住房面积，将一级平面模块设为 4m×4m 的正方形，进行横向系列模块化设计，即不改变模块参数，利用模块发展变形，产生更多规格的模块组合体。这里遵循环环相扣原则并根据变化需要可以发展出二级模块：四个首侧相连，局部错位的正方性，根据过道宽度，将错位距离设为 0.9m，四个正方形相对旋转角度为 90°，得出了一个边长为 0.9m 的方孔中心，这就形成了标准化模块接口，它是单元模块相互结合的桥梁，也是整个模块系统运转的关键（图 1）。根据接口结构和场地条件衍生出三级模块，并将其纵向间隔排列，就形成了模块化的公寓平面。

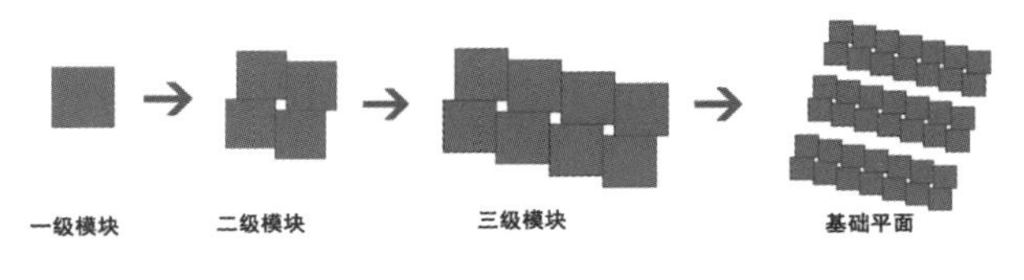

图 1

这样的结构也可以根据场地条件，进行纵向系列模块化设计，即设计不同尺寸的单元模块形成系列化的模块，依据此接口结构进行结合，以满足不同场地条件下的不同空间需求和同一场地条件下多样的空间需求。

3.2 模块化空间变幻

此空间模块化系统力求以少量的模块组成尽可能多的空间形态，并在满足空间要求的基础上使接合要素结构简单、成本低廉，便于连接与分离，且模块结构简单、规范，模块间的联系也尽可能简单，模块的划分不能影响系统的主要功能。

这里每个空间单元模块构件都是 8 面 3.1m 长的可移动隔墙，每个边并列设置 2 面隔墙，围合出一个半封闭的空间作为一个标准化的空间单元模块。由于一定要具有相同的安装基面和相同的安装尺寸，才能保证模块的有效组合，这里根据平面中的模块边缘形成网格化的轨道式安装基面，通过地面的轨道网格移动隔墙使空间模块单元在"开"与"闭"的状态之间切换，整个过程操作简单，单元空间开合自如，这同时也是空间模块之间相互组合和分离的过程（图 2）。

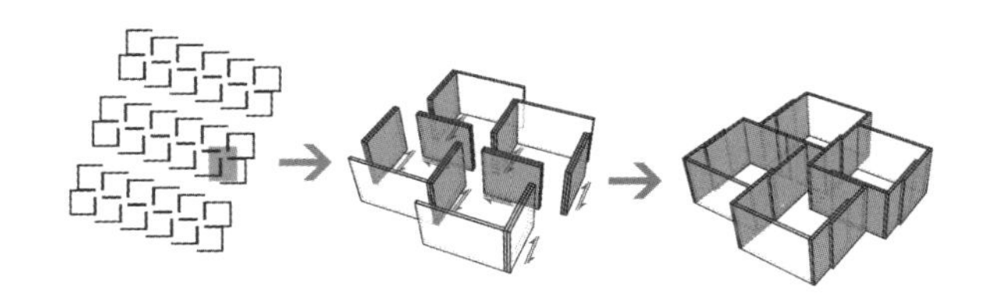

图 2

这里标准化的单元模块、模块接口和模块构件保证了模块在整个系统中更换的可能性、模块在功能及结构方面的独立性和完整性。同时标准化、单一的模块构件也易于制造和管理，具有较大的灵活性，避免组合时产生混乱。这些特点赋予了此模块化空间足够的变化潜力，"变"就成为了此模块化空间系统最大的优点和特点：

1）空间灵活度高。可以将任意数量的空间模块组合起来，形成较大空间；也可将其中一个或几个空间模块封闭起来，满足居住者的私密性需求。

2）变换方式多。在总平面不变的基础上，相邻的单元模块都可以结合在一起，模块越多，结合方式也就越多。例如，2 个单位面积的空间有 6 种组合方式（图 3），3 个单位面积的空间有 14 种组合方式（图 4），4 个单位面积的空间有 23 种组合方式，所有的变换都不会使总的平面边界形状发生改变，这就意味着场地因素不会影响到内部系统的正常运转。

3）空间适应性强。传统的空间模式只适用于具备相似使用需求的使用者，当一个使用周期结束后，如果没有出现类似的使用者，此空间就有可能要被闲置。对于空间资源来说，这是单向的、被动的选择过程。当同样的情况出现时，模块化的空间系统可以对空间进行变换去适应新使用者的新需求，这就是变被动为主动的过程，空间闲置率将减少 1/3 以上，此空间可满足人群的数量将增加 1/3 以上。

空间模块化设计将人的行为不确定因素考虑进来，当使用者影响此空间时，最初匀质化的空间就会根据使用者的需求进行非线性的聚合，这样的空间策略将有效地解决标准化与多样化之间的矛盾，较好地协调各种设计需求，并且体现了绿色设计和人文关怀（图 5）。

3.3 室内家具陈设

虽然模块化的空间单元可以自由组合，但由于资金等条件限制，大多数居住者的生活空间都不会很充裕，这就需要将室内空间中的每个角落都利用起来，仅仅空间上的变换是不够的，室内的家具陈设同样需要通过变动来解决空间紧张的问题。

对于微小空间来说，折叠式家具是再合适不过的了，折叠

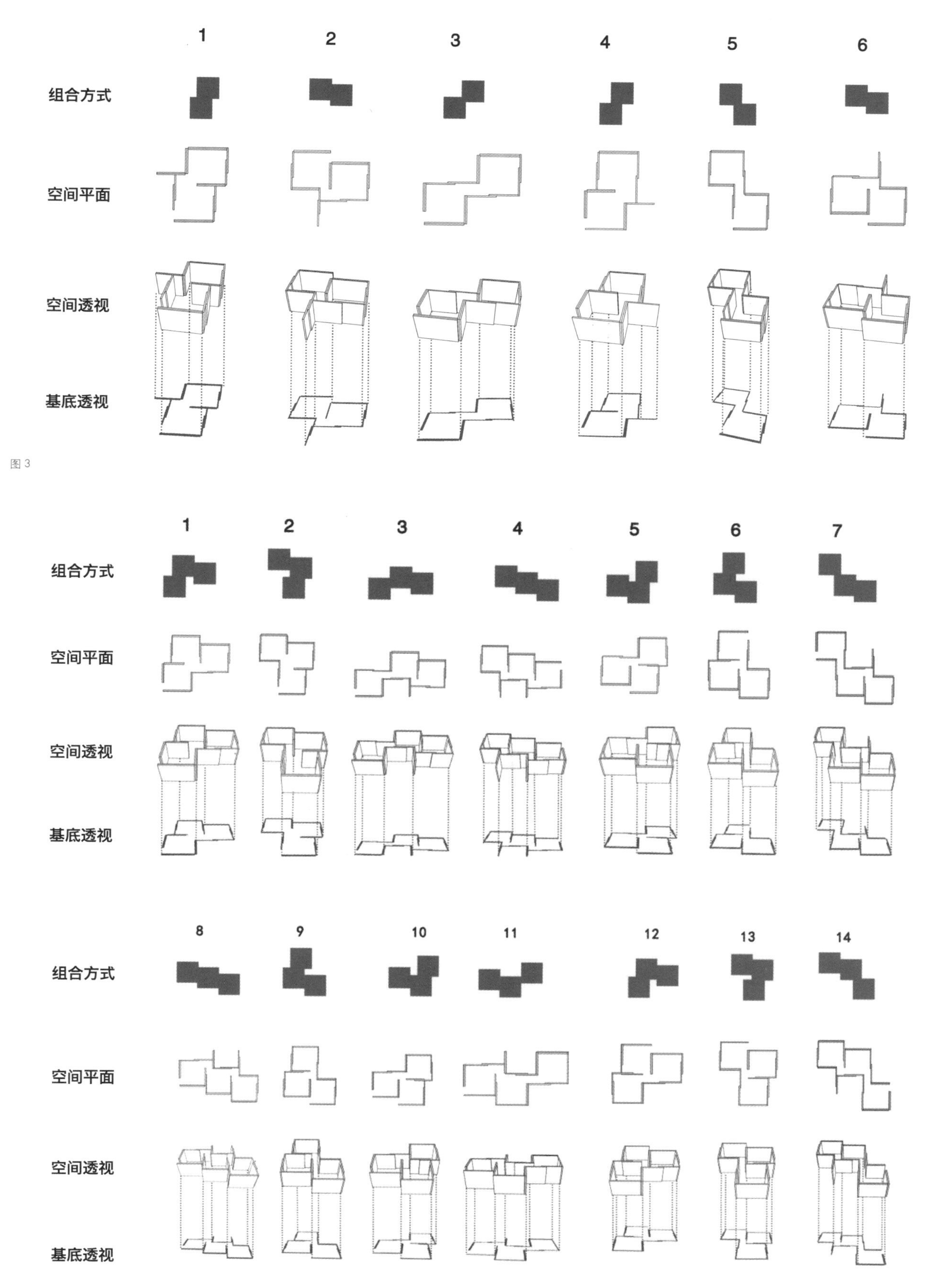
1
2
3
4
5
6
组合方式
空间平面
空间透视
基底透视
1
2
3
4
5
6
7
组合方式
空间平面
空间透视
基底透视
8
9
10
11
12
13
14
组合方式
空间平面
空间透视
基底透视

图 3

图 4

方法在各个生活领域都有应用，家具也不例外，折叠式家具有以下优点：

1）体积较小。折叠起来的家具，大大节约了空间，这有利于最有效地利用空间。

2）一物多用。一些折叠式家具具有一物多用的特点，将其展开是一件家具，折叠起来后又变身为另外一种家具。

3）便于运输。由于家具可折叠的特点，折叠后体积小，形状标准，易于运输。

4）便于标准化设计与生产。折叠家具外形追求简单化，折叠起来越方便越好，由于折叠家具的大部分零件是相同的，便于大规模的生产加工。

折叠式家具不仅能为居住空间腾出不少空间而且增加了生活乐趣，这对于小空间居住者来说是极其重要的，这对生活质量大有裨益。在此，本人对适用于此模块化空间的家具进行了一些尝试，为解决空间紧张的问题提供一些思路（图6）。

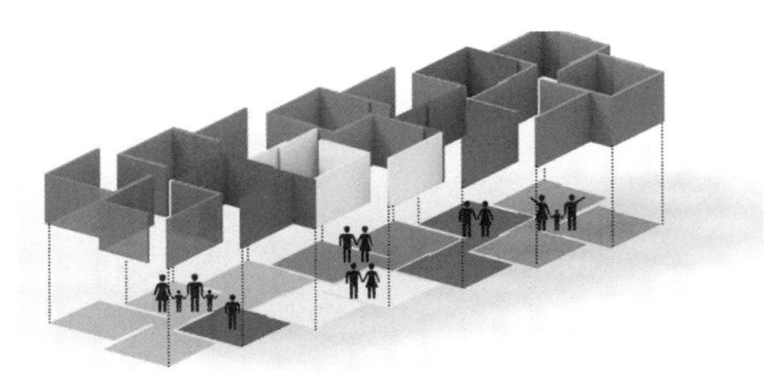

图5

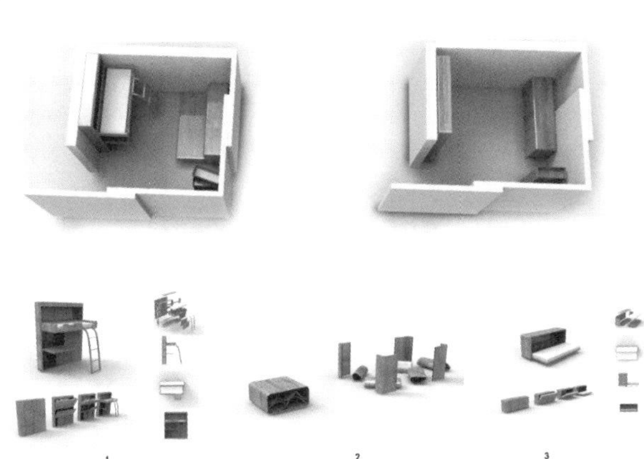

图6

3.4 公共空间分配

公共空间直接影响着住户的居住体验。人的行为习惯以及在场地中的活跃度从来都不是均匀的，它和人行为的秩序模式、流动模式、分布模式和状态模式有关。研究发现，在一个标准的楼层中，离出入口越近，人的活跃程度越高，人流量就越大，预留的公共空间就应该越大，公共设施越多。由于此方案中的空间模块特殊的结合方式，其横向和纵向边界形状并不是水平和垂直的，它与场地边界形成了夹角，入口位置作为夹角的开口方向，公共空间的面积与人流量就呈正比例关系，在同时形成的斜向走廊中可以直观地看到每个房间的入口位置，并根据模块的编号迅速将自己定位，无须转向就可进入到房间内，一定程度上使居住者的生活更加便利（图7）。

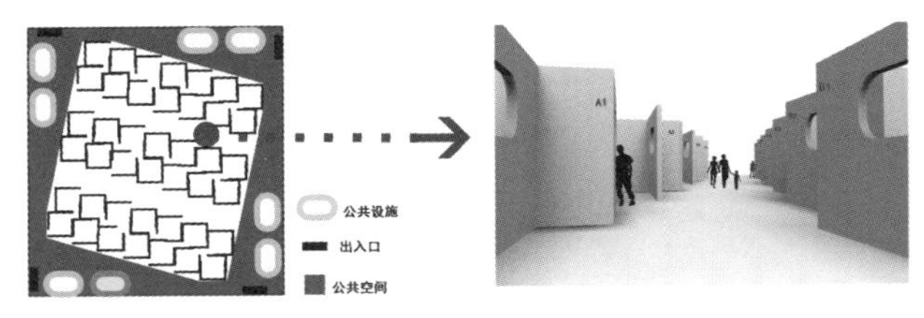

图7

4 结语

运用模块化设计方法，力求变僵化的、单一的空间形态为灵活的、有机的空间系统，让有限的空间资源创造出更多的可能。尽管这还只是一种尝试，但我们期待引发廉租公寓所有居住空间设计一定程度的变革，因为人类不断增长的生活需求与日益减少的自然资源、加速膨胀的人口问题之间的矛盾越来越突出。

参考文献

[1] http://wiki.mbalib.com/wiki/%E6%A8%A1%E5%9D%97%E5%8C%96%E8%AE%BE%E8%AE%A1

[2] 张雯，钱宇州．树友林．蚁族住房制度问题探讨[A]. 北方经贸．2011(9).

[3] 聂仲秋，牛景文．倪用玺．对廉租公寓建设的思考．陕西行政学院学报[A].2007.21（1）.

室内装饰设计要素中的“他者”情结

王树琴　鲁迅美术学院　副教授
阎思达　鲁迅美术学院

摘　要：在现代室内装饰设计越来越注重个性化的今天，讨论设计要素的"他者"情结似乎是件可笑的话题，然而，在国内许多设计案例，尤其是民居装饰设计当中，我们却总能追寻到"他者"情结的痕迹。因此，我们一方面要怀有一种开放性的"他者"情怀，对专业外的事物保持适当的关注度，另一方面，却要避免自我矮化的"他者"情结束缚，只是如此，方可设计出真正具有个性的优秀作品。

关键词：他者情结　设计要素　有效性　设计理念

汉语中的“他者”，也可称为“他人”，是一个相对于“我”、“自我”而言的单纯人称代词。具有哲学概念意义的“他者”一词，多见于西方的后现代与后殖民主义理论论述中，是一个具有特指含义的词汇。西方殖民者自诩为拥有先进文化与高度文明的“自我”，而视被殖民的族群为落后和不开化的“他者”，体现出西方国家的傲慢与文化霸权。与此同时，许多前殖民地的人们也甘心承认殖民文化强加给自己的“他者”身份，表现为盲目崇拜西方强势文化与自我矮化的“他者”情结。本文并非是要针对这种文化虚无主义的“他者”情结进行批判，只是借用“他者”的哲学概念，对当下国内室内装饰设计中常见的某些现象加以讨论。因为，在现在的室内装饰设计的许多案例中，我们总是能够发现“他者”情结的影子，也因此成为室内设计事项中值得讨论的问题。

1 “他者”情结的渊源

作为自然人的“我”，具有自然与社会的双重属性，一方面“我”是以独立的个体形式存在于社会之中，另一方面，“我”又无法脱离社会或群体而独立生存。从出生直至死亡的过程中，势必会产生某些心理活动和生理变化，“他者”情结正是人类某些心理活动和生理变化所生成的“果”。

恐惧感是生成“他者”情结的根源之一。当“我”刚刚离开母体，来的这个陌生的世界，来自于生物遗传基因的作用，使我对这个陌生的环境、陌生的人天生怀有恐惧的心理，并视其为可对自身安全产生危害的“他者”。慢慢地，“我”的大脑里逐渐积累了“亲人”、“生人”，“好人”、“坏人”，“朋友”、“敌人”等词汇，并懂得了“坏人”、“敌人”是对自身安全的威胁，“好人”、“朋友”不仅会增加安全感，还会给自己的生活带来更多的快乐。人们大多喜欢多交朋友，害怕失去朋友，他们常在镜子里关注“自己”，实际是害怕自己在他人“眼”中留下“坏”印象。久而久之，“他者”便成为了“镜子”中的“自我”，也是我在社会中的“镜像”存在，从而一种形成自恋型的“他者”情结。

疲劳感往往也会诱发“他者”情结。经验告诉我们，如果我们在一个相当长的时间内，持续地重复做某一件事情，就会很容易产生心理或肌体的疲劳感。肌体的疲劳通过休息、睡眠，就会很快地得到缓解，而心理疲劳的消除就不是一件简单的事情了，并且，对于现代大多数人来说，心理层面的情绪疲劳则是更为主要的表现形式。比如，当你在从事某项工作相当长一段时间之后，你发现你的工作仍然没有取得实质性的进展，或是没有取得你所预期的效果时，就会产生心理上的疲劳感，表现为心情焦虑和对工作的排斥。针对因工作而产生精神焦虑症的病人，医生们多会开出这样的处方——“休假”。有条件的“病人”还会选择去外地，甚至国外去旅行，一时改变身份，成为一名“行者”。再比如，有些人在某一岗位工作一定时间以后，仍没有获得期望的职务升迁或薪酬的提高，在失望情绪的驱使下，就会渐渐失去对工作的热情，甚至对工作的环境也产生了厌烦的情绪。许多人应对这一问题时，采用的是极其简单而又极端的方法——“跳槽”。尽管他也未必知道“跳槽”以后，问题是否一定会得到解决，或者问题暂时得以解决，今后是否还会再次出现，就是无法摆脱产生“跳槽”想法的冲动。不论是放下工作的休假，还是改变生活环境的外出旅行，抑或是变换自我身份的跳槽举动，都是一种自我逃离型“他者”情结的表现形式。

还有一种我们可以称之为自我矮化型的“他者”情结，也就是前文所提到的哲学概念意义上的“他者”情结。处于长期贫穷与落后生存状态的国人，对西方发达经济社会的生活方式和文化盲目推崇，而对身边本是正常，但不尽人意的现象加以无限放大到体制、文化的高度来加以批判，这是一种典型的文化虚无主义的“他者”情结。单就社会学的角度看，作为大多数的普通人，或是出于对美好生活的向往，或是出于对权力的敬畏和对权威的迷信，都会使得他们对“他人”的生活方式给予更多的关注。即使是面对个人消费这类极具个性化的问题时，在充斥着流行、时尚宣传的各类媒体广告的狂轰滥炸之下，也很难做到不迷失自我，最终矮化为所谓主流文化与社会精英眼中的“他者”。

2 室内设计要素中的“他者”情结及主要作用

一项好的室内设计方案，应该是既能充分满足业主对该空间的使用功能需求，又能给进入该空间的人以尽可能多的愉悦感受。也就是说，在设计要素构成中，既要满足使用功能的需要，还要兼顾精神功能的需求。然而，室内设计要素的确定，会涉及工程预算、业主的个人喜好、设计师的综合设计能力等诸多因素，其中，业主与设计师可能共存的“他者”情结这一心理因素，往往会起到决定性的作用。

从历史的角度看，现代的室内装饰设计要素中无不体现出浓重的“他者”情结。首先，工业文明起源于西方，现代室内设计本身作为“舶来品”，其本身就带有浓浓的殖民文化意味。中国的文明发展历史固然十分悠久，然而在长期的封建帝王统治时期，即使公共建筑都要依据固定的建制，室内装饰要么是无力实施，要么就要按照特定的规制式样。1840 年第一次鸦片战争，中国被打开国门，并开始实行导致后来中国逐渐开始兴起近代工商业文明的洋务运动，不仅在广阔东部沿海地区出现了许多充满殖民地宗主国风情建筑的租借地区，也逐渐形成了中国自己的买卖资产阶级群体。正是由于这一群体的兴起，才有了我国近代早期的所谓室内装饰的要求，一时间盖洋楼，装洋范儿，不但成为一种时尚，更是成为一些人显示其身份、地位与财富的“标签儿”，似乎有了这个“标签儿”，就有了自我主体的身份了，其本质正是一心想摆脱，却怎么也摆脱不掉的“殖民者”眼中的“他者”身份的“他者”情结。事实上，真正意义上的现代室内设计成为不再依附于建筑设计而成为一门相对独立的学科，最早也只能追溯到 20 世纪二三十年代的德国包豪斯设计学院时期，而能够形成独立产业并得以快速发展，则更是第二次世界大战之后的事情。国内室内设计专业，专业美术院校建成独立的教学部门，并形成完备的教学体系，至今也更是只有二三十年的历史，国内专业设计人员的培养甚至滞后于产业的发展。因此，起步晚，基础薄弱是我国现代室内设计与行业发展的真实写照；模仿、借鉴，在当今国内的室内设计教学与实践当中便是再正常不过的事情了。

在进行室内设计时融入一些能够体现“他者”情结的设计要素并非是我们一定要刻意回避的坏事情，问题的关键是要把握一个合理的“度”，以及借鉴的“符号”要素与整体空间设计风格之间能否形成协调、统一的形式美感。事实上，对于设计师来说，“他者”情结往往会使其在从事设计工作时，保持一定开放的心态，时刻关注人类科学及其他学科的最新发展成果，并加以合理、有效地利用与借鉴，不仅有利于激发设计灵感，甚至还会引发全新的设计理念。比如，经常处于炫目的光影环境中的人，其视觉器官和神经细胞会受到损害，这本是生命科学发现的科技成果，借鉴这一成果，现代室内设计在住宅、办公等环境的墙面与地面要素设计中尽可能规避了容易引发炫目的反光材料，从而形成了目前室内设计行业中备受推崇的“田园”设计风格样式。当下，社会经济领域的全球化浪潮推动了地域之间、国与国之间人员的频繁流动，不同文化之间的交流活动更是规模空前，室内设计师们正是敏锐地捕捉到了这一浓郁的时代气息，设计出当下流行的“混搭”风格样式。比如，沙发是典型的西式家具，讲究的是闲散与舒适，相反，“官帽椅”和“交椅”作为传统的明式家具，讲究的却是坐姿与威仪，两种风格迥异家具的“混搭”，既能体现鲜明的时代气息，又具有厚重的文化意味。诚然，无论是专业设计师还是业主，对自身内心深处的“他者”情结保持适度的警惕实属必要。对于设计师来说，放纵自身的“他者”情结，或一味地迁就业主的“他者”情结，不仅会失去具有个性的设计风格，甚至会破坏整体的设计效果。对业主来说，当前的行业生态环境下，业主对设计要素的确定，往往具有主导性的作用，与业主自身的“他者”情结保持适度的距离就尤为重要。事实上，国内的许多业主在为自己的家居装饰时，并不清楚自己要的是什么，相反，却过于关注各类杂志上的流行式样及他人的看法，最终成了为“他人作嫁衣”，这是典型的“他者”情结作祟的结果。例如，有的人在自己本就不大的客厅里，非要装上一盏伸手可及的水晶吊灯，并自诩为很“上档次”，殊不知倒落得一个真“土豪”的标签。在追求低碳、环保成为一种时尚文化的背景下，简约风格成为人们普遍推崇的样式。其中，如何提升要素设计的有效性，显得尤为重要，也就是要做到“简约不简单”。电视背景墙是当前家居装饰设计要素中备受推崇的要素构件，许多业主与设计师对此并非必备的构件给予了过度的关注，仿佛缺少了背景墙设计，整个设计方案就没有了设计感，不做背景墙就好像没有做装修一样。殊不知，在专业的设计语言中，电视背景墙具有明确的功能设计指向。在一个足够大的空间里，尤其是需要划分会客区和视听娱乐区的起居室设计中，电视背景墙往往起到界定空间的作用，与此同时，作为一种有效的虚拟空间表现语言，结合家具的合理布设，不仅可以有效地界定环境空间，增强环境空间视觉上的节奏美感，还保持了原有宽敞、通透的视觉效果；电视背景墙的另一项功能，是应当具有装饰美化功能。由于电视在使用过程中，机体背后会散发出极易污损墙面带电离子气体，选用耐污、易清洗的材料，可以长时期地保持墙面的清洁。明确了设计语言的功能含义，才会提高要素设计的有效性，避免盲动性。事实上，当下的许多空间有限且功能单一的起居室设计中，电视背景墙本就是可有可无的设计要素，而用大量的低档材料，消耗许多人力、物力堆砌出来的复杂结构，只能是装饰设计的一项败笔，是设计理念被“他者”情结绑架的必然结果。

“低碳、环保、节能”正在成为全社会共同推崇的普世价值观，秉持这一理念从事室内设计工作是一项大的系统工程，什么样的设计才能够称为“环保、节能”性的设计，似乎缺乏一个统一、明确的界定标准。笔者以为，坚持设计理念，摒弃“他者”情结的束缚，提高要素设计的有效性，不做任何过度、无效的装饰项目，就是对“环保、节能”设计理念的最好诠释。

浅谈环境艺术设计的商业价值

王思懿　东北师范大学　研究生

摘　要：现代环境艺术设计是在市场经济的大环境中进行的，因此，它必须处理各种复杂的经济关系，才能更好地体现其商业价值，为社会经济服务。

关键词：环境艺术设计　商业价值　发展战略　经营管理

1　引言

社会经济的发展造就了环境艺术设计的繁荣，而环境艺术设计又促进了社会经济的发展，因此，环境艺术设计必须为社会经济服务，必须融于社会经济而发展自己。它的商业价值只有投入到社会经济活动中才能得以实现。优秀的环境艺术设计是创造商品高附加值和经济效益的重要方法。

1.1　环境艺术设计的商业价值的含义

在 21 世纪的今天，人们对设计的看法已经趋于相同：设计是把某种计划、规划、设想和解决问题的方法，通过视觉语言传达出来的过程。设计的终极目的就是改善人的环境、工具以及人类自身。设计是一门综合性极强的学科，它涉及到社会、文化、经济、市场、科技等诸多方面的因素，其审美标准也随着诸多因素的变化而改变。如今，设计已成为视觉文化中极为突出的部分，是一个相当重要的经济课题，因此受到各界的高度关注，尤其引起我们重视的是设计的商业价值。

设计的商业价值是为商品终端消费者创作利益，在满足消费者的消费需求的同时又规定并改变消费者的消费行为和商品的销售模式，并以此为企业、品牌创造商业价值。在这里，设计之美的依托是经济规律，正是残酷的市场竞争和适者生存的法则造就了这一审美趣味。

1.2　环境艺术设计行业的商业环境的新变化

随着目前全球社会文化和自然环境方面的变化，新的价值观正在促进环境艺术设计向服务于经济社会和可持续发展社会的方向转变。

当前，环境艺术设计产品除了在技术属性、环境属性和文化属性的内涵之外，更加明确了设计本身所具有商品属性，树立了社会效益、环境效益和经济效益相统一的产品观念，在注重设计职能的中立性和公益性意识的同时，面向和促进可持续发展的社会目标。因此，对设计师必须具有经济学视野的知识面提出了新的要求。

产品设计在现在的市场经济体制下，指令性任务减少，委托性和竞争性任务增多。设计企业要在市场上立稳脚跟，必须遵循市场的三大运行机制：价格机制、竞争机制、供求机制，进行自负盈亏、独立核算。因此，设计师的设计方案在考虑方案技术、美学等因素的前提下，不得不考虑消费者对设计方案使用的经济效益。

另外，设计产品的供给方式也发生了变化。设计产品的供给由以前指令性的“订货”方式为主转变到现在的招投标“订货”与自主开发的“现货”方式并重。开发商或建设单位对设计方案的要求越来越高，竞争日趋激烈。

在这种新的情况下，环境艺术设计逐渐变得更加复杂。如现在的设计中必须将经济学同美学和艺术哲学一样设立成为设计学科的基础，它从过去的那种暗示性的、潜在的设想转变成为一种公开的和明确的设计标准。因此，设计师面临的设计任务越来越复杂。

2 环境艺术设计商业价值的重要性

2.1 有助于提高被设计对象的经济附加值和市场竞争力

抓好环境艺术设计产品的设计开发有助于提高被设计产品的经济附加值和市场竞争力。沃尔玛的直接采购副总裁就曾在广交会上说过："当产品的功能发展到一定的程度难以有重大突破时，新的款式和设计就成为产品一种新附加值。" 原本一套未经设计的商品住宅的售价大约是 7000 元 / 平方米，总价 60 万元，但最终这套经过合理的设计施工后，这套即可入住的住宅以 350 万的高价售出。这正是设计将附加价值注入商品中而产生了巨大经济回报的又一例证。

2.2 有助于企业优化经营和管理方式

在现代工业社会中，环境艺术设计作为其中一项管理手段，体现在企业识别系统中，并且以此树立企业形象、提升品牌价值、塑造企业文化。企业识别系统主要是以企业标志为中心所展开的一系列设计，通过一个统一和完整的视觉符号系统，鲜明地向社会传达企业的发展战略、经营理念和经营目标，强化企业的社会大众认知度和美誉度，在传播和交流中展现出独特的精神面貌和文化面貌。与此同时，企业识别系统对内通过对企业员工的组织和管理、教育和培训，增加他们对企业的了解和信任，增强他们的团队意识和归属感、荣誉感，从而提高企业的凝聚力和竞争力。

2.3 树立跨国企业的商业形象

环境艺术设计是解决跨国家、区域交流困难的最佳手段。当今遍布全球的许多跨国公司正是运用这种手段来统一企业形象，从而在不同国家和地区得以持续有效传播，以利于强化企业的管理和交流。使用一套设计得十分完善的室内外设计作为企业视觉识别系统，统一运用于全球的销售市场，使企业形象鲜明独特、易于识别，令人印象深刻，这样可以为其带来了极高的知名度和信赖度。

2.4 帮助增长社会经济产值，促进商业、娱乐、旅游等第三产业的发展

作为经济的载体，设计是一个国家、企业或组织发展最有效的手段。21 世纪以来，人类逐渐进入知识经济时代，而创意经济则是知识经济的核心和动力。包括现代设计行业在内的创意产业在各个发达国家迅速发展，英国、美国、韩国、丹麦、新加坡等国都是设计产业的典范国家。中国尤其是在香港、台湾地区，创意文化产业也正在以前所未有的速度迅速崛起，上海、深圳、北京、杭州等城市也积极推动设计产业的发展，纷纷将设计产业定位为重点发展产业而纳入经济总体发展规划，从一定程度上讲，一些国际性的企业崛起是大力发展设计所致。优秀的设计可以壮大新经济增长模式，优化产业结构，促进社会经济发展。

3 当前市场上部分环境艺术设计缺少商业价值的原因

3.1 政府缺少行业引导作用

政府对环境艺术设计行业的重要性认识不足是当前市场上部分环境艺术设计缺少商业价值的一个重要原因。政府没有意识到设计作为经济发展战略的重要现实意义，也没有看到设计是一个国家、企业或组织发展最有效的手段，在对各个行业进行引导和扶持时，没有把重点放在设计行业。这样，在外力没有推动的情况下，一旦内部出现问题，就很容易出现失败的设计。

3.2 设计单位的技术与经济观念缺失

一些设计单位有时并没有考虑到实际的物质技术条件，没有根据实际的需要选择不同的技术手段，在进行实际施工的时候受到了原材料、施工的设备等这些条件的制约。有时设计在投入建设的时期投资比较大，有些设计单位为了节约成本，没有在保证安全和质量的前提下，直接减少了投入的资金以及人力，导致最后项目失败。

3.3 设计产品质量不高，华而不实，或千篇一律

有些设计师在进行设计的时候，没有考虑到使用性能的要求，不能满足客户的实际需求，大量套用已有的模型和方案，或者在没有对设计的各个方面进行预估和统筹之前就草率地决定设计方案，只追求效果图的视觉效果，并不能保证材料与构件之间的连接安全，更不能确保实际施工的时候能够顺利地进行下去，经常出现一些对安全构成威胁的错误。

4 提高环境艺术设计商业价值的办法

4.1 政府要为整个设计行业制定合理的发展战略

作为经济的载体，设计是一个国家、企业或组织发展最有效的手段。英国前首相撒切尔夫人在分析英国经济状况和发展战略时指出，英国经济的振兴必须依靠设计，设计是英国工业前途的根本。如果忘记优秀设计的重要性，英国工业将永远不具备竞争力，永远占领不了市场。她还强调："优秀的设计是企业成功的标志，它就是保障，它就是价值。" 撒切尔夫人的理念集中体现了人们将设计视为经济发展战略的意识。借鉴英国的例子，我国政府应该有计划地投入资金开展设计顾问资助

计划或扶持设计计划，支持企业建立自己的工业设计部门，促进环境艺术设计业迅猛发展，从而为我国经济注入大量活力，使我国经济从“制造型”向“创意服务型”转变，帮助我国在国际市场竞争中获得一定优势。

4.2 对于设计单位或设计师来说：

1）要树立设计产品的品牌形象

品牌是城市，企事业单位等主体一切无形资产总和的全息浓缩，是彰显文化精神与底蕴的整套视觉形象与识别效应。系统的品牌规划设计，要通过视觉表现来展现理念，提升品牌形象，达到规划品牌管理，创造商业价值的目的。环境艺术设计品牌的建立目的在于以品牌带动城市文化形象发展，促进商业、娱乐、旅游等产业发展，创造经济价值，从而达到文化形象、经济效益双丰收的作用，用设计为城市带来经济、文化效益和社会影响力。

2）要加强节能创新

环境艺术设计的独特性使得其变成一项综合的系统工程，重视设计中的经济性，其价值理念就是实行设计作品的优化，保障社会资源的充分合理利用，以求设计作品的最大经济价值。科技创新使得人们可以仅需支付少量的费用，就能在拥有设计产品，且数年之后，还能连续从中得到更高的健康舒适的条件。设计师在进行设计和选择方案的时候，必须把经济实用性和施工可行性等因素进行综合考虑和分析。尽量要在保证质量的前提下，加强节能创新，将成本降到最低。

3）要具备把握市场发展的趋势与经济信息的能力

目前，我们处在一个消费个性化和多样化追求的时代，消费者的消费意识和行为都发生明显的变化。市场是由新样式，新观念和新风格来决定的。同时，市场期望的也是新商品、新品牌、新设计的消费。在这种情况下，好的设计扮演了无声的营销员的角色。设计与消费的关系，实际上是设计与生活方式的关系。将传统与现代相结合，把握市场的经济信息与文化脉搏，针对不同消费群体的经济状况和消费心理，开发出适应不同消费市场的商品。设计师不仅要坚持独立创新，独立设计，在形成独特产品面貌的模式下，还要积极开拓新市场，以新设计新产品占领更大的市场。

4）要在了解了客户的消费心理之后做针对性的设计

设计的根本目的是“为生活的设计”、“为人的设计”。随着物质文化生活水平的提高，人们的消费观念也在不断发展。设计是实用性和新颖性的创新结合。成功的设计是设计者的意念心理、设计者的思维心理和购买者的需求心理的共鸣。今天的时尚，可能明天就会过时，所以艺术设计必须不断改进，在继承传统与创意中寻求平衡、和谐与统一。

对于环境艺术设计而言，不仅要关注设计产品的使用价值，还要关注客户的精神价值或象征价值这些非物质方面。为了获得被设计对象本身的高品质、高品位、高价格等特性，设计成了其最得力的工具。一件不同凡响的经过精心设计的空间，一个非凡的创意，一个区别于旧环境的新的形象，或由这些新的创意形成的新的符号系统，都为特定消费者的选择提供条件和依据，为不同层次的客户提供更为广阔的消费空间。消费是一切设计的动力与归宿。设计创造消费，消费是设计的消费，设计为消费服务，所以，设计师要在了解了客户的消费心理之后做针对性的设计。

5）要体现设计作为文化产业的价值，做出具有“情结”的设计

设计师要通过提供一种能够淡化经济交易感的主题体验吸引消费者，提高他们购买商品的可能性。设计产品也要结合多种不同的消费方式，为消费者提供尽可能多的消费机会，让他们在消费场所逗留尽可能长的时间。尽可能做到设计作品商品化，突出主题还可以增强顾客购买的意向，让顾客也参与其中。

基于当前的经济背景，环境艺术设计的发展定位以及系统开发既要本着历史文化的弘扬传承为基础，还要以体现“情结”和娱乐精神的精彩表达而进行，作为文化产业的环境艺术设计不是一个无足轻重的粉饰产业，它通过当代环境艺术设计新的价值体系，已获得了全社会的关注和期待。

5 结语

通过相关产品设计价值要素和评价基准要素的文献调查，把设计价值要素主要分为五种类型：审美性价值，功能性价值，经济性价值，创意性价值，环境性价值。

社会经济是基础，环境艺术设计为发展社会经济服务。社会经济状况的好坏，可以制约环境艺术设计的发展，环境艺术设计的发展对社会经济具有推动作用。经济关系较之任何一种社会关系都更复杂、更丰富、更敏感。环境艺术设计不再仅仅是设计师一个人的问题，也不仅仅局限于设计师与消费者之间的关系，环境艺术设计一经启动，就会涉及到社会的各行业与各阶层。

环境艺术设计与经济这种密切的关系，也是环境艺术设计区别于纯艺术的重要方面，它的存在和未来都要受到经济的影响。设计师要从商业价值的角度去认识设计，从设计的角度去为商业服务。

参考文献

[1] 尹定邦．设计学概论 [M]. 第一版．湖南：湖南科学技术出版社．2004.

[2] 周旭，余永海．谈艺术设计的价值 [M]. 包装与设计 [M].2003（118）．

[3] 王受之．世界现代设计史 [M]. 第二版．深圳：新世纪出版社，2001.

[4] 李建盛．当代设计的艺术文化学阐释 [M]. 郑州：河南美术出版社．2002.

[5] 章利国．现代设计社会学 [M]. 长沙：湖南科学技术出版社．2005.

[6] 章利国．现代设计美学．北京：清华大学出版社．2008.

[7] 李砚祖．设计之维 [M]. 重庆：重庆大学出版社．2007.

[8] 诸葛铠．裂变中的传承 [M]. 重庆：重庆大学出版社．2007.

[9] 诸葛铠．设计艺术学十讲．济南：山东美术出版社．2009.

[10] 凌继尧．艺术设计十五讲．北京：北京大学出版社．2006.

为中国而设计
DESIGN FOR CHINA 2014

设计教学与教育研究

窑洞民居文化的可持续研究与可持续教学

——记陕西三原县柏社村地坑窑洞的保护研究

吴 昊 西安美术学院 教授
张 豪 西安美术学院
吴 雪 西安交通大学

摘 要：民居建筑是每个民族文化的载体，窑洞建筑分布在我国中原地区，传承着中国千百年的黄河文化渊源，地坑窑洞是窑洞民居特有的形式之一，存在于我国河南、陕西、甘肃等地区，其中陕西渭北台地分布最为广泛。对传统民居的可持续研究并将其贯穿于教学活动中，是我系教学研究方向，由此展开的测绘、调研、实践活动。第四届"为中国而设计"全国环境艺术设计大展，四校联合展开的陕西三原柏社村地坑窑洞保护性改造设计就是我们实践的落脚点，可持续研究与教学也得到了各界的广泛认可，对人文生态的关注、对农民生存环境的关注、对传统地域文化的关注都以成为我们教学的研究与实践方向。

关键词： 民居建筑 地坑窑洞 可持续教学 保护研究

从人类穴居开始，建筑就成为每个民族的生存与精神面貌的载体。居住建筑的形态就一直承载着人类在该地区的生活状态、生活习惯、文化特质，并随着人类社会的不断发展而演变着、传承着。窑洞这种中国传统民居中独特的建筑形式，历史悠久，分布于河南、陕西、山西等地区，凝聚着当地的生活习惯和风俗文化。地坑窑洞作为窑洞民居的主要类型，广泛存在于黄土高原地区。存在于陕西三原县柏社村的地坑窑洞聚落，位于黄土高原南端、渭河北岸的台地上，是关中通往陕北的要道。该村占地1000余亩（约66.7公顷），现有地坑式窑洞780余院，正常居住的占25%，闲置且形制完整的占70%，残破的占5%，是目前我国乃至世界规模较大的地坑式窑洞建筑聚落之一（图1、图2）。

图1 改造前状态a

图2 改造前状态b

地坑式窑洞民居是在一定自然、经济、技术条件下，经长期地发展与演变形成的，它积淀了丰富的历史文化内涵。地坑式院落里房间布局巧妙、朴素大方，空间开敞、日照充分、尺度宜人，具有天人合一的人居环境特点。村民建窑查风看水，根据地势、山川、风向、水流形态等修建院落。窑洞居民的生活方式、风俗习惯、宗教信仰以及社会、经济、历史、地理等在一定程度上影响着当地文化的形成、发展和兴衰，形成了特有的地域风貌和艺术特点。当地特有的非物质文化遗产有秦腔班社、唢呐、社火、刺绣、面花、剪纸、纸扎、木雕等。伴随地坑窑洞出现的当地特有的人们的生活方式和文化习俗也形成了特有的形式特点。然而，在现代生活方式、观念、思维的强烈撞击下，地坑窑洞因其自身的缺点未能得到进一步的改进，已经逐渐被砖瓦楼房所代替，传统的民居建筑瑰宝正在被遗弃、被毁坏。保护传统地坑窑洞建筑，传承地域文化，对窑洞民居建筑文化的研究和再认识迫在眉睫。

特有的地域环境必然造就出特有的民居建筑风格，形成特有的民居建筑文化。中国追求"天人合一"和谐统一的思想，即顺应自然界的规律，在适应自然中求得生存和发展。三原县柏社村地坑窑洞建筑就是在顺应自然的基础上生存，在渭北黄土层中挖掘出的居住空间。这种下沉到自然地形中的建筑奇妙地与黄土大地融为了一体，是人与大自然和睦相处、交互共生的典型范例。它有着深厚的历史文化渊源和独特的艺术形式内涵，整个地坑式窑洞与大地的脉搏相通，接天地之灵气，与大地同生共栖，形成一种天人共生的和谐境界。

图 3　现场考察 a

图 4　现场考察 b

图 5　保护实践过程 a

图 6　保护实践过程 b

西安美院建筑环境艺术系自建系以来一直重视对本地特有的建筑文化进行深入研究并贯穿于教学实践中。近十年来先后对陕北、关中地区的窑洞建筑进行了三十余次的考察测绘，并贯穿于毕业设计。这一常态化的教学行为也得到了中央美院张绮曼教授的认可与支持，自 2003 年起，亲自带队组织本科生、研究生、博士生十余次深入西部农村，考察窑洞民居（图 3、图 4）。张老师提出“我们能为西部农民做些什么？中国西部尚有几千万农民居住在原始的生土窑洞中，改善、提高生土窑洞简陋的居住条件，以适应现代的生活要求，让这一物美价廉的原生态生土住宅延续下去……我们应当能为此项研究做些设计去保护和提升流传千年的中国传统生土窑洞。”① 张绮曼教授的这一学术主张与西安美院建筑环境艺术系多年的教学实践不谋而合。2010 年借第四届为中国而设计全国环境艺术设计大展暨论坛在西安召开之际，张绮曼教授、吴昊教授等多位美协环境艺术委员会专家共同提出本次大展主题“为农民而设计”。张老师的这一期望在此得以达成，中央美术学院、西安美术学院、北京服装学院、太原理工大学四校师生共同参与联合课题，对陕西三原县柏社村地坑窑洞进行保护性设计（图 5、图 6）。由三原县政府特批专项经费对废弃的部分窑洞进行整改修缮，使我们通过具体的工程实践研究分析传统民居建筑中的优秀布局与设计方法，充分考量自然光、太阳能和自然通风，节约能源、降低耗能、减少污染等低碳设计方法。为了此次课题，2009 年夏，由张绮曼、吴昊教授带队的生土窑洞专家学者多次实地考察调研，并将陕西三原柏社村确定为第四届“为中国而设计”全国环境艺术大展的分会场。2010 年 8 月各小组方案将完成深化并予以实施，通过具体的实践来改进与完善我们的设计方案及研究成果（图 7、图 8）。2010 年 10 月来自全国百余名专家学者在柏社村窑洞现场恳谈，共同研究探讨“低碳设计”与“为农民设计”的论题（图 9～图 11）。

此次课题与论坛活动创造了环境艺术设计会议中的多个第

图 7　改造后窑院入口

图 8　改造后窑院环境

图 9　第四届为中国而设计全国环境艺术大展现场 a

图　10 第四届为中国而设计全国环境艺术大展现场 b

图 11　四校教学实习基地揭牌仪式

一次：第一次提出以农民为设计服务的对象进行研讨；第一次以研究成果的实地呈现为展览研讨对象；第一次将国家级大型会议会场引入农村；第一次让真正的使用者——农民与专家进行对话交流。

图 12　窑洞生活现状

图 13　窑洞厨房现状

①邱晓葵．西北生土窑洞环境设计研究：四校联合改造设计及实录．北京：中国建筑工业出版社，2010，10:5．

此次课题以保护性改造设计为思路，充分研究分析传统民居建筑中的优秀设计方法，在保留窑洞传统特色的基础上，适当加入现代设计的元素，运用建筑物理与现代技术的手法，以适合现代农村人的居住、生活需求，分体现了可持续发展的设计理念（图 12、图 13）。

在窑体内部设计时，保持窑洞生态建筑节约用地、节约能源的特点。充分利用黄土的蓄热和隔热性能特点，调节室内温度和湿度。同时通过改造给排水设施，增加太阳能，改善现有窑洞采光等技术上的升级和形式上的更新再造，使其适应现代居住需要。在窑院设计时，保留原有院内的柿树、杏树等果树种植，增加适当的观赏花木，在窑脸外做散水铺装设计，方便通行同时对窑体结构也有一定保护。真正地达到节能减排，低碳生活，零排放污染。

此次改造的地坑窑洞中，还包括有老一辈革命家习仲勋当年创建红色根据地时办公用的一所窑院。红色窑洞设计兼顾对外宣传展示的功能，我们将原有的窑洞内部联通，形成串联的展示空间。创造性的还原、展示老一辈革命家的战斗生活环境。设计对原有的窑脸立面重新设计，调整了门窗的基本样式，增加了空间场所的红色革命氛围，这里已成为红色教育与旅游的一个亮点。

多年来，我系从窑洞民居的调研测绘到窑洞民居的设计实践，秉承着钻研深究的精神，强调研究的持续性与最终成果的可实现原则。以地域性民居保护为研究方向，对窑洞民居聚落已进行了系统梳理，包括陕北的靠崖式窑洞、独立式窑洞及关中渭北地区的地坑式窑洞聚落等。深挖窑洞背后所蕴藏着的中华原生态艺术文化根源是窑洞建筑的内涵所在，只有认识了窑洞文化才能了解中国的黄土文化，窑洞建筑自身也是我们先民与自然和谐共生、天人合一的产物，窑洞是中华文明的传承与凝聚。自 2010 年完成四校联合设计课题后，我系又于 2011 年、2012 年、2013 年先后又组织毕业设计小组师生对已完成课题进行回访，对居住者的生活状态进行了更加深入的研究与了解，包括窑洞改造后对原有文化形态的影响，并从技术、空间结构等角度进一步优化已有的地坑窑洞设计，得到各方面专家的认可，连续取得了西安美术学院本科及研究生毕业作品展一等奖、第五届“为中国而设计”全国环境艺术设计大赛最高奖——“中国美术提名奖”等多个奖项。2013 年 10 月，由张绮曼、吴昊教授主持的《西部农民生土窑洞改造设计》课题获 2013 北京设计周年度设计大奖，这是该项目继 2012 年 12 月获得“亚洲最具影响力可持续发展特别奖”及“亚洲最具影响力设计组环境设计银奖”后，又一次获得国际大奖。2013 年 12 月《西部农民生土窑洞改造设计》课题再次获得 2013 金堂奖中国室内设计年度评选“年度设计行业推进奖”（图 14、图 15）。本项课题也已成为西安美术学院建筑环境艺术系持续性探究陕西生土民居及窑洞保护的教学特色与优势。

图 14　北京设计周：张绮曼（中）、吴昊（右二）教授等获奖者合影

图 15　广州设计周金堂奖颁奖礼

对传统建筑文化与民俗文化持续性的保护与可持续实践教学研究，就是为了使当地村民发现窑洞新的使用价值，找寻地坑式窑洞建筑的可持续发展模式，找寻民居建筑本原文化的再生。这种持续性不仅是强调地坑窑洞建筑形态的可持续发展，而且更多的是希望窑洞活态的文化脉络的可持续性发展，保护非物质文化遗产的可持续性发展，保护人与自然的和谐共生的原生态意识与生活方式。

设计的价值与人文精神内涵
——设计伦理教育的紧迫性

李炳训　天津美术学院　教授

摘　要： 设计教育旨在培养国际大视野之心境和具有社会责任感、人文精神内涵的设计人才。设计伦理教育是设计人才教育体系中能够彰显内涵教育本质的重要而可行的路径，对于设计价值的认知又是该体系中必须的基础。为此，本科教育体系应体现基于人类可持续发展理念的教育、人与自然的和谐相依生存教育、设计方法论教育以及体现设计核心价值的判断力教育。设计人才是在长期多方参与应用实践中去体验、践行设计价值内含理念的过程中自然成形的，而全社会的人文氛围生成又是人才培养和尽快成形的保障，也是社会发展目标。

关键词： 设计价值　人文精神　内涵教育　设计伦理教育

众所周知，我国的设计领域自改革开放三十年以来取得了长足的进步，高尚品质的设计作品不断问世，部分设计师与设计团队日臻成熟、颇具影响甚至正在走向世界。毋庸置疑设计领域的繁荣发展推进了我国经济的繁荣和社会的文明进步，不断地满足大众的精神和物质的需求与欲望，并且逐步显现设计引领和改变生活，使更多的人进入时尚生活、快乐生活和低碳生活的人类生存发展的主流渠道。

但是，在看似繁荣发展的另一方面确实存在着令人作痛的症结。很多的设计机构、设计师由于形形色色利益的驱使，对设计的价值观、自身社会价值的认知与判定能力的低下造成了大众在共享社会文明的环节、体验时尚生活的同时还要承受享受之外的隐痛。如城市环境提升改造项目的设计与施工、住宅设计与施工、生活用品的设计与质量以及各类产品的包装及各类媒体广告作品等，都存在着严重的非善意的痕迹，暴露了自然资源的合理利用、人与自然的和谐共生的可持续理念和人文精神的缺失。这些问题，引发更多的人思考，可是我们不该总是将此一概归结于经济快速发展过程中的自然或是工业文明向生态文明过渡的必然吧，那么我们“种种的阵痛”止于何时？人类一代又一代的后生们又该怎样的去憧憬他们的高度文明呢--再看我们的设计人才培养领域，更多院校的设计专业都是基于20世纪90年代中后期经济社会飞速发展背景下的教育大发展热潮中设立的，自然会存在着非设计教育规律的大规模招生、师资队伍的拼凑、教学体系的粗放，这亦自然导致了教学质量与人才素质的低标准。当然传统美术院校与设计院校由于教学的积淀还具有优势，其中重点院校在教育研究、人才培养模式与学科体系的完善方面发挥着引与领示范作用。但是，就围绕着设计人才培养的人文精神内涵的设计伦理教育体系建构还存在不足。

1　设计的价值与人文精神内含

设计是造物活动中最为关键的环节，正如李砚祖先生讲：“设计它预设着所有造物的价值，并规定着造物价值的取向。就其价值而言，设计是价值的缔造者。在设计缔造或预设的价值中，一为实用价值，二为审美价值，四为伦理价值。伦理价值于前两者而言，又是具相关性，即实用价值和审美价值是伦理价值的基础。”[1]

设计的实用价值是设计造物的基本价值，也是首要的价值。在设计造物的各环节中必须达到其功能属性的目标以及不遗余力地去刻意表达“善意”于其中，以此满足人的活动行为的需求和欲望。“床”是为人睡眠所用，它的尺度、造型、材料及所置环境须确保满足睡眠的条件，在设计预设中要以最“善意”的态度合理使用设计要素表现出充满善意的实用价值。反之，若所造之物充斥着欺骗或过度的奢侈，那么此设计行为则有悖于价值的“善意”而是不道德的“恶行”。我们常讲“设计要以人为本”综合理解其意，即在设计预设全过程中应体现“人文关怀”寓意，以及施以物化的充满道德属性的善意表达内含。

设计的审美价值即艺术价值。设计所造之物的审美特性是由设计创造的，美是可视的、可触的，美与审美对物而言可分为形态（造型）之美、结构之美、工艺之美和材料之美。设计的审美价值应存在于设计造物的最终结果之中，即使用与被使用的主客体之间功能关系形成之时。如自行车设计创造，若过度施以审美造型的个性化而忽略其属性的本质，因而会造成设计客体的非善意结果。在伦理学概念下的审美价值应是客体的审美特性与主体的需求欲望、所及目标的协调一致，达到设计的“正当”与“善意”，即达到其审美价值功效。

设计伦理价值的基本概念是设计造物中超越实用功能价值和审美价值的更高道德层面的价值，是控制、实施使用价值与审美价值的人文精神层面能力与自身道德修行的体现。

笔者很欣赏李砚祖先生的观点，即如果将实用价值称之为效率之善、审美价值为快乐之善的话，那么，伦理价值则是精神之善。

“人文精神”涵盖了人类对于道德观念、精神境界、精神修养、人格尊严、信仰信念的理想境界追求，即人类意识和精神修养的内涵，包括人类文明基本成果、人类共同的道德观和价值观、共同的行为规范等内容。目的是使人类在满足自己的需求时，同自然环境和谐相处，平等权利、平等发展、保持可持续性平衡发展。包含了精神境界、精神修养、理想人格、信仰信念等内容。可以说，人文精神的实质就是形成人类生存与发展的道德与文明观念。

以仁、德、善作为诠释设计自身的价值，让人类富有尊严，自信地去追求幸福。为此，设计创造服务于人类生存行为的产品与环境，要“至善至美”的彰显人文精神内涵，更要崇尚古人不朽的训言：实用、经济、美观的设计原则。设计师须把握设计的价值取向、恪守设计师的社会责任，设计创造出符合安全标准的、具有人文精神内涵的、有益于自然资源平衡可持续发展的高尚物化作品。

2 设计伦理教育的紧迫性

我国的现代设计教育已三十余年，以设计的价值与人文精神内含而论，反思设计教育基础的薄弱、教育理念的不清晰、设计教育规律与人才培养的内涵教育的缺失，以至于造成了人才质量的问题，乃至社会上由于各方利益的充斥使得设计价值观扭曲、人文内涵缺失的种种“作品”频频出现，也亦驱使着更多的人的物质与精神需求欲望的观念变异，逐渐地使一代一代的设计师在精神信仰层面的价值观和社会责任的茫然。这种有悖于可持续发展理念的恶性循环必然制约着我国的经济文化社会正态发展。然而，形成如此现状其中也有政府相关机构与法律依据的空白以及行业、机构指导不利不无关联。随着学科体系的完善，关于艺术设计的基础理论研究，也有了初步的成果。长期以来，我们关于艺术设计学科性质的界说，比较多地强调了其实用价值与经济维度。艺术设计与商业的紧密联系，成为其区别于纯艺术的属性，而远离了形而上的观念体系。然而面对全球性的生态失衡，商业主义的道德虚无，设计观念何去何从？使用功能、审美价值之外，设计还有无更多道德上的取向和行为上的规范？尤其在我国现阶段还属于强调效率的发展中国家，相对于快速拓展的设计产业，对于设计伦理的研究与教育显然是滞后的。

虽然近些年教育部相关教学指导委员会以及各相关专业、行业机构也做了大量的指导工作，各院校人才培养体系的梳理也有所起色，可是从总体看设计的价值与设计教育的内含认知与人才培养的深度还是呈不平衡状态，或难以适应社会对具有人文素养的高素质人才需求。1997 年许平教授发表《设计的伦理——设计艺术教育中的一个重大课题》文章，这是我国设计学界较早出现的关于设计伦理问题的关注。鉴于十几年前的设计学科才刚刚驶入快速拓展期，对于艺术设计如何提高市场绩效的关注热度，远远胜过对于艺术设计多元价值的综合考量和对设计伦理尺度的反思。因此，设计伦理课题的研究并无太多进展。近五年来，随着我国各大高等院校设计史论专业的相继建立，设计基础理论的研究开始学科化，对于设计伦理问题的探讨也日趋深化。以此为题的论文也开始见诸大小学术报刊。但一直以来，学界对于艺术设计学本体的讨论还始终处在不断厘清的阶段，这使得处于学科交叉地带的设计伦理问题，长期处于百家争鸣的状态，始终不能结构化、体系化。

针对当下我国设计领域诸多问题和人才培养的状况，2007 年在杭州由中国装饰杂志社主办召开了“全国设计伦理教育论坛”，全国六十余所设计院校和相关机构近百余位专家学者与设计师参会。本次论坛以“高等院校艺术设计类专业的设计伦理教育问题”为主题，围绕设计伦理的内涵、设计伦理与职业道德、不同文化背景下的设计伦理和设计伦理教育问题这四个议题展开讨论。涉及从城市问题、消费问题、传播问题等当代设计的不同侧面，对当下设计的伦理以及与其相关的设计教育发展问题作深入的讨论。并通过了《杭州宣言——关于设计伦理反思的倡议》，宣言呼吁以未来的名义为设计反思，以设计的名义承担起伦理反思和价值重建的责任。本次事件在我国设计领域和设计院校产生了强烈反响。为此，笔者认为目前关注和解决我国设计领域和设计人才培养存在的问题十分紧迫，实现这一作为，尚须各方同仁认同设计的价值观，以及人才培养的内涵教育在于设计伦理教育为核心的学科教育。

综上可见，学界已越来越多地意识到设计伦理问题研究的必要性，并做出了一些理论探索。但目前我们所见的大多数研究成果，还主要趋向针对个别应用设计领域的一些具体伦理思想上。因此，作为基础理论的宏观设计伦理学，以及体系化的设计伦理学研究与实施框架，更具有亟待建构的紧迫性。

3 实施人才培养的内涵教育

现代设计人才培养需更新教育教学理念。在设计教育体系中，内涵教育应以强化人文精神教育为核心。强调创造性人才培养应具备厚重的人文素质基础，甚至人才的人文素质教育较之所谓的创造能力培养的价值更为重要。在此问题的分辨中，我们应该给予创造性人才概念重新定位与评价。2010年上海世博会的主题氛围已经为此定论：创造性人才规格必须具有较完备的人文素养，其创造性的理念应凸显人类可持续发展内涵，那么，设计造物的价值和创造性能力的价值标准也应充斥着强烈的以人文精神为内涵的设计伦理教育内容。清晰这一观念，对于当下我国经济社会正在快速发展以及对设计人才的需求而言，又是非常及时和重要的。

现代设计人才培养需对师资队伍的知识结构实施重组。艺术设计涉及自然学科、人文学科和社会科学三大领域，是综合交叉学科，设计教育中的教育者应给予自身的国际化视野的认知。须认同教师团队的学缘结构、学科结构与知识结构布局，教师自身的知识结构要顺应现代设计教育的发展趋势。以科学、平和的心态，以及教育者的职业精神和毅力去梳理和重组自身的知识体系。以设计伦理为核心去完善学科理论的建制，以人文素质的储备为教育者的职业精神内涵，实现软知识与硬知识的连接；以知识结构与能力结构的多元交叉形成自身综合的能量和驾驭教育的能力。这些对于学生的内涵培养很重要，只有这样方可以使教育者以形而上和形而下的作为去实施传授人文内涵的物化创造活动，进而享受人才教育互动过程的喜悦，以此使教育者的体验来获取本职业社会价值的提升。

现代设计人才培养需加大学科的基础理论课与实践课程中的伦理教育内容。提倡思辨式教学方式，师生互动，加强学生判断能力教育。在构建人文精神素养的过程中，明辨可持续发展理念下的是非观念。同时，也需加大艺术与设计批评教学内容，展开多以讨论、辩论形式主导方式的教学。使设计人才自身职业责任和人文修养得到提升。整合设计学科理论教育体系，首先借助较为成熟的应用伦理学范畴，例如生命伦理学、生态伦理学、景观伦理学等，参照各应用设计领域的理论成果，整合、构建出设计伦理范畴中的应用理论体系；通过研究中西方设计教育案例，分析、总结出关于设计伦理素养的培养模式；以人与人、科技、产品、环境、文化的伦理关系为线索，在应用设计领域的伦理体系中深化基本原理。以此同时，在专业课程、技能课程之中、在与社会实践项目的经验获取和与行业机构的互动下，拟提出设计行业伦理规范可能性；以艺术批评的范式，介入分析设计批评探索伦理尺度判定的可行性；综合前面的研究结果，对照应用伦理学范畴中的法律依据，提出设计批评及行业规范的模式构想和设计师职业道德守则。

需构建设计伦理学教育体系。针对目前各院校尚显零散纷乱的学科理论教育现状，探讨以设计伦理学理论为核心的学科理论体系框架，并做出一些对专项设计应用伦理学研究的尝试。在深入研究元伦理学及应用伦理学的理论成果基础上，借助伦理学已成熟的学科体系，建立起一个从普适性的艺术设计基础伦理学拓展到各专业应用设计伦理学分支的较为全面、深入、系统的理论构架。一方面对现有的设计学科理论研究的全面梳理，又是对于设计伦理学这一新学科范式建构。

构建设计伦理学元理论（学科自系统研究）、设计伦理学基本原理、应用设计伦理理论体系，以及设计伦理教育的研究实施，能有助于弥补我国在大力拓展设计产业时所缺失的伦理教育。从而引导创建更规范的设计师职业伦理，创造更健康的设计产品，构建可持续的设计产业结构，最终建设更和谐的设计生活，以此体现设计的价值与人文精神内涵的人才教育。

4 结语

设计教育旨在培养国际大视野之心境和具有较强社会责任感的人文精神内涵的设计人才，在本科教育体系中应体现基于人类可持续理念的教育、人与自然的和谐相依生存教育、设计方法论教育，以及体现设计核心价值的判断力教育。当然，又不能忽视全社会共同营造适于塑造人才的人文精神内涵的大环境，而全社会的人文氛围的生成又是我们共同为之努力追求的目标。

参考文献

[1] 李砚祖．设计之仁——对设计伦理观的思考．装饰，2007（09）：8．

意大利与中国当代设计学教育比较

李　沙　北京建筑大学
侯启月　北京建筑大学

摘　要： 源于古罗马时代的恢宏以及文艺复兴时代的灿烂，意大利充满了艺术魅力。深厚的艺术积淀随着时代的发展，早已渗透到设计学教育领域。何以使意大利设计绽放出灿烂的艺术光辉？通过分析其设计师的培育土壤，进而可了解意大利设计学教育的真实状态。

意大利现代设计经历了包豪斯设计文化的浸润，在传承优秀传统文化过程中寻求设计理念的创新与突破，因此才能处于国际设计界的前沿地位。这也佐证了意大利设计教育的成功。然而，目前中国的设计学教育还有诸多问题需要解决，其中包括生源和师资两方面的问题。因此，研究意大利设计教育的成功经验，将对我国设计学教育的健康发展具有借鉴意义。

关键词： 文化底蕴　创新　设计学教育　生源　师资

1　设计人才的成长环境

谈意大利与中国设计学教育的差异，无外乎生源和师资两个方面。设计学教育的本源应该是培养学生正面的文化心态，运用选择的眼光将传统文化与创新科技巧妙结合，这样的设计作品才具有生命力。在设计教育中，意大利学生与中国学生的文化底蕴有何差别？文化心态又有何不同？这可以分为三个层面：首先是文化情调层面。这是一种文化趣味，是设计中最为感性直观的、最为表层的要素；其次是文化心理层面，这是一种不定型的自发文化意识，以感性为主，但交织着一定的理性；最后是文化精神层面，它已经上升到理性的高度，成为整个民族、社会的精神支柱和不断发展的能力。

1.1　意大利设计人才成长环境

随着时代的发展，意大利深厚的艺术积淀无时无刻地渗透到艺术的各个层面，包括设计学等领域。特别是意大利的设计至今仍充满了艺术魅力。当代意大利青少年也在追求时尚，如法拉利跑车、时装、首饰、家具和陈设等，它们引领着世界设计的潮流，同时也影响着青少年的审美。那么，究竟是什么土壤令其设计师绽放出灿烂的艺术光辉？了解意大利的设计学教育理念，将对我们所面临的设计学教育改革和发展具有借鉴意义。

意大利青少年学生自幼成长在艺术氛围浓厚的国度之中，设计巨匠的作品伴其生活的左右。终日沉浸在卓越艺术的海洋之中，耳濡目染，身心受到多重艺术形式的熏陶，观察生活的起点也就相应提高。在其内心深处以及潜意识中早已嵌入了真善美的信息，笔者认为，先天的艺术基因与后天的艺术浸润必然对青少年设计艺术素质的养成起到直接或间接的作用。

1999 年 6 月，欧洲的 29 国教育部长在意大利博洛尼亚共同签署了《博洛尼亚宣言》，要求加强欧洲范围内的高等教育合作，2010 年已经形成了统一的“欧洲高等教育区”，即著名的博洛尼亚进程（Bologna Process）。实现了欧洲高等教育的一体化。如今加入博洛尼亚进程的国家已达 46 个。该进程所包括的内容涉及消除国家之间学生流动的障碍，特别是促进师生间和学者间的交流，以及高校间的合作，因此有助于形成设计教育和设计创新的良好环境。

1.2　中国设计人才成长环境

中国青少年的成长环境可谓冰火两重天。所谓“冰”即一部分生活在欠发达地区青少年的成长环境。由于我国教育资源的极不平衡，生活在贫困地区的那些学生甚至连暖饱都难以保障，因办学条件所限以及师资的匮乏，一部分未能得到应有的基础教育，美育教育更无从谈起。在这种环境下，即使是再有艺术天赋的学生也会由于文化滋养不足而才华枯萎。所谓“火”即另一部分生活在经济相对发达地区青少年的成长环境。他们自幼成长于严酷的应试教育竞争环境之中，依家长的意愿被动学习艺术，诸如弹钢琴、练舞蹈、学绘画、习书法等。孩子们逆来顺受、苦不堪言，他们在疲于奔命之中早已失去了对艺术的热情，其目标也仅是为下一次入学竞争增添筹码。进入高二阶段，对于那些学习成绩欠佳的文理科学生，在社会、家庭和学校的簇拥下，不得不面临一次重大的转向——改学艺术，突击准备艺术类高考。可是在短短一年时间内，这批并非喜爱艺术，从未想过设计为何物的高中生，被填鸭似的强化素描和色彩训练，于是学会了能应付艺术类考试的所谓特殊套路，参与激烈的艺术考试搏杀……

那些从数十万艺术考生之中侥幸挤入艺术院校或大学的艺术设计系的幸运者们在短暂的兴奋之余，即进入对设计前途的迷茫状态。值得注意的是：这些幸运者中的一部分人选择设计学专业的目的可能仅仅出于升学需要，而与自身的艺术追求无关。故此，无论是源自“冰”还是“火”，部分考生艺术素养极度缺乏和对美的感受迟钝是不争的事实，他们或许难以适应设计学的学习。因此，生源素质将对我国高校设计学教育的发展及设计人才的培养构成挑战。

基于上述成长环境，首先会导致中国大学生创造能力的普遍缺乏，这本是应试教育的恶果之一。应试者完全围绕着考题去攻坚，衰失独立思考的能力。创新思维更无从谈起。其次是缺乏生活体验，设计过程的前期是需要体验的，而体验是不能被想象所代替的。对于来自于经济欠发达地区的学生，在大学学习期间虽然学习勤奋、刻苦用功，但对健康生活方式缺乏追求。要求其硬性理解生活方式的精美感，舒适感和艺术感实属强人所难，因其从未有过体验，进入大学后而又疏于观察，对高端生活方式所知甚少，即使教学条件和师资上乘。“体验”的缺失，则预示着学生未来的设计艺术求学道路充满着艰辛。

2 设计教育与师资水平

优秀的设计团队对于设计的发展潮流具有强势的引导作用，而造就具有敏锐观察力和创造力设计师则需要雄厚的师资力量。高校设计教育的目的即为设计一线源源不断地输出人才，从而使设计创新具有无穷的生命力。因此，具备专业素质的师资力量就显得尤为重要。

2.1 意大利设计教育师资结构

意大利设计学专业教师同时有可能也是出色的设计师。正是因其具备综合性能力，使设计学教育的发展紧随潮流，才可能培育出新生代优秀设计师。所谓新生代设计师应具备丰富的想象力，可在传统文化和未来之间很好地协调。

笔者通过对意大利米兰理工大学（Politecnico di Milano）和欧洲设计学院（Istituto Europeo di Design Roma）的实地考察，初步了解到意大利设计师资结构及其教学的特色。

意大利米兰理工大学建于 1863 年，包括建筑设计、城市规划、工业设计、交互设计、服装设计等专业，虽然专业方向各有其特点，但相互之间的协作与互动却异常活跃。师资构成中，外聘的社会上有影响的设计师占主流，本校全职的教师则占少数。即使是本校教师，同时也兼任设计师的社会责任。教师身份与设计师身份的并存，无疑对实践教学有着非同寻常的意义。课程设置方面，强调实战性，学生接受设计基本功训练之后，会在课程中安排实际设计项目综合训练。通过大量异彩纷呈的优秀学生设计作业及模型，可以发现教师在设计课程教学中的用心良苦。以综合设计课程为例，概念设计是中心，分为“概念前期”、“概念形成与拓展”以及“概念后期”三个阶段。第一阶段包括：①用户体验调查、②审美取向调查、③功能分析查找漏洞、④趋势分析、⑤延伸设计策划；第二阶段是概念形成与拓展；第三阶段包括：①概念到形态的转、②功能优化、③深化设计。其中“设计前期”所训练的内容则是我国设计学教育的薄弱环节。

欧洲设计学院建于 1966 年，包括时尚、设计、视觉传达以及管理四个学院。其专业师资队伍则与设计师实现了完美的融合。专业教师同样具备前沿设计理念及独特的创新思路。教师在工作室中言传身教，甚至能给材料赋予艺术灵性，从而培养学生对生活的体验和感悟。

意大利的设计学教育重视培养学生的团队协作精神。在教师的指导下，学生以团队为单位进行设计项目训练。团队中包括室内设计专业、平面设计专业、媒体艺术专业和服装设计等专业的同学共同协作，发挥各自专业优势，协同完成全套设计项目。毕业生的收获不仅限于本专业，更在战略协作与综合设计上得到锻炼，因而塑造出具有敏锐观察力和创造力设计师后备力量，为设计一线源源不断地注入新鲜血液，使设计教育具有无穷的生命力。这些正是中国设计学教育所应该借鉴的。

2.2 中国设计教育师资结构

面对迅速崛起的中国经济，创新设计教育迫在眉睫，培育具备专业素质的师资力量刻不容缓。然而，中国的设计艺术教育起步较晚，经过了坎坷的发展过程。20 世纪 40 年代，著名画家、设计艺术教育家庞薰琹①先生曾与著名教育家陶行知②先生谈话说：“我想用自己的双手和智慧，创造一所学校，培养

---

①庞薰琹（1906 ~ 1985 年）中国工艺美术家、工艺美术教育家、画家。字虞铉，号鼓轩。江苏常熟人。1925 年赴法留学，1956 年负责筹建中央工艺美术学院（今清华大学美术学院）。
②陶行知（1891 ~ 1946 年）中国教育家。原名文濬，后改知行，又改行知。安徽歙县人。1914 年毕业于金陵大学。后留学美国，回国后，任南京高等师范学校教务主任，继任中华教育改进社总干事，推动平民教育运动。

一批有理想、有劳动、能设计、能制作、能创造一些美好东西的人才。不单为自己，也是为世世代代的后人。”

新中国成立之初，周恩来总理提议建立中央工艺美术学院。由庞薰琹先生撰写建校方案，将中央美术学院工艺美术系和华东分院实用美术系合并，组建中央工艺美术学院。1956 年 11 月 1 日，中央工艺美术学院在京正式成立，新中国有了自己的具有现代意义的设计教育机构，我国设计艺术教育由此而拉开序幕。此后，这所学院曾向社会输送了许多高端设计人才，其中一部分走向高校的设计艺术教学岗位。

然而，20 世纪 90 年代高校大规模扩招，艺术设计专业如雨后春笋在全国各高校迅速上马，缺乏艺术设计专业教师。一方面，很多纯艺术背景或外专业对艺术设计充满激情的人才纷纷加入艺术设计师资队伍，客观上拓展了艺术设计师资的多样性。但是其中某些教师心态浮躁，并未实现从纯艺术教学到设计教学的角色转换。仍停留于造型与表现的技法的传授，因此设计教学效果广受诟病。另一方面，高校招聘教师的门槛近年来普遍提高，博士几乎成必备条件。但实践证明：缺乏设计实践和创新能力，仅有博士学位是难以胜任设计教学工作的。综上师资状况，可见现在中国的设计人才培养环境令人担忧。

3 文化——创新之内力

意大利当代设计之所以异彩纷呈，这与其设计学教学理念直接相关。首先，传统文化所发挥的巨大内力不容小觑。

设计学的灵魂与本质在于创新，创新的重要途径是对传统文化的传承和超越。意大利的设计学教育把“创新传统文化教育”摆在重要位置。设计是属于艺术的，也是属于科学的，更属于创新文化的。它是艺术、科学与创新文化的和谐统一。

意大利经历了文艺复兴时期的辉煌，留下了不朽的艺术遗产。悠久的历史和文化令设计师对于美产生了敏锐的感觉，优美的自然风光激发了设计师的灵感和创造力。这一切都为设计学教育储备了丰富的精神资源，孕育了浓郁的文化底蕴，这就是创新设计的内力。

优秀的传统文化，为设计学教育提供了一条合理有效的途径。因为文化本身的积淀性、扬弃性，完全不同于科技的革命性和创新性。科技以不断地推陈出新而发展前进，而文化却不能完全丢掉自己的历史和传统。相反，它会步步寻根，不断返回本源去发现生活的意义。

辉煌的成功设计光环下，其背后的隐性因素往往被人所忽视，所谓隐性因素中包括那深厚的艺术底蕴和渗透进设计师灵魂中的文化积淀，以及对传统文化的尊重、对人性的关爱。这就像一片沃土，为意大利当代设计这棵大树源源不断地输送着养分。正像米兰理工大学设计研究院副院长弗朗西斯科· 佐罗先生所说：“卓越的创新设计，除了服务性、环保性、安全性、健康性等要求外，更重要的是其背后隐含的故事。”

毋庸置疑，经济与科技的发展会直接干预设计观念以及产品的生产方式。但设计学具有强烈的超前性和预测性，它是从实现社会的功能领域上升到思想境界的审美领域。意大利设计经历过辉煌的历程，使本国的设计学教育具备良好的基础，更令其发展有根可循，有据可依。由于受到包豪斯现代设计思想的洗礼，其设计学从古典主义顺利过渡到现代主义。这种历史的延续性显得非常自然，未表现出明显的文化断层，而当代设计的成就又对设计学教育的进一步发展起到助推作用。

中国的当代设计发展到今天，正在为从中国制造发展到中国创造目标做着理论和实践的准备。此过程需要酝酿足够的生命能量，也就是创新的内力。一棵树苗若要长成参天大树，必须吸收土壤中的营养和周围的水分。它若长在溪水旁，将得到源源不断的水分供应而枝繁叶茂。对于中国的创新设计，优秀的传统文化恰似养分和水分，是创新设计的内力。只有植根于传统文化的沃土，方能汲取五千年华夏文明的精华，令中国创造逐渐羽翼丰满，走向成熟。

4 结论

意大利将传统文化创造性地融入设计学教育中，特别注重综合设计能力训练，从而培养学生欣赏艺术的趣味和对真善美的洞察力。让设计带给人们更多惊喜以及全方位的美妙体验。而我国教师在设计学的专业教学中，则要注重设计实践能力的提升。言传身教，培养学生对生活的体验和对传统文化的感悟，逐步形成具有发展潜力的中国设计学教育模式。

参考文献

[1] 王莹．赵婷婷．意大利风格[M]．沈阳：辽宁科学技术出版社．2009．
[2] 李森，和家胜．艺术设计教育文集[M]．昆明：云南大学出版社．2008．
[3] 梁梅．意大利设计[M]．成都：四川人民出版社．2000．
[4] 刘守强．探索的路和精神——怀念庞薰琹先生[J]．装饰．1999(03)．

“城市设计实验”的教学尝试
——2012 中印“广州—孟买”工作坊实录

王　铭　广州美术学院建筑艺术设计学院　讲师
季铁男　广州美术学院建筑艺术设计学院　教授
Sonal Sundararajan　印度 KRVIA 建筑学院 (Kamla Raheja Vidyanidhi Institute of Architecture)　副教授

摘　要：2012 年广州美术学院建筑与环境艺术设计学院、四川美术学院建筑艺术系、上海大学美术学院建筑系与印度 KRVIA 建筑学院（Kamla Raheja Vidyanidhi Institute of Architecture）的师生分别于 2012 年 11 月 1 日 ~11 月 10 日在中国广州、2012 年 12 月 18 日 ~12 月 25 日在印度孟买举行了针对“城市设计实验”的快题教学尝试。在全球化的背景下，这样一种来自中国和印度两个古老、发展中的国度的专业合作，对于“面对当下城市问题的新方法”的实验与探索具有特别的意义。

关键词：中印　广州孟买　城市设计实验　微尺度　建筑教学

1　工作坊背景

早在 2009 年，广州美术学院和印度 KRVIA 建筑学院（Kamla Raheja Vidyanidhi Institute of Architecture）就开始以研究亚洲大都市为主题开展联合课题研究和教学交流。

印度 KRVIA 建筑学院是一所非常特别并享有国际声誉的学院，在教学理念和组织上与国内美院的特点有十分契合的地方。在全球化的背景下，这样一种来自中国和印度两个古老、发展中的国度的专业合作，对于“面对当下城市问题的新方法”的实验与探索具有特别的意义。

本次活动除广州美术学院建筑与环境艺术设计学院（以下简称 GAFA）和印度 KRVIA 建筑学院（以下简称 KRVIA）外，还荣幸邀请到四川美术学院建筑艺术系（以下简称 SIFA）、上海大学美术学院建筑系（以下简称 SUSFA) 的师生共同参与中印联合工作坊。四校师生以“城市设计实验”为命题，分别于 2012 年 11 月 1 日 ~11 月 10 日在中国广州、2012 年 12 月 18 日 ~12 月 25 日在印度孟买展开城市研究。

2　研究方式与创新

2.1　广州与孟买

此次被选做研究基地的是广州和孟买。毋庸置疑，他们都被认为是当今全球关注的两个发生重大转型中的巨型城市。他们各自拥有着悠久而复杂的历史，同时都在城市化道路上面对不同文化碎片交叠在一起形成的城市各种问题。另一方面，他们又各自拥有截然不同的生活、文化、信仰、社会体制，也采取了完全不同的方式来处理当代城市问题。作为来自两个国家的师生共同在一起，如何解读两个城市的共性与特性，如何评价两个城市当下的复杂性与矛盾性，是基地所带来的特殊意义。

2.2　城市设计实验

此次工作坊，我们特意取了“城市设计实验”这样一个名字，也有意围绕“城市设计实验”这个命题来展开设计教学研究，尝试说明城市设计这个概念是具有实验性的，也是关于我们艺术类建筑院校如何开展城市设计实验的一次观念表达。所谓实验，即是走入基地进行足尺试验，而不仅仅是在图纸上画图。

这种试验可以让同学在现场实际的环境中与当地人互动。互动之下得到同学们对城市问题的看法，同时也是展开研究工作的方法。这个方法似乎更适合我们现在的环境，同时也是现在大家尝试去找的一个方向。在建筑与环境设计这个领域，我们要找到一个更明确的方向，这是一个很重要的方式。所以我们在过程中跟同学在尝试做这个工作，这个工作是有点随机性的，没有一个固定的方向，同学是一直在摸索，在尝试找出方式，通过大家的互相交流，慢慢地大家有了清晰的方向，这也正是实验的意义所在。

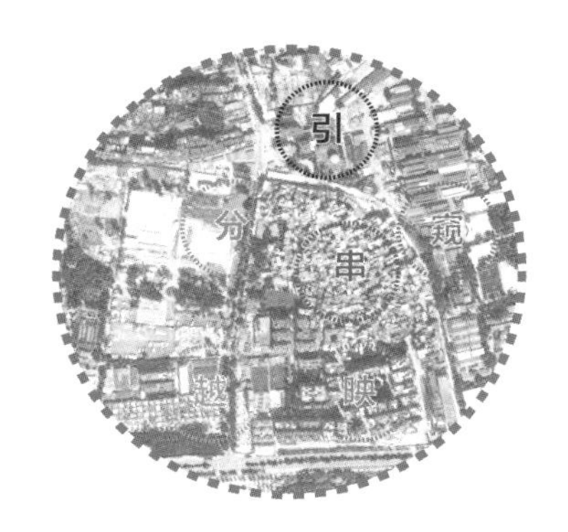

图 1　广州基地位置和各组选题

2.3　微尺度的快题设计方针

我们提倡各校际背景的学生合作，课题时间被严格控制在很短的时间内进行，一方面希望能锻炼学生对复杂城市空间的敏感与快速解读能力，另一方面也希望能帮助学生抓住第一时间的兴趣点并贯彻到底。针对当下复杂的都市课题，超越习惯的规划和设计模式，以达成重视地景特性、更具善意的设计目标。设计成果可能是规划、景观、建筑设计抑或某些装置和设施，又或者是公共艺术活动的设计，这些也是我们鼓励的方向。尝试寻找属于城市策略的第三条道路——以最微小的建设程度，精微、精巧、精准的设计，实现环境的改善。

图 2　基地教学工作

图 3　展厅模型搭建

图 4~ 图 6　中印 2012“游戏之间”广州工作坊城市设计实验展开展

3 “游戏之间”——广州工作坊

3.1　活动介绍

本次活动于 2012 年 11 月 1 日 ~11 月 10 日举行，在广州我们选择了针对广州程界村及其周边区域这一典型珠江三角洲城中村为案例，展开城市设计研究。此次工作坊以“游戏之间”主题，是希望研究能够区别于传统红线区间作业的习惯，让研究在“之间”的概念上去展开，将重心放在城、村、江、厂的边界地带上，去寻找在区域与区域之间那些比较消极的、定性的空间，探讨这个空间之间、区域之间的关系，营造“之间”的一些可能性。

广州十日工作坊分为三大部分：

第一部分（第 1~5 日）是关于现场试验的影像记录；

第二部分（第 6~9 日）是 1/5 的表达场地关系和加入设计观念的草模型；

第三部分（第 10 日）是成果展示与交流。

图 7　中印 2012“游戏之间”广州工作坊城市设计实验展——红砖厂艺术空间 E9 展厅

图 8　中印 2012“游戏之间”广州工作坊城市设计实验展——红砖厂艺术空间 E9 展厅

图 9　现场专家交流（第一排从右至左分别是：何健翔、沈康、黄耘、王海松、季铁男、杨一丁）

图 10　现场专家交流

3.2 作品解析

1）方案——“引”

组员：梁辰、赵恺颖、周晨橙、翟文婷、谢倩（GAFA）

设计围绕员村宅基地之间的夹缝道路展开讨论，在典型的“一线天”空间中加入对路边开门位置的提示性设计，使行人注意到潜在的安全隐患。谓之“引”。

图 11 “引”的草模型

2）方案——“窥”

组员：林志磊、李璐、苏嘉仪（GAFA）、刘佩锦、杨薇薇（SIFA）

设计围绕玻璃厂和红砖厂之间的巷道展开讨论，在巷道原本封闭的围墙上加入镂空、遮挡、断裂的设计策略，来强化区域内外的看与被看的关系，丰富原本单调的空间。谓之“窥”。

图 12 “窥”的草模型

3）方案——“串”

组员：侯月川（GAFA）张开聪、尹玖玲、刘晓婵（SIFA）

设计围绕程界村、红砖厂、地铁站和玻璃厂之间的十字路口展开讨论，在三角地带加入一个连续的管道构筑物设计，来联系各区域间的各种功能，同时起到导识系统的作用。谓之“串”。

图 13 “串”的草模型

4）方案——“映”

组员：苏雅琪、张梓卉（GAFA）、SURBHI GITE、AMALIA GONSALVIS、TANVI KORE (KRVIA)

设计围绕李氏宗祠和公园之间的三角地带展开讨论，在人群聚集的树林中加入一个镜面的覆盖装置设计，通过与湖面的相互映衬，增加一种颠倒的视觉趣味体验。谓之“映”。

图 14 “映”的草模型

5）方案——“越”

组员：谭敬之、刘可昕（GAFA）、TARJANI DOSHI、MANASI MARAKNA (KRVIA)

图 15 “越”的草模型

设计围绕程界村与员村之间的围墙与人行道展开讨论，在狭长的空间中加入一个镭射光束装置设计，通过营造虚拟的围合强化不同功能空间的界线，带给行人更明确的空间穿越感受。

6）方案——“分”

组员：王骁夏、迟博辰（SUSFA）、ARUSHI BANSAL、SONAL PAGDHARE (KRVIA)

设计围绕天河 CBD、员村和程界村之间的地铁站广场展开讨论，在纷繁的场地中加入一系列互动城市家具设计，满足不人群的活动需求，以营造更有序的场所空间。谓之“分”。

图 16 “分”的草模型

4 理想花园”——孟买工作坊

4.1 活动介绍

本次活动于 2012 年 12 月 18 日 ~12 月 25 日举行，我们以“理想花园”为主题在印度孟买 Bandra 区域展开城市设计研究。“花园”是在混乱的城市生态环境中一个人们渴望与理想生活世界沟通的地方，将日常生活与城市、自然、世界连接在一起。这些被遗留的，被经过的，被遗忘的，被忽视的城市的角落是否能够成为每天城市生活里沉思 / 快乐的场所？

基地位于孟买的旧城中心，从 17 世纪后期到现在，这个场所为了适应新的需求，已经被做了大规模的结构调整和更换。在这个区域里有海岸、渔村，附近的市场、贫民窟、传统社区、新高档社区、火车站等。在这里我们也能看到一些有趣的基础设施的介入，如人行天桥和新的 CBD 体现了空间是如何通过

图 17 印度 KRVIA 建筑学院交流过程 1

图 18 印度 KRVIA 建筑学院交流过程 2

图 19 印度 KRVIA 建筑学院交流过程 3

图 20 印度 KRVIA 建筑学院交流过程 4

居民、上班族、办公室人士在日常的基础上协调的。7 天工作坊，我们将寻找区域之间那些消极的城市地带，做出微尺度的设计回应。

4.2 作业简介

1）The Sky Walk 小组

组员：周晨橙、邢艺凡、林诺（GAFA）、Mihir、sana、narali、mukun、krupen 等（KRVIA）

Skywalk 建造的目的是方便上班族穿过复杂凌乱的贫民窟、火车站直达新兴商务区。天桥只是人们匆忙通行的走廊，也许人们不曾注意到这走廊两边那些看似混乱实则秩序的贫民生活。通过对中国园林中“穿行、游走“概念的提取，运用拼贴、涂鸦的方式，形成一个设置在天桥上的展览装置，一方面展示中国学生作为外来者对于这种前所未见的城市模式的看法和疑

问，另一方面展示印度学生对于自己家园的憧憬和寄望。由此，希望引发人们对自己所处的周边环境的新思考。

图 21　孟买 Skywalk 现状

图 22　Skywalk 小组概念模型

2）CHIMBAI VILLAGE 组

组员：黄喆、迟博辰（SUSFA）、Sonal、Anvita、Manish、Gauri、Nirali、Kahin、Aashina、Saniya（KRVIA）

本组基地（CHIMBAI VILLAGE）位于孟买市中心。基地为城市中心的渔村，周边为建成区。此处依然保持“渔业”生产模式与“自给自足”的生产关系，堪称“城市中的乡村标本”。当地居民满足于当下的生活模式，不希望当前生活受到过多干扰。对渔民而言，渔村既是生活的地方，也是他们自己的花园。方案希望能通过整理出他们的生活轨迹，在这个轨迹中出现障碍的地方介入一些便民设施，由此而完成对现有村庄的微尺度的善意的改变。

3）BANDRA STATION 组

组员：刘可欣、谭敬之（SIFA）、Pum、nemor、

图 23　孟买 Chimbai Village 现状

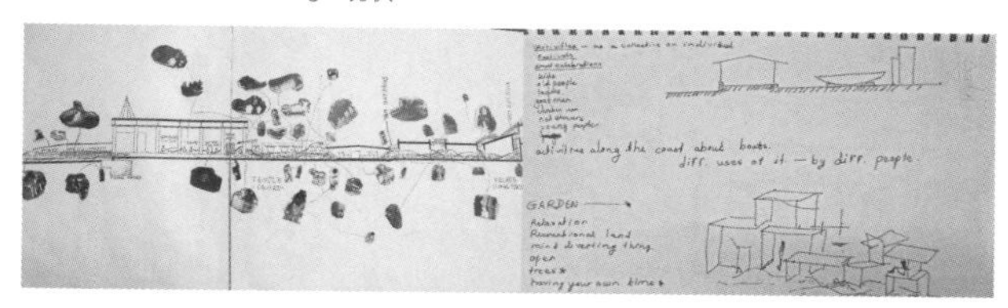

图 24　Chimabai Village 小组方案草图

sarnia、tarjani、arshina 等（KRVIA）

这个组的场地为 bandra 火车站，一个超密度拥挤的地方。由“等”这个关键词形成小组的理念。解决“等”的方法不仅是提供一个可以让人们等待的场地，更希望是一个可以提供愉悦和娱乐的场所。

图 25　孟买 Bandra 火车站排队的人群

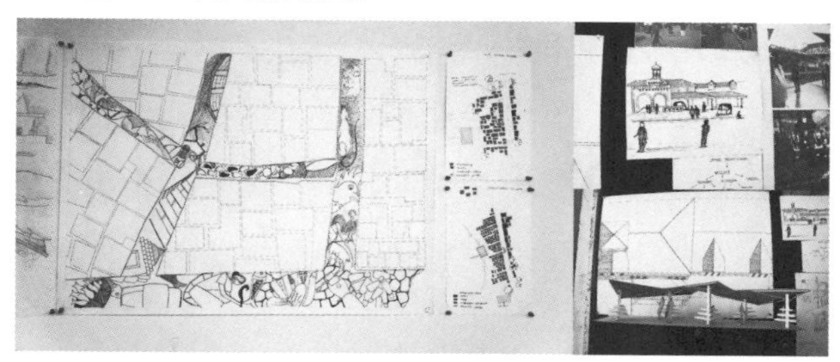

图 26　Bandra Station 小组草图与模型

4）CHAPEL ROAD 组

组员：杨薇薇、彭艳（SIFA）、Jistin、ipshiraka、negi、devyani 等（KRVIA）

很特别的一条街，在那个街道上的图案，每个人看到的反应和感觉是不一样的，提取这条街让人引发的共鸣印象片段，整理并绘制出来，大概就是那儿留在人们心中的一种心灵花园。

图 27　孟买 Chapel Road 街景

图 28　Chapel Road 小组概念草图

5　结语

此次工作坊给中印两地学习建筑与环境设计的同学们一次探讨城市文化异同的机会，如何面对两个正飞速发展的，拥有悠久历史与当下文明交融碰击的城市？城市设计的方式值得反思。

工作坊教学安排中要求学生城市空间中以身体力行的方式在现场观测和分析是一个关键的过程，让同学们在现场快速地通过大量的互动实验去了解基地，并思考为空间引入新的乐趣和可能性。同时希望研究能打破城市区域界线的束缚，在一些我们所忽略的中间地带去展开设计的研究。

这不仅仅是一种城市设计的方案，我们更认为是观察一个城市的方式和方法；不仅仅是在这个城市中居住或被动的消费，而是参与到城市空间和环境中，去体会各种动态要素间的关系，如历史与空间之间的接合，日常生活与文化的交叠……

注：

2012 中印“广州——孟买”城市设计实验工作坊参与人员名单

(1) 广州工作坊部分

指导老师

沈 康 黄 耘 王海松 季铁男 王 铬 Sonal Sundararajan 李筠筠 李致尧

参与学生

KRVIA: Amalia Sunil Gonsalves Arushi Amit Bansal Mansi Dhirajlal Marakana Surbhi Raju Gite Sonal Sachin Pagdhare Tarjani Dinesh Doshi Tanvi Kore

SIFA: 杨薇薇 谭敬之 张开聪 刘可昕 尹玖玲 刘晓婵 刘佩锦

SUSFA: 王骁夏 迟博辰

GAFA: 梁 辰 赵恺颖 周晨橙 翟文婷 谢倩 苏亚琪 张梓卉 林志磊 李 璐 苏嘉仪

(2) 孟买工作部分

指导老师

Sonal Sundararajan George Jerry 黄 耘 王海松 王 铬 李致尧 谢一雄

参与学生

GAFA: 周晨橙 邢艺凡 林 诺

SIFA: 刘可欣 谭敬之 杨薇薇 彭 艳

SUSFA: 黄 喆 迟博辰

KRVIA: Mihir Sana Narali Mukun Krupen Istin Ipshiraka Negi Devyani Pum Nemor Sarnia Tarjani Arshina Sonal Anvita Manish Gauri Nirali Kahin Aashina Saniya，etc

“为德国设计”——包豪斯早期的设计观

卓　旻　中国美术学院建筑艺术学院　副教授

摘　要：包豪斯从来就不该是类如“国际主义”这样的某个特定的设计风格的标签，相反是非常本土的。面对这样的社会现实，包豪斯发展出了两种不同的设计史观：面向社会公众的具有意识形态的非美学立场和具有强烈表现主义特征的民族精神的建构。

关键词：包豪斯　民族认同

不管就风格、思潮或是教育体系而言，20 世纪初德国的包豪斯无疑是包括建筑设计和工业设计在内的设计领域的一座至高的里程碑。包豪斯投向设计领域的这颗石子所激起的涟漪，贯穿了之后近一个世纪的设计活动，仍旧影响着当代的设计思潮。包豪斯以一种拥抱工业化的态度，使其成为将设计活动从传统中抽离出来的重要推动原力。

1　对包豪斯的普遍认识

德国一直拥有很好的社会保障体系，19 世纪末的德国就已经成为世界上第一个福利国家。德国的富足在一战之后早已成为美好的回忆，1923 年的超级通货膨胀更是将普通德国人多年的积蓄一扫而光。德国社会所面对的民族屈辱、经济萧条、社会混乱的交互作用迫使德国人将目光更多地转向了社会现实。德国人需要迅速地以大工业生产来重建社会秩序，其中住宅建设是其中的重要组成。19 世纪 20 年代的后五年中，德国新增住宅总数的一半是由政府或政府帮助成立的公共合作社投资建造的。在这样的大生产背景下，具有相当职业敏感度的建筑师们和工业设计师们毫不犹豫地投向工业化大生产的怀抱。

随着 1922 年发生了荷兰艺术家杜斯伯格（Theo van Doesburg）在包豪斯校外发动的对于风格派的讨论，以几何造型为特征的荷兰风格派和俄国构成主义开始引领包豪斯的美学倾向。1923 年开始，格罗皮乌斯试图将包豪斯的侧重点从艺术家的自我表现转向更为实用和面向社会的设计，这直接导致了坚持表现主义教学的伊顿的辞职。之后的包豪斯完全地投入到了工业时代的设计当中。格罗皮乌斯从实用功能出发以几何构图的形式为学校设计了新的校舍。但是对于时代和社会发展的响应迅速地将包豪斯的教授和学生们推向更为极端的方向，“大众生活”开始取代“艺术”引领新的设计美学，在这样一个美学态度下，是否符合大众功能和新生活才是建筑美学的核心。这种转向意识形态的反美学倾向在 1927 年斯图加特郊外的德意志制造联盟的威森豪夫住宅展览会达到了高潮，也形成了当时的“新客观主义”的思潮。包括格罗皮乌斯、柯布西耶在内的当时有影响的先锋派建筑师都参加了这个住宅展览。尽管整个项目的策划者密斯从来都没有对政治感过兴趣，整个展览却无疑展示了强烈的意识形态——即快速解决大众的实际居住问题是超越个体的美学立场的。大众住宅作为一种工业典型而被抽取出来，“自我”已经消失在这些可以快速建造的大众住宅之中，展览会上的大师们的作品即使在形态上都无比类似，毋论建筑的精神了，因为当时的社会气氛显然是需要通过意识形态的立场表达以体现设计师的先锋性，而现代主义则是这类意识形态的最好表现形式，所以设计师们对此趋之若鹜。

在这之后，随着汉斯．迈耶（Hannes Meyer）在 1928 年继任包豪斯校长并设立专门的建筑系，包豪斯的设计美学尤其是在建筑设计方面彻底转向了带有强烈意识形态的功能主义。功能主义对于现代建筑的重要性使得包豪斯风格在当下仍被许多人简便地等同于现代主义。

但是如果我们对于包豪斯的理解只是停留在这一层面，而忽视包豪斯的精神特质的复杂性，那将是狭隘并且可悲的。

2 对包豪斯诞生的回顾

包豪斯的诞生不是突如其来的。19 世纪欧洲的工业革命颠覆了西方社会方方面面的思想体系和行为方式，大批量机器生产所带来的日益丰富的物质体验让人对未来社会满怀憧憬，但同时那些粗制滥造、缺乏艺术品位的工业产品又让人不免失落和怀旧。从开始于英国的工艺美术运动，到之后以法国和比利时等国为中心的新艺术运动，欧洲人摇摆在机器和手工艺之间。欧洲的艺术家或是建筑师们因个人对于工业化的不同立场而选边站队。

在有关工业和设计的思考之中，20 世纪的第一个十年几乎同时发生了两件影响包豪斯的事件。1906 年，比利时建筑师范德维尔德（Henry van de Velde）在德国魏玛建立了魏玛大公工艺美术学校。而 1907 年德国的穆特修斯（Hermann Muthesius）和一些志同道合的设计师（如贝伦斯（Peter Behrens））和制造企业成立了德意志制造联盟。德意志制造联盟的发展几乎囊括了德国现代主义的建筑大师，贝伦斯的学徒格罗皮乌斯（Walter Groupius）和密斯（Mies van de Rohe）都是联盟的活跃分子；而范德维尔德也是联盟的紧密合作者。1919年由格罗皮乌斯在魏玛成立的包豪斯并非平地而起，它其实是魏玛大公工艺美术学校和魏玛美术学院合并的直接结果，不夸张地说，包豪斯即脱胎于魏玛大公工艺美术学校。而德意志制造联盟的发展又给包豪斯灌注了一种独一无二的工业化气质。这两个组织无疑是孕育了包豪斯的母体和父体，而来自母体和父体的不同影响也体现了塑造包豪斯的两种不同设计史观。其中之一显然就是前文所讨论的由对工业化大生产的向往所引发的先锋性，但遗憾的是另外一个迥异的立场在包豪斯研究中几乎被忽略。

3 对早期包豪斯的北方民族精神（民族性立场）的重读

相较欧洲其他国家，1871 年才在俾斯麦带领下完成统一的德意志作为一个统一的国家而言历史短暂。为了在列强中争得一席之地，年轻的德意志过于注重发展和扩张，当时德国的工业发展如同当下的中国，产量惊人但不注重品质。在早期的世博会，德国产品往往被当时更老牌的工业强国英国和法国认为是低廉丑陋的同义词。但是 19 世纪末开始，德国人开始意识到对于资源贫乏、市场狭小的德国来说，只有质量卓越的产品才是他们争夺世界市场并实现未来繁荣的关键。所以当新艺术运动影响到德国时，因为德意志的国家特质而被赋予了更深层的意义。在泛德民族主义的推动下，德国人开始关注以手工艺和传统的艺术表现形式为表象的德意志内在文化特质。同时不可否认的是，德国人对于工业和国家命运之间联系的深刻认识使得他们对于工业化生产很难采取排斥的态度。

范德维尔德和穆特休斯都受到了英国工艺美术运动的影响，意识到工业时代通过设计改良社会的重要性。尽管都抱有改善工业产品设计的愿望，但两者对于工业化有着明显不同的立场，两者的分歧很快显现出来。1914 年在科隆召开的德意志制造联盟博览会期间，穆特修斯发表了十点纲领，认为建筑及工业设计只能通过“典型化”的发展才有意义，而艺术家设计的特殊单项物品将不能满足德国的要求。他宣称：“建筑艺术实质上趋向于典型性，典型摒弃特殊性而建立秩序。”[1] 这种强调设计为工业化服务的实用论调立即遭到了范德维尔德的挑战，后者宣布个体创作是艺术家的基本主权。尽管普遍不反对工业化，但出于对创作自由受限的惧怕，范德维尔德的论点获得了包括格罗皮乌斯在内的广泛支持，这迫使穆特休斯收回了他的十点纲领并重新阐述了艺术创作和典型化的关系。而格罗皮乌斯或许也因此而受到范德维尔德的重视并在他卸任魏玛大公工艺美术学校校长之后被其推荐为继任者，进而成为包豪斯的奠基人。

在德国这样一个以工业立国的国家，穆特修斯的论点却不能得到广泛的支持，似乎有违常理。但纵观 19 世纪德意志的文化艺术活动，这个结果却也并不出人意料。从穆特修斯关于“典型”的论述来看，尽管就社会倾向而言具有相当的先锋性，但这种工业化的典型在逻辑结构方面却又是向古典形式语言的十足倒退。这种“典型”同古罗马建筑师维特鲁威对于柱式的总结并无二致。古典柱式不仅对柱子这个支承构件进行了“典型化”，进而通过柱式自身隐含的完整的秩序结构对整个西方古典建筑的形式进行了规范。而 19 世纪以来，日耳曼民族在建筑美学的研究从时代精神来看，是紧密围绕着民族认同的这个核心。和英法不同，长期的分散状态使得德意志地区一直缺少统一的民族认同感。随着德意志的统一，潜意识中的对于集体归属感的追寻自然引导着德语地区的知识界不断尝试摆脱一直以来以南方（古罗马）的古典秩序为核心价值的审美体系。尼采（Friedrich Wilhelm Nietzsche）对于古希腊悲剧中酒神精神和日神精神的剖析即为以理性和秩序为标志的古典中心的美学世界树立了一个对立面——另一种源自内心的痛苦和冲突的艺术冲动。奥地利著名艺术史学家李格尔（Alois Riegl）通过分析晚期罗马艺术和伊斯兰艺术而提出了“艺术意志”（Kunstwollen）的概念。他认为在某个特定时期内的艺术发展是一种内在的、自发的和向前发展的进程，艺术形式的变化来自形式本身的冲动，它本质上不受技术、社会或文化等外在力量的左右。“意大利（古罗马）艺术表现内在运动和精神冲动的动作和结果，所以重点在于在外部动作；日耳曼艺术表现同样的事物但是着眼于精神冲动本身，将之作为身体动作的诱因来呈现。这意味着，从一开始，心理因素在日耳曼艺术中占主导地位。"[2] 那些呈现出平面的、无空间深度的、无生气的、传统上被认为是古罗马艺术的"衰退"形式的晚期罗马艺术或是哥特艺术在李格尔看来恰恰是一种"前进"，一种有着自我目的的艺术冲动所产生的形式。沃林格（Wilhelm Worringer）在继承了李格尔的"艺术意志"的基础之上，同时吸收了利普斯（Theodor Lipps）的移情美学的理论，提出了抽象与移情的概念，并在他的《哥特形式论》中将文艺复兴大师们所鄙夷的哥特风格析出于古典体系，建立起和日耳曼民族精神及心理状态的关联，将哥特风格阐释为北方民族和教会共同作用的明确而有目的性的艺术冲动的直接结果。他认为"纯粹哥特式的文化土壤在北方日耳曼……北方形式意志是在德意志的哥特式中完成了真正的建筑实现。"[3] 这些德语地区的学者们通过对非欧洲中心的艺术形式的研究，试图建构一种北方民族所独有的和自发的美学并将其上升到和古典美学并重的地位，其潜意识无疑就是对于民族认同感的追寻。穆特修斯所倡导的工业化不能掩盖他对古典建筑美学的逻辑结构的偏好，而这点对于还未完成民族意识觉醒、尚在为了重塑民族认同而试图摆脱正统的古典欧洲建筑美学的德国人来说，显然不能得到完全的共鸣。

而范德维尔德深受德意志学者对于北方民族艺术研究的影响，他对哥特形式的整体结构抽象性的尊重渗透在他在魏玛的教学实践中。而这点应该被早期的包豪斯很好地继承了，从包豪斯的师资和教学方式可见一斑。包豪斯名为"建造"，但建立之初甚至没有建筑课程，完全以类如中世纪师徒相授的手工艺教学为主。同时在格罗皮乌斯的支持下，欧洲一些最激进的艺术家来到包豪斯任教基础教程，这其中包括瑞士人伊顿（Johannes Itten）和克利（Paul Klee）、俄国人康定斯基（Wassily Kandinsky）、美国人费宁格（Lyonel Feininger）等。这些艺术家如果有什么相同点的话，那就是他们的创作都倾向于以抽象的形式表达自身的内心情感。其中伊顿为包豪斯早期的基础课程制订了教程，他倡导通过实际工作探讨形式、色彩、材料和质感并把上述要素结合起来，他还强调直觉方法和个性发展，鼓吹完全自发和自由的表现。这些表现主义画家在包豪斯的活动和当时德语地区盛行的对于北方民族精神的追求以及尼采悲剧美学和弗洛伊德的精神分析学发生交汇，在包豪斯建构了一种真正有别于古典中心论的设计美学立场。

4 结语

包豪斯虽然持续了短短的十几年，但很难以某种特定风格来界定。包豪斯后期对于功能主义的推动常常让人忽略了它对于德意志自身精神的传承，或者说，包豪斯从来就不是"国际主义"的代名词。从初期的具有强烈表现主义特征的民族精神的建构到后期转向社会公众的非美学立场，包豪斯所继承和发展的不同的设计美学史观一直针对着德国人自身面临的问题，就这点而言，对于我们当下研究中国特色的设计美学问题有很重要的借鉴意义。

参考文献

[1] Philip Steadman.The Evolution of Designs：Biological Analogy in Architecture and the Applied Arts，Revised edition. P132.

[2] Alois Riegl（Author），Andrew Hopkins，Arnold Witte（Editor）.The Origins of Baroque Art in Rome，First edition. P94.

[3] Wilhelm Worringer（Author），Herbert Read（Editor）.Form in Gothic，Revised edition. P142.

在韩国工作营体察艺术设计之魅力

林 磊 上海大学美术学院建筑系 副教授

摘 要： 2013 年在韩国首尔建国大学建筑学院举办了亚洲室内设计学会联合会（AIDIA）学生工作营，这是一次在东方背景下亚洲不同国家展示室内设计及建筑设计教育和各院校师生施展才华的盛宴。工作营通过对首尔具有传统地域特征的历史文化街区——北村韩屋的改造，探讨历史文化街区的保护与更新。学生通过实地调研，在体验韩国传统建筑的近人尺度和精美工艺及丰富的内外空间基础上，思考传统的承接与现代的结合，解决历史与现实、时间与空间的永续问题。

关键词： 工作营 历史文化街区的保护与更新 韩屋

近十年来，工作营作为设计类教学交流行之有效的方法，成为一种时尚的艺术实践活动。在短期的活动中，各种文化碰撞、各路思想纷呈、各方灵感交汇、各色方法应运而生……众豪杰们时而针锋相对、剑拔弩张，时而意气相投、精诚合作。人们享受着设计的“快”与“乐”，从工作营的磨炼和洗礼中以超乎平日几倍的智能和体能奔向终点。

AIDIA 学生工作营每两年举办一次，旨在鼓励师生对东方文化背景下亚洲不同国家的设计教育进行思考，并为各设计院校师生提供展示才华的平台，是促进亚洲各国室内设计教育发展的重要活动之一。2013 年的学生工作营在韩国首尔建国大学举办，为期一周时间，由来自韩国、中国和泰国三个国家师生共同协作完成。这个工作营的主题探讨的是当今亚洲发展中的热门话题——“北村韩屋的改造”。学生通过设计活动的开展，来共同探讨历史文化街区的保护与更新。

位于首尔北村的韩屋是韩国民居的典型代表，保存至今已有 600 多年的历史。韩屋不论在建造材料还是结构形式方面都曾深受中国的影响，属木构架形成的结构体系，其古朴的建筑形象给我们每一位外国师生都留有深刻的印象（图 1、图 2），而保护的现状与我们之前的想象相去甚远。不少韩屋已经在城市的现代化发展中消失殆尽，有些韩屋穿插于现代建筑中，显得格外孤立与突兀，能够屋瓦相连的建筑群已所剩不多，愈发显得弥足珍贵。

工作营的任务是要求学生通过实地调研，在体验韩国传统建筑的近人尺度和精美工艺及丰富的内外空间基础上，思考传统的承接与现代的结合，解决历史与现实、时间与空间的永续问题。

带着对北村的唏嘘感叹，8 个小组各自选择给定的 6 个不同基地中的其中之一（图 3、图 4），在不足 3 天不到 72 小时的时间里去完成设计任务。没有时间粉饰，没有条件矫情，大家都想用最丰富的视觉语言、最实用的表达方式阐释各组对于“改造”这一历史文化主题最直观的认识和理解，彰显艺术设计的魅力和冲击力。那几个挑灯夜战不休不眠的日子和营地如集市般轰轰烈烈的场景在我的记忆中已渐行渐远，但那 8 组充

图 1 北村韩屋的现场调研及讲解

图 2 已改造的韩屋街景

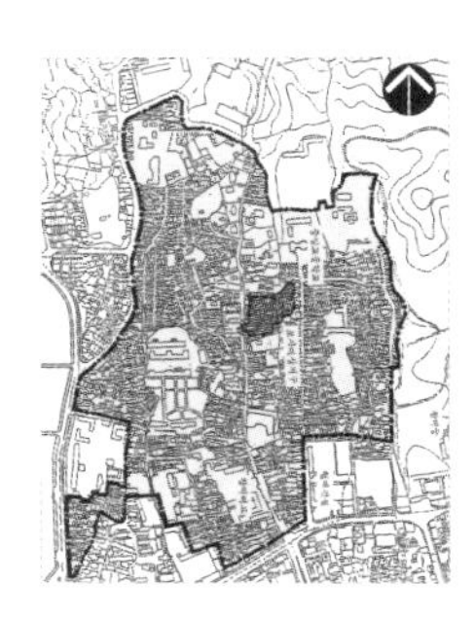

图 3 北村总图

图 4 六块基地图

满着不同文化气息、难分伯仲的设计成果却不断涌现在脑海中，越来越强化、越来越令我对工作营所表达的艺术设计有了一番新的思考。本文以上海大学师生参与的3组实践为例，进行讨论。

1 艺术设计的文化认同

第1个方案体现的是艺术设计与文化认同的关系，它深度挖掘韩国的礼仪文化，确定主题为“照相馆”，以韩国最重要的7种礼仪文化中的5种——“出生礼仪”、“冠礼”、“婚礼”、“家庭生活”、“回甲宴与耆老所”为线索，把韩屋改造成旅游文化摄影基地。这些礼仪文化是以14世纪末即高丽末期至朝鲜初期确立的性理学与朱子《家礼》为基础形成的，100年前盛行于宫中和士大夫阶层，是朝鲜王室到士大夫两班阶层乃至庶民阶层，在人生的不同重要阶段所经历的各种仪式，体现了朝鲜人以儒家思想为核心，在日常生活中对幸福生活的向往，这种礼仪过程还起到加强凝聚力与统合社会的功能（图5、图6）。这一设计主题旨在缝合现代社会与传统社会的历史断裂，因而对韩屋本身的改造自然是慎之又慎。

图5 方案1“照相馆”礼仪文化示意图1

图6 方案1“照相馆”礼仪文化示意图2

这一方案推进的依据是韩屋的居住文化：朝鲜上流社会的住宅遵从儒教观念，依据男女和长幼身份的不同，做不同的空间安排。如，根据内外有别，把建筑空间区分为象征女人居住的“里”空间和象征男人居住的“外”空间。于是，改造的亮点在于把入口处的男人空间进行“活的博物馆”式的改造，去掉非结构墙体，半裸露屋架体系，成为一个半开敞、半公共空间，秀内于外，让人对庭院空间及建筑本身充满了探寻之意（图7、图8）。面向庭院的建筑墙体引入了现代元素，用大片玻璃隔断打通室内与室外，既不破坏建筑整体形式，又保留了内聚空间特性。建筑室内空间布置依据游客心理安排文化礼仪序列，满足观演、拍照、更衣、休闲等各项功能需求。

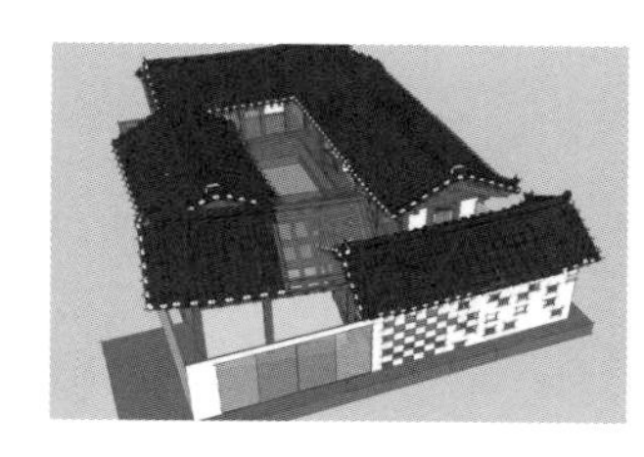

图7 方案1“照相馆”模型

图8 方案1“照相馆”的隔断墙

这个方案力主保护韩屋的建筑传统，以最小的改造力度满足现代生活需求，它所借用的手法就是文化认同，以文化为主导，以实现文化认同为目的，这种认同是通过照相这一有趣的形式把传统文化融合进现代生活中，并没有一味地寻古仿古，也没有以强势的现代文明来征服旧有形制，而是找到恰当的缝合剂来填补它们各自的差异和不足。

2 艺术设计的符号

第2个方案演绎为一个有趣的装置，把艺术设计的触角深入到公共领域中，打造一个以青瓦为主题的互动文化中心，其灵感来自于对青瓦这种传统建筑材料的解读。对于上流社会的传统居住建筑来说，屋顶呈优美的弧形，屋檐微微上翘，房屋上的青瓦是重要的构件，且它只能用在贵族家庭的房屋建筑上，是区分上下阶层的标准。这些青瓦由于排列形式的不同可以形成不同的屋檐，包括上翘屋檐、八字屋檐、雨津阁屋檐、三角墙屋檐等多个种类。

对韩屋空间改造来说，存在着开放空间与封闭空间、传统建筑与现代建筑、传统生活方式与现代生活方式等诸多矛盾，因而这个方案改造的主题确定为“冲突”（图9）。在具体的建筑空间改造设计中，只保留建筑的结构构件，以现代材料重新划分空间，但产生的新空间依然具有韩屋丰富的空间层次，即公共空间——灰空间——私密空间。

在最终的成果中，瓦的演绎成为本方案的最大亮点。瓦的装置是用韩纸这一有着韩国传统文化的纸张制作而成（图10）。韩纸制作方式独特，韧性十足，可以保存1200年的时间，过去多用于制书；韩纸柔软润滑，通风和保温效果好，糊在窗户和门上，能起到一定的防风效果，并且阳光可以透过韩纸适度进入室内，调节室内的温度和湿度。用印有特殊纹理的韩纸制成的瓦的装置，在展厅灯光的映射下，闪耀着斑斑星光，在室内微弱的空调风吹拂下，如天空的云朵般浪漫飘逸（图11）。

这个方案的特点是并不局限于韩屋本身，而是对传统符号

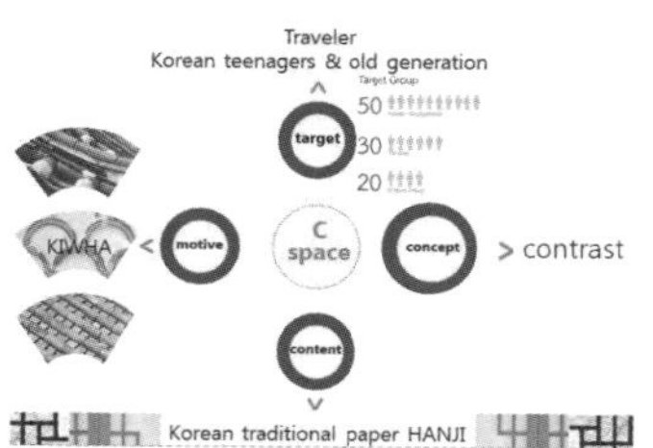

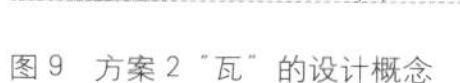

图9 方案2“瓦”的设计概念

图10 方案2“瓦”——韩纸制成抽象的瓦

图 11　方案 2 "瓦"——韩屋的过去、现在和未来

进行巧妙地甄选。人类种种艺术设计的形态都是符号功能的集中体现，符号的应用会不断产生新的意义，这种意义随着历史的发展、在不同的时代背景下具有不同的含义。

3 艺术设计的意识形态

第 3 个方案以艺术设计的意识形态为切入点，用东方传统文化特有的"禅宗"思想引导设计的开端与发展，其主题是"反射"。在这里，反射具有两层含义：第一，反射天光云影；第二，物体镜像投影（图 12）。为了实现"反射"这一主题，在建筑及庭院的地下层设计了一个地下空间（图 13）。在庭院中采用地面玻璃的形式反射阳光，投射倒影；这块玻璃也是地下空间的玻璃顶，表面铺以一层稀疏的薄纱，地下的人们透过它可以感受到斑驳的阳光和各种倒影。这一玻璃装饰的效果是地上秀光、地下秀影，而随着四季的不同和日月的更替，所反射之景亦有不同之面貌。同时，地下空间是地上空间的镜像结果，庭院中的水池和 maru 也是一一对应的；但地下部分采用了现代的材质和布局方式，显示出地上和地下是传统与现代两种不同的居住容器，让两种生活方式在这里互相呼应。身在其中的人们体会着它们的异同，也许会突然感悟，原来人类创造的每件物品，其意义与目的都是相同的，都是为人所用，只是形式

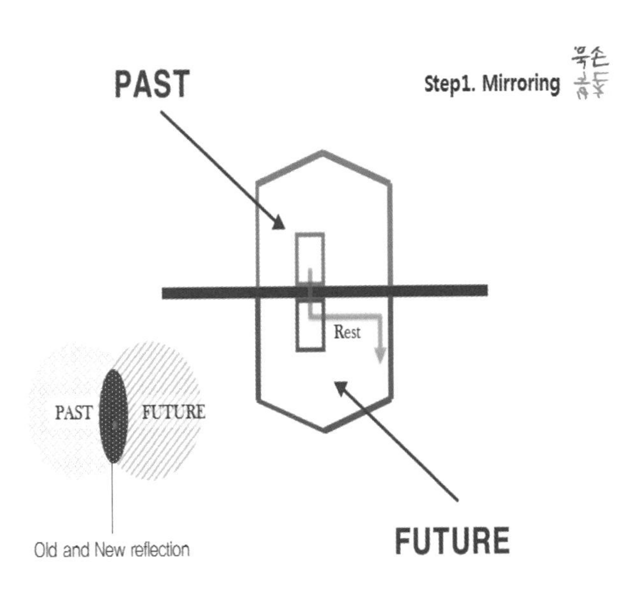

图 12　方案 3 "反射"——反射的分析图

图 13　方案 3 "反射" 效果图

各有不同，也许这种形式就是文化本身。

这个方案很巧妙地运用了"反射"这个概念，把现代社会和传统社会相链接，不仅透视了物与物的反射，还窥探出人的内心世界与物之间的交流与反射。"反射"追求的这种含蓄婉约的意境，体现的正是意不浅露、词不穷尽、耐人寻味的禅意。可见，禅不仅仅是用来净化心灵、提高修养、启迪智慧的，当艺术设计与禅宗思想紧密融合在一起时，禅便可以转化成一种我们生活中的智慧，促使我们创造出有灵性的艺术设计。

以上三组艺术设计思想的差异性是明显的，从体现物的表象到物的抽象再到物心同构，每一个设计与思考过程都是对韩屋改造主题的一种阐释和对改造结果的一种反思。这三个设计孰好孰劣我们不作过多的评价，它们都反映了人们对旧城改造的种种无奈与期盼，也反映了处于这一时代中的设计师对自身担负的历史职责与使命的热忱与挣扎。

除了以上三个小组的案例外，其他几组的方案同样精彩纷呈。最后的汇报中，热烈的掌声和热情的欢呼声在报告厅中不断响起，一张张笑脸映衬着展墙上铺天盖地的作品，到处是合影留念的人们，没有谁是焦点，大家共同创造了这份胜利的喜悦……那一日，仿佛就像在过节，是的，是我们参加者共同的节日。

注：上海大学参与韩国 AIDIA 学生工作营的学生名单：迟博辰、黄喆、吴逢舟、刘心悦。

基金项目：2014 年上海市教育委员会科研创新项目 14YS016。

设计表现的美感体验

何 凡　湖北美术学院环境艺术设计系

摘 要：环境艺术设计的场景表现与绘画专业的风景绘画略有不同。绘画专业的风景写生其重点在色彩和感受的捕捉，从画面的处理手法来说可以是主观个性的心境体验。而环境艺术设计专业的要求则偏重于对场景、建筑的尺度比例的把握和推敲。门、窗及街巷尺度关系的认知都会对以后专业设计的空间尺度设定产生影响。

关键词：设计表现　美感　体验

手绘表现是设计表现的基础，而显现出这一基础的最初方式往往是在手绘场景表现中显现出来的。

对于场景或对象的抽象化虽然建立在掌握了具象分析和表现的基础之上，但又是一次提炼和拔高，并且需要扎实的艺术基础和丰厚的理论体系的支撑。正如我们熟知的荷兰画家皮特•科内利斯•蒙德里安（Piet Cornelies Mondrian）的作品一样。虽然成为风格派运动幕后艺术家和非具象绘画的创始者之一，对后代的建筑、设计等影响很大，但其绘画作品的演变过程却极为清晰。

近几年的教学实践中逐步总结和整理出几个针对性的问题及其解决方法，这些问题的妥善解决可以很好地成为写生课程与设计课程的转换与衔接。

1 构图与设计

1.1 绘画构图与设计构图

绘画构图是把作品中形色等因素按一定的内在联系所组成的结构形式，或者是把个别或局部艺术形象组成艺术整体的方法和手段。绘画构图是艺术家为了表现作品的主题思想和美感效果，在一定的空间安排和处理关系、位置，把个别或局部的形象组成艺术的整体，表现作品主题思想和美感效果。这些往往是在有一定参照物的对比下组织和描绘画面。

而设计表现构图却是在虚拟状态下对想象场景与空间的具象描绘。两者的最终表现结果基本相似，但表现过程却是完全不同。它们对构图的要求和准则是一致的。如同西方绘画的焦点式透视与东方绘画的散点式透对于画面张力的表达原理相近，使得不论是西方绘画还是东方绘画的画面总是经营得体，错落有致。

1.2 表现中的构图解决方法

在很多的建筑场景表现作品中所集中体现的问题大多分为几类：其一，构图不完整。描绘主体或冲出画面，或蜷缩与一角，不能很好地控制画面在纸张中的位置。这是由于局部的观察方法和局部的绘画习惯造成的。同时，也说明在下笔之前没有认真经营画面布局所致。其二，透视不正确。大路朝天，各倒一边。初次面对建筑场景中的高墙深巷，不论是站着画或是坐着画的，最初的几幅画面大多如此。对于透视的视点与视线在画面中的位置没有形成概念。

通过多次将视线定得过高的作品画面倒置进行对比说明，让作者自己感受画面的视觉舒适性。反复比较数次后，学生会从感受上理解视线和视点的正确运用。亦可提倡从平行透视构图等方法绘制建筑及场景立面入手，循序渐进地了解和掌握透视规律。

1.3 设计表现中的构图

设计表现中建筑外观的表现是把不同的素材和建筑编排组合在一起，这样就形成了不同的建筑表现图。各种素材的面积与体积大小的比例、数量多少的比例，一定要符合尺度。这些大小不一的素材构成画面时所占的大小也就决定了画面的构图。比例是部分与部分或部分与全体之间的数量关系。它是精确详密的比率概念。恰当的比例则有一种谐调的美感，成为形式美法则的重要内容。美的比例是画面构图中一切视觉单位的大小，以及各单位间编排组合的重要因素。

设计表现中主体角度是否突出、光线色彩是否合理、构图是否具有画面美感，这些需要经过艺术实践课程的经验积累，同时与日常生活中的自然规律与细节的细心观察密不可分。

2 造型与表现

2.1 具象写实的造型体现

具象写实的造型体现的是我国近现代绘画教学的基本体系，东西方写实绘画各有其源，宋元院体画就以达到写实绘画的巅峰。欧洲写实绘画传统的起源也可溯源到公元 14 世纪，当时的尼德兰画家扬·凡爱克（Jan Van Eyck）作品中已有准确的透视关系和写实的描绘。

在场景表现中的训练目的应以具象写实为主，客观地描绘场景与建筑。通过一定量的训练达到组织画面和控制画面的能力，同时也要把握好画面中的虚实、疏密、光影的刻画，使画面尽可能地接近所描绘场景的氛围。

2.2 抽象形态的实验表达

“抽象”是“具象”的相对概念，是就多种事物抽出其共通之点，加以综合而成一个新的概念，此一概念就叫作抽象。抽象绘画 (AbstractPainting) 是泛指 20 世纪想脱离模仿自然的绘画风格，包含多种流派，并非某一个派别的名称，它的形成是经过长期持续演进而来的。但无论其派别如何，其共同的特质都在于尝试打破绘画必须模仿自然的传统观念。抽象绘画是以直觉和想象力为创作的出发点，排斥任何具有象征性、文学性、说明性的表现手法，仅将造型和色彩加以综合、组织在画面上。因此抽象绘画呈现出来的纯粹形色，有类似于音乐之处。抽象绘画的发展趋势，大致可分为几何抽象和抒情抽象。将这种抽象的表现形式运用到设计绘画中，并使其逐步服务于今后的设计表现也是在此阶段不可缺少的基础训练之一。

3 色彩与设计

3.1 自然色彩对设计的影响

观察自然色彩，了解写实绘画中色彩表现的问题。首先把重点放在感受、分析自然色彩上，为理解绘画色彩作铺垫。通过图片观察自然色彩，有感情地描述色彩景物，引导学生进行色彩感受并运用语言描述自己的感受。

在设计表现的过程中，也要分析光、大气层和照射角度，不同季节植物的色彩特点以及环境的反射光都不一样。如：早晨和傍晚的色彩呈现暖色；阳光下的景物，受光面与背光面形成冷暖色对比；建筑物的光线受到天空色彩的影响等。对不同季节、时间的风景图片进行较细致的色彩比较研究，往往更加易于理解景物色彩产生的原因。

色彩学习在设计表现中极为重要的一点是明确并建立色彩空间的秩序感，即分析同一色彩在不同的空间前后产生的色彩差异，分析不同色彩在不同空间前后产生色相、纯度、明度的对比强度。另一点则是培养观察与绘制色彩的比较习惯，即画面任何一块色彩都不是独立存在的，而是反复比较其在画面特定空间类似色彩的关系后确认的。

3.2 主观色彩对设计的影响

主观情绪化的色彩运用和需求是在设计美学中体现出来的设计师本人的色彩认知和色彩素养。许多优秀的设计作品往往是以主观色彩体系作为精神支柱的。

培养学生主观色彩认知的形成方面，以对自然色彩的了解掌握为基础，以建筑场景色彩写生为形式，以色彩理论知识、有目的性和针对性的课题任务训练作为支撑，实现色彩经验的积累和色彩修养的升华。逐步各自构建起一套较为完整的主观色彩表达和运用的设计色彩体系，从而超越色表象模仿达到主动性的认识与创造，并自觉地将色彩基础训练有机地同专业设计联系起来。

在进行设计色彩梳理中，必须强调可操作性的特点，着眼于把视知觉经验加以整理、发展，把对于自然色彩的视觉经验化为美的条件，运用色彩特有的审美思维方式去体悟与之相对的操作技法形式，从而激发设计者把自己的意象以及感应，化为可视的形和色。

从设计的角度来讲，设计色彩更多地运用的是主观色彩，培养主观色彩意识和驾驭主观色彩的应用能力是设计色彩教学的最终目标，但这种主观色彩的培养、形成和来源值得我们思考。

4 延展与探索

4.1 手绘表现的专业性延展

设计专业的手绘表现处于专业表现初期阶段，直观认知和现场感受是非常重要的，也是不可缺少的。若是进行设计创作，并且在学生缺乏对设计对象的了解时，是无法想象出设计过程中的无奈和绝望的。

当前设计中，传统文化的复兴成为当下的精神诉求。大量中式文化及元素的运用在当代设计中的比重也在相应增多。同时滥用和臆造中式元素的设计混淆了设计者对经典设计的审美标准与艺术情趣追求。

因此在出去学习过程中，从感官上先入为主，对中国传统民居及村落的格局、形制、细节及文化内涵产生一定的兴趣后，在当地民俗专家的讲授过程中进行总结和归纳。从而了解并掌握初步的营造知识和共同规律，并增加民居测绘项目，将民居的结构布局、营造方式等相关专业信息通过速写素描等多种方式表现出来。并将建筑物的平立面及透视、局部细节等进行描绘。针对明清建筑群中有代表性的民居及院落进行分组测绘。

4.2 专业课程的手绘表现探索

课程的延展性探索作为设计课程的基础衔接，着重与传统古民居建筑的剖析和解读，因此针对宏村明清古民居建筑群进行深刻的探索。

徽派建筑风格独特，不论是村镇规划构思，还是平面布局皆可在形式上多做分析。在学生的民居测绘及场景记录中采用中国画的透视法则，观察点不是固定在一个地方，也不受下定视域的限制，而是根据需要，移动着立足点进行观察，各个不同立足点上所看到的东西。都可组织进自己的画面上来。运用“焦点透视”与“散点透视”相结合的方法，将街巷的平面、街道的透视与门窗细节以及装饰纹样雕工相结合来记录场景的直观感受，收集民居建筑资料，便于在今后的设计中对徽派民居元素的提炼。

5 结语

综上所述，环境艺术的设计表现的美感与体验是非常必要的，它直接关系到专业设计成果的完成品质。这些在实践经验基础上总结出的方式与方法也会渗透到设计者思考的方方面面，更为重要的是将绘画基础与设计基础相互融合，自然过渡，养成科学合理的思维方式。

参考文献

常锐伦．绘画构图学．北京：人民美术出版社，2008．

当代环境设计教育下的环境空间原创设计教育

翁　萌　西安美术学院建筑环境艺术系　讲师

摘　要：针对当前的环境设计教育特点，进行环境空间原创设计具有现实意义和社会意义，环境设计通过发展，逐步形成自身的教学实践手段，本文通过对"建筑空间构成"课程的实践，引出对环境空间原创设计教育的思考。

关键词：原创设计　环境设计教育　建筑空间构成

环境设计在如今已经不是一个所谓的新兴学科。环境设计教育一路走来伴随着人们的关注，通过理论到实践，再理论再实践的过程，已经逐步形成与自身的教学理念和教学手段。

美术院校的环境设计教育有其自身的优势，而谈到对空间的原创设计的教授，作为美术院校的基层专业教师浅谈几点自身空间的原创设计教学的理解和感触。

1　当代教育的特点及趋势

当代教育特点体现在：规模迅速增长、体制和结构变化显著、内涵逐渐扩大，教育的不平等严重存在。其发展的趋势为三大趋势：全民化、终身化、教育信息化。三大趋势，对于环境设计教育会有很大的影响。教育的全民化，即教育对象的全民化，教育必须向所有人开放，人人都有接受教育的权利，且必须接受一定程度的教育。这样会使受教育的整体水平提高，人们审视设计的优劣更加多元化，而为了满足要求，会使原创设计更加不易。

教育终身化并不是指一个具体的实体，而是泛指某种思想或原则，或者说是指某种一系列的关心与研究方法。概括而言，也即指人的一生的教育与个人及社会生活全体的教育的总和。接受终身教育是社会发展大趋势，随着知识经济时代的到来，由于知识更新周期的缩短，任何人都不可能学一而终，必须做到活到老学到老。在这样的背景下要获得原创设计的周期更长。

教育信息化表现在对教学的影响，使得教学内容集约化。其次是对教学方式的影响，使教学形态由传统的班组制走向个别制，形成在人机对话时个别化教学。第三是对教师和学生角色有所影响，教师不再是灌输者和垄断者而转化为学生的咨询者和组织者。这样引导学生进行环境空间的原创设计信息化是关键。

要遵循当代教育的特点还要沿着当代教育的趋势寻求做原创环境空间设计教育的契机，其难度是不言而喻的！

2　在当代教育下所追求的“原创设计”

原创设计的意思就是内容不是抄录别人的，而完全是自己创作设计的，原创设计是对既定参照物的怀疑与否定，是在刷新固有的经典界面之后呈现出破土而出的生命气息，是在展现某种被忽视的体验，并预设着新的可能性；原创是可经过、可停留、可发展的新的存在，是新的经典的原型，具有集体共识的社会价值。

原创设计不是对既定状态的完善与提升，也不是对已有的存在的另类注解；注解可以发展原创，但不产生原创。原创设计也不是形式的突围表演，不是先锋理念的夸张与变异；反叛的行为具有对既定秩序与价值的否定，但不指向原创以及原创设计。

所以，我们可以得到结论，通过作者的创作活动产生的以一定物质形式表现出来的一切智力成果（即作品），并且内容不是抄录别人的，而完全是自己创作的称为原创设计。“原创”不仅仅只是口号而已，要引导学生做原创设计，那环境空间设计本身的基础不能丢，看不见好的环境空间设计，不理解好的空间环境设计，谈一切都是枉然。

3 环境空间原创设计的含义

环境空间设计的范围极广：含概了城市地区的规划设计，建筑设计，园林，广场设计，雕塑，壁画等环境艺术作品设计以及室内设计。而环境空间原创设计的含义自然是：通过创作活动产生的以一定物质形式表现出来的一切城市地区的规划设计，建筑设计，园林，广场设计，雕塑，壁画等环境艺术作品设计以及室内设计作品。在纷繁复杂的范围和现状中，坚持要求学生做到独立思考，切身体验。要对已有的设计概念进行梳理、设计手法进行运用，然后进行设计，所形成的环境空间设计方案应该就是环境空间原创设计的真正含义。

4 以基础课程“建筑空间构成”为例引发的对教育教学中引导学生进行空间原创设计的思考

建筑空间构成是环境艺术专业的一门低年级专业基础课程，“空间”的概念对于低年级的学生来说是一个很难理解的名词，它不能触摸只能体验。要进行空间的原创设计，就要让学生自己理解和感受实际空间与模型空间的交集和差异。课程作业的题目为“并列、序列、组从”三个名词定义了三种不同的概念空间（图 1~ 图 6）。

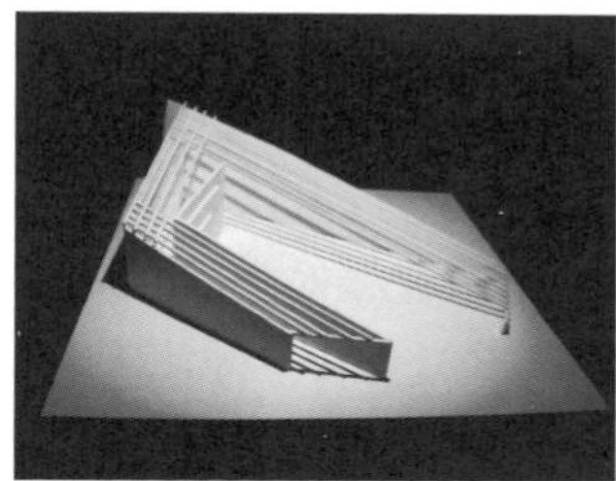

图 1　序列空间一

图 2　序列空间二

图 3　主从空间一

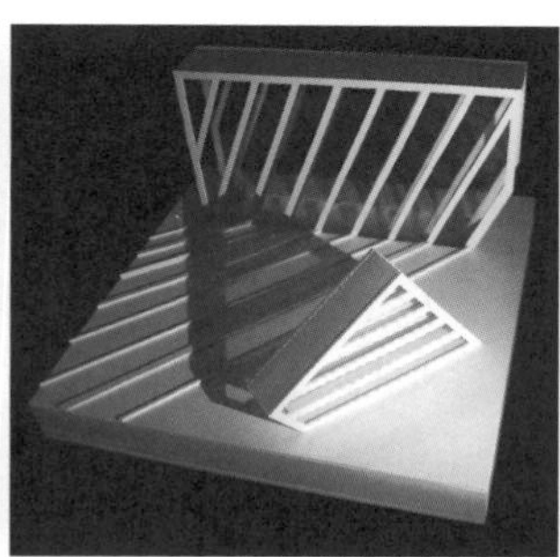

图 4　主从空间二

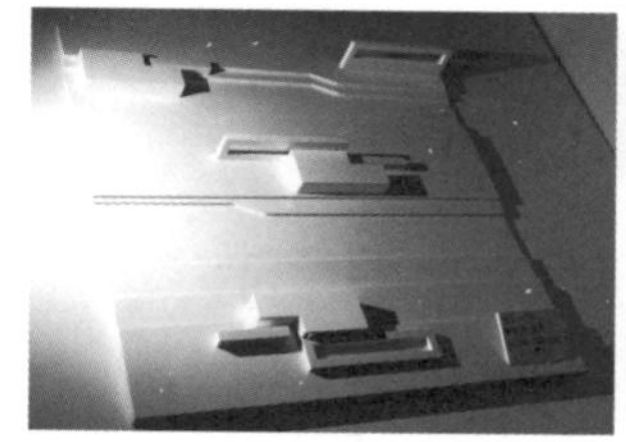

图 5 并列空间一

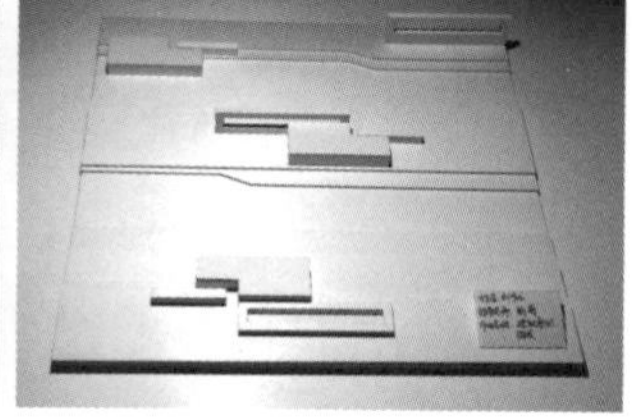

图 6 并列空间二

通过该课程的教学实践，要引导学生进行环境空间的原创设计，应做到以下几点：

1）要求学生以前人的理论、原则作为参考，在授课时引用大量的空间实例为参考，以此为对比，进行自身理论的完善和建立。实体的空间需要感受，因此，身临其境的走入某一个空间和通过图片理解空间感受都是十分必要的。

2)为学生提供自由的想象空间。首先题目应为概念化范围，使其有思维进行原创的空间，其次，辅导的过程尊重学生的自主思维和物质完成，鼓励其进行“空间的原创”。“目标”概念化是为学生提供了一个自由发挥的空间，当思想没有禁锢时，其创造出来的作品自然有明确的个人风格，这就确保其空间的原创性。“目标”确定好之后，需要配合物质手段进行完成，在此过程中教师一定要尊重学生的自主思维，不要随意的思维介入，或者是过度辅导。让学生的物质手段能够更加的遵从之前的“目标”，从而创造出属于自己的原创设计作品。

3）加强学生自主讨论的力度，通过讨论、相互影响、逐渐融合、寻找个性、最后清晰空间概念的过程，完成自己“空间的原创”。在教育的背景下“空间的原创”设计是针对学生群体的，因此，学生的共生共鸣，对于空间的理解与传统意义上的“空间”概念是有一定差别的。学生的原创空间有理论化、单纯化和形式化的特点，但这丝毫不影响学生作品的原创价值，环境空间设计的原动力在，在今后的设计行为当中也会始终贯穿进行原创设计的设计思路。

环境设计教育中的“原创设计”思路实践操作起来是有难度的，必须遵循循序渐进的原则，环境空间的原创性在当前教育的背景下，将会越来越为人们所认同，因此，分析学生的心理，从基础课程就逐步渗透原创设计的思想，对于培养环境艺术专业的专业人才是有现实意义的。

神至而迹出

——浅谈设计草图在建筑设计教学中的意义

王冠英　上海大学美术学院　副教授

摘　要： 建筑设计草图是集智慧、经验、手法、技巧于一体的重要表现形式，本文从草图的思考过程、草图技能几个方面，阐述了建筑设计草图对设计过程启发与设计灵感产生具有的重要意义。

关键词： 设计草图　建筑设计教学　设计灵感

1　问题缘起

随着计算机与数字技术的普及和应用，学生对设计草图的重视越来越少了；立体形象的思维和空间假想的能力进一步退化；学生在设计时更多依赖计算机软件来完成设计。当然，计算机可以完成许多设计后期繁琐而复杂的工作，而且质量和速度远远超过了手工操作。但对计算机的过分依赖却使学生失去创作灵感，失去了假想空间的能力，失去有更多设计优秀方案的可能性。

首先，计算机毕竟是机器，它的表达具有局限性，它只能创造出定量的世界，并转化成视觉图像。其次，计算机是一种有约束的语言，它对设计没有选择，也不会对设计做深刻的感悟和解析，反而计算机会使一些有价值的内容和信息丧失掉，过度注重计算机应用将直接影响学生的形象思维表达和交流能力的发展。第三，计算机本身并不具有灵魂，它需要有灵魂的人来操作。在建筑艺术的设计中我们不只是创造有意味的空间，更需要表达和传递传统及当代的人文精神。如果要发掘学生后期的设计潜力，就必须让学生学会用草图来想象和表达的思维方式。

2　神至而迹出

草图是集智慧、经验、手法、技巧于一体的重要表现形式。

建筑设计草图是以最快的速度、最简单的工具、最省略的笔触将闪现于脑际的灵感具象地反映于图面。草图在不断琢磨、比较和变通过程中，又可能触发新的设计灵感火花，使构思向更高层次发展，变通所产生的诱发性效果又往往可使设计构思进入一个始料未及的新境界。

艺术创作有个共通的特点就是“神至而迹出”。所谓的“神至”就是创作者在内在的思想情感和精神有感触，从而触发了创作和表达的欲望。“迹出”就是表达的方式、方法和载体，它包括了所有的艺术类别。只是他们根据自身的特点和领域的不同有各自的表现方式。在这里我关注的只是建筑设计过程中的思想、灵魂的载体和表现形式——草图。

3　建筑设计草图的作用

画草图是一种绘画过程。在一张白纸上留下一个痕迹，或是画一条线，就会立即改变纸面构建出新的空间，给空白的纸注入了人们生命活动的痕迹。各种图形和丰富的笔触不断的介入，将平面变成了各种虚拟的空间，将虚构情景通过想象，变成了可见的画面。这些“痕迹”使单一的平面丰富起来，从一无所有中展现出潜在的维度。笔迹和平面共同参与对话、相互交换正与反、切换对象和基础的关系。通过线条对纸面空间地切割，使其释放出了平面中隐含或生成的能量。

纸面上的“痕迹”也是变异的主题。形体明暗度和角度的微小变化；形体的尺度和离视点的距离；纸面肌理的质感和色彩变化都使你浮想联翩，从而产生新的更多的灵感。草图的潜力在于从大脑——眼睛——手——纸面——大脑，在这样信息地反复循环之中，新的灵感和变化的机遇也就产生。

草图包括两方面的技能：敏锐的思维和快速的表达。思维敏锐性是一种强化能力，即清晰、准确地在自己假想环境和空间中“看到”全面信息的能力。快速的表达则是经过长期刻苦的绘画训练具备的一种技能。草图具有开发视觉信息促进思考的能力，这对于未来建筑师尤为重要。想象敏锐性与我们艺术修养和知识面的宽窄有关，快速的表达则与我们绘画技艺的熟练程度有关。想象和表达是相互依赖，又相对独立的。想象是草图表达的起点，表达是想象的呈现和表述方式。但要快速地画出草图，两者都必须有意识地进行训练。普通的人在没看见建筑建造起来前，很难想象它建成是什么样子的，而建筑师在设计的过程中就会设想建筑的形体、内部空间的大小尺度、节奏、过渡、连接材料的形式等。

草图简化、概括地表达了设计者的假想建筑物，设计者可以用他们自己特有的图形语言和方法很快地将它画出来，在表现设计建筑时，许多图形语言就可以被放在一起，并在画面的同一空间显示出来。这种图形语言可以被安排在一个抽象的环境中，其秩序、位置与组合，会传达出更多的信息。从这点说，草图有很强的私密性，草图是设计师自己思考的物化表达，它是设计师思维过程的图形记录，对于设计师自己有着非常隐秘的作用。草图所传递的信息用文字是不能描述的，因此，它是建筑设计过程中不可替代的过程和工具。

草图的思考过程是设计师与草图间的一种相互交流，是交流过程中眼、脑和手共同作用的结果。他们在设计中的灵感都是建立在现有的草图基础上的。一切思想都是相互联系的。思考交流的过程就是将过去的设想进行重新筛选，对草图的反复推敲是设计的精神和理念的精髓的承载。我们的设计中都充满了各种信息和修养。想象和思维通常处在一种下意识的反射层面上，这些一旦唤起了设计师过去内心深处的生活经验和专业修养，就会达到一个自觉的、有目的的创作境界，做到建筑设计的“无中生有”。

关于草图，安藤忠雄先生这样说过：“草图是建筑师就一座还未建成的建筑与自我还有他人交流的一种方式。建筑师不知疲倦地将想法变成草图然后又从图中得到启示；通过一遍遍不断地重复这个过程，建筑师推敲着自己的构思。他的内心斗争和‘手的痕迹’赋予了草图以鲜活的生命力。”

4 结语

建筑设计是高度复杂的、综合的问题。并非有了草图就能够解决全部问题，它毕竟是一种建筑艺术创造基本的手段。草图也是设计团队间有效的交流手段。它只是进行创造性思维的载体和起点。草图之所以重要，是因为它们展示和记载了设计师设计思考的过程。草图对建筑师有相当大的帮助，草图的潜在作用往往超过了它的本身。草图可以使一个人的洞察力通过思考和观察而增强。在反复地推敲中会产生新的思想或回馈出新的意义。草图能开发设计师的灵感和个性间的联系。

草图在设计中的实际应用，在许多建筑大师的设计实践中处处可见（图 1 ~图 4）。草图熟练地应用，是学生们未来成为优秀建筑设计的前提。一旦学生们掌握了用画草图辅助设计的思考和表达的方法，就找到了通向设计大门更有效的途径，正所谓“神至而迹出”。

图 1

图 2

图 3

图 4

参考文献

[1] 《大师草图》丛书编辑部．大师草图．北京：中国电力出版社．2007.

[2] 陈志春．建筑大师访谈．北京：中国人民大学出版社．2008.

[3]（美）罗桑得．素描精义．徐杉等译．济南：山东画报出版社．2007.

艺术院校景观设计专业教学与发展研究

许 慧 深圳大学艺术设计学院 讲师

摘 要：目前我国许多院校都设置了景观设计专业，艺术院校景观设计专业的教学与其他院校相比具有一定的特殊性，在教学理念上突出对设计艺术性的构思与表达，教学特点上强调设计的艺术性、原创性和人文性，但也存在着重造型、轻功能，重表现、轻理论和重效果、轻过程的问题。艺术院校景观设计专业在今后的发展中应将实践教学贯穿整个课程体系，建立跨学科的教学模块并加强环境行为的研究，在突出自身特色的基础上实现学科之间的优势互补。

关键词：艺术院校 景观设计专业 教学

根据教育部高等教育司编写的《普通高等学校本科专业目录和专业介绍》，我国目前与景观设计相关专业主要有城市规划、建筑学、园林和环境艺术设计等。由此看来，景观专业应该是一个边缘性学科，它是建立在多个相关专业基础之上，内容涉及到环境艺术设计、建筑设计、园林设计及城市规划设计四个学科的一门综合学科。我国的景观设计专业也分布于各类院校，其中有建筑院校、工程院校、林学院和艺术院校，而艺术院校是最大的群体，艺术院校如何发挥自身优势将景观设计专业办成具有鲜明特色的专业，让艺术院校的景观设计专业在全国景观教育中具有一定的影响力，已是迫在眉睫的问题。

1 艺术院校景观设计专业的教学理念

现代景观设计学的发源地在美国，由于专业的交叉性特点，美国在建筑规划类院校（哈佛大学设计研究生院）、理工学院（加州州立大学）、农业学院（科罗拉多州立大学）、林业学院（纽约州立大学环境学院与林学院）和艺术类学院（宾夕法尼亚大学、伊利诺伊大学）均设置了景观设计专业。我国艺术院校的景观设计专业与建筑院校、农林院校的区别主要体现在教学理念上，艺术院校在教学中强调对设计艺术性的构思与表达，从而在课程设置方面也有自身的特殊性，景观设计专业主要以景观中的空间环境及景观环境设计为主，通过建筑、雕塑、绿化等要素进行空间组合设计，公共艺术设计、园林艺术、环境设施及环境美化是其主要课程。而农林院校的景观设计专业，主要以景观中自然生态系统的营造为主，植物造景、绿化设计、生态设计是其主要课程，对于建筑院校的景观设计专业，主要是以景观中的建筑设计及空间营造为主，建筑外观设计及规划是其主要课程。

2 艺术院校景观设计专业的教学特点

艺术院校与建筑院校、工程院校、林学院的师资力量与学生基础不同，在景观设计专业的教学中更加强调设计的艺术性、地域性和原创性，使得景观设计专业的学生在设计思维表达方面具有一定的优势。

2.1 设计的艺术性

景观设计的艺术性是通过城市的历史、文化和艺术等多因素的整体表达，设计师应该遵循美学传统，创造具有我国地域艺术特色的城市景观，这对绘画、工艺美术、雕塑、音乐等方面都有较高的要求，设计作品就是要从这些艺术知识中去寻找均衡美、秩序美。艺术院校的艺术氛围较强，在艺术方面的培养比农林院校和建筑院校具有相对优势，这对于景观艺术美的创造是非常重要的。艺术院校在招收考生时是按艺术类招生，学生已经有一定的美术知识和绘画基础，在文学、艺术方面具有较好的修养与潜质，这正是从事景观设计所必备的素质。同时艺术院校的老师以美术院校、工艺美术学院毕业的为多，教师自身的艺术修养较高，在教学过程中会偏向对学生艺术美感的培养，双方面的因素的结合使得学生的景观设计作品会体现出较强的艺术性。艺术院校景观设计的课程内容包括公共艺术、光环境设计和环境设施设计等课程，学生在形式美与艺术美感方面的艺术素养，可以充分的表达于具体的设计中。

2.2 设计的地域性

设计的“地域性”，就是强调在景观设计中遵循本土文化、突出地方特色。在全球化冲击本土文化、城市景观丧失特色的背景下，地域性景观的创造是体现时代民族精神的最佳方式。

艺术院校的老师人文素养较高，对地域文化有深刻的积累和感悟，在授课过程中自然而然的会将丰富的人文知识传递给学生。在景观专业课程中，通常都有中国传统工艺、现代设计与民间艺术、中国画、中国古典园林赏析等课程，这些课程重点介绍传统文化与本土文化，可以给学生奠定较为深厚的文化基础。学生在课程设计的过程中将设计概念、设计内容、设计形式与本土文化相结合，可以创造出独具特色的地域性景观。

2.3 设计的原创性

“原创性”是对城市地域性景观设计的思考，其核心在于体现景观的场所精神，与艺术的最高追求是相一致的。艺术院校在培养学生过程中非常强调艺术的原创性、新颖性与创新性，故在教学中注重培养学生设计概念的产生与表达，在原创性的基础上体现出景观设计的独特性。如在景观小品设计、雕塑设计、环境设施设计、公共艺术设计等方面，学生依托较强的造型基础，结合自身的艺术修养，能够设计出样式新颖、造型独特、原创性较强的作品，而这些内容在现代景观设计中往往是最重要的点睛之笔。

3 艺术院校景观设计专业教学存在的问题

3.1 重造型、轻功能

作为艺术院校中的景观设计专业，与其它院校的景观专业相比，虽然在学生的艺术修养、造型能力的培养方面有明显的优势，但在课程设置中缺乏相关理工科的内容，造成学生理工基础较差，设计时虽然能创造出造型独特的作品来，但实际的使用功能不强。比如涉及到景观建筑、景观小品这些硬质景观时，对建筑结构知识的缺乏，使得设计出来的建筑或设施缺乏支撑，根本无法成立，或对建筑材料知识不了解，室内外用材不分，导致设计作品没有实用性；涉及植物等软质景观时，由于不熟悉植物的种类与特性，在进行植物设计时很难体现其地域性与生态效益。

3.2 重表现、轻理论

虽然艺术院校的学生美术功底好，表现力较强，但往往忽视景观设计理论的学习，比如植物种植设计、景观生态学、景观空间设计、人体工程学和人的行为心理方面的理论，而艺术院校中这些理论的相关课程设置较少或者没有，造成了学生学习内容的缺失。另外有些课程设计是虚拟题目，学生缺乏现场调研与受众人群的分析，造成有些学生甚至是盲目闭门造车式的对人的需求进行想象，这样势必造成“尊重自然，以人为本”的设计原则在设计过程中只停留在假象的层面上，很难在设计作品中真正贯彻实施。

3.3 重效果、轻过程

艺术院校的学生在进行景观设计时，通常只重视最终效果图，导致尺度失衡，平面的布置，剖立面的细节表达往往被搁置一边，更谈不上基地环境的各种分析，凭空去创造景观设计的内容，容易与现实脱节。这主要是不重视基地调研和理性分析、忽视设计过程和设计实践造成的，最终导致设计作品成为“墙上挂挂，纸上画画”的艺术图画，很难体现设计的可实施性与可操作性。

4 艺术院校景观设计专业教学的发展建议

4.1 实践教学贯穿整个课程体系

作为一门实践性学科，专业实践对景观设计师的培养具有无法替代的作用。首先艺术院校应结合已有的美术实习，发挥专业优势，在景观教学中专业课中重视教学计划内和计划外的实践教学，如景观认识实习、景观环境测绘实习、景观设计实践、社会考察和交流竞赛等；其次还要注意实践教学与课程教学的协调互动，计划内和计划外实践教学的平衡以及实践教学各项内容的循序渐进，使学生了解社会和行业的实际情况，解决实际的设计问题，最终提升学生的创新实践能力和综合素质；最后应加强与设计企业的合作，可聘请职业设计师作为学生毕业设计或者课程设计的导师，让设计师走进课堂与学生形成互动，并利用假期让学生深入企业实习，积累市场经验，提高设计水平与专业技能。

4.2 建立跨学科的教学模块

“功能决定形式”的设计原则一直是景观设计业界公认的，应该在景观设计的课程教学中也贯穿始终。理工课程的缺失是国内艺术院校普遍存在的问题，在建立景观设计教学模块的过程中，将工学课程，如景观工程、景观构造与模型、景观施工图设计等作为教学子模块，融入课程体系当中，强化景观设计实施的现实性与可操作性，有助于学生对项目的最终实施由感性的认识转变为理性的认识。同时可以发挥交叉学科的优势，邀请建筑学、城市规划、土木工程的老师来担任理工科性质较强的课程教学，实现文理科的优势互补，达到教与学的双赢。

4.3 加强环境行为的研究

现代景观设计强调地域文脉、强调与现实生活的互动，因此，将环境行为研究融入景观设计教学中是非常务实和必要的。可以将环境行为研究的课程如社会学、生态学、人居学、行为心理学、可持续发展、环境保护和无障碍设计等列入景观设计专业课程，注重现有的理论课、设计课的教学方法，引导学生关注人的行为和环境的关系，增设环境行为研究的应用课程或讲座，拓展艺术院校景观设计专业的广度和深度。另外在课程设计前期，可对景观使用人群进行详细分析，明确其行为特点与需求，指导具体的景观设计内容，体现设计对人的关怀。

5 结语

景观设计是实用性很强的学科，市场指向性非常明确，目前我国很多院校都开设了景观设计专业，形成了差异性很强的景观教育现状，在市场背景下艺术院校的景观设计专业应该从教学本身上作深入调查和研究，突出艺术院校的优势与特点，寻求差异化发展来适应市场的需求。

参考文献

[1] 方晓峰．“地域性”与“当代性”议题的现实意义．美术学报．2009.1.
[2] 江滨．环境艺术教学控制体系设计．北京：中国建筑工业出版社．2011.
[3] 徐进．关于景观设计教育学科的探讨．装饰．2005.2.
[4] 全国高等学校景观学专业教学指导委员会．2005 国际景观教育大会学术委员会．景观教育的发展与创新——2005 国际景观教育大会论文集．北京：中国建筑工业出版社．2006.
[5] 俞孔坚，李迪华．景观设计专业学科与教育．北京：中国建筑工业出版社．2003.

基金项目： 2012 深圳大学青年教师教学改革研究项目“综合院校环艺专业景观设计方向教学体系设计”的阶段性成果。

地域性生土民居空间建构融入住宅设计课程教学探索

胡青宇　河北北方学院　讲师
李小慧　河北北方学院　讲师

摘　要：在分析了传统环境设计教学框架技术被动的局限性之后，以河北北方学院环境设计专业本科四年级住宅设计课程为研究对象，从建筑本体和建造逻辑出发，试验性地提出"将地域性生土民居空间建构课题融入住宅设计教学"的教育理念和教学模式，并从教学目标设置、内容成果到操作方法做了尝试，改变技术被动现象、融入空间建构理念、强调地域文化在住宅设计上的体现，是增强区域性设计教学特色的新思路。

关键词：生土民居　空间建构　住宅设计　教学实践

肯尼斯·弗兰普顿（Kenneth Frampton）在其著作《建构文化研究》（"Studies in Tectonic Culture"）中划定了一个学究式的探索建构本质内涵的路径，他认为空间已经成为建筑思维的核心概念和本质。在这个前提下建构研究的意图主要通过对实现的结构和建造方式的思考来丰富和调和对于空间的优先考量，[1]关心的是关于空间和建造的表达，建构和空间在建筑活动中成为不可分割的统一体，强调一种忠实于结构和构造的艺术表现思想。中国地域民居体系很好地诠释了这一点，民居形式通过材料的运用，清楚表达了结构体系关系，建造方式是对建造逻辑的忠实体现，完全符合现代建筑发展趋势，理应成为当前所要继承的重要物质文化遗产，并做出关于建构文化的实践性设计尝试。"但是这个任务却不能够完全通过对建构的理论研究来完成，而必须借助于设计实践和教学的环节。"[2]遗憾的是，地域建筑文化一直未被理想地联系到国内住宅建筑设计的教学之中，多数院校表现出设计教育模式趋同化的办学现状，技术与设计课程之间的脱节也具有极大的普遍性，从而导致学生不能正确理解建造技术的重要性，忽略对建造本身和空间形式生成内在逻辑性的思考，在建筑设计与形式表达过程中不能以空间和建构作为设计思考的目标。[3]针对于此，我们自 2011 年开始对住宅建筑设计教学体系进行了调整和修正，重视和寻求来自地域乡土建筑资源自身的力量，将乡土建筑空间认知和建构内涵作为必要补充融入设计教学中去，提出了"基于地域性民居空间建构的住宅设计教学"的教育理念，为在"全球化与地域化"教育背景下，建立体现专业特色和地域文化特点的住宅设计课程教学体系构筑新的起点与方向。

1　命题："地域性生土民居空间建构"融入住宅设计教学

地域性生土民居空间建构是指，生土民居作为一种建筑类型，其建造方式的逻辑性和建筑技术的表达与建筑形式形成互动统一的关系，并切实地反映地域文化和建构学的精神，既是训练学生对住宅空间理解和建构表达的现实教材，也存在亟须解决的创新设计问题。我校作为晋冀蒙三省交会区域的专业教研机构，结合地方特有的生土民居资源，建构承载社会责任和实践创新的特色型专业课程训练，理所当然成为不可或缺的重要教学内容之一。这对于"反映出建筑教育从业者眼界的拓宽、社会责任感的加强和办学思路的深化，"[4]具有重要的现实意义，"地域性生土民居空间建构"之一命题从而成为我院当前住宅设计教学研究的设计主题。

2012 年，在四年级住宅设计课程中，确定了对生土民居传承与创新研究的实践性教学设计主题，其目的在于使学生理解技术因素对当代住宅设计的意义，加强对建构方式的理解，通过探讨既符合时代要求，又独具地域生土建构文化精神的住宅再生设计，达到传承和创新地方居住建筑文化，是教学的主要目的。

2　教案：课程设置与课堂实施

"教案是教学实施的计划，是教学意图的具体体现，教案的设计好比科学实验中设计实验的环节，教案设计的基本思路

在于如何将建构设计的相关问题放在一个类似实验室的、有序的和有控制的环境下去展开。" [2]

2.1 课程模块设计

1）田野调查、测绘与先例分析

我们首先对生土民居进行基本观察和再思考，包括住宅先例分析和生土民居的田野调查与测绘，要求学生亲身参与对项目真实环境现状及文脉的调查研究，总结项目所面临的优势、劣势、机会与威胁，并对生土空间的围合、形式、结构、材料等进行综合感知和分析。目的在于以建构的体验作为教学的起点；同时，测绘作为深刻认识建筑空间的一个基本工具，可对生土民居进行从整体到局部的认知，体会空间与人体尺度、人的行为模式及心理感知建构的内在逻辑关系，从而引导学生以设计师的视角去观察、理解生土民居的空间建构特质。建筑先例分析则是初学者一种行之有效的学习方法，学生通过对优秀住宅设计范例的分析，借助分析性图解和综合建构关系研究，全面接触住宅设计案例中丰富的设计思维、分析、手段和方法，以期为后续再生设计提供有价值的想法。

2）理论学习与讲座

在教案设置中，建构的学习作为整个教学程序的理论基础，主讲教师以"建构启动的住宅设计"为题讲授相关的理论知识，选择地方生土材料或相关建筑实例深入分析其结构形式、材料等物理性能及构筑方式，分析地方建筑在结构和材料应用上的特点，以及与地域气候、文化等的关联，力图在此基础上对结构和材料进行选择提炼，寻找在当代具体设计中的应用方法。学生通过专业理论学习，掌握住宅设计的技能，即分析、综合、组织建造、基地、空间、使用诸方面条件和可能性的能力。"理解材料、构造、结构、建造方式等住宅技术与空间体形在设计中的互动关系，再通过探索材料及其构造的地域性文化内涵和精神表现，理解支撑技术的社会文化内涵，以及建构理论在建筑设计中参与建造的积极意义。" [5]从而实现学生以生土建构出发进行住宅设计。

3）课堂教与学实践

整个住宅设计教学过程中，以阶段、参与教学法和学生组建 3 人的课题小组进行课程内容实施。首先，由于本课程涉及室内外不同地点的具体教学，我们将课程划分成若干阶段，教学也通过分阶段考核学生表现，及时发现并纠正学生所反映出来的设计思想和设计方法问题，以对设计中某些特别问题作专门的研究；其次学生通过调研参与完善任务书和教学活动的整个过程，释放学生更大的学习能量；最后分组独立进行调研和专题研究，有助于增强学生独立工作的能力。在教学过程中，鼓励小组内积极讨论并跨组交流，教师仅在现场答疑讲解的方式，只对学生的操作过程进行分析、探讨和引导。在这一过程中，教师的作用不是被减弱了，反而变得更加重要，其重要性就在于帮助学生看到自己工作中的设计潜能，教师要有识别设计潜能的基本能力。

2.2 课程教学进度

在本教案中基于地域民居主题的住宅设计是一个关于建构的纲领性看法，即理论模型，"其基本理念在于把建构问题归结为一种设计的态度和方法，并且相信这种设计的态度和方法是可以通过一系列结构有序的和严谨的练习来传授的。"[2]是"一种可描述的、具有可操作性的、系统化的，而不是那种隐讳的、经验的方式。" [6]

1）阶段一——先期准备和学习

学生分组后，首先基于先例分析，然后在田野调研的基础上，结合生土民居课题进行方案构思和总结，侧重于地域性因素的调查，以实际体验和测绘的方式认识现实建筑环境的多维度性质、现实生活的丰富层次以及建筑研究的跨度——从总体到细部。包括自然因素、人文因素以及结构、材料、构造等因素对住宅设计的影响，成果主要以研究报告、测绘草图为主，强调亲历整个设计过程的重要性。

2）阶段二——概念性形成和分析

经过理论学习过程，学生逐渐对建构的概念有了进一步的认识，结合项目任务书，根据课题的要求进行初步设计。要求做多方案比较，并选定希望发展的方案，以过程性草图表达。同时，强调以异域文化、地方建筑材料和技术为基础的设计方法。进一步研究地方的气候、习俗、建筑结构、构造特点等，提炼关键要素运用于设计之中。通过草模的制作，可能会对我们推敲和修正方案大有益处。

3）阶段三——设计的深化

综合前阶段的学习成果，以表现地域特征的建构研究为重点，在生土住宅设计过程中推进方案的具体化并进行有机整合，在完成各种技术性要求基础上，以生土为主要建构材料，对结构体进行合理的变形、组合等构造形式处理，使之符合现代住宅建筑空间和造型的需要，同时以理想的构造方式深化节点和细部处理，在设计中必须注意加入现代设计的技术材料和方法，通过草图和计算机辅助绘制细部构造方案图，也有助于方案的发展和表达。

4）阶段四——成果表达

作为住宅设计教学的最后环节，是对设计构思、设计过程及设计结果的总结归纳，最终成果以图纸方案、模型建构、调研报告为主。“图纸方案”指用一系列的分析构思草图、正图来反映，并用适当比例的总平面、平、立、剖面图，以及必要构造详图，轴测、透视表现图来完整表达设计成果，这是对学生观察、分析、构思及测绘纪录的检验。“模型建构”的直观了解性作用是其他表现方法所无可替代的，模型的制作过程本身即是“构建”的过程，不可避免地要解决材料选择、加工方法、搭建顺序、构件连接、构造层次等一系列问题。值得注意的是无论计算机建模还是手工模型，其辅助研究、促进思维和明晰的特点应该被充分强调，学生可直接由三维实体与空间概念介入建构设计和表达。“调研报告”是学生通过对生土民居相关知识的积累收集和所学课程内容在理论层面上的梳理，深入思考住宅设计的学习过程。

3 教学意义

1）真正的“空间建构”是依附在一个地域或民族的文化精神上的，针对我校所处的地域特点，将冀蒙交汇区域生土民居空间建构引入住宅设计课程，密切与当地生活相结合进行教学探索与研究，使传统的设计视角与方法得到重新整合，可以弥补传统环境设计教育对地域文化重视程度的不足，并对弘扬本土文化和精神具有积极意义，既能从课程的设计项目中深层次挖掘生土民居的物质文化内涵，又能培养学生关注现实、服务大众意识和民族人文关怀的社会责任观念。从而凸显本院注重传统文化形态研究、在推动地域区域生态经济发展过程中提升住宅设计教学的内涵和价值。

2）自2011年开始，结合笔者主持的教育部人文社会科学基金项目《冀蒙交汇区域生土民居景观再生策略研究》和主研的河北省教育厅人文社会科学项目《河北地区传统村镇聚落环境景观研究》课题，将生土民居引入住宅设计课程，地域文化与当代设计相适应，打破以往局限于校园内部教学资源的教学体系，拓展了当地可资利用的教学资源，既可以发挥地方资源的优势，又可以体现我院的地方办学特色。让学生在具体的实践性较强的社会案例中学习，从而超越抽象的虚拟教学，形成“理论”与“实践”结合的教学模式，加强了教学和科研的统一发展和相互促进。

3）环境设计专业属于典型的边缘学科，兼具文科和工科教育的特点，具有艺术与科学的双重属性，作为环境设计专业中的主干实践类课程之一的住宅设计，已无法撇开技术要素单纯地追求空间形象的生成，然而我国的环境设计教育基本上是脱胎于传统美术教育专业，呈现出陷入技术被动的现象，导致所培养的学生艺术素养高、技术水平低，可以说目前依然处于过渡期的阵痛中。在新的课程教学中，将空间建构作为教学的出发点，在艺术设计的基础上，加强技术的应用能力，将生土技术元素由制约因素转化为住宅设计的主动因素，注重运用空间建构来感受真实的材料结构建造，训练学生把握建筑空间和建构真实性的表达，从而达到文化艺术与科学技术的有机结合。

4 结语

设计教育的蓬勃发展离不开民族本土化特色，在当今强调并注重地域性文化挖掘和应用的背景下，住宅建筑设计教学应从建筑本质出发，注重材料、结构、建造来加强对空间建构教学的研究和实践，我们期望匡补传统建筑设计教学的缺失，对于继承发展乡土营建传统、加强地域文化或许有相当积极的意义。由于笔者仅仅进行了两年的教学实践，还处于教学摸索阶段，所以存在的问题和局限性是明显的，还有待在今后的教学实践中深入研究和探索。

参考文献

[1]（美）肯尼斯·弗兰普顿．建构文化研究：论19世纪和20世纪建筑中的建造诗学［M］．王骏阳译．北京：中国建筑工业出版社．2007．

[2] 顾大庆．空间、建构和设计——建构作为一种设计的工作方法[J]．建筑师．2006．(2)：14—16．

[3] 冯金龙，赵辰．关于建构教学的思考与尝试[J]．新建筑．2005．(3)：3．

[4] 仲德崑．创造建筑教育的特色迎接建筑教育的未来[A].2007国际建筑教育大会论文集．北京：中国建筑工业出版社．2007．

[5] 东南大学建筑学院．东南大学建筑学院建筑系三年级设计教学研究［M］．北京：中国建筑工业出版社．2007．

[6] 东南大学建筑学院．东南大学建筑学院建筑系一年级设计教学研究［M］．北京：中国建筑工业出版社．2007．

基金项目： 教育部人文社会科学研究青年基金项目（11YJC760025）资助成果之一。

注： 本文发表于河北北方学院学报（社会科学版），2013年4期。

环境艺术设计教学中创造性思维作用的比较研究

赵永军　广州文艺职业学院　副教授

摘　要： 本文通过对学生创造性思维的量化并与学生的专业成绩进行对比分析。利用具体的量化对比数据来体现环境艺术设计教学中各个培养模块对创造性思维的开发效果，从而反思高职院校环境艺术设计教育中创造性思维引导的缺失。

关键词： 创造性思维　职业教育　艺术设计专业

绪论

"就个体而言，创造力是衡量一个人素质高低的重要指标之一"。[①]设计——即设想与计划。从其含义来讲就是创造性思维的另一种解释。"最大限度地建立和培养学生的创造性思维能力，这应该是指导我们艺术、艺术设计教学体系的中心"。[②]时下艺术设计教育体系中各课程在创造性思维的培养方面的效果如何，是否对学生将来走向工作岗位后的可持续发展有帮助，目前并没有一个可以量化的体系。本课题引用美国著名的心理学家吉尔福特（Guilfoud）研究体系中图形测试的方法，对学生的创造性思维能力进行量化，也就是依据具体的评价标准打分，并将该分数与研究对象三年的专业课程进行比对研究。从对比的结果逆向反思各课程在创造性思维培养方面的情况，也就是说注重创造性思维培养的课程的成绩应与测试成绩相符或相近，否则该课程在教学方法上可能存在改进的空间。对比研究将以曲线形式分析，对比曲线的研究与分析将对艺术设计教育体系及课程的改革和发展提供可行的理论依据。

1　研究的基本内容与方法

本课题是引用美国著名的心理学家吉尔福特（Guilfoud）研究体系中图形测试的方法，对本课题的研究对象——07 环艺一班专业新生约 25 人，进行创造性思维能力的量化测试。得出每位同学在流畅性、变通性、独特性方面的能力分数，并以此分数为依据跟踪对比每位学生到 2011 年毕业前所有的专业课程的分数，以表格、曲线或三维模型的方式来分析这些课程的成绩与思维能力测试的结果是否相符。并深入研究其相符与不相符的原因，对比曲线的研究与分析将对艺术设计教育体系及课程的改革和发展提供可行的理论依据。

图 1　吉尔福特（Guilfoud）研究体系中图形测试

对比数据可能得出的结论：

1）不相符：说明课程教学并没有完全体现出创造性思维能力的培养，课程的设置与教学需要反思与改革。

2）相符：说明课程教学体现出创造性思维能力的培养方针，肯定时下的教学体系和课程教学的科学与合理性。

3）有的课程相符，有的不相符：这种可能性最大，说明有些课程体现出创造性思维能力的培养方针，而有些则没有且需要反思。

4）数据的混乱：如果对比的数据没有规律性，说明该课题的研究方法不合理，课题研究方向无意义。

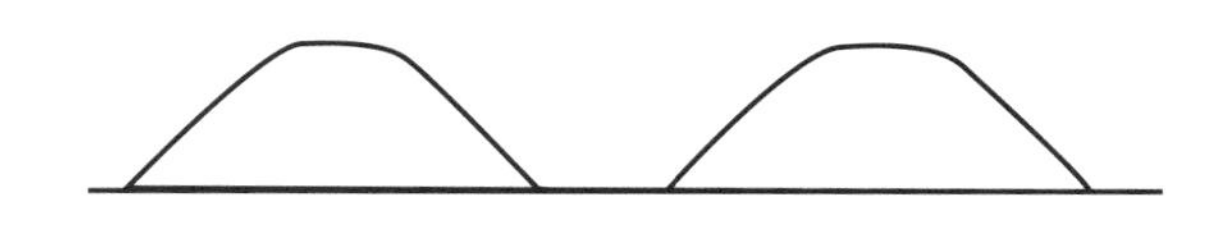

图 2

① 张文新，谷传华．创造力发展心理学[M]．安徽：安徽教育出版社．

②李木．综合训练与基础教育．装饰，2003，（117）．

图形评价标准与原则

1）总则

本测验为发散性思维测试，测验——流畅性、变通性、独特性三个维度记分，评分总标准如下：

（1）流畅性。指在特定时间内所写出的关于答案的所有正确答案的个数。它是发散性思维熟练程度的标志。

（2）变通性。指所写出的关于命题答案的类别变化，即被试的答案类别的数量。它是发散性思维能力可塑性和可变性的标志。

（3）独特性。指发散出的关于答题新颖、独特、稀有的答案个数。它是可塑性的更高形式，即在转换和变化意义的基础上，产生新颖、独特、聪明的思想。

2）分则

图形测验评分标准

请你根据（图2）的图形，想象它和什么东西相似或相近，想出的东西越多越好。

流畅性：写出确切的物体、现象、人物均可以记一分。

变通性：

①理解为水平线上两个相同的物体、现象或人物，如两个馒头、两条彩虹、两个插秧的人等。

②想象为水平线上两个不同的物体，如海上日出硝石旁等。

③从不同方向想象的物体，如侧向：A_1相同的两个物体加1.5分，如驼峰、乌篷船；A_2不同的两个物体加两分；C反向加两分，如放倒的水缸；D转向加两分，如B字、两面旗子在旗杆上等。

④E运动的物体现象加两分，如两条抛物线。

⑤F其他加两分。

独特性：③、④、⑤答案中某些新颖独特的可以得分。如伸在一张纸后面的两个指头、两个插秧的人等，加三分。

时间：45分钟。

对发散性思维三个因素的测试分析：如果按发散的个数计，流畅性最高，依次是变通性和独特性。它们依次递减的特点是发散性思维的重要特征。流畅性反映的是发散的量，而独特性更多代表发散性思维的质。因为变通性是介于流畅性和独特性之间，所以课题组将变通性的评价指标细分为A_1—D四个指标——细分变通性的质量。与吉尔福特（Guilfoud）研究体系的评价标准有所不同。

2 测试数据分析

测试的结果：45分钟内，流畅性最好的学生发散出82个，最差的发散出22个；变通性中最高分的是91，最少的是9.5分；独特性中最好的14分，最差的0分。因为独特性具有体现创造性思维能力的质，其量化数据具有重要的参考价值，所以我们现将独特性的数据抽出来与专业课的成绩进行对比来分析反思教学中的问题。我们将运用这次测试独特性前六名的测试成绩来进行对比分析，如表（表1、表2）：

测试成绩前七名与专业成绩对应表 表1

姓　名	流畅性	名　次	变通性	名　次	独特性	名　次	专业课平均分	名　次
陈美君	82.0	1	91.0	1	14.0	1	85.50	7
王馥如	59.0	9	66.5	8	11.0	2	86.65	3
司徒秋权	58.0	10	53.0	14	8.0	3	83.65	14
谢泳欣	47.0	15	49.0	15	7.0	4	84.85	10
徐嘉燕	76.0	2	72.0	4	6.0	5	83.40	15
赵家俊	61.0	6	71.5	5	4.0	6	81.25	20

专业成绩前七名与测试成绩对应表 表2

姓　名	流畅性	名　次	变通性	名　次	独特性	名　次	专业课平均分	名　次
陈世军	25.0	23	23.5	24	1.0	14	87.40	1
谢顺龙	38.0	19	39.5	19	1.0	14	86.75	2
王馥如	59.0	9	66.5	8	11.0	2	86.65	3
刘洁宁	62.0	5	74.0	3	1.0	14	86.55	4
李池恩	76.0	2	79.5	2	1.0	14	86.30	5
冯晓燕	64.0	4	65.0	9	2.0	10	86.05	6
陈美君	82.0	1	91.0	1	14.0	1	85.50	7

如果我们的设计教学过程是按照创造性思维开发的规律来组织，学生的成绩分布应该同思维测试的成绩分布相吻合。反之则是教学环节在思维开发上出现了问题。从上表可以看出，思维测试第一名的陈美君同学在流畅性、变通性、独特性三项指标上均排在第一名（图 3），也就是说，该同学应该具有良好的创造思维能力和很好的发展潜质，其专业成绩也应该在前几名。但实际其专业成绩只排在第七名，虽然在 25 名同学中仍属于中上水平，但与测试成绩的出入还是较大的。

本次测试第一名的同学在测试中的三个指标均排名第一，按正常的分析，该同学应具有相当不错的创造性思维能力，各科课程的成绩也应该名列前茅，特别是在后半段的专题设计课程学习中，应该更能发挥该生的思维优势。但实际情况如何？我们将该同学的测试成绩与所有专业课程成绩进行对比分析，如图 3：

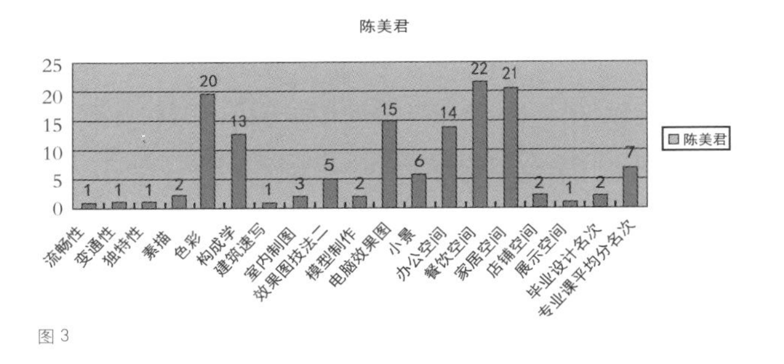

图 3

设计专业教学系大体可以分为专业基础课和专业课两大部分。专业基础部分对技能的要求相对多一点，而专业课对创意的要求相对高一点。从图 4 可以看出，在专业基础课部分，除《色彩》和《构成学》之外，其他课程成绩基本同测试成绩相符合。该生《色彩》成绩排名靠后，推测该生在色彩感觉上也许有先天性的缺陷，对应专业课对色彩基础要求较高的《电脑效果图》排名也相对较后。总体来讲前半部分的成绩曲线和测试成绩基本符合。然而后半段专业课程对创意的要求会更高，但该生的成绩曲线却与测试成绩出入很大，这是值得仔细分析与反思的地方。如果以测试成绩来看该同学应该具有非常好的发展基础，在以创意为前提的专业课中应更具有优势。

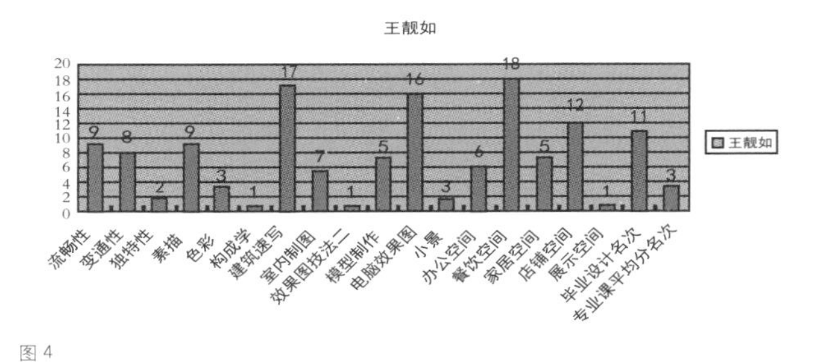

图 4

我们将测试排第一的同学与专业成绩第一的同学进行对比分析，如图 5。图表的曲线形成了一个 U 形，专业成绩排第一的同学其测试成绩排名靠后，而专业成绩排名靠前的同学，与测试成绩第一的同学的曲线基本形成反方向的形式。但二者在专业基础课的成绩上有一定的重叠性。

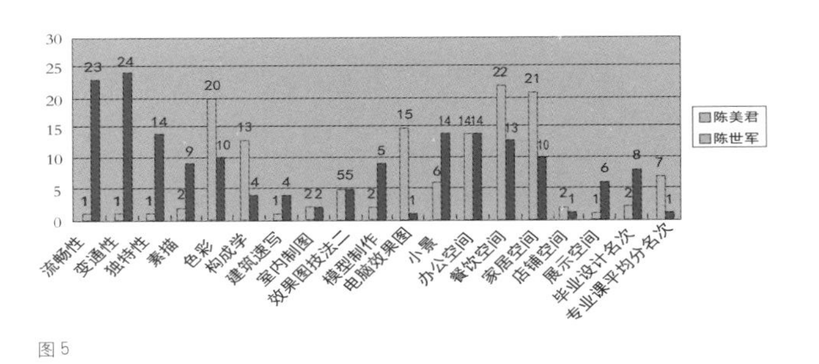

图 5

3 与课程的比对分析

3.1 与专业基础课的关系分析

在人才培养方案中专业基础课包括素描、色彩、构成、建筑速写、效果图技法等课程。这些课程主要是培养学生审美能力与表现技法，这一模块通常被认为侧重于技法上的训练。对于创造性思维的要求相对较少。也就是说素描画得好的人，设计不一定就好，但通过本次测试与专业成绩的对比分析，基础课成绩与测试成绩符合度最高，这是值得我们深思的一个问题。

审美、表现技法、创造性思维实际是一个不可分割的整体。审美是人类掌握世界的一种特殊形式，指人与社会（社会与自然）形成一种无功利的形象情感关系状态，是理想的情感，主观与客观的具体统一。具体在基础课的教学上，基于空间思维的理解能力、想象转换能力、空间的构成布局、色彩的运用与感受能力等都是需要灵活、嬗变与发散的思维能力。而这些能力是创造性的基础，没有审美的思维能力，也就没有良好的创造性思维能力，而审美思维能力的物化表现是通过各课程的技法训练来实现的。结论：审美能力、创造性思维能力、技法表现能力是一个不可分割的整体。所以，我们以前理解基础课侧重于技法的训练是走入了一个误区，从数据对比分析来看，测试成绩与基础课成绩较高的符合度可以证明这一点。

3.2 基础课教学理念的转变

从事基础教学的教师，对于审美与创造性的关系理解的误区，特别是建筑速写与效果图技法这样的课程，多数教师会认为基础与技法训练的关系更为密切而忽视创造性思维的引导。这直接导致教学思维和教学手段与方法的偏差。当教师深刻了解审美——创造性——技法表现三者的辩证关系，才能更好地将创造性思维的培养高质量地融入到基础课的教学中去。

4 与专业课的对比分析

4.1 专题设计课对比

从字面上理解，“设计”二字就是创造性与创意的另一种解释，所以，该课程对创造性思维的要求更加直观。教师在教学过程中，对学生的创意要求也贯穿于整个教学过程。如果正常的情况下，本次测试结果与专业成绩应该是高度吻合的。因为两者的评价标准均为创造性的思维。从测试的结果与专业成绩的各对比分析来看情况并非如此，测试的前七名，同时又是专业成绩前七名的同学仅有二位，且排名均低于其测试成绩。专业成绩中排前二位的同学测试成绩并列第十四名，排中等偏下。本次测试中，与专业成绩完全吻合的只有1人，较吻合的（排名相差3位之内）有4人。这其中专业课与测试成绩的吻合程度较低，这使人感受困扰。从数据的对比分析来看，我们在专业教学中可能出现较严重的偏差。也就是说我们在进行专题设计教学中并没有很好去引导开发学生的创造性思维的发挥，或者说没有创造一种使创造性思维生存发展的土壤。

4.2 可能存在的原因分析

出现测试数据与专业成绩数据不吻合的情况，原因可能是多方面的。如果我们基于测试数据的可靠性为前提来分析，问题只会出现在教学的实施环节。我们做以下几种可能导致这种情况的因素分析：

1）创造性思维理念融入不够

专题设计课程是以创意，创新为基础。在一个专题设计课程中，创造性思维的能力在课程中起到了决定性的作用。而思维测试中，创造性思维能力前七名的同学，在专业成绩的排名普遍靠后。说明我们的教学理念并没有把创造性思维的引导与开发作为有效的教学方法来实施或者在实施过程中出现偏差。要改变这种情况，需要建立新的基于创造性思维的评价标准，教师对创造性思维的深入理解需要加强，运用更新的教学方法与手段，充分发挥学生不依常态的思维创造能力展开课程教学。

2）评价标准的偏差

创造性思维活跃的同学，其创意可能是不依常态的、古怪的。如果教师加以引导，可很好发挥学生的创意，但如果教师理念保守，可能会扼杀此类学生的创意积极性。教师保守的评价标准会在同学之中形成一个保守创意思维环境。思维能力活跃的学生会失去自信而变得平庸。从思维测试和专业成绩的比较分析来看，这种情况是真实存在的。而思维不够活跃，但四平八稳的学生往往会被教师认可而成为其他学生的榜样。

3）职业教育重技术轻创意的原因

职业技术教育的培养目标是高素质技能型人才。这一培养目标使高职院校的人才培养方案的制定都遵循着重科技而轻创意的原则。技术能力强的同学往往会得到教师的肯定，创意能力强的学生则不被重视，而使其被平庸化。这个也可能是影响本次数据对比的因素之一。

5 结语

创造性思维无论是在哪个行业都具有重要性，它为一个人的可持续发展提供重要的动力。在不同年龄段的教育中，对创造思维的开发与引导都是教育的终极目标，艺术设计专业更是如此。通过本次创造性思维能力的测试，将每位同学的创造性思维能量化，并与专业成绩的对比发现，我们在教学过程中对创造性思维的引导与开发做得相当不足，需要建立更加系统与完善的教学体系，教师也需要更新观念，掌握更先进的教学方法与手段，设置的课堂环境更利于创新思维的发生与发展。

对于职业教育的大环境来讲，技术的掌握同样需要创造性思维的融入，特别是艺术设计各专业的技术层面更是如此。前文已对审美、技术、创造性思维三者的辩证关系做了论证，以浅层面理解职业技术教育中的“技术”，只能扼杀创造性思维生存的土壤，将技术深层次地理解，其创新的因素有助于对职业技术教育观念的改变。

注： 本文创造性思维的测试规则采用于中国轻工业出版社出版，李彬彬编著的《设计心理学》。

为中国而设计
DESIGN FOR CHINA 2014

传统文化与艺术研究

跨界与融合——传统艺术观的回归

刘晨晨　西安美术学院建筑环境艺术系　副教授

摘　要：通过研究艺术"跨界"现象的本质与源流，分析中西方艺术发展中融合与跨界的区别和联系，提出艺术发展中"界"消融的必然性。倡导艺术应从跨界意识转换到无界意识，以求确立传统艺术观的现代性与可发展性。

关键词：跨界　融合　艺术　传统

艺术跨界从本质上看并非是新鲜事物。就像靳尚谊先生所说"跨界原本是很自然的事"。从中国传统艺术中我们可以看到艺术跨界与融合完全是一种自然常态。这种融合甚至发生在各个领域的高端层面，并非仅仅是艺术。山水画家既是风水堪舆的行家，又是园林的设计者，还是诗词歌赋的吟唱者。艺术在中国原本就是相通、相融、相借鉴的。而今天之所以"跨界"突然得到关注与热议，是因为多年来国内艺术的发展呈现出分专业分领域的样态。这种状况源于对西方传统艺术的学习与继承。在很长一段时间，无论是艺术创造还是艺术培养，都尘封于这种专业分类上。但是西方艺术在 20 世纪 60 年代早期已开始突破对艺术的认知，艺术扩大到环境、扩大到生活。艺术流淌在每一个人的周围。随之而来的是，西方传统艺术的分类无法在这种泛艺术观下统辖各个层面。于是人们开始反思分流与融合的关系。另一方面艺术家们通过不断的艺术实践，开始源于本能的挖掘传统意义专业外的创作资源与创作灵感。发展至今突然被国内所关注与热议，那么这种基于西方"分"体系下的跨界与融合，在热闹背后到底是什么呢？

1　基于"分"的跨界发展

所谓跨界，就一定是有界的存在。这种界就是分专业、分科、分领域。而艺术跨界就是将某一艺术领域的方法、状态延伸于其他领域。这种艺术跨界现象尤其是在设计领域更为明显。这也源于无论哪种设计艺术都是服务于群体公众的特点。功能与服务的相通性，激发了设计的延展与跨界。历数最具影响的现代设计大师，多数都有着跨界的活跃经历。贝伦斯（Peter Behrens）是德国现代建筑和工业设计的先驱。贝伦斯设计了德国通用电气公司 AEG 的透平机制造车间与机械车间，在建筑形式上摒弃了传统的附加装饰，造型简洁，壮观悦目，被称为"第一座真正的现代建筑"。除了建筑设计之外，贝伦斯还为 AEG 做了许多产品设计，如电水壶、电钟、电风扇等。其设计内容跨界建筑设计、产品设计、视觉传达设计。贝伦斯还是一位杰出的设计教育家，他的学生包括格罗皮乌斯，密斯和柯布西耶，他们后来都成为 20 世纪最伟大的建筑师和设计师。布劳耶（Marcel Breuer）从事家具的设计的同时还致力于标准化模数单元家具、室内设计以及标准化模数的单元住宅等的研究。1947 年，布劳耶设计了自己在康涅狄格州的住宅；并于 1953-1958 年设计了位于巴黎的联合国教科文组织的总部；1963-1966 年，他还设计了位于纽约的惠特尼博物馆。布劳耶巧妙地在自然关系中处理木、石材料，形成独特的风格。科拉尼（Luigi Colani ）被称为"设计怪杰"，为多家公司设计跑车和汽艇，其中包括世界上第一辆单体构造的跑车 BMW700。20 世纪 60 年代，他又在家具设计领域获得举世瞩目的成功。之后，科拉尼用他极富想象力的创作手法设计了大量的运输工具、日常用品和家用电器。提革（Walter Darwin Teaque）美国最早的职业工业设计师之一，并是一位非常成功的平面设计家。塔特林（Vladimir Tatlin）俄罗斯构成派的中坚人物，风景写生画家，并由舞台美术工作开始尝试进行绘画与雕塑相互转化的实践。1919-1920 年完成的第三国际纪念塔是构成派最重要的代表作，对欧洲新建筑运动产生了莫大的影响，成为构成主义的宣言式作品。

可以看到跨界在设计领域一直由来已久。设计师们从设计内容上不断突破。但早期的这些跨界基本基于同一形态或同一感知方式。也就是说都属于在空间艺术和视觉艺术范畴之内。这都属于第一阶段的跨界。而艺术跨界更高的阶段，就是时空艺术的跨界、视听艺术的跨界、造型与表演艺术的跨界、描述与形象艺术的跨界。在西方早期古典艺术当中，这种跨界现象也是一种常态，例如：米开朗琪罗（Michelangelo）是雕塑家、建筑师、画家和诗人。列奥纳多·达·芬奇（Leonardo Di Ser Piero Da Vinci）是画家、寓言家、雕塑家、发明家、哲学家、音乐家、医学家、生物学家、地理学家、建筑工程师和军事工程师。但是这种跨界是一种早期懵懂的“艺术合一”，在科学分类发展之后，尤其是现代艺术发展中这种“合一”就开始萎缩。整个现代主义艺术发展都是在不断地细化分科、分类界定然后再深入。直到当代艺术开始反思艺术的标准化限制之后，“跨界”以一种新的姿态开始蓬勃发展。人们不再追求风格，开始追求“非艺术”的艺术，而跨界的求新求异成为追逐的手段。综合性无界表现成为艺术的至高表现。例如“以风为动力的行走机器人”，行走的机械艺术引人驻足深思。跨界于机械设计与雕塑设计，同时反映了时空动态艺术。呈现出一种高度融合的艺术现象。当然这种视听跨界也反映在艺术家的本体之上。例如美国建筑师和音乐家提姆·阿查姆堡尔特（Tim Archambault）设计了曼谷最高大楼：310 米高的多功能大厦“曼谷楼”（The Manhanakhan），而他作为印第安长笛演奏家，又与波兰国家广播交响乐团一同录制歌曲。

从西方跨界现象的发展可以看到，之所以能够艺术跨界，源于艺术创作思路与方法的共通性，也源于科学划界分类研究的桎梏性。因此，西方艺术发展，自古典艺术到现代艺术再到当代艺术，经历了合、分、合的发展历程。从懵懂合一到细化分类再到综合的过程反映出，艺术从本体到客体都具有对融合的本能需求。

2 有容乃大——界的消融

跨界的概念在中国的传统文化中并不存在，因为中国传统文化是一生二，二生三，三生万物，其本源是同一性的。而艺术作为精神的高层次需求，处于高端就必然反映出一致的气息。中国的营造艺术追求的是在空间体验中教化于民，引导生活以及塑造精神。中国的绘画艺术也是写情、写意和塑造人性。中国的诗词歌赋、表演艺术其高端追求无一不是为了修身养性，升华心性。因此，在中国传统文化中并无明确的艺术界限，虽也有分类，但从艺术的目的与源发上来看是一致的。所以古代儒家要求通五经贯六艺，“礼、乐、射、御、书、数”。这就使得中国的艺术在本体上，其目的就是一致的。所以才可以看到，历史上大家名士往往是饱学诗书、诗词歌赋、琴棋书画无所不能。例如，顾恺之博学才气，工诗赋、书法、善绘画，当时人称之为三绝。这种艺术融通性尤其是在“诗中有画，画中有诗”文人画时期发展到淋漓尽致。大诗人王维以诗入画，使后世奉他为文人画的鼻祖。文人画一直发展至明清鼎盛时期，期间宋代的苏轼、李公麟、米芾，元代的赵孟頫、黄公望、王蒙、倪瓒、吴镇四家及朱德润；明代的戴进、吴伟、沈周、文徵明、唐寅、董其昌；清代的八大山人、石涛，都无一例外的博学多才，能诗善文工书法，精绘艺，擅金石，通律吕，解鉴赏。

很多的画家文人在风水营建中也显露出颇深的造诣。私家园林正是文人展现自然情怀的又一舞台。例如，诗人苏舜钦为感慨命运的捉弄修建了“沧浪亭”。“一径抱幽山，居然城市间”，书画情缘尽显于造园营建之中。北宋画家郭熙不仅著有《林泉高致》，更是早年深研风水营建。在其论著中常可窥见与风水著述的一致性。文中所论：“身即山川而取之，则山水之意度见矣。真山水之川谷，远望之以取其势，近看之以取其质。”“山以水为脉，以草木为毛发，以烟云为神采，故山得水而活，得草木而华，得烟云而秀媚。”“大山堂堂，为众山之主，所以分布以岗阜林壑，为远近大小之宗主也。其气若大君赫然当阳，而百辟奔走朝会，无堰蹇背却之势。”郭熙讲的山水画的章法布局与风水环境察砂之法完全一致。著作中许多言辞还直接出自《黄帝宅经》。不仅是郭熙，如山水大师黄公望、米芾到清代宣重光的《画筌》、王原祁的《雨窗漫笔》等都有相当篇幅以风水理论阐释山水画法。“传统的山水画论与风水营建理论互相影响、互相渗透、互相滋养，反映出中国特有的艺术文化融合性。

庄子说：“原天地之美而达万物之理”。“大音希声，大象无形”正因为中国艺术的最高境界是进入自然朴素而没有任何人为痕迹的本真，所以直观的形、声、色只是手段，最终的目的是在感受过程中达到精神与自然的合一。所以呈现出自然而然的艺术同一性和统一性，也就是相容相融。“有容乃大”也就反映出艺术的最高表现境界。这时所谓的跨界就显得多言了，因为在这种状态下是无界的。

3 从艺术跨界到艺术无界

跨界到无界，是以当代中国艺术发展状况而言的。如果我们追逐西方艺术发展那么就是“跨”，如果追寻中国本源艺术精神那么“跨”就是“融”，是自然发生的。但从人性本真来看，我们可以从中国的艺术家身上看到，更多的是自然发生。例如 1919 年，闻一多、杨廷宝、吴泽霖等就在清华组织成立了美术社，建筑大师杨廷宝极力倡导艺术素养的共通性。童寯、梁思成等人当年都曾是其中成员。建筑大师齐康，一直执着于钢笔画的绘画表现，即使是摄像、复印、扫描等技术在如今已相当成熟，然而某一时刻某个地点的独特风貌，他却仍然坚持用画笔来描绘。对他来说，画画不是一个没有感情、没有生命的记录过程，而是建筑师与自然、与建筑甚至是人对话的途径，是一个让建筑师诉说自己情感和表达自己理念的过程。这种方式同设计一样是精神的描写。今天能够不断地提到"跨界"，也是源于很多著名的设计师对绘画艺术以及综合艺术表现手段的探索，但是所要看到的是这种现象更多发生在具有传统文化气质的艺术家身上。因为受到传统艺术素养的侵染，融合性会逐渐渗透到设计表现上，会自发地寻找综合途径来表达内心的创作欲望。当然西方当代艺术也进入了跨界阶段，但这种"跨"是一种主动的、技术性的相互舶来、借鉴应用，而非源发性的意识融合。所以在技术手段层出不穷、认知方式日新月异的今天，不仅需要主动层面的跨界创新，更需要源于灵魂的综合艺术素养，才可以在创作手段，创作内容中达到融会贯通，而并不仅仅是技术上的开拓。因此，所要倡导是艺术无界而非艺术跨界。

综上所述，可以看到西方艺术发展经历了合、分、合的经历，产生了当代艺术对分的思索与突破，形成了今天的无风格、无流派，求新求异的跨界表现。但应该深刻认识到今天的"跨界"也是对传统精神的一种回归和验证，中国传统文化以通融合一为主旨，艺术以引导并反映精神与自然同一为目的。因此，手段与形式的融合是自然而生的状态，并使得艺术达到突破美、突破真的最高境界。这种无界融通的观念更有益于艺术的本真发展，不但有利于更多形式样态的产生，同时还能够促使技术与形式围绕艺术的精神本体而发展，真正达到有容乃大，共同繁荣。

信息时代的地域性室内设计的文化探析

杨小军　浙江理工大学艺术与设计学院　副教授

摘　要： 文章通过对信息时代的特点阐述，分析信息时代科技发展对地域性室内设计的影响，以及室内设计的地域性文化表达。提出室内设计师应根据信息时代的特征，探索具有地域性文化的室内设计策略。

关键词： 信息时代　室内设计　地域文化　策略

三次普利策奖得主、美国著名新闻记者托马斯·弗里德曼在其著作《世界是平的》中，认为随着科技的汇集与传播，世界正在以更快的速度变平，信息传播技术变革使人们的生活呈现出一个前所未有的多元化状态，人类已进入以数字化和信息化为基础的信息时代。信息时代中数字技术的发展对形式和类型多元化的美学标准，是一种无深度的、无中心的、无根据的、多元主义的杂糅体，它模糊了"高雅"和"大众"文化之间的界限。从现实来看，当代中国正发生社会结构的根本变革和文化认知的巨大转向。快速的时代变革使人们对传统的审美标准失去了判断能力，人们的传统信仰和价值观念正在崩溃。

1　科技发展对地域性室内设计的影响

21 世纪人类进入了信息时代。在面对科技快速发展和城市化进程迅速推进的时代背景下，中国的地域性室内设计呈现出一种现实的反应，表现在：一方面，信息时代的科技发展促进了世界设计文化的交流和对话，使得最新技术和材料得以在世界范围内共享，各种西方先进的设计理论、流派在世界范围内广泛传播，给我们带来了无尽的资讯，为当代中国室内设计提供了有效而迅捷的支持；另一方面，随着大量西方设计文化的涌入，在某种程度上压抑了本土室内设计的民族性和地域性，导致室内设计领域呈现全球趋同和个性特色消逝的局面，对中国室内设计的地域文化特征产生了强力冲击，中国本土的室内设计文化面临着重大挑战。

2　室内设计的地域性文化分析

信息时代科技飞速发展正从本质上改变着我们的审美标准、生活方式和价值观念。同时，我们所处的时代是一个消费的时代，消费时代的消费文化消解了室内设计在文化意义上的深度，这些都使我们已很难从当下中国室内设计作品中体味到其在文化意义上的深度。而如何在文化意义上探讨信息时代的地域性室内设计，在设计业界已日渐引起重视。因为地域主义着眼于特定的地点与文化，关心日常生活与真实且熟悉的生活轨迹，并致力于将建筑和其所处的社会，维持一个紧密与持续性的关系。[①]因此，尊重民族文化传统和地域风格的特点是体现设计文化的重要方式。当代室内设计要表现地域文化特征，在室内设计中力求融入民族文化传统的神韵，强调地域文化的特点，使地域文化内涵在室内设计中得以继承和流传。

3　室内设计的地域性文化策略

室内设计的地域性特征所涉及的内容主要有自然环境因素、地域文化因素和技术因素等。自然环境因素包括对自然环

① （英）凯瑟琳·斯莱塞．地域风格建筑[M]．彭信苍译．南京：东南大学出版社，2001.10.

境的保护，对自然素材的可持续利用等；地域文化因素包括对地域文化的把握，对地域历史传统的兼顾，以及对地域文化的创新；技术因素则要求在选择使用高新技术与材料的同时，关注传统技艺的使用，并促使适宜技术与材料的回归与重塑。当下室内设计师的责任与任务在于辨证处理这些因素间的关系，通过对地域文化的发掘，尊重地域环境，忠实本土文化精粹，创造出适合时代发展趋势，能体现对人的生活关怀，满足人的情感认同的当代室内空间。具体有以下几个方面：

3.1 创造融合地域环境的室内空间特色

我国地域辽阔，各个地区的地理条件、经济技术和文化习俗有着明显的差异，也发展出了许多独具地域特征的设计文化和各具地域特色的设计形式，如中国南北不同的民居形式和生活方式。地域性室内设计文化的发展必须以特定区域的客观环境为基础，在室内设计中融入特定地域的客观环境，创造出极具特色的室内空间形象。客观环境一般包括自然环境和人工环境两部分。自然环境包括天然的地形、地貌、气候、自然资源等，人工环境如建筑、道路、人工植栽的树木及构筑物等人工建成的环境，这些因素既为室内设计提供条件，又对室内设计形成某种约束。

因地制宜是地域性室内设计的重要观念。任何一个室内设计都必须建立在对特定地方条件的分析和评价的基础上，其中既包括地域气候、地理、水文、建筑景观等客观环境因素，也包括地方历史文化与风俗等人文环境因素。设计者首先应该要考虑的是我们在什么样的环境下做设计，客观环境允许我们做什么，它又能帮助我们做什么等这类问题。然后从特定的地域环境、文化出发，深化对室内环境的深层本质与规律的理解，为室内设计的地域性设计语言建构提出创造性的思路，从而赋予了地域性室内设计强烈的地域色彩，形成对地域文化的延续。许多优秀设计案例的设计基点大多是在与其所处环境的长期体验中，在对当地文化深刻了解的基础上与客观环境相和谐的创造性设计。

3.2 材料与技术的拓展运用

室内设计是需要通过具体的材料与技术来表达设计概念和创造实际空间的。信息社会发达的资讯方式保证人们能时刻关注科技发展的最新动态，而科技的迅猛发展为室内设计提供了新材料和新技术的支持。人们越来越关注在室内设计中如何通过新技术、新材料创造良好的设计效果，许多过去认为不可能实现的设计想法，今天在新的材料与技术的支持下完全可以成为现实。

当然，随着时代的进步，人们的观念与审美也发生着变化，复古与怀旧已成为室内设计的又一个重要发展趋势。今天许多独具地域特色的室内设计，都是有传统的材料与技术经过创新的拓展运用而成的。因此，我们在享受着新材料与技术带来便利的同时，我们也不能完全忽视传统技术和材料所特有的功用。许多地域性材料所散发的地域文化气息是新材料望尘莫及的，我们对这些技术和材料加以提炼，用新的方法、表现形式在室内设计中表达出来，形成更合乎地域性特色的室内空间（图1、图2）。

3.3 地域性室内设计语言的当代借用

人类改造自然创造生存环境的能力总是与一定的时代相适应，因而，室内设计应适应当今时代的特点和要求。许多优秀的传统设计语言是经过历史的检验而流传下来，当代地域性室内设计可以通过对传统空间形式、色彩、比例等要素的概括、变体、解构、重构等方式，融入当代审美取向和形式结构，使空间形态既含有传统模式的某些特征，又通过再造呈现出创造性的特征（图3）。这种通过对传统空间设计语言的借用而形成地域性室内设计基本语汇的策略，不仅可以加强室内环境的历史连续感和乡土气息，增强空间语言的感染力，还可使室内

图1 德国柏林国会大厦

图2 苏州苏荷天地

图3 上海波特曼商城

图4 苏州博物馆

环境紧密融合优秀地域文化的精华，从而形成对地域文化的延续，表达当代科技观和审美观的新认识。如建筑大师贝聿铭设计的苏州博物馆（图4），其设计理念融合地域符号与文化，创造了与环境共生的建筑空间。从建筑到室内，吸取传统苏州园林与民居的建筑精髓和空间处理手法，通过对空间形态、界面、色彩等造型语言的提炼、整合，以形成一个扎根地域的富有文化认同的空间形象。

3.4 可持续发展的文化保护观

可持续的概念是一种动态发展的思想，体现在地域性室内设计中就是设计要具有弹性包容的特质，以适应未来的发展。

人类从工业社会进入信息社会，时代变了，资源和生活的关系也必然要随之改变。一个民族渴求代表自己文化传统和形象的东西不能仅仅理解为某些过去时代或特定地域的建筑符号、形式或风格。“地域性”虽然也常常会反映在室内空间的外在形式上，但应当更多地表现在文化的价值取向上。

同时人们已经意识到，文化的延续才是人类社会最有价值的东西。在信息时代的今天，出现了全球文化的趋同现象，在很大程度上是因为全球化淡化了中国文化的主体意识，使我们对自己文化的价值判断出现了偏差。而只有当一个民族强大到对自己的文化足够自信时，在文化取向上就会自觉抵制趋同。设计文化既是设计师有意识地把传统和地域文化的特征体现在新设计中，同时又是满足消费者在信息时代对室内设计的文化要求。所以，我们要用可持续发展的眼光和观念来审视室内设计的未来。

4 结语

今天，在室内设计中对地域文化的维护和保护已经成为业界讨论的热门话题。许多设计师也积极把尊重地域特色，体现传统文化作为自己的设计目标。在室内设计中自觉地运用地域文化的符号和精神，强调室内设计与其他相关环境因素间的关系，做到对空间的弹性处理以适应多种可能性，最终形成具有地域文化特色的当代室内设计。

参考文献

[1] 布正伟．自在生成论[M]. 哈尔滨：黑龙江科学技术出版社．1999.

[2] 特里·伊格尔顿．后现代主义的幻想[M]. 北京：商务印书馆．2000.

[3] 凯瑟琳·斯莱塞．地域风格建筑[M]. 彭信苍译．南京：东南大学出版社．2001.

[4] 张志奇．室内设计现状与地域性室内设计[J]. 中国建筑装饰装修．2004.11.

[5] 梁梅．从“居住的机器”到“诗意的栖居”——环境与室内设计的发展趋势[J]. 网络．2012.3.

泰山石理想景观营造五论

李先军　中国园林学会
丛　磊　中国农业大学　研究生

在不断增加的大型城市事件中，比如从 2008 年的北京奥林匹克森林公园建造（图 1）到 2009 年的济南国际园林花卉博览会；从 2013 年的北京国际园林博览会到 2013 年的锦州世界园林博览会，频频出现泰山石的身影。由此可见，作为造园要素的组成部分，泰山石作为一种重要的景观石受到越来越多的关注。

首先，泰山作为五岳之首，享誉海内外。泰山石之所以作为五岳之首，重要的原因在于泰山浓郁的人文气息，在五岳之中，按风景来说，泰山可能比不上黄山的风景秀美；按奇险来讲，泰山也可能比不上华山，但是泰山却作为五岳之首。这是由于其浓郁的人文气息，从秦汉至明清，历代皇帝到泰山封禅 27 次，只有将国家治理的统一而又强盛，国泰民安，政绩卓著的皇帝才可以到泰山封禅，而到过泰山的文人墨客更是数不胜数。因此，泰山也就成了国家国泰民安、稳如泰山的象征。

其次，中国传统文化中，泰山石又有赈灾辟邪的说法，这一说法更是深入人心，很多现代人更愿意传承这一传统，将泰山石放在重要的景观环境中，这样也能求得一份心灵的慰藉。泰山石早已成为了人们的一种精神信仰。

最后，“孔子圣中之泰山，泰山岳中之孔子”。泰山与孔子已凝聚成一个永久的文化符号，并成为民族的根基和血脉。由此可见，泰山在人们心目中占据着重要的地位（图 2）。

图 1　北京奥林匹克森林公园主入口泰山石

图 2　北京林业大学纪念学校成立 50 周年，主楼前设立泰山石

但是，由于泰山石本身作为特有资源具有稀缺性和珍贵性，因此，如何使得有限的泰山石在特置和散置的应用过程中，使场地文脉和泰山石文化更好地融合，使得泰山石更加富有内涵和韵味，便成为景观设计师不容忽视的一个环节。

1　泰山石理想景观营造契合山水画论思想

山水画起始于魏晋，兴盛于南北朝时期，是中国古代文人雅士对自然山水一种特殊情怀的表达和写照，是一种“天人合一”思想的画论体现。北宋著名画家郭熙所著《林泉高致》就是一本论述山水画论的、具有里程碑意义的书籍，该书详细阐述了山水画的要旨和精髓，其中的很多理论对于指导今天用泰山石叠山理水都具有很重要的意义。

画论借鉴了风水形势派理论思想（图 3）：形势派风水讲究觅龙、察砂、观水、点穴和定向。其中觅龙要求龙脉要有气势和生机，即要有气势，绵延千里，并且要草木繁茂，只有如此，才有生机，才有吉祥之龙脉。这一点在山水画中表现得较为明显。“大山堂堂为众山之主，所以分布以次冈埠林壑，为远近大小之宗也”与风水中“四神兽”理论即“左青龙、右白虎、前朱雀、后玄武”思想相吻合，意为后有龙脉，左右要有砂石护佑，正如同主仆、君臣关系；“山以水为脉，以草木为毛发，以烟云为神采，故山得水而活，得草木而华发，得烟云而秀媚”强调山要与水、植物进行合理组合才可以形成有生机之地。

图 3　山水画注重风水形势派思想

在传统造园里面，堆石叠山是常见的造园手法。而在现代景观的营造中，对泰山石进行组合从而形成别具风味的“自然山林”景观，也是常用的造园形式。在散置的过程中，需要借鉴山水画论里面的思想，遵循主次分明、空间合理、高低错落、比例合适、整体协调等原则，组合的泰山石景观可以单独布置在水景旁，用不同大小的泰山石叠成石林的形式，达到稳如泰山的恢宏景观；也可以单独在花池草地中，由三、五块泰山石进行散置，然后在周边进行植物点缀，可以体现“小中见大”的自然景观。总之，用泰山石叠山理水尤其需要注意山势的营造、生机的表达和意境的体现（图 4、图 5）。

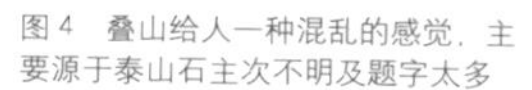
图 4　叠山给人一种混乱的感觉，主要源于泰山石主次不明及题字太多

图 5　泰山叠石用了较多立石，营造出一种石林的感觉

2 泰山石理想景观营造讲究真、善、美

泰山石择石需要讲究真、善、美。所谓“真”就是泰山石必须是真泰山石，因为泰山作为五岳之首，被称作盘古开天辟地时“头”的化身，是最接近天庭、最具有灵气的。正因此，才出现了历史上只有功成名就的帝王才能登泰山封禅，意味感恩天界对于大众的恩惠。同时，泰山石具有镇宅辟邪的功能，因此，只有泰山石才具有国泰民安、镇宅辟邪的气场。

所谓“善”就是泰山石最好是原石。气乃事物之本源，因为原石的“气场”得到了最大程度地保护。不同地域的景观石具有不同的气场，如太湖石是由于其在南方苏州、杭州等地几亿年与土壤及风吹日晒的作用过程中逐步形成的，因此，太湖石有属于自己的气场；泰山石则是由于石头在数亿年风化过程中与泰山脚下的土壤形成的一种场，因此，我们都说泰山石能镇宅辟邪，说的就是泰山脚下的泰山石具有的气场。在数亿年的形成过程中，泰山石自我循环形成很好的调节，可以最大程度地带走泰山吉祥的气场。泰山石的表层正如人的皮肤一样，在内部有自我循环，如果破坏了表皮，就如同破坏了人的皮肤，会使之大伤元气。

所谓“美”就是泰山石要与场地相协调。泰山石在场地中应用时，首先遵循的就是整体系统及因地制宜原则。在应用泰山石之前，一定要对场地有深刻的研究：不仅仅要考虑泰山石本身的纹理及大小，还要考虑泰山石与场地周边环境是否能够融合、泰山石与周边建筑物之间的距离关系、泰山石与场地文化是否吻合、泰山石大小是否影响交通条件、泰山石与周边场地绿化关系等因素，只有这样，才能使安置后的泰山石，形成非常理想的视觉效果（图 6）。同时，需要注意的是，散置泰山石需要考虑颜色、纹理、形态等方面的和谐与统一，散置泰山石还要符合人们的审美需求，即组合的泰山石在高度上遵循着二分之一到三分之一的高差，在重量上也将遵循着类似的原理。

兰州交通大学博文学院新校区主入口泰山石画面较为丰富，且恰是一棵树的天然图案，可以解读为“桃李满天下”（图 7）。而学校恰恰有桃李满天下的内涵，学校文化与泰山石文化达到意境上的升华和融合，而且该泰山石是原石，最大程度保存了泰山石的气场，同时，图案右半部分恰巧有部分空白，上下排列抒写“博衍明德，文倡格物”的校训，泰山石画面与字体相得益彰；泰山石整体形状又像一只爬行的龟，乌龟代表着长寿、吉祥之意，因此，摆放该泰山石寓意学校能够长久顺利的办下去，而且越办越好，最终桃李满天下。

图 6　苏州博物馆里面散置泰山石景观颜色统一、大小尺寸协调，形成一幅水墨画

图 7　兰州交通大学博文学院新校区主入口泰山石

3 泰山石理想景观营造遵循形势派方法论

风水是中国古代人们择居方式和习惯的一种总结，是经过历史积淀下来的中国优秀传统文化的一部分。天津大学、东南大学等高校就专门开设建筑学与风水的学科，北京大学建筑与景观设计学院院长俞孔坚教授认为，风水是有价值的传统文化，现代设计师应该研究风水，只有现代科学技术与土地伦理的结合，才是城市化时代和工业时代的风水。风水共分为两种门派：即形势派和理气派，形势派主要是从整体大环境出发考虑来选择一种适合人居的场所，以追求天人合一的目标，主要方法论是通过觅龙、察砂、观水、点穴、定向等手法来完成，这种做法具有很好的科学道理，因为该法是综合了地理学、气候学、景观学、建筑学、心理学、生态学等多门学科于一体，重点是察看一个区域的生态小气候环境，是否能达到藏风聚气的目的，该法得到国内众多建筑院校、景观院校教授的肯定；而理气派则主要是通过阴阳、五行、八卦的方式对于住宅内部环境的改造，该法充满玄学和神秘的色彩，受到很大争议，不为大部分学院派专家所认可。因此，用形势派方法论从整体大环境考虑择石的具体地点是一种科学的选择方式。

上海交通大学机械与动力工程学院在学院成立 100 周年之际，计划在建筑群主入口处摆放一块铭刻有钱学森先生题字的泰山石。泰山石需要摆放的参考位置有三个，分别为 A、B、C（图 8）。由于该场地处于弧形路的外凸处，从下往上是主要行车路线，结合人们视觉习惯、视觉差因素选择 B 点要优于 A 点，比较 B 点和 C 点，B 点恰恰处于整体弧形建筑的隐性中轴线上，在该点观察背景能更好地体现全貌，同时形成比较平衡的藏风聚气之所，因此，最后选择 B 点摆放泰山石位置最佳（图 9）。

图 8　上海交通大学机械与动力工程学院建筑群平面图

图 9　上海交通大学机械与动力工程学院建筑群入口处泰山石摆放后效果

4 泰山石理想景观营造符合背山面水布局

在风水术语中，经常会出现背山面水、负阴抱阳的说法，之所以会出现这种讲法，主要是从人们生活大环境的舒适度和安全性考虑的，因为风水本身就是一门趋吉避凶的学问，同时也是一种人们选择良居栖息地的学问，背山主要是由于我们处于北半球，北面有山可以遮挡东北风，这样冬天就不至于很冷，从而可以改善小片区域的生态气候环境，面水主要是夏季经常刮东南风，可以带来清爽、湿润的气候，同时，也可以形成视野较为开阔的场地。

“大靠山影响大气候，小靠山影响小气候”。于是出现了在紫禁城北挖湖筑山的做法，从而形成景山，景山的目的就是为了遮挡东北风对于紫禁城的侵扰（图 10）；在北京奥林匹克森林公园北面构筑仰山，同样是为了改善区域小气候；而在现代城市的居住社区中，我们的建筑大部分情况不可能背靠真山，这时只要北面有高大建筑物，同样可以起到靠山的作用（图 11），正所谓“高一寸为山，低一寸为水”，然而在楼后面单独放置泰山石作为靠山的做法是对靠山的一种狭义理解（图 12）。

郭璞语：风水之法，得水为上，藏风次之。由此可以看出水的重要性（图 13、图 14）。有水就有生机，其实最核心的问题是在说明一个事物的重要性，那就是“气”。“气乘风则散，界水则止”、“藏风聚气”都在说明“气”在风水中的重要性。“气是水之母，水是气之子”，有水自然有“气”，生即“气”的存在。现实城市中，真正能够做到背山面水的一般都是大城市的布局，而对于城市中的建筑物，如果前面没有水，则完全可以通过藏风的办法来聚集生“气”。

图 10　故宫北面筑景山为了形成“大靠山”

图 11　居住区里面较高楼同样可以作为较矮楼的“靠山”

图 12　在楼后面摆放泰山石是对“靠山”的狭义理解

图 13　背山面水常用于城市选址宏观层面的需求

图 14　单位前设置泰山石和喷泉，营造出一种富有生机的山水画面

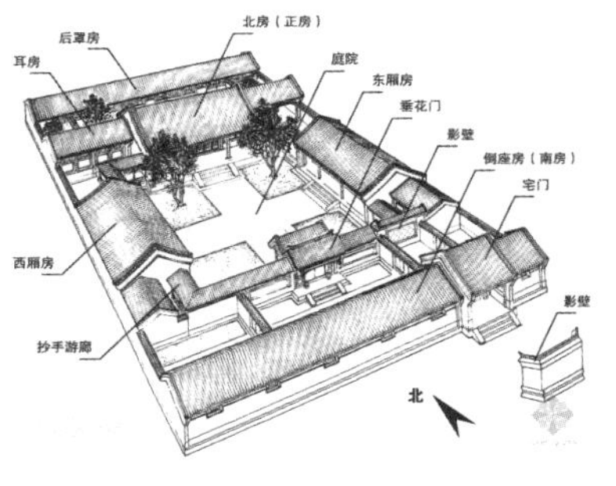

图 15　四合院影壁的设立处是对整体建筑藏风聚气的考虑

5 泰山石理想景观营造需要藏风聚气

风水哲学的核心是藏风聚气，即要形成半围合空间才会有生机，才可能是一块好的场地。在中国古代建筑中，北京四合院是一种特殊的建筑样式。四合院的特点之一就是会有各种照壁影壁，置于门外者叫照壁，置于门内者叫影壁，照壁影壁可以起到藏风聚气的作用（图 15）。风水讲究导气，《水龙经》强调“直来直去损人丁”的说法，所以气流不能直冲厅堂或卧室，否则不吉。影壁和照壁就可以起到阻挡气流作用，使得冲煞气流放缓，从而协调住宅内外气流。照壁影壁又可以起到遮挡视线的作用。

在中国古典园林美学营造的原理里面，其中有一原则就是欲扬先抑、奥旷结合，于是经常可以在苏州园林里面入口处见到遮挡物，遮挡物可以是影壁，或者是太湖石，抑或是绿化植物，这与风水中藏风聚气的思想是吻合的。

注： 该文发表于 2014 年第 5 期《园林》杂志。

探究库车老城区传统民居“多文化体态”之现象

贾　艳　新疆教育学院美术学院　讲师
闫　飞　新疆师范大学美术学院　副教授

摘　要： 库车老城区传统民居形态是一种活态文化，又是文化变迁的产物，至今仍保持着维吾尔族传统的生活模式。老城区聚落民居形态在漫长的历史发展过程中记录了人类在荒漠环境中转辗迁徙，择水草而居，繁衍生息的绿洲聚落文化，形成了极具鲜明而整体的民居文化。本文将从艺术审美观切入，以历史文献和田野调查为依据，从自然环境、宗教信仰和文化交流三个层面上，进一步阐释蕴藏在库车老城区传统民居形态中的艺术人文化特征。

关键词： 库车老城区　传统民居　文化体态　艺术特征

库车位于亚欧大陆的腹地，北依天山中段南麓，南抵塔里木盆地北缘，是古代龟兹文化的发祥地，在摩尔根《古代社会》一书的描述中库车被称为“人类文明的摇篮”。库车老城区传统民居是当地先民以生存为原动力而创造的居住模式，其形制是在世代不断传承与改进中逐步形成的，因而凸显出历史多元文化融合及“兼收并蓄”的混合特征。这里既有传统的阿以旺式变体形制，也有米黑曼哈那式，以及敞厅复合庭院式等风格类型，它是非创造意识的生态聚落，也蕴含着人类文明的进步历史。因此，在研究方法上以社会学、人类学为依托，将历史宏观体系架构、民居内部微观的空间构成与区域人类行为的对应进行研究，具有极其重要的意义。在当前学术背景下，本文以维吾尔族传统民居文化的复数性、多样性的调研为基础，注重探究库车老城区传统民居 “多文化体态”下的文化因子。

1　民居形态中的地脉构成特征

“20 世纪 70 年代以后，《没有建筑师的建筑》一书问世，在建筑界引起了很大的反响。一些已被忽略的乡土建筑，重新被发掘出来。这些乡土建筑的特色建立在地区的气候、技术、文化及与此相关联的象征意义的基础上。” [1] 库车传统聚落至今仍保持着维吾尔族古老的生活方式，在选址、营建中清晰地展现出地脉构成的基本特征。如库车老城区以“水”为尊，大量引入曲折萦回的人工水渠穿绕宅地，依地形、随水流就势选址。而在单体院落的建筑布局、造型、装饰图案等方面，则结合南北疆维吾尔族传统民居特征之缘，以平铺散点的民居院落构成库车本土民居形态中的地脉特征。

1.1　私属“领地”的空间院落

古人云：“有垣墙者曰院”，即围合象征着以家庭为单元的私属“领地”。在向往“多子多福”的维吾尔族传统家庭中，院落不仅是组织家庭群体工作的劳动场所，更像是家族内部交往的核心枢纽。与新疆其他地区维吾尔族院落相比，库车老城地域开阔，没有喀什老城区拥挤的过街楼、高耸窄巷和密聚的庭院；因库车位于塔里木盆地北缘，所以没有和田地区典型的单层封闭式“阿以旺”院落；因库车地区气候适宜，所以没有吐鲁番地区防暑纳凉的土拱廊、半地下室和高棚架式院落。这就是同民族生活习俗因地脉差异，产生了不同的生产、生活方式和院落形态。

对于库车的维吾尔族人来说，院落是介于公共空间与私密空间之间的过渡空间，不仅利于引入光线、室内外通风，且具有舒适性和私密性。库车老城区传统民居院落布局简洁实用，建筑常以“一”形和“L”形及围合院落，基本模式呈现：外向封闭单调，而内向开放丰富。面积较大的民居设置两个或多个复合院落，如前后庭院、果园等，其间均设有便捷的联系空间。院落平面布局紧凑且空间丰富，前院是公共活动的空间，院内设前廊（辟希阿以旺）遮风避雨，廊下或葡萄架下设有炕或床，到了夏日果木成荫，是人们用于纳凉、待客、聚会的主要活动场所（图1）。

图1 辟希阿以旺

1.2 淳朴敦厚的“土木”构造

库车老城区内较好地保留了当地传统格局和历史风貌，不仅居民的生活现状、构成模式、传统手工技艺等样态保持着原始的面貌，未受到现代商业和旅游业的冲击，而且民居建筑的地域特色和旺盛的生命力，也格调鲜明地再现了历史文化的延续，是新疆维吾尔族传统聚落中保存最为完整的非物质文化遗产之一。

库车老城区传统民居大多采用草泥平屋顶的木框架、土坯墙体系，建筑之间虽然仅以简单的几何形式相互搭建，却产生了高低错落，具有很强整体性、体量感和封闭性特征的建筑风格。相对院落外部而言，对内有着极强的聚心力，住居空间围绕着内院布置，所有门、窗都朝向院内，外墙采用80厘米左右的土坯制体墙，墩厚、粗犷的建筑体态与荒漠景观、气候条件相得益彰。[2]鉴于老城区民居的材料与建造技术的制约，它的空间尺度非常有限，民居一层房高在多数情况下为3.5米，少数二层高6米。日常穿行于深邃的古巷中，民居街巷空间作为内部功能，无疑为我们提供了静态上的体验。老城区内民居外墙由厚实的生土组成，以沿街两侧排布的内向型庭院为基本构成单元，院落的封闭性不仅具有良好的保温、保湿性能，也具有一定的防风、防沙功能，使民居空间的布局内向私密、含而不露；民居建筑墙面多刷白浆或抹黄泥，兼有少许土坯砖裸露在外，城墙与地面共同构成了白灰、土黄的色彩基调。那些掩映在绿树浓荫下的黄泥土屋，在土黄色的光影陪衬下，获得了朴素、祥和的自然格调，为老城古巷增添了无限平和的自然气息。

2 民居空间中的宗教信仰因素

民族宗教信仰体现在人们以特定神学信仰为指导，对世俗社会中的行为规范约束的共同认同，其延伸出的民间习俗和艺术特征，体现了本民族的核心文化价值，同时以一种特殊的社会意识形态影响着传统居住建筑。因而，在伊斯兰文化主导下的库车传统民居，其内部空间构成与文化生活的契合，已超越了院落表象形式的文化内涵。

2.1 聚落中的文化节点——清真寺

聚集是人之本能，聚落因人类群居而产生。另外，相同的宗教信仰也是形成人类社会内部聚力的核心，这种以信仰为基础的高度社会秩序化，往往体现在社会公共活动场所的建筑中。作为“安拉的宅第”，清真寺是维持社会秩序的重要场所，因此，由氏族、宗族维系的库车传统聚落出现了以宗教建筑为核心的聚落布局形式。库车有新疆最早的清真寺——默拉纳额什丁玛扎里的清真寺，该寺约在13世纪中叶至14世纪修建。老城区内30多处清真寺分布在大小街巷中。在清真寺的辐射下，聚落有机地联系起来形成同心圆式的居住方式。当每日礼拜召唤之声响起，则有效地整合了民众团体聚集感和归属感，是当地穆斯林相互沟通和精神寄托的交往空间，也是构成以清真寺为节点的聚落社会秩序的开始。

2.2 宗法伦理下的院落布局特征

以宗教信仰为核心的社会秩序化，同样体现在组成老城区的个体院落中。首先是在空间布局方面。依照伊斯兰教的规定，虔诚的信徒每日需要做五次礼拜，礼拜的场所没有特殊限定，但却有明确的方向——圣地麦加，也就是“西方”，因此，西方则是室内空间设计的重点。在库车老城中，民居院落的大门开设的方向依巷道任意布局，通过庭院空间的过渡，室内客厅主墙都会面向西方，并多有龛形装饰，而且卫生间的门不允许面对西面，以示礼貌。其次是建筑形式选择，清真寺和陵墓建筑在维吾尔族心中地位神圣，高耸的门楼、艳丽的彩绘和繁复的雕刻，使他在传统聚落中装饰最为突出，库车城区内古老的城墙与大大小小的清真寺宣礼塔，构筑成变化丰富的天际轮廓线。许多富裕的维吾尔族居民纷纷效仿其内部的建筑装饰和彩绘图案，但对此类宗教建筑所采用的拱顶结构和白底蓝花砖却从不引用，以示敬畏。再者是院落布局。由于信仰，女性在家中地位往往低于男性，在这种“深闺制度”的影响下，前院入口处设置门厅避免路人窥视。相对前院来说后院则更注重隐私，女性日常工作的后院区域，外人一般不入内，她们介入社会的方式多借助于男性。客厅装饰优于起居室，都设置地毯、被褥、木箱和器皿等设施，但在形制方面较雷同。相对起居室而言，客厅只做节日聚会而用，并且男女宾客分房而待，以适应维吾尔族宗教信仰下的待客之道。

3 汉地文化西渐的佐证

民居建筑装饰离不开“纹样”的应用，人们以生活中喜好的动植物等自然物为描绘对象，装饰自己的居住空间。因此，创作手法和题材的选择往往受到地理环境、社会形态的影响，并形成独具地域特征的文化符号。这种“符号”也是引导我们在历史长河中，探索其文化融合的源流。在库车老城优秀传统民居中，装饰纹样常以二方连续纹样装饰檐口、角线和梁底；以四方连续装饰天花、藻井；以单独纹样装饰壁龛、门饰。这些表现手法多样，雍容华贵的各类装饰纹样，既有伊斯兰文化视觉艺术形态的积累，又有汉地文化西渐的佐证。

3.1 汉唐文化遗存

古时当人们废弃洞穴，建造房屋时，便有了在墙上开洞采光、换气的需求，所开的洞被称作“牖”，也就是现在的“窗”。对建筑的功能而言，窗仅是满足人们生理需求的建筑构件，然而，很多的建筑构件都发生了演变，甚至脱离了自身的使用功能，作为重要的文化元素区别于各类建筑风格。窗棂也无例外，由“简”到“繁”的设计，成为塑造民居建筑立面形象的主要界面。

中式的窗棂在秦汉时期就富有装饰意图，以直棂、正方格、斜方格等为代表。到了唐宋时期，窗棂装饰逐渐趋向成熟。唐代盛行直棂窗、隔扇，门扉上部多装直棂，以利于采光。在运城招福寺的和尚塔上，已出现龟锦纹窗棂。到了五代末年，苏州的虎丘塔，窗棂纹样又发展为花纹繁密的球纹。[3]新疆维吾尔民居的窗棂纹样，多遵循伊斯兰几何形装饰纹样的特征，如以圆形、方形或多边形为基础单元，然后运用几何学原理对某一单元体纹样加以旋转、叠加、边缘延伸等手法，即可构成各式各样的基本图形，然后按照一定的规律进行组合，又演变成多种星形纹样和异形纹样。在建筑檐口、角线等处还多见锯齿形、格子形、波浪形等二方连续纹样。如在新疆吐鲁番地区最具代表性的窗棂是“八角形”，是由两个正方形以 90 度错位叠加而成。很显然，在库车老城区塔尔阔恰巷 10 号、阿不都瓦依提·卡孜阿吉民居，其窗棂特点明显与汉唐相近（图 2）。究其缘由可追溯至汉代通使西域的年代，《隋书·龟兹》记载“龟兹国，汉时旧国，都白山之南百七十里，东去焉耆九百里，南去于阗千四百里，西去疏勒千五百里，西北去突厥牙六百余里，东南去瓜州三千一百里。”[4]

3.2 民俗文化交流

图 2 窗棂

如果说建筑结构是功能的体现，装饰纹样则蕴藏着丰富的文化信息，不同的地域都会催生出不同风格的装饰文化，从图案内容、元素设计、构图特征、主体颜色等手法无不彰显着本民族的审美喜好。新疆维吾尔民居中最常见的建筑装饰是流畅优美的植物纹样，繁而不乱的几何纹样和形如图案的经文装饰，但在库车老城传统民居调研中，却发现了以吉文护宅的“吉祥文字装饰”（图 3）。

图 3 吉祥纹样

“汉字”因象形而来，故自身具有图形美感，经图形化设计的文字，具有简洁明快、准确生动的艺术特点。这一装饰手法自商代青铜器铭文的形象化应用，逐渐演变为将吉祥用语加以借喻、比拟、谐音、影射、象征的图形化设计，与汉人托物言志的艺术情趣相吻合。这种吉祥文字装饰在库车维吾尔民居中也极为常见，如库车老城区代最久远的穆罕默德·尼牙孜霍加古民居（建造于1887年，距今已有120多年的历史）。该民居坐东面西，建在人工砌筑的高台之上，以土木及砌砖结构为主，现占地面积335平方米，为维吾尔传统民居中常见的带廊檐风格的建筑。步入院落其中，风格多样的彩绘纹样在民居院落梁檐顶部随处可见，装饰风格繁复，绘制技艺颇佳，并且在梁檐中间还用察合台文字记录了该民居的建造年代。在民居的门庭上方，书写的汉文题记四周还衬托着"万"、"寿"、"福"字的雕绘图案。此外，门、窗、廊檐下口等处都有用木块镶嵌的几何形图案和花卉图纹。烟囱、阳台栏杆等地方都点缀着雕花，木雕以并列、对称、交错、连续、循环等手法灵活构图。它们多保留木本色的自然与朴实，偶有蓝、绿、红色彩绘花纹，色彩上注重内在的形式和象征意义。在装饰风格上既有维吾尔传统建筑特色，也有中原传统建筑的遗风，生动地展现了维吾尔族特有的审美情趣和地域文化特性。

4 结语

克利福德·格尔兹曾指出："文化是通过符号在历史代代相传的意义模式，它将传承的观念表现于象征形式中。通过文化的符号体系，人与人得以相互沟通、绵延传续，并发展出对人生的知识及对生命的态度。"[5] 库车文化是多元的，其传统民居建筑也延续了多样性的艺术特征。作为新疆地域性建筑文化的典型代表和珍贵遗产，它在历史、文化、艺术和生态上所具有的价值越来越受到格外重视。它不仅仅是具有居住价值的物质实体，同时也是当地居民历史文化所依托的精神载体。随着西部大开发策略与新农村的大力发展，维吾尔族传统民居面临时代与环境变迁的困境和挑战，但库车老城区传统民居在经历时间的考验下，依然存在于当今社会，这不能不说明老城民居文化存在着自我更新，自我完善的发展体系，它独特的民居价值含有内在的活力与文化气质，否则早已丧失自我的创造力与竞争力，淹没在世界文化趋同的大潮之中。

参考文献

[1] 吴良镛．广义建筑学．北京：清华大学出版社．1989.

[2] 闫飞．民族地区传统聚落人居文化溯源研究——以新疆吐鲁番地区为例［J］．甘肃社会科学．2012(6)．

[3] 马海娥，刘亚兰．浅析中国传统窗棂中的几何纹样装饰［J］．美与时代．2011(5).

[4] 故国神游话龟兹．佛缘网，http://www.foyuan.net/article-306206-1.html

[5] 克利福德·格尔兹．文化的阐释[M]．上海：上海人民出版社．1999.

根植于“内”——绿色空间的艺术探析

刘品轩　南京艺术学院　研究生

摘　要：本文以尊重自然环境，保护植被为出发点，探讨以城市扩张，建筑膨胀为背景下的绿色空间的构建艺术。本文以设计中心的转移为重点，旨在通过分析典型案例的特点及变化，总结趋势，为构建绿色空间带来新的可能。

关键词：绿色　以植物为中心　内在联系

引言

植物于人类的重要性不言而喻，自古以来它在人类的构建活动中或多或少的出现，无一不体现出它的不可或缺。在当代，工业的过快发展和人们对物质水平的追求导致植被的锐减和绿地的流失。文章试图反思以往设计活动的中心和动机，通过分析其利弊，开创构建空间的同时留住日渐减少的绿色的全新理念。

1　历史・造景・绿色

1.1　植物造景的历史

从古至今，植物造景一直伴随着人类历史的发展。东西方世界由于文化差异和地理分布呈现出不同的目的和特点。

我国早在7000年前就已出现花卉盆栽的种植，而随着生产力的发展，在之后的朝代出现了更具主观意识的，更为系统的植物造景艺术，我国最早的园林——囿，出现在殷商时期，用于皇室狩猎，之后转变为观赏用庭园。东方世界的植物造景，如中国和日本，都遵循师法自然而又意境幽远的原则，植物的配置不着痕迹。江南的私家园林和枯山水都是东方世界植物造景最高境界的代表（表1）。

西方世界最初的植物种植是出于改善小气候的目的。古埃及，古巴比伦（表2）等国家干燥少雨气候干热，需要靠人为大量种植植物抵御风沙和高温。由于西方世界对数学和逻辑的崇尚，诸如古希腊和古罗马等国，乐于将植物修建为严谨规则的几何形体，这和东方所追求的自然大相径庭。

古代东方世界植物造景历史　　**表1**

国家	气候	造景形式	风格因素
中国	地广物博；气候分布多样	私家园林；皇家园林；寺庙；街道	自然条件；诗词书画艺术；佛教道教思想
日本	规模小；人口多；地震频繁；四季分明	枯山水；寺庙	自然条件；佛教思想

古代西方世界植物造景历史　　表2

国家	气候	造景形式	风格因素
古埃及	干燥少雨；气候干热；沙漠与半沙漠广布	宅园；圣苑；墓园	自然环境；宗教
古巴比伦	气候干燥；土壤裸露；降水稀少；昼夜温差大	猎苑；圣苑；宫苑（空中花园）	自然环境；宗教
古希腊	港湾众多；陆地山多土薄贫瘠；地中海气候温润	庭园园林；圣林；公共园林；学术园林	自然环境；哲学思想
古罗马	丘陵山地；冬暖夏炎热	宫苑；别墅庄园园林；中庭式庭园园林；公共园林	自然环境；农业；崇尚人工和几何体
意大利	丘陵山地；山区及半岛气候不同	美地奇式园林；台地园林；巴洛克式园林	自然环境；人文主义；文艺复兴
法国	温和湿润；森林茂盛	城堡花园；城堡庄园；府邸花园	自然环境；文艺复兴

1.2　当代社会人与自然的依存关系

将历史的触角延伸至今，不难发现人类与植物乃至自然之间的联系更加紧密。虽然经济因素，工业因素和社会因素等导致了植被的破坏以及人居环境和自然环境的分离，但正是由于生态问题的越发严峻，才折射出人类内心对自然的越发迫切的渴求。

自然先于人类存在，因此某种程度上，自然原本独立于人而存在，而人类活动从根本上动摇了自然的独立性，随着时代的推进，人类与自然之间密不可分。城市建设吞噬了越来越多的土地和植被，雾霾的扩散影响了人类的健康和出行，科技的飞跃拉近了人与人之间的距离却和大自然渐行渐远。当下流行的室内盆栽和阳台蔬菜虽然不属于造景艺术范畴，却将人类对于绿色和健康的强烈需求毫无保留的坦承于眼前。人与自然的关系亟须改善，这样的改善必须从观念上得以转变和实践，对于设计师而言，以何为中心的建构活动值得深思和探讨。

2 建筑·植物·人

2.1　以人为中心的设计

纵观东西方在植物造景方面的各项数据，可以发现，无论是盆栽，室内造景，扩建庭院，园林或者屋顶花园，所有的造景活动都围绕着一个主题——人。人类以植物造景为手段达到不同的目的：改变小气候，娱乐观赏，抒发情怀，以及彰显财富和地位。

以人为本的设计理念并不是从近现代才出现，石器时代原始工具的出现就已经标志着这种思想的萌芽。纵然这样的设计理念最大程度地满足产品的受用者——人的需求，但往往过度的，无原则的“以人为本”只起到适得其反的作用。过度的建造房屋导致城市拥挤，过度的化工产业导致环境污染，过度的追求舒适度导致建筑膨胀，在土地稀缺的境况下，植物被挤到室内和屋顶。以人为中心的绿色空间设计固然能够达到出神入化的修饰效果，也能起到相当可观的改善气候环境的生态功能，然而站在另一个角度来说，却由于其人为性加剧了生态危机。缺乏考量和审度的设计会摧毁城市的永续发展，而这样的设计并非鲜有。当设计师处理人与自然之间的关系时跨越了一个界限，则会破坏人与自然之间的微妙平衡。

2.2　以植物为中心的设计

当“以人为中心的设计”的弊端暴露，设计中心得以转移，以植物为中心的设计在近几年有所发展。通过观察（表3）可以发现，植物于建筑的运用呈现出“分离”的趋势（图1），由完全封闭于建筑内部，到半封闭，再到建筑避开植物，语言的重构体现了设计态度在根本上的转变。以植物为中心的建构，最大限度地保护了原生植被，避免植物的迁移甚至砍伐，另一方面，尊重自然的同时也为表述建筑的形态带来更多的挑战和可能性。

以2013年的项目Tree House为例，它是位于英国一个街区上的住宅扩建项目。该区域植被茂密，树木在建筑物建造之前就生长于此。这样的环境对于附近的居民来说可谓难能可贵。因此，在这样一个原生而又珍贵的环境里扩建一个住宅，如何达到新建筑和环境互不干扰却臻于完美地融合，需要设计师具备对绿色空间有成熟的思考。

建筑师以树作为整个项目的中心（图2），纵向建构一个长条形建筑并与树交叠，试图介入冲突。建筑与树重合的区域，

绿色空间的案例综析 **表 3**

案例	项目时间（年）	植物与建筑的关系	弊端 / 优势	共同点
	2008	植物完全围合于建筑内部	1. 限制植物生长 2. 住户要对植物付出精力	1. 最大程度避免迁移和砍伐原生植物 2. 生态意念逐渐转变为以植物为中心的建构 3. 人与建筑与植物的依存关系得到修正 4. 寻找城市的自然缝隙 5. 试图解放人与自然
	2011	植物半围合于建筑内部	1. 限制植物生长 2. 植物生长对墙壁的破坏	
	2013	植物半围合于建筑内部	1. 限制植物生长 2. 降雨等问题难以避免	
	2013	建筑避开植物	1. 植物与建筑的巧妙结合 2. 方便日常生活和植物的生长 3. 相对分离却有紧密的内在联系 4. 以植物为中心的建筑思想开始出现	
	2014	植物半围合于建筑内部	1. 限制植物生长 2. 降雨等问题难以避免 3. 植物根系对室内地面的影响	

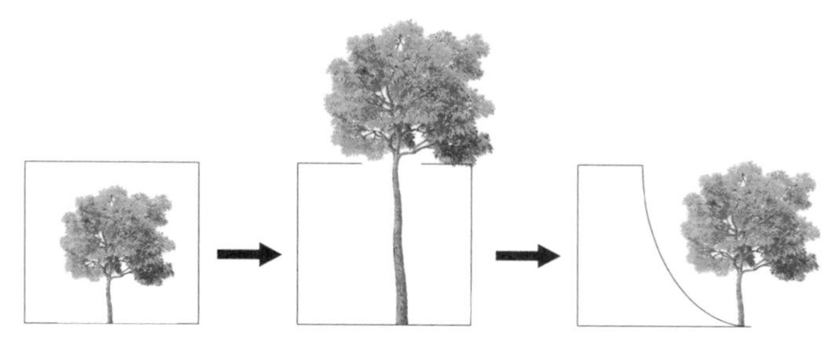

图 1

屋顶避开树枝从而生成一条流畅的曲线，打破原本建筑的秩序感。立面上，再生木板拼装的墙面随着顶的变化形成和缓的曲面。为了使建筑不显得过于突兀，也为了加强与树的联系，设计师用灰色木板架高一个与屋顶曲线和色彩相呼应的曲线形地台，并将树干包含于地台之内。地台形成于一个平缓的坡度，以满足户主母亲使用轮椅的需求。当阳光洒满绿地，树木的倒影和光板映衬于整个住宅，能够营造出宁静动人的美妙氛围。这样的设计使得建筑在形式上与植物产生了对话；功能上，避免草地植被和大型树木的根部影响人的行走，也避免人的活动对草地和植被的破坏，同时，对于周围居民来说，除了增加了一栋建筑，绿色空间并无消极改变。

相较于其他与植物融合的设计语言，这样的表述方式体现出更多的对自然的包容性。空间上，Tree House 建筑部分与树完全分离，与把树围合于建筑内部的手法相比，内部空间更为务实，减少室内空间的浪费。同样地，这样的设计在景观上而言，外露的树木也维持了它的共享性。设计师对建筑和植物之间关系的把控恰当地缓解了人与自然的冲突，搭建出一道沟通式的桥梁，形式上的分离反而使人与建筑以及自然的联系更加密不可分，这亦是人类对自然的反哺。

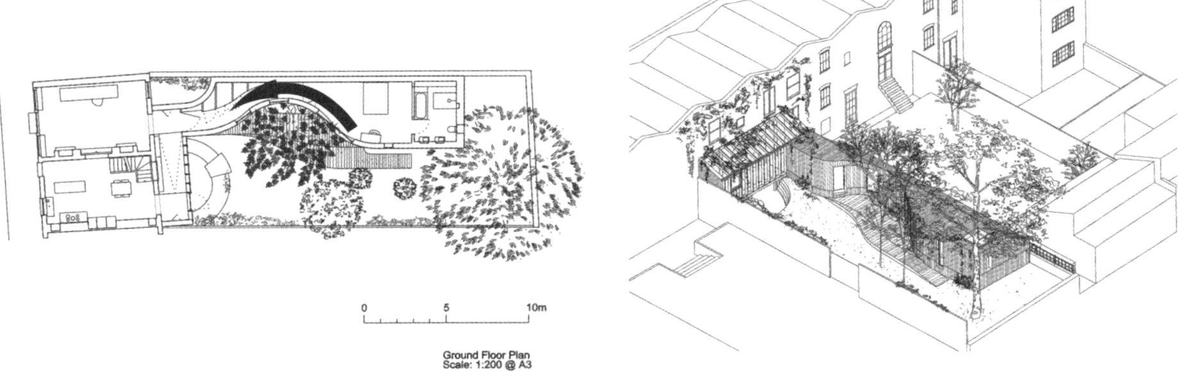

图 2　Tree house

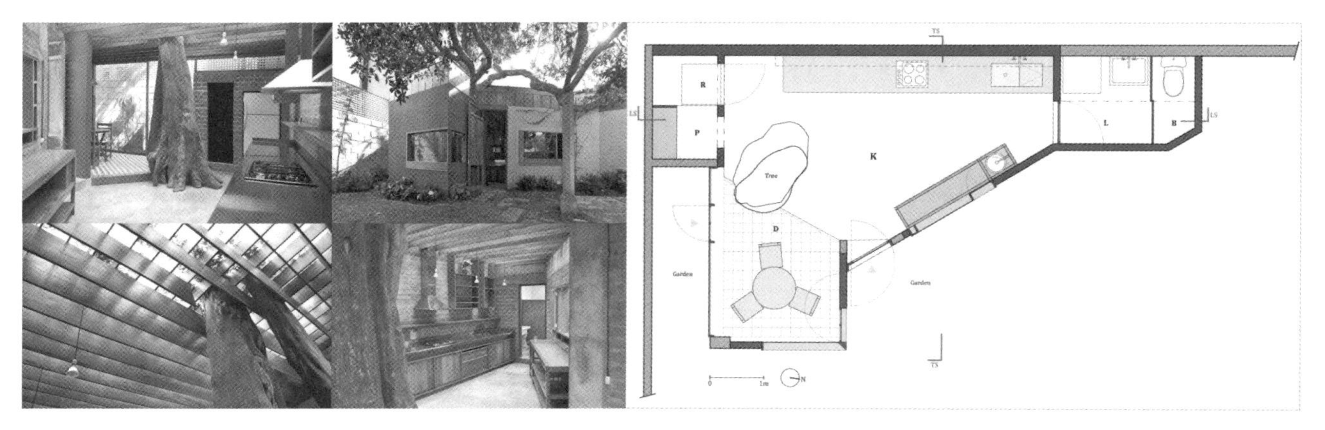

图 3　kitchen in lima

3 根植于“内”

构建空间的方式随着时代层出不穷，手法也令人应接不暇，很多设计充盈了让人耳目一新的亮点，若仔细推敲可以发现其中缺乏对人机工程和环境保护的考量。

以秘鲁的 Kitchen in Lima 为例（图 3），该建筑是以厨房为主的单一功能空间，设计师试图通过外界环境的渗入来强调料理的天然和健康，因此，将顶棚以纵横交错的木板呈现，一棵大树被半包围于建筑内，树的上半部分突破屋顶。这样的设计固然使空间富有趣味性和艺术性，但是树木从原本的共享资源变为私有资源，镂空的屋顶也无法抵御降雨和落叶，树木的生长亦会破坏建筑的结构。当这些因素为居住者的生活带来不便时，会导致受用者产生对自然现象的抵触和隔离，而这最终也违背了设计师的初衷：融入自然。因此，一个真正出彩的设计应当因地制宜，应时制宜。根植于“内”的设计理念正是基于这样的原则的孕育之下发声的。

根植于“内”，其核心要义并非字面上的理解将植物栽植于建筑空间的内部。“内”强调人与建筑以及植物之间的内在联系，营造的是以方便生活为基本要求的更具高度的精神生态，弥补人造物无法传递的情感。在这个追求效利的快节奏社会中，它将唤起人们对生态环境的重视和尊重，它将建筑谦虚地“融入”，而非粗暴地将植物“拿来”。

4 结语

高度工业化的时代背景下，开辟大片绿地和植被已经成为奢求，寻求都市之中的缝隙也就成了人类的迫切愿望，随着城市拥挤和雾霾等现象的愈演愈烈，人们逐渐意识到与环境互利的建筑的重要性。根植于“内”的设计理念作为一个新的趋势，通过更为灵活的设计手法为绿色空间的构建开辟一个新的渠道。它是现状之下应运而生的产物，以此建造的绿色空间则是一种社会文化、审美和人们对生活的态度的静态呈现。那么，该理念的梳理和分析必然能够推动绿色空间设计的发展。着眼“根植于‘内’”的绿色空间营造的探究，试图拓宽建造绿色建筑的维度，糅合实用性和生态性，构建能够实现永续发展的新型空间。

参考文献

[1] 沈克宁．建筑现象学[M]. 北京：中国建筑工业出版社．2002，02.
[2] 王金平．山佑匠作辑录——山西传统建筑文化散论[M]. 北京：中国建筑工业出版社．2005，7.
[3] 陈伯超．地域性建筑的理论与实践[M]. 北京：中国建筑工业出版社．2007，3.

芳香圣地之图语
——基于喀什“香妃墓”古建筑装饰

马 诚 新疆师范大学美术学院 教师

摘 要：喀什〝香妃墓〞是伊斯兰教徒的宗教〝圣地〞。维吾尔人称之为〝阿帕克霍加麻扎〞。建陵有 300 余年的历史。其陵室安葬了阿帕克霍加及家族的 5 代 72 人。成为新疆境内规模最大的伊斯兰教古建筑群。〝香妃墓〞包括有门殿、主陵室、礼拜寺和教经堂等散点式的院落建筑，其建筑艺术形式上蕴含大量的西欧及伊斯兰建筑风格的装饰符号，呈现了地域民族发展史及装饰艺术的综合成就。本文基于〝香妃墓〞古建筑群，对其建筑装饰寓意、形制、色彩进行研究，力求探寻新疆喀什地区独有的装饰图语及文化特征。

关键词：香妃墓 门殿 陵室 寺堂 装饰图语

“香妃墓”陵室中，安葬着维吾尔人阿帕克霍加的一位后裔，名叫伊帕尔汗的女子，是清朝乾隆皇帝的爱妃。因其身体上散发着沙枣花的幽香，人们便称她为“香妃”，香妃去世后由其嫂苏德香将其尸体护送回喀什，并葬于阿帕霍加墓内，因而，当地维吾尔族人称这座陵墓为“香妃墓”，同时也称为“阿帕克霍加麻扎”。它是喀什地区享有维吾尔族建筑艺术之魄的旅游胜地之一。

“香妃墓”始建于 1640 年间，坐落于喀什市东郊五公里处的浩罕村。墓主为喀什噶尔“霍加政权”国王、白山派首领阿帕克霍加及其家族 5 代 72 人的陵墓，占地约 40 亩。①这座有着异域风情的古建筑群，由门殿、陵室、礼拜寺和教经堂等四大建筑组成，还布局有水池、配套园林等基础设施，是典型的维吾尔族传统建筑艺术特色的古建筑群。主要平面布局为散点式的院落格局（图 1）。这座具有历史内涵的古建筑群，不仅给人以浩瀚之气，更给人以异域风情的视觉感受。古建筑群中的不同功能建筑虽然在规模、材料、形制上各有所差异，可就建筑形制而言，均以四方形基座、穹窿构架为主，具有中亚伊斯兰建筑风格的基本特征。但独特的纹样形态、古琉璃砖饰和造型多变的柱式，传达出了喀什地区特有的文化理念，并在装饰艺术表现方式上，形成了新疆南疆地区独特的伊斯兰建筑装饰图语（图 2）。由于“香妃墓”所处的特殊地理位置，其装饰语言涵化于西欧古典建筑艺术与伊斯兰建筑艺术之中，其装饰纹样变化丰富，设计手法巧妙，造型纵横奇妙。以一种极具想象力的艺术手法，将抽象、反复、无限的装饰意念融入建筑中，给予“香妃墓”古建筑群异样的图形寓意，构筑了与其他陵墓建筑装饰不可等同的艺术价值。

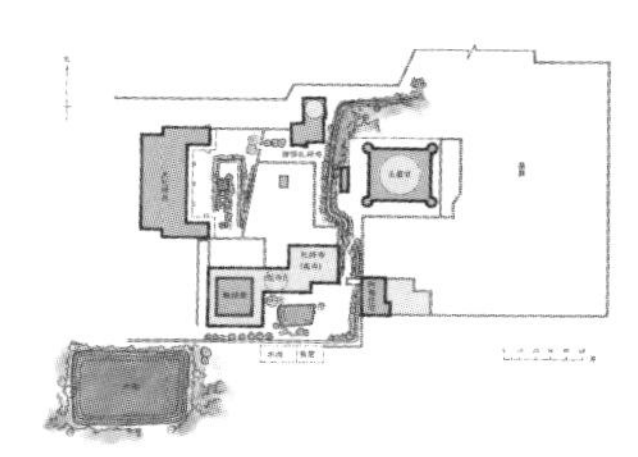

图 1 〝香妃墓〞平面布局图

图 2 〝香妃墓〞主体建筑

①张胜仪．新疆传统建筑艺术．乌鲁木齐：新疆科技卫生出版社，1999：150．

1 门殿装饰之意

门殿是镇宅之物，传达了权力与地位的象征意义。建立恢宏的门殿构件是维吾尔人居家的习俗之一。“香妃墓”作为喀什噶尔“霍加政权”国王家族式陵墓建筑群，必然呈现出不同凡响的门殿样态。“香妃墓”的门殿未按中原传统沿中轴线布置，而是独立于陵室西南方向 200 米处，从而未用其他建筑构建，避开了门殿与陵室主门相对，入口门道也将陵室与经堂分离。正门高达 8 米，面覆 200 见方的古琉璃花砖，十分华美，其门殿形制两侧有高大的砖砌圆柱和门墙，表面同样覆有白底蓝花的古琉璃花（图 3），象征着喀什噶尔“霍加政权”国王阿帕克霍加家族的权力与地位。

“香妃墓”门殿之装饰艺术，突出以古法琉璃花样为特点的组织构成。琉璃砖以精美的二方连续与四方连续图案相结合，配合白底蓝花相间的色彩表达，给人以俏丽夺目之感。在纹样组织上，琉璃砖上覆设植物花、叶、藤、蔓纹相互交叉、像似葡萄枝蔓在展开，期间配有喇叭花等花卉纹样，穿插重合，给人一种自然而和谐律动的美感（图 4）。古法琉璃砖的蓝色则表达纯洁、理智的意境。白色和蓝色的搭配以一种冷静、安详的含义被广泛运用于伊斯兰建筑中。而蓝色沉稳的心理特性，是准确的意象表达，对于伊斯兰教来说，蓝色犹如浩瀚无边的宇宙，是真主“神所之地”。“香妃墓”门殿的正立面大量使用了白底蓝花古法琉璃砖，尽情地展现“神间”居所的空间环境，

图 3 “香妃墓”入口门楼

图 4 琉璃砖纹样

并象征着陵室主人融入浩瀚宇宙，追随真主而去的宗教信仰意念。尽管随着时光流逝，受到风化的蓝色古法琉璃砖光彩已逝，但有序的图案组合、压花的表现形式，充分表达了伊斯兰教徒以蓝色为表象，对大自然的敬重及对真主的崇拜之心，也体现了维吾尔人高超的建筑艺术技艺与鉴赏水准。

2 陵室形制之魂

陵室是安葬之器物，维吾尔族自古以来与我国传统有着一脉相承的安葬习俗。其不同之处在于安葬时并不使用棺木，而是全身包裹白布与土地直接接触，来安葬世代家族之魂，然后建造宏大的地上空间，在空间内修建起类似棺木形状的坟椁。以围合封闭的空间区域共享阴间团聚之意。“陵室”坐北朝南，落地于陵园建筑群的东部。以高大的中空圆顶“拱伯孜”建筑屹立在陵园中，堪称陵园建筑之冠。建筑四面的龛形的曲线造型和四个高大的砖砌圆柱增加了建筑的气势，配上华美而素雅的色彩和精美绝伦的琉璃古砖呈现在世人面前。建筑风格承袭了西欧、中亚等传统建筑及本土地域元素语言，深得艺术家、史学者的爱慕。

“香妃墓”按照维吾尔的丧葬习俗，以不同时间、年龄依次排列着 58 个坟椁（图 5），还原了世人家族聚居的理念。陵室建筑基本形制为；外观呈长方形，纵深 29 米；宽 35 米，四隅为塔，下粗上细，底圆直径达 3.5 米，端部设亭，顶部各有一弯铁柱高擎的弯月。从陵墓的形制来看，建筑四面拥有 20 个尖形栱龛，壁面镶嵌绿色琉璃砖，中嵌木纹菱花窗，构造以直线、方形和几何图形筑成，保持了西欧古典建筑艺术与中亚伊斯兰建筑的原始风貌，凸现了伊斯兰装饰的独特造型。陵室门龛两侧以石膏、琉璃等物质材料装饰，以植物纹样为表现语言，寓意着生生不息的美好愿望，向世人传达一种“人死而灵魂不灭”的民族传统观念（图 6）。维吾尔族对“窗”面因采光的需要，采用连缀的几何图案，结构严整紧密。陵室内中央为砌体穹隆顶，高达 24 米，直径 16 米，空间高跷宽敞，四周以多组栱券形制，表面设色白洁。其法以叠加、相切、移位的立体多项空间手法，烘托了浓郁的伊斯兰宗教氛围。

3 寺堂柱式之语

“香妃墓”古建筑群中共有四座礼拜寺和一个教经堂。分别是高礼拜寺、低礼拜寺、绿顶礼拜寺、“加满”礼拜寺及教经堂，

图 5 主墓室内空间

图 6 主墓室入口

图 7 高礼拜寺

①张胜仪．新疆传统建筑艺术．乌鲁木齐：新疆科技卫生出版社，1999：150．

均坐落在主墓室的南、北、西侧，与主墓室遥相呼应。每个独立建筑体都是由空间界限分明的砌体结构与过渡空间丰富的中式木框架结构组成，与之不同的是空间含蓄的廊柱式结构，普遍采用伊斯兰传统柱式装饰。砌体建筑部分巧妙运用高窗模式，解决其采光通风、防风沙、防日晒等环境问题，①外墙采用满铺的砖式艺术集聚地域风情（图 7）。而由多排列柱构成的大跨度建筑外延空间，不仅满足穆斯林集体宗教活动的需要，其内部丰富的视觉转折、空间过渡和多变的装饰手法，还营造出了几分神秘的宗教氛围。独具伊斯兰审美特征的柱式艺术，以其考究的造型、多样的图案和绚丽的色彩，成为以单一土黄调色建筑的活性因子，是"香妃墓"礼拜寺与教经堂建筑的经典之作。

柱式是"香妃墓"建筑群的重要装饰和支撑结构之一，在"香妃墓"宗教建筑中不仅有支撑结构的实用价值，更重要的是它的装饰承载着建筑与宗教内涵，同时也是维吾尔建筑装饰文化存在的方式。"香妃墓"礼拜寺与教经堂建筑群的柱式为传统柱式，由柱头、柱身、柱裙、柱基等组成。高礼拜寺与低礼拜寺相接为一体，建筑体内有着非凡的柱体装饰。它的柱式新颖，样态不一，有雕饰及彩画，建筑中十四根柱体纹样雕饰无一雷同。其柱头装饰极具特点，装饰造型采用龛形和几何形切面，龛形密集排列；彩绘纹样为适合纹样，装饰丰满有序，组成以剖面为星状的托帽，犹如朵朵怒放的花朵。造型多变的柱头替代了千篇一律雷同的形式主义装饰（图 8）。柱裙同样也是柱式装饰的重点，由束腰、上裙边、裙身、下裙边和裙脚组成。束腰给予柱身、柱裙自然的过渡，装饰纹样为含苞待放花蕾形态，在木质柱体上雕刻，十分抢眼、特点鲜明。从形态来看，"香妃墓"柱式与中原柱式、欧洲古典柱式等都有一定的差异，其柱式形制更多受到中亚伊斯兰教建筑柱式的一些影响。其特征为柱身分为八角形，每个楞面起线，柱础部位成双截面的八方形式，是典型的维吾尔柱式形态。

陵园西侧，用棚墙围隔的大院内的建筑，就是著名的"加满"礼拜寺，它自成院落，其建筑也很别致。建筑前廊由北向南，长约 60 多米左右，这里更像是一座柱式大花园，花朵五彩缤纷，争奇斗艳。六十二根精雕细刻的柱式，每一根都同样运用雕琢、彩绘的装饰工艺，精雕细刻、图案多变而富有规划（图 9）。其柱头形制与花纹图案也无一根相同，据说这些千变万化的柱式分别出自于 62 位能工巧匠之手。一根根柱式仿佛一颗颗亭亭玉立的松柏，增加了礼拜寺建筑造型的节奏韵律感，从而传达出一种忠贞不屈的民族精神。四方形基座到八角形柱身的组合蕴含着一种"天圆地方"的中华民族文化内涵，同时也传达伊斯兰教徒的宗教观念，从而折射出伊斯兰教徒认主独一的宗教信仰价值观。其丰富多变的柱式便是"加满"礼拜寺建筑装饰中画龙点睛之笔。

绿顶礼拜寺与教经堂遥相呼应，分别位于香妃墓陵室西北部和西南部，与主墓室约为同时期建筑。绿顶礼拜寺内殿为方形，屋顶为砖砌穹隆结构，即在四壁架设八个拱券，其上再架十六个拱券，再架三十二个拱券，层层递进，上方再以穹窿顶结构。外殿为开放式空间，平面成方形，排列整齐的柱式（图 10）。而教经堂圆顶中空形态，高大庄严，在造型上也自成一格。但绿顶礼拜寺和教经堂的柱式比起高礼拜寺和加满礼拜寺的柱式装饰要朴素简单得多，没有彩绘装饰，通体为深绿色。究其因果：讲经堂和绿顶礼拜寺修建于阿帕克霍加时期，与香妃墓陵室为同一历史阶段建造，在色彩上与主墓室统一，强调礼拜寺与教经堂建筑的庄严肃穆之感。由于建造高礼拜寺和加满礼拜寺时，历史的车轮已随着时光流逝，向前推进了两百年，本土装饰艺术与伊斯兰文化不断

图 10　绿礼拜寺

图 8　礼拜寺柱头

图 9　礼拜寺柱饰

交融的过程中得到了长足的发展和进步，表现手法已无太多束缚，民族工艺美术师们的智慧也得到了充分发挥的空间，所以，在柱式的装饰上显得更加华丽而活泼的艺术特点。

4 结语

“香妃墓”的装饰图语在该建筑群中扮演了极为重要的角色，使“香妃墓”的建筑文化形态具有更高的艺术识别性。明确的装饰图语表达，蕴含着一种意向图语和信仰的力量，来诠释意向图语与信仰之间密不可分的关系。不仅具有研究新疆装饰艺术本身的意义，而且对中西方文化融合等多方面的深层文化研究则更具有价值。它凝聚着维吾尔族人高度的智慧和技艺，作为新疆历史片段的书写者、新疆民族文化的标志之一，起到了功不可没的作用。最后我们不得不感叹“香妃墓”古建筑群的装饰艺术，以一种芳香典雅的图语，传达出建筑本身庄严肃穆、华美而朴素的艺术特征，以及规律化与秩序感并重的形式语言。从而映示出新疆伊斯兰陵墓建筑装饰的艺术成就，是中华民族建筑宝库中的一颗璀璨明珠。

参考文献

[1] 热依拉·达吾提．维吾尔麻扎文化研究．乌鲁木齐：新疆大学出版社，2001，5．

[2] 杨克礼．中国伊斯兰百科全书．成都：四川辞书出版社，1994．

[3] 张胜仪．新疆传统建筑艺术．乌鲁木齐：新疆科技卫生出版社，1999．

[4] 周菁保．丝绸之路艺术研究．乌鲁木齐：新疆人民出版社，1994．

[5]（日）城一夫。东西方纹样比较．北京：中国纺织出版社，1993．

[6] 李群．重解〝麻扎〞文化的图形语意．装饰，2009（5）．

[7] 贺婧婧．喀什香妃墓柱式装饰纹样的象征意义．美术界,2009（2）．

注：国家教育部 2010 年人文社科基金资助项目。

满族剪纸艺术在民居当代陈设设计中的运用

翟亚明　东北师范大学美术学院

摘　要：当下，满族居民对居住空间的需求由功能上的使用转为对精神、心灵上的满足，开始追求其民族特色文化内涵的延伸和拓展，具体表现为对本土文化、民族文化、地域文化的传承与发展。本文以"满族剪纸"为"源"，以"满族民居陈设"为"载体"，用当代思维对其进行再思索，以新思路、新视角和新切入点把两者融合在一起，来进行新艺术创新，打破传统的运用方式，通过崭新的艺术形式来传播民族文化，契合当代居民的内心需求和时代发展的新装饰理念。

关键词：剪纸　陈设设计　本土化　救赎　多元化　融合

引言

满族剪纸是满族居住空间装饰文化的重要组成部分，历史悠久，她以纸质材质通过顶棚花、窗花、围炕花、门笺等艺术形式运用在满族居住空间装饰中，形成了独具特色的本土化的装饰特点。满族剪纸以其特殊的艺术表达方式，对满族居民生活场景进一步提炼、升华，承载着满族厚重文化，折射出满族居住空间环境。作为传统民间文化形式来说，其存在的根基是满族人民生活习惯与风俗的需要，更是生活情趣的需求。现今，居民的生活水平不断提高，对居住空间环境有了新的愿望和要求。如何在当代民居中为满族剪纸与满族民居居住空间环境寻求新的契合点和更为广阔的创新空间，是本论文亟须解决的问题，更是我们传承和发展民族文化遗产的关键。

1　文化内涵

1.1　渊源与发展概况

满族剪纸是依附于满族民间特定的文化背景与生活环境，在艺术上具有自己特定语言和风格的剪纸艺术。在女真时期人们创建和发展自己的文化之时就开始造纸，为满族民间剪纸的发生、发展创造了重要条件。由于纸张的广泛运用，满族剪纸的材质逐渐被这种"新材料"所取代，剪纸的装饰性越来越强。

1.2　独特的装饰艺术

1) 装饰美，增情趣

满族人生活在北国冰雪的世界，身边动物、植物与他们的生产生活有紧密联系，民间艺人通过对生活的观察、感受及生活实践，把日常生产生活中所见、听闻及喜爱的人、景等都创作成作品，用这一独特的艺术语言，装饰着满族人民幸福的生活。逢年过节，家家户户张灯结彩，张贴在窗上的各种各样的窗花透过阳光为室内增添了节日气氛和生活情趣，表达了人民追求生活情趣，向往幸福的美好愿望。劳动人民在长期的生产生活实践中，将远古时代人类创造的雕刻镂空的艺术语言锤炼得日趋完善，通过其特殊的艺术表达方式，对满族居民生活场景进一步提炼、升华，这种艺术形式的表现力深受满族人民群众的喜爱，成为满族民居装饰中运用最广泛的艺术形式之一。经过历史的沉淀和漫长的发展，满族剪纸文化构成了一道美丽的风景线，成为满族居民文化生活的重要组成部分。

2) 传信息，表内涵

满族剪纸的材料和工具都比较简单，受历史、地理和民族因素的影响，逐渐形成了自己的风格和特点。首先，满族剪纸题材独具特色而且非常广泛，主要记录和刻画的是人们的生产生活习惯；其次，它与其他地方剪纸风格、剪纸技巧有很大的不同；南方的剪纸婉约细腻，而北方剪纸造型古拙、豪放、粗犷、奔放且不失柔情隽丽。

满族剪纸内容极其丰富，如《祭祖》、《挂签》、《野祭》等。这些作品都是直接表现萨满祭祀的活动，从而反映满族习俗和满族独具特色的文化。还有一部分满族剪纸表现当地的自然风貌、生产习俗、节令习俗、婚丧习俗及民间传说。如“满族三大怪：窗户纸糊在外，大姑娘叼个大烟袋，养个孩子吊起来”的《敬烟》、《摇篮儿》等剪纸，每幅剪纸都有个动人的故事，这些都反映了满族人朴素善良、亲近生活、耿直纯真的道德风貌，成为满族文化的主要精神内涵。

3) 攘禁忌 ， 保平安

满族居室中的吉祥图案是满族人民借助美好的纹样和造型来寄托对美好生活的向往，攘除各种民间禁忌，营造吉庆的氛围，从而满足他们向往平安幸福的心理需求。其吉祥图案源于萨满教的巫术，反映了当时人民对生活的不安、自身疾病、瘟疫和死亡的畏惧，他们认为厄运是由魔鬼产生的，从而希望借助某一物来驱魔鬼保平安。这些吉祥图案与传统文化结合起来并逐渐发展成满族独具特色的符号语言，其剪纸的形式广泛用于居室中用来表达满族居民对平安的祈求及美好生活的祝愿。

1.3 折射出民俗文化

透过满族剪纸，我们可以了解到满族居民的生活方式、居住空间环境等满族的居住文化。居室是家庭的纽带，满族人民历来就有祭祀的习俗，如门神、户神、灶神、土地神等。每逢春节，满族民间都要举行祭祀活动，用门神、窗花、灶台花、围炕花、烟囱花等民俗剪纸形式，再结合年画、对联等民俗艺术，将各位家神更新，把室内外打扮得五彩缤纷。初一那天，家家户户相互拜年，同时也参观各家的窗花、围炕花、顶棚花等，亲朋好友坐在热炕上，评点着窗花，感受喜庆的欢乐，同时得到美的享受。其材料、内容、形式和用途随着时代的发展而发展。据记载，这种祭祀剪纸在明清时已发展为“居室花”，用途更广。如节令、结婚、寿诞、乔迁等民俗生活中，内容大多是镇宅辟邪和安居喜庆，主要是装饰美化环境、烘托喜庆氛围。这种艺术形式一直流传至今。

2 发展

2.1 现状

通过对满族的发源地——乌拉街实地调研发现，早年随处可见的满族剪纸逐渐远离了人们的视线，演化为与历史记忆相映的收藏臻品及文化遗产。而当今满族剪纸的生存与发展受到了严重的冲击，面临着消失的危机。

满族特色装饰文化艺术随着当代文化生活的发展正逐渐消减，居民的生活方式也在被一步步的同化，民族传统文化艺术氛围比较淡化，甚至面临缺失的危机，逐渐出现千家一面的现象，失去了具有满族民族性、地域性的装饰特点，我们仅在一些相关的专家学者记录中和传统的节日里找到满族特色装饰的影子，才能了解到满族居住空间装饰文化。

2.2 机遇与挑战

满族剪纸作为传统民间文化形式来说，其存在的根基是满族人民生活习惯与风俗的需要。由于自身的局限性，剪纸作为空间装饰的时间是短暂的。随着时代的前进及居民生活方式的改变，满族剪纸需以一种崭新的艺术形式，依靠当代技术，灵活多变的装饰居住空间，形成立体综合的空间，虚实相生，动静结合，丰富民居装饰的空间语言。为民居居住空间环境的改造提供了更为广阔的途径。

现今，艺术创作者通过形象符号将设计的内容、设计理念传达给大家。当代设计的基本形态最初源于原始或民间，要想使满族当代装饰符合满族居民的需求，并具有该民族特色，则需从最初的土壤中汲取营养，只有不断地提炼与整合，才能更深层地理解民间艺术符号的文化内涵。立足本土，发掘原始符号资源价值并把他们灵活、积极地运用到民居陈设设计中。

2.3 策略

目前，直接把满族剪纸运用到民居陈设设计中已不能满足居民的生活方式和审美要求，应该从剪纸造型语言特征和独特的思维模式中寻找启示并汲取灵感，并注入新的观念和新的思维方式，用谐音、会意、象征等表现手法作为造型手段，进行提炼、概括和再设计，间接的运用在民居陈设设计中。设计者可以从构图、造型、色彩、工艺角度入手，抽取部分图案用当代思维对其进行再创作。为了弘扬满族文化，设计者应该有目的地将满族剪纸与当代满族民居陈设相结合使其演变为一种空间文化符号，创作出体现满族风格的陈设用品，从而满足当代居民对民居陈设设计中的视觉感受和精神内涵的需求。只有将其演绎成空间语言，才能顺应时代的发展和居民的审美要求和精神需求。

3 运用

3.1 陈设设计简述

陈设设计是主要针对家庭空间、商业空间、样板间的家具、画、陶瓷、花艺、布艺、灯饰等的装饰设计以及家具、家居饰品卖场的陈列设计，通过饰品、艺术品的陈列设计赋予空间更多的文化内涵和品位。不同的自然条件、风俗习惯、生活方式、建筑风格等，会影响陈设设计的风格色彩。今天，人们对生活的要求与品位越来越高，对本土文化的传承与发展也倍加关注，于是发展具有民族性、地域性的陈设设计成为一种新趋势。

3.2 运用途径

1) 借鉴

现今，人们的审美逐渐多元化，对居住空间环境有了新的期求，而陈设的创新设计也恰恰在朝着这个方向发展。过去，传统意义上的剪纸只是起点缀作用，作为一种装饰品，烘托居民居住空间氛围，反映的是一种向往美好幸福生活的精神寄托。现今，我们要把握当代设计的特点、人们的消费心理和陈设设计的发展方向，借鉴其古老的美感形式和文化内涵，用心探索其带给我们的启迪，在保留传统文化精髓的同时，还要汲取营养，不断以新思维、新视角挖掘出新的突破口和更深层次的运用潜质。在传承的基础上进行创新，使其与当代文化艺术之间相互渗透、融合，演变为一种空间文化符号，作为一种新的艺术形式运用于陈设设计中，迸发出更多新颖的视觉形象，从而带来新的视觉体验。满族剪纸为当代满族陈设设计提供了设计元素及丰富的参考价值，能更好地帮助设计师了解满族陈设文化的精髓，更加丰富了居住空间环境的文化内涵，推动陈设设计的创新动力。

2) 转化

满族剪纸的构图、题材和造型，都是艺人们经过长时间的推敲和历史的锤炼，并不是偶然性的创作，是劳动人民智慧的结晶，体现了该民族的显著特征。满族民居当代陈设设计不是简单地沿用满族剪纸，也不是单纯的拼贴、组合，生搬硬套，而是灵活的运用。透析剪纸的构图、造型、色彩、工艺，及其艺术本质，将其较有象征意义的图形纹样，转化成丰富的特色设计文化元素符号，进行提炼简化，结合当代艺术设计语言抽象地表现出来，进行多维空间地运用、有序地布置，间接地融入当代民居陈设设计中。注重人与空间的情感对话，及功能和形式的和谐统一，根据当代满族居民的期求，创建出具有当代满族特色风格的陈设饰品，营造出满族传统的文化艺术氛围，只有贴近居民生活，才能真正满足当代人们生活方式的需求，才能真正弘扬民族文化艺术。这种巧妙的转化能拓宽陈设设计的范围，为其提供良好的契机，是未来陈设设计发展的一条有效途径，这样更符合当代人们个性化、民族化、多样化的审美需求。

3) 创新

笔者认为“活学活用”就是“创新”，即抓住根本，灵活运用，它不是守旧，而是有新意。就像一棵大树，根本在地下，很稳固，它的根越深，树的枝叶才越繁茂。根是不能动的，那是传统，如果把根搬走了，那树就死掉了。大树年年都发新枝，长新叶，这是创新。

满族剪纸在当代满族居住空间陈设设计中的创新运用，最重要的是以满族剪纸为源，尊重现有居民风俗习惯，提出新的运用转化理念，进行新时代的创新。通过居住空间陈设这一“载体”进行艺术创新，传播民族文化，使其与当代设计相融合，并符合当代满族居民的生活的愿望与要求，最终形成一种崭新的艺术形式。这一新的传播媒介既具有传统文化特色，又符合当代时尚风格。

3.3 价值

营造出具有浓郁、独特的满族特色居住环境氛围，让其传统文化元素通过陈设的新艺术形式渗透到居民的生活中，增强人们的保护意识，使居民在不知不觉中受熏陶，进而指导人们的行为。人们在其中不仅仅是一种返璞归真的文化体验，而且是对本土文化艺术的享受。这样做使满族剪纸得到更为广阔的传承与发展空间，不但给满族带来文化、经济效益，同时也促进了满族居住空间陈设设计的创新，实现双赢。

4 结语

满族剪纸通过其独特的艺术形式，逐渐演化为与历史记忆相映的收藏臻品及文化遗产。现今，满族剪纸面临着消失的危机，其作为满族装饰文化重要组成部分，要让当代居民了解、接受，走进民居当代陈设设计中，就得对这一传统艺术形式进行再思索，改变其自身局限性，以“剪纸”为源，注重剪纸的文化内涵，与当代设计相结合，进行延伸与拓展。新时代的发展为满族剪纸带来了巨大的机遇和挑战，在今后的发展中要正确地处理好传承与创新的关系，在传统的基础上进行创新。未来，满族“剪纸”通过“满族民居”这一载体，必将以崭新的艺术形式“走向”满族居民当代生活、陈设设计中，使满族本土特色的文化艺术，更“多元化”的为居民当代生活服务，获得长久生命力。

参考文献

[1] 苏明哲, 潘驰宇 . 东北满族剪纸的民俗性与艺术性 . 大舞台 .2003.

[2] 邱海东, 雷洁卿 . 文化在陈设中绽放——小议室内地域化陈设设计 . 美术大观 .2013（8）.

室内设计中的动态元素——多媒体、交互体验

姜　民　鲁迅美术学院　副教授

摘　要： 室内设计是根据空间的使用性质和所处的环境对建筑内部空间进行的设计。当下的中国，人们对于室内空间设计的关注点正在由原来的保护建筑体本身向营造空间氛围的方向发展，人们的关注点再次发生了转移，更加关心室内的陈设设计，开始注重空间的文化性表达。多媒体动态展示技术在室内设计中有着十分广泛的应用，多媒体的动态装饰物在空间里取代传统的艺术品而形成新的视觉的中心，同时由于多媒体表现的灵活性，可以从多个感官角度感染观众，对比原来的静态展示具有无可比拟的优越性，多媒体数字技术带给你前所未有的新鲜体验。这种体验性的交互设计关键在于实现了技术和艺术的有机融合，侧重于情感体验的交互形式拉近了人与虚拟世界之间的距离，满足了受众的好奇心，让设计作品焕发出更强的渗透力和感染力。

关键词： 室内设计　多媒体　交互　体验

室内设计是根据空间的使用性质和所处的环境对建筑内部空间进行的设计。室内设计充分地运用物质技术条件及艺术手段创造出功能合理、舒适美观、符合人的生理、心理需求，令使用者身心愉快，便于生活、工作、学习的理想内部环境空间。同时室内设计还会反映历史文脉、环境风格和地域文化等内涵性的元素。室内设计与经济发展的水平是休戚相关的，作为一个专业领域在国外经济发达的区域起步的较早，设计理念和市场发育的都比较成熟。在我国室内设计作为一个完整的体系是改革开放之后才初步形成并得以飞速发展的。我国著名的室内设计教育家、中国艺术研究学院张绮曼教授对室内设计的工作目标和范围做了概括性的分类，归纳为四个方面：室内空间形象设计、室内物理环境设计、室内装饰装修设计、家具陈设艺术设计。

伴随着中国经济与科技高速的发展，人们对于精神世界的需求也日益高涨，对于与自己生活息息相关的室内空间的需求也慢慢地发生了改变。顺应这一变化，室内设计已从原有的重视功能性的设计而更多地向关注于使用者的心理和创建心灵愉悦的方向发展。人们会利用一切切实可行的手段去创建符合我们心理追求的理想空间。通过一种动态的媒介可以在空间和使用者之间建立一种新型动态的联系，从而使空间不再是静态理性的物理存在，而是变得灵动和富有情感 . 究其变化的产生的原因有很多深层次的方面。

1　室内设计主体的变化

1.1　室内设计中的意识形态

空间是由实体的墙、地面、棚面、柱子、隔断等占据和围合而形成的一个虚体形态，人们可以感受到虚体的空间，但它是不可被触知的，人们可以触知到的是建筑内的实体形态，于是这些建筑的实体构件也就成为我们装饰中重要的界面，室内设计的表达方式通常就是通过对空间中的这些实体界面进行装饰来实现的，也就是通常说的对那些固定不可移动部分的装饰与装修。室内设计工作的基点是首先要满足功能性的需求。功能性需求包含两个层面：一个是对于空间使用的需求，另一层面是对建筑实体构件保护的需求。其次要考虑空间的审美性、文化性和艺术性,并依据物质功能与精神功能协调统一的思想，达到室内环境中技术与艺术的完美结合。

1.2　中国室内设计意识形态的现状

除去空间界面以外，室内还有许多供人们使用和观赏的物品，如家具、陈设、用品、电器、绿化及装饰物等。我们可以概况地把它们称为“内含物”。这些东西不是杂乱无章、绝无考究的。它们与空间、界面和整体环境效果有着非常密切的联系，具有举足轻重的作用，有些装饰恰恰是室内环境中的“视觉中心”，我们把这部分内容定义为陈设设计。当下的中国，

人们对于室内空间设计的关注点正在由原来的保护建筑体本身向营造空间氛围的方向发展，人们更加关心室内的陈设设计，希望利用那些风格鲜明的家具、饰品等要素为这固定空间的使用者，实现自我心中的环境，体现使用者的物质与精神追求，实现理想与现实的交融，这种现象也被通俗的称为“轻装修重装饰”。

1.3 室内设计意识形态变化的新趋势

进入 21 世纪以来，伴随着科技的进步，人们的关注点再次发生了转移，开始注重空间的文化性表达。 在当下经济极尽发达的商品社会里，室内设计的成果俨然也可以成为一种商品，空间也可以成为一种品牌文化，这种文化可以是对使用者企业文化的诠释，也可以是一个很好的媒介，可以在空间的所有者和介入者之间建立某种新形关系，对企业品牌文化的梳理与传播发挥着更加积极的作用。这时在空间里往往需要一种全新的、更有效的动态因素来实现它。多媒体技术是在计算机系统中组合两种或两种以上媒体的一种人机交互式信息交流和传播的媒介。由于它所特有的富有感染力、灵活多变的表现优势在室内空间设计领域刚好可以满足人们对空间文化性表达的需求，因此，受到了更广泛地关注。

2 科学技术的支持和保障

建筑室内空间需要科学性与艺术性相结合，现代室内设计是建筑室内空间中高度科学性与高度艺术性相结合的专业。从建筑外观和建筑内部空间的设计发展历史来看，具有创新精神的新风格的兴起，总是和社会生产力的发展相适应的，新的技术总会给人们带来了新的感官享受。社会生活和科学技术的进步，催生了人们价值观和审美观的改变，促使室内设计必须充分重视并积极运用当代的科学技术的成果，在现有的美学原理的基础上，创造出具有视觉愉悦感和文化内涵的建筑室内空间环境，使生活在高科技、高节奏的现代社会中的人们，在心理上、精神上得到平衡。科学性是室内设计根本要求和技术保障。科学技术的发展为室内设计新的表现手法提供了技术上的支持和保障。

多媒体和所有现代技术一样，其本身有两个方面，是由硬件和软件或机器和思想混合组成。多媒体代表数字控制和数字媒体的汇合，电脑是数字控制系统，而数字媒体是当今音频和视频最先进的存储和传播形式。它不只是一件东西，而是包括许多东西的复杂组合，硬件、软件以及联系二者的界面。多媒体之所以能够实现，完全是依靠数字技术的突破，数码技术的飞速发展带来的是一场巨大的变革，对比人类历史上已有的历次伟大的变革，数码技术对于人类的冲击可以用迅猛和颠覆来表示。人们在错愕之间，一个新的时代、新的思维模式已经占据了我们的生活。正是这些先进的技术使我们的生活变得更加美好，成为我们获得高品质生活的保障。

3 多媒体技术在室内设计中的应用

多媒体动态展示技术在室内设计中有着十分广泛的应用，特别是在一些展陈等特殊的空间里，多媒体技术并不是一个新鲜的话题，在这里我们为什么要再次提起呢？因为随着科技的进步，多媒体的技术手段也在飞速地发展，以往的多媒体应用人们往往只是利用了多媒体来营造气氛，按照既定的程序来执行，观览者只能处在一个相对被动的状态。而新型的多媒体应用中，多媒体的动态装饰物在空间里取代传统的艺术品而形成新的视觉的中心，同时由于多媒体表现的灵活性，可以从多个感官角度感染观众，对比原来的静态展示具有无可比拟的优越性，给人们带来全新的交互体验感受。

3.1 多媒体元素由空间的从属部分成为空间的主导

随着新技术和新材料的出现，多媒体的展示方法由原来的只可以在远距离观赏画面或小型的触屏应用扩展为可以广泛大量的用于对建筑实体界面的装饰与装修上。这样做的优点是空间里的色调和气氛转换非常便捷，相比传统的装饰装修几年才更新的频率具有无可比拟的优越性。2013 年开业的拉斯维加斯酒店，一层接待大厅所有的柱体都是由多媒体播放的屏幕围合而成，酒店可以根据自己的需要来选择播放画面的主题，可以是艺术性很强的短片，也可以是展示商品珠宝的窗口，还可以是虚拟的书架或是其他营造气氛的背景，配合专业的背景音乐令一层大厅的气氛神秘而富于变化，自开业以来很受大众的喜爱和追捧。位于罗马市旅游热点区的路易威登门店的楼梯设计也应用了动态的多媒体展示方式，通常楼梯的设计是一

图 1 拉斯维加斯酒店大厅

图 2 路易威登门店楼梯

图 3 宝马博物馆动态雕塑

图 4 宝马博物馆展厅

图5 宙斯之盾－超表面动态装置

图6 首尔W酒店的动态装置

个建筑中相对呆板的区域，而这家店铺的楼梯均被多媒体的画面代替了，实时播放的影音画面凸显了路易威登这一奢侈品牌的文化价值，使原本无聊的空间变得很有趣味性。位于慕尼黑BMW总部的宝马博物馆更是把多媒体动态展示的手法用到了极致，无论是入口处的动态雕塑还是大厅内的多媒体墙面，都给参观者留下很深的印象，精准的设计理念更是让人们充分的领略到宝马公司所倡导的科技创新企业文化。对提升企业文化、创建品牌价值有很大的帮助。

3.2 更加强调交互性、体验性和参与性

一些多媒体的装置还配有信息捕捉器，实时的获得现场的动态信息，利用数字技术将这些信息转换为数码口令，作用于一个动态的展示平台，从而产生很多即时的形态。这大大地丰富了艺术作品的表现形式，由于交互感应也增加了作品的趣味性和表现力，酒店里原有的静态油画被新型的动态雕塑所取代，每一个经过的人都会和它发生一点关系，进而产生一个新的形态。你不再是一个被动的观众，你可以控制、可以交互作用、可以对你所处的空间或是空间内的其他载体施加影响，这个空间会留有你参与的痕迹，多媒体数字技术带给你前所未有的新鲜体验。这种体验性的交互设计关键在于实现了技术和艺术的有机融合，侧重于情感体验的交互形式拉近了人与虚拟世界之间的距离，满足了受众的好奇心，让设计作品焕发出更强的渗透力和感染力。

3.3 对于未来应用的探索

2010年上海世博会是一个很好的技术展示平台，展示了我国在多媒体技术硬件方面的先进技术和水平，但是展示内容的艺术性与国际的领先水平尚有差距，很多作品的技术手段先进，但表现的题材艺术品质欠佳，缺少必要的科技与艺术的结合，更多的是对于硬件技术的一种罗列和炫耀，所以我们在作品的艺术性上还有很大的提升空间。我们应该创作出更有艺术性的作品来合理地利用多媒体这个动态的元素，为空间注入更多的活力。

4 结语

科技进步的步伐永远不会停滞，未来的数字技术还会带给我们更多的惊喜，一切视觉的、听觉的、嗅觉的各种各样的动态信息都可以被数字化，通过互联网和信息采集技术，或许将来我们足不出户就可以漫游世界，感受到世界各地的美景、温度和气味。空间将不再是单纯的三维空间，它可以拥有时间、情感等更多的维度。我们要在意识上的封闭空间中积极活跃我们的创造思维，细腻我们的生活空间，创造“生活的艺术”或者“艺术的生活”，可以在我们有限的空间里感受无限的世界。

参考文献

[1] 隋阳．室内设计原理．长春：吉林美术出版社，2007．
[2] 胡海晓．对展示设计空间问题的初探．西南交通大学艺术与传播学院，2005．
[3] 张金礼．室内设计基本思维模式探讨．南京师范大学．
[4] 张金礼．谈“包装意识”介入“室内设计意识”．南京师范大学．
[5] 刘育东，林楚卿．新建构．北京：中国建筑工业出版社，2011．

论《闲情偶寄》之设计情趣

袁金辉　上海大学美术学院　研究生

摘　要： 明末清初，思想启蒙的作用下使得思想解放、社会生活渐渐拥有了较大的空间，"情趣"成了精神生活的一部分。"情趣"的追寻不再是从"理"中寻求，而是蕴藏在本真的生活之中。笠翁先生《闲情偶寄》中的设计实践，则是这种设计情趣的最好诠释。

关键词： 李渔　情趣　生活　设计

《闲情偶寄》是由明末清初文人李渔所作，包括《演习部》、《声容部》、《居室部》、《器玩部》等八个部分。关于设计的部分集中在《居室部》与《器物部》。

明代中期以后现实社会生活与传统社会生活出现了断裂，"在嘉靖以后，民间社会渐渐拥有较大的空间，市民生活风气也日趋多样化。" "情趣"是当时社会思想解放、个性自由的重要表现。"情趣"是精神生活的一种追求，对生命之乐的一种感知，一种审美感受的满足。

明代社会经济处于资本主义萌芽阶段，此时期李渔生活的江南地区是中国当时的主要经济文化中心。大批士人重新开创了官方以外的讲学风气，如龙岗书院、贵阳书院、濂溪书院、稽山书院、心斋书院等一大批书院，为自由思想的传播起到了促进作用。我们知道，之前的"程朱理学把世俗的情欲与纯然的天理分开，在对世俗欲望和情感的克制中，使人渐渐提升到天理的高度"[①]。王学在明朝迅速风靡开来，到了明朝晚期王学中人，"他们把俗人与圣人、日常生活与理想境界、世俗情欲与心灵本体彼此打通，肯定日常生活与世俗情欲的合理性，把心灵的自然状态成了终极的理想状态，也把世俗民众本身当成圣贤，肯定人的存在价值和生活意义"[②]。李贽言"穿衣吃饭即人伦物理，除却穿衣吃饭，无伦物矣。"[③]至李渔时期，日常生活不再是被视而不见的现象，而成了文学、艺术中文人雅士审美客体，所要表现的艺术对象。当时在文学、戏剧、小说等领域都有这样的倾向，即使是在《闲情偶寄》中，也不例外。李渔选取剧本，认为剧本须和人情，曾言：

"予谓传奇无冷暖，只怕不合人情。如其悲欢离合，皆为人情所必至，能使人哭，能使人笑，能使人怒发冲冠，能使人惊魂欲绝，即使鼓板不动，场上寂然，而观众叫绝之声，反能震天动地。"[④]

戏剧要吸引、感动观众，就要让观众感到戏剧的真实性，要有真实反映社会人生的人情世故。文学领域中，"公安派"提倡"性灵说"，"所谓'性灵'，是指一个人的真实的情感欲望（喜怒哀乐嗜好情欲）。这种情感欲望，是每个人自己独有的，是每个人的本色。"[⑤]袁宏道在其文《百花洲》曰：

百花洲在胥、盘二门之间。余一夕从盘门出，道逢江进之，问："百花洲花盛开否？盍往观之。"余曰："无他物，惟有二三十粪艘，鳞次绮错，氤氛数里而已矣。"进之大笑而别。——《百花洲》（明·袁宏道）

没有华丽的辞藻，内容事件也不具有特别意义，仅仅是描述了"道逢江进之"，欲与之同游百花洲，却得知百花洲"无他物，

---

① 葛兆光．中国思想史．第二卷．上海：复旦大学出版社，2011：302．

②同上，P317。

③（明）李贽．焚书．答邓石阳书．

④ （清）李渔．闲情偶寄·演习部·选剧·剂冷热．

⑤叶朗．中国美学史大纲．上海：上海人民出版社，2011：346．

惟有二三十粪艘，鳞次绮错，氤氛数里而已矣”的尴尬，“进之大笑而别”。

情趣是经济基础之上的意识形态的重要内容，反映和表达了当时城市市民阶层的精神需求，情趣表现了城市市民阶层对生活“真”的追求，对真实人性表达。至此，情趣成为江南生活的一部分，江南精神生活的一个标签。“江南文化的深义更在于一种精神品位的日常生活方式，即使在生活物质条件相对困窘，即在北方人看来最应该节衣缩食的情况下，南方人仍然可以把生活搞得有声有色，而不是每天皱着眉头想生计。”[①]李渔作为生活在明末清初时期的落魄文人，在其著作中我们看到了这样的品质，笠翁先生在《闲情偶寄》言：“吾贫贱一生，播迁流离，不一其处，虽债而食，赁而居，总未觉稍污其座。性嗜花竹，而购之无资，则必令妻孥忍饥数日，或耐寒一冬，省口体之奉，以娱耳目。人则笑之，而我怡然自得也。”[②]

1 “欲其相称”

“吾愿显者之居勿太高广，夫房舍与人，欲其相称”[③]，房屋的设计应与具体的人的需求相适应，根据具体的人的社会地位、身体需求等因素来设计。《闲情偶寄·器玩部》篇首就说：“人无贵贱，家无贫富，饮食器皿，皆所必需，一人之身，百工之所为备，子舆氏尝言之矣。”[④]人不论贵贱、贫富都会有设计功能的需求，但是涉及具体的人的时候，设计功能的需求有可能是不一样的。“适用是造物艺术的第一要义，李渔把形式必须服从功能、审美必须服从适用上升为一种自觉意识。”[⑤]

更重要的是，“欲其相称”根据人本身的需求来设计，将设计的目标停在了人本身的需求上，在当时而言是极具历史意义的。《闲情偶寄·房舍第一》开篇“人之不能无屋，犹体之不能无衣。”[⑥]充分肯定了人身的本真需求，追求一种与人身相适应的设计功能。而在此之前，生身之命在“理”面前是卑微的，如王守仁说：“只为世上人都把生身命子看得太重，不问当死不当死，定要宛转委曲保全，以此把天理却丢去了，忍心害理，何者不为。若违了天理，便与禽兽无异，便偷生在世上百千年，也不过做了千年的禽兽。”[⑦]到了明朝后期，心学的异端学者对现实社会进行了批判，生身之命开始得到了重视。明儒王心斋提出“百姓日用即道”的观点，并且认为“尊身”即“尊道”，心斋先生言：“身与道原是一件，至尊者此道，至尊者此身。尊身不尊道，不为之尊身；尊道不尊身，不为之尊道。须道尊身尊，才是至善。”[⑧]设计是为人的设计，而身体是人的根本，尊重人身，才能发掘设计的本质的意义。

李渔在书中记载了“暖椅”，由于冬天南方天气寒冷，对

图 1 暖椅

于“冬月著书，身则畏寒，砚则苦冻”十分苦恼，因此设计了“暖椅”。并且，为了满足不同的身体需要，可以选择不同的椅子，“如太师椅（图 1）而稍宽，彼止取容臀，而此则周身全纳故也。如睡翁椅而稍直，彼止利于睡，而此则坐卧咸宜，坐多而卧少也。”睡翁椅类似于一种卧榻。椅子有不同的物理形态，对于人体不同的需要，决定了椅子的选择。“太师椅”宽阔可以将全身包裹起来，有利于周身取暖的需要；而“睡翁椅”相比而言比较直，因此有利于睡的需要。就像现代设计中的人体工程学，根据身体姿势的不同需要，选择最合适的椅子，使人体保持最舒适的姿势。

2 “妙在日异月新”

李渔生性喜爱创新，讨厌雷同，正如其所言：“性又不喜雷同，好为矫异，常谓人之其居治宅，与读书作文同一致也。”[⑨]设计房屋其实与读书写文章是一致的，都讲求创新。对于“亭则法某人之制，榭则遵谁氏之规”[⑩]的设计态度认为是迂腐和鄙陋的。

李渔设计创新的态度，是基于他对生活的热爱。在平淡中发掘生活本真的乐趣。笠翁曾言：“创造园亭，因地制宜，不拘成见，一榱一桷，必令出自己裁，使经其地、入其室者，如读湖上笠翁之书，虽乏高才，颇饶别致。”[⑪]他对于设计的态度不是墨守成规的，而是因地制宜、不拘成见的。虽然没有高深的技艺，但是依旧“颇饶别致”。他并不承认自己的设计是

①刘士林．《闲情偶寄》与江南文化的审美情调．江苏行政学院学报，2003（2）
②（清）李渔．闲情偶寄·居室部·房舍·小序．
③（清）李渔．闲情偶寄·居室部·房舍·小序．
④（清）李渔．闲情偶寄·器玩部·制度·小序．
⑤ 长北．中国古代艺术论著集注与研究．天津：天津人民出版社，2008：464．
⑥（清）李渔．闲情偶寄·居室部·房舍·小序．
⑦（明）王阳明．传习录．王阳明全集．上海：上海古籍出版社，1992：103．
⑧（明）王艮．答问补遗．明儒王心斋先生遗集．卷一．
⑨（清）李渔．闲情偶寄·器玩部·制度·椅杌．
⑩（清）李渔．闲情偶寄·器玩部·制度·椅杌．
⑪（清）李渔．闲情偶寄·居室部·房舍·小序．

粉饰太平，而是谦虚道：“噫，吾老矣，不足用也。”《闲情偶寄序》表述笠翁对于著此书的态度是相当重要的，其曰：“若是乎笠翁之才，造物不惟不忌，而且惜其劳、美其报焉。人生百年，为乐苦不足也，笠翁何以得此于天哉！”因此，笠翁的设计是对生活的热爱，是一种“为乐”的表现。

对于房间里的陈设品，除了房屋不可以移动，其他的都是可以活动的。“眼界关乎心境，人欲活泼其心，先宜活泼其眼。”[①]视觉传达对于人的心境而言是起到很大作用的，因此，使人的心境愉悦畅快，那就得先改变视觉的传达效果。他在《闲情偶寄器玩部位置第二贵活变》中举了香炉摆放的例子（图2）。摆放香炉要根据风力来改变，如果在一间房间里有南北两个窗户，风从南边吹来，香炉则应放置在正南，风从正北吹来则应放置在正北，如风是从东南或西北吹来，则位置应该稍偏。因为如果香炉的位置与风的方向相反，那么就沾不到香气了。

古代住第宅之人非达官显贵，便是名门商贾。仔细想想，若是寻常百姓家，讲究室内陈设也必然心有余而力不足，所以，某种程度上，第宅称得上陈设艺术的底线，往上有规格更高的皇宫御苑，往下则是另一种市井百态的人文景观。

礼，作用于室内陈设上的表现便是在椅凳装饰间建立起一种视觉上的秩序，对于这一点的最佳诠释便是时祭仪节的陈设以及家宴的陈设。明《大明会典》有这样一段记载：“设高祖考妣位于堂西北壁下南向，考西妣东各用一桌一椅而合之。曾祖考妣、祖考妣、考妣以次而东，皆如高祖之位，世各为位不相连属。别设旁亲……祔食位于东西壁下……设香案于堂中，置香炉香盒于其上……设酒案于东阶上，别置桌子于东阶上，设酒注一，酹酒盏一盐碟醋瓶于其上。

火炉汤瓶香匙火筷于西阶上，别置桌子于西，设祝版于其上。设盥盆帨巾各二于阼阶之东。又设陈馔大床于东。”于此，不难窥探明代祭祀之时对于陈设的严格要求。而且，一旦形成规矩往往不容随意更改（图3）。

李渔不但在房屋、园林设计中讲究创新能力，在器物设计中也同样要求创新，他把创新看成了一种生活的乐趣。李渔游历东粤，得“七星箱”，但是箱子关不合缝，不是左进右出，就是右进左出，于是他命工匠“命于心中置一暗闩，以铜为之，藏于骨中而不觉”[④]，并且制作一朵菊花穿入暗栓。于是鼓掌大笑，似求得了生命之乐趣。

3 “变俗为雅”

李渔在设计上除了追求“乐”之外，还意图赋予设计以文化的内涵。他意欲使设计“变俗为雅”。在他看来“雅”与“俗”并不是以器物材料的价值为衡量标准的，“宝玉之器，磨砻不善，传于子孙之手，货之不值一钱。”[⑤]再臻美的玉石雕琢不佳，经后世流传依然一文不值。而“粗用之物，制度果精，入于王侯之家，亦可同乎玩好。”[⑥]粗笨的器物做得精致也会被当成玩好之物。那么，在笠翁看来，雅与俗之分的标准是什么呢？

“至入寒俭之家，睹彼以柴为扉，以瓮作牖，大有黄虞三代之风，而又怪其纯用自然，不加区画。如瓮可为牖也，取瓮之碎裂者联之，使大小相错，则同一瓮也，而有歌窑冰裂之纹矣。柴可为扉也，而有农户儒门之别矣。”[⑦]用可以入画的木材来制作门，使得疏密有致，那么农户和儒生的差别就显现出来了。依此可知，笠翁追求的不是华丽之“雅”，而是朴素之“雅”，一种符合于自身穷酸文人的雅致。

因此，笠翁判断雅与俗的标准是精致，是敢于发挥聪明才智去尝试的心境。有如于庄子对美与丑的看法，庄子认为美与丑本质上是没有差别的，它们是相对的，而且可以相互转化。“‘美’与‘丑’本质上都是‘气’。‘美’与‘丑’所以能够转化，不仅在于人们的好恶不同，更根本的在于‘美’和‘丑’本质上是相同的，它们的本质都是‘气’。”[⑧]而“雅”与“俗”在笠翁看来也同样不是一成不变的，是可以相互转化的，即在于发挥才智、制作精致，即可化“俗”为“雅”。

4 结论

可以看出，李渔设计思想是围绕着自身进行的，作为一个穷酸文人，他的设计思想有着始终围绕着适用、经济等因素的考量，但又有融入真情实感的设计情趣，是无情之物，变为有情。在笠翁看来，设计是融入感情的设计，是生活乐趣的找寻。“李渔把居室器玩的设计鉴赏看作自娱，看作足可‘得意酣歌’的第一乐事。”[⑨]

图 2[②] 香炉妙在移动

图 3[③] 明代：清新宜雅，落落大方

①闲情偶寄·器玩部·位置·贵活变．
②（清）李渔．闲情偶寄．沈勇（译注）．北京：中国社会出版社，2005．
③ 明清室内陈设：家具搭配的艺术．
④闲情偶寄·器玩部·制度·箱、笼、箧、笥．
⑤闲情偶寄·器玩部·制度·小序．
⑥闲情偶寄·器玩部·制度·小序．
⑦闲情偶寄·器玩部·制度·小序．
⑧叶朗．中国美学史大纲．北京：上海人民出版社，2011：126．
⑨长北．中国古代艺术论著集注与研究．天津：天津人民出版社，2008：466．

"乐"是古代儒生所要追求的最高审美理想之一，在此之前，"理学家们喜欢讲圣人之乐，贤人之乐，他们把'乐'看作是精神生活中的最大幸福。"[①] 明末清初时期，思想启蒙的作用下，则将"乐"从悬于生命之上的"理"带到了人间。李渔之乐是不为私欲所缚之乐，是发身之性情、掘生活之本真、崇生活之趣、尚设计之味的情趣。

参考文献

[1]（清）李渔．闲情偶寄．沈勇译注．北京：中国社会出版社，2005．
[2] 叶朗．中国美学史大纲．上海：上海人民出版社，2011．
[3] 长北．中国古代艺术论著集注与研究．天津：天津人民出版社，2008．
[4] 葛兆光．中国思想史．上海：复旦大学出版社，2011．
[5] 姚文放．泰州学派美学思想史．北京：社会科学文献出版社，2008．

①姚文放．泰州学派美学思想史．社会科学文献出版社，2008：106．

从艺术与地方文化的关系看文创园区的发展

姚肖刚　中央美术学院城市设计学院　研究生

摘　要：近年来文创园区成为诸多城市文化工程的重点关注对象，除其具有作为艺术生产、展示发行、消费这一文化产业链所产生的经济价值功用外，艺术本身对于市民的精神放松、审美趣味的提高以及创新思维培养的能力，更应成为文创园区发展关注的对象，有大量艺术家聚集的文创园区成为城市文化发展的理想场所。处理艺术自身发展、艺术与大众以及城市文化发展的关系，对当代艺术自身、文创园区以及都市文化发展有重要意义。然而在现实的发展中经常出现文创园区缺乏地方特色、艺术家与生活脱节的现象，本文通过理论论文与经验研究，最终建议地方政府在推动文创园区的发展中要着重关注地方文化的发展，组织艺术家与城市、艺术家与市民的交流与互动，发挥文创园区作为城市重要文化品牌的核心作用。

关键词：文创园区　当代艺术　城市文化

引言

在知识经济日益成为各地区关注的当下，依靠创意及个人才华的知识密集型行业日益受到政府重视，文创园区日益成为各地政府文化政策扶持的对象。北京作为中国的政治文化中心，艺术发展在中国首屈一指，知名的艺术园区享誉海内外，然而由于中国改革开放后以经济发展为纲的社会意识形态以及中国当代艺术发展中仍存留的现代主义精英思维，让艺术与社会、文创园区与城市文化发展存在某种程度的隔离。从以往文创园区的研究历程来看，各界多从产业经济学、建筑学层面来研究文创园区，对于文创园区与城市文化的关系鲜有问津，忽视了文化发展所需的地域性因素，在地域性日益成为文化产业研究关注对象的当下，怎样处理艺术创作与城市、市民的关系，就成为本文研究的重点。

1　文创园区与城市文化的互动

文创园区的设计除了物理空间与社会空间所要考虑的因素外，精神空间的出现与成长才更贴合文创园区的本质。从物理空间来讲，其生产——发行——消费这一文化产业链的完善成为园区发展的物质基础；从社会空间来讲，艺术本身所应具备“来源于生活高于生活”的特质，使得艺术自身很难与社会脱节，文创园区与城市之间的关系成为其发展的社会基础。从精神空间来讲，艺术所能产生的文化凝聚力往往会促进物理空间与社会空间的和谐发展。同时艺术区内部蕴含的丰富艺术与文化资源成为解决当前社会对于艺术文化需要这一问题的重要途径，如中国美术馆馆长范迪安在提到艺术区的功用时提出“艺术区对城市都是至关重要和极有意义的一部分，城市需要艺术区提供文化活力。”[1]

就从中国目前文创园中的主要创作形态来看，其大部分的创作主题不是表现所在城市的地方文化，艺术区与城市的隔离成为国内当前艺术区发展的一个普遍现状。即使最有人气的798艺术区看似每天都有大量的游客参观，然而这种走马观花式的参观很难使普通市民与艺术有真正的接触。类似的现象在北京的宋庄，上海的M50都可以看到。回顾西方国家在1980年代中期的文化政策，就已经开始强调文化政策与市民的关系，很早就“强调文化政策是作为社区发展与鼓励社会参与的途径，应日益增加，甚至取代强调文化政策作为都市经济与物质再生工具的潜力。”[2]艺术区在与大众进行互动的过程中，也是在进行文化消费人群的培养，如果能形成真正的文化消费人群，使之成为艺术区产业链的消费端，也会使艺术产业链更加稳定，减少商业资本对艺术市场以及艺术品的控制，这对于艺术园区以及艺术的发展都会起到促进作用。

2 艺术在文化经济时代的社会作用

资本在工业化的进程中对于时空的操控使得艺术与生活脱离原生的秩序，这一阶段遗留的问题在今天的艺术发展仍能存在，然而在社会发展至物质相对丰富的今天，大众对于艺术文化的需要增加，各界开始对艺术的社会作用投入更多的关注。早在中国的唐代，张彦远就在《历代名画记》中指出，艺术具有“成教化、助人伦、穷神变、测幽微、鉴戒愚贤、怡悦情性”[3]等作用。苏联的列•斯托洛维奇指出艺术具有：认识、启迪、娱乐、享乐、补偿、净化、劝导、评价、预测等功能。近些年由于市民对于多元文化的需求以及政府促进文化产业的发展，娱乐功能开始受到各界的关注，此外艺术的心理功能与生理功能也受到人们的关注，例如近些年崭露头角的艺术治疗。

从今天中国的艺术区来看，艺术、艺术家与社会的脱离仍为主要状况。一些艺术区的很多画廊仍给人一种高级会所的印象；宋庄的艺术家与当地居民的关系也继承了在圆明园时期的隔离状态，艺术家与农民仅维持着房东与租户间的经济关系层面，在社会层面以及精神层面上极少有交集。这种艺术与社会的隔离也导致当代艺术在创作上的乏味。然而在文化园区发展相对成熟的台北市则容易发现比较成功的案例，宝藏岩国际艺术村（以下简称宝藏岩）的发展就很好地体现了艺术与市民的互动。宝藏岩聚落位于台北市中正区汀州路，2006 年《纽约时报》报道此处为台北最具特色的景点之一。原因是这里保留了台北市百年来底层人民的生活空间，在专家、学者的要求下，台北市最终将其认定为“古迹保存区”，交由台北市文化局管理，2010 年转型为宝藏岩国际艺术村。目的在于将这里作为城市文化的国际化交流平台，赞助国内外艺术家，提供其创作、展出及交流的机会。驻村艺术家的选择上除了力求兼顾地区均衡及艺文领域多元，同时还需要艺术家能够尊重当地居民的居住权益，即非极端个人中心的艺术家。在与居民的关系上，这里的艺术家往往能够跟当地居民和谐相处。曾再次驻留过的英国艺术家艾伦·艾格灵顿谈到“你必须留意你走的区域，必须尊重居民的生活空间，这里并非一般观光风景区，它是一个与居民共生的聚落。”[4]

笔者曾对 2011~2012 年间来此的 57 位驻村艺术家的作品进行研究，从其创作形式来看，艺术门类较为多元，从表演艺术、视觉艺术到文学艺术都有涉及，其中以表演艺术居多，占总数的 33%，其余装置、影像、绘画类的各占 11%、9%、9%，另外还有动画、雕塑、空间设计以及公共艺术等。从艺术家的创作形态来看，表演艺术所占比重最大，这也是最容易吸引观众的艺术形式。从艺术家的创作理念来看，多数与台北市的社会文化以及社区生活发生关系。其中的大多数艺术家都会对城市以及社区居民做人类学、社会学上的田野调查，以此作为创作的情境基础，往往使得艺术家创作变得很有趣，此外，艺术与市民的互动也使得这里成为市民在精神上向往的地方。

3 当代艺术对于地方认同的促进

从目前艺术区的创作形态来看，当代艺术占大多数的部分，而当代艺术原有的特质使得它应该与社会发生更为紧密的关系。艺评家殷双喜认为当代艺术中的公共性 “最重要的两个基本原则就是艺术的社会性与民主化……它首先表现为对一个社会的基本文化价值观和公众人格应有的尊重，它应该具有对那些无名的广大观众的一片爱心，真实地表现人，深刻地触及带有普遍性的东西。”[5]然而当代艺术对社会的关注与思考并没有在中国的大多数艺术区展现出来。艺评家鲁虹认为：“中国当代艺术的目标虽然一方面是要对我们生活中的一切异化现象进行文化上的批判，另一方面是要造成一种公共性的社会舆论，进而推动社会的变革。但实际上它仅仅在一个极小的圈子里产生影响。”[6]即使目前有大量艺术家聚集区、艺术区的出现，这种艺术与社会的隔离仍未见有明显的改观。分析其中的原因，一方面，政府往往注重眼前的经济利益以及艺术园区所形成的国际影响力，忽视文化艺术具备的更为重要的社会价值。另一方面，艺术家往往利用精英主义的思维进行艺术创作，最终形成圈内人的艺术组织，造成从艺术生产这一阶段就产生了社会隔离的现状。然而人作为社会的动物，内心深处往往是渴望与他人交流，艺术家更是如此，英国艺术家艾伦艾·艾格灵顿（Alan·Eglinton）在宝藏岩的创作经历就很好地展现了艺术家与居民的和谐共生。

艾伦是一位从英国移民至法国的艺术家，作品主要以摄影与文字呈现，曾于 2011 年 5 月份来宝藏岩做驻村艺术家，创作计划为《宝藏岩双周报》。刚到宝藏岩时，有居民居住的艺术村让艾伦一开始有些不安，但异域的居民生活却激发了他的好奇心，对于宝藏岩的昨天、今天、明天都很有兴趣，宝藏岩的未来是他最迫切了解但又无法知道的，于是用双周报来报导宝藏岩的未来就成了他作品的主题。然而他的作品亦非一个科幻式的计划，而是关于居民“未来”日常生活小事的报道。从技术上来讲，摄影通常是为“当下”留下影像，用摄影表现未来就有些困难，艺术家在这里主要用文字来作为表达“未来”的媒介。在表现形式上，艺术家改变了传统报纸的视觉形象，例如：用手写文字取代电脑打印，用剪切过的照片取代完整的图像以及用巨幅照片占满两个页面，都对传统的报纸做了一些颠覆性的改造。定期对居住在此的居民进行采访成为他艺术创作中的重要组成部分。同时，艺术家在宝藏岩驻留期间，每周会给居民放一些跟自己创作有关的影片，之后还会一起讨论电影中的问题。采访完成后即进行报纸的编辑，报纸制成后艺术家会发送给居民，往往能收到非常好的反响。一位社区居民在收到报纸的那一天便开始用称呼艺术家全名的方式来表达自己对艺术家的敬意。也有从社交网络上的社群网站上回应（艺术家为这份双周报在社交网络上开了个粉丝页面），有人回应这份报纸“很酷，看起来很棒”有些读者表示喜欢“艺术家描述生活细枝末节的小物件”。艺术家驻村期限快到时在宝藏岩的“十字艺廊”举办成果展，邀请当地的居民与游客前来参观，因为报纸上所报道的都是自己生活空间中的大小事，让在场的所有人都非常感动。

艺术家艾伦在驻留期间不但在艺术创作中与居民有很多地互动，平时也常与居民一起吃饭、喝酒、聊聊日常生活中的琐事，然而这也常常成为艺术家在宝藏岩双月刊中报道的事情，艺术家的创作与生活融为一体。这与法国艺评家波瑞奥德所讲的“推动人的关系为基础的艺术”[7]即关系艺术颇为贴合。不仅展现了艺术家与城市居民的和谐共生关系，也让当地居民对自己生活的空间有了更深刻的认识，塑造了居民的地方认同感。

4 结论

在地方文化越来越受到关注的当下，文化产业研究也意识到文化产业的发展与在地性结合的重要性，学者张帆指出“地方文化产业必须是在地化的产物，只有具有独特性和在地性，才能够真正地从地方内部资源出发来发展地方的经济和文化。”[8]台湾学者陈其南也认同地方性对于艺术文化发展的重要性，他指出“一个国家或精致活动，不论是绘画、音乐、舞蹈、戏剧或文学，不论就专门人才的养成或欣赏人口拓展，都必须要建立在普遍的地方和社区的基础上。即使是职业化的艺术活动也必然要建立在广泛的、社区的、业余的基础上。把目标放在社区的层次，正是为了建立精致和顶尖的国际艺文水准而奠定基础。”[9] 建议政府能够搭建作为市民与艺术区之间的桥梁，增进两者和自荐的互动，一方面促进艺术区的发展，另一方面通过艺术对于大众所能产生的多方位功能，带动城市整体文化形象的改善。通过政府文化部门组织热心于关注社会问题艺术家以及公共艺术家，制造深入城市社区的机会，与城市文化以及市民发生更多的互动，这不失为一种行之有效的措施。

参考文献

[1] 范迪安．艺术区城市的“线粒体”．北京规划建设，2005，9，20．
[2] Garci a.B.2004.Cultural policy and urban regeneration in Western European cities：Lessons from experience，prospects for the future．Local Economy,19(4),312–326．
[3] 张彦远．历代名画记．
[4] 翁志聪，萧明治．走过宝藏岩——口述历史。台北：台北市文献委员会，2011．
[5] 殷双喜．自由与交流——当代艺术中的公共性，当代学术话语与图像的力量．何香凝美术馆， 2002，1,1．
[6] 鲁虹．重建艺术与社会的联系，美术观察，2005，11，10．
[7] BourMaud Eelational Aesthetics，Les Presses du Reel，Dijon，France．2002，Engiish VBrsion，l998．French version．
[8] 张帆．台湾地方文化产业发展状况研究，福建论坛（人文社会科学版），2008．
[9] 陈其南．社区总体营造的意义．文化产业研讨会，1995，5．

明末清初娄东园林的风格转变
——以王时敏的园林为例

李　彬　苏州健雄职业技术学院艺术设计系

摘　要：娄东园林是江南古典园林的重要组成部分，在历史上曾经鼎盛一时，在造园意匠方面形成鲜明的地域特点。本文通过对王时敏的东园改造、南园增拓、新筑西田等造园活动的讨论，分析了娄东园林明末清初风格转变的特殊性与例证性。

关键词：明末清初　娄东园林　王时敏　风格转变　张南垣

引言

在中国造园史上，娄东私家园林作为江南古典园林的重要组成部分，曾被誉为苏州园林皇冠上的一颗明珠。经过宋元始筑到明清鼎盛局面的长期发展，娄东园林在造园意匠方面形成鲜明的地域特点。然而，学术界长期以来对此所作的研究相对甚少，至今还存在着大量的学术空白待发掘。可以说，在简单化整体认识中国园林的倾向下[1]，研究娄东邑人王时敏①东园改造、南园增拓、西田新筑等活动在明清更迭背景下的特殊性与例证性，对娄东园林风格的转变甚至对整个苏州园林的再认识有着举足轻重的作用。

1　改造东园

东园本是王时敏的祖父王锡爵罢相归乡后种芍药的私园。园内以水、木为胜（“水前后同流，嘉木卉无算”），园中小山旁的方池中有二峰，并设有曲水泛舟（“刺艇上下港陂，回互周见”），而且两岸木、石景色异常引人（“舟及岸，憩小平桥，紫藤下垂，古木十余章，绕水如拱揖”、“北泛过小崖，循崖登望，木石起伏，夹路树彰罥衣”）[2]。

万历四十二年（1614年）王锡爵辞世后，东园因年久失修已不能游观（“鄙陋不堪容膝”②）。作为王锡爵的孤孙，自幼年起不断经历离丧之苦的王时敏注定要承受更多的压力和担当更多的责任。[3] 万历四十七年（1619年），为使王锡爵故去后门祚式微的家族重新振兴，王时敏计划对废弃已久的东园进行简单修葺(“稍拓花畦隙地，锄棘诛茅，于以暂息尘鞅②”）。此时恰逢造园名师张南垣来访，张南垣则怂恿王时敏在东园旧址上重建新园以寄思王锡爵“闲适”的精神，正好与王时敏拟通过恢复该园来复兴王氏家族的动机相吻合。于是东园改造从万历四十八年（1620年）开工，经过中间多次反复修改，终在崇祯七年（1634年）完成（“庚申经始，中间改作者再四，凡数年而后成②”）。王时敏详细记载了这次的改造：“穿池种树，标峰置岭。磴道盘行，广池澹滟，周遮竹树蓊郁，浑若天成。而凉堂邃阁，位置随宜，卉木轩窗，参错掩映，颇极林壑台榭之美②”落成后的新园更名为乐郊园，在当时有吴中第一名园之美誉（“江南故多名园，其最者曰乐郊，烟峦洞壑，风亭月榭，经营位置，有若天成③”）。

王时敏因财力丰厚且家族声望卓著，所以能延聘到因造园叠山巧艺而名满公卿之间的云间张南垣与之通力合作，对东园旧址进行了很大的改造（“太常颇修广，台榭倍昔④”）。完成后的乐郊园一改先前东园较疏朗的自然景象，不仅增加了建筑数量而且对建筑形态也显著增强。增建的楼堂厅阁主要是为了满足王时敏园居生活与社会活动的需要，主要有：“藻野堂、揖山楼、凉心阁、期仙庐、扫花庵、香绿步、绾春桥、沁雪林、梅花廊、翦鉴亭、镜上舫、峭茜、专壑、烟上、霞外、纸窗竹屋、清听阁、远风阁、密圆阁、画就、香霞槛、杂花林、真度庵，并

---

①王时敏（1592—1680）：明末清初画家，江苏太仓人，崇祯初恩荫官至太常寺卿，故被称为“王奉常”。
②王时敏《乐郊园分业记》
③吴伟业《王奉常烟客七十序》
④张采《娄东园林志》

东冈之陂诸胜①"大量的建筑元素使乐郊园愈发呈现"宅院化"的布局形式，园内景致营造也具有明显的"世俗化"特征。这种显现的变化与王时敏改造东园的初衷——完成门祚式微到家族重兴的衰盛转毂——有直接的关联。

除此之外，乐郊园的叠山理水也发生了巨大转变。王锡爵东园的假山采用堆叠石山与立峰相结合的营造方式（"度竹径南累石，曲折而南又有小山平起，山尽处有'期仙庐'②"），与王世贞弇山园的叠山传统相类似，都是延续了自东晋以来"小中见大"的叠山传统：对真山大壑的整体微缩再现进行想象遨游。而乐郊园的堆叠假山主要由从山水画家中脱胎出来的造园家张南垣完成，《清史稿·列传》称其："少学画，谒董其昌，通其法，用以叠石，堆土为假山。"[4]他在营造乐郊园时，模仿倪云林黄子久的笔法[5]，用土石相间堆出平缓的局部山川[6]，"尽变前人成法，穿深覆冈，因形布置，土石相间，颇得真趣"[7]，宛如尺度真实的自然峰峦在园内的延续。乐郊园以局部的山川来现整体山峦之大的营造技法与娄东名园弇山园"小中见大"的峰石技法迥异，这可视为明末娄东园林叠山风格明显转变的标志。

改造之前的东园与王锡爵"王氏园"的理水形式相同。王氏园园内景致是以方形水池为中心（"东西有三百余尺，南北三之，其阳为菜畦，畦尽修垣，窦而入十余步，横隔大池②"），建筑稀疏，多种植花卉。东园的理水亦以方池为主（"启扉得廊，廊左修池宽广可二三亩，廊北折而东，面池有楼，曰'揖山楼'。期仙庐前凿方沼，中突二峰"②）。张南垣对真实山水形态的关注决定了乐郊园以山水画意营造（"方塘石洫，易以曲岸回沙③"），经过他与王时敏的联手改造，乐郊园内不仅保留着方池理水形式（"度小石桥，历松径，繇平桥，启扉得廊。廊左修池，宽广可二三亩。廊北折而东，面池有楼，曰揖山"②），还存在着极力模仿自然山水的曲水流觞（"刺艇上下港陂，回互周见，有屋倚水旁，通廊。廊衍水中，委曲达亭②"），营造曲水以泛舟。乐郊园这种曲水方池共存不但开启了娄东园林理水方式的过渡与转变，还从某种程度上说明了娄东的私家园林和同期的苏州园林相比还是独成体系的。乐郊园建筑的增多使得原东园内通过大片种植营造出的疏朗效果，让位于因享乐而栽培"精巧"花木的艺术风格。以往娄东园林重视花木栽植的经济性与适宜性审美的作用，在乐郊园中则完全转变成对审美的需求。

综上所述，可知改造乐郊园乃是追述祖德，王时敏虽心力殚瘁，但为实现明代新儒学纲常伦纪的道德规范：儒者的"忠孝""礼仪"[8]，不惜倾囊而为之。

2 增拓南园

王时敏人到中年后，又邀请张南垣主持增建他祖父留下的南园，以此表示恪守旧业。童寯在《江南园林志》中简及："（南园）本明王锡爵园，其孙清初画家王时敏增拓之"，让人误以为增建活动在清初进行。事实上，明崇祯七年（1634年）乐郊园落成后，王时敏因"十余年中费资以累万"，已无力连续进行造园活动。虽有《镇洋县志》南园条云："文肃公孙太常卿时敏拓而大之"，但事实是王时敏擢升为太常寺卿后"持节衔命，渡钱塘，入豫章，涉沅、湘，踰闽峤"，直至崇祯十三年（1640年）春致仕，可推知增拓南园应是其归乡后完成。又据王时敏年表简编[9]，在崇祯十六年（1643年）仲秋，王时敏从虞山云泉上人处借得黄公望真迹，作临本藏于问梅禅院，可知他此时的社会活动主要是在南园中进行。王时敏后人王祖畬《记南园始末》载："鼎革后，奉常公避居西田，延从父卫仲公课幼子园居于此。"又间接验证了王时敏在西田营造之前主要生活在南园。综述可推测出南园增建应该在崇祯十四年（1641年）至崇祯十六年（1643年）之间进行。

南园在王时敏改造东园之前，系王锡爵种梅赏菊之处。增拓后的南园四面环水，在绣雪堂、潭影轩、香涛阁诸胜之外新建了台光阁、寒碧舫、鹤舞仙馆、忆鹤堂、思贤庐、沙摩亭、昙阳观等，并从衰败的弇山园中移来"簪云"、"侍儿"及"听月"等著名峰石。

分析王氏后人绘制的南园旧址平面图，可见南园具有以建筑为中心的典型布局特征。作为园内主要景域的建筑群体与山林景象中间被一条狭长的水面隔开[10]，水面一岸是仿自然的山林景象，另一岸是轻巧低矮的亭廊，两岸之景相互渗透，呈现出山水画意的曲折平远意境。因此，简单地把南园造园风格归纳成"一河两岸"式的造园特征[11]，不仅忽视了东园改造完成后资产大减的王时敏正受生计之累的中年困窘，还忽视了"一溪两岸"式的造景模式不唯南园所独有，因为早在嘉靖朝娄东双凤陈汪所筑的私园"丹山园"内就出现过（"雨侵歌馆千门柳，风送游人夹岸桃"②）。在没有充足财力支持下，王时敏只能因地制宜，充分利用娄东的天然河网，因洼疏池、因阜垒山，以局部增建为主。增拓后的南园呈现出与绘画融为一体的黄、王、倪、吴笔意，犹如王时敏中年致仕后的心境——"恪守旧业"。

3 新辟西田

西田在太仓城西门外十二里许（约6千米），所在之地是万历朝给王锡爵的赐禄。顺治二年（1645年），王时敏与家

①王宝仁《奉常公年谱》
②张采《娄东园林志》
③吴伟业《张南垣传》

人出城避乱，发现这里远离尘嚣，俨然一片世外桃源，随即萌生了治别业于此的念头：“夏，避地城西。意颇乐之。即有治西田别业之计。”①王时敏筑西田“约张南垣叠山种树”，草树与土石并列，种树与叠山对举。[12]西田之中，泉石林壑，四时佳兴，仿佛天然具足，“出太仓西门，郏牧之间，隗限表里，沙丘逦迤，畴平如陆，岸坟如防，瓜田错互，豆篱映望，被禊挂门，茶箸缘路，水南云北，迥异人间，游尘市嚣，不屏而绝，西田之风土也。”③幽趣环境正适合王时敏躲避外界纷扰从而达到内心清净的隐居之所。

表面看，对田园隐逸生活的向往成为构筑西田别业的最直接动机，然则是王时敏在国难之后追念国恩，通过在西田的隐居来阐说“寄托”之情[13]。王时敏远去城市隐居西田的原因是：“此田是先朝赐禄之所遗也，是先相国文肃所以始子孙也。且吾受前人余泽，世故流离，衰迟颈暮，犹得守先畴之畎亩以送余齿，虽其土之瘠而赋之繁，吾犹将乐而安之③”西田“覆茅盖屋，大有幽趣”的怡悦适意和意境期待，成为王时敏寄托故国之思的心灵之所。“西田中‘绿画阁’、‘垂丝千尺’等处俱落成。复构‘西庐’，缚茅盖屋，篱花径草，大有幽趣。自此乐郊泉石，花时偶一游赏，不免三径之叹矣。①”因为乐郊园改造与增拓南园已经使王时敏心力殚瘁，再加国变之后娄东赋税日益加重，所以西田别业以自然景象为主（“树取其不凋者，松衫桧栝，杂置成林”②），仅仅修筑了“农庆堂，稻香庵，霞外阁”等少数建筑，建筑格调是“窗棂几榻，不事雕饰，雅合自然”。

国变不仕的遗民身份，让王时敏在西田别业中，更多的是保持素节而出流俗。西田别业不忘先朝的故国寄思之情被世人视为吴中一带的名园。

4 结语

正是由于明清易代国祚变迁，使得娄东王时敏造园的风格前后有了很大转变。王时敏在改造东园时“正年少，肠肥脑满，未遑长虑”④，过多在意通过造园活动来彰显家族的兴盛与承载王锡爵的寄思之情。而南园增拓则是王时敏在东园改造心力殚瘁的背景下，为满足致仕归乡后日益增加的社交活动之需，在南园内进行的局部营造活动。遭逢国难之后，王时敏晚年隐居的西田别业成为寄托故国之思与修行之地，追念国恩、感怀今昔的内心变化引发造园风格的转变，故而西田更多呈现出萧疏的画意。

①王宝仁《奉常公年谱》
②吴伟业《张南垣传》
③钱谦益《西田记》
④王时敏《东郊园分业记》

通过对明清易代大背景下王时敏造园风格转变的讨论，可以看到，王时敏的造园实践对娄东传统造园活动形成的技法模式有所提炼与升华，在时代变革中体现出对娄东园林传统的继承与再创造。不可否认的是王时敏的园林是联系明清娄东园林的纽带，他的心路历程所引发的造园风格转变，是娄东园林在朝代变更时整体风格变化的主要动因，对于娄东园林的发展起到了不可估量的促进作用。

参考文献

[1] 顾凯. 明代江南园林 [M]. 南京：东南大学出版社，2010，3：1.
[2] 顾凯. 明代江南园林 [M]. 南京：东南大学出版社，2010，3：142.
[3] 耿晶.《道心唯微——王时敏遗民生涯考释》初探[D]. 北京：艺术学，2012，3：33.
[4] 高居翰，黄晓，刘珊珊. 不朽的林泉——中国古代园林绘画 [M]. 北京：生活·读书·新知三联书店出版社，2012，8：212.
[5] 曹汛. 造园大师张南垣（一）——纪念张南垣诞生四百周年 [J]. 中国园林，1988（1）：24.
[6] 曹汛. 造园大师张南垣（一）——纪念张南垣诞生四百周年 [J]. 中国园林，1988（1）：224.
[7] 曹汛. 造园大师张南垣（二）——纪念张南垣诞生四百周年 [J]. 中国园林，1988（3），5.
[8] 周维权. 中国古典园林史 [M]. 北京：清华大学出版社，1999，10：257–258.
[9] 周维权. 中国古典园林史 [M]. 北京：清华大学出版社，1999，10：205–229.
[10] 尧云.《娄东园林志》初探 [D]. 上海：同济大学建筑设计及其理论，2008，3：58.
[11] 尧云.《娄东园林志》初探 [D]. 上海：同济大学建筑设计及其理论，2008，3：57.
[12] 曹汛. 造园大师张南垣（二）——纪念张南垣诞生四百周年 [J]. 中国园林，1988，(3)：7.
[13] 耿晶.《道心唯微——王时敏遗民生涯考释》初探[D]. 北京：艺术学，2012，3：52–53.

注： 本文作为江苏省高校哲学社会科学研究指导项目《娄东私家园林艺术特征演化研究》（编号：2011SJD760014）成果已发于《装饰》2014 年 02 期。

案上的风景——书斋陈设

吴 宁 湖北美术学院环境艺术设计系

摘 要： 中华民族悠久的历史，灿烂的文化，造就了在世界文化史上独树一帜的建筑形式。陈设作为建筑的延伸部分，在文化的表现上更尽显其能，形成了独特的艺术形式，它往往通过特定的陈设方式传达其文化内涵。本文以古人、今人的书斋为例探讨书案上的"风景"和"风景"中的文化。

关键词： 书斋 书案陈设 历史文化

1 书房与书斋

当今，人们的生活看似丰富多彩：琳琅满目的商品，功能强大的数码产品，便捷快速的交通工具，使得生活有了无数的可能。坐在舒适的椅子上，面对书桌，打开电脑，联通网络，仿佛就拥有了全世界。但是大家依然在抱怨生活的索然无味、推陈乏新。这是为什么？如果没有了手机，没有了电脑，没有了各种电器数码产品，我们的书桌岂不空空如也？

宋人赵希鹄早就给出了答案：人生一世间，如白驹过隙，而风雨忧愁辄居三分之二，期间得闲者才一分尔！况知之而能享用者又百之一二。于百一之中又多以声色为受用。殊不知吾辈自有乐地，悦目初不在色，盈耳殊不在声。

人的一生很短暂，烦恼忧愁占了三分之二的长度，固然经济收入能带给人的愉悦和满足，而这样的幸福感转瞬即逝，不能永恒，能伴随一生的，只能是精神上的快乐。

古代文人的乐地非书斋莫属。一提到古人的书斋，总让人会联想到穿着一袭纤尘不染的白衣偏偏男子，用毛笔蘸着墨水在宣纸上写出漂亮诗句的场景，书桌是木头纹路清晰可见的长桌，案上古砚一方、旧铜水注一只、旧窑笔格一架、斑竹笔筒一个、旧窑笔洗一个、糊斗一个、水中丞一个、石镇纸一条，满架琳琅，汗牛充栋。虽然只是想象，不过却道出了古代书斋布置风格中的那份洁净、清幽与超凡脱俗。明代戏曲家高濂说：书斋宜明朗，清净，不可太宽敞。明净则可以使心舒畅，神气清爽，太宽敞便会损伤目力。窗外四壁，藤萝满墙，中间摆上松柏盆景，或剑兰一两盆。石阶周围到处种上青翠的芸香草，旺盛之后自然青葱郁然。旁边放洗砚池一个，更应设一盆池。靠近窗子的地方，养锦鲤五七条，以观其自然的生机与活泼。

对于古人，没有高铁、飞机，没有网络、电视，书斋就是他们的自由世界，是他们满腔思想的安身立命之所；案上的陈设就成了他们闲情逸趣的寄托，高低错落的陈设布置就是他拥有的风景；动辄千、万卷的藏书则代表文人的文化素养与社会地位。如果说书斋是文人雅士的一片精神净土，那么案头的陈设就是其精神的物化显示，将主人真实的精神世界展现出来，无不体现着浓郁的时代特征与独特的地方风貌，带着深深的情感和个性的烙印。

2 "风景"与陈设文化

书斋中最关键的家私无外乎书案，书案一般放置在光线足够、空气新鲜的地方。书斋案几中不可或缺之物为笔、墨、纸、砚四者，后被世人赋予"文房四宝"之美誉。北宋中期米芾在其《书史》中记载薛绍彭，论及"笔砚间物"，有研滴，镇纸，笔格与墨；北宋末，蔡京曾为词人王安中准备应试文具一套，除了笔墨纸砚外，还有糊匣，剪刀，压尺，砚滴；宣和七年（1125年），宋徽宗曾以"常御笔研等十三事"赏赐臣下，在笔墨砚外还有光漆螺钿琴匣，笔格，涂金天禄镇纸，涂金虾蟆研滴，涂金糊奁，象牙镇尺，荐研紫栢床，显示出承平文物之盛；卒于绍兴十七年（1147年）的刘子翚之诗文集——《屏山集》

中收录“书斋十咏”，其所诵咏的书斋十事有笔架、剪刀、唤铁、纸拂、图书、压纸狮子、界方、砚瓶、灯檠、楮案木，其中放置于书案上的文具有笔架、剪刀、纸拂、压纸、界方与砚瓶。

中国古代文人无不重视书案的设置；各种用具、装饰品及其摆放、配置的方法，这是一门综合性很强的艺术。尽管各自经济状况迥异，但皆讲究书房的高雅别致，营造一种浓郁的文化氛围。案几上的陈设被主人寄寓的人格理想、美学精神、生活趣味，是一道耐人寻味的风景。

毛笔以其特有的材质、结构，形成了特有的使用方法，进而创造了独一无二的中国传统书法、绘画艺术。与之息息相关的笔格常被赞咏。从宋人笔记文集中可知，当时文人雅士常以就近获得的奇石或断石等制成石质笔格，为风雅之事。例如南北宋间郑刚中取僦居房舍沟中的小块断石，制成笔格，“置诸几案，用以格笔”，并为之撰写了一篇《笔格铭》。带有铜锈的铜制笔格也因古雅得文人喜爱，欧阳修送给蔡襄的“铜绿笔格”作为润笔费就是很好的例子。笔格的材质——木质、石质、铜制、玉质、水晶、琉璃、金、珊瑚笔格均值得一书，更为讲究的是笔格的造型。赵希鹄在《洞天清禄》中载录了宝庆府出产的黑色邵石多做棋子，若“刻作笔架，并无自然峰峦”。他认为以邵石雕制的笔架，没有自然峰峦形状，言下之意则是：笔架应做峰峦形状。刘子翚在《书斋十咏》中首咏笔架“刻画峰峦势”，也是说笔格作山峦状。文人喜登高远游，又受交通工具的限制，并不能说走就走纵情山水，也苦于没有相机能咔嚓一下留下影像，于是乎把心中的山水搬到自己的书桌上，可谓独具匠心。亦道出书房的另一种韵致——接近自然、远离尘嚣。这案上的山峦之景又反过来被文人拿来形容真正的风景——岸远笔山横，这里的“笔山”即笔格。除了山峦形状的笔格，其余如“蛟螭”、“二小儿交臂作戏”状，“面白头黑，而红脚白腹”，用作笔格，可称“奇绝”。

在文房四宝之中，砚台排在最后，高濂《燕闲清赏笺》云：“砚为文房最要之具。”陈继儒云：“文士之有砚，犹如美人之有镜，最相亲傍。”高濂提出择砚的几个标准：“赏其砚质之坚腻，琢之圆滑，色之光采，声之清冷，体之厚重，藏之完整，传之久远。”他全面调动视、触、听觉来观察砚石的物理性质和审视工艺质量。他还强调“砚不在大，适中为美。”但它被尊为“砚田”，主人就是在书案这一巴掌大小的天地间，墨耕笔种，完成自身人格的修炼，追求着精神上的快乐与满足。就像“君子无故，玉不去身”一样，书斋的桌子上一定要有这样一方砚台，以其方正刚直时刻提醒自己修身不辍。

文人寄情自然，筑室于山间水涯并不现实，但可以依靠文房清玩造出山房的趣味，怡情养性，激发创意。文房清玩是在室内放置在案头供观赏的小型陈设品，主要包括各种盆玩、插花、供石、熏香、造像、时令水果、奇石、工艺品、古玩、精美文具等，是室内陈设艺术的有机组成部分，案几是他们的容身之地，可以为书斋增添生活情趣。清玩，形微体轻，与重器大件相比，实属小器物。这些作为书房的点缀之物往往是主人的精心收藏，直接反映了主人的志趣爱好。虽为小玩意，却又是一个个内涵丰富的知识载体，根植于民族文化的土壤之中，是物化了的民族传统。它的丰富的功能，独特的造型，以及多种多样的制作工艺与材质，构成了一个绚丽多彩、品位高雅的艺术世界。宋代以后，士大夫对文玩嗜爱异常，文玩品种也十分繁多，钟鼎书画、琴棋文具、名瓷异石等都成了他们陈列左右、终日玩赏之物。书画真迹以及古代器物所代表的是一种文化气质，而古玩鉴赏则是一种文化涵养。这些与书斋的清雅静谧交相辉映，大大促使室内陈设日益丰富精致、更富“书卷气”，可谓一道古雅幽静的文化风景。

然所有陈设不是胡乱摆之，而是精心设计之作。明代笔记一类书中谈到书斋、卧室、堂榭等处所设置家具、摆设器物、悬挂字画，提出了“高堂广榭，曲房奥室，各有所宜”的审美标准，寻求“入门便有高雅绝俗之趣。”高濂认为书斋的摆设要井然有序：“壁间挂古琴一，中置几一，如吴中云林几。式佳。壁间悬画一。书窀中画惟二品。山水为上，花木次之，禽鸟人物不与也。或奉名画山水云霞中，神佛像亦可。名贤字幅，以诗句清雅者，可共事。”各种造型精美、寓意高雅、内涵深厚的器物在小小的案几上构筑出一个形势错落、高低起伏的建筑空间，仿似中国传统文化的小型生态环境，它具有主人的性格，带着主人的无线诉求和生活情趣。从书案上的风景，可以看到主人真实的性情、精神和本来面貌。

以书桌案为主题的书斋是文人生活起居的重要场所，其自主设计书房陈设，不仅为了营造出适合精神养护的脱俗空间，更是为了实现做自己趣味的主人的意图。在这个小天地里，主人欣赏着桌案上的风景，心畅神怡，悠然自得，可盘膝抚琴，可烹茶款客，可作画对弈，可仰而思，可立而吟诗，可伏案奋笔疾书。无论陈设简陋或者奢华，都无关乎价格、品牌，均散发出深厚的人文内涵和传统文化的幽香。案几上的风景，是陈设，亦是微缩景观，深具美学价值。再也找不出哪个群体会对案几上的陈设有如此精心的挑选，把自己高雅的情趣贯注到每一件陈设的每一个微小细节上。与其说古代文人是对物的迷恋，不如说他们执拗地赋予人造物以超物质的性灵和品格。

3 结语

文人书案以其独特的风景，承载着数千年各民族历史文化的精华，渲染着古代文化的辉煌。文化是依赖个性而生存，民族的文化是个性文化，不同民族，桌案上的风景不同。我们的文化没有间断过，四大文明古国，只有中国坚持到现在，我们没有理由让精美的文化结晶在我们这里间断。随着经济发展科技的进步，文化内涵在家具陈设中流逝得越来越严重。物质带来的乐趣是短暂的，只有文化的乐趣相伴一生。电脑从 dos 到 window 不停地更新换代，手机从诺基亚时代到苹果时代，我们拥有的只是新鲜事物带来的快感，然数千年之后依然可以跃然纸上的生生不息的文化意趣才能给予精神的满足感。桌上的风景是古人创造的灿烂文化，对其重视，是对传统文化的欣赏和热爱。探寻古代书桌上的风景，是现代人对家居陈设的消费观念的转变。人们逐步注重家居的审美情趣，关注设计风格与文化内涵的结合。一套齐备的文房陈设品的置办，需要主人长期用心去搜集、汰选和摆设。自主经营自己的书桌，有利于提高品鉴和审美能力，参与其中，才能使得我们的书桌文化薪火相传。

参考文献

[1]（明） 高濂，钱超尘．中华养生经典：遵生八笺．北京：中华书局，2013．

[2]（宋）赵希鹄，张萱．洞天清录．明万历四十二年（1614 年）刻本．

[3] 王世襄．明式家具研究．上海：生活·读书·新知三联书店，2007．

圆明园九宫格局中的双重系统

孟 彤 北京交通大学建筑与艺术学院 副教授

摘 要： 雍正的大臣为圆明园看风水，称其格局按九州爻象和九宫处处合法，但该园前朝和后寝的造园理念不尽相同，对九州爻象和九宫形式的运用也出自不同思路，忽略前后区域的不同会造成分析其风水格局与立意的困难。圆明园兼有游憩和听政双重功能，在追求恬淡自然的园林意境的同时，还要兼顾政治理想的表达，这种要求不但使得其前后区域应用了不同的造园手法，而且使其造园理念有别于私家园林。双重系统的层层叠合与统一体现了儒家文化所倡导的礼乐精神。

关键词： 圆明园 皇家园林 理念 九州 九宫 礼乐

据清代于敏中等人的《日下旧闻考》卷八十记载，1709年（康熙四十八年），康熙把海淀挂甲屯北部明朝皇戚的废墅赐给当时的皇子胤禛，即后来的雍正皇帝（清世宗），并赐园额为圆明园。1725年（雍正三年），雍正皇帝着手全面修葺圆明园，除了对园林游憩部分的调整完善外，他还在园子的南部建造了宫殿和侍值大臣们的办公朝署，圆明园就同时具有了听政和游憩功能，成为与紫禁城不分轩轾的政治中心。从此，园居成为清廷的风尚，皇帝每年正月郊祭之后就移居园中，直到冬至大祀才回到皇宫，园居时间竟然占一年的三分之二。

在此前一年，即1724年（雍正二年），雍正皇帝为了修葺圆明园，命新任山东济南府德平县知县张钟子、潼关卫廪膳生员张尚忠为圆明园查看风水。查看风水是古代兴造土木之前必不可少的一个环节，《尚书•盘庚》中的“盘庚既迁，奠厥攸居，乃正厥位”，《诗经•公刘》的“既景乃冈，相其阴阳”，《周礼•地官司徒》的“惟王建国，辨方正位，体国经野”等记载都证明了这个传统由来已久。二人奉命将勘察结果写成《山东德平县知县张钟子等查看圆明园风水启》呈报皇上，这个奏折成为圆明园修葺的重要依据，也是后人研究古代皇家园林营造理念的宝贵资料。[1]

奏折首先肯定了圆明园完美的风水格局：“圆明园内外俱查清楚，外边来龙甚旺，内边山水按九州爻象、按九宫处处合法。”随后，分别从外形、山水、爻象、禄马贵人等方面进行了阐释：

圆明园的形势“自西北亥龙入首，水归东南，乃辛壬会而聚辰之局，为北干正派，此形势之最胜者。”圆明园龙脉和水系的形势都是很理想的。之所以说它是“形势之最胜者”，理由首先是圆明园西北高、东南低的地势以及水系走势和“天下之大势”相吻合。

其次，从爻象看，“正殿居中央，以建皇极八方拱向……八卦以河图为体。取用则从洛书，戴九履一，左三右七，二四为肩，六八为足，皇极居中，八方朝拱，《洪范》九范，实出乎此，此园内爻象俱按九宫布列，岂敢妄议增减（图1）。”

这段文字详细说明了圆明园的营造理念，即依据洛书九宫格局布置景观要素，一来符合风水理论，二来又与象征天下的九州爻象相对应，其完美直使人“岂敢妄议增减”。

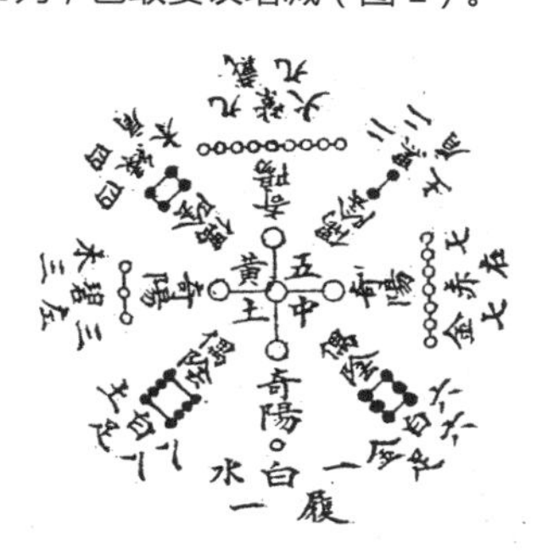

图1 按照《圆明园风水启》，圆明园的爻象与洛书九宫无不契合
（资料来源：宋昆，易林．阳宅相法简析．王其亨．风水理论研究．天津：天津大学出版社，1992，76．）

最后，奏折又用“禄马贵人”之说再次证明园址的形势完美。

不过，如果与圆明园平面详加对照就会发现，奏折中正大光明殿“正殿居中央”的说法与该殿在园中的实际位置并不相符，而且随后所逐一列举的八个方位上的建筑，如正北自鸣钟楼、西北佛楼、东北艮方台榭楼阁、正南宫门等也不处于规则的九宫格内，它们只是在方位上大致符合九宫格局。与此形成对照的是，在南部从大宫门到正大光明殿一线的朝宫建筑群北部，即园区中轴线后部的九州景区，却能分明地找到一个非常规则的九宫平面，这个平面的中央是后湖，围绕后湖是九个小岛，分据中宫外的八宫。每个小岛上都有一座建筑。其中，上下天光和慈云普护共同占据九宫北部坎位方格；碧桐书屋居东北艮位；天然图画居正东震位；镂月开云居东南巽位；九州清晏居南方离位；茹古涵今居西南坤位；坦坦荡荡居西方兑位；杏花春馆居西北乾位，其方位与九宫八卦无不契合（图2）。

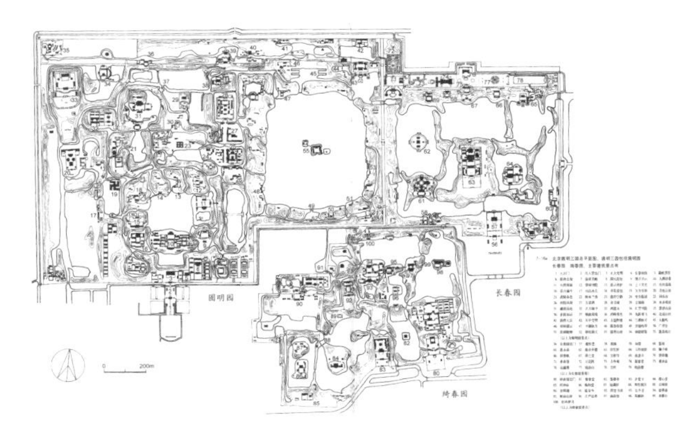

图2　圆明园总平面
（资料来源：乔匀等．中国古代建筑．北京：新世界出版社，纽黑文：耶鲁大学出版社，2002：244–245.）

这种《圆明园风水启》中文字表述与圆明园实际格局表面上的错位造成了分析圆明园风水格局的困难。比如，赵春兰、潘灏源的论文《从“圆明园风水启”说开去——皇家园林与风水初探》以表格的形式详细地分析了圆明园平面布局与八卦洛书的卦位、星象的对应关系，表格中认为九州清晏处于中央方位，这种说法与《圆明园风水启》中的“正殿居中央，以建皇极八方拱向”就互相抵牾，因为此处的“正殿”实指正大光明殿而非九州清晏，弘历《圆明园四十景御题诗》描述正大光明殿：“园南出入贤良门内为正衙，不雕不绘，得松轩茅殿意”，明确指出该殿为正殿，它是南部朝宫建筑群的主体建筑，皇帝朝会听政、重大庆典乃至科举殿试的地方[2]。但是，从空间位置上看，正大光明殿又确实不处于整个园林的几何学中心，《风水启》中“正殿居中央”的说法似乎也成为问题。

这种矛盾实际上源于圆明园兼具游憩和听政功能的双重属性，它同时作为朝和寝使用，在空间布局上必须遵照“前朝后寝”的礼制而划分为南北两个区域。把两个区域分开理解，才能把握其造园的立意。

在南部安排外朝，即大宫门、出入贤良门以及正大光明、勤政亲贤、保合太和等殿，前湖则构成外朝的收束以及前朝后寝的过渡区域，在这些要素构成的外朝区域，正大光明殿毫无疑问地处于中央位置，加上其七楹的面阔以及东西部辅以五楹面阔的配殿，显示着正殿的恢弘气派和在全局的统治地位，同时，其建筑风格又朴素自然，即乾隆皇帝所谓“不雕不绘，得松轩茅殿意”和“草青思示俭，山静体依仁”[3]，从而与皇宫大内金碧辉煌的金銮宝殿有所区别，兼顾了园林和宫殿两种属性。仅就外朝区域看，《圆明园风水启》中所说的“正殿居中央”确是实情。

在外朝的北部，则是皇帝日常起居的内寝区，即占地约28公顷的九宫形式的九州景区。这个九宫格虽然形式规则，却并不存在每个方位的建筑与九宫八卦的明确对应关系。九州景区的主体建筑九州清晏并未设计在九宫的中央，居中央位置的是东西长220米、南北宽190米的后湖。从景区建筑的命名上，也找不到各建筑与各方位五行属性的对应关系。显然，与外朝不同，这个区域的九宫格虽然形式相当规则，但九宫格的使用更多的是一种形式上的附会以及一种对九州的象征。

九州清晏取“禹贡九州”义，象征“普天之下，莫非王土”。有乾隆《圆明园图咏诗词》小引对九州清晏的描写为证：“正大光明直北，为几余游息之所，棼橑纷接，鳞瓦参差。前临巨湖，渟泓溢漾，周围支汉纵横，旁达诸胜，仿佛浔阳九派，驺衍谓‘稗海周环，为九州者九，大瀛海环其外’，兹境信若造物施设耶[4]。”

关于九州，史籍上多有记载。从驺衍开始，确立了大九州的观念，大九州中央是昆仑山，各州内又有小九州，中国只是东南角的赤县神州一州而已。按照九州观念，国家的治理形成了相应的制度，《周礼冬官考工记》载：“内有九室，九嫔居之。外有九室，九卿朝焉。九分其国以为九分，九卿治之。”内九室为寝，外九室为朝，国土也一分为九，服从中央领导。现存沈阳故宫的继思斋就是一座按照这种观念建造的九宫格局的皇家建筑实例。

九州景区的立意就是以九宫格形式象征“禹贡九州”，表达了下令修造九州景区的雍正皇帝九州归一统的政治意愿，乾隆曾题诗：“九州清晏，皇心乃舒”，表达了同样的政治理想。在有限的空间内营造无限的天地意象，这与其他古代园林“芥子纳须弥”的手法具有异曲同工之妙。

同样是九宫格形式，九州景区与古代礼制建筑明堂、辟雍、宗庙中的用法却有所不同。以王国维先生绘制的“四向制”宗庙平面推想图为例，“四向制”宗庙的“亚（亞）”字形平面是从九宫格简化而来，按照礼制，各室不但要与五行相配，还要按照《礼记·月令》的记载依四时五行循环使用不同方位的房间："孟春之月……天子居青阳左个……仲春之月，天子居青阳大庙……季春之月……天子居青阳右个……孟夏之月……天子居明堂左个……"从秦汉开始，帝王的住所就叫作"宫"。帝王们最担心的事情是政权旁落，王位不保，所以有"王不离位"的规矩，"离位"成为一种禁忌。帝王按照这个规矩，在按照九宫格局建造的礼制建筑中要遵循时令安排作息，制度严格，不得违背（图3）。

正如在中国象棋中，把"将"、"帅"、"仕"活动的范围，即米字格叫作九宫，象棋中的"将"、"帅"、"仕"不得走出"九宫"，这种规定是社会现实的反映。虽然从形式上看，这个"九宫"和三纵三横的九宫格不同，但是如果把在九宫格中棋子移动的轨迹连接起来，就会得到米字格的"九宫"，两者实质上是一致的（图4）。

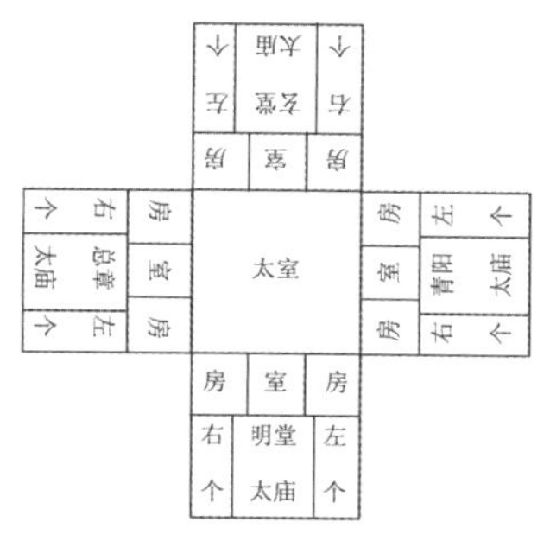

图3　王国维《观堂集林》中的"四向制"宗庙平面推想图
（资料来源：[清]王国维．观堂集林．石家庄：河北教育出版社，2001.84.）

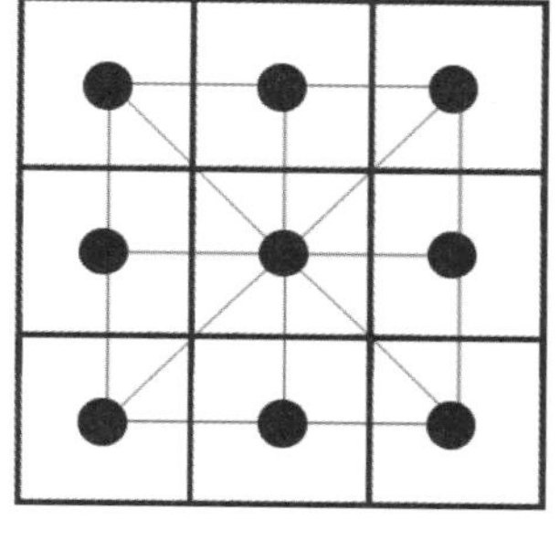

图4　把在九宫格中棋子移动的轨迹连接起来，就会得到米字格的"九宫"，两者实质上是一样的
（资料来源：作者自绘）

九州景区以非常自由的方式使用九宫形式，并不追求各宫建筑与五行的严格对应，更没有对建筑使用时间的限制，在行政功能相对较弱的福海区域和长春园，也能依稀看出其平面形式是来自对九宫格更加大胆的拓扑变形。可见，随着行政功能的减弱，造园的自由度就会相应加强，其园林的属性就愈加明确。

按照《园冶》的说法："园基不拘方向，地势自有高低；涉门成趣，得景随形，或傍山林，欲通河沼……高方欲就亭台，低凹可开池沼；卜筑贵从水面，立基先究源头，疏源之去由，察水之来历……相地合宜，构园得体。"因地制宜，得天然之趣，逃脱礼制的约束，园居者有归隐山林之感。雍正的《圆明园记》写道："臣等圆明园在畅春园之北，朕藩邸所居赐园也。在昔皇考圣祖仁皇帝听政余暇，游憩于丹陵沜之涘，饮泉水而甘。爰就明戚废墅，节缩其址，筑畅春园。熙春盛暑时临幸焉。朕以扈跸，拜赐一区。林皋清淑，波淀渟泓，因高就深，傍山依水，相度地宜，构结亭榭，取天然之趣，省工役之烦。"这里记载的圆明园修造过程和理念完全印证了《园冶》的说法。

在追求园林中的自由与天然的同时，圆明园兼顾了政治理想的表达，并且用象征天下的九宫格表明皇家园林至高无上的等级，使其有别于私家园林。"文武之道，一张一弛"，这两种取向实际上正体现出儒家文化所倡导的礼乐精神。关于礼乐精神，《礼记》进行了详尽地阐述，比如："礼节民心，乐和民生。政以行之，刑以防之。礼乐行政，四达而不悖，则王道备矣。""乐至则无怨，礼至则不争，揖让而治天下者，礼乐之谓也。"《论语·泰伯第八》也有："子曰：兴于诗，立于礼，成于乐。"按照儒家学说，礼是超越于本能的外在规范，是社会文化演进的结果，它对人有约束作用，是社会和谐所必需的人为的外在规定；乐则是发自内心的天然需要，是人的生理和心理的直接呈现和抒发，是人自我实现的重要途径甚至最高境界。二者相辅相成，缺一不可。圆明园在乐中寓礼，游憩的同时不忘国家社稷，正如紫禁城的礼中寓乐，在前朝听政的同时，也不能没有后宫的享乐。

从康熙皇帝对圆明园的命名也可以看出这座皇家园林与私家园林立意的不同。私家园林，如拙政园、退思园、网师园等的命名，标榜退隐，远离政治，而圆明园则旨趣迥异。法国人王致诚的《圆明园纪事书札》认为："神仙宫阙之忽现于奇山异谷间，或岭脊之上，恍惚似之，无怪其园之名圆明园。盖言万园之园，无上之园也。[5]"这种单纯从审美角度做出的解释没有完全领会圆明园"体圆光明"的蕴意。对此，雍正皇帝的《圆明园记》是这样解释的："至若嘉名之锡以圆明，意旨深远，殊未易窥。尝稽古籍之言，体认圆明之德。夫圆而入神，君子之时中也。明而普照，达人之睿智也。""时中"就是要把握天时，"与时偕行"，是最理想的平衡有序状态。"普照"则有"奉三无私"匾额所涵"天无私盖，地无私载，明无私照"的意义，借天地之德喻指王权威加海内的合法性。其他景点，如万方安和、正大光明、勤政亲贤、廓然大公等，都不无明确的政治诉求，九州清晏则更加直白地表露了帝王们对国土社稷和统治地位的牵挂。

圆明园见证了帝王的骄奢淫逸和清帝国的衰亡屈辱，也曾留下过清帝为江山社稷忙碌的身影。仅中国第一历史档案馆1991年编纂的《清代档案史料圆明园》就选择收录了有关圆明园的内务府奏销档、奏案等文书档案一百万字，事无巨细，说明这座皇家园林承载的绝非只有闲情逸致，其造园的理念和手法与私家园林也有很大的不同。如果不能认清这种区别，把前殿与后寝混淆在一起，就会造成类似无法理解《圆明园风水启》中文字表述与圆明园实际格局无法对应的困难。

从功能上看，圆明园既能听政，又可游憩；从文化理念上看，它乐中寓礼，“立于礼，成于乐”，追求礼乐的统一；从造园手法上看，它既有天然野趣，又有人工的理想化处理；从形式上看，它一方面从大九州观念立意，大有皇家气派，另一方面，又因地制宜，追求山林野趣的自由境界，对九宫形式进行了大胆的变化和再创造。双重系统的层层叠合与统一营造了一座完美的“万园之园”。

参考文献

[1] 中国第一历史档案馆．清代档案史料圆明园．上海：上海古籍出版社，1991：6–8．

[2] 赵春兰，潘灏源．从“圆明园风水启”说开去——皇家园林与风水初探．规划师，1997(1)：106–112．

[3] 弘历．圆明园四十景图咏舒牧，申伟，贺乃贤．圆明园资料集．北京：书目文献出版社，1984：339．

[4] 舒牧，申伟，贺乃贤．圆明园资料集．北京：书目文献出版社，1984：22 – 23．

[5] 舒牧，申伟，贺乃贤．圆明园资料集．北京：书目文献出版社，1984，91．

注：本文曾以《从圆明园的九宫格局看皇家园林营造理念》为题发表于《华中建筑》2011 第 11 期第 94–96 页，有删改）。

为中国而设计
DESIGN FOR CHINA 2014

原创家具设计

我们需要原创设计吗？

——兼论室内设计行业与原创设计

聂 影　清华大学美术学院　副教授

大多数设计学教义都会信誓旦旦地训诫年轻设计师们：设计师的原创能力是与生俱来的，也必须坚持下去——这甚至是设计师脱离低级趣味的唯一途径。这种“生而高贵”的论调，来自于他们在设计院校中的经历和教师们的观点：设计与原创的联系是先天的、自然而然的，原创性是设计师的工作异于“群氓”的根本所在；不支持原创设计的社会是不开明的，文化和艺术素养低下的，甚至是野蛮不可理喻的......

1　我们欢迎“原创”吗？

1.1　设计师与原创

中国现代史中真正意义的广泛工业化，其实只有改革开放这短短 30 余年的时间。这个过程发展得如此迅速，规模如此庞大，影响极其深远。不过，在此进程中真正意义上的原创设计却备受冷落，获得青睐的往往是东拼西凑、品位不高的设计。虽然“山寨”他人成果的确为人不齿，且会打击本国企业原创力的提升，但参照日本和韩国经济振兴的早期阶段，甚至德国工业化早期的情况，我们应该明白，这几乎已成为后发展的现代化国家的“原罪”。在这种逻辑下，设计师的文化和艺术追求毫无用武之地。

显然，原创设计不会是初期工业化的先遣队；反过来，工业化和经济快速发展也未必能为设计品质的提升开辟道路。经济发展只是有助于“富裕阶层”的兴起，但却不能保证富裕阶层将更多的资金用于“购买”优秀设计，特别是未必会“购买”中国原创的优秀设计。中国富人疯狂追捧国外奢侈品的现象，其实就给了中国原创设计一记响亮的耳光。的确，原创设计绝对不等同于奢侈品设计，但没有奢侈品市场滋养的设计市场，也很难为原创设计提供充足的政策、文化、技术和经济空间。高端奢侈品的消费在本质上是一种文化消费，或更刻薄点说是一种愿打愿挨的文化奴役与被奴役。

良好的设计市场应兼顾奢侈品和公益设计等多方面、多层次的需求，他们之间的张力越大，设计师的职业空间就越大。但平心而论，奢侈品设计比公益设计更容易获得资金支持，更有利于设计市场的建构和完善，也更容易为设计创意和优秀设计师寻得长久的市场庇护。威廉·莫里斯的左派设计理念在实践层面倒向了富人阶层的消费需求，两者间的矛盾值得深思。中国当代设计精英们在专业语境中对公益的追求过于浪漫，而大众市场消费中近于自暴自弃的追捧国外名牌，二者间的错位亦给了他人可乘之机。

三年前的“达芬奇家具”事件曾闹得沸沸扬扬，最后却不了了之。长久看来，这可能是中国设计市场一个转折时期的重要事件。

“达芬奇”的品牌营销无疑是成功的，但问题是，健康的家具企业不仅应重视营销亦应重视新品的研发和推广；而产品的不断更新、设计的不断创新，才能为企业发展提供持续动力。在“达芬奇”庞大的商业链条中，其实也有不被注意的一小段“设计”过程。从不太详尽的介绍中，我们可以拼接出两条线索：其一，“达芬奇”或其签约公司的设计人员是根据风格要求进行设计的；其二，设计团队的主要成员应是中国人（并非跨国设计团队）。这一点颇耐人寻味：根据客户或市场需要做设计是许多企业的常规做法。这说明企业必须对市场需求有准确把控的能力，设计师团队亦能按要求完成工作。在此过程中，是否采用西方或中国古典式样和造型语言，都有可能产生“原创”设计成果。同时，就“达芬奇”家具的造型和生产精细度来看，着实需要一批分工明确、手艺高超的设计师、工程师和工匠参与其间。就是说如果没有材料和产地方面的欺诈行为，“达芬奇”完全可以发展成为一个中国本土的“原创”品牌。——这个结论真让人大吃一惊！于是，问题又来了：“达芬奇”为什么不宣传这一点？强调本土原创是否反而会导致其品牌形象和价格的下降？若真如此，是否意味着：原创反而不值钱？

1.2 原创的代价很大

设计理论家们常热衷讨论大牌设计师们的灵光一现或非凡际遇，而鲜少着墨于设计单位的日常工作。与许多其他智力密集型工作一样，设计业也包含着稍纵即逝的创意亮点，标准化的实施过程，乏味琐碎的细节操作等。优秀的创意的确是设计成果出类拔萃的最重要原因，但那些看来常规化的、经验性的、甚至无聊繁琐的一般性工作，才是设计理念得以完成的根本保证。当然，反过来的要求也成立：日渐增多的创意设计也会刺激设计实施流程和各工作细节愈发成熟完善和品质提升。

因此，就不难理解：原创设计观念的推广是需要付出代价的。对某一项目而言，从设计到实施的全过程都应被关照，为达成更高要求的设计创意而必须对以往工作模式有所调整。就设计单位而言，为了保证各项目的有效实施，满足创意人才的专业成长空间，不得不承受更大风险和压力。这还不包括针对特殊设计要求而进行的技术实验和社会学研究等工作。所以，说原创设计的成本高昂，不仅因其在本质上体现的是从业者的精神追求，还在于其的确需要更多的人力、物力和资金投入，更何况其回报率并不成比例，甚至有没有回报亦未可知。

然而，其代价最大的地方还并不在于对物质分配方式的要求更多、更高，还在于其对现有社会规范和人际关系的挑战。设计专业最有魅力之处在于其经验的“负价值”，愈是有社会经验、设计经验的设计师，便愈发容易被自己束缚住。所以设计史一再重复的调调，就是年轻小将如何初出茅庐，一战成名，而众多设计前辈们的心中如何五味杂陈……对于有崇古敬老和论资排辈传统的中国设计师而言，这是极大的挑战。

1.3 根深蒂固的“工匠思维”

就室内设计行业而言，工匠思维模式一直顽固地保存了下来。原因在于：（1）中国古代室内空间所有细节的建造者都是工匠，只要我们研究相关历史，就会自然而然地向工匠们的才华巧思致敬。中国文化的“尊古”传统，在此时表露无遗。（2）设计行业的技艺传承，恐怕很难完全摆脱“口传心授”的方式。但这种传授方式的存在并不等同于这种思维方式和社会关系应居于主导地位。发达国家的诸多行业仍存在“口传心授”的方式，但这并不妨碍其社会结构和关系的彻底工业化。但就中国的室内设计行业看，我们恐怕还没有足够的时间和空间来达到这种水平。（3）旧中国实业不发达，相关的设计业发展难免有偏颇之处。新中国成立初期多项重大建设项目与国家文化和政治形象相关联，随后一波波的政治运动，都使得室内设计师们疲于奔命。之后的改革开放无异于“开闸放水”，室内设计师一下子被冲入不甚完善的中国市场大潮中，载浮载沉。无论在哪种社会境遇下，对高质、高效的设计成果的要求都是首要的。在此过程中，室内设计行业并没有自由生发出对行业结构和工作模式进行调整的意愿，反而通过不断强化工匠思维模式，而保证项目完成的高效。（4）无论是中国传统文化，还是新中国建立后的半个世纪间，我们的文化主体对整个设计行业并不理解、也不欢迎，自然无法为其提供宽松有利的发展环境；同时，被工匠思维惯性所控制的大多数从业者和教育者，也缺乏彻底改变现状的能力和勇气。

将视野放宽会发现，所谓的“工匠”思维模式并不仅存在设计行当中，而是早已渗透到大多数中国人的日常生活中。甚至，我们的学校教育似乎就是为了训练年轻人的“驯服”和“遵从”态度，成为不同领域中的“工匠”。设计师的问题在于未能勇于质疑、勇于创新。可喜的是，随着中国制造业的发展和国家产业结构的调整，以设计来整合社会资源的经济意义、社会意义和文化意义日益明显。显然，企业家并不能担负全部文化责任，设计师必须有所作为！

2 技术与产业的发展是必要而非充分条件

2.1 技术的主动与被动

现代设计的良性发展必须有健康完整的工业基础作支撑。但原创设计与技术发展之间的关系，不应被片面理解成为：我们必须等到工业基础建构完成，再着手原创设计的大力推进。

缺乏文化关照和原创设计的产业发展将不可避免地步入歧途。前文提及的“达芬奇”事件已经明白告诉我们：产业发展完全可以在无原创意识的情况下迅猛发展。同一时期的“地沟油”事件，亦从另一个领域给我们以提示。地沟油的提纯和销售需要一个包括收购、提炼、包装、运输等内容的完整产业链，经过提炼的地沟油竟能轻易达到国家《食品植物油卫生标准》。这说明，造假未必只与低技术和粗放管理相关联。我们相信随着技术和管理水平的提升，原创成果的实施自然有发展空间的想法，或许过于幼稚了。

仿冒品大量存在的根本原因在经济驱动，无论假冒还是伪劣，其在税收、研发、设计等阶段都可以少付费、甚至不付费。

而那些试图进入正规生产模式的企业和个人，总要承担多得多的费用。就是说维护“原创”的实际责任都由企业或个人来承担。这实在不会成为民众追求“原创”的动力。30余年的经济改革使整个中国社会在短时间内焕发出巨大活力，也陷入了剧烈震荡中。追求短期效益成为普遍价值观。这当然无法给任何“原创性”工作提供足够的容身之处。传统文化中对“木秀于林”者命运的描述几乎每每成真。当政策、经济、管理和社会舆论等诸多方面都在实质上并不支持“原创”的情况下，无论设计师如何为“原创”摇旗呐喊，都只能是孤掌难鸣。更何况，历史、现实的压力下还会让他人怀疑设计师与原创性之间的联系或许并不纯洁。

我们在阅读西方近现代设计史时，恐怕也有误区：将注意力过多地放在观念与主义上，而缺乏对其社会背景、经济发展模式等其他综合要素的研究。事实上，即使是那些设计和工业发达国家，在其原创设计的发展初期，也往往经历了与经济体制和生产方式之间并不愉快的磨合期。英国是人类历史上第一个发生工业革命的国家，但从18世纪中叶的第一次工业革命到1860年代的艺术与手工艺运动时期，长达百余年的时间，才让英国知识分子们愈发认识到现代设计的文化和社会价值；之后的德国不满足于复制英国产品和粗制滥造；日本则是不断拓展国际汽车市场；韩国则要推广韩国文化……这才让原创设计有了更大空间施展拳脚。原创设计必须与产业发展互相支撑、砥砺前行。对任何一方的偏废，都会使整个事业功亏一篑。

作为最具时代特征的电脑和网络手段的引入，对行业发展的影响更加深远。就室内设计行业来说，电脑制图的“入侵”大致始于20世纪90年代早期。这在事实上导致了一系列连锁效应：（1）许多并没有经历长期绘画训练的人员也能加入到设计效果图的制作中来，原来绘画技能的壁垒几乎一夜间便被摧毁了。（2）业主单位越来越倾向于观看一种近乎真实的效果图，至少在最初，业主相信这种效果图比艺术家们的手绘成果更可信。（3）同时，因电脑制作效果图的逻辑其实是“虚拟”出一个“真实”的空间，再根据各项数据添加灯光、材质、色彩等各要素，综合运算后得出最终“成果”。这样一来，一个空间的建模完成后若能多次使用才更经济，于是效果图出图量在短期内激增。（4）因工程制图的方式在深入设计和施工阶段主要处于“修改”和“编辑”状态，而不似之前的“重画”方式，于是方案的修改次数和程度也较从前有很大改变。（5）当图量要求增大和专业制图人员数量增长以后，专业的制图公司便应运而生了，室内设计的产业链条开始向纵深发展。（6）因为行业发展态势较好，又有电脑制图的障碍，许多原来擅长手绘制图的设计师不得不放缓脚步，但许多原来并不谙此道，但电脑绘图技巧熟练的人员（比如学机械、建筑或其他工科专业）得以快速进入此领域。于是，室内设计从业者的学科背景、个人经历等都愈发多样。

电脑化冲击的一些隐性影响还在持续发酵。比如，电脑绘图要求尺寸极为精确，其对现实空间的推敲和模拟完全可由数字方式展开。那么，从前在室内设计专业教育和实践中须经过长期训练才能获得的空间尺度把握能力在技术层面显得不那么重要了，至少不能再成为完成工作的障碍了。更何况，以尺寸数据做基础来推敲方案的方法，使得深入设计与施工过程至少在尺寸上的衔接更加顺畅，利于提升工作效率和不同工作阶段的有效衔接。这一点对施工单位来说非常友善。

不过，电脑制图和管理方法也对传统的工作和思维方式提出了极大挑战。从本质上讲，无论是电脑绘图软件的使用逻辑，还是工程管理模式，都带有强烈的“工科”习惯，它与传统的工艺美术学院的思维逻辑有根本差异。由于这些变化来得太快、太猛烈，以至于直至今日，虽然大多数教师和设计师能较熟练地使用（至少是指挥使用）绘图软件，但其思维方法、工作模式和人员组织原则等仍是“手绘”时代的。

当综合考虑到网络对行业的影响，我们可能更会大吃一惊：（1）三大门户网站的建立及其他搜索引擎的开放，几乎彻底摧毁了原中央工艺美术学院室内设计专业在评价标准和信息把握上的主导权，行业发展进入“战国时代”。（2）当教师们发现原有的教学体系和学术观念遭受空前挑战时，往往将原因归咎于大学管理方式不妥或扩招引发的矛盾等，却鲜少意识到网络化条件下的行业和院校发展模式已大为不同了。（3）网络条件下的设计公司可以甩开院校与行政管理部门而直接与国外专家和设计师对话，这既给了他们专业信息上的便利，又便于他们利用国外专家和设计师的评判成果而与国内权威直接抗衡，连表面上的虚应都不需要了。于是，大学中的专家教师对行业和专业的把控能力一落千丈，学术权威感荡然无存。

从一个更广阔的视角来看，我们当然应该承认网络化的确可为专业的发展提供不竭的信息支持，为发展的多个方向、多个视角提供了可能。虽然信息化初期，跟风之作难免大增，但我们必须（或者说我们只能）相信，随着从业者和业主单位辨识能力的提升，随着行业经济、经营环境的改善，原创作品会日渐获得应有的尊重……

2.2 原创设计作为国家产业发展的动力

当人们在探讨文化创意和设计产业之时，无法回避英国的经验，因为英国是世界上第一个明确提出以设计创意推动产业发展的国家。20 世纪 90 年代，英国最早将“创造性”概念引入文化政策，并且在 1998 年出台了《英国创意产业路径文件》。在这份文件问世之时，这个最早发生工业革命的国家，其产业优势在全球化背景下消耗殆尽。这是英国政府急于寻求新型经济增长点的现实驱动力。英国的国家形象不再清晰，甚至沦为“二流国家”，这让“大英帝国”的民族自尊心难以容忍。撒切尔夫人上台之时，英国的工业发展几乎处于停滞状态且社会动荡，整个国家需要某种具有文化理想且能统和英国制造业，打通文化、产业、阶层与国家利益的强力“发动机”——“工业设计”即是这位女首相的救命稻草。按照这个逻辑，撒切尔夫人的那句名言，便可有多层理解了：“可以没有政府，但不能没有工业设计。”布莱尔 1997 年当选英国首相后所做的第一件事，就是成立“创意产业特别工作组”，并亲自担任小组主席。由国家首脑人物代表政府出面支持并组建的某一特定产业，在主权国家内实属罕见，足见英国政府对创意产业的积极支持态度。

作为一个设计大国，当代英国设计覆盖领域广泛、种类庞杂。英国设计似乎并不注重让人炫目的外观，却十分强调一些只能意会的“人文追求”。这可能与英国的文化传统有关，也与英国社会普遍较高的文化和审美素养有关。就英国的文化政策而言，较高的民众文化素养的确是可贵的人力资源，这是像中国这样的设计后发达国家所不具备的优势。

当代英国设计对环保理念的强调非常明显。表面看来这是设计师的伟大理想，但其在本质上是英国产业调查和文化战略的有机组成部分。（1）现代设计发展的动力又一次被证明发生在设计之外，而且这种动力之强大和持久，是设计业的内部力量永远无法企及的。（2）设计师的社会责任感被再次强化，对美学的忠诚被再次削弱。（3）由于美学评价的地位已被不断排挤，设计中的造型问题越来越不属于美学范畴，而是基于技术、工艺、管理、包装、成本等与生产相关联的方面。（4）当环保理念成为统领英国当代设计的重要线索时，基于传统制造业模式的设计方式便立刻显现出“后进性”。这也在客观上使得英国设计占据了文化上的高端位置。

沿着这样的线索，我们对于英国设计担负着将高科技快速转化为实用物品、特别是日用品的责任，也就不足为奇了。在这种逻辑下，设计成了技术、经济和社会发展的引擎。英国当代设计的文化和社会追求显然比艺术与手工艺运动要现实（或功利）得多。创意产业的提出、策动与发展显然不是“理想”驱动的，而基于国家的现实利益。

在处理文化传统和现代化的问题上，英国的设计师们保持了一种审慎的态度，希望在保护历史的前提下又始终保持前进的活力。对于英国人而言，这可能并不困难。以整个近代历史来看，英国人在政治、经济、文化的各种现代化过程中都很好地平衡了传统与现代的关系。使历史成为时尚的源头，时尚又利于传播历史文化。对于当代中国的设计师和文化界而言，这一点尤其值得研究。

对设计个性的追求是西方近现代设计史中的常见模式。在现代英国，这种个性化的设计追求，一是体现在视觉效果的“个性”上；二是体现在“个性”化的需求上，而且这种“个性”往往以不同的视觉形态来展现。许多人将这种情况简单归因于社会的理解和政府的宽容。这是一种“时时等待他人的认可”的典型弱者心态。真正值得我们研究的其实是另一个问题：在创意产业的大框架下，为什么英国当代设计在基本逻辑一致的基础上，却在形态和形式上“异彩纷呈”？

英国的设计教育是从幼儿园开始的。英国孩子从小就会 DIY 设计，往往在 5 ~ 16 岁期间就学习设计、创造的课程，而且这些课程都属义务教育之列。这种教育为英国未来的设计和创意产业的发展，既培养了可能的设计师，更培养了潜在的消费者和投资人。这种教育方式绝不仅仅是加入一种类似手工制作的设计课程这么简单，而是恰恰把设计思维在统和思想与行动、观念与实施、文化与技术等方面的能力，充分发挥出来的过程。它将使得教育过程更加高效、资源更加集约，甚至可以在相当大程度上弥补现代学科边界过于清晰而造成的青少年理解上的障碍。此外，英国的大学还广为招收世界各地慕名而来的留学生。这既可减轻英国大学的财政负担，还能通过留学生及他们今后的职业生涯而把英国的设计理念推广到世界各地。这真是一笔相当划算的“生意”。

与英国的情况类似，韩国的文化战略也有“置之死地而后生”的意味。韩国的设计与创意产业的崛起使得韩国的文化形象异军突起。相较日本而言，韩国的设计发展已超出产业范畴，成为韩国文化战略的一部分。在相当长时期内，韩国文化产品的创作、生产和消费并不被视为真正的产业，只被看作“消遣、娱乐行业”、“服务行业”，在国家经济发展战略中排不上位置。随着工业化的迅速发展，传统产业经济不断遭遇发展瓶颈，韩国通过总结自身经验和对世界产业发展潮流的悉心观察，逐步提高了对文化创意产业的认识。1997 年，在亚洲金融风暴的袭击下，为了摆脱困境、重振经济，韩国政府在着手进行企业结构、金融体制、劳动制度全面改革的同时，把发展文化创意产业正式纳入国家总体发展战略，将其作为“21 世纪国家发展的战略性支柱产业”，集中力量加以扶持。很快，文化创意产业开花结果，对韩国克服危机、重新崛起发挥了重要作用。

可见，即使对设计发达国家而言，设计的发展也往往并不完全得益于知识分子设计师们的理念推广和设计实践。产业升级和转型的要求，国家力量的介入是原创设计大发展的两大支点。而这两点，在当代中国均已成型。

3 寻找同盟者

3.1 谁是同盟者

根据设计史的描述，伟大的设计师们无异于“救世主”，普通人通常只处于被改造、被拯救的位置上。但真实情况恐怕并不如此。完整的西方设计史是由如下这些人组成的：才华横溢的设计师，强势睿智的政治领袖，博学优雅的知识精英群体，热切盼望文化新形象的新兴资产阶级，当然也有麻木保守的民众……在不同国家地区、不同历史时期，这些群体的作用不一，他们的组合方式亦不尽相同。

设计史上具有划时代意义的英国水晶宫的修建，是由英国维多利亚女王的丈夫阿尔伯特亲王领衔督导，由一个设计师和艺术家精英团队负责具体工作，最后中标的是一个“半调子”建筑师约瑟夫·帕克斯顿。这本来是一个国家领袖、知识分子精英和杰出人才的完美合作案例，也被载入各种版本的设计史专著中。但设计史中的记述可能并不全面。当时真正拥护这一与众不同方案的是英国的新兴资产阶级，他们在各种小报中连篇累牍地讨论着这一激动人心的方案，并呼吁女王接受。水晶宫方案最终得以胜出，并不完全得益于知识分子精英们的先见睿智，也有赖于皇家意志向民众意志的妥协。更何况这个方案是那个时代能够满足造价和工期要求的唯一途径。此次博览会获利颇丰，英王室于是在海德公园以南一个俗称艾伯特城的地区买下 30 英亩土地，在那里盖起了几个大博物馆和公共机构，其中有皇家阿尔伯特纪念堂、维多利亚和阿尔伯特博物馆、自然史博物馆、皇家艺术学院、皇家音乐学院……这些建筑无一例外均没有采用帕克斯顿的新材料和新结构，而是沿用了保守的石材砌筑体系。民众的意志的力量可见一斑。

维也纳的分离派博物馆的际遇又是另外一种情况。当一批艺术家从奥地利学院派中独立出来，并自称“维也纳分离派”时，奥地利的民众其实并不知道他们在做什么。直到今天鼎鼎大名的分离派博物馆建设完成时，民众们还会聚在路边三三两两地议论这个不讨喜的“怪物”，并称其为“金菜花”。幸而有奥地利大公弗雷德里希·威廉·卡尔力排众议，此建筑才能顺利完成。后来大公还将博物馆的形象印刷在了奥地利新发行的邮票上，作为奥地利新文化形象的象征。这一惯性至今保留，奥地利发行的 2 欧元硬币的背面图案仍为分离派博物馆。

在现代设计史中，还有一个群体曾起过重要作用，是设计师们最可期待的同盟，但在当代中国的设计发展中，这一群体的作用却相当有限——这就是知识分子设计爱好者。如希腊复兴风格曾先后在英国、德国和美国风行，并留下了一大批包括英国自然风景园的园林建筑、德国勃兰登堡门和美国国会大厦在内的公共建筑。然而最先对希腊建筑资料进行收集整理、编纂成册的并不是开业建筑师，而是建筑爱好者。又如，新艺术运动对设计史影响甚大，但其在当时社会的日常生活领域中影响并不如此广泛。真正使其影响泽被后世的其实是当时随着印刷业大发展而快速增长的大量设计杂志。杂志不同于书籍，因其更新速度快，市场反应灵活，需要一大批专业编辑参与其间。于是设计师不再仅以设计作品“说话”，进入媒体系统成为设计理念传播的另一途径。

对于当代中国设计师、从事不同领域设计探索的专业人士，我们现有的和潜在的同盟者或有不同，每个同盟者的重要程度也有差异。为了获取更多学术空间、更大专业自由度，设计师们如还是孤军奋战，恐怕收效甚微，主动争取同盟者，应是有效方法之一。

3.2 话语权是设计师的力量源泉

学术领地的圈划与争夺，和政治斗争有相似之处。如果我们渴望获得更可靠、更有力的同盟者，就必须增加自己的吸引力，而让自己的学术身份和社会地位有所提升是最佳途径。想想室内设计行业每年几千亿的产值，却在行政隶属和文化定位上如此模糊，我们应愈发清醒地认识到：经济总量并不是最重要的决定因素。就设计领域而言，真正吸引同盟者的应是设计专业的文化品质。中国设计最大的遗憾就在于：自新中国成立以来的几十年间，我们从未着力将设计专业提升至主流文化之中。这个问题也可以室内设计专业为例来说明。

在讨论新中国第一代室内设计师的丰功伟绩时，人们往往缺乏对项目产生的专业背景和组织运转模式的深入研究。

首先，这些项目的成功其实得益于当时的垄断机制：（1）人员的组织模式是政府指令式的，不计成本；（2）材料组织也不计工本；（3）工艺和技术的使用几乎是无偿的，也因此集合了新中国最出色的技术人员和工匠成果；（4）学术评价标准是业主单位听取全中国最出色的设计师、艺术家建议后确定的，并不存在专业评论或社会舆论的有效参与；（5）主要设计师的职业前景也是可以预期的，他们大多已被纳入文化单位或高教系统，在工资、福利等方面参照国家干部待遇，而这可能是今天的设计师最艳羡不已的地方……

其次，这些重大项目的所有参与者都有极大工作热情，也很少考虑个人利益。参与者能心无旁骛地投身于创作中，是设计成果达到很高水平的重要保证。像室内设计这种涉及人群庞大、工序多、工作周期较长的专业，在当时的社会背景中总会以集体创作的方式来运转。无论从文化传统还是政治立场出发，设计师的个人署名权在当时都不会被考虑。

第三，从一些已经解密的文献和资料中，我们很容易发现，在新中国的重大建设项目中，室内设计师的学术、文化和政治地位均无法与建筑师相匹敌。而且，这种关系在此后的至少半个世纪中，渐渐被固定下来。直到今日，建筑设计与室内设计的行业关系已有显著变化，但学术关系的惯性依然强大，两个领域愈发不匹配。

由于社会条件、经济水平和从业者认识的历史局限性，新中国室内设计的第一个高峰期虽带来了繁荣景象，却未能解决许多根本问题，而这些问题在第二个专业发展高峰时期才开始显现，甚至至今未能很好解决。

中国的政治生活具有太多的文化烙印，而文化生活又充满了政治语言。这意味着，若某学科、某专业未能进入广义知识分子的语言体系，也便无法进入主流政治和政策层面，自然无法为自身的发展争取更大空间。第一代设计师和教育家理想远大、追求卓越，但在政治政策层面上的幼稚，却在事实上把文化话语权拱手让与他人。当然那时并非只有艺术设计业和教育系统中存在这种现象，几乎所有的大学和学科都在疲于应付，也未曾有意识地在文化体系中争取一席之地。但在经济和教育大发展后，一些“形而上”的文科专业和“形而下”的工程学科因与国际接轨相对顺畅有效，也因决策者对这些专业的功能和边界认识较清晰，这些专业便轻而易举地获得了文化上和社会舆论中的崇高地位；而对于跨越文化与技术众多领域的广义艺术设计专业来说，再出发的“集结号”却从未吹响……

当时的设计师已意识到“美术”与“设计”的不同，并花费了相当多的心力来划分二者的界限。但不幸的是，在当时的社会背景下，公众不可能真正理解设计，就如同大家其实也并不真正理解美术一样。最终，这种竭尽全力的呼吁看来并未撼动文化体系的根本价值观。

因此，室内设计专业自然无法建构出完整的理论体系，这使得室内设计的大学教育长期以来只能停留在“口传心授”的层面，无法真正有效地利用现代大学教育模式进行理念推广和学生培养。

经历了 20 世纪 50 年代的繁荣和 1960-1970 年代的萧条之后，1980-1990 年代室内设计行业大发展时代的突然来临的确让人欣喜若狂。尤为可喜的是，这一轮发展从一开始就是建立在商业社会框架和市场经济逻辑中的，这种模式其实回归到了艺术设计的本位，事实证明其也更有生命力。

当然，这种方式一方面为行业的发展提供了持续动力，另一方面也因我们对市场经济、商业社会和行业规律缺乏长远眼光，从而导致市场因素的消极作用日益显现：（1）与第一个发展高峰期不同，商业模式无法集中国家的优质资源，最初参与实际工程的设计师和施工人员的平均素质不高，注定了行业水平和艺术水准的相对下滑。（2）在相当长的时间内，包括室内设计专业在内的整个社会，都过于迷信市场经济的力量，而对于室内设计的文化内涵和意识形态属性关注不够，这在客观上阻碍了专业的后续发展。最遗憾的是，因当时设计院校的教师们纷纷投入设计实践中，使得院校内设计专业的学术建构开始滞后于行业发展。（3）我们不仅没有站稳文化阵地，也从未试图研究商业社会中设计行业的发展规律和专业要求。发达的商业文明是设计业发展的重要基础，这当然有赖于社会的发展，也有赖于设计师群体和专业教育者相关认识的深化。

不知是必然还是偶然，室内设计行业的两个高峰期都恰逢国家的大学校园内的院系调整时期：在 20 世纪 50 年代，室内设计业的建立与繁荣得以催生；在 1990 年达至 2000 年前后，却至少在 10 年时间内，减缓了专业教育自我完善的步伐。大学和大学教育的发展规律不应替代各专业的发展规律，特别是在各专业、各行业、各地区的发展极不平衡的条件下，尤应慎重。就设计专业而言，过于超越专业实际水平的发展要求，的确有“拔苗助长”之嫌。我们也便在事实上丧失了 10 年，能针对专业理论和教学体系进行自我完善的最佳时期。所以，我们也不必奇怪：室内设计专业长期以来虽有经济上的成功和市场上的认可，却一直没人能将其从文化研究的最底层拯救出来——要么是对此毫无知觉，要么就是力不从心。

4 结语：中国设计师的机遇与难题

21 世纪的第二个 10 年，可能是中国当代设计的转折期。如果抓住机遇，中国原创设计将大放异彩，逐渐成为当代文化的重要角色。

参照设计史，今天的中国几乎所有能保证设计业大发展的要素都已齐备：（1）中国已成为制造业大国，但产业发展的动力正在耗尽，必须进行产业结构调整和重组，方能激发出更大能量。中国式的广义工业设计模式呼之欲出。（2）国家对提升文化软实力、提升设计原创力有愈发深入的政策和经济支持，设计师们应能逐渐获得更大的职业发展空间。（3）中国当代生活方式正在愈发成熟，无论在城市还是乡村：现代生活设备，人际交往模式，日常生活经验，地区文化习俗等，正在深度整合，这使当代中国人对自己的生活方式愈发自信。室内设计应成为"中国式样"新生活的最佳诠释者。

当然，无论外部条件如何，没有设计师们的集体努力，中国当代设计的崛起恐怕仍需时日。在设计师的所有工作中，最为重要的是——自我解放。设计师们必须寻求文化上和精神上的独立和强大。无论"崇古"还是"重洋"显然均非正途，重新界定中国设计的文化身份才是必由之路。

首先，设计师群体必须摆脱工匠思维模式，这不仅是对传统思维方式的反叛，也是对仍有巨大影响的当代教育体制和项目决策方式的挑战。大学专业教育应自觉站在前列，否则将继设计产业化之后，再一次被职业设计师群体所抛弃。而这一次，大学将彻底丧失对行业和专业的影响力。这既是大学的损失，也是行业的损失。

其次，设计师群体必须踏实下来，进行大量的理论建构和观念推广工作，通过提升专业的文化品质和地位，从而进入中国当代文化主体中，进而影响社会舆论和政策决策。设计师群体或其代言人，必须对设计评论有主动权，不能再陷于被动，对他人的品头论足听之任之。我们还须更进一步，以设计师和设计文化的视角对中国当代文化有公共发言权。

最后，主动争取同盟者也是我们必须的功课。既然中国的现代设计传统并不雄厚，既然我们前进的道路还颇多坎坷，能获得文化和产业界同盟者的帮助将使事半功倍。

我们需要原创设计吗？当然需要！这是国家文化发展的要求，产业结构调整的要求，民众生活品质提升的要求，更是设计业文化身份确认、设计师重塑社会形象的要求。但建构有利于原创设计的市场、文化环境需要付出相当大的代价，我们是否准备好了？如果设计师中的许多人在此过程中都会被抛弃或被迫转型，那么作为设计专业人士的我们，又会作何打算呢？

“一茶一世界”
——基于数字化技术的生态茶桌设计

武雪缘　张舒璐　刘慧珺　孔莉莉　南京艺术学院

摘　要： 随着计算机辅助设计技术的发展，一时间数字化设计也被应用到各个设计领域中。笔者利用数字化技术手段模拟磁场效应，生成极具自然形态的生态茶桌设计。本文将以“一茶一世界”为主题，从概念确定、物理找形、形态生成、结构分析到材料的选择，利用3D电磁场的物理参数和数学计算，结合泰森多边形算法生成颠覆传统茶桌形式的参数化设计作品。本文将具体阐述该设计的生成原理和数字化设计的实践表达。

关键词： 数字化设计　电磁场　泰森多边形　生态　茶桌

引言

现在数字化设计已飞速发展，参数化设计和算法设计手段的方法论也得到了广泛的学术认可。探讨数字化设计如何与传统设计相融，让更多的学者学习和接受这样前卫的设计手段，转变固有的思维模式。学校专门聘请中国DADA数字建筑委员会，WAX建筑师事务所。由Nikolaus Wabnitz和徐丰老师组织了“关于传统茶桌再思考”的数字化设计工作营。区别与原有设计模式，在这两天的工作营中我们将使用参数化工具和软件来模拟水流的特性，从而检测设计的多样性，来制作茶桌最核心的功能部分“排水管道系统”。

1　数字化设计主题确立

随着科技的发展，山川河流，自然生态已越来越多地被人为改造。而在这不断的改造过程中，人们日益远离自然之宁静高远，更多感受到的是城市之浮华喧嚣与难以适从。自然生态与人为世界如何得以和谐共生也越发引人深思。此次参数化茶桌设计则意在运用科技手法将自然与城市有机结合，并以此茶桌为媒介展现生态之美、城市之美与科技之美、揭示其三者之辩证关联。

整个茶桌是基于数字化技术中3D磁场线的物理变量方法模拟出地形形体及排水系统以象征高山流水之自然形态，在此基础上以泰森多边形算法生成形态多变，大小不一的集聚体块，结合起初的自然形态最终形成高低有序，疏密有致的概念城市沙盘造型。此设计正是以参数化形式语言来诠释自然向人为世界变迁的过程及城市源于自然，改变自然的思想内涵。

同时，这种包罗万象的城市沙盘形态也使人产生俯瞰世间的百态之感，寓意心怀万物之豁达，展现喧嚣城市中的高远意境。茶桌上每一个体块都有形状与深浅不同的孔洞，当茶水流入孔洞之中更隐射“海纳百川，有容乃大”的哲学内涵，整个茶桌选用具有中国传统韵味的陶土制作以追求传统与生态之美，同时茶桌的纯白色彰显出其纯粹清寂，更似浮华尘世中的一方净土。让人们在饮茶之时清心笑对百态，寡欲享乐人生，在自然、城市与内心之中真正体会“一茶一世界”的博大情怀。故以“一茶一世界”为此次茶桌设计的主题（图1）。

2　数字化设计方法研究

本设计作为一个极具功能，模拟水流特性的参数化茶桌，利用计算机编程建立一系列地形形体，获得更多的设计意向。我们在找形的过程中忽然发现排斥力的电磁场和Voronoi（泰森多边形）殊途同归，在泰森多边形的边界上，必须是到两点的距离相等；而两个等大的电子磁场的边界，也是到两心点的距离相等，如果电子大小不一样则为加权。当然本设计并不考虑一群电子互相影响，假设每个电子只影响自己周围的电子场，

图1 主题确立

设计就变得有意思了。当然这是在一般情况下，它们有共同点。但有意思的是电磁场是物理模型，它可以控制很多参数场源的强度、影响的范围等；泰森多边形算法则是非变更性的几何模型。基于这个意外的发现，我们将最终的方案既定为基于 3D 电磁场的物理参数和数学计算，结合泰森多边形算法生成极具视觉冲击力的传统茶桌再设计。

3 数字化设计生成研究

该作品的生成原理是在给定的 900m×500mm 见方的场域中建立多个虚拟点电荷，设定产生旋转磁场，通过控制电荷的场源强度，模拟生成的磁场线方向与轨迹也随之发生变化。而电荷产生的磁场线的方向矢量与磁场轨迹线是本设计的重要参数。磁场线的方向矢量用于生成动态的适用于模拟水流特性的平滑曲面，而磁场轨迹线可以截取具有磁场效应规律的点集，运用泰森多边形算法生成 800 多个多边形集聚的平面，最后结合水流模拟的曲面形态，选其至高点与至低点生成渐变的内部掏空形态和高低起伏的多面体结构。整个的设计过程，简单的描述就是：从点（磁力点）——线（磁力线）——面（流水曲面和 Voronoi 平面）——块（最终形态）的过程（图 2）。在后期的设计中，我们会对茶桌最核心的功能部分“排水管道系统”进一步研究。

4 数字化设计创意可能性分析与建造策略

此次的工作营虽授教时间不长，但自 2013 年 12 月开始至 2014 年 3 月，历时三个月的时间里，本设计 4 名小组成员依次深入，利用计算机软件模拟出很多的可能形态并尝试各种材料的运用，以寻求传统与现代相结合的造型。设计前期，我们结合主题和课题所提供的电磁场脚本程序，生成了多样化的茶桌形态。在众多尝试之后，我们发现结合泰森多边形算法会让设计更加有趣，于是我们以此为出发点生成了一系列“一茶一世界”方案，其中包括了对其参数化生成、模型制作、材料的选择并进行了详细地分析和调研。

4.1 方案一

我们以不同的设计方向进行方案的思考，方案一设计灵感来源于高山流水的自然形态。实体建造时，我们选择用 3mm 厚的不锈钢板来做这个茶盘，不锈钢板表面光洁，有较高的塑性、韧性和强度，运用冲压成型工艺对不锈钢板进行整模加工，冲压成型工艺是通过模具对毛坯施加外力，使之产生塑形变形或分离，从而获得一定尺寸、形状和性能的工件的加工方法。由于方案一的实体建造存在一定难度，在曲面的整模加工时也会有相应误差，因此，作为一个备用方案（图 3）。

4.2 方案二

方案二的主题是对传统茶桌的再思考，然而中国古典家具历史悠久，其中颇具代表性的就是明清家具，尤其明代家具，其在世界家具史上久负盛名。方案二的桌腿部分在抽离分析明代桌子的结构和部件的同时，加以简化，以经典的榫卯结构为基础，用现代数字参数化技术做出具有空间感的桌面，同时承袭了明式家具所着重的结构性设计（图 4）。在桌面材料的选择上，大胆的运用陶瓷烧纸技术来呈现。两种独特的材质属性，形成反差并得到放大，简约清新的设计更富时代感。

4.3 方案三

而方案三为了达到茶桌的整体性，我们将桌面从四个角自然的延伸至地面，成为桌子结构的一部分，让设计自成一体。在延伸桌腿的同时，注意到设计的一体性，桌腿部分不规则的

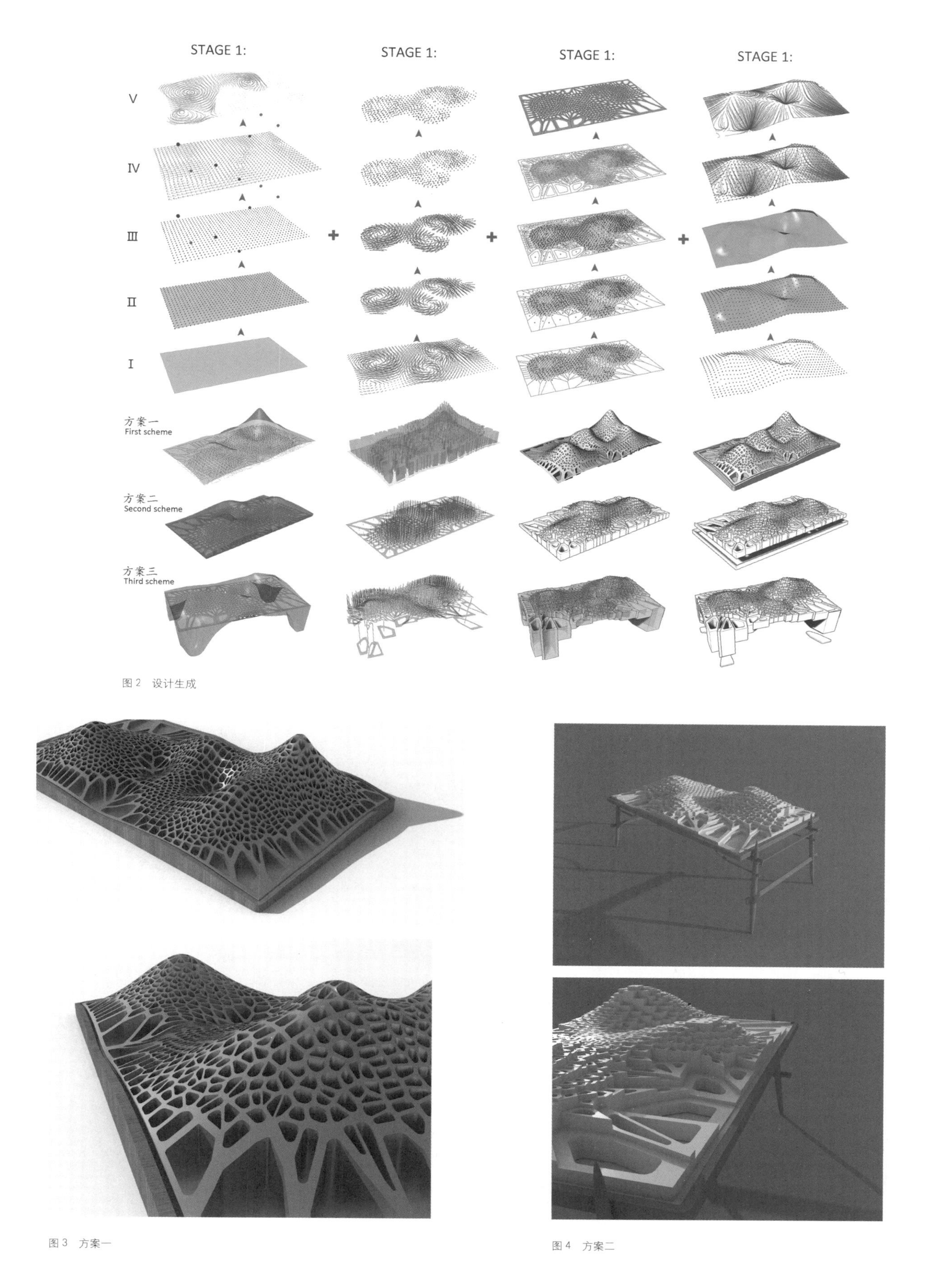

图2 设计生成

图3 方案一

图4 方案二

体块正是配合着桌面上错落有致的变化，体块之间相互错落，忽而密集，忽而疏散，犹如生生不息的生命之泉。参数化工具和软件模拟的水流的特性具有很多解释，水流的多样性便可以创造出相应的桌子形态，可以理解为桌子形式的一种探索方法，也可以抽象的理解为饮茶者相互之间的气场影响。而每一个小体块都具有不可忽略的功能作用，看似简单的体块变化之间都是基于科学的物理原理，匀秩的体块组合方式可以形象的呈现出自然形态下的水的流动方式（图 5）。

为了使整个设计作品更为和谐和统一，追求家具材料与家具造型并不孤立存在的事实，因此，在茶桌设计的过程中，我们对数种材料的性能特点和成型特性进行研究与考察，从而设计生产出造型和使用性能优良的茶桌。

就"一茶一世界"中的方案三来看，茶桌上每一个体块都有形状与深浅不同的孔洞，形式较复杂，所以对材料的硬度、加工难易度有一定要求。我们主要有三种材料来完成方案三的制作（表 1）。

本设计小组也对后期制作材料进行了深入探究，通过多次的市场调研与材料试验，对石膏、黏土、光敏树脂三种材料的属性以及制作方法进行了详细的分析与综合比对，陶瓷烧纸是我们希望继续发展的方向，白色陶瓷素色洁净的质感符合我们追求的"素、净"之美，而且至今仍然以鲜活的形态和浓厚的文化意味妆点着现代人的生活。运用传统陶瓷的技术来制作作品"一茶一世界"是对于现代参数化设计的全新表达方式。

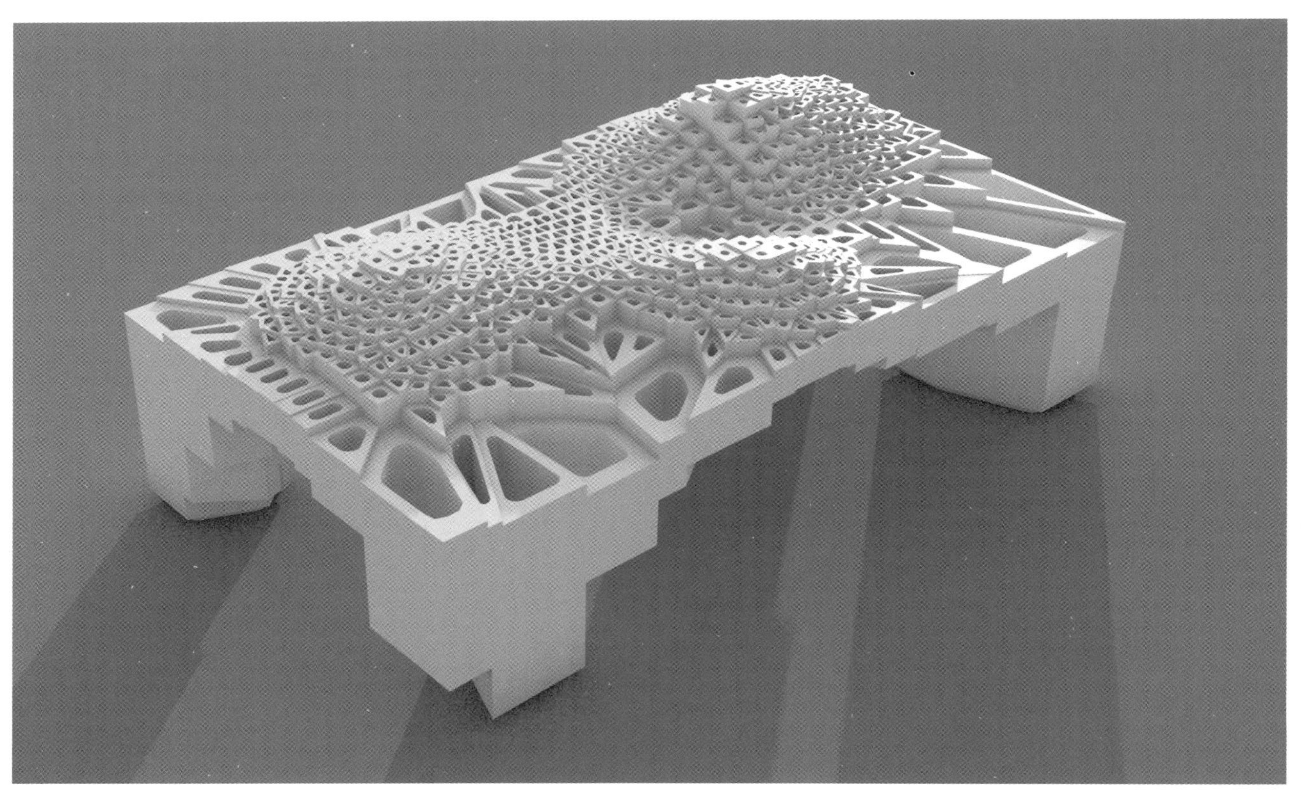

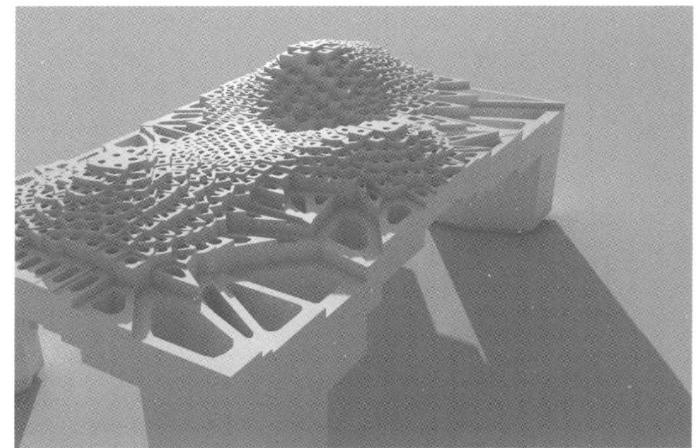

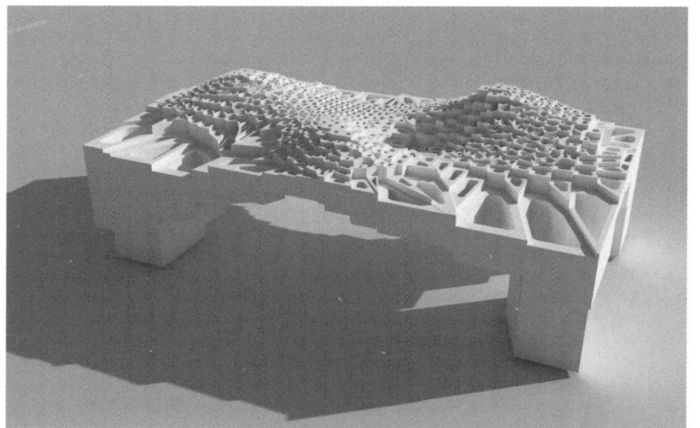

图 5　方案三"一茶一世界"

材料及制作 表 1

材料	材料属性	制作方式
石膏	一种用途广泛的工业材料和建筑材料，白色，含杂质时显黄。低硬度，比较容易加工	运用二维打印机，先刻出平面图，再进行手工加工
黏土	原材料为高岭土等矿物质材料，烧纸温度约在 1200℃，质地密实不透水。瓷器表面素色洁净，耐高温，耐腐蚀	陶瓷烧制： 1. 制泥；2. 成型：桌子尺寸为 90×50×42cm，按照体块分为 7 块方便制作，用二维打印机——雕刻，必要时结合手工制作；3. 干燥；4. 烧制成型；5. 补缝、上釉
光敏树脂	一般为液态，一般用于制作高强度、耐高温、防水等的材料，固化速度快，生产效率高，但无粘接性（无双向牵拉），只靠机械嵌力	立体平版印刷（SLA）： SLA 立体印刷又称立体光刻、光造型，液槽中盛满液态光固化树脂，在一定剂量的紫外线激光照射下会在一定区域内固化。当一层扫描完成后被照射的地方就固化，未被照射的地方仍然是液态树脂

5 结语

本次的数字化设计工作营带给我们全新的设计视野，整个设计过程使我们扩展了设计思路，不再一味盲目地从找形出发，而是更多地认识到如何从概念、生态入手，结合参数化技术来指导整个设计过程。同时，我们更加深入地了解了什么是参数化设计、什么是泰森多边形原理、如何运用磁场线技术找形，同时也丰富了我们对材料的认识，让我们更为直观地理解了数字建造的内在含义。圆满完成这次设计作品，使我们今后在参数化学习与试验中，有了更多的憧憬与期待。

参考文献

[1] 尼尔·林奇，徐卫国．数字建构——青年建筑师作品[M]．北京：中国建筑工业出版社，2008．

[2] 任军．当代建筑的科学之维：新科学观下的建筑形态研究[M]．南京：东南大学出版社，2009．

[3] 阿里·拉希姆．催化形制：建筑与数字化设计[M]．北京：中国建筑工业出版社，2012,1．

[4] 尼尔·林奇，袁烽．建筑数字化编程[M]．上海：同济大学出版社，2012，5．

[5] 李建成．建筑数字技术系列教材：数字化建筑设计概论 第二版[M]．北京：中国建筑工业出版社，2012，8．

[6] 徐卫国．非线性体——表现复杂性[J]．世界建筑，2006(12)：118-121．

[7] 王鹿鸣，王振飞．参数化设计——一种设计方法论[J]．城市建筑，2010，06:40-43．

[8] 任军．当代科学观影响下的建筑形态研究[D]．天津大学，2007．

[9] 任振华．建筑复杂形体参数化设计初探[D]．华南理工大学，2010．

注： 插图为作者自绘或自摄。

让设计回归自然
——以《裂缝》参数化设计茶桌为例

俞 菲 张楚浛 吉晨晖 章旭宁 许哲诚 南京艺术学院设计学院

摘 要：本文通过对传统茶桌的“排水管道系统”的再思考与再设计，并赋予其情感寓意与表达，利用参数化软件来模拟操作，探索茶桌设计中传统与反传统在形态、功能上的区别所在，探讨参数化设计的自然意义的表达。

关键词：茶桌 参数化 情感化 自然 设计

引言

中国是茶的故乡，经过几千年的积累和传承出现了一系列经久不衰的茶文化，通过沏茶、赏茶、闻茶、饮茶、品茶等过程将中华文化和传统素养体现得淋漓尽致。现代人对于茶的态度各不相同，饮茶的习惯也发生了改变。同样改变的还有饮茶的器具，茶具按其狭义的范围是指茶杯、茶壶、茶碗、茶盏、茶碟、茶盘等饮茶用具。现在市面上的茶具种类繁多，造型优美，但大批量生产模式导致茶具产品设计手法大相径庭，只做表面文章。本文通过数字化设计手法，探讨茶具产品设计的新思路，以茶桌为例将设计回归自然，回归人性化。

1 传统功能形式美下的茶桌

茶桌，作为供喝茶时使用的盛放器具，在传统饮茶工序中扮演着很重要的角色。纵观市场上销售的茶桌主要以实木茶桌为主，它也是茶桌中最常用的表现形式。木头与茶的搭配能够凸显茶文化的质朴，大气的自然外观与小巧的茶杯形成了对比，在饮茶时形成一种独特的氛围。实木茶桌通过对不同木种的加工、人为的塑形将茶桌设计成不同形态或是直接在实木上雕刻，增添其艺术色彩。此外，石材、瓷、合成材料等大量的运用，改变了茶桌材质的单一性，使得传统茶桌在形态和功能上都有了很大的改变。经过分析普通茶桌应该满足以下几个功能特点：1. 合理的排水管道系统；2. 能够巧妙的收集滤水；3. 造型优美，有识别度；4. 加工方便。

基于上述几个特点，可以得出茶桌在具有摆放茶具的基本功能之外，“排水管道系统”是制作整个茶桌最核心的部分，也是值得再思考的部分。在沏茶过程中，常常需要将多余的茶水倒出，茶桌在负责排水的同时还负责收集这些茶水。传统茶桌的排水功能一般藏在茶桌中，细管头部连接桌面上的入水孔，另一头扩大负责收集茶水，整个过程完全隐蔽，人们不关心这些水是如何从桌面上消失的，自然也不清楚它们是如何消失的，但它的好坏却会影响人在饮茶时的心情。

2 参数化设计对传统茶桌形式的再思考

参数化设计在当代设计中运用得十分广泛，它把设计的全要素都变成某个函数的变量，通过改变函数，或者说改变算法，能够获得不同的设计方案。它不同于传统的设计手法，更多地考虑参照关系在改变物体形式下的运动轨迹，使设计充满自然、人性色彩。

那么在对传统茶桌的再思考过程中我们发现，利用参数化软件草蜢（Grasshopper）来模拟茶桌的重要功能——排水功能，去捕捉水流的特性，控制水流动态，从而，将传统茶桌发展成一个具有生命力、富含情感的茶桌形态（图 1）。

图 1　参数化与传统茶桌的形态对照

3 实验性过程解析

3.1 设计界面范围

我们先将茶桌桌面简化成一个矩形平面，并赋予其范围。在参数化的设计之中需要我们确定参考对象，因此，在这个设计中，我们依据磁场中磁极对磁体的吸引轨迹（磁感线），来表示水在平面上流动的过程。将无形的水通过无数条磁感线的波动形象直观地反映出来，为后期设计做准备（图 2）。

3.2 控制点的设置

有了茶桌的设计范围及磁场的概念之后，我们需要在平面里加入控制点，目的是通过改变磁极大小和距离，改变磁体之间相互的吸引力，体现水流在遇到障碍物之后流动的随意性。在参照物上，茶桌上隐藏的人际关系是我们确定各个点的依据。试想一个生动的茶桌，是可以表达不同人之间蕴含的情绪（图 3）。

我们把人际关系当作是影响磁极的施力点，朋友之间的亲密距离、陌生人之间的相处程度等就变成了我们可借用的参数，这时的茶桌代表了一种场景，不同人物的组合会让水流的走向迥然不同。通过这种参数化模拟，仿佛可以描绘出饮茶者的相处关系，并直观地反映出来。参数化协助设计增添了很多形态生成的可能性供我们选择。从图上可以看出旋涡就是控制点的位置，调整控制点大小，旋涡就会分散或聚合；调整控制点之间的距离，水流线就会慢慢随之改变。经过慢慢调试，感受参数变化带动的图形变化（图 4）。

3.3 确定平面形态

基于小组内的实际情况，我们将男生设定为正极，女生设定为负极。用普通的同学关系进行描述。因此，赋予茶桌五个

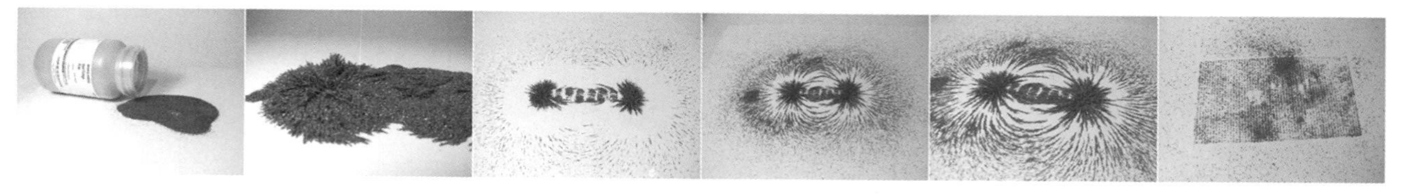

图 2　磁极对磁体的吸引轨迹

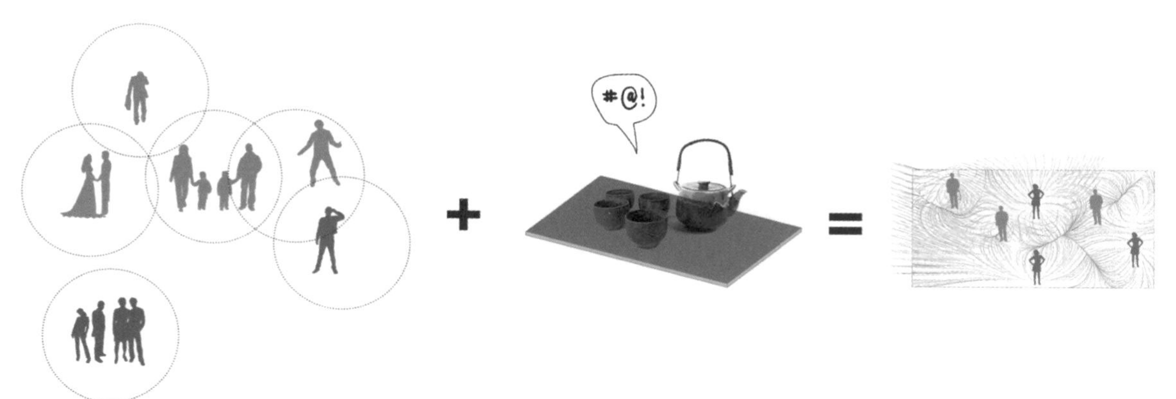

图 3　人际关系与控制点

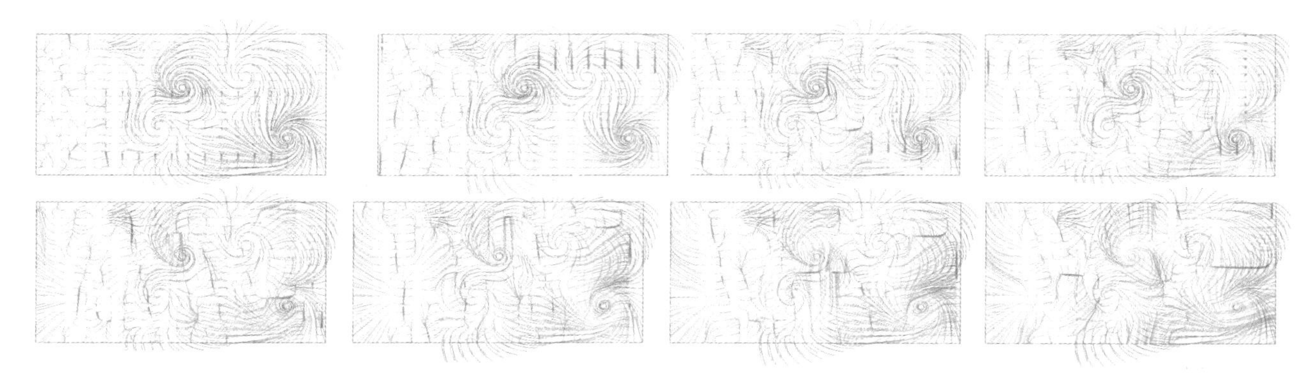

图 4　不同组合下的水流走势

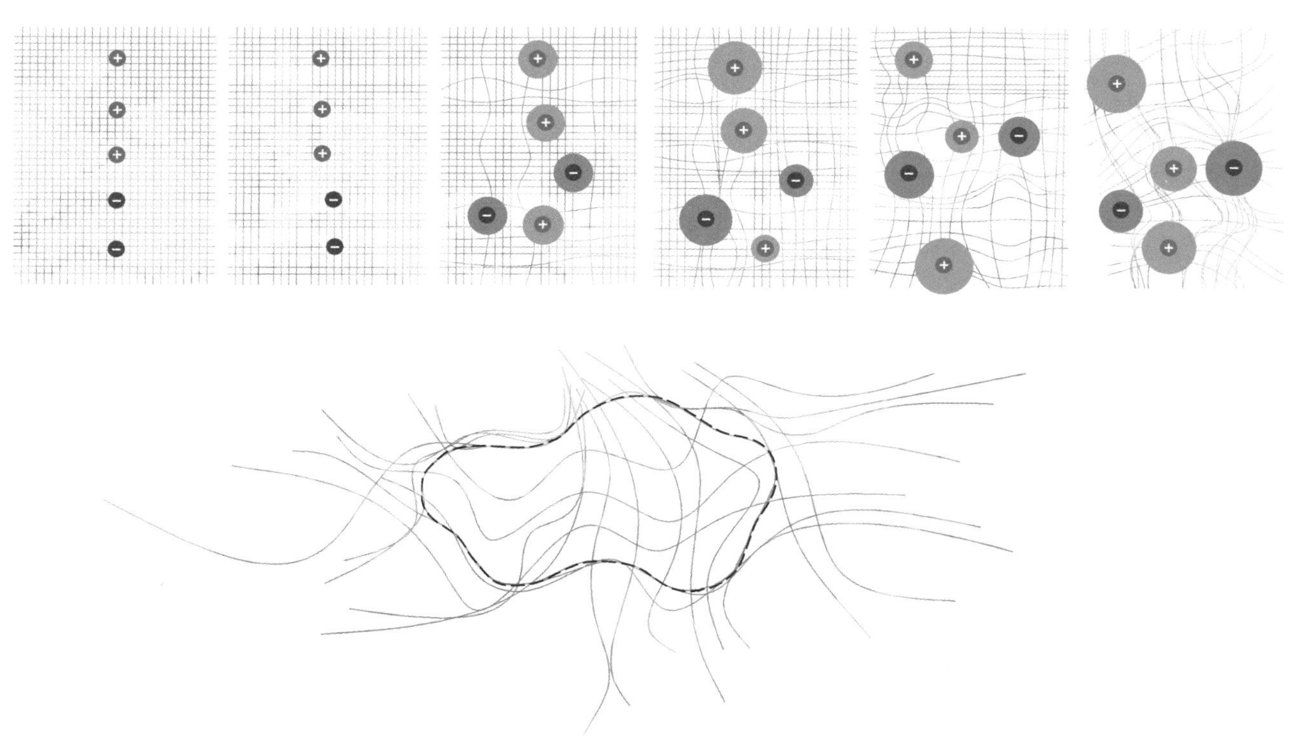

图 5　平面形态生成过程

控制点，三个正极控制点，两个负极控制点，通过设置不同的极点来相互干扰，使得磁感线呈现不同的走势。同性磁极之间距离越近，产生的磁感线相对平缓，异性的磁感线距离越近，产生的波动相对较大。慢慢移动控制点，将正负极相互穿插，以“十”字形分布在平面上，形成了一个相对缓和的平面形态，区别于先前的矩形平面。而这种圆滑、流畅的平面关系也正是我们需要的情感模式。在调试的过程中，一些极端的组合会让平面出现很大的变化，控制点相互失衡、正负极抗衡等不和谐的因素都会让平面图形失真，这也说明了人际关系的变化往往影响一个和谐团队的工作，参数化通过真实的变量反映出相对真实的组合形态，将真实的感情植入到一个产品设计中，也是再思考中值得珍惜的一种设计方式（图 5）。

3.4 排水系统的高度调整

在干扰后的平面图形下，我们还需要改变部分高度以达到排水系统的功能。也就是确定水流从高到低的走势。经过再思考设计的茶盘突出了排水的可视性，让人们去发现真实环境下，水流是如何流动的，古人常曲水流觞，饮茶观曲水流想必也别有一番风味。在参数的变量上利用了不同的表现形式，让高起的磁感线有了形式上的变化，但是过高过低都不行，会影响水流的幅度，但是过于平缓也会阻碍茶水流动在茶桌上形成水洼（图 6）。经过调整，将高度控制为中间高，两边低的形态，让水流可以很好地经过。在这样的起伏下，这可以起到很好的

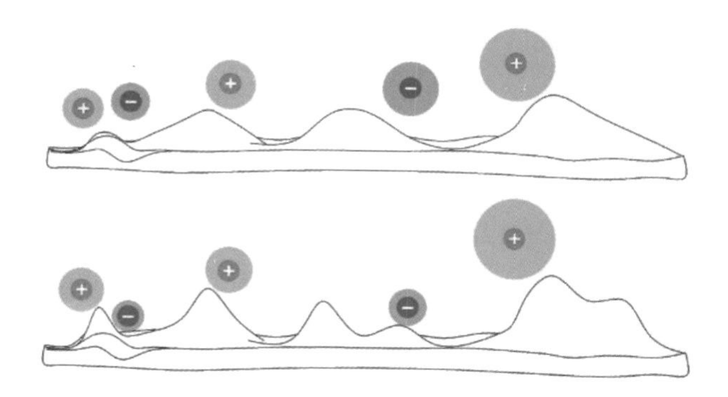

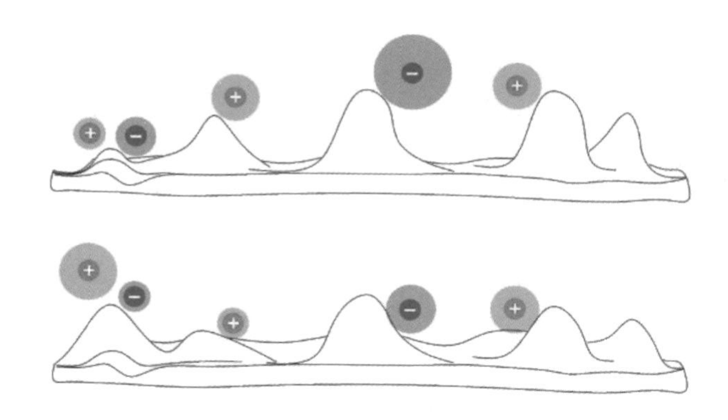

图 8　调整孔洞改变茶桌形态

平面中的泰森多边形与原始曲面的距离作为参量，将平面中的泰森多边形单元体根据对应数据沿 Z 轴方向拉升，就形成了站立的泰森多边体，这样的话，排水管道系统和一个茶桌的雏形就生成了。在这个过程中，可以通过调节差值，来控制抬升形态的高度差。

泰森多边形通过参数化计算连接变成一个很大的孔洞图形，我们将其视为自然界里的裂纹，如同碎裂的冰、又或者是液体冻住而产生的自然纹样。因为在方案之初就赋予了茶盘情感，所以我们运用这种形式语言象征打破人与人之间的隔阂，消融汪洋上凝固的情绪。设计过程中我们发展出了不同形态组合：

方案一：泰森多边形让我们联想到它的自然形态像破碎的冰，又或者是液体冻住而产生的自然肌理，解决了排水功能同时又富有张力的形式语言，但滤水收集功能有待加强（图 9）。

方案二：主要考虑茶桌的滤水收集功能。水流能沿着桌腿顺势而下，更有利于茶水收集（图 10）。

方案三：这是我们的最终方案，集合了前两个方案的优势，即带收集水流功能的非传统茶桌（图 11）。

3.6 材料创新

材料选择上，区别于传统的实木，我们选用亚克力材质进行搭建。亚克力材质具有水晶般的透明度，极佳的耐候性、较高的表面硬度和表面光泽，以及较好的高温性能。易于加工和热弯，快速成型。价格也相对便宜，能够很好地完成实物效果。而且通过渲染效果模拟，亚克力配合新的排水系统更能突显茶桌的纯粹美感。

4 结语

最终方案取名“裂缝”，很好的象征了我们选取的自然界的参考意向。最值得一提的是我们在参数化设计的时候参照了

图 9　方案一

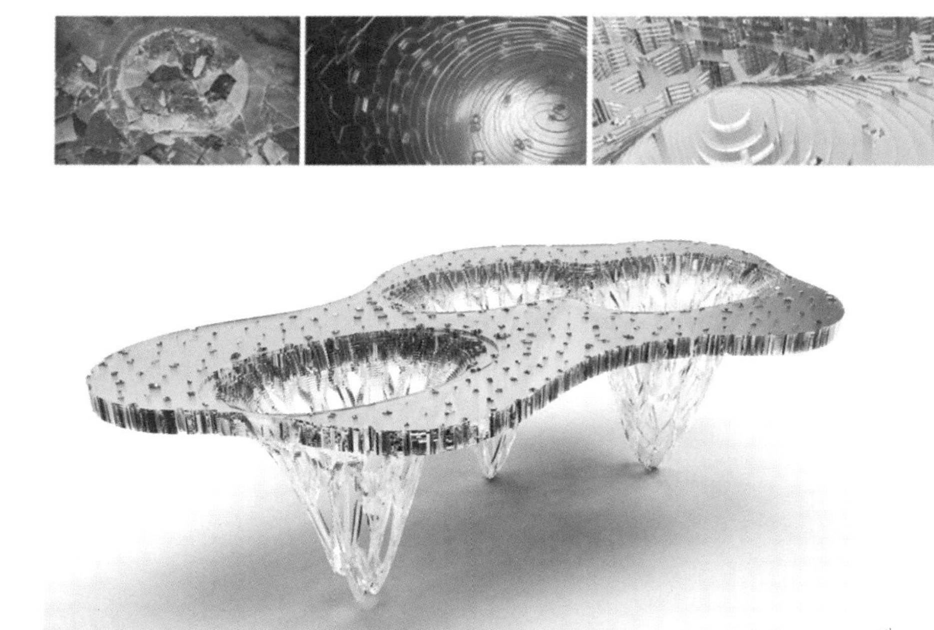

图10　方案二

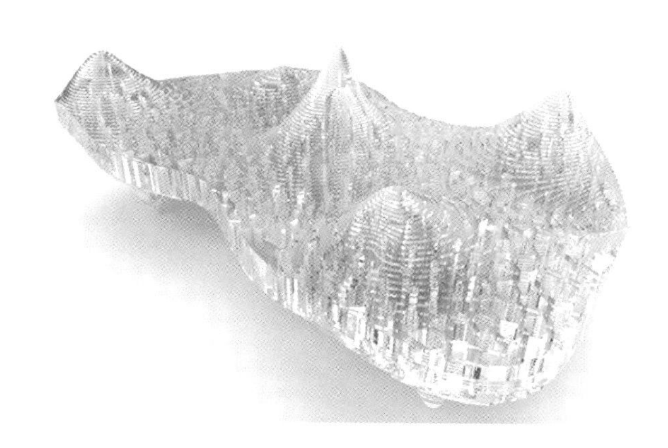

图11　方案三

我们真实的人类感情，并将其融入设计中，使最后的成果变成了一个有情感有意义的茶桌。试想在这样一个环境里使用茶桌，是不是也区别于传统枯燥、冰冷的实木茶桌呢？这正是参数化体现设计自然化的方面，在模拟自然形态的同时又可以人为的干预，把自然真实化，将产品人情化。

参考文献

[1] 陈绍宽．鉴茶、泡茶、品茶全书．北京：化学工业出版社，2010，1：47—52．

[2] 陈陶然．茶桌风云[J]．东方收藏，2012（11）：60—61．

关于中国传统室内家具的再思考

——以参数化茶桌为例

许哲诚　李 佳　刘品轩　王珊珊　南京艺术学院设计学院

摘　要：随着社会的发展以及人类生活方式的巨变，一些中国传统家具正面临着难以进一步发展甚至是淡出社会生活的现实困境。而相对于传统的制造工艺来说，当代参数化浪潮则显示出了极强的生命力，其正在以巨大的力量冲击着设计界，这不得不让我们试着从一个新的角度对中国传统家具进行再思考，本文以参数化茶桌设计为研究对象，探索如何通过参数化技术去进一步发展中国传统家具文化。

关键词：传统家具　参数化　茶桌

1　主题概念

茶桌在中国文化中扮演了十分重要的角色，它们中的大多数不仅形式多变而且材质的使用也富于变化，除了茶桌自身的造型之外，水流也是在设计茶桌过程中必不可少的元素之一，水与茶桌的互动体现了很高的功能性与观赏性。

水作为地球生命最赖以生存的物质之一，它以各种形态出现在我们面前，如冰、霜、雾等。地球上的水需要通过循环来维持地球的生态健康，在水循环系统中，云是极为重要的载体之一，它在古代就化身为各种图腾为人类所崇拜，足见它对人类的影响之大。空气中的水蒸气聚集形成云，然后云再将多余的水分排向地面，由此完成水的循环和更新，这是一个关于水的收集——排放——收集的自循环过程，这样的过程与茶桌的工作过程具有异曲同工之妙：茶桌将多余的水收集起来形成水流，然后再通过自身的排水系统将多余的水排出。所以，将云作为此方案的概念主题不仅描述了茶桌的静止形态，而且描述了茶桌的动态行为。在方案的设计过程中，运用参数化设计方法将大自然的行为与形态融入到茶桌之中，以参数化为纽带使茶桌与自然产生联系，将关于传统茶桌的再思考用数字化的模型展现出来。

2　生成方法

整个设计过程运用 Grosshopper 直接更改或选择所需参数，尽可能多的自由发挥，建立一系列的地形形体，茶桌设计将从这里获得设计意象。整个设计过程都是开放的，目标是为了生成正式的、多变化的地形形体，然后修改和测试模型是否符合所要求的功能，同时也会模拟水流及排水系统，最后根据主题对生成的结果进行调整，使其更加契合主题所传达出的意向，同时也为后期制作实体模型准备数据资料。

一个优秀的茶桌应该满足以下几个条件：

1) 造型优美；
2) 具有合理的排水管道系统；
3) 能够巧妙地收集流水；
4) 加工方便。

所以，此茶桌的生成过程主要分为以下 5 个步骤（图 1）：

1) 曲面生成；
2) 曲面测试；
3) 排水系统；
4) 流水收集；
5) 形态完善。

3　生成过程

3.1　曲面生成

首先根据所需的茶桌大小在 XY 工作平面中建立一个矩形平面物件，再在物件上方设置若干个点来表示茶杯的位置，然后将这些点分别转化成带有正负电荷的磁力点，由此产生的磁场在一起互相产生作用力，根据力的大小将初始平面的控制点向上抬升至不同的高度，抬升后的控制点重新生成具有起伏特征的地形形体（图 2）。在这个过程中，可以通过修改参数和变

图 1

更磁力点位置生成一系列地形形体，并从中挑选出最合适的模型进行曲面水流测试。

3.2 曲面测试

通过使用参数化工具和软件来模拟水流的特性，从而检测设计的多样性，来制作茶桌最核心的功能部分——排水管道系统。通过测试之前生成的曲面，可以发现水流会从高处汇聚到低洼处，然后沿着曲面边缘分散地流淌下来，由于缺少合理的排水管道系统，水流还不能被巧妙地排出和收集起来（图 3）。

3.3 排水系统

将垂直的孔洞作为茶桌的排水管道系统是既简便又实用的方法，孔洞与地形形态的结合方式就显得尤为关键了。通过以下 3 个步骤生成孔洞并将之与地形形态有机结合起来，生成排水管道系统和茶桌的形态：

1） 在曲面的垂直投影范围内一角建立一个 16mm×16mm 规格的矩形，然后以矩形中心点为轴心，将矩形在 XY 平面上旋转 60 度，再以矩形的边长为间距，将旋转后的矩形复制并排列于曲面的垂直投影范围内，排列后矩形就会两两相交，同时也会形成矩形的孔洞。在这个过程中，可以通过改变矩形的边长和旋转的角度调整孔洞的形状（图 4）。

2） 通过曲面流水测试，可以得出茶桌上水的流量分布，水流量多的部分模拟线的密度高，水流量少的部分模拟线的密度就低，以模拟流水线的密度作为参量，对矩阵中的矩形进行缩放，孔洞的大小就会随着水的流量产生渐变，即水流量多的地方孔洞大，水流量少的地方孔洞就小，甚至消失。在这个过程中，可以通过调节最大孔洞和最小孔洞的大小差值来控制孔洞的大小形态与分布（图 5）。

3） 为了使茶桌形态更加活泼，更加富有趣味性和韵律感，通过对水流的方向进行分析与模拟，以水流方向与 X 轴向量之间的夹角数据作为角度参量，对缩放后的矩形单元体以各自的中心点为旋转轴心，根据对应的角度数据，在 XY 平面上进行旋转，旋转后的矩阵形态就打破了之前孔洞形态单一的状况，矩形单元体之间的关系也变得更加复杂，群组形态也更加复杂多变，孔洞的平面形态就形成了。在这个过程中，可以将最初的角度值设为初始值，再进行一系列数学运算来改变数值大小与数值变化规律来调节旋转后的孔洞形态（图 6）。

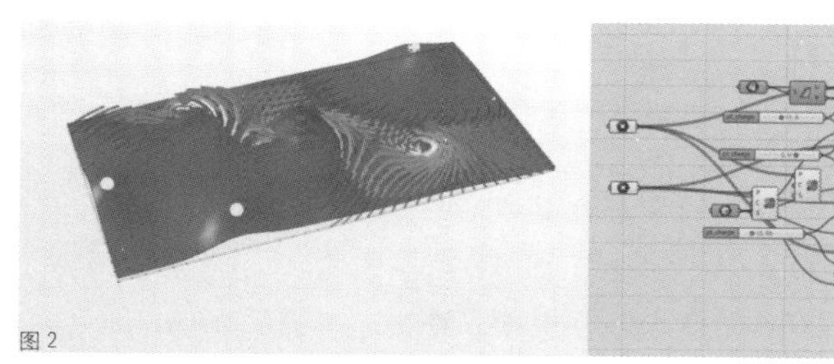

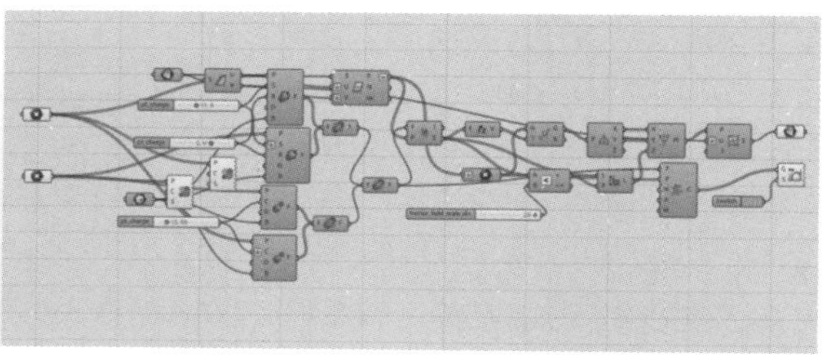

图 2

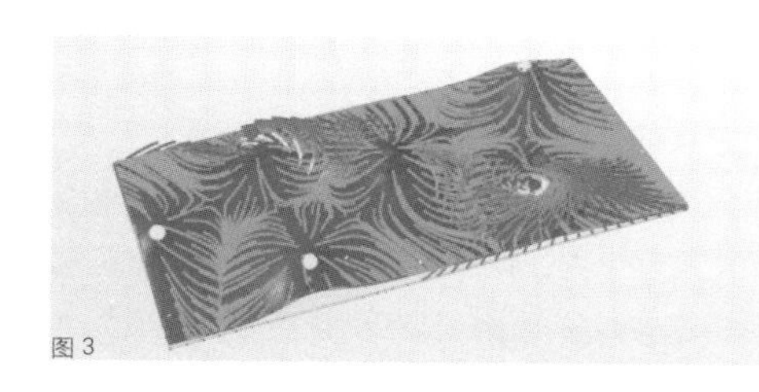

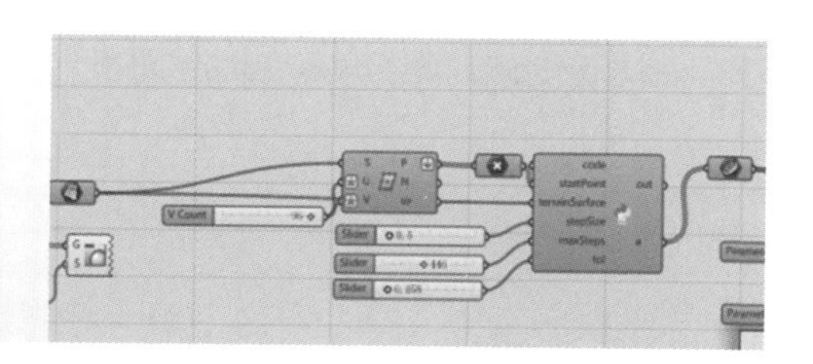

图 3

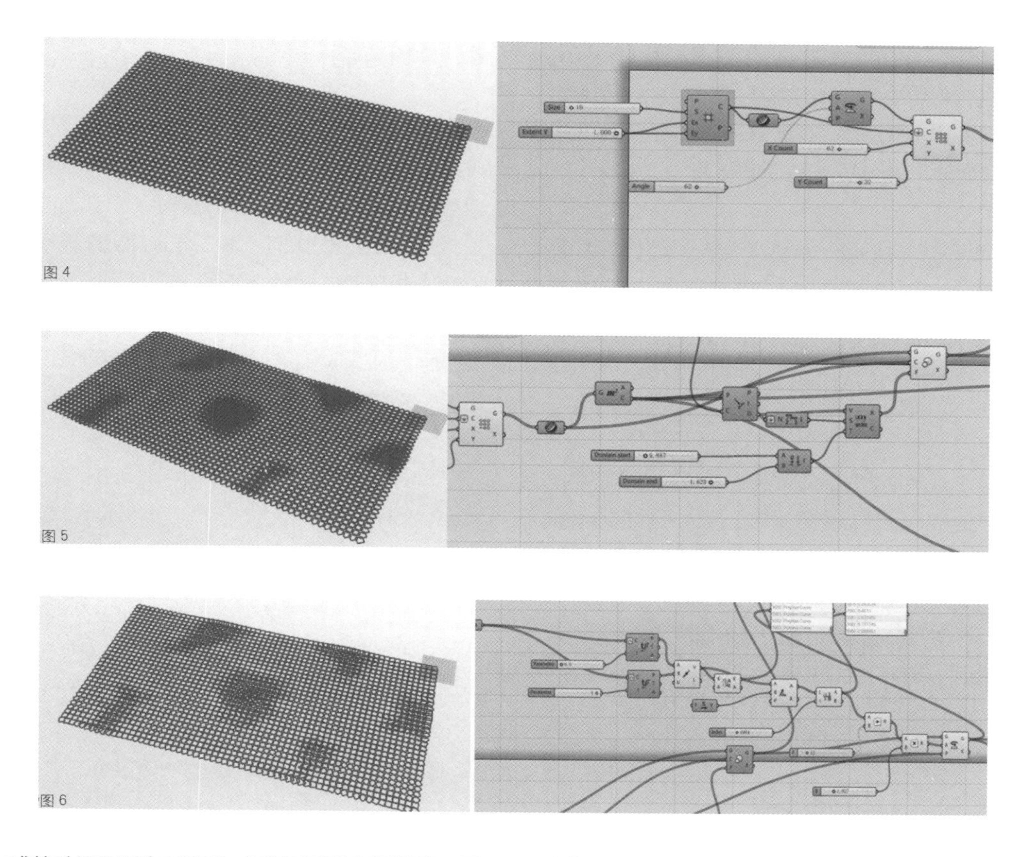

图 4

图 5

图 6

4）将生成的孔洞平面与最初生成的地形形态相关联，再以平面中矩形单元体的中心点与曲面的距离作为参量，将平面中的矩形单元体根据对应的距离数据沿 Z 轴方向挤出，平面矩形上就生成了直立的长方体，矩形之间的孔洞就生成了长方体之间的垂直缝隙，垂直排水管道系统和茶桌的雏形就同时生成了。在这个过程中，可以通过调节抬升数据的最大值与最小值，来控制抬升形态的高度差（图 7）。

3.4 流水收集

将茶桌上流下的水巧妙地收集起来是一个茶桌必不可少的功能。将茶桌整体向上抬升，底层就可放置可移动的、收集水流的容器，沿垂直排水管道流下的水流就可以汇聚到这个容器中了。如何使抬升的形态与茶桌整体相协调呢？这里仍然将孔洞平面中的矩形单元体的中心点与曲面的距离作为参量，将之前生成的每个长方体根据对应距离数据沿 Z 轴方向抬升，将数据最大值与最小值之间的差值适当地调小，使茶桌底层形态趋于平缓，也使茶桌更加稳固，通过这样的抬升方式生成的底层空间形态就与之前生成的茶桌形态相协调了。在这个过程中，可以通过调节最大值和最小值的差值，来控制抬升的高度值和高度差（图 8）。

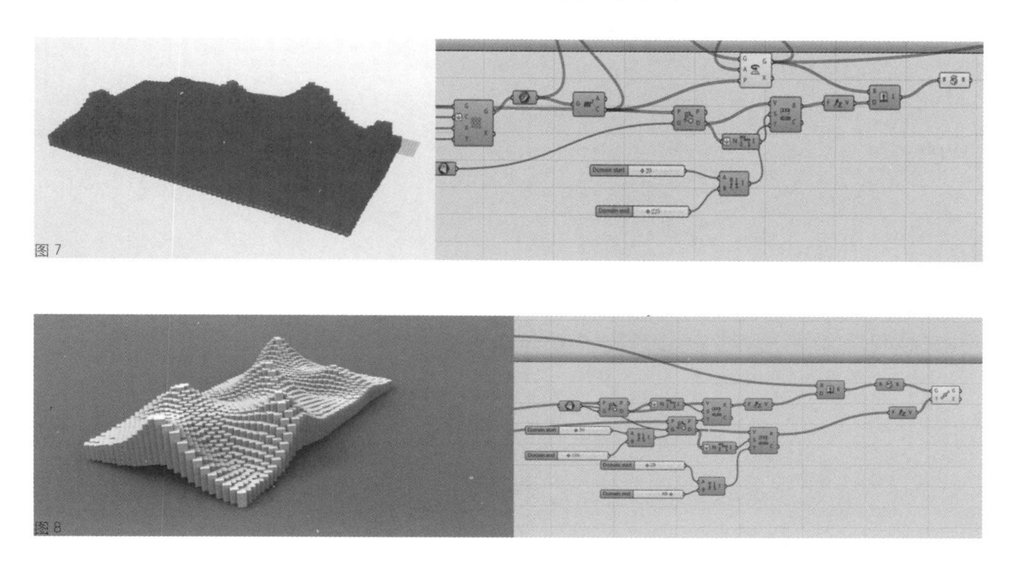

图 7

图 8

3.5 形态完善

为了使茶桌的外形更加契合云的主题，工作过程更加贴合云层进行水气收集和降水的过程，还需要对之前生成的结果进行形式上的关联性调整。调整的过程分为以下两个步骤：

1）将生成的结果以X轴进行镜像，这样，在原物体和镜像物体之间就会形成一个腔状空间，上层的水就会通过排水孔洞，穿过中间的腔状空间，如雨滴般落到底层，然后通过底层的孔洞排到最下面的容器之中。在这个过程中，可以分别调整原物体和镜像物体与曲面的关联差值来调整腔状空间的形态。

2）云是大自然众多绝妙的分形作品之一，它没有规则的边缘，没有平滑的轮廓。从这点出发，将上层的形态进行调整就显得很有必要了：将之前的镜像物体，再以X轴进行镜像，再通过调整关联差值来调整起伏形态，使其在桌面与云朵的形态中找到一个平衡。然后垂直移动至第一次镜像物体上部并调整至适当位置，茶桌上半部分的“云层”便形成了（图9）。

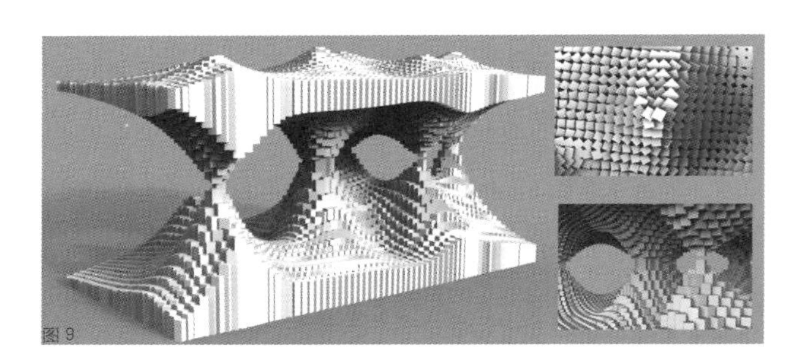
图9

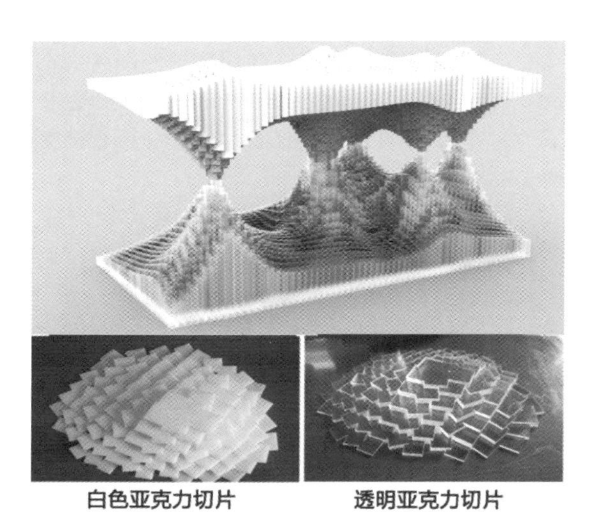

图10

4 材料与制作

一个优秀的茶桌必然是形态与材料的完美结合。此茶桌以云为主题，力求模拟天地之间降水过程来收集多余的水流：上部是白色的云，中间是云层的降水，下部是透明的水源。为了生动表达出这样的主题，综合考虑加工方式和制作材料，茶桌上半部采用白色亚克力来表现空中飘浮的云彩，下半部分采用透明亚克力来表现地面的水源，透明的材料也强化了上半部分“云层”的飘浮感。加工方式上，采用激光切片切割的方式，不仅加工快捷而且可以保证制作精度（图10）。

5 总结

中国许多传统文化在现代化的过程中受到不同程度的冲击，有些人认为中国的很多传统文化已经不能适应现代文化，衰落和被遗弃是必然的，但如果我们从现代化的技术角度对传统的文化进行再思考，将传统文化的核心观念与现代的技术手段和表现形式相结合，或许会发现一条中国传统文化的复兴之路，更好地将中国的传统文化发扬和传承下去。

参考文献

[1] 詹和平．以参数化的名义：实验性设计课程教学探索．南京艺术学院学报[J],2012(02):142–147.
[2] 伯纳德·卢本．设计与分析[M]林尹星，薛皓东译．天津：天津大学出版社，2003.

相对论：民族品牌马桶与洋品牌马桶的博弈

佛山东鹏洁具股份有限公司市场部

关键词： C 型管道　闪电急冲　5 级旋风　博弈　节水比拼　东鹏洁具　科勒

拥有几十年上百年历史的国际品牌，在马桶的研究与管道设计的开发上都有非常深刻的理解，相较于近二十年才发展起来的中国卫浴行业来说，要把一家民族企业建立并发展壮大并不是一件简单的事情，因此，很多厂家选择了为外国品牌贴牌甚至打出“洋名字”充当“洋品牌”。但在恶劣的环境下，就是有这么一个品牌，始终坚持走民族品牌道路，以打造“中国卫浴第一品牌”为目标而奋斗。2012 年，东鹏洁具推出奥斯卡系列马桶，以超强“闪电急冲”在行业激起巨浪！更有行业专家以科勒 5 级旋风马桶做了对比，并最终确定以东鹏洁具为代表的民族卫浴品牌与已有洋品牌一较上下甚至赶超洋品牌的超强实力。

1　东鹏洁具奥斯卡马桶闪电急冲系统奥秘

0.7s 超大管径，闪电急冲专利技术

东鹏洁具奥斯卡在管道结构的重大革命，研发出 C 型管道技术，让东鹏洁具奥斯卡马桶在虹吸力、冲刷面、洁净度等马桶冲水关键数据上，保持世界领先地位。经测试，东鹏洁具奥斯卡马桶仅需 0.7s 即可速达 3750ml 最大水量，一次性冲净 500 个聚丙乙烯球，是国家标准一次性仅冲 100 个的四倍，实现瞬间排污功能，在冲水和节水性能上都超过国家标准，速冲强度是目前全球第一。

360 度静漩，4.8 升速净

东鹏洁具奥斯卡马桶更采用独特的喷射口无卡阻设计，搭配传统 2 英寸排水阀 4 倍排水量的 4 英寸排水阀，实现瞬间最大排水量，360 度冲洗设计，如同开闸之水，猛冲而出，实现 4.8L 水轻松瞬间排净污物。经测算，按照一家四口的使用率来算，使用东鹏洁具奥斯卡马桶每月可以节水 720 升，每年一个家庭就可以节省 8640L 水，也就是将近 9 吨水。

人体工学，绝妙的弧线设计

座圈离地高度为 410mm，为座便器的黄金高度，符合人体工程力学，即使是长时间的静坐，也不会感觉不适；陶瓷水箱和坐缸连接处，流畅光滑无任何凹凸不平感觉，更没有人工粘合痕迹，浑然一体，一次成型产品没有漏水、裂缸隐患。东鹏洁具凭着自身 40 年对陶瓷的深刻理解及独特的烧陶工艺技术，使得其能够在一体成型的马桶上进行复杂的曲线弧度设计，而奥斯卡马桶就是由顶尖设计大师克瑞斯道夫主笔设计，根据数千人坐姿与如厕习惯的研究调查并融合了古典建筑优美线条而设计出的一套拥有符合人体工学弧线的超前卫浴产品，整体简洁精致，没有一丝多余，将经典优雅与实用舒适暗藏在艺术之中，这就是艺术的最高境界。

2　科勒瑞琦马桶 5 急旋风技术

科勒瑞琦的五级旋风冲水系统，其超快的瞬间流速可带来强效的排污效果，能冲走 2~3 倍左右的污物，有效地杜绝堵塞情况的发生。其全效洁净设计引导水流全方位均匀洗净缸体，确保没有污渍残留，使缸体始终光洁如新，4.2 升水量一次冲净，在保持以往五级旋风超强冲水效果的同时，更可比国家标准（6 升）节省 30%。同时，科勒 4.2 升 Class Five+ 瑞琦设计简洁，富于现代感，易于搭配不同风格，让卫生间体验变得更加妙不可言。

3　东鹏洁具奥斯卡 VS 科勒瑞琦

外观对比：

两款产品都是连体式马桶，视觉上较为现代高档，一体成型。跟传统的分体式马桶相比，更容易清洁保养，但是价格就会相对较贵。东鹏奥斯卡在曲线弧度的设计上相对较为复杂。通常情况下，弧线越多，弯曲幅度越大，工艺要求越高，而产

品模具的造价就越高。而科勒的瑞琦马桶就相对较为简洁平淡。在系列款式上，东鹏洁具奥斯卡系列拥有 6+1 种各具特色的设计款式，相较之下仅拥有两个款式的科勒瑞琦系列，对于今天个性化要求越来越高的卫浴市场来说略显单薄。

性价比对比：

两款马桶在参数上大同小异，预测两款产品在消费市场上将产生激烈地交锋。盖板材质方面，东鹏奥斯卡 1191 采用脲醛板明显比科勒瑞琦 PVC 板更好。从冲水方式来看，东鹏奥斯卡 4 英寸超大排水阀加上"A+"专利管道技术，仅 4.8 升便能轻松排污，这相对于同类产品可谓出类拔萃；科勒的"五级旋风绿能"是"五级旋风"的升级版，两款产品在冲水和节水性能上都超过国家标准，但从性能方面看东鹏洁具奥斯卡马桶则略胜一筹。据实地考察了解到，科勒 K-3865T 广州实体店标价 5000 多元，折后外加砍价最终售价 3300 元，科勒淘宝商城官方旗舰店售价 2999 元；东鹏奥斯卡 W1161 标价 3014 元，促销折后价 1699 元，网店同系列产品 W1171 目前售价 1598 元。综上所述，东鹏洁具奥斯卡马桶在材质与性能优胜的情况下，在价格上更贴民心。

品牌对比：

"东鹏"品牌在国内已有约 40 年历史，2013 年底更携手东鹏瓷砖于香港联交所成功上市，东鹏控股集团成为国内首家在香港上市的陶卫企业，东鹏洁具俨然成为中国民族卫浴行业的领军品牌之一。而"科勒"品牌始建于 1873 年，已有超过百年的历史，在全球厨房和卫浴产品领域中担当着引领者的重要角色，是卫浴行业国际大品牌之一。一个是中国领军品牌，一个是国际名牌，两者蕴含着不同身份地位，"国产"和"洋货"谁更胜一筹？仁者见仁智者见智。

售后对比：

1. 东鹏洁具：

① 免费为顾客提供产品知识咨询、设计咨询和安装知识咨询。

② 免费送货上门的服务。

③ 免费检测、安装和调试的服务。

④ 2 个工作日免费上门维修保养服务，保修期外或非产品质量问题则收取适当费用。

2. 科勒：

① 免费的售后服务电话，完善的产品保养维护咨询 。

② 三年有限担保，正常使用出现的瑕疵予以修理、更换或是作适当的调整（不承担人工费用）。

③ 消费满 3000 元以上免费送货。

④ 免费安装指引（不含安装）。

在售后服务上，东鹏洁具与科勒不相上下。在全国网点的铺设上，科勒作为洋品牌主要以一线城市大店为主，但纵观全国则难以做到深入渗透；而东鹏洁具作为民族品牌在全国铺设网点超过 900 个，不仅在一线城市拥有各大门店，网点更深入遍布二三线城市，让全国各地家庭都能享受贴心的上门服务。

日前，中国消费者协会对国内 65 个品牌的节水型坐便器进行了比较试验并公布的一份比较试验报告，报告表明相当一部分国内自主品牌的产品总体质量水平已经完全能够和国外品牌相媲美，而少数价格昂贵的进口品牌在质量性能方面却并不理想。

民族卫浴的崛起一方面靠社会行业秩序的有序发展，另一方面靠的是企业自身的实力与明确的发展方向。近几年，国家不断加大对民族卫浴行业的重视与扶持，2014 年 6 月 8 日东鹏洁具更是作为唯一一家民族卫浴企业获邀参与了由北京市政府和国家发改委主办的 2014 中国北京国际节能环保展览，站在国际的舞台上向大家展示了中国民族卫浴的大家风范！民族品牌不怕对比，只有在对比竞争中才能得到更快的成长，我们希望行业能有更多像东鹏洁具这样的民族品牌，共同维护中国民族卫浴行业的健康发展，一起为振兴民族卫浴而努力！

城市景观设计中的色彩

高 贺　王 鹤　沈阳建筑大学设计艺术学院

摘　要：当色彩作为一种语言被运用，城市景观不再如往日一般的沉闷。设计师用色彩打破现代城市空间狭小和拥堵的僵局，承受着生活压力和无奈，但仍然热情乐观地为现代都市人创造了一个诉说故事的美丽布景。本文首先探讨色彩美的基本法则 ，然后对景观设计中的色彩运用策略提出一些粗浅的个人见解。

关键词：景观设计　色彩运用

1 现状分析

一个城市独特的历史为这座城市的建筑风格、城市色彩，以及祖祖辈辈生活于此的人的生产生活方式都烙下了长久不衰的印记，也就形成了其独特的，区别于其他任何一座城市的个性。然而，信息时代的浪潮使大量不加筛选的信息充斥着城市的各个角落和生活在其间的每一个人。快速的生活节奏和以经济、效率为主导的社会大背景下，设计师开始无从选择，便盲目选择。复制式的设计方案，相同的城市风貌开始吞噬着历史长久积淀下来的文化城市特征，甚至造成人们对历史文化记忆的断层。水泥和钢筋，灰色的马路，庞大而丑陋的建筑物，熙熙攘攘、忙忙碌碌的人群构成现代都市的最佳代名词。目前的中国大城市不缺乏相对的现代化，却缺乏美丽和正确的城市色彩。摆在当今城市规划师和景观设计师眼前的首要任务是，如何让身边匆匆忙忙的陌生人停留，哪怕是片刻的脚步，驻足放眼身边的美丽环境，以此来慰藉单调而乏味的现代生活中一颗颗麻木的心灵。

2 色彩构成美的基本原则

色彩，一个美丽而缤纷的词汇，早在人类混沌时期就以其变幻莫测的形式影响着人的精神世界。在绚烂的多彩世界里，没有不美丽的色彩，只有不和谐的搭配。

2.1 协调与对比

一块颜色，几乎不会以它物理性的真实面貌被我们看到，因为任何物态都不会孤立地进入我们的眼球，总是与背景或其他物态相互依存、相互比较而存在。就好比，我说苹果是红色的，那是相对于绿色而言。“一块孤立的色彩无所谓好坏”。也就是说，色彩的美必须要靠他们之间相应而生。统一协调中存在对比。所以，协调和对比并不矛盾，反而没有协调就体现不出对比，没有对比又看不出协调美。大千世界琳琳种种的色彩绝不可能用赤橙黄绿青蓝紫几种来概括，所以我们只能说某块颜色具有哪种色彩倾向。色彩的统一美是让这些色彩置于一起为先决条件，然后调整它们的位置，依靠面积、色差、明度和纯度等的对比来实现美。所以色彩的协调和对比是不可分开来讨论的。

2.2 节奏韵律，错落有致

节奏，原本是指音乐中产生的有规律性的交替变化，是条理与和谐的表现。色彩构成中的节奏是通过色相、明度、彩度的某种移动变化或重复而产生，可以分为渐变的和重复的。前者是将色相、明度、彩度依一定秩序呈阶梯式逐渐变化，又被叫作色相推移、明度推移、彩度推移。后者是将色相、明暗、强弱等变化做几次反复，从而在视觉上造成一种具有动势的重复调子。

2.3 迂回含蓄，以一概万

苏轼写过这样的诗句：“谁知一点红，解寄无边春。”画家只是画了一点的红，却预示着无边的春天。含蓄就是“以少总多，情貌无遗”，色彩构成美的含蓄能够产生深远的意境，但是与色彩的心理效应和观众的想象力、领悟力等因素有关。比如红色可以让人联想到热烈和危险，而紫色天生具有一种高贵、神秘而优雅的气质。

3 景观设计中的色彩运用策略

景观设计师的任务是对某一区域，具体空间的规划设计，侧重于空间的功能（针对不同性质的空间及对其服务对象做具体分析）、环境的美化等。景观设计中色彩的运用首先要考虑规划设计师对一座城市色彩的总体规划。所谓的城市色彩就是指城市公共空间中所有裸露物体外部被感知的色彩总和。完整的城市色彩规划设计是在尊重自然，并充分考虑尊重、延续历史文脉的基础上，对所有的城市色彩构成要素进行总体分析和规划。他们拟定好了一个总体的色彩基调，并且为建筑设计师、景观环境设计师限定了框架，提供了可以参考的信息和依据。所以，景观设计中对色彩的处理要配合城市色彩总体规划原则并以之为依据，景观设计师与规划师应该有充分的交流和沟通。

3.1 城市景观色彩构成设计

同总体城市色彩规划设计一样，在区域景观环境设计中，我们将色彩划分为主色系统、辅色系统和点缀色系统。主色系统，景观界面主要配色对象的色彩，在人的视野范围内面积最大，观看时间最长部分的颜色；辅色系统，景观界面辅助配色对象的色彩，其颜色应该在色相、亮度和饱和度方面与基本色相协调，并允许有所变化；点缀色系统，景观界面中需重点加以点缀的颜色。其面积不应过大，色彩可在色相、亮度和饱和度方面与基本色有较大变化。成功的景观色彩设计作品就是设计师能很好的把握以上三个系统。

1）统一协调，节奏韵律

景观设计中的统一协调就是很好地运用主色系统和辅色系统，把握环境中大面积的色调，一般是以地面、建筑外墙等的铺装材料为物质载体。这种在人的视线中面积较大的色彩不宜过艳、过深，正如在城市公共空间景观铺装材料运用中，一般以荔枝面、火烧面的芝麻白、芝麻灰、锈蚀黄和樱桃红等为主，不但带有一定色彩倾向的灰，并且要在局部嵌少量光面黑色或其他纯色材料，产生大统一中的小对比。而在居住区某些空间中，材料选择如砖红色、砖黄色的透水砖，色彩不是很艳，却又给人一种温馨感觉，并且与大面积植物搭配产生非常和谐的视觉效果，此时，它又转而成为对比的因素。而节奏和韵律的产生即在统一协调的基础上有规律地变化，这需要设计师有很好的艺术修养和专业造诣。景观环境中首先形成统一协调的色调是色彩设计的第一步。

2）产生对比，突出亮点

色彩统一中的对比也就是环境中亮点和需要强化处，这是景观色彩设计中的第二步，也是最重要的部分，设计师必须很好地运用和了解点缀色系统，将其与具体的景观形式相结合。具体的景观形式是指设计空间中的高潮段落，一般是设计师重点渲染部分，兼承着功能与美。设计师采用多种艺术处理手法，如丰富景观层次，利用景观设施和小品，做植物配置设计等来活化重点空间段落。在这部分空间的色彩运用中，就可以产生较强烈的对比，具体表现为与景观设施或植物设计相结合。植物配置中不仅要考虑同时空内造型和色彩搭配，还要考虑植物的“时移景变”。所谓的“时移景变”就是视空间相对稳定，随时间的流逝，人与空间的对应关系不断发生变化的状况。一日内之变化为晨、午、昏的变貌；一年内之变化为春、夏、秋、冬的变貌。而季节的变貌在景观环境中主要表现为植物四季的色彩变化。所以设计师对植物的了解也是十分必要的。

3.2 科学运用地方材料，延续城市历史文脉

通过地方材料的运用与景观色彩设计相结合的方式迂回含蓄地传达城市历史文化之内涵。因为色彩有暗示和能够引起人联想的作用，比如一种色彩可以让人联想到一座美丽的城市，而材料又可以作为色彩的物质载体。对其巧妙的运用在景观色彩设计中发挥重要作用。一般建设材料包括自然石材、人工石材、瓷砖制品、水泥、砖和涂料等，大多用于地面铺装和建筑外墙装饰；而玻璃、金属、还有一些现代材料等，一般用于建筑立面，景观设施和小品等装饰设计。随着工业革命的发展，城市建设中运用的材料种类日益丰富，再加上标准化进程的影响，地方特色的材料几乎渐渐退出建筑市场。但是，由于地方材料可以作为城市的代表符号并且具有统一的色彩识别性，所以其广泛使用能够体现城市历史文脉和发展个性，而且在城市发展中具有形成视觉连贯性的重要作用。所以，景观设计中提倡运用地方材料有助于体现城市个性并且形成统一的色彩基调。例如，新西兰是位于南太平洋，地处澳大利亚的东北部的一个小岛屿国家。毛利人是新西兰的第一批居民，他们是天生的艺术家，以石雕手艺最为出众。其城市景观设计中也大量运用地方石材，到处可见石头垒砌的民居建筑和围墙，这种与当地的人文地貌相结合的手法，形成了当地景观的统一的色彩基调和城市肌理，并且由于石头是这个国家的象征符号，也形成了其独特的城市文化风貌。

4 结语

城市景观色彩设计对于一座城市以及居住在这座城市的人都有着非常重要的意义。美的环境有助于和谐社会的建设和发展。伟大的雕塑艺术家罗丹曾说过：美就在我们周围，只看你如何去挖掘。作为一名优秀的设计师，我们要用情感去勾勒环境，将自己的设计作为艺术品，运用色彩这一美妙的精灵激起身边每一个普通人的感动。

参考文献

[1] 辛华泉．色彩构成．建筑知识，1996.

[2] 徐绍燕．城市公共空间色彩景观的研究．西南大学硕士学位论文，2008.